非线性系统的行波

李　坤　黄建华　朱健民　何艳丽　著

科学出版社

北　京

内 容 简 介

本书以时滞连续与离散反应扩散方程、积分-差分方程和随机种群模型为研究对象，归纳总结了作者多年研究行波解的成果，系统讲述了作者利用打靶法、单调迭代、不动点定理、滑行方法等研究时滞反应扩散方程和积分-差分方程的行波解的存在唯一性，利用挤压技术和谱分析方法研究行波解的渐近稳定性，以及利用单调动力系统和大偏差定理等方法研究概周期行波解及随机行波解的波速估计以及渐近传播速度等成果，深刻分析了行波解及其渐近性态等问题，揭示了时滞、对流扩散、非局部扩散以及随机因素对传播动力学的影响机制.

本书可供从事非线性微分方程研究的高校教师、博士研究生、硕士研究生以及相关的科技工作者阅读参考.

图书在版编目(CIP)数据

非线性系统的行波解/李坤等著. —北京：科学出版社，2022.12
ISBN 978-7-03-073473-0

Ⅰ. ①非… Ⅱ. ①李… Ⅲ. ①随机非线性系统–行波–研究 Ⅳ. ①O211.6

中国版本图书馆 CIP 数据核字(2022)第 191890 号

责任编辑：李静科 贾晓瑞／责任校对：杨聪敏
责任印制：吴兆东／封面设计：无极书装

科学出版社 出版
北京东黄城根北街 16 号
邮政编码：100717
http://www.sciencep.com

北京中石油彩色印刷有限责任公司 印刷
科学出版社发行 各地新华书店经销
*

2022 年 12 月第 一 版　开本：720×1000 B5
2024 年 1 月第二次印刷　印张：20 1/2
字数：407 000
定价：148.00 元
(如有印装质量问题，我社负责调换)

前　言

反应扩散方程是描述自然界中扩散发展和随机现象的重要模型, 局部扩散和非局部扩散是两种常见的扩散形式, 其行波解的研究是物理学、化学、大气学、电子学、生态学等学科领域的研究热点之一. 近年来, 关于反应扩散方程和随机发展方程的行波解及其渐近性态等问题的研究取得了丰富的成果, 揭示了不同扩散形式对扩散传播的影响机制. 为此, 作者将多年来在连续与离散反应扩散方程和随机种群模型的行波解及其渐近性态研究中取得的成果进行提炼整合, 同时结合研究团队的主要工作经过多次修改和补充, 最终形成了本书.

本书以时滞连续与离散反应扩散方程、积分-差分方程和随机种群模型为研究对象, 梳理和总结了作者多年研究行波解的成果, 系统讲述了作者利用打靶法、单调迭代、不动点定理、滑行方法等研究时滞反应扩散方程和积分-差分方程的行波解的存在唯一性, 利用挤压技术和谱分析方法研究行波解的渐近稳定性, 以及利用单调动力系统和大偏差定理等方法研究概周期行波解及随机行波解的波速估计以及渐近传播速度等成果, 深刻分析了行波解及其渐近性态等问题, 揭示了时滞、对流扩散、非局部扩散以及随机因素对传播动力学的影响机制, 进一步厘清了连续系统、离散系统以及随机系统之间的关联程度.

本书的出版得到了国家自然科学基金 (No: 11971160, 11401198, 11771449), 湖南省自然科学基金 (No: 2015JJ3054, 2020JJ4234, 2020JJ4102), 湖南省教育厅优秀青年项目 (No: 18B472), 中国博士后科学基金面上项目 (No: 2015M582882) 的资助, 在此表示感谢. 本书的出版得到了湖南第一师范学院数学双一流应用特色学科和国防科技大学数学学科双重建设经费的资助, 科学出版社的李静科编辑为本书的出版付出了辛勤的劳动. 在撰写过程中, 北京师范大学黎雄教授、上海师范大学的余志先教授给予了很多建议和意见, 博士研究生武上、张江卫、文豪、王雪和李宗浩等进行了多次细致的校对, 作者在此向他们致以谢意!

本书第 1—6 章由李坤整理和撰写, 第 7—8 章由黄建华整理和撰写, 最后由朱健民和何艳丽进行统稿.

由于作者水平有限, 书中存在一些不足和疏漏之处, 敬请读者批评指正.

作　者
2022 年 6 月

目　　录

第 1 章 离散时滞局部和非局部扩散系统的行波解及其渐近行为

反应扩散方程是描述自然界中扩散发展现象的重要模型, 其行波解的研究是物理、化学、大气、电子、生态学等学科领域的研究热点之一. 非局部扩散和局部扩散是两种重要的扩散形式.

非局部扩散可以描述种群在整个空间上的扩散传播, Lotka-Volterra 型时滞非局部扩散竞争系统是一种非常重要的生物模型

$$
\begin{cases}
\dfrac{\partial u_1(x,t)}{\partial t} = d_1(J_1 * u_1)(x,t) - d_1 u_1(x,t) \\
\qquad\qquad + r_1 u_1(x,t)[1 - a_1 u_1(x, t-\tau_1) - b_1 u_2(x, t-\tau_2)], \\
\dfrac{\partial u_2(x,t)}{\partial t} = d_2(J_2 * u_2)(x,t) - d_2 u_2(x,t) \\
\qquad\qquad + r_2 u_2(x,t)[1 - b_2 u_1(x, t-\tau_3) - a_2 u_2(x, t-\tau_4)],
\end{cases}
\tag{1.1}
$$

其中 d_i, r_i, a_i 和 $b_i(i=1,2)$ 是给定的正常数, 时滞 $\tau_i \geqslant 0(i=1,4), \tau_i > 0(i=2,3)$, $(J_i * u_i)(x,t) = \int_{\mathbb{R}} J_i(x-y)u_i(y,t)dy$, $u_i(x,t)$ 表示种群在位置 x 和时间 t 的密度, $d_i, r_i, r_i a_i$ 和 $r_i b_i$ 分别表示扩散率、增长率、环境承载量、相互竞争的因素. 如果 $J_i(x-y)$ 被认为是种群从位置 y 移动到位置 x 的概率分布函数, 那么从所有其他位置移动到位置 x 的个体总数量是 $\int_{\mathbb{R}} J_i(x-y)u_i(y,t)dy$, 从位置 x 移动到其他所有位置的个体总数量是 $-u_i(x,t) = -\int_{\mathbb{R}} J_i(x-y)u_i(x,t)dy, i=1,2$. 系统 (1.1) 有四个平衡点 $(0,0), \left(\dfrac{1}{a_1}, 0\right), \left(0, \dfrac{1}{a_2}\right)$ 和 $\left(\dfrac{a_2 - b_1}{a_1 a_2 - b_1 b_2}, \dfrac{a_1 - b_2}{a_1 a_2 - b_1 b_2}\right)$.

如果扩散核

$$
J_i(x) = \delta(x) + \delta''(x),
$$

其中 δ 是 Dirac 函数, 参考 [163], 那么系统 (1.1) 退化为经典的 Lotka-Volterra

型时滞局部扩散系统

$$
\begin{cases}
\dfrac{\partial u_1(x,t)}{\partial t} = d_1 \dfrac{\partial^2 u_1(x,t)}{\partial x^2} + r_1 u_1(x,t)[1 - a_1 u_1(x,t-\tau_1) - b_1 u_2(x,t-\tau_2)], \\[2mm]
\dfrac{\partial u_2(x,t)}{\partial t} = d_2 \dfrac{\partial^2 u_2(x,t)}{\partial x^2} + r_2 u_2(x,t)[1 - b_2 u_1(x,t-\tau_3) - a_2 u_2(x,t-\tau_4)],
\end{cases}
$$

$$(1.2)$$

它可以描述种群在局部范围上的扩散传播, 且与系统 (1.1) 有相同的平衡点.

最早研究时滞反应扩散方程行波解的存在性的是 Schaaf[195]. 此后许多学者利用单调迭代、上下解方法和 Schauder 不动点定理来研究具有不同单调性的扩散系统的行波解的存在性, 包括时滞系统和非时滞系统, 可参考 [7, 47, 106, 147, 247, 271]. 对于非局部扩散系统的行波解的存在性结果, 可参考 [9, 37, 43, 44, 184, 186, 196, 248, 251, 252, 257, 260, 262, 264], 以及稳定性结果, 可参考 [37, 144, 187, 217, 245, 259].

当时滞均为零时, 系统 (1.2) 连接不同平衡点的行波解的存在性和渐近性结果, 可参考 [42, 71, 92, 108, 109, 115, 218, 222]. 更多有关时滞扩散竞争系统的行波解的存在性结果, 可参考 [96, 104, 132, 138, 143, 191, 197], 以及利用滑行方法、强比较原理和 Ikehara 定理研究行波解的渐近性、单调性和唯一性, 可参考 [15, 31, 38, 40, 44, 81, 115, 142, 148, 153, 217, 254, 255, 258, 260, 263].

本章考虑系统 (1.1) 和 (1.2) 连接两个半正平衡点的行波解的存在性及其渐近行为, 我们利用上下解方法和 Schauder 不动点定理研究行波解的存在性, 利用滑行方法、强比较原理和 Ikehara 定理研究行波解的渐近行为、严格单调性和唯一性, 并且还给出了如下 Lotka-Volterra 型扩散合作系统的行波解的存在性

$$
\begin{cases}
\dfrac{\partial u_1(x,t)}{\partial t} = d_1 \dfrac{\partial^2 u_1(x,t)}{\partial x^2} + r_1 u_1(x,t)[1 - a_1 u_1(x,t-\tau_1) + b_1 u_2(x,t-\tau_2)], \\[2mm]
\dfrac{\partial u_2(x,t)}{\partial t} = d_2 \dfrac{\partial^2 u_2(x,t)}{\partial x^2} + r_2 u_2(x,t)[1 + b_2 u_1(x,t-\tau_3) - a_2 u_2(x,t-\tau_4)].
\end{cases}
$$

$$(1.3)$$

本章的内容取自作者与合作者的论文 [105, 119, 124].

1.1　时滞非局部扩散系统的行波解及其渐近行为

本节研究当

$$
a_2 < b_1 \quad 和 \quad a_1 > b_2 \tag{1.4}
$$

时, 系统 (1.1) 连接平衡点 $\left(\dfrac{1}{a_1}, 0\right)$ 和 $\left(0, \dfrac{1}{a_2}\right)$ 的行波解的渐近行为、严格单调性和唯一性. 类似地, 如果 (1.4) 不等号反向, 那么可以得到连接平衡点 $\left(0, \dfrac{1}{a_2}\right)$ 和 $\left(\dfrac{1}{a_1}, 0\right)$ 的行波解的类似的性质. 为简单起见, 本节只考虑 (1.4) 成立的情况. 令 $u^* = \dfrac{1}{a_1} - u$, 去掉星号, 那么系统 (1.1) 连接平衡点 $\left(\dfrac{1}{a_1}, 0\right)$ 和 $\left(0, \dfrac{1}{a_2}\right)$ 的行波解的性质等价于如下系统连接平衡点 $(0,0)$ 和 $\left(\dfrac{1}{a_1}, \dfrac{1}{a_2}\right)$ 的行波解的性质:

$$
\begin{cases}
\dfrac{\partial u_1(x,t)}{\partial t} = d_1(J_1 * u_1)(x,t) - d_1 u_1(x,t) \\
\qquad\qquad + r_1\left(\dfrac{1}{a_1} - u_1(x,t)\right)[-a_1 u_1(x, t-\tau_1) + b_1 u_2(x, t-\tau_2)], \\
\dfrac{\partial u_2(x,t)}{\partial t} = d_2(J_2 * u_2)(x,t) - d_2 u_2(x,t) \\
\qquad\qquad + r_2 u_2(x,t)\left[1 - \dfrac{b_2}{a_1} + b_2 u_1(x, t-\tau_3) - a_2 u_2(x, t-\tau_4)\right].
\end{cases}
\tag{1.5}
$$

基于文 [184,186] 中的方法, 我们证明了系统 (1.5) 连接两个半正平衡点的行波解的存在性. 受文 [31,81,124,125,142,217,263] 的启发, 通过细致估计波相的奇异性并利用 Ikehara 定理, 得到了当时滞 τ_1 和 τ_4 很小时, 系统 (1.5) 的行波解在无穷远处的渐近行为. 当 $\tau_1 = \tau_4 = 0$ 时, 通过利用强比较原理和滑行方法, 证明了系统 (1.5) 的行波解的严格单调性和唯一性. 最后, 基于行波解的存在性和唯一性以及在某些技术条件的限制下, 进一步给出了第二个竞争者的精确指数衰减率. 需要指出的是, 当时滞 τ_1 和 τ_4 非常小时, 这种方法并不能证明行波解的严格单调性和唯一性, 因为当利用强比较原理时, 行波解不满足非标准的序关系.

1.1.1 行波解的存在性

以下采用 $\mathbb{R}^2$ 中标准序关系的常用符号. 系统 (1.5) 的行波解是一对平移不变解, 具有形式 $(u_1(x,t), u_2(x,t)) = (\phi(\xi), \psi(\xi)), \xi = x + ct, \xi \in \mathbb{R}$, 波速 $c > 0$. 如果 $(\phi(\xi), \psi(\xi))$ 在 $\mathbb{R}$ 上是单调的, 那么它被称为波前解. 将 $\phi(\xi), \psi(\xi)$ 代入 (1.5), 则系统 (1.5) 有连接平衡点 $(0,0)$ 和 $\left(\dfrac{1}{a_1}, \dfrac{1}{a_2}\right)$ 的波前解当且仅当系统

$$
\begin{cases}
d_1(J_1 * \phi)(\xi) - d_1\phi(\xi) - c\phi'(\xi) + f_{c1}(\phi_\xi, \psi_\xi) = 0, \\
d_2(J_2 * \psi)(\xi) - d_2\psi(\xi) - c\psi'(\xi) + f_{c2}(\phi_\xi, \psi_\xi) = 0
\end{cases}
\tag{1.6}
$$

关于渐近边界条件

$$\lim_{\xi \to -\infty} (\phi(\xi), \psi(\xi)) = \mathbf{0} := (0,0), \quad \lim_{\xi \to \infty} (\phi(\xi), \psi(\xi)) = \mathbf{K} = (k_1, k_2) := \left(\frac{1}{a_1}, \frac{1}{a_2}\right)$$

$$(1.7)$$

在 $\mathbb{R}$ 上有一对单调解, 其中

$$(J_i * \phi)(\xi) = \int_{\mathbb{R}} J_i(\xi - y)\phi(y)dy, \quad i = 1, 2,$$

$\phi_\xi(s) = \phi(\xi+s), \psi_\xi(s) = \psi(\xi+s), s \in [-c\tau, 0], \tau = \max\{\tau_1, \tau_2, \tau_3, \tau_4\}, f_c(\phi_\xi, \psi_\xi) = (f_{c1}(\phi_\xi, \psi_\xi), f_{c2}(\phi_\xi, \psi_\xi))$ 定义为

$$\begin{cases} f_{c1}(\phi_\xi, \psi_\xi) = r_1 \left(\frac{1}{a_1} - \phi(\xi)\right)[-a_1\phi(\xi - c\tau_1) + b_1\psi(\xi - c\tau_2)], \\ f_{c2}(\phi_\xi, \psi_\xi) = r_2\psi(\xi)\left[1 - \frac{b_2}{a_1} + b_2\phi(\xi - c\tau_3) - a_2\psi(\xi - c\tau_4)\right]. \end{cases}$$

令

$$C_{[\mathbf{0}, \mathbf{K}]}(\mathbb{R}, \mathbb{R}^2) = \{(\phi, \psi) \in C(\mathbb{R}, \mathbb{R}^2) : 0 \leqslant \phi(s) \leqslant k_1, 0 \leqslant \psi(s) \leqslant k_2, s \in \mathbb{R}\}.$$

以下假设核函数 $J_i(i = 1, 2)$ 满足以下条件:

(P1) $J_i \in C(\mathbb{R}), J_i(x) = J_i(-x) \geqslant 0, \int_{\mathbb{R}} J_i(x)dx = 1, i = 1, 2;$

(P2) 对任意 $\lambda > 0, \int_{\mathbb{R}} |x|^j J_i(x)e^{-\lambda x}dx < \infty, j = 0, 1, 2, i = 1, 2.$

令

$$\Delta_1(\lambda, c) = d_2 \int_{\mathbb{R}} J_2(y)e^{-\lambda y}dy - d_2 - c\lambda + r_2\left(1 - \frac{b_2}{a_1}\right).$$

$$(1.8)$$

我们有如下引理, 其证明比较容易, 在此省略.

引理 1.1.1 ([119]) 假设 (P1), (P2) 和 (1.4) 成立. 令 $\Delta_1(\lambda, c)$ 如 (1.8) 所定义. 那么存在 $c^* > 0$ 和 $\lambda^* > 0$ 使得 $\Delta_1(\lambda^*, c^*) = 0$ 和 $\left.\dfrac{\partial \Delta_1(\lambda, c^*)}{\partial \lambda}\right|_{\lambda = \lambda^*} = 0$. 此外, 对于 $c > c^*$, 方程 $\Delta_1(\lambda, c) = 0$ 有两个正根 λ_1, λ_2, 并且满足 $0 < \lambda_1 < \lambda_1^* < \lambda_2$ 和

$$\Delta_1(\lambda, c) \begin{cases} > 0, & \lambda < \lambda_1, \\ < 0, & \lambda_1 < \lambda < \lambda_2, \\ > 0, & \lambda > \lambda_2, \end{cases}$$

对于 $0 < c < c^*$, $\Delta_1(\lambda, c) > 0, \lambda \in \mathbb{R}$.

下面根据文 [184, 186] 中的理论证明行波解的存在性. 首先给出非线性项满足的单调性条件.

对于 $\tau_1 = \tau_4 = 0$, 泛函 $f_c(\phi, \psi) = (f_{c1}(\phi, \psi), f_{c2}(\phi, \psi))$ 满足拟单调条件:

(QM) 对于 $(\phi_1, \phi_2), (\psi_1, \psi_2) \in C([-c\tau, 0], \mathbb{R}^2)$ 满足 $\mathbf{0} \leqslant (\phi_2(s), \psi_2(s)) \leqslant (\phi_1(s), \psi_1(s)) \leqslant \mathbf{K}$, 存在 $\beta_1 > 0$ 和 $\beta_2 > 0$ 使得

$$
f_{c1}(\phi_1(s), \psi_1(s)) - f_{c1}(\phi_2(s), \psi_2(s)) + \beta_1[\phi_1(0) - \phi_2(0)]
$$
$$
\geqslant d_1 \int_{\mathbb{R}} J_1(y) dy [\phi_1(0) - \phi_2(0)],
$$
$$
f_{c2}(\phi_1(s), \psi_1(s)) - f_{c2}(\phi_2(s), \psi_2(s)) + \beta_2[\psi_1(0) - \psi_2(0)]
$$
$$
\geqslant d_2 \int_{\mathbb{R}} J_2(y) dy [\psi_1(0) - \psi_2(0)].
$$

对于 $\tau_1, \tau_4 > 0$, 泛函 $f_c(\phi, \psi)$ 满足指数拟单调条件:

(QM*) 对于 $(\phi_1, \phi_2), (\psi_1, \psi_2) \in C([-c\tau, 0], \mathbb{R}^2)$ 满足 (i) $\mathbf{0} \leqslant (\phi_2(s), \psi_2(s)) \leqslant (\phi_1(s), \psi_1(s)) \leqslant \mathbf{K}$; (ii) $e^{\frac{\beta_1}{c}s}[\phi_1(s) - \phi_2(s)]$ 和 $e^{\frac{\beta_2}{c}s}[\psi_1(s) - \psi_2(s)]$ 在 $[-c\tau, 0]$ 上非减, 存在 $\beta_1 > 0$ 和 $\beta_2 > 0$ 使得

$$
f_{c1}(\phi_1(s), \psi_1(s)) - f_{c1}(\phi_2(s), \psi_2(s)) + \beta_1[\phi_1(0) - \phi_2(0)]
$$
$$
\geqslant d_1 \int_{\mathbb{R}} J_1(y) dy [\phi_1(0) - \phi_2(0)],
$$
$$
f_{c2}(\phi_1(s), \psi_1(s)) - f_{c2}(\phi_2(s), \psi_2(s)) + \beta_2[\psi_1(0) - \psi_2(0)]
$$
$$
\geqslant d_2 \int_{\mathbb{R}} J_2(y) dy [\psi_1(0) - \psi_2(0)].
$$

易验证当 $\tau_1 = \tau_4 = 0$ 或者 τ_1, τ_4 充分小时, 可选择

$$
\beta_1 > r_1 e^{\beta_1 \tau_1} + \frac{r_1 b_1}{a_2} + d_1 \int_{\mathbb{R}} J_1(y) dy \quad 和 \quad \beta_2 > r_2 + r_2 e^{\beta_2 \tau_4} + d_2 \int_{\mathbb{R}} J_2(y) dy
$$

使得 (QM) 和 (QM*) 成立. 文 [184, 186] 中其他条件的验证是平凡的. 根据文 [184, 186] 中的理论, 为了证明 (1.5) 的行波解的存在性, 只需构造和验证 (1.6) 的一对上下解 (定义见 [184, 186]).

对于 $c > c^*$, 定义如下连续函数

$$
\bar{\phi}(\xi) = \begin{cases} k_1 e^{\lambda_1 \xi}, & \xi \leqslant 0, \\ k_1, & \xi > 0, \end{cases} \qquad \bar{\psi}(\xi) = \begin{cases} k_2 e^{\lambda_1 \xi}, & \xi \leqslant 0, \\ k_2, & \xi > 0 \end{cases}
$$

和

$$\underline{\phi}(\xi) \equiv 0, \quad \xi \in \mathbb{R}, \quad \underline{\psi}(\xi) = \begin{cases} k_2(e^{\lambda_1 \xi} - q e^{\eta \lambda_1 \xi}), & \xi \leqslant \xi_0, \\ 0, & \xi > \xi_0, \end{cases}$$

其中 $q > 0$ 充分大且将在后面确定, $\eta \in \left(1, \min\left\{2, \dfrac{\lambda_2}{\lambda_1}\right\}\right)$, $\xi_0(q) = \dfrac{1}{(\eta-1)\lambda_1} \ln \dfrac{1}{q}$
< 0. 当 q 充分大时, $\bar{\psi}(\xi), \underline{\phi}(\xi), \underline{\psi}(\xi)$ 满足 (A1)—(A3) (如文 [184] 中所述). 由 η
的选择知, $\Delta_1(\eta\lambda_1, c) < 0$.

通过直接地计算可得下面的引理.

引理 1.1.2 ([119])　当充分大 q 时, $\left(\dfrac{k_1 e^{\lambda_1 \xi}}{1 + e^{\lambda_1 \xi}}, \dfrac{k_2 e^{\lambda_1 \xi}}{1 + e^{\lambda_1 \xi}}\right) \in \Gamma$ (Γ 如文 [184]
中所述).

引理 1.1.3 ([119])　假设 (1.4) 成立且

$$d_1 \int_{\mathbb{R}} J_1(y) e^{-\lambda y} dy - d_1 \leqslant d_2 \int_{\mathbb{R}} J_2(y) e^{-\lambda y} dy - d_2 \tag{1.9}$$

和

$$r_1\left(\frac{b_1}{a_2} - 1\right) \leqslant r_2\left(1 - \frac{b_2}{a_1}\right). \tag{1.10}$$

如果 τ_1 和 τ_4 充分小, 那么 $\bar{\Phi}(\xi) = (\bar{\phi}(\xi), \bar{\psi}(\xi))$ 和 $\underline{\Phi}(\xi) = (\underline{\phi}(\xi), \underline{\psi}(\xi))$ 分别是
(1.6) 的上解和下解.

证明　假设 $\tau_1 < \tau_2$ 和 $\tau_4 < \tau_3$. 从定义知, $a_1 \bar{\phi}(\xi) = a_2 \bar{\psi}(\xi)$. 为了方便, 令

$$\begin{aligned} I_1(\phi, \psi) :=\ & d_1(J_1 * \phi)(\xi) - d_1\phi(\xi) - c\phi'(\xi) \\ & + r_1\left(\frac{1}{a_1} - \phi(\xi)\right)[-a_1\phi(\xi - c\tau_1) + b_1\psi(\xi - c\tau_2)], \\ I_2(\phi, \psi) :=\ & d_2(J_2 * \psi)(\xi) - d_2\psi(\xi) - c\psi'(\xi) \\ & + r_2\psi(\xi)\left[1 - \frac{b_2}{a_1} + b_2\phi(\xi - c\tau_3) - a_2\psi(\xi - c\tau_4)\right]. \end{aligned}$$

对于 $\bar{\phi}(\xi)$, 需证两种情形.

(1) 当 $\xi \leqslant 0$ 时, 由 $\bar{\phi}(\xi) \leqslant k_1 e^{\lambda_1 \xi}$ 知, $(J_1 * \bar{\phi})(\xi) \leqslant k_1 e^{\lambda_1 \xi} \displaystyle\int_{\mathbb{R}} J_1(y) e^{-\lambda_1 y} dy$,
所以由 $\tau_1 < \tau_2$ 可推出

$$I_1(\bar{\phi}, \bar{\psi}) \leqslant d_1(J_1 * \bar{\phi})(\xi) - d_1\bar{\phi}(\xi) - c\bar{\phi}'(\xi)$$

$$+ r_1 a_1 \Big(\frac{b_1}{a_2} - 1 \Big) \Big(\frac{1}{a_1} - \bar{\phi}(\xi) \Big) \bar{\phi}(\xi - c\tau_1)$$

$$\leqslant d_1 (J_1 * \bar{\phi})(\xi) - d_1 \bar{\phi}(\xi) - c\bar{\phi}'(t) + r_1 \Big(\frac{b_1}{a_2} - 1 \Big) \bar{\phi}(\xi) \ (\text{由}(1.4))$$

$$\leqslant k_1 e^{\lambda_1 \xi} \Big[d_1 \int_{\mathbb{R}} J_1(y) e^{-\lambda y} dy - d_1 - c\lambda_1 + r_2 \Big(1 - \frac{b_2}{a_1} \Big) \Big] \ (\text{由}(1.10))$$

$$\leqslant 0 \ (\text{由}(1.8)\text{和}(1.9)).$$

(2) 当 $\xi > 0$ 时, 由 $\bar{\phi}(\xi) \leqslant k_1$ 知, $(J_1 * \bar{\phi})(\xi) \leqslant (J_1 * k_1)(\xi) = k_1$, 所以 $I_1(\bar{\phi}, \bar{\psi}) \leqslant 0$.

对于 $\bar{\psi}(\xi)$, 需证三种情形.

(1) 当 $\xi \leqslant 0$ 时, 由 $\bar{\psi}(\xi) \leqslant k_2 e^{\lambda_1 \xi}$ 知, $(J_2 * \bar{\psi})(\xi) \leqslant k_2 e^{\lambda_1 \xi} \int_{\mathbb{R}} J_2(y) e^{-\lambda_1 y} dy$, 且由 $\tau_4 < \tau_3$ 和 (1.4) 知, $b_2 \bar{\phi}(\xi - c\tau_3) \leqslant a_2 \bar{\psi}(\xi - c\tau_4)$, 所以有

$$I_2(\bar{\phi}, \bar{\psi}) \leqslant d_2 (J_2 * \bar{\psi})(\xi) - d_2 \bar{\psi}(\xi) - c\bar{\psi}'(\xi) + r_2 \Big(1 - \frac{b_2}{a_1} \Big) \bar{\psi}(\xi)$$

$$\leqslant k_2 e^{\lambda_1 \xi} \Delta_1(\lambda_1, c) = 0.$$

(2) 当 $0 < \xi \leqslant c\tau_4$ 时, 由 $\bar{\psi}(\xi) \leqslant k_2$ 知, $(J_2 * \bar{\psi})(\xi) \leqslant (J_2 * k_2)(\xi) = k_2$, 结合 $\bar{\psi}(c\tau_4 - 1) \leqslant k_2$, $\bar{\phi}(\xi - c\tau_3) < k_1$ 和 $\bar{\psi}(0) = k_2$, 所以当 $\xi = c\tau_4$ 时, 有

$$I_2(\bar{\phi}, \bar{\psi}) \leqslant r_2 \bar{\psi}(\xi) \Big[1 - \frac{b_2}{a_1} + b_2 \bar{\phi}(\xi - c\tau_3) - a_2 \bar{\psi}(\xi - c\tau_4) \Big]$$

$$= -\frac{r_2 b_2}{a_1 a_2} e^{\lambda_1 c\tau_4} (1 - e^{\lambda_1 c(\tau_4 - \tau_3)}) < 0.$$

因为 τ_4 充分小且不依赖于 $\bar{\phi}(\xi), \bar{\psi}(\xi)$ 和 $\bar{\psi}'(\xi)$, 且 $\bar{\phi}(\xi)$ 和 $\bar{\psi}(\xi)$ 在 $\mathbb{R} \setminus \{0\}$ 上一致有界和一致连续, 所以可以推出当 $0 < \xi < c\tau_4$ 时, 上述不等式成立.

(3) 当 $\xi > c\tau_4$ 时, 由 $\bar{\psi}(\xi) \leqslant k_2$ 知, $(J_2 * \bar{\psi})(\xi) \leqslant (J_2 * k_2)(\xi) = k_2$, 结合 $\bar{\phi}(\xi - c\tau_3) \leqslant k_1$, 有

$$I_2(\bar{\phi}, \bar{\psi}) \leqslant r_2 \bar{\psi}(\xi) \Big[-\frac{b_2}{a_1} + b_2 \bar{\phi}(\xi - c\tau_3) \Big] \leqslant 0.$$

对于 $\underline{\phi}(\xi) \equiv 0$, 证明是平凡的. 对于 $\underline{\psi}(\xi)$, 需证明两种情形.

(1) 当 $\xi \leqslant \xi_0$ 时, 由 $\underline{\psi}(\xi) \geqslant k_2(e^{\lambda_1 \xi} - q e^{\eta \lambda_1 \xi})$ 知

$$(J_2 * \underline{\psi})(\xi) \leqslant k_2 e^{\lambda_1 \xi} \int_{\mathbb{R}} J_2(y) e^{-\lambda_1 y} dy - k_2 q e^{\eta \lambda_1 \xi} \int_{\mathbb{R}} J_2(y) e^{-\eta \lambda_1 y} dy,$$

所以有

$$I_2(\underline{\phi},\underline{\psi})$$

$$\geqslant d_2(J_2 * \underline{\psi})(\xi) - d_2\underline{\psi}(\xi) - c\underline{\psi}'(\xi) + r_2\underline{\psi}(\xi)\Big[1 - \frac{b_2}{a_1} - a_2\underline{\psi}(\xi - c\tau_4)\Big]$$

$$\geqslant -k_2 q e^{\eta\lambda_1\xi}\Delta_1(\eta\lambda_1, c) - r_2 a_2 k_2^2 e^{\lambda_1\xi}(e^{\lambda_1(\xi - c\tau_4)} - q e^{\eta\lambda_1(\xi - c\tau_4)})$$

$$\geqslant -k_2 e^{\eta\lambda_1\xi}(q\Delta_1(\eta\lambda_1, c) + r_2 a_2 k_2 e^{-\lambda_1 c\tau_4} e^{(2-\eta)\lambda_1\xi})$$

$$\geqslant 0.$$

最后一个不等式成立是因为当 $q > 0$ 充分大时, $\xi_0(q) \ll 0$ 充分小.

(2) 当 $\xi > \xi_0$ 时, 由 $\underline{\psi}(\xi) \geqslant 0$ 可以推出 $I_2(\underline{\phi},\underline{\psi}) = d_2(J_2 * \underline{\psi})(\xi) \geqslant 0$. □

通过利用文 [184,186] 中的结果, 我们得到系统 (1.5) 的行波解的存在性定理.

定理 1.1.1 ([119], 存在性)　假设 (P1), (P2), (1.4), (1.9) 和 (1.10) 成立. 如果 τ_1, τ_4 充分小或者 $\tau_1 = \tau_4 = 0$, 那么对于任意 $c \geqslant c^*$, 系统 (1.5) 有连接平衡点 **0** 和 **K** 的波前解 $(\phi(x+ct), \psi(x+ct))$. 此外,

$$\lim_{\xi\to-\infty}\psi(\xi)e^{-\lambda\xi} = k_2, \quad \lim_{\xi\to-\infty}\psi'(\xi)e^{-\lambda\xi} = k_2\lambda, \tag{1.11}$$

其中 $\lambda = \lambda_1, \xi = x + ct$. 对于 $c < c^*$, 系统 (1.5) 没有连接平衡点 **0** 和 **K** 的以波速为 c 的波前解 $(\phi(x+ct), \psi(x+ct))$ 满足 (1.11).

证明　当 $c > c^*$ 时, 由文 [184] 中的定理 3.7 知, 结论是显然的. 当 $c = c^*$ 时, 可以利用 Helly 定理得到结论, 其证明与文 [21,153,219,267,268] 中的证明类似. 当 $c > c^*$ 时, 由上下解的渐近行为知, $\lim_{\xi\to-\infty}\psi(\xi)e^{-\lambda_1\xi} = k_2$. 此外,

$$\lim_{\xi\to-\infty}\psi'(\xi)e^{-\lambda_1\xi} = \frac{1}{c}\lim_{\xi\to-\infty}\Big\{d_2(J_2 * \psi)(\xi) - d_2\psi(\xi)$$

$$+ r_2\psi(\xi)\Big[1 - \frac{b_2}{a_1} + b_2\phi(\xi - c\tau_3) - a_2\psi(\xi - c\tau_4)\Big]\Big\}e^{-\lambda_1\xi}$$

$$= \frac{k_2}{c}\Big[d_2\int_{\mathbb{R}}J_2(y)e^{-\lambda_1 y}dy - d_2 + r_2\Big(1 - \frac{b_2}{a_1}\Big)\Big] = k_2\lambda_1.$$

最后, 当 $c < c^*$ 时, 如果对于 $\lambda > 0$, (1.5) 有一个波前解 $(\phi(x+ct), \psi(x+ct))$ 满足 (1.11), 那么 $(\phi(\xi), \psi(\xi))$ 是 (1.6) 和 (1.7) 是解. (1.6) 的第二个方程两边同乘以 $e^{-\lambda\xi}$, 令 $\xi \to -\infty$, 可得 $\Delta_1(\lambda, c) = 0$, 这是矛盾的. □

附注 1.1.1 ([119])　从引理 1.1.3 和定理 1.1.1 的证明过程知, 当 $\tau_1 = \tau_4 = 0$ 时, 通过利用文 [186] 中的结论, 引理 1.1.3 和定理 1.1.1 的结论还是成立的.

1.1.2 渐近行为

在本节中我们讨论当 $\tau_1 = \tau_4 = 0$ 或者 τ_1, τ_4 充分小时, 系统 (1.5) 的波前解的渐近行为. 首先, 考虑 (1.6) 和 (1.7) 的非减行波解 $(\phi(\xi), \psi(\xi))$ 在负无穷远处的渐近行为.

引理 1.1.4([263], 命题 3.7) *令 $c > 0$ 为常数, $B(\cdot)$ 为连续函数且 $B(\pm\infty) := \lim\limits_{x \to \pm\infty} B(x)$. 令 $z(\cdot)$ 为可测函数且满足*

$$\int_{\mathbb{R}} J(y) e^{\int_x^{x-y} z(s)ds} dy - cz(x) + B(x) = 0, \quad x \in \mathbb{R}.$$

那么 z 是一致连续且有界的. 此外, $\mu^{\pm} := \lim\limits_{x \to \pm\infty} z(x)$ 存在且是特征方程

$$\int_{\mathbb{R}} J(y) e^{-\mu y} dy - c\mu + B(\pm\infty) = 0$$

的实根.

现在给出 (1.6) 和 (1.7) 的解的性质.

引理 1.1.5([119]) *假设 (P1), (P2) 和 (1.4) 成立且 $(\phi(\xi), \psi(\xi)) \in C_{[0,\mathbf{K}]}(\mathbb{R}, \mathbb{R}^2)$ 是 (1.6) 和 (1.7) 的任意解. 那么 $\phi(\xi) < k_1, \psi(\xi) > 0, \xi \in \mathbb{R}$.*

证明 如果存在 ξ_0 使得 $\psi(\xi_0) = 0$, 不失一般性, 假设 $\xi = \xi_0$ 是使得 $\psi(\xi_0) = 0$ 的最左端的点, 那么 $\psi(\xi)$ 在 $\xi = \xi_0$ 取最小值 (因为 $\psi(\xi) \geqslant 0$), 所以 $\psi'(\xi_0) = 0$. 从 (1.6) 的第二个方程可以推出 $d_2(J_2 * \psi)(\xi_0) = 0$. 由 (P1) 知, 存在 $y_0 > 0$ 使得 $J_2(y_0) \neq 0$, 进一步由 J_2 的连续性知, 存在 $\delta_0 > 0$ 使得 $J_2(y) \neq 0, y \in [y_0 - \delta_0, y_0 + \delta_0]$. 因为

$$0 = (J_2 * \psi)(\xi_0) = \int_{\mathbb{R}} J_2(\xi_0 - y)\psi(y)dy = \int_{\mathbb{R}} J_2(y)\psi(\xi_0 - y)dy = \int_{\mathbb{R}} J_2(y)\psi(\xi_0 + y)dy,$$

其中最后一个等式成立是因为 $J_2(-y) = J_2(y), y \in \mathbb{R}$. 那么由 $J_2 \geqslant 0$ 和 $\psi \geqslant 0$ 可以推出 $\psi(\xi_0 \pm y) = 0, y \in [y_0 - \delta_0, y_0 + \delta_0]$, 这与 ξ_0 的选择矛盾. 令 $\tilde{\phi} = k_1 - \phi, \tilde{\psi} = k_2 - \psi$, 将 $\tilde{\phi}, \tilde{\psi}$ 代入 (1.6), 用类似的方法可得 $\phi(\xi) < k_1, \xi \in \mathbb{R}$. $\square$

定理 1.1.2([119], 在 $-\infty$ 处渐近行为) *假设 (P1), (P2) 和 (1.4) 成立且 $(\phi(\xi), \psi(\xi)) \in C_{[0,\mathbf{K}]}(\mathbb{R}, \mathbb{R}^2)$ 是 (1.6) 和 (1.7) 的任意解. 则 $c \geqslant c^*$ 且 $\lim\limits_{\xi \to -\infty} \dfrac{\psi'(\xi)}{\psi(\xi)} = \Lambda \in \{\lambda_1, \lambda_2\}$, 其中 $\lambda_i(i = 1, 2)$ 如引理 1.1.1中所述.*

证明 令 $z(\xi) = \dfrac{\psi'(\xi)}{\psi(\xi)}$ (因为由引理 1.1.5 知, $\psi(\xi) > 0$). 由 (1.6) 的第二个

方程可推出

$$d_2 \int_{\mathbb{R}} J(y)e^{\int_{\xi}^{\xi-y} z(s)ds} dy - d_2 - cz(\xi) + r_2\left[1 - \frac{b_2}{a_1} + b_2\phi(\xi-c\tau_3) - a_2\psi(\xi-c\tau_4)\right] = 0.$$

因此, 结合 $\lim\limits_{\xi \to -\infty}(\phi(\xi),\psi(\xi)) = (0,0)$, 引理 1.1.1 和引理 1.1.4, 定理的结论是显然的.　　　　　　　　　　　　　　　　　　　　　　　　　　　　$\square$

附注 1.1.2 ([119])　从定理 1.1.1 和定理 1.1.2 很容易看出 c^* 是最小波速.

定义双边拉普拉斯变换

$$L(\lambda,\varphi) = \int_{-\infty}^{\infty} \varphi(\xi)e^{-\lambda\xi}d\xi,$$

其中 $\varphi : \mathbb{R} \to \mathbb{R}$ 是连续函数.

由 (1.7) 和定理 1.1.2 知, 下面的结论是显然的.

引理 1.1.6 ([119])　假设 (P1), (P2) 和 (1.4) 成立且 $(\phi(\xi),\psi(\xi)) \in C_{[\mathbf{0},\mathbf{K}]}(\mathbb{R},$ $\mathbb{R}^2)$ 是 (1.6) 和 (1.7) 的以波速为 $c \geqslant c^*$ 的任意解. 则 $L(\lambda,\psi) < \infty, \lambda \in (0,\Lambda)$, $L(\lambda,\psi) = \infty, \lambda \in \mathbb{R} \setminus (0,\Lambda)$.

令

$$\Delta_2(\lambda,c,\tau_1) := d_1 \int_{\mathbb{R}} J_1(y)e^{-\lambda y}dy - d_1 - c\lambda - r_1 e^{-\lambda c\tau_1}. \tag{1.12}$$

引理 1.1.7 ([119])　假设 (P1) 和 (P2) 成立. 则对于 $c > 0, \Delta_2(\lambda,c,\tau_1) = 0$ 有唯一的正根 $\lambda_3(\tau_1) > 0$, 并且 $\Delta_2(\lambda,c,\tau_1) < 0, \lambda \in (0,\lambda_3(\tau_1))$.

证明　令

$$f(\lambda) = d_1 \int_{\mathbb{R}} J_1(y)e^{-\lambda y}dy - d_1 - c\lambda, \quad g(\lambda) = r_1 e^{-\lambda c\tau_1}.$$

注意到

$$f(0) = 0, \quad f'(\lambda) = -d_1 \int_{\mathbb{R}} yJ_1(y)e^{-\lambda y}dy - c,$$

$$f'(0) = -c < 0, \quad f''(\lambda) = d_1 \int_{\mathbb{R}} y^2 J_1(y)e^{-\lambda y}dy > 0.$$

那么 $f(\lambda)$ 在 $\lambda_0 > 0$ 点取唯一的全局最小值 $f(\lambda_0) < 0$, 并且 $f'(\lambda) > 0, \lambda > \lambda_0$, 其中 $\lambda_0 > 0$ 是 $f'(\lambda) = 0$ 的唯一实根. 因为 $g'(\lambda) = -c\tau_1 r_1 e^{-\lambda c\tau_1} < 0, f(\infty) = \infty$ 和 $g(\infty) = 0$, 所以 $f(\lambda) = g(\lambda)$ 有唯一正根 $\lambda_3(\tau_1) > \lambda_0 > 0$.　　　　$\square$

引理 1.1.8 ([119]) 假设 (P1) 和 (P2) 成立. 则对于 $\tau_1 = 0$ 或者充分小的 $\tau_1 > 0$, $\lambda = \lambda_3(\tau_1)$ 是 $\Delta_2(\lambda, c, \tau_1) = 0$ 的满足 $\mathrm{Re}\lambda = \lambda_3(\tau_1)$ 的唯一根, 其中 $\Delta_2(\lambda, c, \tau_1)$ 如 (1.12) 中所述.

证明 假设 $\lambda_3(\tau_1) + \beta i$ 是 $\Delta_2(\lambda, c, \tau_1) = 0$ 的根, 其中 $\beta = \beta(\tau_1) \in \mathbb{R}$. 由 $\Delta_2(\lambda_3(\tau_1), c, \tau_1) = 0$ 知

$$d_1 \int_{\mathbb{R}} J_1(y) e^{-\lambda_3(\tau_1)y}(\cos(\beta y) - 1)dy = r_1 e^{-\lambda_3(\tau_1)c\tau_1}(\cos(c\tau_1\beta) - 1) \qquad (1.13)$$

和

$$d_1 \int_{\mathbb{R}} J_1(y) e^{-\lambda_3(\tau_1)y}\sin(\beta y)dy + c\beta = r_1 e^{-\lambda_3(\tau_1)c\tau_1}\sin(c\tau_1\beta). \qquad (1.14)$$

如果 $\tau_1 = 0$, 那么由 (1.13) 知

$$d_1 \int_{\mathbb{R}} J_1(y) e^{-\lambda_3(\tau_1)y}(\cos(\beta y) - 1)dy = d_1 \int_{\mathbb{R}} J_1(y) e^{-\lambda_3(\tau_1)y}\sin^2\frac{\beta y}{2}dy = 0,$$

因此 $\beta = 0$.

下证 $\tau_1 > 0$ 的情形. 从引理 1.1.7 的证明很容易推出 $\lambda_3(\tau_1)$ 是有界的, 并且对于任意 $\tau_1 > 0$, 有

$$\lambda_3(\tau_1) \leqslant \lambda_3(0). \qquad (1.15)$$

因此, 从 (1.15) 推出

$$\int_{\mathbb{R}} J_1(y) e^{-\lambda_3(\tau_1)y}\sin^2\frac{\beta y}{2}dy = \int_0^\infty J_1(y)[e^{\lambda_3(\tau_1)y} + e^{-\lambda_3(\tau_1)y}]\sin^2\frac{\beta y}{2}dy$$

$$\geqslant 2\int_0^\infty J_1(y)e^{-\lambda_3(0)y}\sin^2\frac{\beta y}{2}dy$$

$$\geqslant 2\int_{y_0}^{y_0+\delta_0} J_1(y)e^{-\lambda_3(0)y}\sin^2\frac{\beta y}{2}dy$$

$$\geqslant 2\rho\int_{y_0}^{y_0+\delta_0} \sin^2\frac{\beta y}{2}dy,$$

其中 $\rho := \min\limits_{y\in[y_0,y_0+\delta_0]} J_1(y)e^{-\lambda_3(0)y} > 0$, y_0 和 δ_0 如引理 1.1.5 中所述. 结合上述不等式, (1.13) 和 (P2) 知

$$2d_1\rho \int_{y_0}^{y_0+\delta_0} \sin^2\frac{\beta y}{2}dy \leqslant d_1 \int_{\mathbb{R}} J_1(y) e^{-\lambda_3(\tau_1)y}\sin^2\frac{\beta y}{2}dy \leqslant r_1\left(\frac{c\tau_1\beta}{2}\right)^2. \qquad (1.16)$$

现在证明存在 $l = l(\delta_0) > 0$ 使得 $\int_{y_0}^{y_0+\delta_0} \sin^2 \frac{\beta y}{2} dy \geqslant l\beta^2$. 由 (P2), (1.14) 和 (1.15) 知

$$
\begin{aligned}
|c\beta| &\leqslant d_1 \int_{\mathbb{R}} J_1(y) e^{-\lambda_3(\tau_1)y} |\sin(\beta y)| dy + r_1 e^{-\lambda_3(\tau_1)c\tau_1} |\sin(c\tau_1\beta)| \\
&\leqslant d_1 \int_{\mathbb{R}} J_1(y) e^{-\lambda_3(\tau_1)y} dy + r_1 e^{-\lambda_3(\tau_1)c\tau_1} \\
&= d_1 \int_0^\infty J_1(y) [e^{\lambda_3(\tau_1)y} + e^{-\lambda_3(\tau_1)y}] dy + r_1 e^{-\lambda_3(\tau_1)c\tau_1} \\
&\leqslant 2d_1 \int_0^\infty J_1(y) e^{\lambda_3(0)y} dy + r_1 \\
&< \infty,
\end{aligned}
$$

故 β 对 τ_1 是一致有界的. 因此可取引理 1.1.5 中的 $\delta_0 > 0$ 充分小使得 $|\beta|\delta_0 < \frac{\pi}{3}$.

取 $k_0 = k_0(\beta) \in \mathbb{Z}^+$ 使得 $0 \leqslant \frac{|\beta|y_0}{2} - k_0\pi \leqslant \pi$. 那么 $\left[\frac{|\beta|y_0}{2} - k_0\pi, \frac{|\beta|y_0}{2} - k_0\pi + \frac{|\beta|\delta_0}{2}\right] \subset \left[0, \frac{7\pi}{6}\right]$, $\left(\frac{|\beta|y_0}{2} - k_0\pi + \frac{|\beta|\delta_0}{2}\right) - \left(\frac{|\beta|y_0}{2} - k_0\pi\right) = \frac{|\beta|\delta_0}{2} \leqslant \frac{\pi}{6}$. 因此只需讨论三种情形: (i) 当 $\frac{|\beta|y_0}{2} - k_0\pi, \frac{|\beta|y_0}{2} - k_0\pi + \frac{|\beta|\delta_0}{2} \in \left[0, \frac{5\pi}{6}\right]$ 时; (ii) 当 $\frac{|\beta|y_0}{2} - k_0\pi, \frac{|\beta|y_0}{2} - k_0\pi + \frac{|\beta|\delta_0}{2} \in \left[\frac{\pi}{6}, \pi\right]$ 时; (iii) 当 $\frac{|\beta|y_0}{2} - k_0\pi \in \left[\frac{5\pi}{6}, \pi\right]$ 和 $\frac{|\beta|y_0}{2} - k_0\pi + \frac{|\beta|\delta_0}{2} \in \left[\pi, \frac{7\pi}{6}\right]$ 时.

记

$$
\begin{aligned}
I &:= \int_{y_0}^{y_0+\delta_0} \sin^2 \frac{\beta y}{2} dy \\
&= \int_{y_0}^{y_0+\delta_0} \sin^2 \frac{|\beta|y}{2} dy \\
&= \int_{y_0}^{y_0+\delta_0} \sin^2 \left(\frac{|\beta|y}{2} - k_0\pi\right) dy.
\end{aligned}
$$

情形 (i): 因为 $\sin x \geqslant \frac{3}{5\pi}x, x \in \left[0, \frac{5\pi}{6}\right]$, 所以

$$I \geqslant \int_{y_0}^{y_0+\delta_0} \frac{9}{25\pi^2} \left(\frac{|\beta|y}{2} - k_0\pi \right)^2 dy$$

$$\geqslant \int_{y_0+\frac{\delta_0}{2}}^{y_0+\delta_0} \frac{9}{25\pi^2} \left(\frac{|\beta|y}{2} - k_0\pi \right)^2 dy$$

$$\geqslant \int_{y_0+\frac{\delta_0}{2}}^{y_0+\delta_0} \frac{9}{25\pi^2} \left(\frac{|\beta|\delta_0}{4} \right)^2 dy$$

$$= \frac{9\beta^2\delta_0^3}{800\pi^2}.$$

情形 (ii): 因为 $\dfrac{|\beta|y_0}{2} - k_0\pi + \dfrac{|\beta|\delta_0}{4} \leqslant \pi - \dfrac{|\beta|\delta_0}{4}$ 和 $\sin x \geqslant \dfrac{3}{5} - \dfrac{3}{5\pi}x \geqslant 0, x \in \left[\dfrac{\pi}{6}, \pi \right]$, 所以可推出

$$I \geqslant \int_{y_0}^{y_0+\delta_0} \left[\frac{3}{5} - \frac{3}{5\pi} \left(\frac{|\beta|y}{2} - k_0\pi \right) \right]^2 dy$$

$$\geqslant \int_{y_0}^{y_0+\frac{\delta_0}{2}} \left[\frac{3}{5} - \frac{3}{5\pi} \left(\frac{|\beta|y}{2} - k_0\pi \right) \right]^2 dy$$

$$\geqslant \int_{y_0}^{y_0+\frac{\delta_0}{2}} \left[\frac{3}{5} - \frac{3}{5\pi} \left(\frac{|\beta|y_0}{2} - k_0\pi + \frac{|\beta|\delta_0}{4} \right) \right]^2 dy$$

$$\geqslant \int_{y_0}^{y_0+\frac{\delta_0}{2}} \left[\frac{3}{5} - \frac{3}{5\pi} \left(\pi - \frac{|\beta|\delta_0}{4} \right) \right]^2 dy$$

$$= \frac{9\beta^2\delta_0^3}{800\pi^2}.$$

情形 (iii): 在这种情形中, 下面两个不等式至少有一个成立:

$$\pi - \left(\frac{|\beta|y_0}{2} - k_0\pi \right) \geqslant \frac{|\beta|\delta_0}{4} \quad \text{和} \quad \left(\frac{|\beta|y_0}{2} - k_0\pi + \frac{|\beta|\delta_0}{2} \right) - \pi \geqslant \frac{|\beta|\delta_0}{4}.$$

如果 $\pi - \left(\dfrac{|\beta|y_0}{2} - k_0\pi \right) \geqslant \dfrac{|\beta|\delta_0}{4}$, 那么 $\dfrac{|\beta|y_0}{2} - k_0\pi + \dfrac{|\beta|\delta_0}{4} \in \left[\dfrac{5\pi}{6}, \pi \right]$, 所以

$\dfrac{|\beta|y_0}{2} - k_0\pi + \dfrac{|\beta|\delta_0}{8} \leqslant \pi - \dfrac{|\beta|\delta_0}{8}$. 由于 $\sin x \geqslant \dfrac{3}{5} - \dfrac{3}{5\pi}x \geqslant 0, x \in \left[\dfrac{5\pi}{6}, \pi \right]$, 所以有

$$I \geqslant \int_{y_0}^{y_0+\frac{\delta_0}{4}} \left[\frac{3}{5} - \frac{3}{5\pi} \left(\frac{|\beta|y}{2} - k_0\pi \right) \right]^2 dy$$

$$\geqslant \int_{y_0}^{y_0+\frac{\delta_0}{4}} \left[\frac{3}{5} - \frac{3}{5\pi} \left(\pi - \frac{|\beta|\delta_0}{8} \right) \right]^2 dy$$

$$= \frac{9\beta^2\delta_0^3}{6400\pi^2}.$$

如果 $\left(\frac{|\beta|y_0}{2} - k_0\pi + \frac{|\beta|\delta_0}{2} \right) - \pi \geqslant \frac{|\beta|\delta_0}{4}$, 那么 $\frac{|\beta|y_0}{2} - k_0\pi + \frac{|\beta|\delta_0}{4} \in \left[\pi, \frac{7\pi}{6} \right]$,

因此 $\frac{|\beta|y_0}{2} - (k_0+1)\pi + \frac{|\beta|\delta_0}{4}, \frac{|\beta|y_0}{2} - (k_0+1)\pi + \frac{|\beta|\delta_0}{2} \in \left[0, \frac{\pi}{6} \right]$. 因为 $\sin x \geqslant$

$\frac{3}{5\pi}x, x \in \left[0, \frac{\pi}{6} \right]$, 所以有

$$I \geqslant \int_{y_0+\frac{\delta_0}{2}}^{y_0+\delta_0} \frac{9}{25\pi^2} \left[\frac{|\beta|y}{2} - (k_0+1)\pi \right]^2 dy$$

$$\geqslant \int_{y_0+\frac{\delta_0}{2}}^{y_0+\delta_0} \frac{9}{25\pi^2} \left(\frac{|\beta|\delta_0}{4} \right)^2 dy$$

$$= \frac{9\beta^2\delta_0^3}{800\pi^2}.$$

从以上估计知, 可取 $l = \frac{9\delta_0^3}{6400\pi^2}$. 由 (1.16) 知, $\frac{9d_1\rho\beta^2\delta_0^3}{3200\pi^2} \leqslant r_1 \left(\frac{c\tau_1\beta}{2} \right)^2$, 这蕴含

着当 $\tau_1 < \frac{3\sqrt{d_1\rho}\delta_0^{\frac{3}{2}}}{20\sqrt{2}\pi c\sqrt{r_1}}$ 时, $\beta = 0$. $\qquad\square$

引理 1.1.9([119]) 假设 (P1), (P2) 和 (1.4) 成立且 $(\phi(\xi), \psi(\xi)) \in C_{[\mathbf{0},\mathbf{K}]}(\mathbb{R}, \mathbb{R}^2)$ 是 (1.6) 和 (1.7) 的波速为 $c \geqslant c^*$ 的任意非减解. 则 $L(\lambda, \phi) < \infty, \lambda \in (0, \gamma(\tau_1))$ 和 $L(\lambda, \phi) = \infty, \lambda \in \mathbb{R} \setminus (0, \gamma(\tau_1))$, 其中 $\gamma(\tau_1) = \min\{\Lambda, \lambda_3(\tau_1)\}$.

证明 首先证明存在 $\sigma > 0$ 使得 $L(\lambda, \phi) < \infty, \lambda \in (0, \sigma)$. 显然, 对于 $c > 0$,

$$d_1 \int_{\mathbb{R}} J_1(y)e^{-\lambda y}dy - d_1 - c\lambda = 0$$

只有两个实根 0 和 $\Lambda^*(0 < \Lambda^*)$, 并且

$$d_1 \int_{\mathbb{R}} J_1(y)e^{-\lambda y}dy - d_1 - c\lambda < 0, \quad \lambda \in (0, \Lambda^*).$$

因为 (P2) 蕴含着 $-\infty < \int_{-\infty}^{0} yJ_1(y)e^{-2\lambda y}dy < 0, \lambda > 0$, 所以存在充分小的

$\lambda_0 > 0$ 使得 $d_1 \int_{-\infty}^{0} yJ_1(y)e^{-2\lambda y}dy - c + \frac{r_1}{2\lambda}e^{-2} > 0, \lambda \in (0, \lambda_0)$.

对于 $\lambda \in \left(0, \min\left\{\Lambda^*, \dfrac{1}{c\tau_1}, \lambda_0\right\}\right)$, 可取 $z_0 < 0$ 充分小使得 $\phi(\xi) \leqslant \dfrac{1}{2a_1}, \xi \leqslant$ $z_0 + c\tau_1 + \dfrac{1}{\lambda}$. (1.6) 的第一个方程两边同乘以 $e^{-\lambda\xi}, \lambda \in \left(0, \min\left\{\Lambda^*, \dfrac{1}{c\tau_1}, \lambda_0\right\}\right)$, 并从 $z \leqslant z_0$ 到 ∞ 积分, 有

$$r_1 b_1 \int_z^\infty \left(\frac{1}{a_1} - \phi(\xi)\right)\psi(\xi - c\tau_2)e^{-\lambda\xi}d\xi$$

$$= -d_1 \int_z^\infty \int_{\mathbb{R}} J_1(\xi - y)\phi(y)e^{-\lambda\xi}dyd\xi + d_1 \int_z^\infty \phi(\xi)e^{-\lambda\xi}d\xi$$

$$+ c\int_z^\infty \phi'(\xi)e^{-\lambda\xi}d\xi + r_1 a_1 \int_z^\infty \left(\frac{1}{a_1} - \phi(\xi)\right)\phi(\xi - c\tau_1)e^{-\lambda\xi}d\xi. \quad (1.17)$$

因为

$$r_1 b_1 \int_z^\infty \left(\frac{1}{a_1} - \phi(\xi)\right)\psi(\xi - c\tau_2)e^{-\lambda\xi}d\xi$$

$$\leqslant r_1 b_1 \int_{-\infty}^\infty \left(\frac{1}{a_1} - \phi(\xi)\right)\psi(\xi - c\tau_2)e^{-\lambda\xi}d\xi$$

$$\leqslant \frac{r_1 b_1}{a_1} \int_{-\infty}^\infty \psi(\xi - c\tau_2)e^{-\lambda\xi}d\xi$$

$$\leqslant \frac{r_1 b_1}{a_1} \int_{-\infty}^\infty \psi(\xi)e^{-\lambda\xi}d\xi = \frac{r_1 b_1}{a_1}L(\lambda, \psi)$$

和

$$\int_z^\infty \int_{\mathbb{R}} J_1(\xi - y)\phi(y)e^{-\lambda\xi}dyd\xi$$

$$= \int_z^\infty \int_{\mathbb{R}} J_1(y)\phi(\xi - y)e^{-\lambda\xi}dyd\xi$$

$$= \int_{\mathbb{R}} \int_z^\infty J_1(y)\phi(\xi - y)e^{-\lambda\xi}d\xi dy$$

$$= \int_{\mathbb{R}} \left(\int_z^\infty + \int_{z+y}^z\right) J_1(y)\phi(\xi)e^{-\lambda y}e^{-\lambda\xi}d\xi dy$$

$$= \int_{\mathbb{R}} J_1(y)e^{-\lambda y}dy \int_z^\infty \phi(\xi)e^{-\lambda\xi}d\xi + \int_{\mathbb{R}} \int_{z+y}^z J_1(y)\phi(\xi)e^{-\lambda y}e^{-\lambda\xi}d\xi dy$$

$$\leqslant \int_{\mathbb{R}} J_1(y)e^{-\lambda y}dy \int_z^\infty \phi(\xi)e^{-\lambda\xi}d\xi + \int_{-\infty}^0 \int_{z+y}^z J_1(y)\phi(\xi)e^{-\lambda y}e^{-\lambda\xi}d\xi dy$$

$$\leqslant \int_{\mathbb{R}} J_1(y)e^{-\lambda y}dy \int_z^\infty \phi(\xi)e^{-\lambda\xi}d\xi + \int_{-\infty}^0 \int_{z+y}^z J_1(y)\phi(z)e^{-\lambda y}e^{-\lambda(z+y)}d\xi dy$$

$$= \int_{\mathbb{R}} J_1(y)e^{-\lambda y}dy \int_z^\infty \phi(\xi)e^{-\lambda\xi}d\xi + \phi(z)e^{-\lambda z}\int_{-\infty}^0 (-y)J_1(y)e^{-2\lambda y}dy,$$

所以

$$-d_1\int_z^\infty \int_{\mathbb{R}} J_1(\xi-y)\phi(y)e^{-\lambda\xi}dyd\xi + d_1\int_z^\infty \phi(\xi)e^{-\lambda\xi}d\xi$$

$$+c\int_z^\infty \phi'(\xi)e^{-\lambda\xi}d\xi + r_1a_1\int_z^\infty \left(\frac{1}{a_1}-\phi(\xi)\right)\phi(\xi-c\tau_1)e^{-\lambda\xi}d\xi$$

$$\geqslant \left(-d_1\int_{\mathbb{R}} J_1(y)e^{-\lambda y}dy + d_1 + c\lambda\right)\int_z^\infty \phi(\xi)e^{-\lambda\xi}d\xi$$

$$+M(d_1,c)\phi(z)e^{-\lambda z} + r_1a_1\int_z^\infty \left(\frac{1}{a_1}-\phi(\xi)\right)\phi(\xi-c\tau_1)e^{-\lambda\xi}d\xi$$

$$\geqslant M(d_1,c)\phi(z)e^{-\lambda z} + r_1a_1\int_z^\infty \left(\frac{1}{a_1}-\phi(\xi)\right)\phi(\xi-c\tau_1)e^{-\lambda\xi}d\xi$$

$$\geqslant M(d_1,c)\phi(z)e^{-\lambda z} + r_1a_1\int_{z+c\tau_1}^{z+c\tau_1+\frac{1}{\lambda}} \left(\frac{1}{a_1}-\phi(\xi)\right)\phi(\xi-c\tau_1)e^{-\lambda\xi}d\xi$$

$$\geqslant M(d_1,c)\phi(z)e^{-\lambda z} + \frac{r_1}{2}\int_{z+c\tau_1}^{z+c\tau_1+\frac{1}{\lambda}} \phi(\xi-c\tau_1)e^{-\lambda\xi}d\xi$$

$$\geqslant M(d_1,c)\phi(z)e^{-\lambda z} + \frac{r_1}{2}\int_{z+c\tau_1}^{z+c\tau_1+\frac{1}{\lambda}} \phi(z+c\tau_1-c\tau_1)e^{-\lambda(z+c\tau_1+\frac{1}{\lambda})}d\xi$$

$$= \left(d_1\int_{-\infty}^0 yJ_1(y)e^{-2\lambda y}dy - c + \frac{r_1}{2\lambda}e^{-(\lambda c\tau_1+1)}\right)\phi(z)e^{-\lambda z}$$

$$\geqslant \left(d_1\int_{-\infty}^0 yJ_1(y)e^{-2\lambda y}dy - c + \frac{r_1}{2\lambda}e^{-2}\right)\phi(z)e^{-\lambda z},$$

其中 $M(d_1,c) := d_1\int_{-\infty}^0 yJ_1(y)e^{-2\lambda y}dy - c$. 由引理 1.1.6 知, 这蕴含着 $0 < \sup_{z\in\mathbb{R}}\phi(z)e^{-\lambda z} < \infty$, $\lambda \in \left(0, \min\left\{\Lambda, \Lambda^*, \frac{1}{c\tau_1}, \lambda_0\right\}\right)$. 因此可取 $\sigma \in \left(0, \min\left\{\Lambda, \Lambda^*, \frac{1}{c\tau_1}, \lambda_0\right\}\right)$ 使得 $L(\lambda, \phi) < \infty$, $\lambda \in (0, \sigma)$.

下证 $\max\sigma = \gamma(\tau_1)$. (1.6) 的第一个方程两边同乘 $e^{-\lambda\xi}$, $\lambda > 0$, 从 $-\infty$ 到 ∞

积分, 可得

$$\Delta_2(\lambda, c, \tau_1) L(\lambda, \phi)$$

$$= -r_1 a_1 \int_{-\infty}^{\infty} \phi(\xi)\phi(\xi - c\tau_1)e^{-\lambda\xi}d\xi - r_1 b_1 \int_{-\infty}^{\infty} \left(\frac{1}{a_1} - \phi(\xi)\right)\psi(\xi - c\tau_2)e^{-\lambda\xi}d\xi.$$

$$(1.18)$$

由引理 1.1.6 知, (1.18) 的右边对于 $\lambda \in (0, \min\{2\max\sigma, \Lambda\})$ 有定义, 则从 (1.18) 推出 $\max\sigma \leqslant \Lambda$. 断定 $\max\sigma \leqslant \lambda_3(\tau_1)$. 否则, 若 $\max\sigma > \lambda_3(\tau_1)$, 则 $L(\lambda_3(\tau_1), \phi)$ $< \infty$. 在 (1.18) 中取 $\lambda = \lambda_3(\tau_1)$, 因为 $\Delta_2(\lambda_3(\tau_1), c, \tau_1) = 0$, 所以 (1.18) 的左边等于 0, 但 (1.18) 的右边总是负的, 矛盾. 从 (1.18) 也易推出, 若 $\Lambda < \lambda_3(\tau_1)$, 则 $\gamma(\tau_1) = \Lambda$, 若 $\Lambda \geqslant \lambda_3(\tau_1)$, 则 $\gamma(\tau_1) = \lambda_3(\tau_1)$. 进一步, 若 $\Lambda \geqslant \lambda_3(\tau_1)$, 也可推出极限 $\lim\limits_{\lambda \to \lambda_3^-(\tau_1)} L(\lambda, \phi)(\lambda_3(\tau_1) - \lambda)$ 存在. $\qquad\square$

为了研究渐近行为, 需要下面修改版本的 Ikehara 定理 [31], 它早期被应用于 $\nu = 0$ 的情形 [48].

引理 1.1.10([31], Ikehara 定理) 令 φ 是 $\mathbb{R}$ 上的正的非减函数, 定义 $F(\lambda) := \int_{-\infty}^{0} \varphi(\xi)e^{-\lambda\xi}d\xi$. 假设 F 可写成形式 $F(\lambda) = H(\lambda)/(\alpha - \lambda)^{\nu+1}$, 其中 $\nu > -1, \alpha > 0$, 且 H 在区域 $0 < \text{Re}\lambda \leqslant \alpha$ 上解析, 那么

$$\lim_{\xi \to -\infty} \frac{\varphi(\xi)}{|\xi|^\nu e^{\alpha\xi}} = \frac{H(\alpha)}{\Gamma(\alpha+1)}.$$

令

$$Q_1(\lambda) =: \int_{-\infty}^{\infty} \phi(\xi)[-a_1\phi(\xi - c\tau_1) + b_1\psi(\xi - c\tau_2)]e^{-\lambda\xi}d\xi,$$

$$Q_2(\lambda) =: \int_{-\infty}^{\infty} \psi(\xi)[-b_2\phi(\xi - c\tau_3) + a_2\psi(\xi - c\tau_4)]e^{-\lambda\xi}d\xi.$$

现在给出 $(\phi(\xi), \psi(\xi))$ 在负无穷远处的指数衰减率.

定理 1.1.3 ([119], 在 $-\infty$ 处渐近行为) 假设 (P1), (P2) 和 (1.4) 成立且 $\tau_1 = \tau_4 = 0$ 或者 τ_1, τ_4 充分小, $(\phi(\xi), \psi(\xi)) \in C_{[\mathbf{0},\mathbf{K}]}(\mathbb{R}, \mathbb{R}^2)$ 是 (1.6) 和 (1.7) 的以波速为 $c \geqslant c^*$ 的任意非减解. 则

(i) 存在 $\theta_i = \theta_i(\phi, \psi)(i = 1, 2)$ 使得

$$\text{当 } c > c^* \text{时}, \quad \lim_{\xi \to -\infty} \frac{\psi(\xi + \theta_1)}{e^{\Lambda\xi}} = 1,$$

$$\text{当 } c = c^* \text{时}, \quad \lim_{\xi \to -\infty} \frac{\psi(\xi + \theta_2)}{|\xi|^\mu e^{\Lambda\xi}} = 1;$$

(ii) *对于 $c > c^*$, 存在 $\theta_i = \theta_i(\phi, \psi)(i = 3, 4, 5)$ 使得*

$$\text{当} \lambda_3(\tau_1) > \Lambda \text{时}, \quad \lim_{\xi \to -\infty} \frac{\phi(\xi + \theta_3)}{e^{\Lambda \xi}} = 1,$$

$$\text{当} \lambda_3(\tau_1) = \Lambda \text{时}, \quad \lim_{\xi \to -\infty} \frac{\phi(\xi + \theta_4)}{|\xi| e^{\Lambda \xi}} = 1,$$

$$\text{当} \lambda_3(\tau_1) < \Lambda \text{时}, \quad \lim_{\xi \to -\infty} \frac{\phi(\xi + \theta_5)}{e^{\lambda_3(\tau_1) \xi}} = 1;$$

(iii) *对于 $c = c^*$, 存在 $\theta_i = \theta_i(\phi, \psi), (i = 6, 7, 8)$ 使得*

$$\text{当} \lambda_3(\tau_1) > \Lambda \text{时}, \quad \lim_{\xi \to -\infty} \frac{\phi(\xi + \theta_6)}{|\xi|^\mu e^{\Lambda \xi}} = 1,$$

$$\text{当} \lambda_3(\tau_1) = \Lambda \text{时}, \quad \lim_{\xi \to -\infty} \frac{\phi(\xi + \theta_7)}{|\xi|^{\mu+1} e^{\Lambda \xi}} = 1,$$

$$\text{当} \lambda_3(\tau_1) < \Lambda \text{时}, \quad \lim_{\xi \to -\infty} \frac{\phi(\xi + \theta_8)}{e^{\lambda_3(\tau_1) \xi}} = 1,$$

其中当 $Q_2(\Lambda) \neq 0$ 时, $\mu = 1$; 当 $Q_2(\Lambda) = 0$ 时, $\mu = 0$.

证明 该证明受文 [81,124,125] 的启发. 由引理 1.1.6 和引理 1.1.9 知, $L(\lambda, \phi)$ 和 $L(\lambda, \psi)$ 分别对于 $\lambda \in \mathbb{C}, \text{Re}\lambda \in (0, \gamma(\tau_1))$ 和 $\lambda \in \mathbb{C}, \text{Re}\lambda \in (0, \Lambda)$ 有定义. 从 (1.6) 可以推出, 当 $\lambda \in \mathbb{C}$ 且 $0 < \text{Re}\lambda < \Lambda$ 时,

$$\Delta_1(\lambda, c) \int_{-\infty}^{\infty} \psi(\xi) e^{-\lambda\xi} d\xi = r_2 Q_2(\lambda); \tag{1.19}$$

当 $\lambda \in \mathbb{C}$ 且 $0 < \text{Re}\lambda < \gamma(\tau_1)$ 时,

$$\Delta_2(\lambda, c, \tau_1) \int_{-\infty}^{\infty} \phi(\xi) e^{-\lambda\xi} d\xi = -\frac{r_1 r_2 b_1}{a_1} e^{-\lambda c \tau_2} \frac{Q_2(\lambda)}{\Delta_1(\lambda, c)} + r_1 Q_1(\lambda). \tag{1.20}$$

通过直接计算并结合引理 1.1.8, 有如下事实:

(1) $\lambda = \Lambda$ 是 $\Delta_1(\lambda, c) = 0$ 的满足 $\text{Re}\lambda = \Lambda$ 的唯一根, $\lambda = \lambda_3(\tau_1)$ 是 $\Delta_2(\lambda, c, \tau_1) = 0$ 的满足 $\text{Re}\lambda = \lambda_3(\tau_1)$ 的唯一根, 其中 $\Delta_1(\lambda, c)$ 和 $\Delta_2(\lambda, c, \tau_1)$ 分别如 (1.8) 和 (1.12) 中所述;

(2) 由引理 1.1.6 和引理 1.1.9 知, $Q_1(\lambda)$ 和 $Q_2(\lambda)$ 分别在区域 $0 < \text{Re}\lambda < 2\gamma(\tau_1)$ 和 $0 < \text{Re}\lambda < \Lambda + \gamma(\tau_1)$ 上解析.

令

$$F(\lambda) = \int_{-\infty}^{0} \psi(\xi) e^{-\lambda\xi} d\xi = \frac{r_2 Q_2(\lambda)}{\Delta_1(\lambda, c)} - \int_{0}^{\infty} \psi(\xi) e^{-\lambda\xi} d\xi \quad (\text{由}(1.19)) \tag{1.21}$$

和

$$H(\lambda) = \frac{r_2 Q_2(\lambda)}{\Delta_1(\lambda,c)/(\Lambda-\lambda)^{\nu+1}} - (\Lambda-\lambda)^{\nu+1} \int_0^\infty \psi(\xi)e^{-\lambda\xi}d\xi, \qquad (1.22)$$

其中当 $c > c^*$ 时, $\nu = 0$; 当 $c = c^*$ 时, $\nu = \mu$. 那么 $H(\lambda)$ 在区域 $0 < \mathrm{Re}\lambda < \Lambda$ 上解析. 结合 (1), (2) 和 $H(\lambda)$ 的表达式可推出 $H(\lambda)$ 在 $\{\lambda|\mathrm{Re}\lambda = \Lambda\}$ 上解析. 因此 $H(\lambda)$ 在区域 $0 < \mathrm{Re}\lambda \leqslant \Lambda$ 上解析. 从引理 1.1.10 推出

$$\lim_{\xi\to-\infty} \frac{\psi(\xi)}{|\xi|^\nu e^{\Lambda\xi}} = \frac{H(\Lambda)}{\Gamma(\Lambda+1)},$$

其中当 $c > c^*$ 时, $\nu = 0$; 当 $c = c^*$ 时, $\nu = \mu$. 当 $H(\Lambda) \neq 0$ 时, 易知 (i) 成立. 下证 $H(\Lambda) \neq 0$.

当 $c > c^*$ 时, 因为 Λ 是 $\Delta_1(\lambda,c) = 0$ 的单根, 并且 $\nu = 0$, 所以可推出 $\Delta_1(\lambda,c)/(\Lambda-\lambda) \neq 0$. 断定 $Q_2(\Lambda) \neq 0$. 事实上, 从 (1.21) 可推出当 $Q_2(\Lambda) = 0$ 时, $L(\Lambda,\psi)$ 存在, 这与引理 1.1.6 矛盾. 因此, 由 (1.22) 知, $H(\Lambda) \neq 0$.

当 $c = c^*$ 时, 那么 Λ 是 $\Delta_1(\lambda,c) = 0$ 的二重根. 当 $Q_2(\Lambda) \neq 0$ 时, 可取 $\mu = 1$ 使得 $H(\Lambda) \neq 0$. 当 $Q_2(\Lambda) = 0$ 时, 那么 Λ 一定是 $Q_2(\lambda) = 0$ 的单根, 否则, 由 (1.21) 知, $L(\Lambda,\psi)$ 存在, 这与引理 1.1.6 矛盾. 因此, 由 (1.22) 知, 可取 $\mu = 0$ 使得 $H(\Lambda) \neq 0$.

现在证明 (ii). 对于 $0 < \mathrm{Re}\lambda \leqslant \gamma(\tau_1)$, 由 (1.20), 令

$$F(\lambda) = \int_{-\infty}^0 \phi(\xi)e^{-\lambda\xi}d\xi$$

$$= -\int_0^\infty \phi(\xi)e^{-\lambda\xi}d\xi - \frac{\dfrac{r_1 r_2 b_1}{a_1}e^{-\lambda c\tau_2}Q_2(\lambda)}{\Delta_1(\lambda,c)\Delta_2(\lambda,c,\tau_1)} + \frac{r_1 Q_1(\lambda)}{\Delta_2(\lambda,c,\tau_1)} \qquad (1.23)$$

和

$$H(\lambda) = (\gamma(\tau_1)-\lambda)^{\nu+1}F(\lambda), \qquad (1.24)$$

其中当 $\lambda_3(\tau_1) \neq \Lambda$ 时, $\nu = 0$; 当 $\lambda_3(\tau_1) = \Lambda$ 时, $\nu = 1$. 类似于 (i) 的讨论知, $H(\lambda)$ 在区域 $0 < \mathrm{Re}\lambda \leqslant \gamma(\tau_1)$ 上解析. 从引理 1.1.10 可推出

$$\lim_{\xi\to-\infty} \frac{\phi(\xi)}{|\xi|^\nu e^{\gamma\xi}} = \frac{H(\gamma(\tau_1))}{\Gamma(\gamma(\tau_1)+1)},$$

其中当 $\lambda_3(\tau_1) \neq \Lambda$ 时, $\nu = 0$; 当 $\lambda_3(\tau_1) = \Lambda$ 时, $\nu = 1$. 下证 $H(\gamma(\tau_1)) \neq 0$.

如果 $\lambda_3(\tau_1) \geqslant \Lambda$, 那么 $\gamma(\tau_1) = \Lambda$. 结合 (1.23) 和 (1.24), 由 $Q_2(\Lambda) \neq 0$ 易推出 $H(\gamma(\tau_1)) \neq 0$. 当 $\lambda_3(\tau_1) < \Lambda$ 时, $\gamma(\tau_1) = \lambda_3(\tau_1)$. 因为

$$H(\lambda) = \frac{-r_1 \displaystyle\int_{-\infty}^{\infty} \left[a_1 \phi(\xi)\phi(\xi - c\tau_1) + b_1 \left(\frac{1}{a_1} - \phi(\xi) \right) \psi(\xi - c\tau_2) \right] e^{-\lambda\xi} d\xi}{\Delta_2(\lambda, c, \tau_1)/(\lambda_3(\tau_1) - \lambda)}$$
$$- (\lambda_3(\tau_1) - \lambda) \int_0^{\infty} \phi(\xi) e^{-\lambda\xi} d\xi,$$

$H(\lambda_3(\tau_1)) \neq 0$. 事实上, 如果 $H(\lambda_3(\tau_1)) = 0$, 那么

$$\int_{-\infty}^{\infty} \left[a_1 \phi(\xi)\phi(\xi - c\tau_1) + b_1 \left(\frac{1}{a_1} - \phi(\xi) \right) \psi(\xi - c\tau_2) \right] e^{-\lambda\xi} d\xi = 0,$$

进一步, 由 $\mathbf{0} \leqslant (\phi(\xi), \psi(\xi)) \leqslant \mathbf{K}$ 知, $\phi(\xi) \equiv \psi(\xi) \equiv 0, \xi \in \mathbb{R}$, 这是矛盾的.

利用类似的方法可以证明 (iii). 　　　　　　　　　　　　　　　　　□

由定理 1.1.3 知, 下面的推论是显然的.

推论 1.1.1([119])　*如果 $(\phi(\xi), \psi(\xi))$ 如定理 1.1.3 中所述, 那么* $\displaystyle\lim_{\xi \to -\infty} \frac{\phi'(\xi)}{\phi(\xi)} = \gamma(\tau_1)$.

下面考虑 $(\phi(\xi), \psi(\xi))$ 在正无穷远处的指数衰减率. 为了方便, 令 $\tilde{\phi} = \dfrac{1}{a_1} - \phi, \tilde{\psi} = \dfrac{1}{a_2} - \psi$, 将 $\tilde{\phi}, \tilde{\psi}$ 代入 (1.6), 则有

$$\begin{cases} d_1(J_1 * \tilde{\phi})(\xi) - d_1\tilde{\phi}(\xi) - c\tilde{\phi}'(\xi) + \tilde{f}_{c1}(\tilde{\phi}_\xi, \tilde{\psi}_\xi) = 0, \\ d_2(J_2 * \tilde{\psi})(\xi) - d_2\tilde{\psi}(\xi) - c\tilde{\psi}'(\xi) + \tilde{f}_{c2}(\tilde{\phi}_\xi, \tilde{\psi}_\xi) = 0 \end{cases} \tag{1.25}$$

且满足

$$\lim_{\xi \to \infty} (\tilde{\phi}(\xi), \tilde{\psi}(\xi)) = \mathbf{K}, \quad \lim_{\xi \to \infty} (\tilde{\phi}(\xi), \tilde{\psi}(\xi)) = \mathbf{0}, \tag{1.26}$$

其中 $\tilde{\phi}_\xi(s) = \tilde{\phi}(\xi + s), \tilde{\psi}_\xi(s) = \tilde{\psi}(\xi + s), s \in [-c\tau, 0]$ 且

$$\begin{cases} \tilde{f}_{c1}(\tilde{\phi}_\xi, \tilde{\psi}_\xi) = r_1\tilde{\phi}(\xi) \left[1 - \dfrac{b_1}{a_2} - a_1\tilde{\phi}(\xi - c\tau_1) + b_1\tilde{\psi}(\xi - c\tau_2) \right], \\ \tilde{f}_{c2}(\tilde{\phi}_\xi, \tilde{\psi}_\xi) = r_2 \left(\dfrac{1}{a_2} - \tilde{\psi}(\xi) \right) [b_2\tilde{\phi}(\xi - c\tau_3) - a_2\tilde{\psi}(\xi - c\tau_4)]. \end{cases}$$

令

$$\Delta_3(\lambda, c) := d_1 \int_{\mathbb{R}} J_1(y) e^{-\lambda y} dy - d_1 - c\lambda + r_1 \left(1 - \frac{b_1}{a_2}\right),$$
$$\Delta_4(\lambda, c, \tau_4) := d_2 \int_{\mathbb{R}} J_2(y) e^{-\lambda y} dy - d_2 - c\lambda - r_2 e^{-\lambda c \tau_4}. \tag{1.27}$$

引理 1.1.11([119]) 假设 (P1), (P2) 和 (1.4) 成立且 $\Delta_3(\lambda, c)$ 和 $\Delta_4(\lambda, c, \tau_4)$ 如 (1.27) 中所述. 则

(i) 对于 $c > 0, \Delta_3(\lambda, c) = 0$ 有唯一的负根 $\lambda_4 < 0$;

(ii) 当 $\tau_4 = 0$ 或者充分小的 τ_4 时, 对于 $c > 0$, $\Delta_4(\lambda, c, \tau_4) = 0$ 有唯一的负根 $\lambda_5(\tau_4) < 0$, 并且 $\Delta_4(\lambda, c, \tau_4) < 0, \lambda \in (\lambda_5(\tau_4), 0)$.

证明 (i) 因为对于 $\lambda \in (-\infty, 0]$,

$$\frac{\partial \Delta_3(\lambda, c)}{\partial \lambda} = -d_1 \int_{\mathbb{R}} y J_1(y) e^{-\lambda y} dy - c$$
$$= -d_1 \int_0^\infty y J_1(y) \left(e^{-\lambda y} - e^{\lambda y}\right) dy - c < 0,$$

且 $\frac{\partial^2 \Delta_3(\lambda, c)}{\partial \lambda^2} = d_1 \int_{\mathbb{R}} y^2 J_1(y) e^{-\lambda y} dy > 0, \Delta_3(-\infty, c) = \infty$ 以及由 (1.4) 知, $\Delta_3(0, c) = r_1 \left(1 - \frac{b_1}{a_2}\right) < 0$, 所以可以推出 $\Delta_3(\lambda, c) = 0$ 有唯一的负根 $\lambda_4 < 0$.

(ii) 对于 $\tau_4 = 0$, 结论是显然的, 其证明与 (i) 类似. 对于充分小的 $\tau_4 > 0$, 不妨假设 $0 < c\tau_4 \ll 1$. 因为 $\Delta_4(0, c, \tau_4) = -r_2 < 0$ 和 $\Delta_4(-\infty, c, \tau_4) = \infty$, 所以易知 $\Delta_4(\lambda, c, \tau_4) = 0$ 有一个负根 $\lambda_5(\tau_4) < 0$. 由 (P1) 和 (P2) 知, 总可以取 τ_4 充分小使得

$$\frac{\partial \Delta_4(\lambda, c, \tau_4)}{\partial \lambda} = -d_2 \int_{\mathbb{R}} y J_2(y) e^{-\lambda y} dy - c + c\tau_4 r_2 e^{-\lambda c \tau_4}$$
$$= -d_2 \int_0^\infty y J_2(y) \left(e^{-\lambda y} - e^{\lambda y}\right) dy - c + c\tau_4 r_2 e^{-\lambda c \tau_4} < 0, \tag{1.28}$$

$\lambda \in (-\infty, 0]$. 因此 $\lambda_5(\tau_4)$ 是唯一的. $\square$

类似于引理 1.1.8 的证明, 可得如下引理.

引理 1.1.12([119]) 假设 (P1) 和 (P2) 成立. 则当 $\tau_4 = 0$ 或者 τ_4 充分小时, $\lambda = \lambda_5(\tau_4)$ 是 $\Delta_4(\lambda, c, \tau_4) = 0$ 的满足 $\text{Re}\lambda = \lambda_5(\tau_4)$ 的唯一根.

令 $z(\xi) = \dfrac{\tilde{\phi}'(\xi)}{\tilde{\phi}(\xi)}$（由引理 1.1.5 知，$\phi(\xi) < k_1$）. 由 $\lim\limits_{\xi\to\infty}(\tilde{\phi}(\xi),\tilde{\psi}(\xi)) = (0,0)$ 和引理 1.1.4 可得如下结果.

定理 1.1.4（[119]，在 $+\infty$ 处渐近行为）　假设 (P1), (P2) 和 (1.4) 成立且 $(\phi(\xi),\psi(\xi)) \in C_{[\mathbf{0},\mathbf{K}]}(\mathbb{R},\mathbb{R}^2)$ 是 (1.6) 和 (1.7) 的以波速为 $c \geqslant c^*$ 的任意解. 则

$$\lim_{\xi\to\infty}\frac{\phi'(\xi)}{k_1 - \phi(\xi)} = -\lambda_4 > 0.$$

由定理 1.1.4 和 (1.26) 知，下面的引理是显然的.

引理 1.1.13（[119]）　假设 (P1), (P2) 和 (1.4) 成立且 $(\phi(\xi),\psi(\xi)) \in C_{[\mathbf{0},\mathbf{K}]}(\mathbb{R},\mathbb{R}^2)$ 是 (1.6) 和 (1.7) 的以波速为 $c \geqslant c^*$ 的任意解. 则 $L(\lambda,\tilde{\phi}) < \infty, \lambda \in (\lambda_4,0)$ 和 $L(\lambda,\tilde{\phi}) = \infty, \lambda \in \mathbb{R} \setminus (\lambda_4,0)$.

类似于引理 1.1.9 的证明，可得如下引理.

引理 1.1.14（[119]）　假设 (P1), (P2) 和 (1.4) 成立且 $(\phi(\xi),\psi(\xi)) \in C_{[\mathbf{0},\mathbf{K}]}(\mathbb{R},\mathbb{R}^2)$ 是 (1.6) 和 (1.7) 的以波速为 $c \geqslant c^*$ 的任意非减解. 则 $L(\lambda,\tilde{\psi}) < \infty, \lambda \in (\gamma_1(\tau_4),0)$ 和 $L(\lambda,\tilde{\psi}) = \infty, \lambda \in \mathbb{R} \setminus (\gamma_1(\tau_4),0)$, 其中 $\gamma_1(\tau_4) = \max\{\lambda_4,\lambda_5(\tau_4)\} < 0$.

类似于定理 1.1.3 的讨论，可得 $(\phi(\xi),\psi(\xi))$ 在正无穷远处的指数衰减率.

定理 1.1.5（[119]，在 $+\infty$ 处渐近行为）　假设 (P1), (P2) 和 (1.4) 成立且 $\tau_1 = \tau_4 = 0$ 或者 τ_1, τ_4 充分小，$(\phi(\xi),\psi(\xi)) \in C_{[\mathbf{0},\mathbf{K}]}(\mathbb{R},\mathbb{R}^2)$ 是 (1.6) 和 (1.7) 的以波速为 $c \geqslant c^*$ 的任意非减解. 则

(i) 存在 $\theta_9 = \theta_9(\phi,\psi)$ 使得 $\lim\limits_{\xi\to\infty}\dfrac{k_1 - \phi(\xi + \theta_9)}{e^{\lambda_4\xi}} = 1$;

(ii) 存在 $\theta_i = \theta_i(\phi,\psi)(i = 10,11,12)$ 使得

$$当 \lambda_5(\tau_4) > \lambda_4 时，\quad \lim_{\xi\to\infty}\frac{k_2 - \psi(\xi + \theta_{10})}{e^{\lambda_5(\tau_4)\xi}} = 1,$$

$$当 \lambda_5(\tau_4) = \lambda_4 时，\quad \lim_{\xi\to\infty}\frac{k_2 - \psi(\xi + \theta_{11})}{\xi e^{\lambda_5(\tau_4)\xi}} = 1,$$

$$当 \lambda_5(\tau_4) < \lambda_4 时，\quad \lim_{\xi\to\infty}\frac{k_2 - \psi(\xi + \theta_{12})}{e^{\lambda_4\xi}} = 1.$$

由定理 1.1.5 知，下面的推论是显然的.

推论 1.1.2（[119]）　如果 $(\phi(\xi),\psi(\xi))$ 如定理 1.1.5 中所述，那么 $\lim\limits_{\xi\to\infty}\dfrac{\psi'(\xi)}{k_2 - \psi(\xi)} = -\gamma_1(\tau_4)$.

1.1.3 严格单调性和唯一性

在本节中我们利用滑行方法来证明当 $\tau_1 = \tau_4 = 0$ 时, 系统 (1.5) 的行波解的严格单调性和唯一性. 首先给出强比较原理.

引理 1.1.15 ([119], 强比较原理) 令 (ϕ_1, ψ_1) 和 $(\phi_2, \psi_2) \in C_{[0,K]}(\mathbb{R}, \mathbb{R}^2)$ 都是 (1.6) 和 (1.7) 的以波速为 $c \geqslant c^*$ 的解, 并且在 $\mathbb{R}$ 上满足 $\phi_1 \leqslant \phi_2, \psi_1 \leqslant \psi_2$. 则在 $\mathbb{R}$ 上要么 $\phi_1 < \phi_2, \psi_1 < \psi_2$, 要么 $\phi_1 \equiv \phi_2, \psi_1 \equiv \psi_2$.

证明 只证明在 $\mathbb{R}$ 上要么 $\phi_1 < \phi_2$, 要么 $\phi_1 \equiv \phi_2$, 其他的证明类似. 如果存在 $\xi_0 \in \mathbb{R}$ 使得 $\phi_1(\xi_0) = \phi_2(\xi_0)$, 由于

$$\phi(\xi) = \frac{1}{c} e^{-\frac{\beta_1 \xi}{c}} \int_{-\infty}^{\xi} e^{\frac{\beta_1}{c} s} [d_1(J_1 * \phi)(s) + f_{c1}(\phi_s, \psi_s) + \beta_1 \phi(s)] ds,$$

那么

$$\begin{aligned}
0 &= \phi_1(\xi_0) - \phi_2(\xi_0) \\
&= \frac{1}{c} e^{-\frac{\beta_1 \xi}{c}} \int_{-\infty}^{\xi} e^{\frac{\beta_1}{c} s} \{ d_1(J_1 * (\phi_1 - \phi_2))(s) \\
&\quad + f_{c1}(\phi_{1s}, \psi_{1s}) - f_{c1}(\phi_{2s}, \psi_{2s}) + \beta_1 [\phi_1(s) - \phi_2(s)] \} ds,
\end{aligned}$$

这蕴含着 $\phi_1(\xi) \equiv \phi_2(\xi), \xi \in \mathbb{R}$. $\qquad\square$

定理 1.1.6 ([119], 严格单调性) 假设 (P1), (P2) 和 (1.4) 成立且 $\tau_1 = \tau_4 = 0$. 则对于 (1.5) 的任意以波速为 $c \geqslant c^*$ 且连接平衡点 $\mathbf{0}$ 和 $\mathbf{K}$ 的波前解 $(\phi(\xi), \psi(\xi)) \in C_{[0,K]}(\mathbb{R}, \mathbb{R}^2)$ 是严格单调的.

证明 因为 $(\phi(\xi), \psi(\xi))$ 是 (1.5) 的波前解 (单调行波解), 所以 $\phi'(\xi) \geqslant 0$, $\psi'(\xi) \geqslant 0$. 由定理 1.1.2、定理 1.1.4 和推论 1.1.1、推论 1.1.2 可推出, 对于充分大的 $N > 0$, 有 $\phi'(\xi) > 0, \psi'(\xi) > 0, \xi \in \mathbb{R} \setminus [-N, N]$. 只需证明当 $\xi \in [-N, N]$ 时, $\phi'(\xi) > 0, \psi'(\xi) > 0$ 即可. 事实上, 如果存在 $\xi_0 \in [-N, N]$ 使得 $\phi'(\xi_0) = 0$, 不失一般性, 可以假设 ξ_0 是使得 $\phi'(\xi_0) = 0$ 的最左端的点, 那么 $\phi'(\xi_0)$ 是 $\phi'(\xi)$ 的最小值, 因此 $\phi''(\xi_0) = 0$. 当 $\tau_1 = 0$ 时, 微分 (1.6) 的第一个方程可推出

$$0 = d_1(J_i * \phi')(\xi) + r_1 b_1 \left(\frac{1}{a_1} - \phi(\xi_0) \right) \psi'(\xi_0 - c\tau_2) \geqslant 0. \tag{1.29}$$

那么由与引理 1.1.5 的类似证明知, 存在 $\tilde{y}_0 > 0$ 和 $\tilde{\delta}_0 > 0$ 使得 $\phi'(\xi_0 \pm y) = 0, y \in [\tilde{y}_0 - \tilde{\delta}_0, \tilde{y}_0 + \tilde{\delta}_0]$, 这与 ξ_0 的定义矛盾. 类似可得 $\psi'(\xi) > 0, \xi \in \mathbb{R}$. $\qquad\square$

现在给出 (1.5) 的波前解的唯一性定理.

定理 1.1.7 ([119], 唯一性)　假设 (P1), (P2) 和 (1.4) 成立且 $\tau_1 = \tau_4 = 0$. 则对于 (1.5) 的任意两个以波速为 $c \geqslant c^*$ 且连接平衡点 **0** 和 **K** 的波前解 $(\phi_1(\xi),$ $\psi_1(\xi)) \in C_{[\mathbf{0},\mathbf{K}]}(\mathbb{R}, \mathbb{R}^2)$ 和 $(\phi_2(\xi), \psi_2(\xi)) \in C_{[\mathbf{0},\mathbf{K}]}(\mathbb{R}, \mathbb{R}^2)$, 存在 $\theta_0 \in \mathbb{R}$ 使得 $(\phi_1(\xi+\theta_0), \psi_1(\xi + \theta_0)) = (\phi_2(\xi), \psi_2(\xi)), \xi \in \mathbb{R}$.

证明　因为 $\Lambda = \lambda_1$ 或 λ_2, 由定理 1.1.3 知, 存在 $\eta_i = \eta_i(\phi_i, \psi_i)(i = 1, 2)$ 使得至少下列之一成立:

(1) $\lim\limits_{\xi \to -\infty} \dfrac{\psi_i(\xi + \eta_i)}{|\xi|^\omega e^{\lambda_1 \xi}} = 1, \ i = 1, 2;$

(2) $\lim\limits_{\xi \to -\infty} \dfrac{\psi_i(\xi + \eta_i)}{|\xi|^\omega e^{\lambda_2 \xi}} = 1, \ i = 1, 2;$

(3) $\lim\limits_{\xi \to -\infty} \dfrac{\psi_1(\xi + \eta_1)}{|\xi|^\omega e^{\lambda_1 \xi}} = 1, \quad \lim\limits_{\xi \to -\infty} \dfrac{\psi_2(\xi + \eta_2)}{|\xi|^\omega e^{\lambda_2 \xi}} - 1;$

(4) $\lim\limits_{\xi \to -\infty} \dfrac{\psi_1(\xi + \eta_1)}{|\xi|^\omega e^{\lambda_2 \xi}} = 1, \quad \lim\limits_{\xi \to -\infty} \dfrac{\psi_2(\xi + \eta_2)}{|\xi|^\omega e^{\lambda_1 \xi}} = 1,$

其中当 $c > c^*$ 时, $\omega = 0$; 当 $c = c^*$ 时, $\omega = \mu$.

因此, 存在 $\theta_1 = \theta_1(\phi_1, \psi_1, \phi_2, \psi_2)$ 使得下列之一成立, 分别与上面 (1)—(4) 一一对应:

(i) $\lim\limits_{\xi \to -\infty} \psi_1(\xi + \theta_1)/\psi_2(\xi) = 1$, 则 $\lim\limits_{\xi \to -\infty} \psi_1(\xi + \bar{\xi})/\psi_2(\xi) = e^{\lambda_1(\bar{\xi} - \theta_1)} > 1, \forall \bar{\xi} > \max\{\theta_1, 0\};$

(ii) $\lim\limits_{\xi \to -\infty} \psi_1(\xi + \theta_1)/\psi_2(\xi) = 1$, 则 $\lim\limits_{\xi \to -\infty} \psi_1(\xi + \bar{\xi})/\psi_2(\xi) = e^{\lambda_2(\bar{\xi} - \theta_1)} > 1, \forall \bar{\xi} > \max\{\theta_1, 0\};$

(iii) $\lim\limits_{\xi \to -\infty} \psi_1(\xi + \theta_1)/\psi_2(\xi) = 1$ 或 ∞, 则 $\lim\limits_{\xi \to -\infty} \psi_1(\xi + \bar{\xi})/\psi_2(\xi) > 1$ 或 $= \infty, \forall \bar{\xi} > \max\{\theta_1, 0\}$ (因为 $\lambda_1 = \lambda_2$ 或 $\lambda_1 < \lambda_2$);

(iv) $\lim\limits_{\xi \to -\infty} \psi_1(\xi)/\psi_2(\xi + \theta_1) = 1$ 或 0, 则 $\lim\limits_{\xi \to -\infty} \psi_1(\xi)/\psi_2(\xi + \bar{\xi}) < 1$ 或 $= 0, \forall \bar{\xi} < \min\{\theta_1, 0\}$ (因为 $\lambda_1 = \lambda_2$ 或 $\lambda_1 < \lambda_2$).

假设 (i) 成立. 由于 $d_1 \leqslant d_2$, 所以 $\lambda_3(\tau_1) > \Lambda$(事实上, $\lambda_3(\tau_1) > \lambda_2 \geqslant \lambda_1$). 再次由定理 1.1.3 知, 存在 $\theta_2 = \theta_2(\phi_1, \psi_1, \phi_2, \psi_2)$ 使得 $\lim\limits_{\xi \to -\infty} \phi_1(\xi + \theta_2)/\phi_2(\xi) = 1$, 则 $\lim\limits_{\xi \to -\infty} \phi_1(\xi + \bar{\xi})/\phi_2(\xi) = e^{\lambda_1(\bar{\xi} - \theta_2)} > 1, \forall \bar{\xi} > \max\{\theta_2, 0\}$. 因此, 选择 $\bar{\xi}_1 > \max\{\theta_1, \theta_2, 0\}$, 则存在 $N_1 \gg 1$ 使得 $\phi_1(\xi + \bar{\xi}_1) \geqslant \phi_2(\xi), \psi_1(\xi + \bar{\xi}_1) \geqslant \psi_2(\xi), \forall \xi \in (-\infty, -N_1]$. 由 $(\phi_i(\xi), \psi_i(\xi))(i = 1, 2)$ 的单调性知, 对任意 $\bar{\xi} \geqslant \bar{\xi}_1$, 有 $\phi_1(\xi + \bar{\xi}) \geqslant \phi_2(\xi), \psi_1(\xi + \bar{\xi}) \geqslant \psi_2(\xi), \forall \xi \in (-\infty, -N_1]$.

由定理 1.1.5 知, 存在 $\theta_3 = \theta_3(\phi_1, \psi_1, \phi_2, \psi_2)$ 使得 $\lim\limits_{\xi \to \infty} (k_1 - \phi_1(\xi + \theta_3))/(k_1 -$

$\phi_2(\xi)) = 1$, 则 $\lim\limits_{\xi \to \infty} (k_1 - \phi_1(\xi + \bar{\xi}))/(k_1 - \phi_2(\xi)) = e^{\lambda_4(\bar{\xi} - \theta_3)} < 1, \forall \bar{\xi} > \max\{\theta_3, 0\}$.
再次由定理 1.1.5 知, 存在 $\theta_4 = \theta_4(\phi_1, \psi_1, \phi_2, \psi_2)$ 使得 $\lim\limits_{\xi \to \infty} (k_2 - \psi_1(\xi + \theta_4))/(k_2 - \psi_2(\xi)) = 1$, 则 $\lim\limits_{\xi \to \infty} (k_2 - \psi_1(\xi + \bar{\xi}))/(k_2 - \psi_2(\xi)) = e^{\lambda_*(\bar{\xi} - \theta_4)} < 1, \bar{\xi} > \max\{\theta_4, 0\}$,
其中 $\lambda_* = \lambda_5(\tau_4)$ 或 λ_4. 因此, 选择 $\bar{\xi}_2 > \max\{\theta_3, \theta_4, 0\}$, 则存在 $N_2 \gg 1$ 使得 $\phi_1(\xi + \bar{\xi}_2) \geqslant \phi_2(\xi), \psi_1(\xi + \bar{\xi}_2) \geqslant \psi_2(\xi), \forall \xi \in [N_2, \infty)$. 由 $(\phi_i(\xi), \psi_i(\xi))(i = 1, 2)$ 的单调性知, 对任意 $\bar{\xi} \geqslant \bar{\xi}_2$, 有 $\phi_1(\xi + \bar{\xi}) \geqslant \phi_2(\xi), \psi_1(\xi + \bar{\xi}) \geqslant \psi_2(\xi), \forall \xi \in [N_2, \infty)$.

取 $N = \max\{N_1, N_2\}$, 由 $(\phi_i(\xi), \psi_i(\xi))(i = 1, 2)$ 的单调性知, 可选择适当大的 $\bar{\xi}_0 > \max\{\bar{\xi}_1, \bar{\xi}_2\}$ 使得 $\phi_1(\xi + \bar{\xi}_0) \geqslant \phi_2(\xi), \psi_1(\xi + \bar{\xi}_0) \geqslant \psi_2(\xi), \forall \xi \in [-N, N]$.

因此, 由上可知, $\phi_1(\xi + \bar{\xi}_0) \geqslant \phi_2(\xi), \psi_1(\xi + \bar{\xi}_0) \geqslant \psi_2(\xi), \forall \xi \in \mathbb{R}$. 则存在 $\xi_0 \leqslant \bar{\xi}_0$(经过平移) 使得至少下列之一成立:

① 对于某个 $\tilde{\xi} \in \mathbb{R}$, $\phi_1(\tilde{\xi} + \xi_0) = \phi_2(\tilde{\xi})$ 且 $\phi_1(\xi + \xi_0) \geqslant \phi_2(\xi), \psi_1(\xi + \xi_0) \geqslant \psi_2(\xi), \xi \in \mathbb{R}$;

② 对于某个 $\tilde{\xi} \in \mathbb{R}$, $\psi_1(\tilde{\xi} + \xi_0) = \psi_2(\tilde{\xi})$ 且 $\phi_1(\xi + \xi_0) \geqslant \phi_2(\xi), \psi_1(\xi + \xi_0) \geqslant \psi_2(\xi), \xi \in \mathbb{R}$.

不失一般性, 假设 ① 成立, 因为 (1.32) 的波前解是平移不变解, 所以 $(\phi_1(\xi + \xi_0), \psi_1(\xi + \xi_0))$ 也是 (1.32) 的波前解. 由引理 1.1.15 可得 $\phi_1(\xi + \xi_0) \equiv \phi_2(\xi), \psi_1(\xi + \xi_0) \equiv \psi_2(\xi)$.

对于 (ii), 类似可证.

断定 (iii) 和 (iv) 不可能成立. 否则, 若 (iii) 成立, 类似上面的讨论知, 存在 $\xi_0 \in \mathbb{R}$ 使得 $(\phi_1(\xi + \xi_0), \psi_1(\xi + \xi_0)) = (\phi_2(\xi), \psi_2(\xi)), \xi \in \mathbb{R}$, 与 $\psi_1(\xi)$ 和 $\psi_2(\xi)$ 在负无穷远处的渐近行为矛盾. 类似地, (iv) 不可能成立. $\qquad\square$

下面给出 $\psi(\xi)$ 的精确衰减率.

定理 1.1.8 ([119], 精确衰减率) 假设 (P1), (P2), (1.4), (1.9) 和 (1.10) 成立且 $\tau_1 = \tau_4 = 0$. 则对于 $c \geqslant c^*, \Lambda = \lambda_1$.

证明 从唯一性定理 (定理 1.1.7) 知, 经过平移后的所有的波前解在负无穷远处有相同的渐近行为. 从波前解的存在性定理 (定理 1.1.1) 知, 对于 $c > c^*$, (1.5) 有一个波前解 $(\phi(x + ct), \psi(x + ct))$ 满足 (1.11). 因此可推出 $\Lambda = \lambda_1$. $\qquad\square$

附注 1.1.3 ([119]) 因为当 (1.9) 成立时, 有 $\lambda_3(\tau_1) > \Lambda, \lambda_4 > \lambda_5(\tau_4)$, 所以当 (1.4) 和 (1.9) 成立时, 由定理 1.1.3、定理 1.1.5 和定理 1.1.7 知, 对于 (1.5) 的任意两个以波速为 $c \geqslant c^*$ 且连接平衡点 $\mathbf{0}$ 和 $\mathbf{K}$ 的波前解 $(\phi_1(\xi), \psi_1(\xi))$ 和 $(\phi_2(\xi), \psi_2(\xi))$, 四个波相 $\phi_1(\xi), \phi_2(\xi), \psi_1(\xi)$ 和 $\psi_2(\xi)$ 有相同的指数衰减率.

1.2 时滞反应扩散系统的行波解及其渐近行为

本节讨论 Lotka-Volterra 型时滞反应扩散竞争系统 (1.2) 的行波解的存在性、渐近行为、单调性和唯一性 (不计平移的意义下). 系统 (1.2) 有四个平衡点 $E_0 = (0,0), E_1 = \left(\dfrac{1}{a_1}, 0\right), E_2 = \left(0, \dfrac{1}{a_2}\right), E^* = \left(\dfrac{a_2 - b_1}{a_1 a_2 - b_1 b_2}, \dfrac{a_1 - b_2}{a_1 a_2 - b_1 b_2}\right)$. 当

$$a_2 < b_1 \quad \text{和} \quad a_1 > b_2 \tag{1.30}$$

时, 我们考虑系统 (1.2) 连接两个半正平衡点 E_1 和 E_2 的非负行波解, 这种行波解也称为排斥波. 首先证明当 (1.30) 成立时, 系统 (1.2) 连接 E_1 和 E_2 的行波解的存在性, 利用 [106] 中的方法, 通过构造一对上下解建立行波解的存在性结果. 注意到为了保证迭代过程的单调性, Wu 等 [247] 对上下解的不光滑点提出了额外条件, 也可参考 [267]. 为了解决这个问题, 文 [18] 还定义了一种 C^1 的上下解. 我们构造的上下解满足 [247] 中的光滑性要求. 我们得到了如果 (1.30) 成立, $d_1 \leqslant d_2$ 和

$$r_1 \left(\frac{b_1}{a_2} - 1\right) \leqslant r_2 \left(1 - \frac{b_2}{a_1}\right), \tag{1.31}$$

且 τ_1, τ_4 充分小, 那么对于 $c \geqslant c_0 := 2\sqrt{d_2 r_2 \left(1 - \dfrac{b_2}{a_1}\right)}$, 系统 (1.2) 有连接 E_1 和 E_2 的单调行波解. 注意到 Lv 等 [143] 也研究过该行波解的存在性. 与 [143] 中的结果相比, 一方面, 我们的结果降低了波速的下界; 另一方面, 该结果很容易得到单调行波解 (第二部分) 在负无穷远处的指数渐近行为. 然后, 利用双边拉普拉斯变换, 将这种指数渐近行为延拓到更一般的行波解上. 最后, 利用强比较原理和滑行方法, 证明了当 $\tau_1 = \tau_4 = 0$ 时, 行波解的严格单调性和唯一性.

尽管能证明所有非减行波解在无穷远处具有指数衰减行为, 而且对于指数拟单调系统也有强比较原理, 但是对于充分小的 τ_1, τ_4, 不能直接利用滑行方法证明系统 (1.2) 的行波解的严格单调性和唯一性, 这是因为当利用强比较原理时, 行波解不满足非标准的序关系, 也可参考附注 1.2.4, 所以这是一个很有趣的问题.

1.2.1 行波解的存在性

本节采用 $\mathbb{R}^2$ 中的标准序关系的常用符号. 本节通过构造 (1.33) 的一对上下解满足文 [147] 中定理 2.2 和文 [106] 中定理 3.1(也可参见下面引理 1.2.3) 的条件得到系统 (1.2) 的行波解的存在性.

令 $u_1^* = \dfrac{1}{a_1} - u_1$, 去掉星号, 系统 (1.2) 连接 E_1 和 E_2 的行波解的存在性等价于系统

$$
\begin{cases}
\dfrac{\partial u_1(x,t)}{\partial t} = d_1 \dfrac{\partial^2 u_1(x,t)}{\partial x^2} \\
\qquad\qquad + r_1 \left(\dfrac{1}{a_1} - u_1(x,t) \right) [-a_1 u_1(x, t-\tau_1) + b_1 u_2(x, t-\tau_2)], \\
\dfrac{\partial u_2(x,t)}{\partial t} = d_2 \dfrac{\partial^2 u_2(x,t)}{\partial x^2} \\
\qquad\qquad + r_2 u_2(x,t) \left[1 - \dfrac{b_2}{a_1} + b_2 u_1(x, t-\tau_3) - a_2 u_2(x, t-\tau_4) \right]
\end{cases}
\tag{1.32}
$$

连接 $(0,0)$ 和 $\left(\dfrac{1}{a_1}, \dfrac{1}{a_2} \right)$ 的行波解的存在性. 系统 (1.32) 的行波解是一对平移不变解且具有形式 $(u_1(x,t), u_2(x,t)) := (\phi(\xi), \psi(\xi)), \xi = x + ct \in \mathbb{R}, c > 0$ 是波速. 如果 $(\phi(\xi), \psi(\xi))$ 关于 $\xi \in \mathbb{R}$ 是单调的, 那么又被称为波前解. 将 $(\phi(\xi), \psi(\xi))$ 代入 (1.32), 则系统 (1.32) 有连接 $\mathbf{0} := (0,0)$ 和 $\mathbf{K} = (k_1, k_2) := \left(\dfrac{1}{a_1}, \dfrac{1}{a_2} \right)$ 的行波解当且仅当

$$
\begin{cases}
d_1 \phi''(\xi) - c\phi'(\xi) + f_1(\phi_\xi^c, \psi_\xi^c) = 0, \\
d_2 \psi''(\xi) - c\psi'(\xi) + f_2(\phi_\xi^c, \psi_\xi^c) = 0
\end{cases}
\tag{1.33}
$$

关于渐近边界条件

$$
\lim_{\xi \to -\infty} (\phi(\xi), \psi(\xi)) = \mathbf{0}, \quad \lim_{\xi \to \infty} (\phi(\xi), \psi(\xi)) = \mathbf{K}
\tag{1.34}
$$

在 $\mathbb{R}$ 上有解, 其中

$$
\begin{cases}
f_1(\phi_\xi^c, \psi_\xi^c) = r_1 \left(\dfrac{1}{a_1} - \phi(\xi) \right) [-a_1 \phi(\xi - c\tau_1) + b_1 \psi(\xi - c\tau_2)], \\
f_2(\phi_\xi^c, \psi_\xi^c) = r_2 \psi(\xi) \left[1 - \dfrac{b_2}{a_1} + b_2 \phi(\xi - c\tau_3) - a_2 \psi(\xi - c\tau_4) \right],
\end{cases}
$$

$(\phi_\xi^c(s), \psi_\xi^c(s)) = (\phi(\xi + cs), \psi(\xi + cs)), s \in [-\tau, 0], \tau = \max\{\tau_1, \tau_2, \tau_3, \tau_4\}$. 由这些

记号知, 泛函 f_1, f_2 有下面的形式

$$\begin{cases} f_1(\phi, \psi) = r_1 \left(\dfrac{1}{a_1} - \phi(0) \right) [-a_1\phi(-\tau_1) + b_1\psi(-\tau_2)], \\ f_2(\phi, \psi) = r_2\psi(0) \left[1 - \dfrac{b_2}{a_1} + b_2\phi(-\tau_3) - a_2\psi(-\tau_4) \right]. \end{cases}$$

令

$$C_{[\mathbf{0}, \mathbf{K}]}(\mathbb{R}, \mathbb{R}^2) = \{ \Phi \in C(\mathbb{R}, \mathbb{R}^2) : \mathbf{0} \leqslant \Phi(s) \leqslant \mathbf{K}, s \in \mathbb{R} \}.$$

不难验证下面的引理成立.

引理 1.2.1 ([124])　$f = (f_1, f_2)$ 满足

(A): 对于 $\Phi, \Psi \in C([-\tau, 0], \mathbb{R}^2)$ 且 $\mathbf{0} \leqslant \Phi(s), \Psi(s) \leqslant \mathbf{K}, s \in [-\tau, 0]$, 存在 $L > 0$ 使得

$$\| f(\Phi) - f(\Psi) \| \leqslant L \| \Phi - \Psi \|,$$

其中 $\| \cdot \|$ 表示 $\mathbb{R}^2$ 中的上确界范数.

类似于 [143] 中的证明, 可得下面引理.

引理 1.2.2 ([124])　当 $\tau_1 = \tau_4 = 0$ 时, f 满足拟单调条件:

(QM) 对于 $\Phi, \Psi \in C([-\tau, 0], \mathbb{R}^2), \mathbf{0} \leqslant \Psi(s) \leqslant \Phi(s) \leqslant \mathbf{K}, s \in [-\tau, 0]$, 存在向量 $\beta = \mathrm{diag}(\beta_1, \beta_2), \beta_i > 0, i = 1, 2$, 使得

$$f(\Phi) - f(\Psi) + \beta(\Phi(0) - \Psi(0)) \geqslant 0.$$

当 τ_1, τ_4 充分小时, f 满足指数拟单调条件:

(QM*) 对于 $\Phi, \Psi \in C([-\tau, 0], \mathbb{R}^2)$ 满足 (i) $\mathbf{0} \leqslant \Psi(s) \leqslant \Phi(s) \leqslant \mathbf{K}, s \in [-\tau, 0]$; (ii) $e^{\beta s} \cdot (\Phi(s) - \Psi(s))$ 关于 $s \in [-\tau, 0]$ 是非减的, 存在向量 $\beta = \mathrm{diag}(\beta_1, \beta_2), \beta_i > 0, i = 1, 2$, 使得

$$f(\Phi) - f(\Psi) + \beta(\Phi(0) - \Psi(0)) \geqslant 0.$$

定义 1.2.1 ([124])　连续函数 $\bar{\Phi}(\xi) = (\bar{\phi}(\xi), \bar{\psi}(\xi)) \in C(\mathbb{R}, \mathbb{R}^2)$ 称为 (1.33) 的上解, 如果 $\bar{\Phi}$ 在 $\mathbb{R} \setminus S, S = \{\xi_i : i = 1, \cdots, m\}$ 上二次连续可微且满足

$$\begin{cases} d_1\bar{\phi}''(\xi) - c\bar{\phi}'(\xi) + f_1(\bar{\phi}_\xi^c, \bar{\psi}_\xi^c) \leqslant 0, & \xi \in \mathbb{R} \setminus S, \\ d_2\bar{\psi}''(\xi) - c\bar{\psi}'(\xi) + f_2(\bar{\phi}_\xi^c, \bar{\psi}_\xi^c) \leqslant 0, & \xi \in \mathbb{R} \setminus S, \\ \bar{\phi}'(\xi^+) \leqslant \bar{\phi}'(\xi^-), \quad \bar{\psi}'(\xi^+) \leqslant \bar{\psi}'(\xi^-), & \xi \in \mathbb{R}. \end{cases} \tag{1.35}$$

(1.33) 的下解 $\underline{\Phi}(\xi) = (\underline{\phi}(\xi), \underline{\psi}(\xi)) \in C(\mathbb{R}, \mathbb{R}^2)$ 可类似定义, 只需将 (1.35) 中不等号反向即可.

假设存在 (1.33) 的上解 $\bar{\Phi}$ 和下解 $\underline{\Phi}$, 当 $\tau_1 = \tau_4 = 0$ 时, 满足

(H1) $\mathbf{0} \leqslant \underline{\Phi}(\xi) \leqslant \bar{\Phi}(\xi) \leqslant \mathbf{K}, \xi \in \mathbb{R}$;

(H2) $\displaystyle\lim_{\xi \to -\infty} \underline{\Phi}(\xi) = \mathbf{0}, \quad \lim_{\xi \to +\infty} \bar{\Phi}(\xi) = \mathbf{K}$;

(H3) 对于 $\mathbf{u} \in (\mathbf{0}, \displaystyle\inf_{\xi \in \mathbb{R}} \bar{\Phi}(\xi)] \cup [\sup_{\xi \in \mathbb{R}} \underline{\Phi}(\xi), \mathbf{K})$, $f(\mathbf{u}) \neq \mathbf{0}$;

(H4) 集合 Γ 非空, 其中 $\Gamma = \Gamma(\underline{\Phi}, \bar{\Phi})$ 定义为

$$
\Gamma = \left\{ \Phi \in C_{[\mathbf{0},\mathbf{K}]}(\mathbb{R}, \mathbb{R}^n) : \begin{array}{ll} \text{(i)} & \Phi(\xi) \text{ 在 } \mathbb{R} \text{ 上非减}, \underline{\Phi}(\xi) \leqslant \Phi(\xi) \leqslant \bar{\Phi}(\xi); \\ \text{(ii)} & \text{对任意 } s > 0, e^{\beta\xi} \cdot [\Phi(\xi+s) - \Phi(\xi)] \\ & \text{在 } \mathbb{R} \text{ 上非减}. \end{array} \right\}.
$$

当 τ_1, τ_4 充分小时, 满足 (H1)—(H3) 和

(H4*) 集合 Γ^* 非空, 其中 $\Gamma^* = \Gamma^*(\underline{\Phi}, \bar{\Phi})$ 定义为

$$
\Gamma^* = \left\{ \Phi \in C_{[\mathbf{0},\mathbf{K}]}(\mathbb{R}, \mathbb{R}^2) : \begin{array}{ll} \text{(i)} & \Phi(\xi) \text{ 在 } \mathbb{R} \text{ 上非减}, \underline{\Phi}(\xi) \leqslant \Phi(\xi) \leqslant \bar{\Phi}(\xi); \\ \text{(ii)} & e^{\beta\xi} \cdot [\bar{\Phi}(\xi) - \Phi(\xi)], e^{\beta\xi} \cdot [\Phi(\xi) - \underline{\Phi}(\xi)] \\ & \text{在 } \mathbb{R} \text{ 上非减}; \\ \text{(iii)} & \text{对任意 } s > 0, e^{\beta\xi} \cdot [\Phi(\xi+s) - \Phi(\xi)] \\ & \text{在 } \mathbb{R} \text{ 上非减}. \end{array} \right\}.
$$

结合事实 $f(\mathbf{0}) = f(\mathbf{K}) = \mathbf{0}$ 和引理 1.2.1、引理 1.2.2, 由文 [147] 中的定理 2.2 和文 [106] 中的定理 3.1, 现在陈述行波解的存在性结果.

引理 1.2.3 ([124]) 假设 (1.33) 存在上解 $\bar{\Phi}(\xi)$ 和下解 $\underline{\Phi}(\xi) \in C(\mathbb{R}, \mathbb{R}^2)$, 当 $\tau_1 = \tau_4 = 0$ 时, 满足 (H1)—(H4), 当 τ_1, τ_4 充分小时, 满足 (H1)—(H3) 和 (H4*). 则 (1.32) 有波前解满足 (1.34).

现在构造 (1.33) 的上解 $\bar{\Phi}(\xi)$ 和下解 $\underline{\Phi}(\xi)$, 当 $\tau_1 = \tau_4 = 0$ 时, 满足 (H1)—(H4); 当 τ_1, τ_4 充分小时, 满足 (H1)—(H3) 和 (H4*). (1.33) 的第二个方程在 $\mathbf{0}$ 点的线性化方程的特征方程是 $\Delta_1(\lambda, c) = 0$, 其中

$$
\Delta_1(\lambda, c) = d_2\lambda^2 - c\lambda + r_2\left(1 - \frac{b_2}{a_1}\right), \tag{1.36}
$$

对于 $c \geqslant c_0 := 2\sqrt{d_2 r_2 \left(1 - \dfrac{b_2}{a_1}\right)}$，它有两个正根

$$\lambda_1 = \frac{c - \sqrt{c^2 - 4d_2 r_2 \left(1 - \dfrac{b_2}{a_1}\right)}}{2d_2} \quad \text{和} \quad \lambda_2 = \frac{c + \sqrt{c^2 - 4d_2 r_2 \left(1 - \dfrac{b_2}{a_1}\right)}}{2d_2}.$$

通过构造与引理 1.1.3 类似的上下解，可得如下两个引理，在此省略证明.

引理 1.2.4 ([124])　对于充分大的 q, $\left(\dfrac{k_1 e^{\lambda_1 \xi}}{1 + e^{\lambda_1 \xi}}, \dfrac{k_2 e^{\lambda_1 \xi}}{1 + e^{\lambda_1 \xi}}\right) \in \Gamma^*$ 或 Γ.

引理 1.2.5 ([124])　假设 $d_1 \leqslant d_2$, (1.30) 和 (1.31) 成立. 如果 $\tau_1 = \tau_4 = 0$ 或者 τ_1, τ_4 充分小，那么 $(\bar{\phi}(\xi), \bar{\psi}(\xi))$ 和 $(\underline{\phi}(\xi), \underline{\psi}(\xi))$ 分别是 (1.33) 的上解和下解.

定理 1.2.1 ([124], 存在性)　假设 $d_1 \leqslant d_2$, (1.30) 和 (1.31) 成立. 如果 $\tau_1 = \tau_4 = 0$ 或 τ_1, τ_4 充分小，那么对于任意 $c \geqslant c_0$, (1.32) 有连接 **0** 和 **K** 的波速为 c 的波前解 $(\phi(x + ct), \psi(x + ct))$. 此外，

$$\lim_{\xi \to -\infty} \psi(\xi) e^{-\lambda \xi} = k_2, \qquad \lim_{\xi \to -\infty} \psi'(\xi) e^{-\lambda \xi} = k_2 \lambda, \qquad \lim_{\xi \to -\infty} \psi''(\xi) e^{-\lambda \xi} = k_2 \lambda^2,$$

$$(1.37)$$

$\lambda = \lambda_1, \xi = x + ct$. 对于 $c < c_0$, (1.32) 没有连接 **0** 和 **K** 的波速为 c 的波前解 $(\phi(x + ct), \psi(x + ct))$ 满足 (1.37).

证明　对于 $c > c_0$, 由引理 1.2.3 知, 结论是显然的. 对于 $c = c_0$, 可应用 Helly 定理得到行波解的存在性, 方法类似文 [21, 219, 267, 268]. 对于 $c > c_0$, 由引理 1.2.5 中 $(\bar{\phi}(\xi), \bar{\psi}(\xi))$ 和 $(\underline{\phi}(\xi), \underline{\psi}(\xi))$ 在负无穷远处的渐近行为知

$$\lim_{\xi \to -\infty} \psi(\xi) e^{-\lambda_1 \xi} = k_2.$$

下面证明

$$\lim_{\xi \to -\infty} \psi'(\xi) e^{-\lambda_1 \xi} = k_2 \lambda_1, \qquad \lim_{\xi \to -\infty} \psi''(\xi) e^{-\lambda_1 \xi} = k_2 \lambda_1^2.$$

取某个 $\beta = (\beta_1, \beta_2), \beta_i > 0, i = 1, 2$ (β 如 (QM*) 中所述) 满足

$$\beta_1 > r_1 \left(1 + \frac{b_1}{a_2} e^{\beta_1 c \tau_1}\right) \quad \text{和} \quad \beta_2 > 2r_2 e^{\beta_2 c \tau_4},$$

对于 $\tau_1 = \tau_4 = 0$ 或 τ_1, τ_4 充分小. 令

$$\eta_1 = \frac{c - \sqrt{c^2 + 4\beta_1 d_1}}{2d_1}, \qquad \eta_2 = \frac{c + \sqrt{c^2 + 4\beta_1 d_1}}{2d_1},$$

$$\eta_3 = \frac{c - \sqrt{c^2 + 4\beta_2 d_2}}{2d_2}, \quad \eta_4 = \frac{c + \sqrt{c^2 + 4\beta_2 d_2}}{2d_2},$$

则 (1.33) 和 (1.34) 的解等价于积分方程

$$
\begin{cases}
\phi(\xi) = \dfrac{1}{d_1(\eta_2 - \eta_1)} \left(\displaystyle\int_{-\infty}^{\xi} e^{\eta_1(\xi-s)} + \int_{\xi}^{\infty} e^{\eta_2(\xi-s)} \right) [f_1(\phi_s^c, \psi_s^c) + \beta_1 \phi(s)] ds, \\[3mm]
\psi(\xi) = \dfrac{1}{d_2(\eta_4 - \eta_3)} \left(\displaystyle\int_{-\infty}^{\xi} e^{\eta_3(\xi-s)} + \int_{\xi}^{\infty} e^{\eta_4(\xi-s)} \right) [f_2(\phi_s^c, \psi_s^c) + \beta_2 \psi(s)] ds
\end{cases}
$$

$$(1.38)$$

满足 (1.34) 的解. 微分 (1.38) 的第二个方程可得

$$\psi'(\xi) = \frac{1}{d_2(\eta_4 - \eta_3)} \left(\int_{-\infty}^{\xi} \eta_3 e^{\eta_3(\xi-s)} + \int_{\xi}^{\infty} \eta_4 e^{\eta_4(\xi-s)} \right) [f_2(\phi_s^c, \psi_s^c) + \beta_2 \psi(s)] ds.$$

由洛必达法则, 并结合 $\lim\limits_{\xi \to -\infty} \psi(\xi) e^{-\lambda_1 \xi} = k_2$ 和 $\eta_3 < 0 < \lambda_1 < \eta_4$, 有

$$\lim_{\xi \to -\infty} \psi'(\xi) e^{-\lambda_1 \xi}$$

$$= \lim_{\xi \to -\infty} \frac{1}{d_2(\eta_4 - \eta_3)} \left(\frac{\eta_3}{-\eta_3 + \lambda_1} + \frac{\eta_4}{\eta_4 - \lambda_1} \right) [f_2(\phi_\xi^c, \psi_\xi^c) + \beta_2 \psi(\xi)] e^{-\lambda_1 \xi}$$

$$= \frac{1}{d_2(\eta_4 - \eta_3)} \left(\frac{\eta_3}{-\eta_3 + \lambda_1} + \frac{\eta_4}{\eta_4 - \lambda_1} \right) \left[r_2 \left(1 - \frac{b_2}{a_1} \right) + \beta_2 \right] k_2 = k_2 \lambda_1.$$

(1.33) 的第二个方程乘以 $e^{-\lambda_1 \xi}$, 令 $\xi \to -\infty$, 有

$$\lim_{\xi \to -\infty} \psi''(\xi) e^{-\lambda_1 \xi} = k_2 \lambda_1^2.$$

最后, 对于 $c < c_0$, 如果 (1.32) 有一个连接 $\mathbf{0}$ 和 $\mathbf{K}$ 的波速为 c 的波前解 $(\phi(x+ct), \psi(x+ct))$, 并且对于某个 $\lambda > 0$ 满足 (1.37), 那么 $(\phi(x+ct), \psi(x+ct))$ 满足 (1.33). (1.33) 两边同乘以 $e^{-\lambda \xi}$, 并令 $\xi \to -\infty$, 可得 $\Delta_1(\lambda, c) = 0$, 矛盾. $\square$

1.2.2 渐近行为

本节讨论当 $\tau_1 = \tau_4 = 0$ 或 τ_1, τ_4 充分小时, (1.32) 的行波解的渐近行为. 由 (1.37) 可推出, 对于 $c > c_0$, 定理 1.2.1 有波前解在负无穷远处的渐近行为是

$$\lim_{\xi \to -\infty} \psi'(\xi) / \psi(\xi) = \lambda_1.$$

下证 (1.33) 和 (1.34) 的任意解 $\mathbf{0} \leqslant (\phi(\xi), \psi(\xi)) \leqslant \mathbf{K}$ 在负无穷远处有类似的渐近行为.

首先给出 (1.33) 和 (1.34) 的解的正性.

引理 1.2.6 ([124])　假设 (1.30) 成立且 $\mathbf{0} \leqslant (\phi(\xi), \psi(\xi)) \leqslant \mathbf{K}$ 是 (1.33) 和 (1.34) 的任意解. 则对于 $\tau_1 = \tau_4 = 0, 0 < \phi(\xi) < k_1$ 且 $0 < \psi(\xi) < k_2, \xi \in \mathbb{R}$.

证明　若存在 ξ_0 使得 $\phi(\xi_0) = 0$, 则由 (1.38) 中的 $f_1(\phi_s^c, \psi_s^c) + r_1\phi(s) \geqslant 0$ 可得 $\phi(\xi) \equiv 0, \psi(\xi) \equiv 0$, 矛盾. 类似地, $\psi(\xi) > 0$. 令 $\tilde{\phi} = k_1 - \phi, \tilde{\psi} = k_2 - \psi$, 将其代入 (1.33), 类似可得 $\phi(\xi) < k_1, \psi(\xi) < k_2$.　□

附注 1.2.1 ([124])　下面总是假设当 $\tau_1 > 0, \tau_4 > 0$ 时, $0 < \phi(\xi) < k_1, 0 < \psi(\xi) < k_2$.

令

$$\Delta_2(\lambda, c, \tau_1) := d_1\lambda^2 - c\lambda - r_1e^{-\lambda c\tau_1}. \tag{1.39}$$

引理 1.2.7 ([124])　对于任意 $c > 0, \Delta_2(\lambda, c, \tau_1) = 0$ 有唯一的正根 $\lambda_3(\tau_1) > 0$, 且 $\Delta_2(\lambda, c, \tau_1) < 0, \lambda \in (0, \lambda_3(\tau_1))$.

证明　令

$$f(\lambda) = d_1\lambda^2 - c\lambda, \quad g(\lambda) = r_1e^{-\lambda c\tau_1}.$$

注意到

$$f(0) = 0, \quad f'(0) = -c < 0,$$

且对于 $\lambda > 0$,

$$f'(\lambda) = 2d_1\lambda - c, \quad f''(\lambda) = 2d_1 > 0.$$

则 $f(\lambda)$ 在 $\lambda_0 = \dfrac{c}{2d_1}(> 0)$ 处有最小值 $-\dfrac{c^2}{4d_1}(< 0)$ 且 $f'(\lambda) > 0, \lambda > \lambda_0$. 因此由 $g'(\lambda) = -c\tau_1r_1e^{-\lambda c\tau_1} < 0$ 可得 $f(\lambda) = g(\lambda)$ 有唯一的正根 $\lambda_3(\tau_1) > \lambda_0 > 0$.　□

引理 1.2.8 ([124])　对于所有 $c > 0$, 当 $\tau_1 = 0$ 或充分小的 $\tau_1, \lambda = \lambda_3(\tau_1)$ 是满足 $\mathrm{Re}\lambda = \lambda_3(\tau_1)$ 的 $\Delta_2(\lambda, c, \tau_1) = 0$ 的唯一根, 其中 $\Delta_2(\lambda, c, \tau_1)$ 如 (1.39) 中所定义.

证明　当 $\tau_1 = 0$ 时, 结论是显然的. 当 $\tau_1 > 0$ 时, 不妨假设充分小的 τ_1 满足

$$\frac{r_1c^2\tau_1^2}{2} < d_1. \tag{1.40}$$

假设 $\lambda_3(\tau_1) + \beta i$ 是 $\Delta_2(\lambda, c, \tau_1) = 0$ 的根, 其中 $\beta = \beta(\tau_1) \in \mathbb{R}$. 由 $\Delta_2(\lambda_3(\tau_1), c, \tau_1) = 0$ 知

$$d_1\beta^2 = r_1e^{-\lambda_3(\tau_1)c\tau_1}(1 - \cos(c\tau_1\beta)) \tag{1.41}$$

和

$$cβ - 2d_1λ_3(τ_1) = r_1e^{-λ_3(τ_1)cτ_1}\sin(cτ_1β). \tag{1.42}$$

由 $|\sin(cτ_1β)| \leqslant |cτ_1β|$, 从 (1.41) 可推出

$$d_1β^2 = r_1e^{-λ_3(τ_1)cτ_1}(1 - \cos(cτ_1β))$$

$$= 2r_1e^{-λ_3(τ_1)cτ_1}\sin^2\left(\frac{cτ_1β}{2}\right) \leqslant 2r_1\left(\frac{cτ_1β}{2}\right)^2 = \frac{r_1c^2τ_1^2}{2}β^2,$$

由 (1.40) 知, 这蕴含着 $β = 0$. □

给定连续函数 $φ : \mathbb{R} → \mathbb{R}$, 定义如下双边拉普拉斯变换

$$L(λ, φ) = \int_{-∞}^{∞} φ(ξ)e^{-λξ}dξ.$$

引理 1.2.9 ([124]) 对于 $c \geqslant c_0$, 假设 (1.30) 成立且 $\mathbf{0} \leqslant (φ(ξ), ψ(ξ)) \leqslant \mathbf{K}$ 是 (1.33) 和 (1.34) 的任意解. 则下面的命题成立:

(i) $L(λ, ψ) < ∞, λ \in (0, Λ)$ 且 $L(λ, ψ) = ∞, λ \in \mathbb{R} \setminus (0, Λ)$, 其中 $Λ \in \{λ_1, λ_2\}$;

(ii) $L(λ, φ) < ∞, λ \in (0, γ(τ_1))$ 和 $L(λ, φ) = ∞, λ \in \mathbb{R} \setminus (0, γ(τ_1))$, 其中 $γ(τ_1) = \min\{Λ, λ_3(τ_1)\}$.

证明 将证明分成两个步骤.

步骤 1 首先证明下面的事实:

(1) 存在 $λ' > 0$ 使得 $L(λ, ψ) < ∞, λ \in (0, λ')$;

(2) 存在 $σ > 0$ 使得 $L(λ, φ) < ∞, λ \in (0, σ)$.

先证 (1). 为此, 将证存在 $λ' > 0$ 使得 $\sup_{ξ\in\mathbb{R}} ψ(ξ)e^{-λ'ξ} < ∞$. 因为 $\lim_{ξ→-∞}(φ(ξ), ψ(ξ)) = \mathbf{0}$, 所以存在 $ξ' < 0$ 使得对于 $ξ < ξ'$,

$$d_2ψ''(ξ) - cψ'(ξ) + \frac{r_2}{2}\left(1 - \frac{b_2}{a_1}\right)ψ(ξ)$$

$$\leqslant d_2ψ''(ξ) - cψ'(ξ) + r_2ψ(ξ)\left[1 - \frac{b_2}{a_1} + b_1φ(ξ - cτ_3) - a_2ψ(ξ - cτ_4)\right] = 0,$$

这蕴含着对于 $ξ < ξ'$, 有

$$0 \leqslant \frac{r_2}{2}\left(1 - \frac{b_2}{a_1}\right)ψ(ξ) \leqslant -d_2ψ''(ξ) + cψ'(ξ). \tag{1.43}$$

由于 $\lim\limits_{\xi\to-\infty}(\phi(\xi),\psi(\xi))=\mathbf{0}$, 所以也有 $\lim\limits_{\xi\to-\infty}(\phi'(\xi),\psi'(\xi))=\mathbf{0}$. 从 $-\infty$ 到 $\xi(\leqslant\xi')$ 积分 (1.43), 有

$$0\leqslant\frac{r_2}{2}\left(1-\frac{b_2}{a_1}\right)\int_{-\infty}^{\xi}\psi(s)ds\leqslant-d_2\psi'(\xi)+c\psi(\xi),\quad\xi<\xi',\qquad(1.44)$$

这蕴含着 $\int_{-\infty}^{\xi}\psi(s)ds<\infty,\xi<\xi'$. 从 $-\infty$ 到 $\xi(\leqslant\xi')$ 积分 (1.44), 有

$$0\leqslant\frac{r_2}{2}\left(1-\frac{b_2}{a_1}\right)\int_{-\infty}^{\xi}\int_{-\infty}^{s}\psi(y)dyds\leqslant-d_2\psi(\xi)+c\int_{-\infty}^{\xi}\psi(s)ds,\quad\xi<\xi',\quad(1.45)$$

这蕴含着 $\int_{-\infty}^{\xi}\int_{-\infty}^{s}\psi(y)dyds<\infty,\xi<\xi'$.

令 $h(\xi)=\int_{-\infty}^{\xi}\psi(s)ds$, 则 $h(\xi)$ 关于 $\xi\leqslant\xi'$ 非减且 $0\leqslant h(\xi)<\infty$. 由 (1.45) 知, 对任意 $l>0$, 有

$$0\leqslant\frac{r_2}{2}\left(1-\frac{b_2}{a_1}\right)lh(\xi-l)\leqslant\frac{r_2}{2}\left(1-\frac{b_2}{a_1}\right)\int_{\xi-l}^{\xi}h(s)ds$$
$$\leqslant\frac{r_2}{2}\left(1-\frac{b_2}{a_1}\right)\int_{-\infty}^{\xi}h(s)ds\leqslant ch(\xi),\quad\xi<\xi'.$$

存在 $l_0>0$ 使得

$$0<\frac{c}{\frac{r_2}{2}\left(1-\frac{b_2}{a_1}\right)_0}<1\quad\text{和}\quad h(\xi-l_0)\leqslant\frac{c}{\frac{r_2}{2}\left(1-\frac{b_2}{a_1}\right)_0}h(\xi),\quad\xi<\xi'.$$

令 $m(\xi)=h(\xi)e^{-\lambda'\xi}$ 且 $\lambda'=\frac{1}{l_0}\ln\frac{\frac{r_2}{2}\left(1-\frac{b_2}{a_1}\right)l_0}{c}>0$, 则

$$m(\xi-l_0)\leqslant m(\xi),\quad\xi<\xi'.\qquad(1.46)$$

注意到 $m(\xi)$ 在 $\xi\in[\xi'-l_0,\xi']$ 上有界, 则 (1.46) 蕴含着 $m(\xi)$ 对于所有 $\xi<\xi'$ 有界. 因为区间 $[\xi',0]$ 有界, 所以也可得 $m(\xi)$ 对于所有 $\xi\in[\xi',0]$ 有界. 从 0 到 $\xi(\xi\geqslant0)$ 积分 $\psi(\xi)$, 有 $0\leqslant h(\xi)\leqslant h(0)+\frac{\xi}{a_1},\xi\geqslant0$. 易知 $\lim\limits_{\xi\to\infty}\xi e^{-\lambda'\xi}=0$. 因此

$0 < \sup\limits_{\xi \in \mathbb{R}} h(\xi)e^{-\lambda'\xi} < \infty$. 从 (1.45) 可得 $0 \leqslant d_2\psi(\xi)e^{-\lambda'\xi} \leqslant ch(\xi)e^{-\lambda'\xi}$. 因此

$$0 < \sup\limits_{\xi \in \mathbb{R}} \psi(\xi)e^{-\lambda'\xi} < \infty,$$

这蕴含着 $L(\lambda, \psi) < \infty, \lambda \in (0, \lambda')$.

类似于引理 1.1.9 的证明, 可得 (2) 成立.

步骤 2 需证: (1) $\max \lambda' = \Lambda$; (2) $\max \sigma = \gamma(\tau_1) = \min\{\Lambda, \lambda_3(\tau_1)\}$.

对于 (1), (1.33) 的第二个方程两边同乘以 $e^{-\lambda\xi}, \lambda > 0$, 从 $-\infty$ 到 ∞ 积分, 有

$$\Delta_1(\lambda, c)L(\lambda, \psi) = -r_2 \int_{-\infty}^{\infty} \psi(\xi)[b_2\phi(\xi - c\tau_3) - a_2\psi(\xi - c\tau_4)]e^{-\lambda\xi}d\xi. \quad (1.47)$$

首先断定 $\max \lambda' < \infty$. 否则, 若 $\max \lambda' = \infty$, 可选择充分大的 $\lambda > \lambda_2$ 使得 $\Delta_1(\lambda, c) > r_2$. 由 (1.47) 和 $\psi(\xi) \leqslant \dfrac{1}{a_2}$ 可得

$$\Delta_1(\lambda, c)L(\lambda, \psi) \leqslant r_2a_2\int_{-\infty}^{\infty} \psi(\xi)\psi(\xi - c\tau_4)e^{-\lambda\xi}d\xi \leqslant r_2\int_{-\infty}^{\infty} \psi(\xi)e^{-\lambda\xi}d\xi = r_2L(\lambda, \psi),$$

由 $0 < L(\lambda, \psi) < \infty$ 知, 矛盾. 则 $\psi(\xi)$ 的奇异性只可能出现在 $\Delta_1(\lambda, c)$ 的零点处. 否则, 由 (1.47) 的右边对于 $\lambda \in (0, \min\{2\lambda', \lambda' + \sigma\})$ 有定义可推出 $\max \lambda' = \infty$.

(2) 的证明与引理 1.1.9 的证明类似. $\qquad \square$

利用修改版本的 Ikehara 定理 [31](见引理 1.1.10) 可得行波解 $(\phi(\xi), \psi(\xi))$ 在负无穷远处的指数渐近行为.

定理 1.2.2 ([124], 在 $-\infty$ 处渐近行为) 假设 (1.30) 成立. 对于 $c \geqslant c_0$, 当 $\tau_1 = \tau_4 = 0$ 时, $\mathbf{0} \leqslant (\phi(\xi), \psi(\xi)) \leqslant \mathbf{K}$ 是 (1.33) 和 (1.34) 的任意解, 当 τ_1, τ_4 充分小时, $\mathbf{0} \leqslant (\phi(\xi), \psi(\xi)) \leqslant \mathbf{K}$ 是 (1.33) 和 (1.34) 的任意非减解. 则

(i) 存在 $\theta_i = \theta_i(\phi, \psi)(i = 1, 2)$ 使得

$$当 c > c_0 时, \quad \lim_{\xi \to -\infty} \frac{\psi(\xi + \theta_1)}{e^{\Lambda\xi}} = 1,$$

$$当 c = c_0 时, \quad \lim_{\xi \to -\infty} \frac{\psi(\xi + \theta_2)}{|\xi|^\mu e^{\Lambda\xi}} = 1;$$

(ii) 对于 $c > c_0$, 存在 $\theta_i = \theta_i(\phi, \psi)(i = 3, 4, 5)$ 使得

$$\text{当 } \lambda_3(\tau_1) > \Lambda \text{ 时,} \quad \lim_{\xi \to -\infty} \frac{\phi(\xi + \theta_3)}{e^{\Lambda\xi}} = 1,$$

$$\text{当 } \lambda_3(\tau_1) = \Lambda \text{ 时,} \quad \lim_{\xi \to -\infty} \frac{\phi(\xi + \theta_4)}{|\xi|e^{\Lambda\xi}} = 1,$$

$$\text{当 } \lambda_3(\tau_1) < \Lambda \text{ 时,} \quad \lim_{\xi \to -\infty} \frac{\phi(\xi + \theta_5)}{e^{\lambda_3(\tau_1)\xi}} = 1;$$

(iii) 对于 $c = c_0$, 存在 $\theta_i = \theta_i(\phi, \psi)(i = 6, 7, 8)$ 使得

$$\text{当 } \lambda_3(\tau_1) > \Lambda \text{ 时,} \quad \lim_{\xi \to -\infty} \frac{\phi(\xi + \theta_6)}{|\xi|^\mu e^{\Lambda\xi}} = 1,$$

$$\text{当 } \lambda_3(\tau_1) = \Lambda \text{ 时,} \quad \lim_{\xi \to -\infty} \frac{\phi(\xi + \theta_7)}{|\xi|^{\mu+1} e^{\Lambda\xi}} = 1,$$

$$\text{当 } \lambda_3(\tau_1) < \Lambda \text{ 时,} \quad \lim_{\xi \to -\infty} \frac{\phi(\xi + \theta_8)}{e^{\lambda_3(\tau_1)\xi}} = 1,$$

其中

$$\text{当 } \int_{-\infty}^{\infty} \psi(\xi)[-b_2\phi(\xi - c\tau_3) + a_2\psi(\xi - c\tau_4)]e^{-\Lambda\xi}d\xi \neq 0 \text{ 时,} \quad \mu = 1;$$

$$\text{当 } \int_{-\infty}^{\infty} \psi(\xi)[-b_2\phi(\xi - c\tau_3) + a_2\psi(\xi - c\tau_4)]e^{-\Lambda\xi}d\xi = 0 \text{ 时,} \quad \mu = 0.$$

证明　该定理的证明与定理 1.1.3 的证明类似. 只需指出当 $\tau_1 = \tau_4 = 0$ 时, $\psi(\xi)$ 在 $\mathbb{R}$ 上是非减的, 则由引理 1.1.10 可推出

$$\lim_{\xi \to -\infty} \frac{\psi(\xi)}{|\xi|^\nu e^{\Lambda\xi}} = \frac{H(\Lambda)}{\Gamma(\Lambda + 1)},$$

其中当 $c > c_0$ 时, $\nu = 0$; 当 $c = c_0$ 时, $\nu = \mu$.

当 $\tau_1 = \tau_4 = 0$ 时, $\psi(\xi)$ 在 $\mathbb{R}$ 上不是非减的, 则由 (1.38) 知, 可选择 $p > -\eta_3$ 使得 $\psi(\xi)e^{p\xi}$ 在 $\mathbb{R}$ 上是非减的, 因此引理 1.1.10 还可以应用, 这只是一个平移变换. 事实上, 因为 $p > -\eta_3$,

$$(\psi(\xi)e^{p\xi})'$$

$$= \frac{1}{d_2(\eta_4 - \eta_3)}\left\{ \left(\int_{-\infty}^{\xi} e^{(p+\eta_3)\xi}e^{-\eta_3 s} + \int_{\xi}^{\infty} e^{(p+\eta_4)\xi}e^{-\eta_4 s} \right) \right.$$

$$\left. \times [f_2(\phi_s^c, \psi_s^c) + r_2\psi(s)]ds \right\}'$$

$$= \frac{1}{d_2(\eta_4 - \eta_3)} \left(\int_{-\infty}^{\xi} (p + \eta_3) e^{(p+\eta_3)\xi} e^{-\eta_3 s} + \int_{\xi}^{\infty} (p + \eta_4) e^{(p+\eta_4)\xi} e^{-\eta_4 s} \right)$$

$$\times [f_2(\phi_s^c, \psi_s^c) + r_2 \psi(s)] ds$$

$$\geqslant 0,$$

其中 η_3, η_4 如定理 1.2.1 中所述. □

由定理 1.2.2 知, 下面的推论是显然的.

推论 1.2.1 ([124])　*假设 $(\phi(\xi), \psi(\xi))$ 如定理 1.2.2 中所述. 则*

$$\lim_{\xi \to -\infty} \frac{\phi'(\xi)}{\phi(\xi)} = \gamma(\tau_1) \quad \text{和} \quad \lim_{\xi \to -\infty} \frac{\psi'(\xi)}{\psi(\xi)} = \Lambda.$$

下面考虑 (1.33) 和 (1.34) 的行波解 $(\phi(\xi), \psi(\xi))$ 在正无穷远处的渐近行为. 为了方便, 令 $\tilde{\phi} = \frac{1}{a_1} - \phi, \tilde{\psi} = \frac{1}{a_2} - \psi$, 将 $\tilde{\phi}, \tilde{\psi}$ 代入 (1.33), 有

$$\begin{cases} d_1 \tilde{\phi}''(\xi) - c\tilde{\phi}'(\xi) + \tilde{f}_1(\tilde{\phi}_\xi^c, \tilde{\psi}_\xi^c) = 0, \\ d_2 \tilde{\psi}''(\xi) - c\tilde{\psi}'(\xi) + \tilde{f}_2(\tilde{\phi}_\xi^c, \tilde{\psi}_\xi^c) = 0 \end{cases} \tag{1.48}$$

满足

$$\lim_{\xi \to -\infty} (\tilde{\phi}(\xi), \tilde{\psi}(\xi)) = \mathbf{K}, \quad \lim_{\xi \to \infty} (\tilde{\phi}(\xi), \tilde{\psi}(\xi)) = \mathbf{0}, \tag{1.49}$$

其中 $(\tilde{\phi}_\xi^c(s), \tilde{\psi}_\xi^c(s)) = (\tilde{\phi}(\xi + cs), \tilde{\psi}(\xi + cs)), s \in [-\tau, 0]$,

$$\begin{cases} \tilde{f}_1(\tilde{\phi}_\xi^c, \tilde{\psi}_\xi^c) = r_1 \tilde{\phi}(\xi) \left[1 - \frac{b_1}{a_2} - a_1 \tilde{\phi}(\xi - c\tau_1) + b_1 \tilde{\psi}(\xi - c\tau_2) \right], \\ \tilde{f}_2(\tilde{\phi}_\xi^c, \tilde{\psi}_\xi^c) = r_2 \left(\frac{1}{a_2} - \tilde{\psi}(\xi) \right) [b_2 \tilde{\phi}(\xi - c\tau_3) - a_2 \tilde{\psi}(\xi - c\tau_4)]. \end{cases}$$

(1.33) 的第一个方程在 $\mathbf{0}$ 点的线性化方程的特征方程是 $\Delta_3(\lambda, c) = 0$, 其中

$$\Delta_3(\lambda, c) := d_1 \lambda^2 - c\lambda + r_1 \left(1 - \frac{b_1}{a_2} \right).$$

则由 (1.30) 知, $\Delta_3(\lambda, c) = 0$ 有唯一的负根 $\lambda_4 = \frac{1}{2d_1} \left(c - \sqrt{c^2 - 4d_1 r_1 \left(1 - \frac{b_1}{a_2} \right)} \right)$ < 0.

令

$$\Delta_4(\lambda, c, \tau_4) := d_2 \lambda^2 - c\lambda - r_2 e^{-\lambda c\tau_4}.$$

引理 1.2.10 ([124])　对于 $\tau_4 = 0$ 或充分小的 τ_4, $\Delta_4(\lambda, c, \tau_4) = 0$ 有一个负根. 此外, $\Delta_4(\lambda, c, \tau_4) < 0, \lambda \in (\lambda_5(\tau_4), 0)$, 其中 $\lambda_5(\tau_4)$ 是 $\Delta_4(\lambda, c, \tau_4) = 0$ 的最大负根.

证明　当 $\tau_4 = 0$, 结论显然. 对于充分小的 τ_4, 不妨假设

$$\tau_1 < \min\left\{ \frac{1}{2r_2}, -\frac{\ln 2}{c\lambda_0}, -\frac{1}{c\lambda_0}\ln\left(\frac{d_2\lambda_0^2 - c\lambda_0}{r_2}\right) \right\}, \tag{1.50}$$

$\lambda_0 = \frac{1}{d_2}(c - \sqrt{c^2 + 4d_2 r_2}) < 0$. 由 $\Delta_4(0, c, \tau_4) = -r_2 < 0$ 及由 (1.50) 知, $\Delta_4(\lambda_0, c, \tau_4) > 0$, 所以 $\Delta_4(\lambda, c, \tau_4) = 0$ 有一个负根 $\hat{\lambda}(\tau_4) \in (\lambda_0, 0)$. 从 (1.50) 也可得

$$\frac{\partial}{\partial\lambda}\Delta_4(\lambda, c, \tau_4) = 2d_2\lambda - c + r_2 c\tau_4 e^{-\lambda c\tau_4} < 0, \quad \forall\lambda \in [\lambda_0, 0].$$

因此 $\hat{\lambda}(\tau_4)$ 是 $\Delta_4(\lambda, c, \tau_4) = 0[\lambda_0, 0]$ 上的唯一实根. 于是 $\lambda_5(\tau_4) = \hat{\lambda}(\tau_4)$.　□

引理 1.2.11 ([124])　对于 $\tau_4 = 0$ 或充分小的 τ_4, $\lambda = \lambda_5(\tau_4)$ 是 $\mathrm{Re}\lambda = \lambda_5(\tau_4)$ 的 $\Delta_4(\lambda, c, \tau_4) = 0$ 的唯一根.

证明　因为 $\lambda_5(\tau_4)$ 关于 τ_4 连续, 所以

$$\text{当 } \tau_4 \to 0 \text{ 时,} \quad \lambda_5(\tau_4) \to \lambda_5(0) = \frac{c - \sqrt{c^2 + 4d_2 r_2}}{2d_2}.$$

因此 $\lambda_5(\tau_4)$ 对于所有充分小的 τ_4 一致有界. 其余的证明与引理 1.2.8 类似.　□

引理 1.2.12 ([124])　对于 $c \geqslant c_0$, 假设 (1.30) 成立且 $\mathbf{0} \leqslant (\phi(\xi), \psi(\xi)) \leqslant \mathbf{K}$ 是 (1.33) 和 (1.34) 的任意解. 则下面的命题成立:

(i) $L(\lambda, \tilde{\phi}) < \infty, \lambda \in (\lambda_4, 0)$ 且 $L(\lambda, \tilde{\phi}) = \infty, \lambda \in \mathbb{R} \setminus (\lambda_4, 0)$;

(ii) $L(\lambda, \tilde{\psi}) < \infty, \lambda \in (\gamma_1(\tau_4), 0)$ 且 $L(\lambda, \tilde{\psi}) = \infty, \lambda \in \mathbb{R} \setminus (\gamma_1(\tau_4), 0)$, 其中 $\gamma_1(\tau_4) = \max\{\lambda_4, \lambda_5(\tau_4)\} < 0$.

证明　先证下列事实:

(1) 存在 $\lambda' < 0$ 使得 $L(\lambda, \tilde{\phi}) < \infty, \lambda \in (\lambda', 0)$;

(2) 存在 $\sigma(\tau_4) < 0$ 使得 $L(\lambda, \tilde{\psi}) < \infty, \lambda \in (\sigma(\tau_4), 0)$.

先证 (1). 为了做到这一点, 我们将证存在 $\lambda' < 0$ 使得 $\sup\limits_{\xi \in \mathbb{R}} \tilde{\phi}(\xi)e^{-\lambda'\xi} < \infty$.

因为 $\lim\limits_{\xi \to \infty}(\tilde{\phi}(\xi), \tilde{\psi}(\xi)) = \mathbf{0}$ 及由 (1.30) 知, $1 - \frac{b_1}{a_2} < 0$, 所以存在 $\xi' > 0$ 使得对于

$\xi > \xi'$,

$$d_1 \tilde{\phi}''(\xi) - c\tilde{\phi}'(\xi) + \frac{r_1}{2} \left(1 - \frac{b_1}{a_2}\right) \phi(\xi)$$

$$\geqslant d_1 \tilde{\phi}''(\xi) - c\tilde{\phi}'(\xi) + r_1 \tilde{\phi}(\xi) \left[1 - \frac{b_1}{a_2} - a_1 \tilde{\phi}(\xi - c\tau_1) + b_1 \tilde{\psi}(\xi - c\tau_2)\right] = 0,$$

这蕴含着

$$0 \leqslant -\frac{r_1}{2} \left(1 - \frac{b_1}{a_2}\right) \tilde{\phi}(\xi) \leqslant d_1 \tilde{\phi}''(\xi) - c\tilde{\phi}'(\xi), \quad \xi > \xi'. \tag{1.51}$$

由于 $\lim\limits_{\xi \to \infty} (\tilde{\phi}(\xi), \tilde{\psi}(\xi)) = \mathbf{0}$, 因此也有 $\lim\limits_{\xi \to \infty} (\tilde{\phi}'(\xi), \tilde{\psi}'(\xi)) = \mathbf{0}$. 从 $\xi(\geqslant \xi')$ 到 ∞ 积分 (1.51), 有

$$0 \leqslant -\frac{r_1}{2} \left(1 - \frac{b_1}{a_2}\right) \int_\xi^\infty \tilde{\phi}(s)ds \leqslant -d_1 \tilde{\phi}'(\xi) + c\tilde{\phi}(\xi), \quad \xi > \xi', \tag{1.52}$$

这蕴含着 $\int_\xi^\infty \tilde{\phi}(s)ds < \infty, \xi > \xi'$. 从 $\xi(\geqslant \xi')$ 到 ∞ 积分 (1.52), 有

$$0 \leqslant -\frac{r_1}{2} \left(1 - \frac{b_1}{a_2}\right) \int_\xi^\infty \int_s^\infty \tilde{\phi}(y)dyds \leqslant d_1 \tilde{\phi}(\xi) + c\int_\xi^\infty \tilde{\phi}(s)ds, \quad \xi > \xi', \tag{1.53}$$

这蕴含着 $\int_\xi^\infty \int_s^\infty \tilde{\phi}(y)dyds < \infty, \xi > \xi'$.

需讨论 $\tilde{\phi}(\xi)$ 的单调性. 若 $\tilde{\phi}(\xi)$ 在 $\mathbb{R}$ 上非增, 则

$$\tilde{\phi}(\xi) \leqslant \int_{\xi-1}^\xi \tilde{\phi}(s)ds \leqslant \int_{\xi-1}^\infty \tilde{\phi}(s)ds, \quad \xi > \xi'. \tag{1.54}$$

令 $h(\xi) = \int_\xi^\infty \tilde{\phi}(s)ds$, 则 $h(\xi)$ 在 $\xi \geqslant \xi'$ 上非增且 $0 \leqslant h(\xi - 1) < \infty$. 由 (1.53) 和 (1.54) 知, 对任意 $l > 0$, 有

$$0 \leqslant -\frac{r_1}{2} \left(1 - \frac{b_1}{a_2}\right) lh(\xi+l) \leqslant -\frac{r_1}{2} \left(1 - \frac{b_1}{a_2}\right) \int_\xi^{\xi+l} h(s)ds$$

$$\leqslant -\frac{r_1}{2} \left(1 - \frac{b_1}{a_2}\right) \int_\xi^\infty h(s)ds \leqslant (d_1 + c)h(\xi-1), \quad \xi > \xi'.$$

存在 $l_0 > 0$ 使得

$$\frac{-\frac{r_1}{2}\left(1 - \frac{b_1}{a_2}\right)l_0}{d_1 + c} > 1 \quad \text{和} \quad \frac{-\frac{r_1}{2}\left(1 - \frac{b_1}{a_2}\right)l_0}{d_1 + c}h(\xi + l_0) \leqslant h(\xi - 1), \quad \xi > \xi'.$$

令 $m(\xi) = h(\xi)e^{-\lambda'\xi}, \lambda' = -\frac{1}{l_0}\ln\frac{-\frac{r_1}{2}\left(1 - \frac{b_1}{a_2}\right)l_0}{d_1 + c} < 0$, 则

$$m(\xi + l_0) \leqslant m(\xi - 1), \quad \xi > \xi'. \tag{1.55}$$

结合 $0 \leqslant \tilde{\phi}(\xi) \leqslant \int_{\xi-1}^{\xi} \tilde{\phi}(s)ds \leqslant h(\xi - 1)$, 类似于引理 1.2.9 的讨论可得

$$0 < \sup_{\xi \in \mathbb{R}} \tilde{\phi}(\xi)e^{-\lambda'\xi} < \infty,$$

这蕴含着 $L(\lambda, \tilde{\phi}) < \infty, \lambda \in (\lambda', 0)$.

若 $\tilde{\phi}(\xi)$ 在 $\mathbb{R}$ 上不是非增的, 再次从 $\xi(\geqslant \xi')$ 到 ∞ 积分 (1.53), 有

$$0 \leqslant -\frac{r_1}{2}\left(1 - \frac{b_1}{a_2}\right)\int_{\xi}^{\infty}\int_{z}^{\infty}\int_{s}^{\infty}\tilde{\phi}(y)dydsdz$$

$$\leqslant d_1\int_{\xi}^{\infty}\tilde{\phi}(s)ds + c\int_{\xi}^{\infty}\int_{s}^{\infty}\tilde{\phi}(y)dyds, \quad \xi > \xi', \tag{1.56}$$

这蕴含着 $\int_{\xi}^{\infty}\int_{z}^{\infty}\int_{s}^{\infty}\tilde{\phi}(y)dydsdz < \infty, \xi > \xi'$. 则 $\int_{\xi}^{\infty}\tilde{\phi}(s)ds$ 在 $\mathbb{R}$ 上是非增的. 类似上面的讨论可推出, 存在 $\tilde{\lambda}' < 0$ 使得

$$0 < \sup_{\xi \in \mathbb{R}} e^{-\tilde{\lambda}'\xi}\int_{\xi}^{\infty}\tilde{\phi}(s)ds < \infty,$$

这蕴含着

$$0 < \sup_{\xi \in \mathbb{R}} \tilde{\phi}(\xi)e^{-\tilde{\lambda}'\xi} < \infty.$$

因此

$$L(\lambda, \tilde{\phi}) < \infty, \quad \lambda \in (\tilde{\lambda}', 0).$$

$\min \lambda' = \lambda_4$ 的证明与引理 1.2.9 的步骤 2 中的 (1) 的证明类似, (2) 和 $\min \sigma = \gamma_1(\tau_4)$ 的证明与引理 1.1.9 的证明类似, 在此省略证明. $\square$

类似于定理 1.2.2 的讨论可得 $(\tilde{\phi}(\xi), \tilde{\psi}(\xi)) = (k_1 - \phi(\xi), k_2 - \psi(\xi))$ 在正无穷远处的指数渐近行为.

定理 1.2.3 ([124], 在 $+\infty$ 处渐近行为) 假设 (1.30) 成立. 对于 $c \geqslant c_0$, 当 $\tau_1 = \tau_4 = 0$ 时, $\mathbf{0} \leqslant (\phi(\xi), \psi(\xi)) \leqslant \mathbf{K}$ 是 (1.33) 和 (1.34) 的任意解, 当 τ_1, τ_4 充分 小时, $\mathbf{0} \leqslant (\phi(\xi), \psi(\xi)) \leqslant \mathbf{K}$ 是 (1.33) 和 (1.34) 的任意非减解. 则

(i) 存在 $\theta_9 = \theta_9(\phi, \psi)$ 使得 $\lim\limits_{\xi \to \infty} \dfrac{k_1 - \phi(\xi + \theta_9)}{e^{\lambda_4 \xi}} = 1$;

(ii) 存在 $\theta_i = \theta_i(\phi, \psi)(i = 10, 11, 12)$ 使得

$$\text{当} \lambda_5(\tau_4) > \lambda_4 \text{时}, \quad \lim_{\xi \to \infty} \frac{k_2 - \psi(\xi + \theta_{10})}{e^{\lambda_5(\tau_4)\xi}} = 1,$$

$$\text{当} \lambda_5(\tau_4) = \lambda_4 \text{时}, \quad \lim_{\xi \to \infty} \frac{k_2 - \psi(\xi + \theta_{11})}{\xi e^{\lambda_5(\tau_4)\xi}} = 1,$$

$$\text{当} \lambda_5(\tau_4) < \lambda_4 \text{时}, \quad \lim_{\xi \to \infty} \frac{k_2 - \psi(\xi + \theta_{12})}{e^{\lambda_4 \xi}} = 1.$$

由定理 1.2.3 知, 下面的推论是显然的.

推论 1.2.2 ([124]) 假设 $(\phi(\xi), \psi(\xi))$ 如定理 1.2.3 中所述. 则

$$\lim_{\xi \to \infty} \frac{\phi'(\xi)}{k_1 - \phi(\xi)} = -\lambda_4 \quad \text{和} \quad \lim_{\xi \to \infty} \frac{\psi'(\xi)}{k_2 - \psi(\xi)} = -\gamma_1(\tau_4).$$

附注 1.2.2 ([124]) 从定理 1.2.2 的证明过程知, 当 τ_1, τ_4 充分小时, 对于任 意解 $\mathbf{0} \leqslant (\phi(\xi), \psi(\xi)) \leqslant \mathbf{K}$, 定理 1.2.2 中的 (i) 和定理 1.2.3 中的 (i) 还成立, 由 于时滞的影响, 但是不能确定定理 1.2.2 中的 (ii) 和 (iii) 以及定理 1.2.3 中的 (ii) 是否还成立.

1.2.3 严格单调性和唯一性

本节利用强比较原理和滑行的方法证明当 $\tau_1 = \tau_4 = 0$ 时, (1.32) 的行波解的 严格单调性与唯一性. 首先给出强比较原理.

引理 1.2.13 ([124], 强比较原理) 令 $\tau_1 = \tau_4 = 0$ 且 $\mathbf{0} \leqslant (\phi_1, \psi_1), (\phi_2, \psi_2) \leqslant \mathbf{K}$ 是 (1.33) 和 (1.34) 的两个以 $c \geqslant c_0$ 为波速的解, 并在 $\mathbb{R}$ 上满足 $\phi_1 \leqslant \phi_2, \psi_1 \leqslant \psi_2$. 则在 $\mathbb{R}$ 上要么 $\phi_1 < \phi_2, \psi_1 < \psi_2$, 要么 $\phi_1 \equiv \phi_2, \psi_1 \equiv \psi_2$.

证明 只证在 $\mathbb{R}$ 上要么 $\phi_1 < \phi_2$, 要么 $\phi_1 \equiv \phi_2$, 其余的证明类似. 假设存在 $\xi_0 \in \mathbb{R}$ 使得 $\phi_1(\xi_0) = \phi_2(\xi_0)$. 则由 (1.38), 有

$$0 = \phi_1(\xi_0) - \phi_2(\xi_0) = \frac{1}{d_1(\eta_2 - \eta_1)} \left(\int_{-\infty}^{\xi_0} e^{\eta_1(\xi_0 - s)} + \int_{\xi_0}^{\infty} e^{\eta_2(\xi_0 - s)} \right)$$

$$\times [f_1(\phi_{1s}^c, \psi_{1s}^c) - f_1(\phi_{2s}^c, \psi_{2s}^c) + \beta_1(\phi_1(s) - \phi_2(s))]ds,$$

这蕴含着 $\phi_1(\xi) \equiv \phi_2(\xi), \xi \in \mathbb{R}$. $\quad\square$

定理 1.2.4 ([124], 严格单调性)　假设 (1.30) 成立和 $\tau_1 = \tau_4 = 0$. 则 (1.32) 的任意以 $c \geqslant c_0$ 为波速的连接 **0** 和 **K** 的行波解 $0 \leqslant (\phi(\xi), \psi(\xi)) \leqslant \mathbf{K}$ 是严格单调的.

证明　由推论 1.2.1 和推论 1.2.2 知, 对充分大的 $N > 0$, 有

$$\phi'(\xi) > 0 \quad \text{和} \quad \psi'(\xi) > 0, \quad \xi \in \mathbb{R} \setminus [-N, N]. \tag{1.57}$$

由 (1.34) 知, 集合

$$I := \{\rho > 0 | \phi(\xi + s) \geqslant \phi(\xi), \psi(\xi + s) \geqslant \psi(\xi), \forall s \geqslant \rho, \xi \in \mathbb{R}\}$$

非空, 因此 $\rho^* := \inf I$ 有定义. 由连续性知, $\phi(\xi + \rho^*) \geqslant \phi(\xi), \psi(\xi + \rho^*) \geqslant \psi(\xi), \forall \xi \in \mathbb{R}$.

若 $\rho^* = 0$, 则 $\phi'(\xi) \geqslant 0, \psi'(\xi) \geqslant 0, \xi \in \mathbb{R}$. 下证 $(\phi(\xi), \psi(\xi))$ 严格单调. 事实上, 若存在 $\xi_0 \in [-N, N]$ 使得 $\phi'(\xi_0) = 0$, 不失一般性, 假设 $\xi = \xi_0$ 是使得 $\phi'(\xi_0) = 0$ 最左端的点. 则 $\phi'(\xi)$ 在 $\xi = \xi_0$ 点达到最小值 (因为 $\phi'(\xi) \geqslant 0$), 于是有 $\phi''(\xi_0) = 0$ 和 $\phi'''(\xi_0) \geqslant 0$. 微分 (1.33) 的第一个方程, 并令 $\tau_1 = 0$, 结合 $\phi'(\xi_0) = 0$ 和 $\phi''(\xi_0) = 0$, 有

$$0 = d_1 \phi'''(\xi_0) + r_1 b_1 \left(\frac{1}{a_1} - \phi(\xi_0)\right) \psi'(\xi_0 - c\tau_2) \geqslant 0, \tag{1.58}$$

这蕴含着 $\psi'(\xi_0 - c\tau_2) = 0$, 即 $\psi'(\xi)$ 在 $\xi = \xi_0 - c\tau_2$ 点达到最小值 (因为 $\psi'(\xi) \geqslant 0$), 于是有 $\psi''(\xi_0 - c\tau_2) = 0$ 和 $\psi'''(\xi_0 - c\tau_2) \geqslant 0$. 微分 (1.33) 的第二个方程, 并令 $\tau_4 = 0$, 结合 $\psi'(\xi_0 - c\tau_2) = 0$ 和 $\psi''(\xi_0 - c\tau_2) = 0$, 有

$$0 = d_2 \psi'''(\xi_0 - c\tau_2) + r_2 b_2 \psi(\xi_0 - c\tau_2) \phi'(\xi_0 - c\tau_2 - c\tau_3) \geqslant 0.$$

则 $\phi'(\xi_0 - c\tau_2 - c\tau_3) = 0$, 与 ξ_0 的定义矛盾. 类似地, $\psi'(\xi) > 0, \xi \in \mathbb{R}$.

现证 $\rho^* = 0$. 否则, 若 $\rho^* > 0$, 由引理 1.2.13 知, $\phi(\xi + \rho^*) > \phi(\xi), \psi(\xi + \rho^*) > \psi(\xi), \forall \xi \in \mathbb{R}$. 由 (ϕ, ψ) 的连续性知, 存在 $\rho_0 \in (0, \rho^*)$ 使得 $\phi(\xi + \rho) > \phi(\xi), \psi(\xi + \rho) > \psi(\xi), \rho \in [\rho_0, \rho^*], \forall \xi \in [-N - \rho^*, N]$. 由 (1.57) 知, $\phi(\xi + \rho) > \phi(\xi), \psi(\xi + \rho) > \psi(\xi), \rho \in [\rho_0, \rho^*], \forall \xi \in \mathbb{R} \setminus [-N - \rho^*, N]$. 因此, 对任意 $\rho > \rho_0, \xi \in \mathbb{R}, \phi(\xi + \rho) \geqslant \phi(\xi), \psi(\xi + \rho) \geqslant \psi(\xi)$, 这与 ρ^* 的定义矛盾. □

类似于定理 1.1.7 的证明, 我们有下面的唯一性定理.

定理 1.2.5 ([124], 唯一性)　假设 (1.30) 成立, $\tau_1 = \tau_4 = 0$ 和 $d_1 \leqslant d_2$. 则对于 (1.32) 的任意两个以 $c \geqslant c_0$ 为波速的连接 **0** 和 **K** 的波前解 $(\phi_1(\xi), \psi_1(\xi))$ 和 $(\phi_2(\xi), \psi_2(\xi))$, 存在 $\xi_0 \in \mathbb{R}$ 使得 $(\phi_1(\xi + \xi_0), \psi_1(\xi + \xi_0)) = (\phi_2(\xi), \psi_2(\xi)), \xi \in \mathbb{R}$.

结合定理 1.2.1, 类似于定理 1.1.8 的证明, 下面给出了定理 1.2.2 中的行波解 $(\phi(\xi), \psi(\xi))$ 的精确渐近行为.

定理 1.2.6 ([124], 精确衰减率)　假设 (1.30) 和 (1.31) 成立, $\tau_1 = \tau_4 = 0$ 和 $d_1 \leqslant d_2$. 则对于 $c > c_0$, $\Lambda = \lambda_1$.

附注 1.2.3 ([124])　由以上结果知, 当 $\tau_1 = \tau_4 = 0$ 及其他一些合理的假设, 系统 (1.2) 连接 E_1 和 E_2 的波前解是严格单调和唯一的 (不计平移的意义下). 而且它们是以较小的正根为衰减速率流出不稳定流形. 注意到时滞 τ_2, τ_3 不影响 (1.2) 的行波解的渐近行为、单调性和唯一性.

附注 1.2.4 ([124])　对于充分小的 $\tau_1 > 0, \tau_4 > 0$, 也有强比较原理:

令 $\mathbf{0} \leqslant (\phi_1, \psi_1), (\phi_2, \psi_2) \leqslant \mathbf{K}$ 是 (1.33) 和 (1.34) 的两个以 $c \geqslant c_0$ 为波速的解, 并在 $\mathbb{R}$ 上满足 (a) $\phi_1 \leqslant \phi_2, \psi_1 \leqslant \psi_2$; (b) 存在 $\beta_1 > 0$ 和 $\beta_2 > 0$ 使得 $e^{\beta_1 s}[\phi_1(s) - \phi_2(s)], e^{\beta_2 s}[\psi_1(s) - \psi_2(s)]$ 在 $\mathbb{R}$ 上非减. 则在 $\mathbb{R}$ 上, 要么 $\phi_1 < \phi_2, \psi_1 < \psi_2$, 要么 $\phi_1 \equiv \phi_2, \psi_1 \equiv \psi_2$.

因为平移后的波前解不满足强比较原理中的条件 (b), 从定理 1.2.2, 定理 1.2.3 及定理 1.2.5 的证明知, 对于充分小的 τ_1, τ_4, 我们不能直接利用滑行方法证明 (1.32) 的波前解的唯一性.

1.3　拟单调反应扩散系统的行波解的存在性

本节给出经典的两种群的时滞扩散合作系统的行波解的存在性结果. 系统 (1.3) 有四个平衡点 $\mathbf{0} = (0, 0)$, $\left(\dfrac{1}{a_1}, 0\right)$, $\left(0, \dfrac{1}{a_2}\right)$, $\mathbf{K} = (k_1, k_2)$, 其中

$$k_1 = \frac{a_2 + b_1}{a_1 a_2 - b_1 b_2}, \quad k_2 = \frac{a_1 + b_2}{a_1 a_2 - b_1 b_2}.$$

选择 $\beta_i > 2 r_i a_i k_i - r_i, i = 1, 2$, 对于充分小的 τ_1, τ_4, 系统 (1.3) 的非线性项满足指数拟单调条件 (QM*)(见引理 1.2.2).

下面构造满足 [247] 中要求的上下解. 对于 $c > \max\{2\sqrt{a_1 r_1 d_1 k_1}, 2\sqrt{a_2 r_2 d_2 k_2}\}$, 令

$$\lambda_1 = \frac{c + \sqrt{c^2 - 4 d_1 r_1 a_1 k_1}}{2 d_1}, \quad \lambda_2 = \frac{c + \sqrt{c^2 - 4 d_2 r_2 a_2 k_2}}{2 d_2},$$

$$\lambda_3 = \frac{c + \sqrt{c^2 - 4 d_1 r_1 (1 - a_1 k_1)}}{2 d_1}, \quad \lambda_4 = \frac{c + \sqrt{c^2 - 4 d_2 r_2 (1 - a_2 k_2)}}{2 d_2}.$$

固定 $\varepsilon_1 > 0$ 和 $\varepsilon_2 > 0$ 使得

$$\varepsilon_1 < \max\left\{\frac{1}{a_1}, \frac{(\lambda_1 + \beta_1)k_1}{2\beta_1}, \frac{k_1\beta_1}{\beta_1 + \lambda_3}\right\}, \quad \varepsilon_2 < \max\left\{\frac{1}{a_2}, \frac{(\lambda_2 + \beta_2)k_2}{2\beta_2}, \frac{k_2\beta_2}{\beta_2 + \lambda_4}\right\}.$$

选择 $\alpha_1 > 0$ 和 $\alpha_2 > 0$ 使得

$$\varepsilon_1 < \frac{k_1}{1 + \alpha_1}, \quad \varepsilon_1 < \frac{k_1(\lambda_1 + \beta_1)}{(2 + \alpha_1)\beta_1}, \quad \varepsilon_1 < \frac{k_1\beta_1}{(2 + \alpha_1)\beta_1 + \lambda_3}, \quad \varepsilon_1 < \frac{k_1(\beta_1 + \lambda_1)}{\alpha_1(\beta_1 + \lambda_3)},$$

$$\varepsilon_2 < \frac{k_2}{1 + \alpha_2}, \quad \varepsilon_2 < \frac{k_2(\lambda_2 + \beta_2)}{(2 + \alpha_2)\beta_2}, \quad \varepsilon_2 < \frac{k_2\beta_2}{(2 + \alpha_2)\beta_2 + \lambda_4}, \quad \varepsilon_2 < \frac{k_2(\beta_2 + \lambda_2)}{\alpha_2(\beta_2 + \lambda_4)}.$$

定义连续函数

$$\bar{\phi}(t) = \frac{k_1}{1 + \alpha_1 e^{-\lambda_1 t}}, \quad t \in \mathbb{R}, \quad \bar{\psi}(t) = \frac{k_2}{1 + \alpha_2 e^{-\lambda_2 t}}, \quad t \in \mathbb{R},$$

$$\underline{\phi}(t) = \begin{cases} \varepsilon_1 e^{\lambda_1 t}, & t \leqslant 0, \\ \varepsilon_1, & t > 0, \end{cases} \quad \underline{\psi}(t) = \begin{cases} \varepsilon_2 e^{\lambda_4 t}, & t \leqslant 0, \\ \varepsilon_2, & t > 0. \end{cases}$$

可验证对于充分小的 τ_1, τ_4, $(\bar{\phi}(t), \bar{\psi}(t))$ 和 $(\underline{\phi}(t), \underline{\psi}(t))$ 分别是系统 (1.3) 的行波方程的上解和下解, 详细证明可参考 [105].

利用 [247] 的结论, 可得如下存在性结果.

定理 1.3.1 ([105], 存在性)　假设 $a_1 a_2 > b_1 b_2$ 且 τ_1, τ_4 充分小, 则对于任意 $c > \max\{2\sqrt{a_1 r_1 d_1 k_1}, 2\sqrt{a_2 r_2 d_2 k_2}\}$, 系统 (1.3) 有连接 $(0,0)$ 和 (k_1, k_2) 的行波解 $(\phi(x + ct), \psi(x + ct))$.

第 2 章　非局部时滞反应扩散系统的行波解的存在性和唯一性

关于非局部时滞反应扩散系统的行波解的存在性已经取得了丰富的成果, 可参考 [3,4,6,17,35,62,74—79,134,182,192,195,216,224,227,238,239,270]. 利用 [160] 中的抽象泛函微分方程理论, 并利用基本的上下解方法和由 Chen[37] 建立的挤压技术, Smith 和 Zhao[214] 研究了双稳行波解的全局渐近稳定性、Liapunov 稳定性和唯一性. 对于更多有关挤压技术的应用, 可参考 [2, 16, 36, 39, 40, 57, 58, 62, 149, 152, 153, 198, 199].

像流体等一些反应扩散过程发生在移动的媒介中可由对流反应扩散方程来描述, 例如, 燃烧、大气化学和海洋中浮游生物的分布, 可参考 [11, 32, 73] 及其相关参考文献. 注意到对流项在行波的传播中起到了非常重要的作用 [11,73,157–159]. Wang, Li 和 Ruan[228] 利用上下解、比较原理和挤压方法考虑了非局部时滞的对流反应扩散方程的双稳波的存在性和稳定性.

本章考虑更一般的非局部时滞对流双曲抛物方程的行波解的存在性和唯一性

$$
\begin{aligned}
\frac{\partial}{\partial t}u(x,t) + r\frac{\partial^2}{\partial t^2}u(x,t) = {} & D\frac{\partial^2}{\partial x^2}u(x,t) + B\frac{\partial}{\partial x}u(x,t) \\
& + g\left(u(x,t), \int_{-\infty}^{\infty} h(x+B\tau-y)b(u(y,t-\tau))dy\right) \\
& + r\frac{\partial}{\partial t}f\left(\int_{-\infty}^{\infty} h(x+B\tau-y)b(u(y,t-\tau))dy\right),
\end{aligned}
$$

$$(2.1)$$

其中 $D > 0, B \in \mathbb{R}, r > 0, h(x) = \dfrac{1}{\sqrt{4\pi\alpha}}e^{-x^2/4\alpha}, \tau > 0$, 并将结果应用到如下经典模型中

$$
\begin{aligned}
\frac{\partial u(x,t)}{\partial t} + r\frac{\partial^2 u(x,t)}{\partial t^2} = {} & \frac{\partial}{\partial x}\left(D_m\frac{\partial u(x,t)}{\partial x} + Bu(x,t)\right) - d_m u(x,t) \\
& + \varepsilon\int_{-\infty}^{\infty} h(x+B\tau-y)b(u(y,t-\tau))dy
\end{aligned}
$$

$$+ r\frac{\partial}{\partial t}\left[\varepsilon \int_{-\infty}^{\infty} h(x + B\tau - y)b(u(y, t-\tau))dy\right], \quad (2.2)$$

其中 α 表示在时间 $t-\tau$ 和位置 0 经过成熟时间 τ 移动到位置 x 的概率, $\varepsilon \in (0, 1]$ 成熟期内的成活率, $r > 0$ 表示 $u(x, t)$ 在时间 t 和位置 $x \in \mathbb{R}$ 随机移动的时间时滞, D_m 和 d_m 分别表示成熟人口扩散常数和死亡率, B 表示对流速度, $b(u(x, t))$ 表示出生函数. 对于更多具有阶段结构的人口模型, 可参考 [19, 20, 190, 213, 240, 247].

当一个生态群落有许多被捕食物种时, 捕食者物种仍然可以在缺乏一些被捕食物种的情况下生存. 为了增加生存的可能性, 个体不能一直待在同一个地方, 因此该物种将倾向于向人口密度较低的地区迁徙 [240]. 同时, 大多数物种都有成熟期和妊娠期 [83, 113, 170, 240]. 因此, 下面的 Lotka-Volterra 型时滞捕食-被捕食扩散系统是描述两种群捕食-被捕食增长动力学的更现实的模型

$$\begin{cases} \dfrac{\partial u_1(x, t)}{\partial t} = d_1 \dfrac{\partial^2 u_1(x, t)}{\partial x^2} + r_1 u_1(x, t)[1 - a_1(g_1 * u_1)(x, t) - b_1(g_2 * u_2)(x, t)], \\[3mm] \dfrac{\partial u_2(x, t)}{\partial t} = d_2 \dfrac{\partial^2 u_2(x, t)}{\partial x^2} + r_2 u_2(x, t)[1 + b_2(g_3 * u_1)(x, t) - a_2(g_4 * u_2)(x, t)], \end{cases}$$
$$(2.3)$$

其中所有参数都是正的, $t \geqslant 0, x \in \mathbb{R}, u_1(x, t)$ 和 $u_2(x, t), d_1$ 和 d_2, r_1 和 $r_2, r_1 a_1$ 和 $r_2 a_2$ 以及 $r_1 b_1$ 和 $r_2 b_2$ 分别表示被捕食者和捕食者的密度、扩散率、增长率、环境承载率以及相互作用因素,

$$(g_j * u)(x, t) = \int_0^\infty \int_{-\infty}^\infty g_j(y, s)u(x - y, t - s)dyds, \quad (2.4)$$

核函数 $g_j(x, t)$ 是非负可积函数并满足

$$g_j(x, t) = g_j(-x, t) \quad \text{且} \quad \int_0^\infty \int_{-\infty}^\infty g_j(y, s)dyds = 1, \quad j = 1, 2, 3, 4. \quad (2.5)$$

考虑系统 (2.3) 的行波解的存在性是非常有意义的. 为此, 我们考虑如下更一般的非局部时滞反应扩散系统的行波解的存在性

$$\begin{cases} \dfrac{\partial u_1(x, t)}{\partial t} = d_1 \dfrac{\partial^2 u_1(x, t)}{\partial x^2} + f_1(u_1(x, t), u_2(x, t), (g_1 * u_1)(x, t), (g_2 * u_2)(x, t)), \\[3mm] \dfrac{\partial u_2(x, t)}{\partial t} = d_2 \dfrac{\partial^2 u_2(x, t)}{\partial x^2} + f_2(u_1(x, t), u_2(x, t), (g_3 * u_1)(x, t), (g_4 * u_2)(x, t)), \end{cases}$$
$$(2.6)$$

其中 $t \geqslant 0, x \in \mathbb{R}, d_i > 0, f_i \in C(\mathbb{R}^4, \mathbb{R}), (g_j * u_i)(x, t)$ 如 (2.4) 和 (2.5) 所定义, 并将结果应用到 Lotka-Volterra 型非局部时滞扩散竞争合作系统 (2.3).

注意到单调迭代和上下解方法也被应用到证明非局部时滞反应扩散系统的行波解的存在性上 [227,270]. 关于利用各种迭代、上下解方法和 Schauder 不动点定理证明具有不同单调条件的系统的行波解的存在性的结果, 可参考 [106,107,132, 147,247]. 本章的内容取自作者与合作者的论文 [120,128].

2.1 非局部时滞对流双曲抛物方程的行波解的存在性和唯一性

受文 [37,134,149,182,214,228] 工作的启发, 本节考虑 (2.1) 的行波解的存在性和唯一性. 我们作如下假设:

(H1) $g \in C^2(I \times I, \mathbb{R}), I \subset \mathbb{R}$ 且 $[0, K] \subset I, K > 0$, 对于 $(u, v) \in I \times I, \partial_2 g(u, v) > 0, b \in C^2(I, \mathbb{R})$; 对于 $u \in I, b'(u) \geqslant 0$.

(H2) $g(0, b(0)) = g(K, b(K)) = 0, \partial_1 g(0, b(0)) + \partial_2 g(0, b(0))b'(0) < 0, \partial_1 g(K, b(K)) + \partial_2 g(K, b(K))b'(K) < 0$.

(H3) $f \in C^3(I, \mathbb{R})$ 且对于 $u \in I, f'(u) > 0$.

2.1.1 参数化抛物方程

(2.1) 的行波解是具有特殊形式的平移不变解 $u(x, t) = U(x + ct), c$ 为给定的常数, $U \in C^2(\mathbb{R}, \mathbb{R})$ 是在一维空间传播的波相且速度为 $c > 0$. 将 $u(x, t) = U(x + ct)$ 代入 (2.1), 用 t 表示 $x + ct$, 用 z 表示 $x + B\tau - y$, 则波方程是

$$cU'(t) + rc^2 U''(t) = DU''(t) + BU'(t)$$
$$+ g\left(U(t), \int_{-\infty}^{\infty} h(t + B\tau - c\tau - z)b(U(z))dz\right)$$
$$+ cr\left[f\left(\int_{-\infty}^{\infty} h(t + B\tau - c\tau - z)b(U(z))dz\right)\right]',$$

或者等价于

$$c\left[U(t) - rf\left(\int_{-\infty}^{\infty} h(t + B\tau - c\tau - z)b(U(z))dz\right)\right]'$$
$$= (D - rc^2)U''(t) + BU'(t) + g\left(U(t), \int_{-\infty}^{\infty} h(t + B\tau - c\tau - z)b(U(z))dz\right).$$
$$(2.7)$$

令

$$V(t) = U(t) - rf\left(\int_{-\infty}^{\infty} h(t + B\tau - c\tau - z)b(U(z))dz\right). \tag{2.8}$$

因此

$$
\begin{aligned}
cV'(t) = {} & D(c)V''(t) + BV'(t) \\
& + g\left(V(t) + rf\left(\int_{-\infty}^{\infty} h(t + B\tau - c\tau - z)b(U(z))dz\right),\right. \\
& \left. \int_{-\infty}^{\infty} h(t + B\tau - c\tau - z)b(U(z))dz\right) \\
& + rD(c)\left[f''\left(\int_{-\infty}^{\infty} h(t + B\tau - c\tau - z)b(U(z))dz\right)\right. \\
& \times \left(\int_{-\infty}^{\infty} h'(t + B\tau - c\tau - z)b(U(z))dz\right)^2 \\
& + f'\left(\int_{-\infty}^{\infty} h(t + B\tau - c\tau - z)b(U(z))dz\right) \\
& \left. \times \int_{-\infty}^{\infty} h''(t + B\tau - c\tau - z)b(U(z))dz\right] \\
& + rBf'\left(\int_{-\infty}^{\infty} h(t + B\tau - c\tau - z)b(U(z))dz\right) \\
& \times \int_{-\infty}^{\infty} h'(t + B\tau - c\tau - z)b(U(z))dz, \tag{2.9}
\end{aligned}
$$

其中 $D(c) = D - rc^2$.

　　我们考虑 (2.8) 和 (2.9) 的行波解的存在性. 这等价于考虑如下参数化抛物方程

$$
\begin{aligned}
\frac{\partial}{\partial t}w(x,t) = {} & D(c)\frac{\partial^2}{\partial x^2}w(x,t) + B\frac{\partial}{\partial x}w(x,t) \\
& + g\left(w(x,t) + rf\left(\int_{-\infty}^{\infty} h(x + B\tau - c\tau - y)b(\varphi(y,t))dy\right),\right. \\
& \left. \int_{-\infty}^{\infty} h(x + B\tau - c\tau - y)b(\varphi(y,t))dy\right) \\
& + rD(c)\left[f''\left(\int_{-\infty}^{\infty} h(x + B\tau - c\tau - y)b(\varphi(y,t))dy\right)\right.
\end{aligned}
$$

$$\times \left(\int_{-\infty}^{\infty} h'(x + B\tau - c\tau - y)b(\varphi(y,t))dy \right)^2$$

$$+ f' \left(\int_{-\infty}^{\infty} h(x + B\tau - c\tau - y)b(\varphi(y,t))dy \right)$$

$$\times \int_{-\infty}^{\infty} h''(x + B\tau - c\tau - y)b(\varphi(y,t))dy \Bigg]$$

$$+ rBf' \left(\int_{-\infty}^{\infty} h(x + B\tau - c\tau - y)b(\varphi(y,t))dy \right)$$

$$\times \int_{-\infty}^{\infty} h'(x + B\tau - c\tau - y)b(\varphi(y,t))dy \tag{2.10}$$

和

$$\varphi(x,t) = w(x,t) + rf \left(\int_{-\infty}^{\infty} h(x + B\tau - c\tau - y)b(\varphi(y,t))dy \right), \tag{2.11}$$

其中 $c \in \mathbb{R}$ 满足

$$D(c) = D - rc^2 > 0. \tag{2.12}$$

寻找 (2.10) 和 (2.11) 的行波解 $w(x,t) = V(x + C(c)t), \varphi(x,t) = U(x + C(c)t)$ 满足

$$V(-\infty) = 0, \quad V(\infty) = V_{\max} = K - rf(b(K)), \quad U(-\infty) = 0, \quad U(\infty) = K, \tag{2.13}$$

其中 $K > 0$ 是 $g(u, b(u)) = 0$ 的最大正解, 见引理 2.1.1及附注 2.1.1对于 $V_{\max}$ 的说明. 对任意 c, r 和 D 满足 (2.12) 和其他条件 (2.21), (2.30)(在 2.1.2 节给出), 则存在波速 $C(c)$, 用 t 表示 $x + C(c)t$, 使得 $U(t)$ 和 $V(t)$ 满足

$$C(c)V'(t) = D(c)V''(t) + BV'(t)$$

$$+ g \left(V(t) + rf \left(\int_{-\infty}^{\infty} h(t + B\tau - c\tau - z)b(U(z))dz \right), \right.$$

$$\left. \int_{-\infty}^{\infty} h(t + B\tau - c\tau - z)b(U(z))dz \right)$$

$$+ rD(c) \left[f'' \left(\int_{-\infty}^{\infty} h(t + B\tau - c\tau - z)b(U(z))dz \right) \right.$$

$$\times \left(\int_{-\infty}^{\infty} h'(t + B\tau - c\tau - z)b(U(z))dz \right)^2$$

$$+ f' \left(\int_{-\infty}^{\infty} h(t + B\tau - c\tau - z) b(U(z)) dz \right)$$

$$\times \int_{-\infty}^{\infty} h''(t + B\tau - c\tau - z) b(U(z)) dz \bigg]$$

$$+ rBf' \left(\int_{-\infty}^{\infty} h(t + B\tau - c\tau - z) b(U(z)) dz \right)$$

$$\times \int_{-\infty}^{\infty} h'(t + B\tau - c\tau - z) b(U(z)) dz \tag{2.14}$$

和

$$U(t) = V(t) + rf \left(\int_{-\infty}^{\infty} h(t + B\tau - c\tau - y) b(U(y)) dy \right), \tag{2.15}$$

也满足 (2.13). 若存在 c 使得 $c = C(c)$, 则对于 $c > 0$, 只需寻找 (2.8) 和 (2.9) 的解.

2.1.2　参数化抛物方程的行波解的唯一性

对于 $x \in \mathbb{R}$, 先考虑更一般系统

$$\begin{cases} \dfrac{\partial}{\partial t} w(x, t) = D(c) \dfrac{\partial^2}{\partial x^2} w(x, t) + B \dfrac{\partial}{\partial x} w(x, t) + I_{\varphi(x, t)}, \\ \varphi(x, t) = w(x, t) + rf \left(\displaystyle\int_{-\infty}^{\infty} h(x + B\tau - c\tau - y) b(\varphi(y, t)) dy \right) \end{cases} \tag{2.16}$$

及初值

$$\begin{cases} w(x, s) = \phi(x, s), \quad s \in [-\tau_1, 0], \\ \varphi(x, s) = w(x, s) + rf \left(\displaystyle\int_{-\infty}^{\infty} h(x + B\tau - c\tau - y) b(\varphi(y, s)) dy \right), \quad s \in [-\tau_1, 0], \end{cases} \tag{2.17}$$

其中

$$I_{\varphi(x, t)}$$
$$= g \left(w(x, t) + rf \left(\int_{-\infty}^{\infty} h(\xi) b(\varphi(y, t - \tau_1)) dy \right), \int_{-\infty}^{\infty} h(\xi) b(\varphi(y, t - \tau_1)) dy \right)$$

$$+ rD(c) \left[f'' \left(\int_{-\infty}^{\infty} h(\xi) b(\varphi(y, t - \tau_1)) dy \right) \left(\int_{-\infty}^{\infty} h'(\xi) b(\varphi(y, t - \tau_1)) dy \right)^2 \right.$$

$$+ f'\left(\int_{-\infty}^{\infty} h(\xi)b(\varphi(y, t - \tau_1))dy\right)\int_{-\infty}^{\infty} h''(\xi)b(\varphi(y, t - \tau_1))dy\Bigg]$$

$$+ rBf'\left(\int_{-\infty}^{\infty} h(\xi)b(\varphi(y, t - \tau_1))dy\right)\int_{-\infty}^{\infty} h'(\xi)b(\varphi(y, t - \tau_1))dy,$$

其中 $\xi = x + B\tau - c\tau + B\tau_1 - y, \tau_1 > 0$.

下面证明 (2.16) 在不计平移的意义下至多有一个行波解 $w(x, t) = V(x + C(c)t), \varphi(x, t) = U(x + C(c)t)$, 波速为 $C(c)$, 其依赖于 c. 特别地, 当 $\tau_1 = 0$ 时, 系统 (2.16) 变为 (2.10) 和 (2.11).

令 $X = BUC(\mathbb{R}, \mathbb{R})$ 为从 $\mathbb{R}$ 到 $\mathbb{R}$ 的一致有界连续函数构成 Banach 空间, 具有上确界范数. 令

$$X^+ = \{\phi \in X : \phi(x) \geqslant 0, x \in \mathbb{R}\}.$$

易知 X^+ 是 X 的闭锥, X 是由 X^+ 诱导的 Banach 格. 由 [45] 中定理 1.5 知, $D\Delta X$ 生成连续解析半群 $T(t), T(t)X^+ \subset X^+, t \geqslant 0$. 此外, 由热方程

$$\begin{cases} \dfrac{\partial}{\partial t}v(x, t) = D\dfrac{\partial^2}{\partial x^2}v(x, t), & x \in \mathbb{R}, \ t > 0, \\ v(x, 0) = \phi(x), & x \in \mathbb{R} \end{cases} \tag{2.18}$$

解的显式表达式, 有

$$T(t)\phi(x) = \frac{1}{\sqrt{4\pi Dt}}\int_{-\infty}^{\infty} e^{-\frac{(x-y)^2}{4Dt}}\phi(y)dy, \quad x \in \mathbb{R}, t > 0, \phi(\cdot) \in X.$$

考虑方程

$$\begin{cases} \dfrac{\partial}{\partial t}w(x, t) = D\dfrac{\partial^2}{\partial x^2}w(x, t) + B\dfrac{\partial}{\partial x}w(x, t), & x \in \mathbb{R}, \ t > 0, \\ w(x, 0) = \phi(x), & x \in \mathbb{R}. \end{cases} \tag{2.19}$$

(2.18) 和 (2.19) 的关系如下: 若 $v(x, t)$ 是 (2.18) 的解, 则 $w(x, t) = v(x + Bt, t)$ 是 (2.19) 的解; 反过来, 若 $w(x, t)$ 是 (2.19) 的解, 则 $v(x, t) = w(x - Bt, t)$ 是 (2.18) 的解. 因此, (2.19) 解的存在唯一性可由 (2.18) 解的存在唯一性推出. 特别地,

$$w(x, t) = v(x + Bt, t) = \frac{1}{\sqrt{4\pi Dt}}\int_{-\infty}^{\infty} e^{-\frac{(x+Bt-y)^2}{4Dt}}\phi(y)dy.$$

定义有界线性算子 $S(t): X \to X, t \geqslant 0$ 为

$$S(0)\phi(x) = \phi(x),$$

$$S(t)\phi(x) = \frac{1}{\sqrt{4\pi Dt}} \int_{-\infty}^{\infty} e^{-\frac{(x+Bt-y)^2}{4Dt}} \phi(y)dy, \quad x \in \mathbb{R}, t > 0, \phi(\cdot) \in X. \tag{2.20}$$

易证 $S(t)$ 为 X 上的强连续半群. 显然 $S(t)X^+ \subset X^+, t \geqslant 0$. 特别地, 当 $B = 0$ 时, $S(t) = T(t)$.

令 $f_0(\cdot): I \to \mathbb{R}$ 定义为 $f_0(u) = g(u, b(u)), u \in I$. 由 f_0 的连续性和 (H2) 易推出存在 $\delta_0, u^-, u^+ \in (0, K)$ 且 $[-2\delta_0, K + 2\delta_0] \subset I$ 和 $u^- \leqslant u^+$ 使得 $f_0(\cdot): [-2\delta_0, K + 2\delta_0] \to \mathbb{R}$ 满足

$$\begin{cases} f_0(0) = f_0(u^-) = f_0(u^+) = f_0(K) = 0, \\ \text{对于 } u \in [-2\delta_0, 0) \cup (u^+, K), f_0(u) > 0 \text{ 和对于 } u \in (0, u^-) \cup (K, K + 2\delta_0], \\ f_0(u) < 0. \end{cases}$$

令 $L_1 = \max\{|\partial_1 g(u, v)|: -2\delta_0 \leqslant u \leqslant K + 2\delta_0, b(-2\delta_0) \leqslant v \leqslant b(K + 2\delta_0)\}$, 定义

$$\Theta(J, t) = \frac{1}{\sqrt{4\pi Dt}} e^{-\frac{|B|J}{2D} - (L_1 + \frac{|B|}{4D})t - \frac{(J+1)^2}{4Dt}}, \quad J \geqslant 0, \ t > 0.$$

显然, $\Theta \in C([0, \infty) \times (0, \infty), \mathbb{R})$.

令 $C = C([-\tau_1, 0], X)$ 是从 $[-\tau_1, 0]$ 到 X 的连续函数生成的 Banach 空间, 具有上确界范数, 令 $C^+ = \{\phi \in C: \phi(s) \in X^+, s \in [-\tau_1, 0]\}$. 则 C^+ 是 C 的正锥, 一般地, 我们认为 $\phi \in C$ 是从 $\mathbb{R} \times [-\tau_1, 0]$ 到 $\mathbb{R}$ 的函数, 其定义为 $\phi(x, s) = \phi(s)(x)$. 对任意连续函数 $w: [-\tau_1, a) \to X, a > 0$, 定义 $w_t \in C, t \in [0, a)$, 记 $w_t(s) = w(t + s), s \in [-\tau_1, 0]$. 则 $t \mapsto w_t$ 是从 $[0, a)$ 到 C 的连续函数.

为了证明 (2.16) 和 (2.17) 当 $\phi \in C^+$ 时解的存在性和正性, 需要 (2.16) 第二个方程的一些保序性质. 对任意 $v \in X$, 考虑算子 $\Re: X \to X$, 其定义为

$$(\Re u)(x) = v(x) + rf\left(\int_{-\infty}^{\infty} h(x + B\tau - c\tau - y)b(u(y))dy\right).$$

令

$$X_{\delta_0} = \{\phi \in X: -\delta_0 \leqslant \phi(x) \leqslant K + \delta_0, \ x \in \mathbb{R}\}.$$

假设

$$f'_{\max} b'_{\max} = \sup\{|f'(b(u))b'(u)|: -\infty \leqslant u < \infty\} > 0.$$

下面引理的证明与 [182] 中引理 3.1 的证明类似, 在此省略.

引理 2.1.1 ([120]) 假设 r 充分小使得

$$r < \frac{\delta_0}{(K + 2\delta_0)f'_{\max}b'_{\max}}. \tag{2.21}$$

则

(i) 对任意 $v \in X$, 方程

$$u(x) = v(x) + rf\left(\int_{-\infty}^{\infty} h(x + B\tau - c\tau - y)b(u(y))dy\right) \tag{2.22}$$

只有一个解 $u = F(v) \in X$. 特别地, 如果 $v \in X^+$, 则 $u = F(v) \in X^+$.

(ii) 对任意 $v \in X_{\delta_0}, F(v) \in X_{2\delta_0}$.

(iii) 若 $v - \bar{v} \in X^+$ 和 $v, \bar{v} \in X_{\delta_0}$, 则 $F(v) - F(\bar{v}) \in X^+$.

(iv) 若 $v \in X_{\delta_0}$ 在 $\mathbb{R}$ 上非减, 则 $F(v)$ 也是非减的.

(v) 对于 $v, \bar{v} \in X_{\delta_0}$, 有

$$\| F(v) - F(\bar{v}) \| \leqslant 2 \| v - \bar{v} \|. \tag{2.23}$$

(vi) 如果 v 是常值函数 $\tilde{v}$, 则 (2.22) 变为代数方程

$$\tilde{u} = \tilde{v} + rf(b(\tilde{u})), \tag{2.24}$$

其只有一个解 $\tilde{u}$ 使得 $\tilde{u} = F(\tilde{v})$, 而且

$$\frac{d\tilde{u}}{d\tilde{v}} = F'(\tilde{v}) = \frac{1}{1 - rf'(b(\tilde{u}))b'(\tilde{u})}. \tag{2.25}$$

附注 2.1.1 ([120]) 从引理 2.1.1 知, 当 $0 \leqslant u < K$ 时, $0 \leqslant v < V_{\max} = K - rf(b(K))$. 因为 $g(K, b(K)) = 0$, 所以 $V_{\max} = K - rf(b(K))$.

附注 2.1.2 ([120]) 固定 (2.16) 中的 t, 由引理 2.1.1 知, 我们通过解第二个方程得到

$$\varphi(x, t) = F(w)(x, t).$$

因此系统 (2.16) 和 (2.17) 转换为

$$\begin{cases} \dfrac{\partial}{\partial t}w(x,t) = D(c)\dfrac{\partial^2}{\partial x^2}w(x,t) + B\dfrac{\partial}{\partial x}w(x,t) + I_{F(w)(x,t)}, \\ w(x,s) = \phi(x,s). \end{cases} \tag{2.26}$$

现在回到系统 (2.16). 对任意 $\phi \in [-\delta_0, K + \delta_0]_C = \{\phi \in C : \phi(x,s) \in [-\delta_0, K + \delta_0], x \in \mathbb{R}, s \in [-\tau_1, 0]\}$, 定义 $F_1(\phi)(x) = I_{F(\phi)(x,0)}$. $I_{F(\phi)(x,0)}$ 的定义与 $I_{\varphi(x,t)}$ 类似, 以下采用类似的定义, 由 $g(\cdot, \cdot)$ 在 $[-2\delta_0, K + 2\delta_0] \times [b(-2\delta_0), b(K + 2\delta_0)]$ 上的全局 Lipschitz 连续性可证 $F_1(\phi) \in X$ 和 $F_1 : [-\delta_0, K + \delta_0]_C \to X$ 是全局 Lipschitz 连续的.

定义 2.1.1 ([120])　称连续函数对 $(w, \varphi) = (w, F(w)) \in C([-\tau_1, a), X) \times C([-\tau_1, a), X)$ 为 (2.16) 的上 (下) 解, 如果对于 $0 \leqslant t_0 < t < a$,

$$
\begin{cases}
w(t) \geqslant (\leqslant) S(t - t_0) w(t_0) + \displaystyle\int_{t_0}^{t} S(t - s) F_1(w_s) ds, \\
\varphi(t) = F(w)(t), \quad t \geqslant t_0 - \tau_1.
\end{cases}
\tag{2.27}
$$

称 $(w, F(w))$ 为 (2.16) 的温和解, 如果既是 $[0, a)$ 上的上解, 也是 $[0, a)$ 上的下解.

附注 2.1.3 ([120])　假设存在 $\mathbb{R} \times [-\tau_1, a)$ 上的有界连续函数对 (w, φ) 对 $x \in \mathbb{R}$ 是 C^2 的, 对 $t \in (0, a)$ 是 C^1 的, 且对于 $x \in \mathbb{R}$,

$$
\begin{cases}
\dfrac{\partial}{\partial t} w(x,t) \geqslant (\leqslant) D(c) \dfrac{\partial^2}{\partial x^2} w(x,t) + B \dfrac{\partial}{\partial x} w(x,t) + I_{\varphi(x,t)}, \quad t \geqslant 0, \\
\varphi(x,t) = w(x,t) + rf\left(\displaystyle\int_{-\infty}^{\infty} h(x + B\tau - c\tau - y) b(\varphi(y,t)) dy \right), \quad t \geqslant -\tau_1.
\end{cases}
$$

则由 $S(t)X^+ \subset X^+$ 知, (2.27) 成立. 因此 (w, φ) 是 (2.16) 在 $[0, a)$ 上的上 (下) 解.

现在给出解的存在性和比较原理.

引理 2.1.2 ([120], 解的存在性和比较原理)　对任意初值 $\phi \in [-\delta_0, K + \delta_0]_C$, 系统 (2.16) 和 (2.17) 有温和解 $(w(x,t,\phi), F(w)(x,t,\phi))$, $t \in [0, \infty)$, 且 $(-\delta_0, F(-\delta_0)) \leqslant (w(x,t,\phi), F(w)(x,t,\phi)) \leqslant (K + \delta_0, F(K + \delta_0))$, 在此意义下

$$
-\delta_0 \leqslant w(x,t,\phi) \leqslant K + \delta_0, \quad F(-\delta_0) \leqslant F(w)(x,t,\phi) \leqslant F(K + \delta_0),
$$

$(w(x,t,\phi), F(w)(x,t,\phi))$ 是 (2.16) 和 (2.17) 在 $(x,t) \in \mathbb{R} \times (-\tau_1, \infty)$ 上的经典解. 此外, 对于 (2.16) 和 (2.17) 的上解 $(w^+, F(w^+))$ 和下解 $(w^-, F(w^-))$ 满足 $-\delta_0 \leqslant w^+(x,t), w^-(x,t) \leqslant K + \delta_0, t \in (-\tau_1, \infty), x \in \mathbb{R}, w^+(x,s) \geqslant w^-(x,s), x \in \mathbb{R}, s \in [-\tau_1, 0]$, 有 $w^+(x,t) \geqslant w^-(x,t), x \in \mathbb{R}, t \geqslant 0$, 且

$$
w^+(x,t) - w^-(x,t) \geqslant \Theta(|x - z|, t - t_0) \int_{z}^{z+1} (w^+(y, t_0) - w^-(y, t_0)) dy, \quad (2.28)
$$

$z \in \mathbb{R}, t \geqslant t_0 \geqslant 0$.

证明 已知 $\varphi(x,t) = F(w)(x,t)$. 从 [160] 可推出 (2.16) 和 (2.17) 的温和解 $(w, F(w))$ 是如下积分方程的经典解

$$
\begin{cases}
w(t) = S(t-t_0)w(t_0) + \displaystyle\int_{t_0}^t S(t-s)F_1(w_s)ds, \\
w_0 = \phi \in [-\delta_0, K+\delta_0]_C.
\end{cases}
$$

由 δ_0 的选择知, $f_0(K+2\delta_0) < 0, f_0(-2\delta_0) > 0$. 显然, $v^+ = (K+\delta_0, F(K+\delta_0))$ 和 $v^- = (-\delta_0, F(-\delta_0))$ 分别是 (2.16) 和 (2.17) 的上解和下解. 注意到 $F_1:$ $[-\delta_0, K+\delta_0]_C$ 是全局 Lipschitz 的. 它也满足以下意义下的拟单调条件, 即对任意 $\psi, \varphi \in [-\delta_0, K+\delta_0]_C$ 且 $\psi \geqslant \varphi$,

$$
\lim_{\rho \to 0^+} \frac{1}{\rho} \text{dist}(\psi(0) - \varphi(0) + \rho[F_1(\psi_s) - F_1(\varphi_s)], X^+) = 0. \tag{2.29}
$$

令

$$
I_\psi = \int_{-\infty}^\infty h(\xi)b(F(\psi)(y, -\tau_1))dy, \quad I_\varphi = \int_{-\infty}^\infty h(\xi)b(F(\varphi)(y, -\tau_1))dy,
$$

$$
I_\psi' = \int_{-\infty}^\infty h'(\xi)b(F(\psi)(y, -\tau_1))dy, \quad I_\varphi' = \int_{-\infty}^\infty h'(\xi)b(F(\varphi)(y, -\tau_1))dy,
$$

$$
I_\psi'' = \int_{-\infty}^\infty h''(\xi)b(F(\psi)(y, -\tau_1))dy, \quad I_\varphi'' = \int_{-\infty}^\infty h''(\xi)b(F(\varphi)(y, -\tau_1))dy.
$$

因此

$$
g(\psi(x,0) + rf(I_\psi), I_\psi) - g(\varphi(x,0) + rf(I_\varphi), I_\varphi)
$$
$$
= \partial_1 g(\xi_1(x,0), I_\psi)[\psi(x,0) - \varphi(x,0)]
$$
$$
+ [rf'(\xi_2(x,0)) + \partial_2 g(\varphi(x,0) + rf(I_\varphi), \xi_3(x,0))](I_\psi - I_\varphi),
$$

$$
rB[f'(I_\psi)I_\psi' - f'(I_\varphi)I_\varphi'] = rB[f''(\xi_4(x,0))I_\psi'(I_\psi - I_\varphi) + f'(I_\varphi)(I_\psi' - I_\varphi')],
$$

$$
rD(c)\{[f''(I_\psi)(I_\psi')^2 + f'(I_\psi)I_\psi''] - [f''(I_\varphi)(I_\varphi')^2 + f'(I_\varphi)I_\varphi'']\}
$$
$$
= rD(c)[f'''(\xi_5(x,0))(I_\psi')^2(I_\psi - I_\varphi) + f''(I_\varphi)(I_\psi' + I_\varphi')(I_\psi' - I_\varphi')
$$
$$
+ f''(\xi_6(x,0))I_\psi''(I_\psi - I_\varphi) + f'(I_\varphi)(I_\psi'' - I_\varphi'')],
$$

其中 $\xi_1(x,0) \in [F(\varphi), F(\psi)], \xi_i(x,0) \in [I_\varphi, I_\psi], i = 2, \cdots, 6$.

注意到

$$h(x) = \frac{1}{\sqrt{4\pi\alpha}} e^{-\frac{x^2}{4\alpha}}, \quad h'(x) = -\frac{x}{2\alpha} h(x), \quad h''(x) = \left(\frac{x^2}{4\alpha^2} - \frac{1}{2\alpha}\right) h(x).$$

因此, 由 (H1) 和 (H3) 及上述结果知

$$F_1(\psi_s) - F_1(\varphi_s)$$
$$= \partial_1 g(\xi_1(x,0), I_\psi)[\psi(x,0) - \varphi(x,0)]$$
$$+ \int_{-\infty}^{\infty} \left\{ r f'(\xi_2(x,0)) + \partial_2 g(\varphi(x,0) + r f(I_\varphi), \xi_3(x,0)) + r B f''(\xi_4(x,0)) I_\psi' \right.$$
$$+ r D(c) f'''(\xi_5(x,0))(I_\psi')^2 + r D(c) f''(\xi_6(x,0)) I_\psi'' - \frac{1}{2\alpha} r D(c) f'(I_\varphi)$$
$$- \frac{\xi}{2\alpha}[r B f'(I_\varphi) + r D(c) f''(I_\varphi)(I_\psi' + I_\varphi')] + \frac{\xi^2}{4\alpha^2} r D(c) f'(I_\varphi) \right\}$$
$$\times h(\xi)[b(F(\psi)(y, -\tau_1)) - b(F(\varphi)(y, -\tau_1))]dy$$
$$\geqslant -L_1[\psi(x,0) - \varphi(x,0)] + \int_{-\infty}^{\infty} (L_2 - r M_1 - r M_2|\xi| + r M_3 \xi^2)$$
$$\times h(\xi)[b(F(\psi)(y, -\tau_1)) - b(F(\varphi)(y, -\tau_1))]dy,$$

其中

$$L_1 = \max\{|\partial_1 g(u,v)| : (u,v) \in [-2\delta_0, K + 2\delta_0] \times [b(-2\delta_0), b(K + 2\delta_0)]\},$$
$$L_2 = \min\{\partial_2 g(u,v) : (u,v) \in [F(-\delta_0), F(K + \delta_0)]$$
$$\times [b(F(-\delta_0)), b(F(K + \delta_0))]\} > 0,$$
$$\bar{L}_2 = \max\{\partial_2 g(u,v) : (u,v) \in [F(-\delta_0), F(K + \delta_0)]$$
$$\times [b(F(-\delta_0)), b(F(K + \delta_0))]\} > 0,$$
$$M_1 = \max\left\{ \left| f'(\xi_2(x,0)) + B f''(\xi_4(x,0)) I_\psi' + D(c) f'''(\xi_5(x,0))(I_\psi')^2 \right.\right.$$
$$\left.+ D(c) f''(\xi_6(x,0)) I_\psi'' - \frac{1}{2\alpha} D(c) f'(I_\varphi) \right| : I_\psi, I_\varphi$$
$$\left. \in [b(F(-\delta_0)), b(F(K + \delta_0))] \right\},$$
$$M_2 = \max\{|B f'(I_\varphi) + D(c) f''(I_\varphi)(I_\psi' + I_\varphi')| : I_\psi, I_\varphi$$
$$\in [b(F(-\delta_0)), b(F(K + \delta_0))]\},$$

$$M_3 = \min\left\{\frac{1}{4\alpha^2}D(c)f'(u) : u \in [b(F(-\delta_0)), b(F(K+\delta_0))]\right\} > 0,$$

$$\bar{M}_3 = \max\left\{\frac{1}{4\alpha^2}D(c)f'(u) : u \in [b(F(-\delta_0)), b(F(K+\delta_0))]\right\} > 0.$$

取 r 充分小使得

$$L_2 - rM_1 - rM_2|\xi| + rM_3\xi^2 \geqslant 0, \quad \xi \in \mathbb{R}. \tag{2.30}$$

因此

$$F_1(\psi_s) - F_1(\varphi_s) \geqslant -L_1[\psi(x,0) - \varphi(x,0)],$$

因此对于任意 $h > 0$ 满足 $L_1 h < 1$, 有

$$\psi(0) - \varphi(0) + h[F_1(\psi_s) - F_1(\varphi_s)] \geqslant (1 - L_1 h)[\psi(x,0) - \varphi(x,0)] \geqslant 0,$$

这蕴含着 (2.29) 成立. 因此, 由 [160] 推论 5 可推出 $w(x,t,\phi)$ 的存在性和唯一性, 其中 $S(t,s) = T(t,s) = T(t-s), t \geqslant s \geqslant 0$ 和 $\mathcal{B}(t,\phi) = F_1(\phi)$. 此外, 应用 [160] 中定理 1 类似的方法可推出 $(w, F(w))$ 是 $t \geqslant \tau_1$ 上的经典解.

因为 $(w^+(x,t), F(w^+)(x,t)) \geqslant (w^-(x,t), F(w^-)(x,t))$, 所以从 [160] 中推论 5 可推出

$$-\delta_0 \leqslant w(x,t,w^-) \leqslant w(x,t,w^+) \leqslant K + \delta_0, \quad t \geqslant 0, x \in \mathbb{R}. \tag{2.31}$$

应用 [160] 中推论 5, 并分别令 $v^+(x,t) = K + \delta_0, v^-(x,t) = w^-(x,t)$ 和 $v^+(x,t) = w^+(x,t), v^-(x,t) = -\delta_0$ 可得

$$w^+(x,t) \leqslant w(x,t,w^-) \leqslant K + \delta_0, \quad t \geqslant 0, x \in \mathbb{R} \tag{2.32}$$

和

$$-\delta_0 \leqslant w(x,t,w^+) \leqslant w^+(x,t), \quad t \geqslant 0, x \in \mathbb{R}. \tag{2.33}$$

结合 (2.31)—(2.33) 知, 若 $B = 0, w^-(x,t) \leqslant w^+(x,t), t \geqslant 0, x \in \mathbb{R}$.

现在考虑 $B \neq 0$ 情形. 定义 $\bar{h}(y) = h(y - B\tau_1), y \in \mathbb{R}$. 考虑初值问题

$$\begin{cases} \dfrac{\partial}{\partial t}w(x,t) = D(c)\dfrac{\partial^2}{\partial x^2}w(x,t) + \tilde{I}_{\varphi(x,t)}, \\ w(x,0) = \varphi \in [-\delta_0, K+\delta_0]_C, \end{cases} \tag{2.34}$$

其中

$$\tilde{I}_{\varphi(x,t)} = g\left(w(x,t) + rf\left(\int_{-\infty}^{\infty}\bar{h}(\bar{\xi})b(\varphi(y,t-\tau_1))dy\right), \int_{-\infty}^{\infty}\bar{h}(\bar{\xi})b(\varphi(y,t-\tau_1))dy\right)$$

$$+ rD(c)\left[f'' \left(\int_{-\infty}^{\infty} \bar{h}(\bar{\xi})b(\varphi(y,t-\tau_1))dy \right) \left(\int_{-\infty}^{\infty} \bar{h}'(\bar{\xi})b(\varphi(y,t-\tau_1))dy \right)^2 \right.$$

$$+ f' \left(\int_{-\infty}^{\infty} \bar{h}(\bar{\xi})b(\varphi(y,t-\tau_1))dy \right) \int_{-\infty}^{\infty} \bar{h}''(\bar{\xi})b(\varphi(y,t-\tau_1))dy \Bigg]$$

$$+ rBf' \left(\int_{-\infty}^{\infty} \bar{h}(\bar{\xi})b(\varphi(y,t-\tau_1))dy \right) \int_{-\infty}^{\infty} \bar{h}'(\bar{\xi})b(\varphi(y,t-\tau_1))dy,$$

其中 $\bar{\xi} = x + B\tau - c\tau - y$.

由 (2.16) 和 (2.34) 的关系可得如下事实. 若 $w(x,t)$ 是 (2.16) 和 $\phi \in [-\delta_0, K+\delta_0]_C$ 的温和解, 则 $w(x-Bt,t)$ 是 (2.34) 的温和解. 反过来, 若 $w(x,t)$ 是 (2.34) 的温和解, 则 $w(x+Bt,t)$ 是 (2.16) 和 $\phi \in [-\delta_0, K+\delta_0]_C$ 的温和解. 此外, 若 $w(x,t)$ 是 (2.16) 的上 (下) 解, 则 $w(x-Bt,t)$ 是 (2.34) 的上 (下) 解. 反过来, 如果 $w(x,t)$ 是 (2.34) 的上 (下) 解, 则 $w(x+Bt,t)$ 是 (2.16) 的上 (下) 解. 将 $B=0$ 的结论应用于 (2.34), 除了该引理的最后一个不等式, 在 $B\neq 0$ 情形下, 结论成立.

现在证明引理的最后一个不等式. 令 $v(x,t) = w^+(x,t) - w^-(x,t), x \in \mathbb{R}, t \in [-\tau_1, \infty)$. 显然, $w_t^+, w_t^- \in [-\delta_0, K+\delta_0]_C$ 且 $w_t^+ \geqslant w_t^-$ 对 C 中的 $t \geqslant 0$. 对任意给定的 $t_0 \geqslant 0$, 由 [160] 可推出

$$v(t) \geqslant S(t-t_0)v(t_0) + \int_{t_0}^{t} S(t-s)[F_1(w_s^+) - F_1(w_s^-)]ds$$

$$\geqslant S(t-t_0)v(t_0) - L_1 \int_{t_0}^{t} S(t-s)v(s)ds. \tag{2.35}$$

因为 $v(t) = \exp(-L_1(t-t_0))S(t-t_0)v(t_0)$ 满足如下一般方程

$$v(t) = S(t-t_0)v(t_0) - L_1 \int_{t_0}^{t} S(t-s)v(s)ds,$$

由 [160] 中的命题 3 可推出

$$w^+(t) - w^-(t) \geqslant e^{-L_1(t-t_0)} S(t-t_0)(w^+(t_0) - w^-(t_0)), \quad t \geqslant t_0. \tag{2.36}$$

结合 (2.20), (2.36) 及 $\Theta(J,t)$ 的定义知, 对于 $t \geqslant t_0 \geqslant 0$ 和 $x \in \mathbb{R}$,

$$w^+(x,t) - w^-(x,t) \geqslant \Theta(|x-z|, t-t_0) \int_{z}^{z+1} [w^+(y,t_0) - w^-(y,t_0)]dy. \qquad \square$$

附注 2.1.4 ([120]) 由引理 2.1.2 易知, 若 $w^+(x,0) \not\equiv w^-(x,0)$, 则对任意 $t > 0$,

$$w^+(x,t) - w^-(x,t) \geqslant \Theta(|x-z|,t) \int_z^{z+1} [w^+(y,0) - w^-(y,0)]dy > 0.$$

特别地, 若 $(w(x,t,\phi), F(w)(x,t,\phi))$ 是 (2.16) 和初值 $\phi \in [-\delta_0, K+\delta_0]_C$ 的解, 且 $\phi(\not\equiv 常数)$ 在 $\mathbb{R}$ 上非减, 则对任意固定的 $t > 0, w(x,t)$ 关于 $x \in \mathbb{R}$ 严格递增.

现在估计行波解的导数.

引理 2.1.3 ([120]) 令 $(V(x+C(c)t), F(V)(x+C(c)t))$ 是 (2.16) 的非减解, 则

$$0 < V'(\xi) \leqslant \frac{G}{2\sqrt{D(c)L_1}} \quad 和 \quad \lim_{|\xi| \to \infty} V'(\xi) = 0,$$

其中 $G = L_1 + \max\{|g(u,v)| : (u,v) \in [F(-\delta_0), F(K+\delta_0)] \times [b(F(-\delta_0)), b(F(K+\delta_0))]\}$.

证明 由引理 2.1.2 可知, 对于 $\xi = x + C(c)t$ 和任意 $h > 0$,

$$V(\xi+h) - V(\xi) \geqslant \max_{z \in \mathbb{R}} \Theta(|x-z|,t) \int_z^{z+1} [V(y+h) - V(y)]dy > 0,$$

这蕴含着

$$V'(\xi) \geqslant \max_{z \in \mathbb{R}} \Theta(|x-z|,t)[V(z+1) - V(z)] > 0.$$

令

$$\lambda_1 = \frac{C(c) - B - \sqrt{(C(c) - B)^2 + 4D(c)L_1}}{2D(c)} < 0,$$

$$\lambda_2 = \frac{C(c) - B + \sqrt{(C(c) - B)^2 + 4D(c)L_1}}{2D(c)} > 0.$$

则

$$V(\xi) = \frac{1}{D(c)(\lambda_2 - \lambda_1)} \left(\int_{-\infty}^{\xi} e^{\lambda_1(\xi-s)} H(V)(s)ds + \int_{\xi}^{\infty} e^{\lambda_2(\xi-s)} H(V)(s)ds \right)$$

及

$$V'(\xi)$$
$$= \frac{1}{D(c)(\lambda_2 - \lambda_1)} \left(\lambda_1 \int_{-\infty}^{\xi} e^{\lambda_1(\xi-s)} H(V)(s)ds + \lambda_2 \int_{\xi}^{\infty} e^{\lambda_2(\xi-s)} H(V)(s)ds \right)$$

$$\leqslant \frac{\lambda_2}{D(c)(\lambda_2 - \lambda_1)} \int_\xi^\infty e^{\lambda_2(\xi - s)} H(V)(s) ds,$$

其中

$$H(V)(\xi)$$
$$= L_1 V(\xi) + g\left(V(\xi) + rf\left(\int_{-\infty}^\infty h(\eta) b(F(V)(z)) dz\right), \int_{-\infty}^\infty h(\eta) b(F(V)(z)) dz\right)$$
$$+ rD(c)\left[f''\left(\int_{-\infty}^\infty h(\eta) b(F(V)(z)) dz\right)\left(\int_{-\infty}^\infty h'(\eta) b(F(V)(z)) dz\right)^2\right.$$
$$+ f'\left(\int_{-\infty}^\infty h(\eta) b(F(V)(z)) dz\right)\int_{-\infty}^\infty h''(\eta) b(F(V)(z)) dz\right]$$
$$+ rBf'\left(\int_{-\infty}^\infty h(\eta) b(F(V)(z)) dz\right)\int_{-\infty}^\infty h'(\eta) b(F(V)(z)) dz,$$

$\eta = \xi + B\tau - c\tau + B\tau_1 - C(c)\tau_1 - z$.

因为 $\lambda_2 - \lambda_1 = \sqrt{(C(c) - B)^2 + 4D(c)L_1}/D(c) \geqslant 2\sqrt{L_1/D(c)}$, 所以易证

$$|V'(\xi)| \leqslant \frac{G}{2\sqrt{D(c)L_1}}.$$

由控制收敛定理知, $\lim\limits_{|\xi| \to \infty} V'(\xi) = 0$. □

引理 2.1.4 ([120])　令 $(V(x + C(c)t), F(V)(x + C(c)t))$ 是 (2.16) 的非减行波解. 则存在 $\beta_0 > 0$ (不依赖 V), $\sigma_0 > 0$ 及 $\bar{\delta} > 0$ 使得对任意 $\delta \in (0, \bar{\delta}]$ 和任意 $\xi_0 \in \mathbb{R}$, 定义为

$$w^\pm(x, t) := V(x + C(c)t + \xi_0 \pm \sigma_0 \delta(1 - e^{-\beta_0 t})) \pm \delta e^{-\beta_0 t}$$

的函数 $(w^+, F(w^+))$ 和 $(w^-, F(w^-))$ 分别是 (2.16) 和 (2.17) 在 $t \in [0, +\infty)$ 上的上解和下解.

证明　显然, $0 < V(\xi) < V_{\max}$. 因此 $0 < V(x + C(c)t) < V_{\max}, x \in \mathbb{R}, t \in \mathbb{R}$. 从引理 2.1.2 和 $V(\cdot)$ 的单调性可推出 $V(\cdot) \in C^1(\mathbb{R}), V'(\xi) > 0, \xi \in \mathbb{R}$. 因为

$$\lim_{(u,v,l,s,\varpi,\beta) \to (0,b(0),0,b(0),b'(0),0)} [\partial_1 g(u, v) + e^{\beta\tau_1} \varpi \partial_2 g(l, s) + \beta]$$
$$= \partial_1 g(0, b(0)) + e^{\beta\tau_1} b'(0) \partial_2 g(0, b(0)) < 0$$

和

$$\lim_{(u,v,l,s,\varpi,\beta) \to (K,b(K),K,b(K),b'(K),0)} [\partial_1 g(u, v) + e^{\beta\tau_1} \varpi \partial_2 g(l, s) + \beta]$$
$$= \partial_1 g(K, b(K)) + e^{\beta\tau_1} b'(K) \partial_2 g(K, b(K)) < 0,$$

所以可以固定的 $\beta_0 > 0$ 和 $0 < \delta^* < 2\delta_0$ 使得对任意

$$(u, v, l, s, \varpi) \in [-\delta^*, \delta^*] \times [b(0) - \delta^*, b(0) + \delta^*] \times [-\delta^*, \delta^*]$$
$$\times [b(0) - \delta^*, b(0) + \delta^*] \times [b'(0) - \delta^*, b'(0) + \delta^*]$$

和

$$(u, v, l, s, \varpi) \in [K - \delta^*, K + \delta^*] \times [b(K) - \delta^*, b(K) + \delta^*] \times [K - \delta^*, K + \delta^*]$$
$$\times [b(K) - \delta^*, b(K) + \delta^*] \times [b'(K) - \delta^*, b'(K) + \delta^*],$$

有

$$\partial_1 g(u, b(u)) + e^{\beta \tau_1} b'(u) \partial_2 g(u, b(u)) < -\beta_0. \tag{2.37}$$

由

$$\lim_{(\xi,\delta)\to(\infty,0)} \int_{-\infty}^{\infty} h(y) b(F(V(\xi + B\tau - c\tau + B\tau_1 - C(c)\tau_1 - y) + \delta)) dy = b(K),$$

$$\lim_{(\xi,\delta)\to(-\infty,0)} \int_{-\infty}^{\infty} h(y) b(F(V(\xi + B\tau - c\tau + B\tau_1 - C(c)\tau_1 - y) + \delta)) dy = b(0),$$

$$\lim_{(\xi,\delta)\to(\infty,0)} \int_{-\infty}^{\infty} h(y) b'(F(V(\xi + B\tau - c\tau + B\tau_1 - C(c)\tau_1 - y) + \delta)) dy = b'(K),$$

$$\lim_{(\xi,\delta)\to(-\infty,0)} \int_{-\infty}^{\infty} h(y) b'(F(V(\xi + B\tau - c\tau + B\tau_1 - C(c)\tau_1 - y) + \delta)) dy = b'(0)$$

知, 存在 $M_0 = M_0(V, \beta_0, \delta^*) > 0$ 和 $\hat{\delta} = \hat{\delta}(V, \beta_0, \delta^*) \in (0, \delta^*)$ 使得对任意 $\xi \geqslant M_0$ 和 $\delta \in [0, \hat{\delta}]$, 有

$$F(V)(\xi) \geqslant K - \delta^*,$$

$$b(K) + \delta^* \geqslant \lim_{(\xi,\delta)\to(\infty,0)} \int_{-\infty}^{\infty} h(y) b(F(V(\xi + B\tau - c\tau$$
$$+ B\tau_1 - C(c)\tau_1 - y) + \delta)) dy$$
$$\geqslant b(K) - \delta^*, \tag{2.38}$$

$$b'(K) + \delta^* \geqslant \lim_{(\xi,\delta)\to(\infty,0)} \int_{-\infty}^{\infty} h(y) b(F(V(\xi + B\tau - c\tau$$
$$+ B\tau_1 - C(c)\tau_1 - y) + \delta)) dy$$
$$\geqslant b'(K) - \delta^*,$$

且对任意 $\xi \leqslant -M_0$ 和 $\delta \in [0, \hat{\delta}]$, 有

$$F(V)(\xi) \leqslant \delta^*,$$

$$b(0) - \delta^* \leqslant \lim_{(\xi,\delta)\to(\infty,0)} \int_{-\infty}^{\infty} h(y)b(F(V(\xi + B\tau - c\tau$$
$$+ B\tau_1 - C(c)\tau_1 - y) + \delta))dy$$
$$\leqslant b(0) + \delta^*, \tag{2.39}$$

$$b'(0) - \delta^* \leqslant \lim_{(\xi,\delta)\to(\infty,0)} \int_{-\infty}^{\infty} h(y)b(F(V(\xi + B\tau - c\tau$$
$$+ B\tau_1 - C(c)\tau_1 - y) + \delta))dy$$
$$\leqslant b'(0) + \delta^*.$$

令

$$c_1 = c_1(\beta_0, \delta^*) = \max\left\{ |\partial_1 g(u,v)| + \kappa e^{\beta_0\tau_1} \int_{-\infty}^{\infty} (|\partial_2 g(l,s)| + rM_1 + rM_2|y| \right.$$
$$\left. + r\bar{M}_3 y^2)h(y)dy : u, l \in [0, K + \delta^*], v, s \in [b(0), b(K + \delta^*)] \right\}$$

和

$$m_0 = m_0(V, \beta_0, \delta^*) = \min\{V'(\xi) : |\xi| \leqslant M_0\} > 0,$$

其中 $\kappa = \max\{b'(u) : u \in [0, K + \delta^*]\} > 0$, 并定义

$$\sigma_0 = \sigma_0(V, \beta_0, \delta^*) = \frac{\beta_0 + c_1}{m_0\beta_0}, \quad \bar{\delta} = \min\left\{ \hat{\delta}e^{-\beta_0\tau_1}, (F^{-1}(K + \delta^*) - V_{\max})e^{-\beta_0\tau_1} \right\}.$$

只需证明 $w^+(x,t)$ 是 (2.16) 的上解, $w^-(x,t)$ 的证明类似.

下面证明下列不等式成立, 对于 $(x,t) \in \mathbb{R} \times [0, \infty)$, 有

$$\frac{\partial w^+(x,t)}{\partial t} - D(c)\frac{\partial^2 w^+(x,t)}{\partial x^2} - B\frac{\partial w^+(x,t)}{\partial x} - I_{F(w^+)(x,t)} \geqslant 0. \tag{2.40}$$

对任意给定的 $\delta \in (0, \bar{\delta}), t \geqslant 0$, 令 $\xi(x,t) = x + C(c)t + \xi_0 + \sigma_0\delta(1 - e^{-\beta_0 t})$,

$$\frac{\partial w^+(x,t)}{\partial t} - D(c)\frac{\partial^2 w^+(x,t)}{\partial x^2} - B\frac{\partial w^+(x,t)}{\partial x} - I_{F(w^+)(x,t)}$$
$$= V'(\xi(x,t))(C(c) + \sigma_0\delta\beta_0 e^{-\beta_0 t}) - \beta_0\delta e^{-\beta_0 t}$$

$$-D(c)V''(\xi(x,t)) - BV'(\xi(x,t)) - I_{F(w^+)(x,t)}$$

$$= (\sigma_0 V'(\xi(x,t)) - 1)\beta_0 \delta e^{-\beta_0 t} + I_V - I_{F(w^+)(x,t)}$$

$$\geqslant \delta e^{-\beta_0 t}\left[\sigma_0 V'(\xi(x,t)) - \beta_0 - \left|\partial_1 g\left(\xi^*(x,t), \int_{-\infty}^{\infty} h(y)b(F(V)(\eta_1))dy\right)\right|\right.$$

$$\left. -e^{\beta_0\tau_1}\int_{-\infty}^{\infty}(|\partial_2 g(l,s)| + rM_1 + rM_2|y| + r\bar{M}_3 y^2)h(y)b'(\bar{\eta})dy\right], \qquad (2.41)$$

其中 M_1, M_2 和 $\bar{M}_3$ 的定义与引理 2.1.2 中的定义类似, 其中 $l \in [0, K + \delta^*], s \in [b(0), b(K + \delta^*)]$,

$$I_V = g\left(F(V)(\xi(x,t)), \int_{-\infty}^{\infty} h(y)b(F(V)(\eta_1))dy\right)$$

$$+rD(c)\left[f''\left(\int_{-\infty}^{\infty} h(y)b(F(V)(\eta_1))dy\right)\left(\int_{-\infty}^{\infty} h'(y)b(F(V)(\eta_1))dy\right)^2\right.$$

$$\left. +f'\left(\int_{-\infty}^{\infty} h(y)b(F(V)(\eta_1))dy\right)\int_{-\infty}^{\infty} h''(y)b(F(V)(\eta_1))dy\right]$$

$$+rBf'\left(\int_{-\infty}^{\infty} h(y)b(F(V)(\eta_1))dy\right)\int_{-\infty}^{\infty} h'(y)b(F(V)(\eta_1))dy,$$

$$\eta_1 = \xi(x,t) + B\tau - c\tau + B\tau_1 - C(c)\tau_1 - y,$$

$$|I_V - I_{F(w^+)(x,t)}|$$

$$\leqslant \left|\partial_1 g\left(\xi^*(x,t), \int_{-\infty}^{\infty} h(y)b(F(V)(\eta_1))dy\right)\right||V(\xi(x,t)) - w^+(x,t)|$$

$$+\int_{-\infty}^{\infty}[|\partial_2 g(l,s)| + rM_1 + rM_2|y| + r\bar{M}_3 y^2]h(y)|b(F(V)(\eta_1)) - b(F(V)(\eta_2))|dy$$

$$\leqslant \left|\partial_1 g\left(\xi^*(x,t), \int_{-\infty}^{\infty} h(y)b(F(V)(\eta_1))dy\right)\right|\delta e^{-\beta_0 t}$$

$$+\int_{-\infty}^{\infty}(|\partial_2 g(l,s)| + rM_1 + rM_2|y| + r\bar{M}_3 y^2)h(y)b'(\bar{\eta})\delta e^{-\beta_0(t-\tau_1)}dy,$$

$\xi^*(x,t) = \theta F(V)(\xi(x,t)) + (1-\theta)F(w^+)(x,t), V(\eta_2) = V(\xi(x,t) + B\tau - c\tau + B\tau_1 - C(c)\tau_1 - y - \sigma_0\delta(e^{\beta_0\tau_1} - 1)e^{-\beta_0 t} + \delta e^{-\beta_0(t-\tau_1)}, \bar{\eta} = \theta F(V)(\eta_1)) + (1-\theta)F(V)(\eta_2)$.
需考虑三种情形.

情形 (i): $|\xi(x,t)| \leqslant M_0$. 由 $\bar{\delta}$ 的定义知

$$0 \leqslant F(V)(\eta_2) \leqslant K + \delta^*,$$

$$S(0) \leqslant \int_{-\infty}^{+\infty} h(y)b(F(V)(\eta_2))dy \leqslant b(K + \delta^*)$$

和

$$\left| \int_{-\infty}^{+\infty} h(y)b'(F(V)(\eta_2))dy \right| \leqslant \kappa,$$

由 c_1 的选择知

$$\left| \partial_1 g \left(\xi^*(x,t), \int_{-\infty}^{\infty} h(y)b(F(V)(\eta_1))dy \right) \right|$$

$$+ e^{\beta_0 \tau_1} \int_{-\infty}^{\infty} (|\partial_2 g(l,s)| + rM_1 + rM_2|y| + r\bar{M}_3 y^2)h(y)b'(\bar{\eta})dy \leqslant c_1.$$

因此由 m_0 和 σ_0 的选择知

$$\frac{\partial w^+(x,t)}{\partial t} - D(c)\frac{\partial^2 w^+(x,t)}{\partial x^2} - B\frac{\partial w^+(x,t)}{\partial x} - I_{F(w^+)(x,t)}$$

$$\geqslant (\sigma_0 \beta_0 m_0 - \beta_0 - c_1)\delta e^{-\beta_0 t} = 0.$$

情形 (ii): $\xi(x,t) > M_0$. 由 (2.38) 知

$$b(K) - \delta^* \leqslant \int_{-\infty}^{+\infty} h(y)b(F(V)(\eta_1))dy \leqslant b(K),$$

$$b(K) - \delta^* \leqslant \int_{-\infty}^{+\infty} h(y)b(F(V)(\eta_2))dy \leqslant b(K) + \delta^*$$

和

$$b'(K) - \delta^* \leqslant \int_{-\infty}^{+\infty} h(y)b'(F(V)(\eta_2))dy \leqslant b'(K) + \delta^*.$$

因此, 由 (2.37) 和 (2.41) 知, 对充分小的 $r > 0$ 满足 (2.12), (2.21) 及 (2.30), 有

$$\frac{\partial w^+(x,t)}{\partial t} - D(c)\frac{\partial^2 w^+(x,t)}{\partial x^2} - B\frac{\partial w^+(x,t)}{\partial x} - I_{F(w^+)(x,t)}$$

$$\geqslant \delta e^{-\beta_0 t}(\sigma_0 \beta_0 V'(\xi(x,t)) - \beta_0 + \beta_0) \geqslant 0.$$

情形 (iii): $\xi(x,t) < -M_0$. 与 (ii) 的证明类似.

现证 (2.27) 对 w^+ 成立. 令 $\tilde{w}^+(x,t) = w^+(x - Bt, t)$. 只需证明 $\tilde{w}^+(x,t)$ 是 (2.36) 的上解, 即

$$\tilde{w}^+(t) \geqslant T(t - t_0)\tilde{w}^+(t_0) + \int_{t_0}^{t} T(t - s)\tilde{F}_1(\tilde{w}_s^+)ds, \qquad (2.42)$$

其中 $\tilde{F}_1(\phi)(x) = \tilde{I}_{F(\phi)(x,0)}$.

由 (2.40) 知, 对任意 $(x,t) \in \mathbb{R} \times [0, \infty)$, 有

$$\frac{\partial \tilde{w}^+(x,t)}{\partial t} - D(c)\frac{\partial^2 \tilde{w}^+(x,t)}{\partial x^2} - \tilde{I}_{F(\tilde{w}^+)(x,t)} \geqslant 0.$$

定义

$$\Phi(\tilde{w}^+)(x,t,s) = \frac{1}{\sqrt{4\pi D(c)(t-s)}} \int_{-\infty}^{\infty} e^{\frac{-(x-y)^2}{4D(c)(t-s)}} \tilde{w}^+(y,s)dy, \quad t > s \geqslant 0$$

和

$$H(\tilde{w}^+)(x,t) = -\frac{\partial \tilde{w}^+(x,t)}{\partial t} + D(c)\frac{\partial^2 \tilde{w}^+(x,t)}{\partial x^2} + \tilde{I}_{F(\tilde{w}^+)(x,t)} \leqslant 0.$$

令 $\tilde{F}_1(\tilde{w}_t^+)(x) = \tilde{I}_{F(\tilde{w}^+)(x,t)}$, 直接计算可得

$$\frac{\partial}{\partial s}\Phi(\tilde{w}^+)(x,t,s)$$

$$= \frac{1}{2(t-s)\sqrt{4\pi D(c)(t-s)}} \int_{-\infty}^{\infty} e^{\frac{-(x-y)^2}{4D(c)(t-s)}} \tilde{w}^+(y,s)dy$$

$$- \frac{1}{\sqrt{4\pi D(c)(t-s)}} \int_{-\infty}^{\infty} \frac{(x-y)^2}{4D(c)(t-s)^2} e^{\frac{-(x-y)^2}{4D(c)(t-s)}} \tilde{w}^+(y,s)dy$$

$$+ \frac{1}{\sqrt{4\pi D(c)(t-s)}} \int_{-\infty}^{\infty} e^{\frac{-(x-y)^2}{4D(c)(t-s)}} \frac{\partial^2 \tilde{w}^+(y,s)}{\partial y^2} dy$$

$$+ \frac{1}{\sqrt{4\pi D(c)(t-s)}} \int_{-\infty}^{\infty} e^{\frac{-(x-y)^2}{4D(c)(t-s)}} [\tilde{F}_1(\tilde{w}_s^+)(y) - H(\tilde{w}^+)(y,s)]dy.$$

此外, 分部积分可得

$$\frac{D(c)}{\sqrt{4\pi D(c)(t-s)}} \int_{-\infty}^{\infty} e^{\frac{-(x-y)^2}{4D(c)(t-s)}} \frac{\partial^2 \tilde{w}^+(y,s)}{\partial y^2} dy$$

$$= -\frac{1}{\sqrt{4\pi D(c)(t-s)}} \int_{-\infty}^{\infty} \frac{1}{2(t-s)} e^{\frac{-(x-y)^2}{4D(c)(t-s)}} \tilde{w}^+(y,s)dy$$

$$+ \frac{1}{\sqrt{4\pi D(c)(t-s)}} \int_{-\infty}^{\infty} \frac{(x-y)^2}{4D(c)(t-s)^2} e^{\frac{-(x-y)^2}{4D(c)(t-s)}} \tilde{w}^+(y,s)dy.$$

因此

$$\frac{\partial}{\partial s}\Phi(\tilde{w}^+)(x,t,s) = \frac{1}{\sqrt{4\pi D(c)(t-s)}} \int_{-\infty}^{\infty} e^{\frac{-(x-y)^2}{4D(c)(t-s)}} [\tilde{F}_1(\tilde{w}_s^+)(y) - H(\tilde{w}^+)(y,s)]dy.$$

因为 $\dfrac{\partial}{\partial s}\Phi(\tilde{w}^+)(x,t,s)$ 在 $s\in[0,t)$ 上连续, 且

$$\lim_{s\to t-0}\frac{1}{\sqrt{4\pi D(c)(t-s)}}\int_{-\infty}^{\infty}e^{\frac{-(x-y)^2}{4D(c)(t-s)}}\tilde{w}^+(y,s)dy=\tilde{w}^+(x,t),$$

所以可推出对于 $0\leqslant t_0<t$,

$$\tilde{w}^+(x,t)=\lim_{\eta\to 0+0}\Phi(\tilde{w}^+)(x,t,t-\eta)$$

$$=\Phi(\tilde{w}^+)(x,t,t_0)+\lim_{\eta\to 0+0}\int_{t_0}^{t-\eta}\frac{\partial}{\partial s}\Phi(\tilde{w}^+)(x,t,s)ds$$

$$=\frac{1}{\sqrt{4\pi D(c)(t-t_0)}}\int_{-\infty}^{\infty}e^{\frac{-(x-y)^2}{4D(c)(t-t_0)}}\tilde{w}^+(y,t_0)dy$$

$$+\int_{t_0}^{t}\frac{1}{\sqrt{4\pi D(c)(t-s)}}\int_{-\infty}^{\infty}e^{\frac{-(x-y)^2}{4D(c)(t-s)}}[\tilde{F}(\tilde{w}_s^+)(y)-H(\tilde{w}^+)(y,s)]dyds.$$

则 (2.42) 成立, 这是因为 $H(\tilde{w}^+)(y,s)\leqslant 0$, 这蕴含着 $w^+(x,t)$ 是 (2.16) 的上解.　$\square$

定理 2.1.1 ([120], 唯一性)　假设系统 (2.16) 有非减行波解 $(V(x+C(c)t),F(V)(x+C(c)t))$. 则对于任意行波解 $(\bar{V}(x+\bar{C}(c)t),F(\bar{V})(x+\bar{C}(c)t))$ 满足 $0\leqslant\bar{V}\leqslant V_{\max}$, 有 $\bar{C}(c)=C(c)$ 且对某个 $\xi_0\in\mathbb{R}, \bar{V}(\cdot)=V(\cdot+\xi_0)$.

证明　延拓 [37,149,214] 中标准的证明到我们的情形. 因为 V 和 $\bar{V}$ 当 $\xi\to\pm\infty$ 有相同的极限, 所以存在 $\bar{\xi}\in\mathbb{R}$ 和充分大的 $h>0$ 使得对于任意 $s\in[-\tau_1,0]$ 和 $x\in\mathbb{R}$, 有

$$V(x+C(c)s+\bar{\xi})-\bar{\delta}<\bar{V}(x+C(c)s)<V(x+C(c)s+\bar{\xi}+h)+\bar{\delta}$$

和

$$V(x+C(c)s+\bar{\xi}-\sigma_0\bar{\delta}(e^{\beta_0\tau_1}-e^{-\beta_0 s}))-\bar{\delta}e^{-\beta_0 s}$$
$$<\bar{V}(x+\bar{C}(c)s)$$
$$<V(x+C(c)s+\bar{\xi}+h+\sigma_0\bar{\delta}(e^{\beta_0\tau_1}-e^{-\beta_0 s}))+\bar{\delta}e^{-\beta_0 s},$$

其中 β_0,σ_0 和 $\bar{\delta}$ 见引理 2.1.4. 注意到引理 2.1.1 的算子 $F(v)(\cdot)$ 当 v 是非减时是非减的, 所以能利用比较结果推出对 $t\geqslant 0, x\in\mathbb{R}$, 有

$$V(x+C(c)t+\bar{\xi}-\sigma_0\bar{\delta}(e^{\beta_0\tau_1}-e^{-\beta_0 t}))-\bar{\delta}e^{-\beta_0 t}$$

$$< \bar{V}(x + \bar{C}(c)t)$$
$$< V(x + C(c)t + \bar{\xi} + h + \sigma_0\bar{\delta}(e^{\beta_0\tau_1} - e^{-\beta_0 t})) + \bar{\delta}e^{-\beta_0 t}.$$

固定 $\xi = x + \bar{C}(c)t$, 令 $t \to \infty$, 从第一个不等式得到 $C(c) \leqslant \bar{C}(c)$, 从第二个不等式得到 $C(c) \geqslant \bar{C}(c)$. 从而 $C(c) = \bar{C}(c)$. 此外, 还有

$$V(\xi + \bar{\xi} - \sigma_0\bar{\delta}e^{\beta_0\tau_1}) < \bar{V}(\xi) < V(\xi + \bar{\xi} + h + \sigma_0\bar{\delta}e^{\beta_0\tau_1}), \quad \xi \in \mathbb{R}. \qquad (2.43)$$

定义

$$\xi^* = \inf\{\xi : \bar{V}(\cdot) \leqslant V(\cdot + \xi)\}, \quad \xi_* = \sup\{\xi : \bar{V}(\cdot) \geqslant V(\cdot + \xi)\}.$$

由 (2.43) 知, ξ^* 和 ξ_* 均有定义. 特别地, 因为 $V(\cdot + \xi_*) \leqslant \bar{V}(\cdot) \leqslant V(\cdot + \xi^*)$, 所以 $\xi_* \leqslant \xi^*$.

只需证 $\xi_* \geqslant \xi^*$. 若 $\xi_* < \xi^*$ 和 $\bar{V}(\cdot) \not\equiv V(\cdot + \xi^*)$. 从 $\lim\limits_{\xi \to \infty} V'(\xi) = 0$ 可推出存在足够大的 $\bar{M} = \bar{M}(V) > 0$ 使得对于 $|\xi| \geqslant \bar{M}$,

$$2\sigma_0 e^{\beta_0\tau_1} V'(\xi) \leqslant 1.$$

由事实 $\bar{V}(\cdot) \leqslant V(\cdot + \xi^*)$ 和 $\bar{V}(\cdot) \not\equiv V(\cdot + \xi^*)$, 从附注 2.1.4 推出在 $\mathbb{R}$ 上 $\bar{V}(\cdot) < V(\cdot + \xi^*)$. 因此, 由 V 和 $\bar{V}$ 的连续性知, 存在充分小的 $\bar{h} \in (0, \bar{\delta}]$ 满足 $2\sigma_0 e^{\beta_0\tau_1}\bar{h} \leqslant 1$ 使得当 $\xi \in [-\bar{M} - 1 - \xi^*, \bar{M} + 1 - \xi^*]$ 时,

$$\bar{V}(\xi) < V(\xi + \xi^* - 2\sigma_0 e^{\beta_0\tau_1}\bar{h}). \qquad (2.44)$$

当 $|\xi + \xi^*| \geqslant \bar{M} + 1$ 时,

$$V(\xi + \xi^* - 2\sigma_0 e^{\beta_0\tau_1}\bar{h}) - \bar{V}(\xi) > V(\xi + \xi^* - 2\sigma_0 e^{\beta_0\tau_1}\bar{h}) - V(\xi + \xi^*)$$
$$= -2\sigma_0 e^{\beta_0\tau_1}\bar{h}V'(\xi + \xi^* - 2\theta\sigma_0 e^{\beta_0\tau_1}\bar{h}) \geqslant -\bar{h},$$

结合 (2.44), 这蕴含着对任意 $s \in [-\tau_1, 0]$ 和 $x \in \mathbb{R}$,

$$V(x + C(c)s + \xi^* - 2\sigma_0 e^{\beta_0\tau_1}\bar{h} + \sigma_0\bar{h}(e^{\beta_0\tau_1} - e^{-\beta_0 s})) + \bar{h}e^{-\beta_0 s} \geqslant \bar{V}(x + C(c)s).$$

因此, 由比较原理知

$$V(x + C(c)t + \xi^* - 2\sigma_0 e^{\beta_0\tau_1}\bar{h} + \sigma_0\bar{h}(e^{\beta_0\tau_1} - e^{-\beta_0 t})) + \bar{h}e^{-\beta_0 t} \geqslant \bar{V}(x + C(c)t). \quad (2.45)$$

在 (2.45) 中固定 $\xi = x + C(c)t$, 令 $t \to \infty$, 有

$$V(\xi + \xi^* - \sigma_0 e^{\beta_0\tau_1}\bar{h}) \geqslant \bar{V}(\xi).$$

与 ξ^* 的定义矛盾, 这是因为 $\bar{h} > 0$. 所以 $\xi_* = \xi^*$. $\qquad \square$

附注 2.1.5 ([120])　若 $r = 0, \tau = 0$, 系统 (2.16) 不依赖 c. 则对 $\tau_1 = \tau$, 由定理 2.1.1 推出 (2.16) (或 (2.1)) 的行波解在不计平移意义下是唯一的, 也可参考 [149, 228].

2.1.3　行波解的存在性

如上面所讨论的那样, 为了得到 (2.1) 行波解的存在性, 考虑系统 (2.16) 且 $\tau_1 = 0$, 即

$$\begin{cases} \dfrac{\partial}{\partial t} w(x,t) = D(c) \dfrac{\partial^2}{\partial x^2} w(x,t) + B \dfrac{\partial}{\partial x} w(x,t) \\ \qquad + g\left(w(x,t) + rf\left(\int_{-\infty}^{\infty} h(\xi) b(\varphi(y,t)) dy \right), \int_{-\infty}^{\infty} h(\xi) b(\varphi(y,t)) dy \right) \\ \qquad + rD(c)\left[f''\left(\int_{-\infty}^{\infty} h(\xi) b(\varphi(y,t)) dy \right) \left(\int_{-\infty}^{\infty} h'(\xi) b(\varphi(y,t)) dy \right)^2 \right. \\ \qquad \left. + f'\left(\int_{-\infty}^{\infty} h(\xi) b(\varphi(y,t)) dy \right) \int_{-\infty}^{\infty} h''(\xi) b(\varphi(y,t)) dy \right] \\ \qquad + rBf'\left(\int_{-\infty}^{\infty} h(\xi) b(\varphi(y,t)) dy \right) \int_{-\infty}^{\infty} h'(\xi) b(\varphi(y,t)) dy, \quad t \geqslant 0, \\ \varphi(x,t) = w(x,t) + rf\left(\int_{-\infty}^{\infty} h(x + B\tau - c\tau - y) b(\varphi(y,t)) dy \right), \quad t \geqslant 0, \end{cases}$$

其中 $\xi = x + B\tau - c\tau - y, c \in \mathbb{R}$ 是参数.

本节考虑情形 $u^+ = u^-$, 即 $f_0(u) = g(u, b(u))$ 只有三个零点. 若 $f_0(u)$ 多于三个零点, 可参考 [62, 224]. 表示 $\bar{u} = u^+ = u^-$. 此外, 假设下面条件成立.

(H4) 对 $u \in (0, \bar{u})$, $f_0(u) < 0$, 对 $u \in (\bar{u}, K)$, $f_0(u) > 0$ 且 $f_0'(\bar{u}) > 0$.

由引理 2.1.2 可得下列事实. 若 $V(x + ct)$ 是 (2.16) 的行波解且波速为 c, 则 $V(x + (-B + c)t)$ 是 (2.34) 的行波解且波速为 $-B + c$. 反过来, 若 $V(x + ct)$ 是 (2.34) 的行波解, 则 $V(x + (B + c)t)$ 是 (2.16) 的行波解且波速为 $B + c$. 因此只需考虑 (2.34) 的行波解的存在性. 首先证明下列方程行波解的存在性

$$\begin{cases} \dfrac{\partial}{\partial t} w(x,t) = D(c) \dfrac{\partial^2}{\partial x^2} w(x,t) + \bar{I}_{\varphi(x,t)}, \quad t \geqslant 0, \\ \varphi(x,t) = w(x,t) + rf\left(\int_{-\infty}^{\infty} h(x + B\tau - c\tau - y) b(\varphi(y,t)) dy \right), \quad t \geqslant 0, \end{cases}$$

$$(2.46)$$

其中

$$\bar{I}_{\varphi(x,t)} = g\left(w(x,t) + rf\left(\int_{-\infty}^{\infty} h(\xi)b(\varphi(y,t))dy\right), \int_{-\infty}^{\infty} h(\xi)b(\varphi(y,t))dy\right)$$

$$+ rD(c)\left[f''\left(\int_{-\infty}^{\infty} h(\xi)b(\varphi(y,t))dy\right)\left(\int_{-\infty}^{\infty} h'(\xi)b(\varphi(y,t))dy\right)^2\right.$$

$$+ f'\left(\int_{-\infty}^{\infty} h(\xi)b(\varphi(y,t))dy\right)\int_{-\infty}^{\infty} h''(\xi)b(\varphi(y,t))dy\right]$$

$$+ rBf'\left(\int_{-\infty}^{\infty} h(\xi)b(\varphi(y,t))dy\right)\int_{-\infty}^{\infty} h'(\xi)b(\varphi(y,t))dy,$$

其中 $\xi = x + B\tau - c\tau - y, c \in \mathbb{R}$ 是参数.

令 $\zeta \in C^{\infty}(\mathbb{R}, \mathbb{R})$ 是固定函数, 具有下列性质:

$$\zeta(s) = 0, s \leqslant 0; \quad \zeta(s) = 1, s \geqslant 4; \quad 0 < \zeta'(s) < 1; \quad |\zeta''(s)| \leqslant 1, s \in (0,4).$$

引理 2.1.5 ([120]) 假设参数 c 和 r 满足 (2.12), (2.21) 及 (2.30). 则存在两个常数 $\delta > 0, \epsilon_0 > 0$ 及大常数 $C_0 > 0$, 且不依赖 c 和 τ, 使得

(i) 定义为 $(v_0^+(x,t), F(v_0^+)(x,t))$ 和 $(v_0^-(x,t), F(v_0^-)(x,t))$

$$v_0^+(x,t) = V_{\max} + \delta - V_{\max}\zeta(-\epsilon_0(x + C_0 t))$$

和

$$v_0^-(x,t) = -\delta + V_{\max}\zeta(\epsilon_0(x - C_0 t))$$

的函数分别是 (2.46) 的当 $c \geqslant 0$ 时的上解和当 $c \leqslant 0$ 时的下解;

(ii) 定义 $(v_c^+(x,t), F(v_c^+)(x,t))$ 和 $(v_c^-(x,t), F(v_c^-)(x,t))$ 为

$$v_c^+(x,t) = V_{\max} + \delta - V_{\max}\zeta(-\epsilon_c(x + C_c t))$$

和

$$v_c^-(x,t) = -\delta + V_{\max}\zeta(\epsilon_c(x - C_c t))$$

的函数分别是 (2.46) 的上解和下解, 其中 c 满足 (2.12), $\epsilon_c = \epsilon_0/(1 + |c|\tau)$, $C_c = (1 + |c|\tau)C_0$.

证明 只证明 $v_0^+(x,t)$. 由 (2.25) 知

$$0 < F'(0) = \frac{1}{1 - rf'(b(0))b'(0)} \quad \text{和} \quad 0 < F'(V_{\max}) = \frac{1}{1 - rf'(b(K))b'(K)}.$$

由 (H2) 知, 对充分小的 $r > 0$ 满足 (2.12), (2.21) 和 (2.30), 存在 $\rho \in [1/2, 1), l > 0$
和

$$\delta < \bar{\delta}_0 = \min\left\{\frac{\bar{u}}{2}, \frac{K - \bar{u}}{2}, \frac{2F^{-1}(\bar{u})}{3}, \frac{2(V_{\max} - F^{-1}(\bar{u}))}{3}, \delta_0\right\}$$

使得

$$\rho\partial_1 g(K, b(K)) + \frac{F(V_{\max} + \delta) - F(V_{\max})}{\delta}$$

$$\times (b'(K) + l) \int_{-\infty}^{\infty} (\partial_2 g(K, b(K)) + rM_1 + rM_2|y| + r\bar{M}_3 y^2)h(y)dy < 0,$$

$$\left(\frac{1}{\rho} - \rho\right)\delta < K,$$

$$0 \leqslant b'(\eta) < b'(0) + l, \quad \eta \in [-2\delta, 2\delta]$$

和

$$0 \leqslant b'(\eta) < b'(K) + l, \quad \eta \in [K - 2\delta, K + 2\delta].$$

只需证对 $(x, t) \in \mathbb{R} \times [0, \infty)$, 有

$$\frac{\partial v_0^+(x, t)}{\partial t} - D(c)\frac{\partial^2 v_0^+(x, t)}{\partial x^2} - \bar{I}_{F(v_0^+)(x, t)} \geqslant 0. \tag{2.47}$$

固定 $\delta \in (0, \bar{\delta}_0]$, 令

$$\varrho_1 = \varrho_1(\delta) = \int_{-\infty}^{\infty} (\bar{L}_2 + rM_1 + rM_2|y| + r\bar{M}_3 y^2)h(y)dy,$$

$$\varrho_2 = \varrho_2(\delta) = \max\{b'(u) : u \in [F(-\delta), F(K + \delta)]\},$$

$$\varrho_0 = \varrho_0(\delta) = \varrho_1\varrho_2,$$

$$m_1 = m_1(\delta) = \min\left\{-f_0(u) : u \in \left[F(\delta), F\left(\frac{3\delta}{2}\right)\right]\right\} > 0,$$

其中 $\bar{L}_2, M_1, M_2, \bar{M}_3$ 的定义见引理 2.1.2.

则存在 $\epsilon^* = \epsilon^*(\delta) > 0, M_0 = M_0(\delta) > 0$, 其中, $\epsilon^* < \delta$ 充分小, M_0 充分大, 使
得

$$V_{\max}\epsilon^* < 2(1 - \rho)\delta$$

和

$$m_1 - \varrho_0\epsilon^* - 2\varrho_2 F(V_{\max} + \delta)\left(\int_{-\infty}^{\infty} - \int_{-M_0}^{M_0}\right)(\bar{L}_2 + rM_1 + rM_2|y| + r\bar{M}_3 y^2)h(y)dy > 0.$$

取 $\mu = \mu(\epsilon^*) \in (0,1)$ 充分小使得

$$0 \leqslant \zeta(x) < \frac{\epsilon^*}{2}, \quad x < \mu \quad \text{和} \quad 1 - \frac{\epsilon^*}{2} < \zeta(x) \leqslant 1, \quad x > 4 - \mu,$$

$|F(V_{\max}+\delta-V_{\max}\zeta(x_1))-F(V_{\max}+\delta-V_{\max}\zeta(x_2))| < \epsilon^*, x_i < \mu(\text{或} > 4-\mu), i=1,2,$

取 $\varpi = \varpi(\mu) > 0$ 充分小使得

$$(1 - \varpi)\left(4 - \frac{\mu}{2}\right) > 4 - \mu,$$

取 $\epsilon_0 = \epsilon_0(\delta) > 0$ 充分小使得

$$\epsilon_0 M_0 \leqslant \varpi(4 - \mu), \quad \epsilon_0 \tau < \varpi\left(4 - \frac{\mu}{2}\right),$$

$$-D(c)\epsilon_0^2 V_{\max} + m_1 - \varrho_0\epsilon^* - 2\varrho_2 F(V_{\max} + \delta)$$
$$\times \left(\int_{-\infty}^{\infty} - \int_{-M_0}^{M_0}\right)(\bar{L}_2 + rM_1 + rM_2|y| + r\bar{M}_3 y^2)h(y)dy > 0,$$

$$-D(c)\epsilon_0^2 V_{\max} - \delta\left\{\rho\partial_1 g(K,b(K)) + \frac{F(V_{\max}+\delta) - F(V_{\max})}{\delta}\right.$$
$$\times(b'(K)+l)\int_{-\infty}^{\infty}[\partial_2 g(K,b(K)) + rM_1 + rM_2|y| + r\bar{M}_3 y^2]h(y)dy\bigg\} > 0.$$

令

$$m_0 = \min\left\{\zeta'(x) : \frac{\mu}{2} \leqslant x \leqslant 4 - \frac{\mu}{2}\right\} > 0.$$

取 $C_0 = C_0(\delta)$ 使得

$$\epsilon_0 C_0 V_{\max} m_0 - D(c)\epsilon_0^2 V_{\max}^2 - \max\{|g(u,b(v))| : (u,v) \in [F(\delta), F(K+\delta)]^2\} > 0.$$

注意到 ϵ_0 和 C_0 不依赖 c.

令 $\eta = \epsilon_0(x + C_0 t)$, 考虑三种情形.

情形 (i): $\eta = \epsilon_0(x + C_0 t) > -\frac{\mu}{2}$. 因为

$$\zeta(-\epsilon_0(x + C_0 t)) < \frac{\epsilon^*}{2},$$

$$V_{\max} + \delta \geqslant v_0^+(x,t) \geqslant V_{\max} + \delta - V_{\max}\cdot\frac{\epsilon^*}{2} \geqslant V_{\max} + \delta - (1-\rho)\delta = V_{\max} + \rho\delta$$

和

$$F(V_{\max} + \delta) \geqslant F(v_0^+)(x, t),$$

由 $g(F(V_{\max}), b(F(V_{\max}))) = g(K, b(K)) = 0$ 和引理 2.1.4 类似的结果可推出

$$\frac{\partial v_0^+(x, t)}{\partial t} - D(c)\frac{\partial^2 v_0^+(x, t)}{\partial x^2} - \bar{I}_{F(v_0^+)(x,t)}$$

$$= C_0\epsilon_0 V_{\max}\zeta'(-\epsilon_0(x + C_0 t)) - D(c)\epsilon_0^2 V_{\max}\zeta''(-\epsilon_0(x + C_0 t)) - \bar{I}_{F(v_0^+)(x,t)}$$

$$\geqslant -D(c)\epsilon_0^2 V_{\max}$$

$$\quad - \partial_1 g\left(\theta v_0^+(x, t), \int_{-\infty}^{\infty} h(y)b(F(v_0^+)(x + B\tau - c\tau - y, t))dy\right)(v_0^+(x, t) - V_{\max})$$

$$\quad - \int_{-\infty}^{\infty}[\partial_2 g(F(V_{\max}), b(v_1(y))) + rM_1 + rM_2|y| + r\bar{M}_3 y^2]h(y)b'(v_2(y))$$

$$\quad \times [F(v_0^+)(x + B\tau - c\tau - y, t) - F(V_{\max})]dy$$

$$\geqslant -D(c)\epsilon_0^2 V_{\max} - \rho\delta\partial_1 g(K, b(K)) - [F(V_{\max} + \delta) - F(V_{\max})](b'(K) + l)$$

$$\quad \times \int_{-\infty}^{\infty}[\partial_2 g(K, b(K)) + rM_1 + rM_2|y| + r\bar{M}_3 y^2]h(y)dy$$

$$= -D(c)\epsilon_0^2 V_{\max} - \delta\left\{\rho\partial_1 g(K, b(K)) + \frac{F(V_{\max} + \delta) - F(V_{\max})}{\delta} \times (b'(K) + l)\right.$$

$$\quad \left. \times \int_{-\infty}^{\infty}(\partial_2 g(K, b(K)) + rM_1 + rM_2|y| + r\bar{M}_3 y^2)h(y)dy\right\} > 0,$$

其中 $v_i(y) = \theta_i F(v_0^+)(x + B\tau - c\tau - y, t) + (1 - \theta_i)F(V_{\max}) \in [F(V_{\max}), F(V_{\max} + \delta)] \subset [K, K + 2\delta], \theta \in (0, 1), \theta_i \in (0, 1), i = 1, 2.$

情形 (ii): $\eta = \epsilon_0(x + C_0 t) < -4 + \frac{\mu}{2}$. 则

$$\zeta(-\epsilon_0(x + C_0 t)) > \zeta\left(-4 + \frac{\mu}{2}\right) > 1 - \frac{\epsilon^*}{2},$$

$$\delta \leqslant v_0^+(x, t) \leqslant V_{\max} + \delta - V_{\max}\left(1 - \frac{\epsilon^*}{2}\right) \leqslant \delta + (1 - \rho)\delta \leqslant \frac{3\delta}{2}.$$

由 ϵ_0 和 ϖ 的选择, 有

$$\frac{\eta\varpi}{\epsilon_0} = \varpi(x + C_0 t) \leqslant \frac{\varpi\left(-4 + \frac{\mu}{2}\right)}{\epsilon_0} < \frac{\varpi(-4 + \mu)}{\epsilon_0} \leqslant -M_0.$$

令 $y - B\tau \in [\varpi(x + C_0 t), -\varpi(x + C_0 t)]$. 则对于 $c \geqslant 0$,

$$\epsilon_0(x + B\tau - c\tau - y + C_0 t) \leqslant \epsilon_0(1 - \varpi)(x + C_0 t) - \epsilon_0 c\tau$$
$$\leqslant (1 - \varpi)\left(-4 + \frac{\mu}{2}\right)$$
$$< -4 + \mu.$$

由 $\eta = \epsilon_0(x + C_0 t) < -4 + \dfrac{\mu}{2} < -4 + \mu$, 有

$$|F(V_{\max} + \delta - V_{\max}\zeta(-\epsilon_0(x + B\tau - y - c\tau + C_0 t)))$$
$$-F(V_{\max} + \delta - V_{\max}\zeta(-\epsilon_0(x + C_0 t)))| \leqslant \epsilon^*.$$

对 $t \geqslant 0$, 有

$$\bar{I}_{F(v_0^+)(x,t)} \leqslant g(F(v_0^+)(x,t), b(F(v_0^+)(x,t)))$$
$$+ \int_{-\infty}^{\infty} (\bar{L}_2 + rM_1 + rM_2|y| + r\bar{M}_3 y^2)h(y)$$
$$\times b'(v_0^*(y))[F(v_0^+)(x + B\tau - c\tau - y, t) - F(v_0^+)(x,t)]dy,$$

其中 $v_0^*(y)$ 在 $F(v_0^+)(x + B\tau - c\tau - y, t)$ 和 $F(v_0^+)(x,t)$ 之间.

因此

$$\frac{\partial v_0^+(x,t)}{\partial t} - D\frac{\partial^2 v_0^+(x,t)}{\partial x^2} - \bar{I}_{F(v_0^+)(x,t)}$$

$$\geqslant -D(c)\epsilon_0^2 V_{\max} - g(F(v_0^+)(x,t), b(F(v_0^+)(x,t))) - \varrho_2 \int_{-\infty}^{\infty} (\bar{L}_2 + rM_1$$

$$+ rM_2|y| + r\bar{M}_3 y^2)h(y)|F(V_{\max} + \delta - V_{\max}\zeta(-\epsilon_0(x + B\tau - y + c\tau + C_0 t)))$$

$$- F(V_{\max} + \delta - V_{\max}\zeta(-\epsilon_0(x + C_0 t)))|dy$$

$$\geqslant -D(c)\epsilon_0^2 V_{\max} + m_1 - 2\varrho_2 F(V_{\max} + \delta)$$

$$\times \left(\int_{-\infty}^{\infty} - \int_{\frac{\varpi\eta}{\epsilon_0}}^{-\frac{\varpi\eta}{\epsilon_0}}\right) (\bar{L}_2 + rM_1 + rM_2|y| + r\bar{M}_3 y^2)h(y)dy - \varrho_0\epsilon^*$$

$$\geqslant 0.$$

情形 (iii): $-\dfrac{\mu}{2} \geqslant \epsilon_0(x + C_0 t) \geqslant -4 + \dfrac{\mu}{2}$. 则

$$\frac{\partial v_0^+(x,t)}{\partial t} - D(c)\frac{\partial^2 v_0^+(x,t)}{\partial x^2} - \bar{I}_{F(v_0^+)(x,t)}$$

$$\geqslant \epsilon_0 C_0 V_{\max} \zeta'(-\epsilon_0(x + C_0 t)) - D(c)\epsilon_0^2 V_{\max}$$

$$- \max\{|g(u, b(v))| : (u, v) \in [F(\delta), F(K + \delta)]^2\}$$

$$\geqslant 0.$$

注意到 $\epsilon_c \leqslant \epsilon_0, \epsilon_c C_c = \epsilon_0 C_0$, 类似可证对于 $v_c^+(x, t)$, (2.47) 成立. □

引理 2.1.6 ([120])　对任意 c 和 r 满足 (2.12), (2.21) 和 (2.30), 系统 (2.46) 存在唯一的严格单调行波解 $(V(x + C(c)t), F(V)(x + C(c)t))$, 波速 $C(c)$ 是 c 的连续函数.

证明　存在性的证明与文 [37, 149, 228] 中的证明类似, 在此省略. 从引理 2.1.2 (或附注 2.1.4) 可得单调性结果. 由定理 2.1.1 可得唯一性结果.

现证 $C(c)$ 关于 c 连续. 假设 $(V_c(x + C(c)t), F(V_c)(x + C(c)t))$ 是波速为 $C(c)$ 的行波解. 不失一般性, 假设 $0 < V_c(0) = F^{-1}(\bar{u}) < V_{\max}$. 则 $V_c(x + C(c)t)$ 满足

$$\begin{cases} C(c)V_c'(\xi) = D(c)V_c''(\xi) - L_1 V_c(\xi) + H_c(V_c)(\xi), \\ U_c(\xi) = V_c(\xi) + rf\left(\int_{-\infty}^{\infty} h(\xi + B\tau - c\tau - y)b(U_c(\xi))dy\right), \end{cases}$$

其中 $\xi = x + C(c)t$,

$$H_c(V_c)(\xi) = L_1 V_c(\xi)$$

$$+ g\left(V_c(\xi) + rf\left(\int_{-\infty}^{\infty} h(\eta)b(F(V_c)(z))dz\right), \int_{-\infty}^{\infty} h(\eta)b(F(V_c)(z))dz\right)$$

$$+ rD(c)\left[f''\left(\int_{-\infty}^{\infty} h(\eta)b(F(V_c)(z))dz\right)\left(\int_{-\infty}^{\infty} h'(\eta)b(F(V_c)(z))dz\right)^2\right.$$

$$+ f'\left(\int_{-\infty}^{\infty} h(\eta)b(F(V_c)(z))dz\right)\int_{-\infty}^{\infty} h''(\eta)b(F(V_c)(z))dz\right]$$

$$+ rBf'\left(\int_{-\infty}^{\infty} h(\eta)b(F(V_c)(z))dz\right)\int_{-\infty}^{\infty} h'(\eta)b(F(V_c)(z))dz,$$

其中 $\eta = \xi + B\tau - c\tau - z$. 因此

$$V_c(\xi) = \frac{1}{D(c)(\lambda_2(C(c)) - \lambda_1(C(c)))}$$

$$\times \left[\int_{-\infty}^{\xi} e^{\lambda_1(C(c))(\xi-s)} H_c(V_c)(s)ds + \int_{\xi}^{\infty} e^{\lambda_2(C(c))(\xi-s)} H_c(V_c)(s)ds\right],$$

$$\tag{2.48}$$

其中

$$\lambda_1(C(c)) = \frac{C(c) - \sqrt{C^2(c) + 4D(c)L_1}}{2D(c)} < 0,$$

$$\lambda_2(C(c)) = \frac{C(c) + \sqrt{C^2(c) + 4D(c)L_1}}{2D(c)} > 0.$$

因为 $0 \leqslant V_c \leqslant V_{\max}$, 所以 $0 \leqslant F(V_c) \leqslant K$ 和

$$\lambda_2(C(c)) - \lambda_1(C(c)) = \frac{\sqrt{C^2(c) + 4D(c)L_1}}{D(c)} \geqslant 2\sqrt{\frac{L_1}{D(c)}},$$

类似于引理 2.1.3 的讨论, 有

$$|V_c'(\xi)| \leqslant \frac{G}{2\sqrt{D(c)L_1}}.$$

首先证明对任意满足 (2.12) 的 $c \in \mathbb{R}, C(c)$ 是有界的. $v_c^-(x, 0)$ 如引理 2.1.5 中所述, 存在 $x_0 \in \mathbb{R}$ 使得 $v_c^-(x - x_0, 0) < V_c(x), x \in \mathbb{R}$. 由比较原理可推出 $v_c^-(x - x_0, t) < V_c(x + C(c)t), x \in \mathbb{R}, t \in [0, \infty)$, 即

$$-\delta + V_{\max}\zeta(\epsilon_c(x - x_0 - C_c t)) < U_c(x + C(c)t). \tag{2.49}$$

断定 $-C(c) \leqslant C_c$. 否则, 若 $-C(c) > C_c$, 则固定 $x - x_0 - C_c t = \xi^*$ 满足 $V_{\max}\zeta(\epsilon_c\xi^*) = 2\delta$, 因此 $V_c(x + C(c)t) = V_c(\xi^* + x_0 + (C_c + C(c))t)$. 在 (2.49) 中令 $t \to \infty$, 则 $\delta \leqslant V_c(-\infty)$, 与 $V_c(-\infty) = 0$ 矛盾. 所以 $-C(c) \leqslant C_c = (1 + |c|\tau)C_0$. 类似地, 由 $V_c(x)$ 和 $v_c^+(x, 0)$ 的比较可得 $-C(c) \geqslant -C_c = -(1 + |c|\tau)C_0$.

假设 c_n 满足 (2.12) 且 $c_n \to c$, 但 $C(c_n)$ 不收敛于 $C(c)$, 则存在子列 $c_{n_k} \to c$ 使得 $C(c_{n_k}) \to \tilde{C} \neq C(c)$. 令 $H^* = \sup\{|c_n|\}$. 因为 $V_{c_{n_k}}(\cdot)$ 是非减的, $V_{c_{n_k}}(0) = F^{-1}(\bar{u})$, 以及由 [149] 的附录 (A.3) 和 (A.4), 也可参考 [228], 所以对充分小的 $\delta > 0, V_{c_{n_k}}(\cdot)$ 也满足

$$V_{c_{n_k}}(x) \leqslant F^{-1}(\bar{u}) - \delta, \quad x \leqslant -M^* - L^*H^*\tau \leqslant -M^* - L^*|c_{n_k}|\tau,$$

$$V_{c_{n_k}}(x) \geqslant F^{-1}(\bar{u}) + \delta, \quad x \geqslant M^* + L^*H^*\tau \geqslant M^* + L^*|c_{n_k}|\tau.$$

由 Ascoli-Arzela 定理知, 可选择 $\{c_{n_k}\}$ 的子列, 还用 $\{c_{n_k}\}$ 表示, 使得在 $\mathbb{R}$ 上 $V_{c_{n_k}}(\cdot)$ 收敛于连续函数 $\bar{V}(\cdot)$. 可推出 $\bar{V}(\cdot)$ 非减, $0 \leqslant \bar{V}(\cdot) \leqslant V_{\max}$,

$$\limsup_{x \to -\infty} \bar{V}(x) \leqslant F^{-1}(\bar{u}) - \delta \quad \text{和} \quad \liminf_{x \to \infty} \bar{V}(x) \geqslant F^{-1}(\bar{u}) + \delta.$$

在 (2.48) 中 c 由 c_{n_k} 代替, 令 $k \to \infty$, 由控制收敛定理推出

$$\bar{V}(\xi) = \frac{1}{D(c)(\lambda_2(b) - \lambda_1(b))} \left[\int_{-\infty}^{\xi} e^{\lambda_1(b)(\xi-s)} H_c(\bar{V})(s) ds \right.$$
$$\left. + \int_{\xi}^{\infty} e^{\lambda_2(b)(\xi-s)} H_c(\bar{V})(s) ds \right],$$

所以 $\bar{V}(x + \tilde{C}t)$ 是 (2.46) 的解. 但是对于给定的参数 c, 从定理 2.1.1 推出 $\tilde{C} = C(c)$, 矛盾. $\qquad \square$

定理 2.1.2 ([120], 存在性)　假设 $r > 0$ 满足

$$D - r^2 C_0 > 0. \qquad (2.50)$$

则 (2.16) 有严格单调的行波解 $(V(x+(B+c^*)t), F(V)(x+(B+c^*)t))$ 且 $|c^*| \leqslant C_0$, 其中 C_0 如引理 2.1.5 中所述. 而且, (2.1) 有严格单调的行波解 $U(x + c^*t) = F(V)(x + c^*t)$.

证明　由 (2.50) 知, (2.12) 对任意满足 $|c| \leqslant C_0$ 的 c 成立. 因此, 由引理 2.1.6 知, (2.46) 有严格单调的行波解 $(V(x + C(c)t), F(V)(x + C(c)t))$.

受 [182,228] 方法的启发, 现证至少存在一个 c^* 使得 $C(c^*) = c^*$ 且 $|c^*| \leqslant C_0$. 只需证明曲线 $y = c$ 和 $y = C(c)$ 在区域 $|y| \leqslant C_0$ 有交点. 对 $c \leqslant 0$, 令 $v_0^-(x,t)$ 是引理 2.1.5 中 (2.46) 的下解. 则存在大常数 $X > 0$ 使得 $V(\cdot) \geqslant v_0^-(\cdot - X, 0)$. 所以, 由比较原理知, $V(x + C(c)t) \geqslant v_0^-(x - X, t), t \geqslant 0, x \in \mathbb{R}$. 所以由 δ 的选择 (令 $\delta \to 0$) 可推出 $C(c) \geqslant -C_0, c \leqslant 0$. 类似地, $C(c) \leqslant C_0, c \geqslant 0$. 由引理 2.1.6 知, $C(c)$ 在 $|c| < C_0 < \sqrt{D/r}$ 上是连续的. 所以由 (2.50) 推出在区域 $|c| < C_0 < \sqrt{D/r}$ 和 $|y| \leqslant C_0$ 至少存在公共点 c^* 使得 $C(c^*) = c^*$. 因此, 当 $\tau_1 = 0$ 时, $(V(x + c^*t), F(V)(x + c^*t))$ 也是 (2.34) 严格单调的行波解且 $(V(x + (B + c^*)t), F(V)(x + (B + c^*)t))$ 也是 (2.16) 波速为 $B + c^*$ 的严格单调的行波解, 此外, $U(x + c^*t) = F(V)(x + c^*t)$ 是 (2.1) 波速为 c^* 的严格单调的行波解. $\qquad \square$

2.1.4　非局部时滞的单一种群对流双曲抛物方程的行波解的存在性和唯一性

在本节我们将结果应用到 (2.2).

例 1 ([120])　假设方程 (2.2) 满足如下条件:

(P1) 存在 $0 < u^* < K$ 使得 $\varepsilon b(u) - d_m u = 0, u = 0, u^*, K; \varepsilon b(u) - d_m u < 0, u \in (0, u^*); \varepsilon b(u) - d_m u > 0, u \in (u^*, K)$.

(P2) 对于某个开区间 $I \supset [0, K], b(\cdot) \in C^2(I), b'(\cdot) \geqslant 0, \varepsilon b'(0) < d_m, \varepsilon b'(u^*) > d_m, \varepsilon b'(K) < d_m$.

显然, 对 (2.2), (H1)—(H4) 成立. 由定理 2.1.1 和定理 2.1.2 知, (2.2) 有唯一的单调行波解满足 $\lim\limits_{\xi \to -\infty} U(\xi) = 0$ 和 $\lim\limits_{\xi \to \infty} U(\xi) = K$.

2.2 非局部时滞反应扩散系统的行波解的存在性

本节讨论非局部时滞反应扩散系统 (2.6) 的行波解的存在性, 并将结果应用到时滞 Lotka-Volterra 型捕食-被捕食扩散合作系统 (2.3). 为了便于陈述, 给出以下假设:

(A1) $f_i(\mathbf{0}, \mathbf{0}) = f_i(\mathbf{K}, \mathbf{K}) = 0$, 其中 $\mathbf{0} := (0, 0)$, $\mathbf{K} := (k_1, k_2), k_i > 0, i = 1, 2$;

(A2) 对于 $\mathbf{0} \leqslant (x_j, y_j) \leqslant \mathbf{M} := (M_1, M_2), M_i > k_i, i = 1, 2$, 存在 $L_i > 0$ 使得

$$|f_i(x_1, x_2, x_3, x_4) - f_i(y_1, y_2, y_3, y_4)| \leqslant L_i \sum_{j=1}^{4} |x_j - y_j|.$$

反应项分别满足偏拟单调条件 (PQM)、指数偏拟单调条件 (PQM*) 和指数弱偏拟单调条件 (PQM**):

(PQM) 对于 $\mathbf{0} \leqslant (\phi_2(t), \psi_2(t)) \leqslant (\phi_1(t), \psi_1(t)) \leqslant \mathbf{M}, t \in \mathbb{R}$, 存在正常数 β_1 和 β_2 使得

$$f_1(\phi_1(t), \psi_2(t), (g_1 * \phi_1)(t), (g_2 * \psi_2)(t)) + \beta_1[\phi_1(t) - \phi_2(t)]$$
$$\geqslant f_1(\phi_2(t), \psi_1(t), (g_1 * \phi_2)(t), (g_2 * \psi_1)(t)),$$
$$f_2(\phi_1(t), \psi_1(t), (g_3 * \phi_1)(t), (g_4 * \psi_1)(t)) + \beta_2[\psi_1(t) - \psi_2(t)]$$
$$\geqslant f_2(\phi_2(t), \psi_2(t), (g_3 * \phi_2)(t), (g_4 * \psi_2)(t)).$$

(PQM*) 对于 (i) $\mathbf{0} \leqslant (\phi_2(t), \psi_2(t)) \leqslant (\phi_1(t), \psi_1(t)) \leqslant \mathbf{M}, t \in \mathbb{R}$; (ii) $e^{\beta_1 t}[\phi_1(t) - \phi_2(t)]$ 和 $e^{\beta_2 t}[\psi_1(t) - \psi_2(t)]$ 关于 $t \in \mathbb{R}$ 递增, 存在正常数 β_1 和 β_2 使得

$$f_1(\phi_1(t), \psi_2(t), (g_1 * \phi_1)(t), (g_2 * \psi_2)(t)) + \beta_1[\phi_1(t) - \phi_2(t)]$$
$$\geqslant f_1(\phi_2(t), \psi_1(t), (g_1 * \phi_2)(t), (g_2 * \psi_1)(t)),$$
$$f_2(\phi_1(t), \psi_1(t), (g_3 * \phi_1)(t), (g_4 * \psi_1)(t)) + \beta_2[\psi_1(t) - \psi_2(t)]$$
$$\geqslant f_2(\phi_2(t), \psi_2(t), (g_3 * \phi_2)(t), (g_4 * \psi_2)(t)).$$

(PQM**) 对于 (i) $\mathbf{0} \leqslant (\phi_2(t), \psi_2(t)) \leqslant (\phi_1(t), \psi_1(t)) \leqslant \mathbf{M}, t \in \mathbb{R}$; (ii) $e^{\beta_1 t}[\phi_1(t) - \phi_2(t)]$ 和 $e^{\beta_2 t}[\psi_1(t) - \psi_2(t)]$ 关于 $t \in \mathbb{R}$ 递增; (iii) $e^{-\beta_1 t}[\phi_1(t) - \phi_2(t)]$ 和 $e^{-\beta_2 t}[\psi_1(t) - \psi_2(t)]$ 关于 $t \in \mathbb{R}$ 递减, 存在正常数 β_1 和 β_2 使得

$$f_1(\phi_1(t), \psi_2(t), (g_1 * \phi_1)(t), (g_2 * \psi_2)(t)) + \beta_1[\phi_1(t) - \phi_2(t)]$$

$$\geqslant f_1(\phi_2(t), \psi_1(t), (g_1 * \phi_2)(t), (g_2 * \psi_1)(t)),$$

$$f_2(\phi_1(t), \psi_1(t), (g_3 * \phi_1)(t), (g_4 * \psi_1)(t)) + \beta_2[\psi_1(t) - \psi_2(t)]$$

$$\geqslant f_2(\phi_2(t), \psi_2(t), (g_3 * \phi_2)(t), (g_4 * \psi_2)(t)).$$

注意到 [227] 中的结果不能应用到系统 (2.6), 因为系统 (2.6) 的反应项具有不同的单调性. 由于系统 (2.6) 是一个非局部时滞系统, 所以 [107] 中的结果也不能应用于系统 (2.6). 通过允许上解大于正平衡点, 并对上下解的非光滑点给出一些假设, 我们利用 Schauder 不动点定理和交叉迭代方法证明了系统 (2.6) 的行波解的存在性. 作为应用, 我们通过选择以下三种核函数来研究系统 (2.3) 的行波解的存在性

$$g_i(x, t) = \frac{1}{\tau_i} e^{-\frac{t}{\tau_i}} \delta(x), \quad \tau_i > 0, i = 1, 2, 3, 4,$$

$$g_i(x, t) = \delta(t) \frac{1}{\sqrt{4\pi\rho_i}} e^{-\frac{x^2}{4\rho_i}}, \quad \rho_i > 0, i = 1, 2, 3, 4,$$

$$g_i(x, t) = \frac{1}{\tau_i} e^{-\frac{t}{\tau_i}} \frac{1}{\sqrt{4\pi t}} e^{-\frac{x^2}{4t}}, \quad \tau_i > 0, i = 1, 2, 3, 4.$$

2.2.1　行波解的存在性

本节采用 $\mathbb{R}^2$ 中的标准序关系的一般符号. 对于 $u = (u_1, u_2)$ 和 $v = (v_1, v_2)$, $u \leqslant v$ 表示 $u_i \leqslant v_i, i = 1, 2$; $u < v$ 表示 $u \leqslant v$, 但是 $u \neq v$. 特殊地, $u \ll v$ 表示 $u \leqslant v$, 但是 $u_i \neq v_i, i = 1, 2$. 若 $u \leqslant v$, 表示 $(u, v] = \{\omega \in \mathbb{R}^2, u < \omega \leqslant v\}$, $[u, v) = \{\omega \in \mathbb{R}^2, u \leqslant \omega < v\}$, $[u, v] = \{\omega \in \mathbb{R}^2, u \leqslant \omega \leqslant v\}$. 令 $|\cdot|$ 表示 $\mathbb{R}^2$ 上的欧几里得范数.

(2.6) 的行波解具有形式 $(u_1(x, t), u_2(x, t)) = (\phi(x + ct), \psi(x + ct))$, 其中 $c > 0$. 将 $u_1(x, t) = \phi(x + ct), u_2(x, t) = \psi(x + ct)$ 代入 (2.6), 并用 t 表示 $x + ct$, 则 (2.6) 有连接 $\mathbf{0}$ 和 $\mathbf{K}$ 的行波解 $(\phi(t), \psi(t))$ 当且仅当

$$\begin{cases} d_1\phi''(t) - c\phi'(t) + f_1(\phi(t), \psi(t), (g_1 * \phi)(t), (g_2 * \psi)(t)) = 0, \\ d_2\psi''(t) - c\psi'(t) + f_2(\phi(t), \psi(t), (g_3 * \phi)(t), (g_4 * \psi)(t)) = 0 \end{cases} \tag{2.51}$$

关于渐近边界条件

$$\lim_{t \to -\infty} (\phi(t), \psi(t)) = \mathbf{0}, \quad \lim_{t \to +\infty} (\phi(t), \psi(t)) = \mathbf{K} \tag{2.52}$$

在 $\mathbb{R}$ 上有解, 其中

$$(g_j * \varphi)(t) = \int_0^\infty \int_{-\infty}^\infty g_j(y, s)\varphi(t - y - cs) dy ds, \quad j = 1, 2, 3, 4.$$

令

$$C_{[0,\mathbf{M}]}(\mathbb{R}, \mathbb{R}^2) = \{(\phi, \psi) \in C(\mathbb{R}, \mathbb{R}^2) : \mathbf{0} \leqslant (\phi(s), \psi(s)) \leqslant \mathbf{M}, s \in \mathbb{R}\}.$$

定义算子 $H = (H_1, H_2) : C_{[0,\mathbf{M}]}(\mathbb{R}, \mathbb{R}^2) \to C(\mathbb{R}, \mathbb{R}^2)$ 为

$$H_1(\phi, \psi)(t) = \beta_1 \phi(t) + f_1(\phi(t), \psi(t), (g_1 * \phi)(t), (g_2 * \psi)(t)),$$

$$H_2(\phi, \psi)(t) = \beta_2 \phi(t) + f_2(\phi(t), \psi(t), (g_3 * \phi)(t), (g_4 * \psi)(t)),$$

则 (2.51) 可写为

$$\begin{cases} d_1 \phi''(t) - c\phi'(t) - \beta_1 \phi(t) + H_1(\phi, \psi)(t) = 0, \\ d_2 \psi''(t) - c\psi'(t) - \beta_2 \phi(t) + H_2(\phi, \psi)(t) = 0. \end{cases} \tag{2.53}$$

选择如下常数

$$\lambda_1 = \frac{c - \sqrt{c^2 + 4\beta_1 d_1}}{2d_1} < 0, \quad \lambda_2 = \frac{c + \sqrt{c^2 + 4\beta_1 d_1}}{2d_1} > 0,$$

$$\lambda_3 = \frac{c - \sqrt{c^2 + 4\beta_2 d_2}}{2d_2} < 0, \quad \lambda_4 = \frac{c + \sqrt{c^2 + 4\beta_2 d_2}}{2d_2} > 0,$$

则它们满足

$$d_1 \lambda_i^2 - c\lambda_i - \beta_1 = 0, \ i = 1, 2 \quad \text{和} \quad d_2 \lambda_i^2 - c\lambda_i - \beta_2 = 0, \ i = 3, 4.$$

并定义算子 $F = (F_1, F_2) : C_{[0,\mathbf{M}]}(\mathbb{R}, \mathbb{R}^2) \to C(\mathbb{R}, \mathbb{R}^2)$ 为

$$F_1(\phi, \psi)(t) = \frac{1}{d_1(\lambda_2 - \lambda_1)} \left[\int_{-\infty}^t e^{\lambda_1(t-s)} H_1(\phi, \psi)(s) ds \right.$$
$$\left. + \int_t^\infty e^{\lambda_2(t-s)} H_1(\phi, \psi)(s) ds \right],$$

$$F_2(\phi, \psi)(t) = \frac{1}{d_2(\lambda_4 - \lambda_3)} \left[\int_{-\infty}^t e^{\lambda_3(t-s)} H_2(\phi, \psi)(s) ds \right.$$
$$\left. + \int_t^\infty e^{\lambda_4(t-s)} H_2(\phi, \psi)(s) ds \right].$$

则算子 F 有定义且满足

$$\begin{cases} d_1(F_1(\phi, \psi))''(t) - c(F_1(\phi, \psi))'(t) - \beta_1 F_1(\phi, \psi)(t) + H_1(\phi, \psi)(t) = 0, \\ d_2(F_2(\phi, \psi))''(t) - c(F_2(\phi, \psi))'(t) - \beta_2 F_2(\phi, \psi)(t) + H_2(\phi, \psi)(t) = 0. \end{cases} \tag{2.54}$$

因此, F 的不动点就是 (2.53) 的解, 如果它还满足 (2.52), 那么它还是 (2.6) 连接 $\mathbf{0}$ 和 $\mathbf{K}$ 的行波解.

首先定义 (2.51) 的上下解.

定义 2.2.1 ([128])　函数 $\bar{\Phi} = (\bar{\phi}, \bar{\psi})$ 和 $\underline{\Phi} = (\underline{\phi}, \underline{\psi}) \in C^2(\mathbb{R}, \mathbb{R}^2)$ 分别称为 (2.51) 的上解和下解, 若 $\bar{\Phi}$ 和 $\underline{\Phi}$ 分别满足

$$\begin{cases} d_1\bar{\phi}''(t) - c\bar{\phi}'(t) + f_1(\bar{\phi}(t), \underline{\psi}(t), (g_1 * \bar{\phi})(t), (g_2 * \underline{\psi})(t)) \leqslant 0, & t \in \mathbb{R}, \\ d_2\bar{\psi}''(t) - c\bar{\psi}'(t) + f_2(\bar{\phi}(t), \bar{\psi}(t), (g_3 * \bar{\phi})(t), (g_4 * \bar{\psi})(t)) \leqslant 0, & t \in \mathbb{R} \end{cases} \tag{2.55}$$

和

$$\begin{cases} d_1\underline{\phi}''(t) - c\underline{\phi}'(t) + f_1(\underline{\phi}(t), \bar{\psi}(t), (g_1 * \underline{\phi})(t), (g_2 * \bar{\psi})(t)) \leqslant 0, & t \in \mathbb{R}, \\ d_2\underline{\psi}''(t) - c\underline{\psi}'(t) + f_2(\underline{\phi}(t), \underline{\psi}(t), (g_3 * \underline{\phi})(t), (g_4 * \underline{\psi})(t)) \leqslant 0, & t \in \mathbb{R}. \end{cases} \tag{2.56}$$

进一步假设 (2.51) 的上解 $\bar{\Phi}$ 和下解 $\underline{\Phi}$ 满足下列某些条件:

(P1) $\mathbf{0} \leqslant (\underline{\phi}(t), \underline{\psi}(t)) \leqslant (\bar{\phi}(t), \bar{\psi}(t)) \leqslant \mathbf{M}$;

(P2) $\lim\limits_{t \to -\infty} (\bar{\phi}(t), \bar{\psi}(t)) = \mathbf{0}$, $\lim\limits_{t \to +\infty} (\underline{\phi}(t), \underline{\psi}(t)) = \lim\limits_{t \to +\infty} (\bar{\phi}(t), \bar{\psi}(t)) = \mathbf{K}$;

(P3) $e^{\beta_1 t}[\bar{\phi}(t) - \underline{\phi}(t)], e^{\beta_2 t}[\bar{\psi}(t) - \underline{\psi}(t)]$ 在 $t \in \mathbb{R}$ 上递增;

(P4) $e^{-\beta_1 t}[\bar{\phi}(t) - \underline{\phi}(t)], e^{-\beta_2 t}[\bar{\psi}(t) - \underline{\psi}(t)]$ 在 $t \in \mathbb{R}$ 上递减.

附注 2.2.1 ([128])　下面总是假设 (2.51) 存在上解 $\bar{\Phi}$ 和下解 $\underline{\Phi}$ 对于情形 (PQM), (PQM*) 和 (PQM**) 分别满足 (P1)—(P2), (P1)—(P3) 和 (P1)—(P4).

由 H 和 F 的定义知, 下面引理是显然的.

引理 2.2.1 ([128])　假设 (PQM) (或 (PQM*) 或 (PQM**)) 成立. 则

$$H_1(\phi_2, \psi_1)(t) \leqslant H_1(\phi_1, \psi_2)(t), \quad H_2(\phi_2, \psi_2)(t) \leqslant H_2(\phi_1, \psi_1)(t).$$

进一步,

$$F_1(\phi_2, \psi_1)(t) \leqslant F_1(\phi_1, \psi_2)(t), \quad F_2(\phi_2, \psi_2)(t) \leqslant F_2(\phi_1, \psi_1)(t),$$

其中 ϕ_i, ψ_i 如 (PQM) (或 (PQM*) 或 (PQM**)) 中所定义, $i = 1, 2$.

对于 (2.51) 的上解 $\bar{\Phi}(t) = (\bar{\phi}(t), \bar{\psi}(t))$ 和下解 $\underline{\Phi}(t) = (\underline{\phi}(t), \underline{\psi}(t))$ 满足附注 2.2.1 的要求时, 定义如下相集

$$\begin{aligned} \Gamma &= \Gamma([\underline{\phi}, \underline{\psi}], [\bar{\phi}, \bar{\psi}]) \\ &= \left\{ (\phi, \psi) \in C_{[\mathbf{0}, \mathbf{M}]}(\mathbb{R}, \mathbb{R}^2) : (\underline{\phi}(t), \underline{\psi}(t)) \leqslant (\phi(t), \psi(t)) \leqslant (\bar{\phi}(t), \bar{\psi}(t)), \ t \in \mathbb{R} \right\}, \end{aligned}$$

$\Gamma^* = \Gamma^*([\underline{\phi}, \underline{\psi}], [\bar{\phi}, \bar{\psi}])$

$$= \left\{ (\phi, \psi) \in C_{[\mathbf{0}, \mathbf{M}]}(\mathbb{R}, \mathbb{R}^2) : \begin{array}{ll} \text{(i)} & (\underline{\phi}(t), \underline{\psi}(t)) \leqslant (\phi(t), \psi(t)) \leqslant (\bar{\phi}(t), \bar{\phi}(t)), \\ & t \in \mathbb{R}; \\ \text{(ii)} & e^{\beta_1 t}[\bar{\phi}(t) - \phi(t)], e^{\beta_1 t}[\phi(t) - \underline{\phi}(t)], \\ & e^{\beta_2 t}[\bar{\psi}(t) - \psi(t)], e^{\beta_2 t}[\psi(t) - \underline{\psi}(t)] \\ & \text{在 } \mathbb{R} \text{ 上递增.} \end{array} \right\},$$

$\Gamma^{**} = \Gamma^{**}([\underline{\phi}, \underline{\psi}], [\bar{\phi}, \bar{\psi}])$

$$= \left\{ (\phi, \psi) \in C_{[\mathbf{0}, \mathbf{M}]}(\mathbb{R}, \mathbb{R}^2) : \begin{array}{ll} \text{(i)} & (\underline{\phi}(t), \underline{\psi}(t)) \leqslant (\phi(t), \psi(t)) \leqslant (\bar{\phi}(t), \bar{\phi}(t)), \\ & t \in \mathbb{R}; \\ \text{(ii)} & e^{\beta_1 t}[\bar{\phi}(t) - \phi(t)], e^{\beta_1 t}[\phi(t) - \underline{\phi}(t)], \\ & e^{\beta_2 t}[\bar{\psi}(t) - \psi(t)], e^{\beta_2 t}[\psi(t) - \underline{\psi}(t)] \\ & \text{在 } \mathbb{R} \text{ 上递增}; \\ \text{(iii)} & e^{-\beta_1 t}[\bar{\phi}(t) - \phi(t)], e^{-\beta_1 t}[\phi(t) - \underline{\phi}(t)], \\ & e^{-\beta_2 t}[\bar{\psi}(t) - \psi(t)], e^{-\beta_2 t}[\psi(t) - \underline{\psi}(t)] \\ & \text{在 } \mathbb{R} \text{ 上递减.} \end{array} \right\}.$$

显然, 由 (P1)—(P4) 知, $\bar{\Phi}(t)$ 和 $\underline{\Phi}(t)$ 在这些集合中, 所以 Γ, Γ^* 和 Γ^{**} 非空.

令 $\mu \in (0, \min\{-\lambda_1, \lambda_2, -\lambda_3, \lambda_4, \})$. 定义

$$B_\mu(\mathbb{R}, \mathbb{R}^2) = \{\Phi \in C(\mathbb{R}, \mathbb{R}^2) : \sup_{t \in \mathbb{R}} |\Phi(t)| e^{-\mu|t|} < \infty\}$$

具有范数 $|\Phi|_\mu = \sup_{t \in \mathbb{R}} |\Phi(t)| e^{-\mu|t|}$.

易证 $(B_\mu(\mathbb{R}, \mathbb{R}^2), |\cdot|_\mu)$ 是 Banach 空间.

引理 2.2.2([128]) 假设 (A2) 和 (PQM)(或 (PQM*) 或 (PQM**)) 成立. 则

$$F = (F_1, F_2) : C_{[\mathbf{0}, \mathbf{M}]}(\mathbb{R}, \mathbb{R}^2) \to C(\mathbb{R}, \mathbb{R}^2)$$

关于 $B_\mu(\mathbb{R}, \mathbb{R}^2)$ 中的范数 $|\cdot|_\mu$ 连续.

证明 先证 $H_1 : C_{[\mathbf{0}, \mathbf{M}]}(\mathbb{R}, \mathbb{R}^2) \to C(\mathbb{R}, \mathbb{R})$ 关于 $B_\mu(\mathbb{R}, \mathbb{R}^2)$ 中的范数 $|\cdot|_\mu$ 连续. 确实, 因为 $\displaystyle\int_0^\infty \int_{-\infty}^\infty g_j(y, s) dy ds = 1, j = 1, 2$, 所以对任意 $\varepsilon > 0$, 存在 T 和

N 充分大使得 $2ML_1 \displaystyle\int_T^\infty \int_{-\infty}^\infty g_j(y,s)dyds \leqslant \dfrac{\varepsilon}{16}$ 和

$$2ML_1 \left(\int_{-\infty}^{-N} + \int_N^\infty \right) g_j(y,s)dy \leqslant \frac{\varepsilon}{16}, \quad \text{对 } s \in [0,T] \text{ 一致,}$$

其中 $M = \max\{M_1, M_2\}$.

对于 T 和 N, 若 $y \in [-N, N], s \in [0, T]$, 则 $-y - cs \in [-N - cT, N]$. 选择 $\delta > 0$ 使得

$$\delta < \min \left\{ \frac{\varepsilon}{8L_1} e^{-\mu(N+cT)}, \frac{\varepsilon}{2(2L_1 + \beta_1)} \right\}.$$

令 $\Phi = (\phi_1, \psi_1), \Psi = (\phi_2, \psi_2) \in C_{[0,\mathbf{M}]}(\mathbb{R}, \mathbb{R}^2)$ 满足 $|\Phi - \Psi|_\mu < \delta$, 则对于 $y \in [-N, N], s \in [0, T]$, 有

$$|\Phi(t - y - cs) - \Psi(t - y - cs)| \leqslant \delta e^{\mu|t|} e^{\mu(N+cT)}.$$

因此对于 $t \in \mathbb{R}$, 有

$$
\begin{aligned}
&|H_1(\phi_1, \psi_1)(t) - H_1(\phi_2, \psi_2)(t)|e^{-\mu|t|} \\
&= |f_1(\phi_1(t), \psi_1(t), (g_1 * \phi_1)(t), (g_2 * \psi_1)(t)) \\
&\quad - f_1(\phi_2(t), \psi_2(t), (g_1 * \phi_2)(t), (g_2 * \psi_2)(t)) + \beta_1(\phi_1(t) - \phi_2(t))|e^{-\mu|t|} \\
&\leqslant L_1(|\phi_1 - \phi_2|_\mu + |\psi_1(t) - \psi_2(t)|_\mu) + \beta_1|\phi_1 - \phi_2|_\mu \\
&\quad + L_1 \int_0^\infty \int_{-\infty}^\infty g_1(y,s)|\phi_1(t - y - cs) - \phi_2(t - y - cs)|e^{-\mu|t|}dyds \\
&\quad + L_1 \int_0^\infty \int_{-\infty}^\infty g_2(y,s)|\psi_1(t - y - cs) - \psi_2(t - y - cs)|e^{-\mu|t|}dyds \\
&\leqslant L_1(|\phi_1 - \phi_2|_\mu + |\psi_1(t) - \psi_2(t)|_\mu) + \beta_1|\phi_1 - \phi_2|_\mu \\
&\quad + 2ML_1 \int_0^T \left(\int_{-\infty}^{-N} + \int_N^\infty \right) (g_1(y,s) + g_2(y,s))dyds \\
&\quad + L_1 \delta e^{\mu(N+cT)} \int_0^T \int_{-N}^N (g_1(y,s) + g_2(y,s))dyds \\
&\quad + 2ML_1 \int_T^\infty \int_{-\infty}^\infty (g_1(y,s) + g_2(y,s))dyds \\
&\leqslant \frac{\varepsilon}{2} + 2 \cdot \frac{\varepsilon}{16} + 2 \cdot \frac{\varepsilon}{8} + 2 \cdot \frac{\varepsilon}{16} = \varepsilon.
\end{aligned}
$$

下证 $F_1 : C_{[\mathbf{0},\mathbf{M}]}(\mathbb{R}, \mathbb{R}^2) \to C(\mathbb{R}, \mathbb{R}^2)$ 关于范数 $|\cdot|_\mu$ 连续. 事实上,

$$|F_1(\phi_1, \psi_1)(t) - F_1(\phi_2, \psi_2)(t)| e^{-\mu|t|}$$

$$= \frac{1}{d_1(\lambda_2 - \lambda_1)} \left(\int_{-\infty}^t e^{\lambda_1(t-s)} + \int_t^\infty e^{\lambda_2(t-s)} \right)$$

$$|H_1(\phi_1, \psi_1)(s)ds - H_1(\phi_2, \psi_2)(s)| e^{-\mu|t|} ds$$

$$\leqslant \frac{\varepsilon}{d_1(\lambda_2 - \lambda_1)} \left(\int_{-\infty}^t e^{\lambda_1(t-s)} + \int_t^\infty e^{\lambda_2(t-s)} \right) e^{\mu|s|} e^{-\mu|t|} ds$$

$$\leqslant \frac{\varepsilon}{d_1(\lambda_2 - \lambda_1)} \left(\int_{-\infty}^t e^{\lambda_1(t-s)} + \int_t^\infty e^{\lambda_2(t-s)} \right) e^{\mu|s-t|} ds$$

$$= \frac{1}{d_1(\lambda_2 - \lambda_1)} \left(\frac{1}{\lambda_2 - \mu} - \frac{1}{\lambda_1 + \mu} \right) \varepsilon.$$

类似可证 $F_2 : C_{[\mathbf{0},\mathbf{M}]}(\mathbb{R}, \mathbb{R}^2) \to C(\mathbb{R}, \mathbb{R}^2)$ 关于范数 $|\cdot|_\mu$ 连续.   □

由 (P1)—(P4) 知, 下面引理是显然的.

引理 2.2.3 ([128]) Γ, Γ^* 和 Γ^{**} 是 $B_\mu(\mathbb{R}, \mathbb{R}^2)$ 的有界闭凸子集.

引理 2.2.4 ([128]) 假设 (PQM)(或 (PQM*) 且 $c > 1 - \min\{\beta_1 d_1, \beta_2 d_2\}$ 或 (PQM**) 且 $0 < c < \min\{\beta_1 d_1, \beta_2 d_2\} - 1$) 成立. 则 $F(\Sigma) \subset \Sigma$, 其中 $\Sigma = \Gamma$ (或 Γ^* 或 Γ^{**}).

证明 对于 (PQM) 情形, 利用 [107] 中的引理 3.5 和 [132] 中的引理 3.5 类似的证明方法. 对于 (PQM*) 和 $c > 1 - \min\{\beta_1 d_1, \beta_2 d_2\}$ 情形, 利用 [107] 中的引理 4.4 和 [132] 中的引理 4.5 类似的证明方法. 稍作修改即可证明, 在此省略. 对于 (PQM**), Γ^{**} 中 (i) 和 (ii) 的证明类似 (PQM*) 的证明, 所以只需证 (iii). 为了简单, 只证 $e^{-\beta_1 t}[\phi(t) - \underline{\phi}(t)]$ 在 $\mathbb{R}$ 上递减, 其他类似可证.

对于 $(\phi, \psi) \in \Gamma^{**}$, 令 $F_1(\phi, \psi) = \phi_1$, 则由 (2.54) 知

$$e^{-\beta_1 t}[\bar{\phi}(t) - \phi_1(t)]$$

$$= \frac{e^{-\beta_1 t}}{d_1(\lambda_2 - \lambda_1)} \left(\int_{-\infty}^t e^{\lambda_1(t-s)} + \int_t^\infty e^{\lambda_2 t(t-s)} \right)$$

$$\times \{[\beta_1 \bar{\phi}(s) + c\bar{\phi}'(s) - d_1\bar{\phi}''(s)] - [\beta_1 \phi_1(s) + c\phi_1'(s) - d_1\phi_1''(s)]\} ds$$

$$= \frac{e^{-\beta_1 t}}{d_1(\lambda_2 - \lambda_1)} \left[\int_{-\infty}^t e^{\lambda_1(t-s)} + \int_t^\infty e^{\lambda_2 t(t-s)} \right]$$

$$\times \{[\beta_1 \bar{\phi}(s) + c\bar{\phi}'(s) - d_1\bar{\phi}''(s) - H_1(\phi, \psi)(s)]\} ds.$$

由于 $0 < c < \min\{\beta_1 d_1, \beta_2 d_2\} - 1$, 所以 $\lambda_2 - \beta_1 < 0$. 因此由引理 2.2.1 知, 对于

$t \in \mathbb{R}$, 有

$$\frac{d}{dt}\{e^{-\beta_1 t}[\bar{\phi}(t) - \phi_1]\}$$

$$= \frac{(\lambda_1 - \beta_1)e^{-\beta_1 t}}{d_1(\lambda_2 - \lambda_1)} \int_{-\infty}^{t} e^{\lambda_1(t-s)}[\beta_1\bar{\phi}(s) + c\bar{\phi}'(s) - d_1\bar{\phi}''(s) - H_1(\phi, \psi)(s)]ds$$

$$+ \frac{(\lambda_2 - \beta_1)e^{-\beta_1 t}}{d_1(\lambda_2 - \lambda_1)} \int_{-\infty}^{t} e^{\lambda_1(t-s)}[\beta_1\bar{\phi}(s) + c\bar{\phi}'(s) - d_1\bar{\phi}''(s) - H_1(\phi, \psi)(s)]ds$$

$$\leqslant \frac{(\lambda_1 - \beta_1)e^{-\beta_1 t}}{d_1(\lambda_2 - \lambda_1)} \int_{-\infty}^{t} e^{\lambda_1(t-s)}[\beta_1\bar{\phi}(s) + c\bar{\phi}'(s) - d_1\bar{\phi}''(s) - H_1(\bar{\phi}, \underline{\psi})(s)]ds$$

$$+ \frac{(\lambda_2 - \beta_1)e^{-\beta_1 t}}{d_1(\lambda_2 - \lambda_1)} \int_{-\infty}^{t} e^{\lambda_1(t-s)}[\beta_1\bar{\phi}(s) + c\bar{\phi}'(s) - d_1\bar{\phi}''(s) - H_1(\bar{\phi}, \underline{\psi})(s)]ds$$

$$\leqslant 0. \qquad\qquad\qquad \square$$

附注 2.2.2 ([128])　若 (PQM*) 或 (PQM**) 成立, 则总是可以选择充分大的 $\beta_i > 0$ 使得 $c > 1 - \min\{\beta_1 d_1, \beta_2 d_2\}$ 或 $0 < c < \min\{\beta_1 d_1, \beta_2 d_2\} - 1$.

类似 [238,239] 中的定理 3.1 的证明可得如下引理.

引理 2.2.5 ([128])　假设 (PQM)(或 (PQM*) 或 (PQM**)) 成立. 则 $F : \Sigma \to \Sigma$ 是紧的, 其中 $\Sigma = \Gamma$(或 Γ^* 或 Γ^{**}).

定理 2.2.1 ([128], 存在性)　假设 (A1) 和 (A2) 成立.

(i) 若 (PQM) 成立且系统 (2.51) 存在一对上解 $(\bar{\phi}, \bar{\psi}) \in C_{[\mathbf{0},\mathbf{M}]}(\mathbb{R}, \mathbb{R}^2)$ 和下解 $(\underline{\phi}, \underline{\psi}) \in C_{[\mathbf{0},\mathbf{M}]}(\mathbb{R}, \mathbb{R}^2)$ 满足 (P1)—(P2), 则系统 (2.51) 有解满足 (2.52), 即系统 (2.6) 有连接 $\mathbf{0}$ 和 $\mathbf{K}$ 的行波解.

(ii) 若 (PQM*) 成立且系统 (2.51) 存在一对上解 $(\bar{\phi}, \bar{\psi}) \in C_{[\mathbf{0},\mathbf{M}]}(\mathbb{R}, \mathbb{R}^2)$ 和下解 $(\underline{\phi}, \underline{\psi}) \in C_{[\mathbf{0},\mathbf{M}]}(\mathbb{R}, \mathbb{R}^2)$ 满足 (P1)—(P3), 则对 $c > 1 - \min\{\beta_1 d_1, \beta_2 d_2\}$, 系统 (2.51) 有解满足 (2.52), 即系统 (2.6) 有连接 $\mathbf{0}$ 和 $\mathbf{K}$ 的行波解.

(iii) 若 (PQM**) 成立且系统 (2.51) 存在一对上解 $(\bar{\phi}, \bar{\psi}) \in C_{[\mathbf{0},\mathbf{M}]}(\mathbb{R}, \mathbb{R}^2)$ 和下解 $(\underline{\phi}, \underline{\psi}) \in C_{[\mathbf{0},\mathbf{M}]}(\mathbb{R}, \mathbb{R}^2)$ 满足 (P1)—(P4), 则对 $0 < c < \min\{\beta_1 d_1, \beta_2 d_2\} - 1$, 系统 (2.51) 有解满足 (2.52), 即系统 (2.6) 有连接 $\mathbf{0}$ 和 $\mathbf{K}$ 的行波解.

证明　从引理 2.2.2—引理 2.2.5 知, 由 Schauder 不动点定理知, 存在 $(\phi, \psi) \in \Gamma, \Gamma^*$ 或 Γ^{**}, 它是 (2.51) 的解. 由 (P2) 知, (ϕ, ψ) 满足 (2.52). 即 (2.6) 有连接 $\mathbf{0}$ 和 $\mathbf{K}$ 的行波解. $\qquad \square$

下面给出 (2.51) 的弱上解和弱下解, 它对光滑性要求没那么严格, 所以相对容易构造.

定义 2.2.2 ([128])　函数 $\bar{\Phi} = (\bar{\phi}, \bar{\psi})$ 和 $\underline{\Phi} = (\underline{\phi}, \underline{\psi}) \in C(\mathbb{R}, \mathbb{R}^2)$ 分别称为系统 (2.51) 的弱上解和弱下解, 如果存在常数 $T_i, i = 1, \cdots, m$, 使得 $\bar{\Phi}$ 和 $\underline{\Phi}$ 在

$\mathbb{R} \setminus S, S = \{T_i : i = 1, \cdots, m\}$ 上二次连续可微, 并分别满足

$$\begin{cases} d_1\bar{\phi}''(t) - c\bar{\phi}'(t) + f_1(\bar{\phi}(t), \underline{\psi}(t), (g_1 * \bar{\phi})(t), (g_2 * \underline{\psi})(t)) \leqslant 0, & t \in \mathbb{R} \setminus S, \\ d_2\bar{\psi}''(t) - c\bar{\psi}'(t) + f_2(\bar{\phi}(t), \bar{\psi}(t), (g_3 * \bar{\phi})(t), (g_4 * \bar{\psi})(t)) \leqslant 0, & t \in \mathbb{R} \setminus S \end{cases}$$
(2.57)

和

$$\begin{cases} d_1\underline{\phi}''(t) - c\underline{\phi}'(t) + f_1(\underline{\phi}(t), \bar{\psi}(t), (g_1 * \underline{\phi})(t), (g_2 * \bar{\psi})(t)) \leqslant 0, & t \in \mathbb{R} \setminus S, \\ d_2\underline{\psi}''(t) - c\underline{\psi}'(t) + f_2(\underline{\phi}(t), \underline{\psi}(t), (g_3 * \underline{\phi})(t), (g_4 * \underline{\psi})(t)) \leqslant 0, & t \in \mathbb{R} \setminus S. \end{cases}$$
(2.58)

引理 2.2.6 ([128]) 假设 (PQM)(或 (PQM*) 或 (PQM**)) 成立. 如果系统 (2.51) 的弱上下解 $\bar{\Phi}, \underline{\Phi} \in C_{[\mathbf{0},\mathbf{M}]}(\mathbb{R}, \mathbb{R}^2)$ 满足 (P1)—(P2)(或 (P1)—(P3) 或 (P1)—(P4)), 并且

$$\bar{\phi}'(t^+) \leqslant \bar{\phi}'(t^-), \quad \bar{\psi}'(t^+) \leqslant \bar{\psi}'(t^-), \quad \underline{\phi}'(t^+) \geqslant \underline{\phi}'(t^-), \quad \underline{\psi}'(t^+) \geqslant \underline{\psi}'(t^-), \quad \forall\, t \in \mathbb{R}.$$
(2.59)

那么 $(F_1(\bar{\phi}, \underline{\psi}), F_2(\bar{\phi}, \bar{\psi}))$ 和 $(F_1(\underline{\phi}, \bar{\psi}), F_2(\underline{\phi}, \underline{\psi})) \in C_{[\mathbf{0},\mathbf{M}]}(\mathbb{R}, \mathbb{R}^2)$ 是系统 (2.51) 的上解和下解, 且对于 (PQM), (PQM*) 和 (PQM**) 分别满足 (P1)—(P2), (P1)—(P3) 和 (P1)—(P4).

证明 类似于文 [132] 中的引理 3.9、文 [147] 中的引理 2.5 和文 [247] 中的证明, 可知 $(F_1(\bar{\phi}, \underline{\psi}), F_2(\bar{\phi}, \bar{\psi}))$ 和 $(F_1(\underline{\phi}, \bar{\psi}), F_2(\underline{\phi}, \underline{\psi})) \in C_{[\mathbf{0},\mathbf{M}]}(\mathbb{R}, \mathbb{R}^2)$ 是 (2.51) 的上解和下解且

$$\underline{\Phi} \leqslant (F_1(\underline{\phi}, \bar{\psi}), F_2(\underline{\phi}, \underline{\psi})) \leqslant (F_1(\bar{\phi}, \underline{\psi}), F_2(\bar{\phi}, \bar{\psi})) \leqslant \bar{\Phi}.$$

利用洛必达法则和类似于引理 2.2.4 的讨论, 可得对于 (PQM), (PQM*) 和 (PQM**), $(F_1(\underline{\phi}, \bar{\psi})(t), F_2(\underline{\phi}, \underline{\psi})(t))$ 和 $(F_1(\bar{\phi}, \underline{\psi})(t), F_2(\bar{\phi}, \bar{\psi})(t))$ 分别满足 (P1)—(P2), (P1)—(P3) 和 (P1)—(P4). $\qquad\square$

结合引理 2.2.6 和定理 2.2.1, 有如下结果.

定理 2.2.2 ([128], 存在性) 假设 (A1) 和 (A2) 成立.

(i) 若 (PQM) 成立且系统 (2.51) 存在一对弱上解 $(\bar{\phi}, \bar{\psi}) \in C_{[\mathbf{0},\mathbf{M}]}(\mathbb{R}, \mathbb{R}^2)$ 和弱下解 $(\underline{\phi}, \underline{\psi}) \in C_{[\mathbf{0},\mathbf{M}]}(\mathbb{R}, \mathbb{R}^2)$ 满足 (P1)—(P2) 和 (2.59), 则系统 (2.51) 有解满足 (2.52), 即系统 (2.6) 有连接 **0** 和 **K** 的行波解.

(ii) 若 (PQM*) 成立且系统 (2.51) 存在一对弱上解 $(\bar{\phi}, \bar{\psi}) \in C_{[\mathbf{0},\mathbf{M}]}(\mathbb{R}, \mathbb{R}^2)$ 和弱下解 $(\underline{\phi}, \underline{\psi}) \in C_{[\mathbf{0},\mathbf{M}]}(\mathbb{R}, \mathbb{R}^2)$ 满足 (P1)—(P3) 和 (2.59), 则对 $c > 1 -$

$\min\{\beta_1 d_1, \beta_2 d_2\}$, 系统 (2.51) 有解满足 (2.52), 即系统 (2.6) 有连接 $\mathbf{0}$ 和 $\mathbf{K}$ 的行波解.

(iii) 若 (PQM**) 成立且系统 (2.51) 存在一对弱上解 $(\bar{\phi}, \bar{\psi}) \in C_{[\mathbf{0}, \mathbf{M}]}(\mathbb{R}, \mathbb{R}^2)$ 和弱下解 $(\underline{\phi}, \underline{\psi}) \in C_{[\mathbf{0}, \mathbf{M}]}(\mathbb{R}, \mathbb{R}^2)$ 满足 (P1)—(P4) 和 (2.59), 则对 $0 < c < \min\{\beta_1 d_1, \beta_2 d_2\} - 1$, 系统 (2.51) 有解满足 (2.52), 即系统 (2.6) 有连接 $\mathbf{0}$ 和 $\mathbf{K}$ 的行波解.

附注 2.2.3 ([128])　从定理 2.2.2 知, 对于 (PQM), (PQM*) 和 (PQM**), 系统 (2.6) 连接 $\mathbf{0}$ 和 $\mathbf{K}$ 的行波解的存在性归结为系统 (2.51) 的一对分别满足 (P1)—(P2), (P1)—(P3) 和 (P1)—(P4) 的弱上下解的存在性.

附注 2.2.4 ([128])　因为 f_1 不满足拟单调条件, 易知引理 2.2.1 得到的迭代序列可能没有单调性, 因此我们的结果并不能保证定理 2.2.2 中得到的 (2.6) 的行波解的单调性.

2.2.2　非局部时滞扩散竞争合作系统的行波解的存在性

本节选择不同的核函数研究系统 (2.3) 的行波解. 对应的波系统是

$$\begin{cases} d_1\phi''(t) - c\phi'(t) + r_1\phi(t)[1 - a_1(g_1 * \phi)(t) - b_1(g_2 * \psi)(t)] = 0, \\ d_2\psi''(t) - c\psi'(t) + r_2\psi(t)[1 + b_2(g_3 * \phi)(t) - a_2(g_4 * \psi)(t)] = 0, \end{cases} \tag{2.60}$$

其中 $(g_j * \varphi)(t) = \int_0^\infty \int_{-\infty}^\infty g_j(y,s)\varphi(t - y - cs)dyds, j = 1, 2, 3, 4.$

系统 (2.3) 有四个平衡点 $\mathbf{0} = (0,0)$, $\left(\dfrac{1}{a_1}, 0\right)$, $\left(0, \dfrac{1}{a_2}\right)$, $\mathbf{K} = (k_1, k_2)$, 其中当

$$a_2 > b_1 \tag{2.61}$$

时,

$$k_1 = \frac{a_2 - b_1}{a_1 a_2 + b_1 b_2} > 0, \quad k_2 = \frac{a_1 + b_2}{a_1 a_2 + b_1 b_2} > 0.$$

考虑 (2.60) 满足渐近边界条件

$$\lim_{t \to -\infty} (\phi(t), \psi(t)) = \mathbf{0}, \quad \lim_{t \to +\infty} (\phi(t), \psi(t)) = \mathbf{K}$$

的解. 记 $f = (f_1, f_2)$ 为

$$\begin{cases} f_1(\phi(t), \psi(t), (g_1 * \phi)(t), (g_2 * \psi)(t)) = r_1\phi(t)[1 - a_1(g_1 * \phi)(t) - b_1(g_2 * \psi)(t)], \\ f_2(\phi(t), \psi(t), (g_3 * \phi)(t), (g_4 * \psi)(t)) = r_2\psi(t)[1 + b_2(g_3 * \phi)(t) - a_2(g_4 * \psi)(t)]. \end{cases}$$

显然, (A1) 和 (A2) 成立.

情形 (i) $g_j(x,t) = \dfrac{1}{\tau_j} e^{-\frac{t}{\tau_j}} \delta(x), \tau_j > 0,$

$$(g_j * \varphi)(t) = \int_0^\infty \frac{1}{\tau_j} e^{-\frac{s}{\tau_j}} \varphi(t - cs)ds, \quad j = 1,2,3,4.$$

引理 2.2.7 ([128]) 对于充分小的 τ_1, τ_4, f 满足 (PQM*).

证明 令 $\Phi = (\phi_1, \phi_2), \Psi = (\psi_1, \psi_2) \in C(\mathbb{R}, \mathbb{R}^2)$ 满足 (i) $\mathbf{0} \leqslant \Psi \leqslant \Phi \leqslant \mathbf{M}$ 和 (ii) $e^{\beta_1 t}[\phi_1(t) - \phi_2(t)]$ 和 $e^{\beta_2 t}[\psi_1(t) - \psi_2(t)]$ 在 $\mathbb{R}$ 上递增. 易知对任意 $s \in \mathbb{R}$, $e^{\beta_1 t}[\phi_1(t+s) - \phi_2(t+s)]$ 和 $e^{\beta_2 t}[\psi_1(t+s) - \psi_2(t+s)]$ 在 $\mathbb{R}$ 上递增. 选择 $\beta_1 > 0, \beta_2 > 0$ 满足 $\beta_1 > r_1(3a_1M_1 + b_1M_2 - 1), \beta_2 > r_2(3a_2M_2 - 1)$, 对于充分小的 τ_1, τ_4 满足 $1 - \beta_1 c\tau_1 \geqslant \dfrac{1}{2}, 1 - \beta_2 c\tau_4 \geqslant \dfrac{1}{2}$, 有

$$
\begin{aligned}
(g_1 * (\phi_1 - \phi_2))(t) &= \int_0^\infty \frac{1}{\tau_1} e^{-\frac{s}{\tau_1}} [\phi_1(t-cs) - \phi_2(t-cs)]ds \\
&= \int_0^\infty \frac{1}{\tau_1} e^{-\frac{s}{\tau_1}} e^{\beta_1 cs}[e^{-\beta_1 cs}(\phi_1(t-cs) - \phi_2(t-cs))]ds \\
&\leqslant [\phi_1(t) - \phi_2(t)] \int_0^\infty \frac{1}{\tau_1} e^{-\frac{s}{\tau_1}} e^{\beta_1 cs} ds \\
&= \frac{\phi_1(t) - \phi_2(t)}{1 - \beta_1 c\tau_1} \\
&\leqslant 2[\phi_1(t) - \phi_2(t)],
\end{aligned}
$$

因此有

$$
\begin{aligned}
&f_1(\phi_1(t), \psi_1(t), (g_1 * \phi_1)(t), (g_2 * \psi_1)(t)) \\
&\quad - f_1(\phi_2(t); \psi_1(t), (g_1 * \phi_2)(t), (g_2 * \psi_1)(t)) \\
&= r_1\{[1 - a_1(g_1 * \phi_1)(t) - b_1(g_2 * \psi_1)(t)][\phi_1(t) - \phi_2(t)] \\
&\quad - a_1\phi_2(t)(g_1 * (\phi_1 - \phi_2))(t)\} \\
&\geqslant r_1\{(1 - a_1M_1 - b_1M_2)[\phi_1(t) - \phi_2(t)] - a_1M_1(g_1 * (\phi_1 - \phi_2))(t)\} \\
&\geqslant -r_1(3a_1M_1 + b_1M_2 - 1)[\phi_1(t) - \phi_2(t)] \\
&\geqslant -\beta_1[\phi_1(t) - \phi_2(t)]
\end{aligned}
$$

和

$$f_1(\phi_1(t), \psi_1(t), (g_1 * \phi_1)(t), (g_2 * \psi_1)(t))$$

$$-f_1(\phi_1(t), \psi_2(t), (g_1 * \phi_1)(t), (g_2 * \psi_2)(t))$$

$$= r_1 \phi_1(t) \phi_2(t)(g_2 * (\psi_1 - \psi_2))(t) \leqslant 0.$$

类似于 $(g_1 * (\phi_1 - \phi_2))(t)$ 的估计, 有 $(g_4 * (\psi_1 - \psi_2))(t) \leqslant 2[\psi_1(t) - \psi_2(t)]$. 因此

$$f_2(\phi_1(t), \psi_1(t), (g_3 * \phi_1)(t), (g_4 * \psi_1)(t))$$

$$-f_2(\phi_2(t), \psi_2(t), (g_3 * \phi_2)(t), (g_4 * \psi_2)(t))$$

$$= r_2\{[1 - a_2(g_4 * \psi_1)(t)][\psi_1(t) - \psi_2(t)] - a_2 \psi_2(t)(g_4 * (\psi_1 - \psi_2))(t)$$

$$+ b_2(g_3 * \phi_1)(t)[\psi_1(t) - \psi_2(t)] + b_2 \psi_2(t)(g_3 * (\phi_1 - \phi_2))(t)\}$$

$$\geqslant r_2\{(1 - a_2 M_2)[\psi_1(t) - \psi_2(t)] - a_2 M_2(g_4 * (\psi_1 - \psi_2))(t)\}$$

$$\geqslant -r_2(3a_2 M_2 - 1)[\psi_1(t) - \psi_2(t)]$$

$$\geqslant -\beta_2[\psi_1(t) - \psi_2(t)].$$

$\hfill\square$

下面构造 (2.60) 的弱上下解满足定理 2.2.2 的假设. 此后总是假设

$$a_1 k_1 > b_1 k_2. \tag{2.62}$$

注意到 (2.62) 等价于 $a_1 a_2 - 2a_1 b_1 - b_1 b_2 > 0$, 这蕴含着 (2.61).

取 $c > \max\{2\sqrt{d_1 r_1}, 2\sqrt{d_2 r_2}\}$, 则 $d_1 \lambda^2 - c\lambda + r_1 = 0$ 的根 λ_1, λ_3 和 $d_2 \lambda^2 - c\lambda + r_2 = 0$ 的根 λ_2, λ_4 均是正的, 其中

$$\lambda_1 = \frac{c - \sqrt{c^2 - 4d_1 r_1}}{2d_1} > 0, \quad \lambda_2 = \frac{c - \sqrt{c^2 - 4d_2 r_2}}{2d_2} > 0,$$

$$\lambda_3 = \frac{c + \sqrt{c^2 - 4d_1 r_1}}{2d_1} > 0, \quad \lambda_4 = \frac{c + \sqrt{c^2 - 4d_2 r_2}}{2d_2} > 0.$$

令 $h_i(t) = e^{\lambda_i t} - q e^{\eta \lambda_i t}, i = 1, 2$, 其中 $\eta \in \left(1, \min\left\{2, \dfrac{\lambda_3}{\lambda_1}, \dfrac{\lambda_4}{\lambda_2}, \dfrac{\lambda_1 + \lambda_2}{\lambda_1}\right\}\right), q > 0$ 充分大. 易计算 $h_i(t)$ 在 $t_i = t_i(q) = -\dfrac{1}{(\eta - 1)\lambda_i} \ln q\eta < 0$ 点达到唯一全局极大值 $\varrho_i = \varrho_i(q) > 0$, 并且在 $t_i^* = t_i^*(q) = -\dfrac{1}{(\eta - 1)\lambda_i} \ln q < 0, i = 1, 2$ 点达到唯一的零点. 进一步,

$$t_i < t_i^* \quad \text{和} \quad \lim_{q \to \infty} \varrho_i(q) = \lim_{q \to \infty} e^{\lambda_i t_i(q)} = \lim_{q \to \infty} q e^{\eta \lambda_i t_i(q)} = 0, \quad i = 1, 2.$$

则对于任意给定的 $\lambda > 0$, 存在 $\varepsilon_i = \varepsilon_i(\lambda) > 0$ 使得

$$k_i - k_i(1 - \varepsilon_i)e^{-\lambda t_i} = \varrho_i k_i, \quad i = 1, 2.$$

易知 $\lim\limits_{\lambda \to 0} \varepsilon_i(\lambda) = \varrho_i, i = 1, 2$. 显然, 对于充分小的 λ 和充分大的 q,

$$0 < \max\{\varepsilon_1, \varepsilon_2\} \ll \min\left\{1, \frac{1}{a_2 k_2}, \frac{a_1 k_1 - b_1 k_2}{a_1 k_1}\right\}.$$

定义如下连续函数

$$\bar{\phi}(t) = \begin{cases} k_1 e^{\lambda_1 t}, & t \leqslant t_3, \\ k_1 + k_1 e^{-\lambda t}, & t > t_3, \end{cases} \qquad \bar{\psi}(t) = \begin{cases} k_2(e^{\lambda_2 t} + q e^{\eta \lambda_2 t}), & t \leqslant t_4, \\ k_2 + k_2 e^{-\lambda t}, & t > t_4, \end{cases} \tag{2.63}$$

$$\begin{cases} \underline{\phi}(t) = \begin{cases} k_1(e^{\lambda_1 t} - q e^{\eta \lambda_1 t}), & t \leqslant t_1, \\ k_1 - k_1(1 - \varepsilon_1)e^{-\lambda t}, & t > t_1, \end{cases} \\ \underline{\psi}(t) = \begin{cases} k_2(e^{\lambda_2 t} - q e^{\eta \lambda_2 t}), & t \leqslant t_2, \\ k_2 - k_2(1 - \varepsilon_2)e^{-\lambda t}, & t > t_2, \end{cases} \end{cases} \tag{2.64}$$

其中 $\lambda > 0$ 充分小, $q > 0$ 充分大. 易知 $\bar{\phi}(t) > \underline{\phi}(t), \bar{\psi}(t) > \underline{\psi}(t)$ 和 $M_1 := \sup\limits_{t \in \mathbb{R}} \bar{\phi}(t) > k_1, M_2 := \sup\limits_{t \in \mathbb{R}} \bar{\psi}(t) > k_2, \bar{\phi}(t), \bar{\psi}(t), \underline{\phi}(t)$ 和 $\underline{\psi}(t)$ 满足 (P1), (P2), (2.59) 且对于充分小的 λ 和充分大的 q,

$$\max\{t_1, t_2, t_1^*, t_2^*\} \ll t_4 \ll 0 < t_3. \tag{2.65}$$

令 $\Delta_j(\lambda, c) := d_j \lambda^2 - c\lambda + r_j$, 则 $\Delta_j(\lambda_j, c) = 0$ 和 $\Delta_j(\eta\lambda_j, c) < 0, j = 1, 2$.

引理 2.2.8 ([128]) 令 (2.62) 成立. 如果 τ_1, τ_4 充分小, 那么 $\bar{\Phi}(t) = (\bar{\phi}(t), \bar{\psi}(t))$ 和 $\underline{\Phi}(t) = (\underline{\phi}(t), \underline{\psi}(t))$ 分别是 (2.60) 的弱上解和弱下解.

证明 对于 $\bar{\phi}(t)$, 需证两种情况.

(i) 对于 $t \leqslant t_3$, 有

$$d_1 \bar{\phi}''(t) - c\bar{\phi}'(t) + r_1 \bar{\phi}(t)[1 - a_1(g_1 * \bar{\phi})(t) - b_1(g_2 * \underline{\psi})(t)]$$
$$\leqslant d_1 \bar{\phi}''(t) - c\bar{\phi}'(t) + r_1 \bar{\phi}(t) = k_1 e^{\lambda_1 t} \Delta_1(\lambda_1, c) = 0.$$

(ii) 对于 $t > t_3$, 因为对于充分小的 $\lambda \leqslant \min\{1/c\tau_1, 1/c\tau_2\}$ 和 $t_2 < 0$, 有 $e^{-\frac{t-t_3}{c\tau_1}} \leqslant e^{-\lambda(t-t_3)}$ 和 $e^{-\frac{t-t_2}{c\tau_2}} \leqslant e^{-\lambda(t-t_2)} \leqslant e^{-\lambda t}$, 所以

$$(g_1 * \bar{\phi})(t)$$
$$= \int_0^{\frac{t-t_3}{c}} \frac{1}{\tau_1} e^{-\frac{s}{\tau_1}} (k_1 + k_1 e^{-\lambda(t-cs)}) ds + \int_{\frac{t-t_3}{c}}^{\infty} \frac{1}{\tau_1} e^{-\frac{s}{\tau_1}} k_1 e^{\lambda_1(t-cs)} ds$$

$$= k_1 + \frac{k_1}{1 - \lambda c \tau_1} e^{-\lambda t} + \left(\frac{k_1 e^{\lambda_1 t_3}}{1 + \lambda_1 c \tau_1} - k_1 - \frac{k_1 e^{-\lambda t_3}}{1 - \lambda c \tau_1} \right) e^{-\frac{t - t_3}{c \tau_1}}$$

$$\geqslant k_1 + \frac{k_1}{1 - \lambda c \tau_1} e^{-\lambda t} - \left| \frac{k_1 e^{\lambda_1 t_3}}{1 + \lambda_1 c \tau_1} - k_1 - \frac{k_1 e^{-\lambda t_3}}{1 - \lambda c \tau_1} \right| e^{\lambda t_3} e^{-\lambda t}$$

$$:= k_1 + \frac{k_1}{1 - \lambda c \tau_1} e^{-\lambda t} - B_1(\tau_1) e^{-\lambda t}$$

和

$$(g_2 * \underline{\psi})(t)$$

$$= \int_0^{\frac{t - t_2}{c}} \frac{1}{\tau_2} e^{-\frac{s}{\tau_2}} [k_2 - k_2(1 - \varepsilon_2) e^{-\lambda(t - cs)}] ds$$

$$+ \int_{\frac{t - t_2}{c}}^{\infty} \frac{1}{\tau_2} e^{-\frac{s}{\tau_2}} k_2 (e^{\lambda_2(t - cs)} - q e^{\eta \lambda_2(t - cs)}) ds$$

$$= k_2 - \frac{k_2(1 - \varepsilon_2) e^{-\lambda t}}{1 - \lambda c \tau_2}$$

$$+ \left(\frac{k_2 e^{\lambda_2 t_2}}{1 + \lambda_2 c \tau_2} - \frac{k_2 q e^{\eta \lambda_2 t_2}}{1 + \eta \lambda_2 c \tau_2} - k_2 + \frac{k_2(1 - \varepsilon_2) e^{-\lambda t_2}}{1 - \lambda c \tau_2} \right) e^{-\frac{t - t_2}{c \tau_2}}$$

$$\geqslant k_2 - \frac{k_2(1 - \varepsilon_2) e^{-\lambda t}}{1 - \lambda c \tau_2} - \left| \frac{k_2 e^{\lambda_2 t_2}}{1 + \lambda_2 c \tau_2} - \frac{k_2 q e^{\eta \lambda_2 t_2}}{1 + \eta \lambda_2 c \tau_2} - k_2 + \frac{k_2(1 - \varepsilon_2) e^{-\lambda t_2}}{1 - \lambda c \tau_2} \right| e^{-\lambda t}$$

$$:= k_2 - \frac{k_2(1 - \varepsilon_2) e^{-\lambda t}}{1 - \lambda c \tau_2} - A_1(\lambda, q, \tau_2) e^{-\lambda t}.$$

因此

$$d_1 \bar{\phi}''(t) - c \bar{\phi}'(t) + r_1 \bar{\phi}(t)[1 - a_1(g_1 * \bar{\phi})(t) - b_1(g_2 * \underline{\psi})(t)]$$

$$\leqslant e^{-\lambda t} \{ k_1(d_1 \lambda^2 + c \lambda) + r_1(k_1 + k_1 e^{-\lambda t}) Q_1(\lambda) \}$$

$$= e^{-\lambda t} \{ k_1(d_1 \lambda^2 + c \lambda) + r_1 k_1 Q_1(\lambda) + r_1 k_1 Q_1(\lambda) e^{-\lambda t} \}$$

$$:= e^{-\lambda t} [I_1(\lambda) + r_1 k_1 Q_1(\lambda) e^{-\lambda t}],$$

其中 $Q_1(\lambda) = \dfrac{b_1 k_2(1 - \varepsilon_2)}{1 - \lambda c \tau_2} + b_1 A_1(\lambda, q, \tau_2) - \dfrac{a_1 k_1}{1 - \lambda c \tau_1} + a_1 B_1(\tau_1)$. 则 (2.62)，$B_1(0) = 0$ 和 $A_1(\lambda, \infty, \tau_2) = 0$ 蕴含着，当 τ_1 充分小时，对于充分大的 q，有

$$I_1(0) = r_1 k_1 Q_1(0) = r_1 k_1 [b_1 k_2 - a_1 k_1 - b_1 k_2 \varepsilon_2 + b_1 A_1(0, q, \tau_2) + a_1 B_1(\tau_1)] < 0,$$

其中 $A_1(\lambda, \infty, \tau_2)$ 表示 $\lim\limits_{q \to \infty} A_1(\lambda, q, \tau_2)$. 为了简便，我们总是用类似的符号. 因此，选择 λ 充分小和 q 充分大使得对于充分小的 τ_1，有 $I_1(\lambda) < 0$ 和 $Q_1(\lambda) < 0$.

对于 $\bar{\psi}(t)$, 也需证两种情况.

(i) 对于 $t \leqslant t_4 < 0$, 由于 $(g_4 * \bar{\psi})(t) \geqslant 0$ 和

$$(g_3 * \bar{\phi})(t) \leqslant \int_0^\infty \frac{1}{\tau_3} e^{-\frac{s}{\tau_3}} k_1 e^{\lambda_1(t-cs)} ds = \frac{k_1 e^{\lambda_1 t}}{1 + \lambda_1 c\tau_3} \leqslant k_1 e^{\lambda_1 t},$$

所以

$$d_2 \bar{\psi}''(t) - c\bar{\psi}'(t) + r_2 \bar{\psi}(t)[1 + b_2(g_3 * \bar{\phi})(t) - a_2(g_4 * \bar{\psi})(t)]$$
$$\leqslant d_2 \bar{\psi}''(t) - c\bar{\psi}'(t) + r_2 \bar{\psi}(t)[1 + b_2(g_3 * \bar{\phi})(t)]$$
$$\leqslant k_2 e^{\eta\lambda_2 t} \left\{ q\Delta_2(\eta\lambda_2, c) + r_2 b_2 k_1 \left[e^{(\frac{\lambda_1+\lambda_2}{\lambda_1} - \eta)\lambda_1 t} + q e^{\lambda_1 t} \right] \right\} \leqslant 0.$$

最后不等式成立是因为对于充分大的 $q > 0$, $t_4(q) < 0$ 充分小.

(ii) 对于 $t > t_4$, 有

$$(g_3 * \bar{\phi})(t) \leqslant \int_0^\infty \frac{1}{\tau_3} e^{-\frac{s}{\tau_3}} (k_1 + k_1 e^{-\lambda(t-cs)}) ds = k_1 + \frac{k_1 e^{-\lambda t}}{1 - \lambda c\tau_3},$$

类似于 $(g_1 * \bar{\phi})(t)$ 的估计, 也有

$$(g_4 * \bar{\psi})(t) \geqslant k_2 + \frac{k_2}{1 - \lambda c\tau_4} e^{-\lambda t} - B_2(\tau_4) e^{-\lambda t},$$

其中由 $t_4 < 0$ 知, $B_2(\tau_4) := \left| \dfrac{k_2 e^{\lambda_2 t_4}}{1 + \lambda_2 c\tau_4} + \dfrac{k_2 q e^{\eta\lambda_2 t_4}}{1 + \eta\lambda_2 c\tau_4} - k_2 - \dfrac{k_2 e^{-\lambda t_4}}{1 - \lambda c\tau_4} \right|$. 因此

$$d_2 \bar{\psi}''(t) - c\bar{\psi}'(t) + r_2 \bar{\psi}(t)[1 + b_2(g_3 * \bar{\phi})(t) - a_2(g_4 * \bar{\psi})(t)]$$
$$\leqslant e^{-\lambda t} \{ k_2(d_2\lambda^2 + c\lambda) + r_2(k_2 + k_2 e^{-\lambda t}) Q_2(\lambda) \}$$
$$= e^{-\lambda t} \{ k_2(d_2\lambda^2 + c\lambda) + r_2 k_2 Q_2(\lambda) + r_2 k_2 Q_2(\lambda) e^{-\lambda t} \}$$
$$:= e^{-\lambda t} [I_2(\lambda) + r_2 k_2 Q_2(\lambda) e^{-\lambda t}],$$

其中 $Q_2(\lambda) = \dfrac{b_2 k_1}{1 - \lambda c\tau_3} - \dfrac{a_2 k_2}{1 + \lambda_1 c\tau_4} + a_2 B_2(\tau_4)$. 则 $a_2 k_2 - b_2 k_1 = 1$ 和 $B_2(0) = 0$ 蕴含着对于充分小的 τ_4,

$$I_2(0) = r_2 k_2 Q_2(0) = r_2 k_2 \left[b_2 k_1 - \frac{a_2 k_2}{1 + \lambda_1 c\tau_4} + a_2 B_2(\tau_4) \right] < 0.$$

因此, 可选择充分小的 λ 使得对充分小的 τ_4, 有 $I_2(\lambda) < 0$ 和 $Q_2(\lambda) < 0$.

对于 $\underline{\phi}(t)$, 需证两种情况.

(i) 对于 $t \leqslant t_1 < 0$, 由于

$$(g_1 * \underline{\phi})(t) \leqslant \int_0^\infty \frac{1}{\tau_1} e^{-\frac{s}{\tau_1}} k_1 e^{\lambda_1(t-cs)} ds = \frac{k_1 e^{\lambda_1 t}}{1 + \lambda_1 c \tau_1} \leqslant k_1 e^{\lambda_1 t},$$

$$(g_2 * \bar{\psi})(t) \leqslant \int_0^\infty \frac{1}{\tau_2} e^{-\frac{s}{\tau_2}} k_2 (e^{\lambda_2(t-cs)} + q e^{\eta \lambda_2(t-cs)}) ds$$

$$= \frac{k_2 e^{\lambda_2 t}}{1 + \lambda_2 c \tau_2} + \frac{k_2 q e^{\eta \lambda_2 t}}{1 + \eta \lambda_2 c \tau_2} \leqslant k_2 (e^{\lambda_2 t} + q e^{\eta \lambda_2 t}),$$

所以

$$d_1 \underline{\phi}''(t) - c \underline{\phi}'(t) + r_1 \underline{\phi}(t)[1 - a_1(g_1 * \underline{\phi})(t) - b_1(g_2 * \bar{\psi})(t)]$$

$$\geqslant -k_1 q e^{\eta \lambda_1 t} \Delta_1(\eta \lambda_1, c) + r_1 k_1 (e^{\lambda_1 t} - q e^{\eta \lambda_1 t})[-a_1 k_1 e^{\lambda_1 t} - b_1 k_2 (e^{\lambda_2 t} + q e^{\eta \lambda_2 t})]$$

$$\geqslant -k_1 e^{\eta \lambda_1 t} \left\{ q \Delta_1(\eta \lambda_1, c) \right.$$

$$\left. + r_1 \left[a_1 k_1 e^{(2-\eta)\lambda_1 t} + b_1 k_2 \left(e^{(\frac{\lambda_1 + \lambda_2}{\lambda_1} - \eta)\lambda_1 t} + q e^{(\lambda_1 + \eta(\lambda_2 - \lambda_1))t} \right) \right] \right\}$$

$$\geqslant 0.$$

最后不等式成立是因为对于充分大的 $q > 0$, $t_1(q) < 0$ 充分小.

(ii) 对于 $t > t_1$, 有

$$(g_2 * \bar{\psi})(t) \leqslant \int_0^\infty \frac{1}{\tau_2} e^{-\frac{s}{\tau_2}} (k_2 + k_2 e^{-\lambda(t-cs)}) ds = k_2 + \frac{k_2 e^{-\lambda t}}{1 - \lambda c \tau_2},$$

且对于充分小的 $\lambda \leqslant 1/c\tau_1$ 和 $t_1 < 0$, 有 $e^{-\frac{t-t_1}{c\tau_1}} \leqslant e^{-\lambda(t-t_1)} \leqslant e^{-\lambda t}$, 所以

$$(g_1 * \underline{\phi})(t)$$

$$= \int_0^{\frac{t-t_1}{c}} \frac{1}{\tau_1} e^{-\frac{s}{\tau_1}} [k_1 - k_1(1-\varepsilon_1)e^{-\lambda(t-cs)}] ds$$

$$+ \int_{\frac{t-t_1}{c}}^\infty \frac{1}{\tau_1} e^{-\frac{s}{\tau_1}} 2k_1 (e^{\lambda_1(t-cs)} - q e^{\eta \lambda_1(t-cs)}) ds$$

$$= k_1 - \frac{k_1(1-\varepsilon_1)e^{-\lambda t}}{1 - \lambda c \tau_1}$$

$$+ \left(\frac{k_1 e^{\lambda_1 t_1}}{1 + \lambda_1 c \tau_1} - \frac{k_1 q e^{\eta \lambda_1 t_1}}{1 + \eta \lambda_1 c \tau_1} - k_1 + \frac{k_1(1-\varepsilon_1)e^{-\lambda t_1}}{1 - \lambda c \tau_1} \right) e^{-\frac{t-t_1}{c\tau_1}}$$

$$\leqslant k_1 - \frac{k_1(1-\varepsilon_1)e^{-\lambda t}}{1-\lambda c\tau_1} + \left|\frac{k_1 e^{\lambda_1 t_1}}{1+\lambda_1 c\tau_1} - \frac{k_1 q e^{\eta\lambda_1 t_1}}{1+\eta\lambda_1 c\tau_1} - k_1 + \frac{k_1(1-\varepsilon_1)e^{-\lambda t_1}}{1-\lambda c\tau_1}\right| e^{-\lambda t}$$

$$:= k_1 - \frac{k_1(1-\varepsilon_1)e^{-\lambda t}}{1-\lambda c\tau_1} + A_2(\lambda, q, \tau_1)e^{-\lambda t}.$$

因此

$$d_1\underline{\phi}''(t) - c\underline{\phi}'(t) + r_1\underline{\phi}(t)[1 - a_1(g_1 * \underline{\phi})(t) - b_1(g_2 * \bar{\psi})(t)]$$

$$\geqslant e^{-\lambda t}\{-k_1(1-\varepsilon_1)(d_1\lambda^2 + c\lambda) + r_1[k_1 - k_1(1-\varepsilon_1)e^{-\lambda t}]Q_3(\lambda)\}$$

$$\geqslant e^{-\lambda t}\{-k_1(1-\varepsilon_1)(d_1\lambda^2 + c\lambda) + r_1\varrho_1 k_1 Q_3(\lambda)\} := e^{-\lambda t}I_3(\lambda),$$

其中 $Q_3(\lambda) = \dfrac{a_1 k_1(1-\varepsilon_1)}{1-\lambda c\tau_1} - \dfrac{b_1 k_2}{1-\lambda c\tau_2} - a_1 A_2(\lambda, q, \tau_1)$. 显然 (2.62), $\varepsilon_1 < \dfrac{a_1 k_1 - b_1 k_2}{a_1 k_1}$ 和 $A_2(\lambda, q, 0) = 0$ 蕴含着对充分小的 τ_1,

$$I_3(0) = r_1\varrho_1 k_1[a_1 k_1 - b_1 k_2 - a_1 k_1 \varepsilon_1 - A_2(0, q, \tau_1)] > 0.$$

因此, 可选择充分小的 λ 使得对充分小的 τ_1, 有 $I_3(\lambda) > 0$.

对于 $\underline{\psi}(t)$, 也需证两种情况.

(i) 对于 $t \leqslant t_2 < 0$, 因为 $(g_3 * \underline{\phi})(t) \geqslant 0$ 和

$$(g_4 * \underline{\psi})(t) \leqslant \int_0^{\infty} \frac{1}{\tau_4} e^{-\frac{s}{\tau_4}} k_2 e^{\lambda_2(t-cs)} ds = \frac{k_2 e^{\lambda_2 t}}{1+\lambda_2 c\tau_4} \leqslant k_2 e^{\lambda_2 t},$$

所以

$$d_2\underline{\psi}''(t) - c\underline{\psi}'(t) + r_2\underline{\psi}(t)[1 + b_2(g_3 * \underline{\phi})(t) - a_2(g_4 * \underline{\psi})(t)]$$

$$\geqslant d_2\underline{\psi}''(t) - c\underline{\psi}'(t) + r_2\underline{\psi}(t)[1 - a_2(g_4 * \underline{\psi})(t)]$$

$$\geqslant -k_2 e^{\eta\lambda_2 t}[q\Delta_2(\eta\lambda_2, c) + r_2 a_2 k_2 e^{(2-\eta)\lambda_2 t}] \geqslant 0.$$

最后不等式成立是因为对于充分大的 $q > 0$, $t_2(q) < 0$ 充分小.

(ii) 对于 $t > t_2$, 类似于 $(g_2 * \underline{\psi})(t)$ 的估计, 有

$$(g_3 * \underline{\phi})(t) \geqslant k_1 - \frac{k_1(1-\varepsilon_1)e^{-\lambda t}}{1-\lambda c\tau_3} - A_3(\lambda, q, \tau_3)e^{-\lambda t},$$

且类似于 $(g_1 * \underline{\phi})(t)$ 的估计, 也有

$$(g_4 * \underline{\psi})(t) \leqslant k_2 - \frac{k_2(1-\varepsilon_2)e^{-\lambda t}}{1-\lambda c\tau_4} + A_4(\lambda, q, \tau_4)e^{-\lambda t},$$

其中

$$A_3(\lambda, q, \tau_3) = \left| \frac{k_1 e^{\lambda_1 t_1}}{1 + \lambda_1 c\tau_3} - \frac{k_1 q e^{\eta\lambda_1 t_1}}{1 + \eta\lambda_1 c\tau_3} - k_1 + \frac{k_1(1 - \varepsilon_1)e^{-\lambda t_1}}{1 - \lambda c\tau_3} \right|,$$

$$A_4(\lambda, q, \tau_4) = \left| \frac{k_2 e^{\lambda_2 t_2}}{1 + \lambda_2 c\tau_4} - \frac{k_2 q e^{\eta\lambda_2 t_2}}{1 + \eta\lambda_2 c\tau_4} - k_2 + \frac{k_2(1 - \varepsilon_2)e^{-\lambda t_2}}{1 - \lambda c\tau_4} \right|.$$

因此

$$d_2\underline{\psi}''(t) - c\underline{\psi}'(t) + r_2\underline{\psi}(t)[1 + b_2(g_3 * \underline{\phi})(t) - a_2(g_4 * \underline{\psi})(t)]$$
$$\geqslant e^{-\lambda t}\{-k_2(1 - \varepsilon_2)(d_2\lambda^2 + c\lambda) + r_2[k_2 - k_2(1 - \varepsilon_2)e^{-\lambda t}]Q_4(\lambda)\}$$
$$\geqslant e^{-\lambda t}\{-k_2(1 - \varepsilon_2)(d_2\lambda^2 + c\lambda) + r_2\varrho_2 k_2 Q_4(\lambda)\} := e^{-\lambda t}I_4(\lambda),$$

其中 $Q_4(\lambda) = \dfrac{a_2 k_2(1 - \varepsilon_2)}{1 - \lambda c\tau_4} - \dfrac{b_2 k_1(1 - \varepsilon_1)}{1 - \lambda c\tau_3} - b_2 A_3(\lambda, q, \tau_3) - a_2 A_4(\lambda, q, \tau_4)$. 显然

由 $a_2 k_2 - b_2 k_1 = 1, \varepsilon_2 < \dfrac{1}{a_2 k_2}, A_3(\lambda, \infty, \tau_3) = 0$ 和 $A_4(\lambda, q, 0) = 0$ 知, 当 τ_4 充分

小时, 对于充分大的 q, 有

$$I_4(0) = r_2\varrho_2 k_2[1 - a_2 k_2\varepsilon_2 + b_2 k_1\varepsilon_1 - b_2 A_3(0, q, \tau_3) - a_2 B(0, q, \tau_4)] > 0.$$

因此, 可选择充分小的 λ 和充分大的 q 使得对充分小的 τ_4, 有 $I_4(\lambda) > 0$. 　　□

定理 2.2.3 ([128], 存在性)　假设 (2.62) 成立, τ_1 和 τ_4 充分小. 则对任意 $c > \max\{2\sqrt{d_1 r_1}, 2\sqrt{d_2 r_2}\}$, (2.3) 有以 c 为波速的连接 $\mathbf{0}$ 和 $\mathbf{K}$ 的行波解 $(\phi(x+ct), \psi(x+ct))$. 此外, $\lim\limits_{\xi\to-\infty}(\phi(\xi)e^{-\lambda_1\xi}, \psi(\xi)e^{-\lambda_2\xi}) = (k_1, k_2)$, 其中 $\xi = x+ct$.

证明　由定理 2.2.2, 结论显然. 由弱上下解的定义易得 $\lim\limits_{\xi\to-\infty}(\phi(\xi)e^{-\lambda_1\xi}, \psi(\xi)e^{-\lambda_2\xi}) = (k_1, k_2)$. 　　□

情形 (ii)　$g_j(x, t) = \delta(t)\dfrac{1}{\sqrt{4\pi\rho_j}}e^{-\frac{x^2}{4\rho_j}}, \rho_j > 0$,

$$(g_j * \varphi)(t) = \int_{-\infty}^{\infty} \frac{1}{\sqrt{4\pi\rho_j}}e^{-\frac{y^2}{4\rho_j}}\varphi(t - y)dy, \quad j = 1, 2, 3, 4.$$

引理 2.2.9 ([128])　对于 ρ_1, ρ_4 充分小, f 满足 (PQM**).

证明　令 $\Phi = (\phi_1, \phi_2), \Psi = (\psi_1, \psi_2) \in C(\mathbb{R}, \mathbb{R}^2)$ 满足 (i) $\mathbf{0} \leqslant \Psi \leqslant \Phi \leqslant \mathbf{M}$; (ii) $e^{\beta_1 t}[\phi_1(t) - \phi_2(t)], e^{\beta_2 t}[\psi_1(t) - \psi_2(t)]$ 在 $\mathbb{R}$ 上递增; (iii) $e^{-\beta_1 t}[\phi_1(t) - \phi_2(t)], e^{-\beta_2 t}[\psi_1(t) - \psi_2(t)]$ 在 $\mathbb{R}$ 上递减. 选择 $\beta_1 > 0, \beta_2 > 0$ 满足 $\beta_1 > r_1(7a_1 M_1 +$

$b_1 M_2 - 1), \beta_2 > r_2(7a_2 M_2 - 1)$, 对于充分小的 ρ_1, ρ_4 满足 $\rho_1 \beta_1^2 \leqslant \ln 3, \rho_2 \beta_2^2 \leqslant \ln 3$, 有

$$(g_1 * (\phi_1 - \phi_2))(t)$$

$$= \int_{-\infty}^{\infty} \frac{1}{\sqrt{4\pi\rho_1}} e^{-\frac{y^2}{4\rho_1}} [\phi_1(t-y) - \phi_2(t-y)] dy$$

$$= \int_0^{\infty} \frac{1}{\sqrt{4\pi\rho_1}} e^{-\frac{y^2}{4\rho_1}} e^{\beta_1 y} [e^{-\beta_1 y}(\phi_1(t-y) - \phi_2(t-y))] dy$$

$$+ \int_{-\infty}^0 \frac{1}{\sqrt{4\pi\rho_1}} e^{-\frac{y^2}{4\rho_1}} e^{-\beta_1 y} [e^{\beta_1 y}(\phi_1(t-y) - \phi_2(t-y))] dy$$

$$\leqslant [\phi_1(t) - \phi_2(t)] \left(\int_0^{\infty} \frac{1}{\sqrt{4\pi\rho_1}} e^{-\frac{y^2}{4\rho_1}} e^{\beta_1 y} dy + \int_{-\infty}^0 \frac{1}{\sqrt{4\pi\rho_1}} e^{-\frac{y^2}{4\rho_1}} e^{-\beta_1 y} dy \right)$$

$$\leqslant e^{\rho_1 \beta_1^2} [\phi_1(t) - \phi_2(t)] \int_{-\infty}^{\infty} \frac{1}{\sqrt{4\pi\rho_1}} \left[e^{-\frac{(y-2\rho_1\beta_1)^2}{4\rho_1}} + e^{-\frac{(y+2\rho_1\beta_1)^2}{4\rho_1}} \right] dy$$

$$= 2e^{\rho_1 \beta_1^2} [\phi_1(t) - \phi_2(t)]$$

$$\leqslant 6[\phi_1(t) - \phi_2(t)].$$

类似于 $(g_1 * (\phi_1 - \phi_2))(t)$ 的估计, 有 $(g_4 * (\psi_1 - \psi_2))(t) \leqslant 6[\psi_1(t) - \psi_2(t)]$. 其余的证明与引理 2.2.7 的证明类似. □

$\bar{\phi}(t), \bar{\psi}(t), \underline{\phi}(t)$ 和 $\underline{\psi}(t)$ 如 (2.63) 和 (2.64) 中定义. 需证 (P3) 和 (P4) 成立.

引理 2.2.10([128]) (P3) 和 (P4) 成立.

证明 先证 (P3) 成立. 只证 $e^{\beta_1 t}[\bar{\phi}(t) - \underline{\phi}(t)]$ 在 $\mathbb{R}$ 上递增, 另一个类似可证. 对于 $t < t_1$ 和 $t > t_3$, 是显然的. 对于 $t_1 \leqslant t \leqslant t_3$, 由 $\bar{\phi}(t) > \underline{\phi}(t)$ 知, 可选择且 β_1 充分大使得

$$\frac{d}{dt}\{e^{\beta_1 t}[\bar{\phi}(t) - \underline{\phi}(t)]\} = \beta_1 e^{\beta_1 t}[\bar{\phi}(t) - \underline{\phi}(t)] + e^{\beta_1 t}[k_1\lambda_1 e^{\lambda_1 t} - k_1\lambda(1-\varepsilon_1)e^{-\lambda t}] \geqslant 0.$$

下证 (P4) 成立. 只证 $e^{-\beta_1 t}[\bar{\phi}(t) - \underline{\phi}(t)]$ 在 $\mathbb{R}$ 上递减, 另一个类似可证. 对于 $t < t_1$ 和 $t > t_3$, 选择 $\beta_1 > \eta\lambda_1$, 是显然的. 对于 $t_1 \leqslant t \leqslant t_3$, 由于 $\bar{\phi}(t) > \underline{\phi}(t)$, 可选择 $\beta_1 > \frac{\sigma_2}{\sigma_1}$ 使得

$$\frac{d}{dt}e^{-\beta_1 t}\{[\bar{\phi}(t) - \underline{\phi}(t)]\} = -e^{-\beta_1 t}\{\beta_1[\bar{\phi}(t) - \underline{\phi}(t)] - [2k_1\lambda_1 e^{\lambda_1 t} - k_1\lambda(1-\varepsilon_1)e^{-\lambda t}]\}$$

$$\leqslant -e^{-\beta_1 t}(\beta_1\sigma_1 - 2\sigma_2) < 0,$$

其中 $\sigma_1 = \min\{\bar{\phi}(t) - \underline{\phi}(t)|t \in [t_1, t_3]\} > 0, \sigma_2 = \max\{k_1\lambda_1 e^{\lambda_1 t}|t \in [t_1, t_3]\} > 0.$

$\qquad\qquad\qquad\qquad\qquad\qquad\qquad\qquad\qquad\qquad\qquad\qquad\qquad\qquad$ □

引理 2.2.11([128])　假设 (2.62) 成立. 若 ρ_1, ρ_4 充分小, 则 $\bar{\Phi}(t) = (\bar{\phi}(t), \bar{\psi}(t))$ 和 $\underline{\Phi}(t) = (\underline{\phi}(t), \underline{\psi}(t))$ 分别是 (2.60) 的弱上解和弱下解.

证明　对于 $\bar{\phi}(t)$, 需证两种情况. (i) 对于 $t \leqslant t_3$, 与引理 2.2.8 的证明类似. (ii) 对于 $t > t_3$, 有

$$(g_2 * \underline{\psi})(t) = \int_{-\infty}^{t-t_2} \frac{1}{\sqrt{4\pi\rho_2}} e^{-\frac{y^2}{4\rho_2}} [k_2 - k_2(1 - \varepsilon_2)e^{-\lambda(t-y)}]dy$$

$$+ \int_{t-t_2}^{\infty} \frac{1}{\sqrt{4\pi\rho_2}} e^{-\frac{y^2}{4\rho_2}} k_2[e^{\lambda_2(t-y)} - qe^{\eta\lambda_2(t-y)}]dy$$

$$= k_2 - k_2(1 - \varepsilon_2)e^{\rho_2\lambda^2}e^{-\lambda t} + P_1(t),$$

其中

$$P_1(t)$$

$$= \int_{t-t_2}^{\infty} \frac{1}{\sqrt{4\pi\rho_2}} e^{-\frac{y^2}{4\rho_2}} [k_2 e^{\lambda_2(t-y)} - k_2 qe^{\eta\lambda_2(t-y)} - (k_2 - k_2(1 - \varepsilon_2)e^{-\lambda(t-y)})]dy$$

$$= \int_{t-t_2}^{\infty} \frac{1}{\sqrt{4\pi\rho_2}} e^{-\frac{y^2}{4\rho_2}} [k_2 e^{\lambda_2(t-y)} - k_2 qe^{\eta\lambda_2(t-y)} - (k_2 e^{\lambda_2 t} - k_2 qe^{\eta\lambda_2 t})]dy$$

$$+ \int_{t-t_2}^{\infty} \frac{1}{\sqrt{4\pi\rho_2}} e^{-\frac{y^2}{4\rho_2}} [(k_2 e^{\lambda_2 t} - k_2 qe^{\eta\lambda_2 t}) - (k_2 - k_2(1 - \varepsilon_2)e^{-\lambda(t-y)})]dy$$

$$\geqslant \int_{t-t_2}^{\infty} \frac{1}{\sqrt{4\pi\rho_2}} e^{-\frac{y^2}{4\rho_2}} [(k_2 e^{\lambda_2 t} - k_2 qe^{\eta\lambda_2 t}) - (k_2 - k_2(1 - \varepsilon_2)e^{-\lambda(t-y)})]dy$$

$$\geqslant -k_2 qe^{\eta\lambda_2 t} \int_{t-t_2}^{\infty} \frac{1}{\sqrt{4\pi\rho_2}} e^{-\frac{y^2}{4\rho_2}} dy$$

$$\geqslant -k_2 qe^{\eta\lambda_2 t} \int_{t-t_2}^{\infty} \frac{1}{\sqrt{4\pi\rho_2}} e^{-(\eta\lambda_2+\lambda)y} dy$$

$$= -\frac{k_2 qe^{\eta\lambda_2 t_2 + \lambda t_2}}{(\eta\lambda_2 + \lambda)\sqrt{4\pi\rho_2}} e^{-\lambda t} := -A_5(\lambda, q, \rho_2)e^{-\lambda t},$$

第一个不等式成立是因为对于 $t > t_3 \gg t_2$, $k_2 e^{\lambda_2 t} - k_2 qe^{\eta\lambda_2 t} < 0$ 充分小, 最后一个不等式成立是因为对于 $t_3 \gg t_2$, 有 $t - t_2 \geqslant t_3 - t_2 \geqslant 4\rho_2(\eta\lambda_2 + \lambda)$. 也有

$$(g_1 * \bar{\phi})(t) = \int_{-\infty}^{t-t_3} \frac{1}{\sqrt{4\pi\rho_1}} e^{-\frac{y^2}{4\rho_1}} (k_1 + k_1 e^{-\lambda(t-y)})dy$$

$$+ \int_{t-t_3}^{\infty} \frac{1}{\sqrt{4\pi\rho_1}} e^{-\frac{y^2}{4\rho_1}} k_1 e^{\lambda_1(t-y)} dy$$

$$= k_1 + k_1 e^{\rho_1\lambda^2} e^{-\lambda t} + P_2(t),$$

其中

$$P_2(t) = \int_{t-t_3}^{\infty} \frac{1}{\sqrt{4\pi\rho_1}} e^{-\frac{y^2}{4\rho_1}} [k_1 e^{\lambda_1(t-y)} - (k_1 + k_1 e^{-\lambda(t-y)})] dy$$

$$= \int_{t-t_3}^{\infty} \frac{1}{\sqrt{4\pi\rho_1}} e^{-\frac{y^2}{4\rho_1}} [k_1 e^{\lambda_1(t-t_3+t_3-y)} - (k_1 + k_1 e^{-\lambda(t-y)})] dy$$

$$\geqslant k_1 e^{-\lambda t} \int_{t-t_3}^{\infty} \frac{1}{\sqrt{4\pi\rho_1}} e^{-\frac{y^2}{4\rho_1}} (e^{(\lambda+\lambda_1)t_3} e^{-\lambda_1 y} - 2e^{\lambda y}) dy$$

$$= k_1 e^{-\lambda t} \int_{t-t_3}^{\infty} \frac{1}{\sqrt{4\pi\rho_1}} \left[e^{(\lambda+\lambda_1)t_3} e^{\rho_1\lambda_1^2} e^{-\frac{(y+2\lambda_1\rho_1)^2}{4\rho_1}} - 2e^{\rho_1\lambda^2} e^{-\frac{(y-2\lambda\rho_1)^2}{4\rho_1}} \right] dy$$

$$\geqslant k_1 e^{\rho_1\lambda^2} e^{-\lambda t} \int_{t-t_3}^{\infty} \frac{1}{\sqrt{4\pi\rho_1}} \left[e^{(\lambda+\lambda_1)t_3} e^{-\frac{(y+2\lambda_1\rho_1)^2}{4\rho_1}} - 2e^{-\frac{(y-2\lambda\rho_1)^2}{4\rho_1}} \right] dy$$

$$\geqslant k_1 e^{\rho_1\lambda^2} e^{-\lambda t} \int_{t-t_3}^{\infty} \frac{1}{\sqrt{4\pi\rho_1}} \left[(e^{(\lambda+\lambda_1)t_3} - 2) e^{-\frac{(y+2\lambda_1\rho_1)^2}{4\rho_1}} \right.$$

$$\left. + 2(e^{-\frac{(y+2\lambda_1\rho_1)^2}{4\rho_1}} - e^{-\frac{(y-2\lambda\rho_1)^2}{4\rho_1}}) \right] dy$$

$$\geqslant k_1 e^{\rho_1\lambda^2} e^{-\lambda t} \left[\int_{-\infty}^{\infty} \frac{1}{\sqrt{4\pi\rho_1}} (e^{(\lambda+\lambda_1)t_3} - 2) e^{-\frac{(y+2\lambda_1\rho_1)^2}{4\rho_1}} dy \right.$$

$$\left. + 2 \int_{t-t_3+2\lambda_1\rho_1}^{t-t_3-2\lambda\rho_1} \frac{1}{\sqrt{4\pi\rho_1}} e^{-\frac{y^2}{4\rho_1}} dy \right]$$

$$= \frac{k_1[(e^{(\lambda+\lambda_1)t_3} - 2) - 2(\lambda+\lambda_1)\sqrt{\rho_1}] e^{\rho_1\lambda^2}}{\sqrt{\pi}} e^{-\lambda t} := A_6(\lambda, \rho_1) e^{-\lambda t}.$$

注意到 $k_1 e^{\lambda_1 t_3} = k_1 + k_1 e^{-\lambda t_3}$ 和 $e^{(\lambda+\lambda_1)t_3} \to 2 (\lambda \to 0)$, 所以 $A_6(0,0) = 0$. 因此

$$d_1\bar{\phi}''(t) - c\bar{\phi}'(t) + r_1\bar{\phi}(t)[1 - a_1(g_1 * \bar{\phi})(t) - b_1(g_2 * \underline{\psi})(t)]$$

$$\leqslant e^{-\lambda t}\{k_1(d_1\lambda^2 + c\lambda) + r_1(k_1 + k_1 e^{-\lambda t})Q_5(\lambda)\}$$

$$= e^{-\lambda t}\{k_1(d_1\lambda^2 + c\lambda) + r_1 k_1 Q_5(\lambda) + r_1 k_1 Q_5(\lambda) e^{-\lambda t}\}$$

$$:= e^{-\lambda t}[I_5(\lambda) + r_1 k_1 Q_5(\lambda) e^{-\lambda t}],$$

其中 $Q_5(\lambda) = b_1 k_2(1-\varepsilon_2) e^{\rho_2\lambda^2} - a_1 k_1 e^{\rho_1\lambda^2} + b_1 A_5(\lambda, q, \rho_2) - a_1 A_6(\lambda, \rho_1)$. 则不等式 (2.62) 和 $A_5(\lambda, \infty, \rho_2) = A_6(0,0) = 0$ 蕴含着当充分小的 ρ_1 时, 对于充分大的

q, 有

$$I_5(0) = r_1 k_1 Q_5(0) = r_1 k_1 [b_1 k_2 - a_1 k_1 + b_1 A_5(\lambda, q, \rho_2) - a_1 A_6(\lambda, \rho_1) - b_1 k_2 \varepsilon_2] < 0.$$

因此, 选择 λ 充分小和 q 充分大使得当充分小的 ρ_1 时, 有 $I_5(\lambda) < 0$ 和 $Q_5(\lambda) < 0$.

对于 $\bar{\psi}(t)$, 也需证两种情况.

(i) 对于 $t \leqslant t_4 < 0$, 由于 $(g_4 * \bar{\psi})(t) \geqslant 0$ 和

$$(g_3 * \bar{\phi})(t) \leqslant \int_{-\infty}^{\infty} \frac{1}{\sqrt{4\pi\rho_3}} e^{-\frac{y^2}{4\rho_3}} k_1 e^{\lambda_1(t-y)} dy = k_1 e^{\rho_3 \lambda^2} e^{\lambda_1 t},$$

所以

$$d_2 \bar{\psi}''(t) - c\bar{\psi}'(t) + r_2 \bar{\psi}(t)[1 + b_2 (g_3 * \bar{\phi})(t) - a_2 (g_4 * \bar{\psi})(t)]$$
$$\leqslant d_2 \bar{\psi}''(t) - c\bar{\psi}'(t) + r_2 \bar{\psi}(t)[1 + b_2 (g_3 * \bar{\phi})(t)]$$
$$\leqslant k_2 e^{\eta\lambda_2 t} \left[q\Delta_2(\eta\lambda_2, c) + r_2 b_2 k_1 e^{\rho_3 \lambda^2} \left(e^{(\frac{\lambda_1 + \lambda_2}{\lambda_2} - \eta)\lambda_2 t} + q e^{\lambda_1 t} \right) \right] \leqslant 0.$$

最后不等式成立是因为对于充分大的 $q > 0$, $t_4(q) < 0$ 充分小.

(ii) 对于 $t > t_4$, 有

$$(g_3 * \bar{\phi})(t) \leqslant \int_{-\infty}^{\infty} \frac{1}{\sqrt{4\pi\rho_3}} e^{-\frac{y^2}{4\rho_3}} (k_1 + k_1 e^{-\lambda(t-y)}) dy = k_1 + k_1 e^{\rho_3 \lambda^2} e^{-\lambda t},$$

$$(g_4 * \bar{\psi})(t) = \int_{-\infty}^{t-t_4} \frac{1}{\sqrt{4\pi\rho_4}} e^{-\frac{y^2}{4\rho_4}} (k_2 + k_2 e^{-\lambda(t-y)}) dy$$
$$+ \int_{t-t_4}^{\infty} \frac{1}{\sqrt{4\pi\rho_4}} e^{-\frac{y^2}{4\rho_4}} k_2 (e^{\lambda_2(t-y)} + q e^{\eta\lambda_2(t-y)}) dy$$
$$= k_2 + k_2 e^{\rho_4 \lambda^2} e^{-\lambda t} + P_3(t),$$

其中

$$P_3(t)$$
$$= \int_{t-t_4}^{\infty} \frac{1}{\sqrt{4\pi\rho_4}} e^{-\frac{y^2}{4\rho_4}} [k_2 (e^{\lambda_2(t-y)} + q e^{\eta\lambda_2(t-y)}) - (k_2 + k_2 e^{-\lambda(t-y)})] dy$$
$$= \int_{t-t_4}^{\infty} \frac{1}{\sqrt{4\pi\rho_4}} e^{-\frac{y^2}{4\rho_4}} [k_2 (e^{\lambda_2(t-t_4+t_4-y)} + q e^{\eta\lambda_2(t-t_4+t_4-y)})$$
$$- (k_2 + k_2 e^{-\lambda(t-y)})] dy$$
$$\geqslant k_2 e^{-\lambda t} \int_{t-t_4}^{\infty} \frac{1}{\sqrt{4\pi\rho_4}} e^{-\frac{y^2}{4\rho_4}} (e^{(\lambda+\lambda_2)t_4} e^{-\lambda_2 y} + q e^{(\lambda+\eta\lambda_2)t_4} e^{-\eta\lambda_2 y} - 2e^{\lambda y}) dy$$

$$\geqslant k_2 e^{-\lambda t} \int_{t-t_4}^{\infty} \frac{1}{\sqrt{4\pi\rho_4}} e^{-\frac{y^2}{4\rho_4}} [e^{\lambda t_4}(e^{\lambda_2 t_4} + qe^{\eta\lambda_2 t_4})e^{-\eta\lambda_2 y} - 2e^{\lambda y}] dy$$

$$\geqslant \frac{k_2[(e^{\lambda t_4}(e^{\lambda_2 t_4} + qe^{\eta\lambda_2 t_4}) - 2) - 2(\lambda + \eta\lambda_2)\sqrt{\rho_4}]e^{\rho_4\lambda^2}}{\sqrt{\pi}} e^{-\lambda t} := A_7(\lambda, \rho_4)e^{-\lambda t}.$$

最后一个不等式的估计类似于 $(g_1 * \bar{\phi})(t)$. 由 $k_2(e^{\lambda_2 t_4} + qe^{\eta\lambda_2 t_4}) = k_2 + k_2 e^{-\lambda t_4}$ 和 $e^{\lambda t_4}(e^{\lambda_2 t_4} + qe^{\eta\lambda_2 t_4}) \to 2(\lambda \to 0)$ 知, $A_7(0,0) = 0$. 因此

$$d_2 \bar{\psi}''(t) - c\bar{\psi}'(t) + r_2\bar{\psi}(t)[1 + b_2(g_3 * \bar{\phi})(t) - a_2(g_4 * \bar{\psi})(t)]$$

$$\leqslant e^{-\lambda t}\{k_2(d_2\lambda^2 + c\lambda) + r_2(k_2 + k_2 e^{-\lambda t})Q_6(\lambda)\}$$

$$= e^{-\lambda t}\{k_2(d_2\lambda^2 + c\lambda) + r_2 k_2 Q_6(\lambda) + r_2 k_2 Q_6(\lambda)e^{-\lambda t}\}$$

$$:= e^{-\lambda t}[I_6(\lambda) + r_2 k_2 Q_6(\lambda)e^{-\lambda t}],$$

其中 $Q_6(\lambda) = b_2 k_1 e^{\rho_3\lambda^2} - a_2 k_2 - a_2 A_7(\lambda, \rho_4)$. 则 $a_2 k_2 - b_2 k_1 = 1$ 和 $A_7(0,0) = 0$ 蕴含着对充分小的 ρ_4,

$$I_6(0) = r_2 k_2 Q_6(0) = r_2 k_2[-1 - a_2 A_7(\lambda, \rho_4)] < 0.$$

因此, 选择充分小的 λ 使得对充分小的 ρ_4, 有 $I_6(\lambda) < 0$ 和 $Q_6(\lambda) < 0$.

对于 $\underline{\phi}(t)$, 需证两种情况.

(i) 对于 $t \leqslant t_1 < 0$, 因为

$$(g_1 * \underline{\phi})(t) \leqslant \int_{\infty}^{\infty} \frac{1}{\sqrt{4\pi\rho_1}} e^{-\frac{y^2}{4\rho_1}} k_1 e^{\lambda_1(t-y)} dy = k_1 e^{\rho_1\lambda_1^2} e^{\lambda_1 t},$$

$$(g_2 * \bar{\psi})(t) \leqslant \int_{\infty}^{\infty} \frac{1}{\sqrt{4\pi\rho_2}} e^{-\frac{y^2}{4\rho_2}} k_2(e^{\lambda_2(t-y)} + qe^{\eta\lambda_2(t-y)}) dy$$

$$= k_2 e^{\rho_2\lambda_2^2} e^{\lambda_2 t} + k_2 q e^{\rho_2(\eta\lambda_2)^2} e^{\eta\lambda_2 t},$$

所以

$$d_1 \underline{\phi}''(t) - c\underline{\phi}'(t) + r_1\underline{\phi}(t)[1 - a_1(g_1 * \underline{\phi})(t) - b_1(g_2 * \bar{\psi})(t)]$$

$$\geqslant -k_1 q e^{\eta\lambda_1 t} \Delta_1(\eta\lambda_1, c)$$

$$\quad - r_1 k_1(e^{\lambda_1 t} - qe^{\eta\lambda_1 t})[a_1 k_1 e^{\rho_1\lambda_1^2} e^{\lambda_1 t} + b_1 k_2(e^{\rho_2\lambda_2^2} e^{\lambda_2 t} + qe^{\rho_2(\eta\lambda_2)^2} e^{\eta\lambda_2 t})]$$

$$= -k_1 e^{\eta\lambda_1 t}\bigg\{q\Delta_1(\eta\lambda_1, c) + r_1\bigg[a_1 k_1 e^{\rho_1\lambda_1^2} e^{(2-\eta)\lambda_1 t}$$

$$\quad + b_1 k_2\bigg(e^{\rho_2\lambda_2^2} e^{(\frac{\lambda_1+\lambda_2}{\lambda_1} - \eta)\lambda_1 t} + qe^{\rho_2(\eta\lambda_2)^2} e^{(\eta(\lambda_2-\lambda_1)+\lambda_1)t}\bigg)\bigg]\bigg\} \geqslant 0.$$

最后不等式成立是因为对于充分大的 $q > 0$, $t_1(q) < 0$ 充分小.

(ii) 对于 $t > t_1$, 有

$$(g_2 * \bar{\psi})(t) \leqslant \int_\infty^\infty \frac{1}{\sqrt{4\pi\rho_2}} e^{-\frac{y^2}{4\rho_2}} (k_2 + k_2 e^{-\lambda(t-y)}) dy = k_2 + k_2 e^{\rho_2\lambda^2} e^{-\lambda t},$$

$$(g_1 * \underline{\phi})(t) = \int_{-\infty}^{t-t_1} \frac{1}{\sqrt{4\pi\rho_1}} e^{-\frac{y^2}{4\rho_1}} [k_1 - k_1(1-\varepsilon_1) e^{-\lambda(t-y)}] dy$$

$$+ \int_{t-t_1}^\infty \frac{1}{\sqrt{4\pi\rho_1}} e^{-\frac{y^2}{4\rho_1}} k_1 [e^{\lambda_1(t-y)} - q e^{\eta\lambda_1(t-y)}] dy$$

$$= k_1 - k_1(1-\varepsilon_1) e^{\rho_1\lambda^2} e^{-\lambda t} + P_4(t),$$

其中

$$P_4(t)$$
$$= \int_{t-t_1}^\infty \frac{1}{\sqrt{4\pi\rho_1}} e^{-\frac{y^2}{4\rho_1}} [k_1 e^{\lambda_1(t-y)} - k_1 q e^{\eta\lambda_1(t-y)} - (k_1 - k_1(1-\varepsilon_1) e^{-\lambda(t-y)})] dy$$

$$= \int_{t-t_1}^\infty \frac{1}{\sqrt{4\pi\rho_1}} e^{-\frac{y^2}{4\rho_1}} [k_1 e^{\lambda_1(t-y)} - k_1 q e^{\eta\lambda_1(t-y)} - (k_1 - k_1(1-\varepsilon_1) e^{-\lambda t})] dy$$

$$+ k_1(1-\varepsilon_1) e^{-\lambda t} \int_{t-t_1}^\infty \frac{1}{\sqrt{4\pi\rho_1}} e^{-\frac{y^2}{4\rho_1}} (e^{\lambda y} - 1) dy$$

$$\leqslant k_1(1-\varepsilon_1) e^{-\lambda t} \int_{t-t_1}^\infty \frac{1}{\sqrt{4\pi\rho_1}} e^{-\frac{y^2}{4\rho_1}} (e^{\lambda y} - 1) dy$$

$$= k_1(1-\varepsilon_1) e^{-\lambda t} \int_{t-t_1}^\infty \frac{1}{\sqrt{4\pi\rho_1}} \left[e^{-\frac{(y-2\lambda\rho_1)^2}{4\rho_1}} e^{\rho_1\lambda^2} - e^{-\frac{y^2}{4\rho_1}} \right] dy$$

$$= k_1(1-\varepsilon_1) e^{-\lambda t} \left[\int_{t-t_1-2\lambda\rho_1}^\infty \frac{1}{\sqrt{4\pi\rho_1}} e^{-\frac{y^2}{4\rho_1}} (e^{\rho_1\lambda^2} - 1) dy \right.$$

$$\left. + \int_{t-t_1-2\lambda\rho_1}^{t-t_1} \frac{1}{\sqrt{4\pi\rho_1}} e^{-\frac{y^2}{4\rho_1}} dy \right]$$

$$\leqslant k_1(1-\varepsilon_1) e^{-\lambda t} \left[\int_{-\infty}^\infty \frac{1}{\sqrt{4\pi\rho_1}} e^{-\frac{y^2}{4\rho_1}} (e^{\rho_1\lambda^2} - 1) dy + \frac{\lambda\sqrt{\rho_1}}{\sqrt{\pi}} \right]$$

$$= k_1(1-\varepsilon_1) \left[(e^{\rho_1\lambda^2} - 1) + \frac{\lambda\sqrt{\rho_1}}{\sqrt{\pi}} \right] e^{-\lambda t} := A_8(\lambda, \rho_1) e^{-\lambda t}.$$

因此

$$d_1 \underline{\phi}''(t) - c\underline{\phi}'(t) + r_1 \underline{\phi}(t) [1 - a_1(g_1 * \underline{\phi})(t) - b_1(g_2 * \bar{\psi})(t)]$$

$$\geq e^{-\lambda t}\{-k_1(1-\varepsilon_1)(d_1\lambda^2+c\lambda)+r_1[k_1-k_1(1-\varepsilon_1)e^{-\lambda t}]Q_7(\lambda)\}$$

$$\geq e^{-\lambda t}\{-k_1(1-\varepsilon_1)(d_1\lambda^2+c\lambda)+r_1\varrho_1k_1Q_7(\lambda)\}:=e^{-\lambda t}I_7(\lambda),$$

其中 $Q_7(\lambda)=a_1k_1(1-\varepsilon_1)e^{\rho_1\lambda^2}-b_1k_2e^{\rho_2\lambda^2}-a_1A_8(\lambda,\rho_1)$. 显然, (2.62), $\varepsilon_1<\dfrac{a_1k_1-b_1k_2}{a_1k_1}$ 和 $A_8(0,\rho_1)=0$ 蕴含着 $I_7(0)=r_1\varrho_1k_1(a_1k_1-b_1k_2-a_1k_1\varepsilon_1)>0$. 因此可以选择 λ 充分小使得 $I_7(\lambda)>0$.

对于 $\underline{\psi}(t)$, 也需证两种情况.

(i) 对于 $t\leqslant t_2<0$, 因为 $(g_3*\underline{\phi})(t)\geqslant 0$ 和

$$(g_4*\underline{\psi})(t)\leqslant\int_{\infty}^{\infty}\frac{1}{\sqrt{4\pi\rho_4}}e^{-\frac{y^2}{4\rho_4}}k_2e^{\lambda_2(t-y)}dy=k_2e^{\rho_4\lambda_2^2}e^{\lambda_2 t},\qquad(2.66)$$

所以

$$d_2\underline{\psi}''(t)-c\underline{\psi}'(t)+r_2\underline{\psi}(t)[1+b_2(g_3*\underline{\phi})(t)-a_2(g_4*\underline{\psi})(t)]$$

$$\geqslant d_2\underline{\psi}''(t)-c\underline{\psi}'(t)+r_2\underline{\psi}(t)[1-a_2(g_4*\underline{\psi})(t)]$$

$$\geqslant -k_2e^{\eta\lambda_2 t}[q\Delta_2(\eta\lambda_2,c)+r_2a_2k_2e^{\rho_4\lambda^2}e^{(2-\eta)\lambda_2 t}]\geqslant 0.$$

最后不等式成立是因为对于充分大的 $q>0$, $t_2(q)<0$ 充分小.

(ii) 对于 $t>t_2$, 将此情况再分为两种情况: (1) $t_2<t\leqslant t_4$; (2) $t>t_4$.

(1) 一方面, (2.66) 对于 $t\in\mathbb{R}$ 成立, 因为对于充分大的 $q>0$, $t_4(q)<0$ 充分小, 所以 $a_2(g_4*\underline{\psi})(t)\ll\dfrac{1}{2}$, 进一步, 有 $r_2\underline{\psi}(t)[1+b_2(g_3*\underline{\phi})(t)-a_2(g_4*\underline{\psi})(t)]\gg\dfrac{1}{2}r_2\underline{\psi}(t)\geqslant\dfrac{1}{2}r_2\varrho_2k_2$. 另一方面, $d_2\underline{\psi}''(t)-c\underline{\psi}'(t)=-k_2(1-\varepsilon_2)(d_2\lambda^2+c\lambda)e^{-\lambda t}$. 由于 λ 不依赖 q, 所以可以选择 λ 充分小使得

$$d_2\underline{\psi}''(t)-c\underline{\psi}'(t)+r_2\underline{\psi}(t)[1+b_2(g_3*\underline{\phi})(t)-a_2(g_4*\underline{\psi})(t)]\geqslant 0.$$

(2) 类似于上面 $(g_2*\underline{\psi})(t)$ 的估计, 有

$$(g_3*\underline{\phi})(t)\geqslant k_1-k_1(1-\varepsilon_1)e^{\rho_3\lambda^2}e^{-\lambda t}-A_9(\lambda,q,\rho_3)e^{-\lambda t}$$

和类似于上面 $(g_1*\underline{\phi})(t)$ 的估计, 也有

$$(g_4*\underline{\psi})(t)\leqslant k_2-k_2(1-\varepsilon_2)e^{\rho_4\lambda^2}e^{-\lambda t}+A_{10}(\lambda,\rho_4)e^{-\lambda t},$$

其中

$$A_9(\lambda,q,\rho_3)=\frac{k_1qe^{\eta\lambda_1 t_1+\lambda t_1}}{(\eta\lambda_1+\lambda)\sqrt{4\pi\rho_3}},\quad A_{10}(\lambda,\rho_4)=k_2(1-\varepsilon_2)\left[(e^{\rho_4\lambda^2}-1)+\frac{\lambda\sqrt{\rho_4}}{\sqrt{\pi}}\right].$$

因此

$$d_2 \underline{\psi}''(t) - c\underline{\psi}'(t) + r_2 \underline{\psi}(t)[1 + b_2(g_3 * \underline{\phi})(t) - a_2(g_4 * \underline{\psi})(t)]$$

$$\geqslant e^{-\lambda t}\{-k_2(1 - \varepsilon_2)(d_2\lambda^2 + c\lambda) + r_2[k_2 - k_2(1 - \varepsilon_2)e^{-\lambda t}]Q_8(\lambda)\}$$

$$\geqslant e^{-\lambda t}\{-k_2(1 - \varepsilon_2)(d_2\lambda^2 + c\lambda) + r_2\varrho_2 k_2 Q_8(\lambda)\} := e^{-\lambda t}I_8(\lambda),$$

其中 $Q_8(\lambda) = a_2 k_2(1 - \varepsilon_2)e^{\rho_4\lambda^2} - b_2 k_1(1 - \varepsilon_1)e^{\rho_3\lambda^2} - b_2 A_9(\lambda, q, \rho_3) - a_2 A_{10}(\lambda, \rho_4)$.
显然, 由 $a_2 k_2 - b_2 k_1 = 1, \varepsilon_2 < \dfrac{1}{a_2 k_2}$ 和 $A_9(\lambda, \infty, \rho_3) = A_{10}(0, \rho_4) = 0$, 对充分大
的 q, 有

$$I_8(0) = r_2\varrho_2 k_2[1 - a_2 k_2 \varepsilon_2 - b_2 A_9(0, q, \rho_3) + b_2 k_1 \varepsilon_1] > 0.$$

因此, 可选择 λ 充分小和 q 充分大使得 $I_8(\lambda) > 0$. □

定理 2.2.4 ([128], 存在性) 假设 (2.62) 成立, ρ_1 和 ρ_4 充分小. 则对任
意 $c > \max\{2\sqrt{d_1 r_1}, 2\sqrt{d_2 r_2}\}$, (2.3) 有连接 $\mathbf{0}$ 和 $\mathbf{K}$ 的以 c 为波速的行波解
$(\phi(x + ct), \psi(x + ct))$. 此外, $\lim\limits_{\xi \to -\infty}(\phi(\xi)e^{-\lambda_1\xi}, \psi(\xi)e^{-\lambda_2\xi}) = (k_1, k_2), \xi = x + ct$.

情形 (iii) $g_j(x, t) = \dfrac{1}{\tau_j}e^{-\frac{t}{\tau_j}}\dfrac{1}{\sqrt{4\pi t}}e^{-\frac{x^2}{4t}}, \tau_j > 0,$

$$(g_j * \varphi)(t) = \int_0^\infty \frac{1}{\tau_j}e^{-\frac{s}{\tau_j}}\int_{-\infty}^\infty \frac{1}{\sqrt{4\pi s}}e^{-\frac{y^2}{4s}}\varphi(t - y - cs)dyds, \quad j = 1, 2, 3, 4.$$

引理 2.2.12 ([128]) 对于充分小的 τ_1, τ_4, f 满足 (PQM**).
证明 令 $\Phi = (\phi_1, \phi_2), \Psi = (\psi_1, \psi_2) \in C(\mathbb{R}, \mathbb{R}^2)$ 满足 (i) $\mathbf{0} \leqslant \Psi \leqslant \Phi \leqslant$
$\mathbf{M}$; (ii) $e^{\beta_1 t}[\phi_1(t) - \phi_2(t)], e^{\beta_2 t}[\psi_1(t) - \psi_2(t)]$ 在 $\mathbb{R}$ 上递增; (iii) $e^{-\beta_1 t}[\phi_1(t) - \phi_2(t)], e^{-\beta_2 t}[\psi_1(t) - \psi_2(t)]$ 在 $\mathbb{R}$ 上递减. 选择 $\beta_1 > 0, \beta_2 > 0$ 满足 $\beta_1 > r_1(9a_1 M_1 + b_1 M_2 - 1)$ 和 $\beta_2 > r_2(9a_2 M_2 - 1)$, 对于充分小的 τ_1, τ_4 满足 $1 - \beta_1 c\tau_1 - \beta_1^2\tau_1 \geqslant \dfrac{1}{4}, 1 - \beta_2 c\tau_4 - \beta_1^2\tau_4 \geqslant \dfrac{1}{4}$, 有

$$(g_1 * (\phi_1 - \phi_2))(t)$$

$$= \int_0^\infty \frac{1}{\tau_1}e^{-\frac{s}{\tau_1}}\int_{-\infty}^\infty \frac{1}{\sqrt{4\pi s}}e^{-\frac{y^2}{4s}}[\phi_1(t - y - cs) - \phi_2(t - y - cs)]dyds$$

$$= \int_0^\infty \frac{1}{\tau_1}e^{-\frac{s}{\tau_1}}\int_{-\infty}^\infty \frac{1}{\sqrt{4\pi s}}e^{-\frac{y^2}{4s}}e^{\beta_1 cs}e^{-\beta_1 cs}[\phi_1(t - y - cs) - \phi_2(t - y - cs)]dyds$$

$$\leqslant \int_0^\infty \frac{1}{\tau_1}e^{-\frac{s}{\tau_1}}\int_{-\infty}^\infty \frac{1}{\sqrt{4\pi s}}e^{-\frac{y^2}{4s}}e^{\beta_1 cs}[\phi_1(t - y) - \phi_2(t - y)]dyds$$

$$= \int_0^\infty \frac{1}{\tau_1} e^{-\frac{s}{\tau_1}} \int_0^\infty \frac{1}{\sqrt{4\pi s}} e^{-\frac{y^2}{4s}} e^{\beta_1 cs} e^{\beta_1 y} [e^{-\beta_1 y} (\phi_1(t-y) - \phi_2(t-y))] dy$$

$$+ \int_0^\infty \frac{1}{\tau_1} e^{-\frac{s}{\tau_1}} \int_{-\infty}^0 \frac{1}{\sqrt{4\pi s}} e^{-\frac{y^2}{4s}} e^{\beta_1 cs} e^{-\beta_1 y} [e^{\beta_1 y} (\phi_1(t-y) - \phi_2(t-y))] dy$$

$$\leqslant \int_0^\infty \frac{1}{\tau_1} e^{-\frac{s}{\tau_1}} \int_0^\infty \frac{1}{\sqrt{4\pi s}} e^{-\frac{y^2}{4s}} e^{\beta_1 cs} e^{\beta_1 y} [\phi_1(t) - \phi_2(t)] dy$$

$$+ \int_0^\infty \frac{1}{\tau_1} e^{-\frac{s}{\tau_1}} \int_{-\infty}^0 \frac{1}{\sqrt{4\pi s}} e^{-\frac{y^2}{4s}} e^{\beta_1 cs} e^{-\beta_1 y} [\phi_1(t) - \phi_2(t)] dy$$

$$\leqslant \int_0^\infty \frac{1}{\tau_1} e^{-\frac{s}{\tau_1}} \int_{-\infty}^\infty \frac{1}{\sqrt{4\pi s}} e^{-\frac{(y-2\beta_1 s)^2}{4s}} e^{\beta_1 cs} e^{\beta_1^2 s} [\phi_1(t) - \phi_2(t)] dy ds$$

$$+ \int_0^\infty \frac{1}{\tau_1} e^{-\frac{s}{\tau_1}} \int_{-\infty}^\infty \frac{1}{\sqrt{4\pi s}} e^{-\frac{(y+2\beta_1 s)^2}{4\rho_1}} e^{\beta_1 cs} e^{\beta_1^2 s} [\phi_1(t) - \phi_2(t)] dy ds$$

$$= \frac{2}{1 - \beta_1 c\tau_1 - \beta_1^2 \tau_1} [\phi_1(t) - \phi_2(t)]$$

$$\leqslant 8[\phi_1(t) - \phi_2(t)].$$

类似于 $(g_1 * (\phi_1 - \phi_2))(t)$ 的估计, 也有 $(g_4 * (\psi_1 - \psi_2))(t) \leqslant 8[\psi_1(t) - \psi_2(t)]$. 其余的证明类似引理 2.2.7. $\square$

$\bar{\phi}(t), \bar{\psi}(t), \underline{\phi}(t)$ 和 $\underline{\psi}(t)$ 如 (2.63) 和 (2.64) 所定义. 由引理 2.2.10 知, 对于充分小的 $\lambda > 0$ 和充分大的 $q > 0$, $\bar{\phi}(t), \bar{\psi}(t), \underline{\phi}(t)$ 和 $\underline{\psi}(t)$ 满足 (P1)—(P4) 和 (2.59).

引理 2.2.13([128]) 假设 (2.62) 成立. 若 τ_1, τ_4 充分小, 则 $\bar{\Phi}(t) = (\bar{\phi}(t), \bar{\psi}(t))$ 和 $\underline{\Phi}(t) = (\underline{\phi}(t), \underline{\psi}(t))$ 是 (2.60) 的弱上解和弱下解.

证明 对于 $\bar{\phi}(t)$, 需证两种情况. (i) 对于 $t \leqslant t_3$, 与引理 2.2.8 的证明类似. (ii) 对于 $t > t_3$, 由 $t_3 \gg t_2$ 知

$$(g_2 * \underline{\psi})(t)$$

$$= \int_0^\infty \frac{1}{\tau_2} e^{-\frac{s}{\tau_2}} \int_{-\infty}^{t-t_2-cs} \frac{1}{\sqrt{4\pi s}} e^{-\frac{y^2}{4s}} (k_2 - k_2(1 - \varepsilon_2) e^{-\lambda(t-y-cs)}) dy ds$$

$$+ \int_0^\infty \frac{1}{\tau_2} e^{-\frac{s}{\tau_2}} \int_{t-t_2-cs}^\infty \frac{1}{\sqrt{4\pi s}} e^{-\frac{y^2}{4s}} k_2 (e^{\lambda_2(t-y-cs)} - q e^{\eta\lambda_2(t-y-cs)}) dy ds$$

$$= k_2 - \frac{k_2(1 - \varepsilon_2) e^{-\lambda t}}{1 - c\tau_2\lambda - \tau_2\lambda^2} + P_5(t),$$

其中

$$P_5(t) = \int_0^\infty \frac{1}{\tau_2} e^{-\frac{s}{\tau_2}} \int_{t-t_2-cs}^\infty \frac{1}{\sqrt{4\pi s}} e^{-\frac{y^2}{4s}} [k_2(e^{\lambda_2(t-y-cs)} - qe^{\eta\lambda_2(t-y-cs)})$$

$$- (k_2 - k_2(1-\varepsilon_2)e^{-\lambda(t-y-cs)})]dyds$$

$$\geqslant \int_0^\infty \frac{1}{\tau_2} e^{-\frac{s}{\tau_2}} \int_{t-t_2-cs}^\infty \frac{1}{\sqrt{4\pi s}} e^{-\frac{y^2}{4s}} (-k_2 qe^{\eta\lambda_2(t-y-cs)} - k_2)dyds$$

$$\geqslant \int_0^\infty \frac{1}{\tau_2} e^{-\frac{s}{\tau_2}} \int_{t-t_2-cs}^\infty \frac{1}{\sqrt{4\pi s}} e^{-\frac{y^2}{4s}} (-k_2 qe^{\eta\lambda_2 t_2} - k_2)dyds$$

$$\geqslant -2k_2 \int_0^\infty \frac{1}{\tau_2} e^{-\frac{s}{\tau_2}} \int_{t-t_2-cs}^\infty \frac{1}{\sqrt{4\pi s}} e^{-\frac{y^2}{4s}} dyds$$

$$= -2k_2 \int_0^{\frac{t-t_2-\frac12}{8\eta\lambda_2+4\lambda+2c}} \frac{1}{\tau_2} e^{-\frac{s}{\tau_2}} \int_{t-t_2-cs}^\infty \frac{1}{\sqrt{4\pi s}} e^{-\frac{y^2}{4s}} dyds$$

$$- 2k_2 \int_{\frac{t-t_2-\frac12}{8\eta\lambda_2+4\lambda+2c}}^\infty \frac{1}{\tau_2} e^{-\frac{s}{\tau_2}} \int_{t-t_2-cs}^\infty \frac{1}{\sqrt{4\pi s}} e^{-\frac{y^2}{4s}} dyds := \Lambda_1 + \Lambda_2,$$

第三个不等式成立是因为对于充分大的 $q > 0$, $qe^{\eta\lambda_2 t_2} \ll 1$ 充分小.

现在分别估计 Λ_1 和 Λ_2. 对于 Λ_1, 由 $t - t_2 - 2cs \geqslant 0$ 知

$$\Lambda_1 = -2k_2 \int_0^{\frac{t-t_2-\frac12}{8\eta\lambda_2+4\lambda+2c}} \frac{1}{\tau_2} e^{-\frac{s}{\tau_2}} \int_{t-t_2-cs}^\infty \frac{1}{\sqrt{4\pi s}} e^{-\frac{y^2}{4s}} dyds$$

$$\geqslant -2k_2 \int_0^{\frac{t-t_2-\frac12}{8\eta\lambda_2+4\lambda+2c}} \frac{1}{\tau_2} e^{-\frac{s}{\tau_2}} \int_{t-t_2-cs}^\infty \frac{1}{\sqrt{4\pi s}} e^{-\frac{(\frac12+8\eta\lambda_2 s+4\lambda s+cs)y}{4s}} dyds$$

$$= -2k_2 \int_0^{\frac{t-t_2-\frac12}{8\eta\lambda_2+4\lambda+2c}} \frac{1}{\tau_2} e^{-\frac{s}{\tau_2}} \frac{2\sqrt{s} e^{-\frac{(\frac12+8\eta\lambda_2 s+4\lambda s+cs)(t-t_2-cs)}{4s}}}{\left(\frac12+8\eta\lambda_2 s+4\lambda s+cs\right)\sqrt{\pi}} ds$$

$$\geqslant -\frac{8k_2}{\sqrt{\pi}} \int_0^{\frac{t-t_2-\frac12}{8\eta\lambda_2+4\lambda+2c}} \frac{1}{\tau_2} e^{-\frac{s}{\tau_2}} \sqrt{s} e^{-(2\eta\lambda_2+\lambda)(t-t_2-cs)} ds$$

$$= -\frac{8}{\sqrt{\pi}} k_2 e^{(\eta\lambda_2+\lambda)t_2} e^{-\eta\lambda_2 t} e^{-\lambda t} \int_0^{\frac{t-t_2-\frac12}{8\eta\lambda_2+4\lambda+2c}} \frac{1}{\tau_2} \sqrt{s} e^{-\frac{s}{\tau_2}+c\lambda s} e^{-\eta\lambda_2(t-t_2-2cs)} ds$$

$$\geqslant -\frac{8}{\sqrt{\pi}} k_2 e^{(\eta\lambda_2+\lambda)t_2} e^{-\eta\lambda_2 t_3} e^{-\lambda t} \int_0^\infty \frac{1}{\tau_2} \sqrt{s} e^{-\frac{s}{\tau_2}+c\lambda s} ds$$

$$= -\frac{8\sqrt{\tau_2}}{\sqrt{(1-c\lambda\tau_2)^3}\sqrt{\pi}}k_2 e^{\eta\lambda_2(t_2-t_3)+\lambda t_2}e^{-\lambda t}\int_0^\infty \sqrt{s}e^{-s}ds$$

$$= -\frac{4\sqrt{\tau_2}}{\sqrt{(1-c\lambda\tau_2)^3}}k_2 e^{\eta\lambda_2(t_2-t_3)+\lambda t_2}e^{-\lambda t}\quad\left(\text{因为}\int_0^\infty \sqrt{s}e^{-s}ds = \frac{\sqrt{\pi}}{2}\right).$$

对于 Λ_2, 取充分小的 λ 使得 $\lambda(8\eta\lambda_2 + 4\lambda + 2c)\tau_2 \leqslant 1$,

$$\Lambda_2 = -2k_2\int_{\frac{t-t_2-\frac{1}{2}}{8\eta\lambda_2+4\lambda+2c}}^\infty \frac{1}{\tau_2}e^{-\frac{s}{\tau_2}}\int_{t-t_2-cs}^\infty \frac{1}{\sqrt{4\pi s}}e^{-\frac{y^2}{4s}}dyds$$

$$\geqslant -2k_2 q e^{\eta\lambda_2 t}\int_{\frac{t-t_2-\frac{1}{2}}{8\eta\lambda_2+4\lambda+2c}}^\infty \frac{1}{\tau_2}e^{-\frac{s}{\tau_2}}\int_{-\infty}^\infty \frac{1}{\sqrt{4\pi s}}e^{-\frac{y^2}{4s}}dyds$$

$$= -2k_2\int_{\frac{t-t_2-\frac{1}{2}}{8\eta\lambda_2+4\lambda+2c}}^\infty \frac{1}{\tau_2}e^{-\frac{s}{\tau_2}}ds$$

$$= -2k_2 e^{-\frac{t-t_2-\frac{1}{2}}{(8\eta\lambda_2+4\lambda+2c)\tau_2}}$$

$$= -2k_2 e^{-\frac{(t-t_3)-(t_2-t_3)-\frac{1}{2}}{(8\eta\lambda_2+4\lambda+2c)\tau_2}}$$

$$= -2k_2 e^{\frac{t_2-t_3+\frac{1}{2}}{(8\eta\lambda_2+4\lambda+2c)\tau_2}}e^{-\frac{t-t_3}{(8\eta\lambda_2+4\lambda+2c)\tau_2}}$$

$$\geqslant -2k_2 e^{\frac{t_2-t_3+\lambda t_3+\frac{1}{2}}{(8\eta\lambda_2+4\lambda+2c)\tau_2}}e^{-\lambda t}\quad(\text{因为 } t \geqslant t_3).$$

因此

$$(g_2 * \underline{\psi})(t) \geqslant k_2 - \frac{k_2(1-\varepsilon_2)e^{-\lambda t}}{1-c\tau_2\lambda - d_2\tau_2\lambda^2} - A_{11}(\lambda, q, \tau_2),$$

其中 $A_{11}(\lambda, q, \tau_2) = 2k_2\left(\dfrac{2\sqrt{\tau_2}}{\sqrt{(1-c\lambda\tau_2)^3}}e^{\eta\lambda_2(t_2-t_3)+\lambda t_2} + e^{\frac{t_2-t_3+\lambda t_3+\frac{1}{2}}{(8\eta\lambda_2+4\lambda+2c)\tau_2}}\right)$, $t_3 \gg t_2$.

也有

$$(g_1 * \overline{\phi})(t) = \int_0^\infty \frac{1}{\tau_1}e^{-\frac{s}{\tau_1}}\int_{-\infty}^{t-t_3-cs}\frac{1}{\sqrt{4\pi s}}e^{-\frac{y^2}{4s}}(k_1 + k_1 e^{-\lambda(t-y-cs)})dyds$$

$$+ \int_0^\infty \frac{1}{\tau_1}e^{-\frac{s}{\tau_1}}\int_{t-t_3-cs}^\infty \frac{1}{\sqrt{4\pi s}}e^{-\frac{y^2}{4s}}k_1 e^{\lambda_1(t-y-cs)}dyds$$

$$= k_1 + \frac{k_1 e^{-\lambda t}}{1-\lambda c\tau_1 - \lambda^2\tau_1} + P_6(t),$$

其中

$$P_6(t)$$

$$= \int_0^\infty \frac{1}{\tau_1} e^{-\frac{s}{\tau_1}} \int_{t-t_3-cs}^\infty \frac{1}{\sqrt{4\pi s}} e^{-\frac{y^2}{4s}} [k_1 e^{\lambda_1(t-y-cs)} - (k_1 + k_1 e^{-\lambda(t-y-cs)})] dy ds$$

$$= \int_0^\infty \frac{1}{\tau_1} e^{-\frac{s}{\tau_1}} \int_{t-t_3-cs}^\infty \frac{1}{\sqrt{4\pi s}} e^{-\frac{y^2}{4s}} [k_1 e^{\lambda_1(t-t_3+t_3-y-cs)}$$

$$- (k_1 + k_1 e^{-\lambda(t-y-cs)})] dy ds$$

$$\geqslant k_1 e^{-\lambda t} \int_0^\infty \frac{1}{\tau_1} e^{-\frac{s}{\tau_1}} \int_{t-t_3-cs}^\infty \frac{1}{\sqrt{4\pi s}} e^{-\frac{y^2}{4s}} (e^{(\lambda+\lambda_1)t_3} e^{\lambda_1(-y-cs)}$$

$$- 2e^{-\lambda(-y-cs)}) dy ds$$

$$= k_1 e^{-\lambda t} \int_0^\infty \frac{1}{\tau_1} e^{-\frac{s}{\tau_1}} \int_{t-t_3-cs}^\infty \frac{1}{\sqrt{4\pi s}} \left[e^{(\lambda+\lambda_1)t_3} e^{\lambda_1^2 s - \lambda_1 cs} e^{-\frac{(y+2\lambda_1 s)^2}{4s}} \right.$$

$$\left. - 2e^{\lambda^2 s + \lambda cs} e^{-\frac{(y-2\lambda s)^2}{4s}} \right] dy ds$$

$$\geqslant k_1 e^{-\lambda t} \int_0^\infty \frac{1}{\tau_1} e^{-\frac{s}{\tau_1}} e^{\lambda_1^2 s} \int_{t-t_3-cs}^\infty \frac{1}{\sqrt{4\pi s}} \left[e^{(\lambda+\lambda_1)t_3} e^{-\lambda_1 cs} e^{-\frac{(y+2\lambda_1 s)^2}{4s}} \right.$$

$$\left. - 2e^{\lambda cs} e^{-\frac{(y-2\lambda s)^2}{4s}} \right] dy ds$$

$$= k_1 e^{-\lambda t} \int_0^\infty \frac{1}{\tau_1} e^{-\frac{s}{\tau_1}} e^{\lambda_1^2 s} \int_{t-t_3-cs}^\infty \frac{1}{\sqrt{4\pi s}} e^{(\lambda+\lambda_1)t_3} e^{-\lambda_1 cs} \left[e^{-\frac{(y+2\lambda_1 s)^2}{4s}} \right.$$

$$\left. - e^{-\frac{(y-2\lambda s)^2}{4s}} \right] dy ds + k_1 e^{-\lambda t} \int_0^\infty \frac{1}{\tau_1} e^{-\frac{s}{\tau_1}} e^{\lambda_1^2 s} \int_{t-t_3-cs}^\infty \frac{1}{\sqrt{4\pi s}} e^{-\frac{(y-2\lambda s)^2}{4s}}$$

$$(e^{(\lambda+\lambda_1)t_3} e^{-\lambda_1 cs} - 2e^{\lambda cs}) dy ds$$

$$\geqslant -k_1(\lambda + \lambda_1) e^{(\lambda+\lambda_1)t_3} e^{-\lambda t} \int_0^\infty \frac{1}{\tau_1} e^{-\frac{s}{\tau_1}} e^{\lambda_1^2 s} e^{-\lambda_1 cs} \frac{\sqrt{s}}{\sqrt{\pi}} dy ds$$

$$- k_1 e^{-\lambda t} \left| \int_0^\infty \frac{1}{\tau_1} e^{-\frac{s}{\tau_1}} e^{\lambda_1^2 s} (e^{(\lambda+\lambda_1)t_3} e^{-\lambda_1 cs} - e^{\lambda cs}) ds \right|$$

$$= \left[-\frac{k_1(\lambda+\lambda_1)\sqrt{\tau_1} e^{(\lambda+\lambda_1)t_3}}{\sqrt{(1+\lambda_1 c\tau_1 - \lambda_1^2 \tau_1)^3}} - \left| \frac{k_1 e^{(\lambda+\lambda_1)t_3}}{1+\lambda_1 c\tau_1 - \lambda_1^2 \tau_1} - \frac{2k_1}{1-\lambda c\tau_1 - \lambda_1^2 \tau_1} \right| \right] e^{-\lambda t}$$

$$:= A_{12}(\lambda, \tau_1) e^{-\lambda t},$$

其中 $\int_0^\infty \sqrt{s} e^{-s} ds = \sqrt{\pi}/2$. 由 $k_1 e^{\lambda_1 t_3} = k_1 + k_1 e^{-\lambda t_3}$ 和 $e^{(\lambda+\lambda_1)t_3} \to 2(\lambda \to 0)$ 知, $A_{12}(0,0) = 0$. 因此,

$$d_1 \bar{\phi}''(t) - c\bar{\phi}'(t) + r_1 \bar{\phi}(t)[1 - a_1(g_1 * \bar{\phi})(t) - b_1(g_2 * \underline{\psi})(t)]$$

$$\leqslant e^{-\lambda t}\{k_1(d_1\lambda^2 + c\lambda) + r_1(k_1 + k_1 e^{-\lambda t})Q_9(\lambda)\}$$

$$= e^{-\lambda t}\{k_1(d_1\lambda^2 + c\lambda) + r_1 k_1 Q_9(\lambda) + r_1 k_1 Q_9(\lambda)e^{-\lambda t}\}$$

$$:= e^{-\lambda t}[I_9(\lambda) + r_1 k_1 Q_9(\lambda) + r_1 k_1 Q_9(\lambda)e^{-\lambda t}],$$

其中 $Q_9(\lambda) = \dfrac{b_1 k_2(1 - \varepsilon_2)}{1 - \lambda c\tau_1 - \lambda^2 \tau_1} - \dfrac{a_1 k_1}{1 - \lambda c\tau_1 - \lambda^2 \tau_1} - a_1 A_{12}(\lambda, \tau_1) + b_1 A_{11}(\lambda, q, \tau_2).$
则 (2.62) 和 $A_{11}(\lambda, \infty, \tau_2) = A_{12}(0, 0) = 0$ 蕴含着当 τ_1 充分小时, 对于充分大的 q,

$$I_9(0) = r_1 k_1 Q_9(0) = r_1 k_1[b_1 k_2 - a_1 k_1 - b_1 k_2 \varepsilon_2 - a_1 A_{12}(0, \tau_1) + b_1 A_{11}(0, q, \tau_2)] < 0.$$

因此, 可选择充分小的 λ 和充分大的 q, 对于充分小的 τ_1, 有 $I_9(\lambda) < 0$ 和 $Q_9(\lambda) < 0$.

对于 $\bar{\psi}(t)$, 也需证两种情况.

(i) 对于 $t \leqslant t_4 < 0$, 由于 $(g_4 * \bar{\psi})(t) \geqslant 0$ 和

$$(g_3 * \bar{\phi})(t) \leqslant \int_0^\infty \frac{1}{\tau_3} e^{-\frac{s}{\tau_3}} \int_{-\infty}^\infty \frac{1}{\sqrt{4\pi s}} e^{-\frac{y^2}{4s}} k_1 e^{\lambda_1(t-y-cs)} dy ds$$

$$= \frac{k_1 e^{\lambda_1 t}}{1 + \lambda_1 c\tau_3 - \lambda_1^2 \tau_3},$$

有

$$d_2 \bar{\psi}''(t) - c\bar{\psi}'(t) + r_2 \bar{\psi}(t)[1 + b_2(g_3 * \bar{\phi})(t) - a_2(g_4 * \bar{\psi})(t)]$$

$$\leqslant d_2 \bar{\psi}''(t) - c\bar{\psi}'(t) + r_2 \bar{\psi}(t)[1 + b_2(g_3 * \bar{\phi})(t)]$$

$$\leqslant k_2 e^{\eta \lambda_2 t}\left[q\Delta_2(\eta\lambda_2, c) + \frac{r_2 b_2 k_1}{1 + \lambda_1 c\tau_3 - \lambda_1^2 \tau_3}\left(e^{(\frac{\lambda_1 + \lambda_2}{\lambda_2} - \eta)\lambda_2 t} + q e^{\lambda_1 t}\right)\right]$$

$$\leqslant 0.$$

最后不等式成立是因为对于充分大的 $q > 0$, $t_4(q) < 0$ 充分小.

(ii) 对于 $t > t_4$, 有

$$(g_3 * \bar{\phi})(t) \leqslant \int_0^\infty \frac{1}{\tau_3} e^{-\frac{s}{\tau_3}} \int_{-\infty}^\infty \frac{1}{\sqrt{4\pi s}} e^{-\frac{y^2}{4s}} (k_1 + k_1 e^{-\lambda(t-y-cs)}) dy ds$$

$$= k_1 + \frac{k_1 e^{-\lambda t}}{1 - \lambda c\tau_3 - \lambda^2 \tau_3},$$

$$(g_4 * \bar{\psi})(t) = \int_0^\infty \frac{1}{\tau_4} e^{-\frac{s}{\tau_4}} \int_{-\infty}^{t-t_4-cs} \frac{1}{\sqrt{4\pi s}} e^{-\frac{y^2}{4s}} (k_2 + k_2 e^{-\lambda(t-y-cs)}) dy ds$$

$$+ \int_0^\infty \frac{1}{\tau_4} e^{-\frac{s}{\tau_4}} \int_{t-t_4-cs}^\infty \frac{1}{\sqrt{4\pi s}} e^{-\frac{y^2}{4s}} k_2(e^{\lambda_2(t-y-cs)}$$

$$+ qe^{\eta\lambda_2(t-y-cs)})dyds$$

$$= k_2 + \frac{k_2 e^{-\lambda t}}{1 - \lambda c\tau_2 - \lambda^2\tau_4} + P_7(t),$$

其中

$$P_7(t)$$
$$= \int_0^\infty \frac{1}{\tau_4} e^{-\frac{s}{\tau_4}} \int_{t-t_4-cs}^\infty \frac{1}{\sqrt{4\pi s}} e^{-\frac{y^2}{4s}} [k_2(e^{\lambda_2(t-y-cs)} + qe^{\eta\lambda_2(t-y-cs)})$$

$$- (k_2 + k_2 e^{-\lambda(t-y-cs)})]dyds$$

$$= \int_0^\infty \frac{1}{\tau_4} e^{-\frac{s}{\tau_4}} \int_{t-t_4-cs}^\infty \frac{1}{\sqrt{4\pi s}} e^{-\frac{y^2}{4s}} [k_2(e^{\lambda_2(t-t_4+t_4-y-cs)}$$

$$+ qe^{\eta\lambda_2(t-t_4+t_4-y-cs)}) - (k_2 + k_2 e^{-\lambda(t-y-cs)})]dyds$$

$$\geqslant k_2 e^{-\lambda t} \int_0^\infty \frac{1}{\tau_4} e^{-\frac{s}{\tau_4}} \int_{t-t_4-cs}^\infty \frac{1}{\sqrt{4\pi s}} e^{-\frac{y^2}{4s}} (e^{(\lambda+\lambda_2)t_4} e^{\lambda_2(-y-cs)}$$

$$+ qe^{(\lambda+\eta\lambda_2)t_4} e^{\eta\lambda_2(-y-cs)} - 2e^{-\lambda(-y-cs)})dyds$$

$$\geqslant k_2 e^{-\lambda t} \int_0^\infty \frac{1}{\tau_4} e^{-\frac{s}{\tau_4}} \int_{t-t_4-cs}^\infty \frac{1}{\sqrt{4\pi s}} e^{-\frac{y^2}{4s}} [e^{\lambda t_4}(e^{\lambda_2 t_4} + qe^{\eta\lambda_2 t_4})e^{\eta\lambda_2(-y-cs)}$$

$$- 2e^{-\lambda(-y-cs)}]dyds$$

$$\geqslant \left[-\frac{k_2(\lambda+\eta\lambda_2)\sqrt{\tau_4} e^{\lambda t_4}(e^{\lambda_2 t_4} + qe^{\eta\lambda_2 t_4})}{\sqrt{(1+\eta\lambda_2 c\tau_4 - (\eta\lambda_2)^2\tau_4)^3}} \right.$$

$$\left. - \left| \frac{k_2 e^{\lambda t_4}(e^{\lambda_2 t_4} + qe^{\eta\lambda_2 t_4})}{1+\lambda_2 c\tau_4 - (\eta\lambda_2)^2\tau_4} - \frac{2k_2}{1-\eta\lambda c\tau_4 - (\eta\lambda_2)^2\tau_4} \right| \right] e^{-\lambda t}$$

$$:= A_{14}(\lambda, \tau_4) e^{-\lambda t}.$$

最后一个不等式的估计类似于 $(g_1 * \bar\phi)(t)$. 由 $k_2(e^{\lambda_2 t_4} + qe^{\eta\lambda_2 t_4}) = k_2 + k_2 e^{-\lambda t_4}$ 和 $(e^{\lambda_2 t_4} + qe^{\eta\lambda_2 t_4}) \to 2(\lambda \to 0)$ 知, $A_{14}(0,0) = 0$. 因此

$$d_2\bar\psi''(t) - c\bar\psi'(t) + r_2\bar\psi(t)[1 + b_2(g_3 * \bar\phi)(t) - a_2(g_4 * \bar\psi)(t)]$$

$$\leqslant e^{-\lambda t}\{k_2(d_2\lambda^2 + c\lambda) + r_2(k_2 + k_2 e^{-\lambda t})Q_{10}(\lambda)\}$$

$$= e^{-\lambda t}\{k_2(d_2\lambda^2 + c\lambda) + r_2 k_2 Q_{10}(\lambda) + r_2 k_2 Q_{10}(\lambda)e^{-\lambda t}\}$$

$$:= e^{-\lambda t}[I_{10}(\lambda) + r_2 k_2 Q_{10}(\lambda)e^{-\lambda t}],$$

其中 $Q_{10}(\lambda) = \dfrac{b_2 k_1}{1 - \lambda c \tau_3 - \lambda^2 \tau_3} - \dfrac{a_2 k_2}{1 - \lambda c \tau_4 - \lambda^2 \tau_4} - a_2 A_{14}(\lambda, \tau_4)$. 则 $a_2 k_2 - b_2 k_1 = 1$ 和 $A_{14}(\lambda, 0) = 0$ 蕴含着对充分小的 τ_4,

$$I_{10}(0) = r_2 k_2 Q_{10}(0) = r_2 k_2 [-1 - a_2 A_{14}(0, \tau_4)] < 0.$$

因此, 可选择充分小的 λ 使得对于充分小的 τ_4, 有 $I_{10}(\lambda) < 0$ 和 $Q_{10}(\lambda) < 0$.

对于 $\underline{\phi}(t)$, 需证两种情况.

(i) 对于 $t \leqslant t_1 < 0$, 由于

$$(g_1 * \underline{\phi})(t) \leqslant \int_0^\infty \frac{1}{\tau_1} e^{-\frac{s}{\tau_1}} \int_{-\infty}^\infty \frac{1}{\sqrt{4\pi s}} e^{-\frac{y^2}{4s}} k_1 e^{\lambda_1(t-y-cs)} dy ds$$
$$= \frac{k_1 e^{\lambda_1 t}}{1 + \lambda_1 c \tau_1 - \lambda_1^2 \tau_1},$$
$$(g_2 * \bar{\psi})(t) \leqslant \int_0^\infty \frac{1}{\tau_2} e^{-\frac{s}{\tau_2}} \int_{-\infty}^\infty \frac{1}{\sqrt{4\pi s}} e^{-\frac{y^2}{4s}} k_2 (e^{\lambda_2(t-y-cs)} + q e^{\eta \lambda_2(t-y-cs)}) dy ds$$
$$= \frac{k_2 e^{\lambda_2 t}}{1 + \lambda_2 c \tau_2 - \lambda_2^2 \tau_2} + \frac{k_2 e^{\lambda_2 t}}{1 + \eta \lambda_2 c \tau_2 - (\eta \lambda_2)^2 \tau_2},$$

所以

$$d_1 \underline{\phi}''(t) - c \underline{\phi}'(t) + r_1 \underline{\phi}(t)[1 - a_1 (g_1 * \underline{\phi})(t) - b_1 (g_2 * \bar{\psi})(t)]$$
$$\geqslant -k_1 q e^{\eta \lambda_1 t} \Delta_1(\eta \lambda_1, c) + r_1 k_1 (e^{\lambda_1 t} - q e^{\eta \lambda_1 t}) \bigg(- \frac{a_1 k_1 e^{\lambda_1 t}}{1 + \lambda_1 c \tau_1 - \lambda_1^2 \tau_1}$$
$$- \frac{b_1 k_2 e^{\lambda_2 t}}{1 + \lambda_2 c \tau_2 - \lambda_2^2 \tau_2} - \frac{b_1 k_2 q e^{\eta \lambda_2 t}}{1 + \lambda_2 c \tau_2 - (\eta \lambda_2)^2 \tau_2} \bigg)$$
$$= -k_1 e^{\eta \lambda_1 t} \bigg\{ q \Delta_1(\eta \lambda_1, c) + r_1 \bigg[\frac{a_1 k_1 e^{(2-\eta) \lambda_1 t}}{1 + \lambda_1 c \tau_1 - \lambda_1^2 \tau_1} + \frac{b_1 k_2 e^{(\frac{\lambda_1 + \lambda_2}{\lambda_1} - \eta) \lambda_1 t}}{1 + \lambda_2 c \tau_2 - \lambda_2^2 \tau_2}$$
$$+ \frac{b_1 k_2 q e^{(\eta(\lambda_2 - \lambda_1) + \lambda_1) t}}{1 + \eta \lambda_2 c \tau_2 - (\eta \lambda_2)^2 \tau_2} \bigg] \bigg\}$$
$$\geqslant 0.$$

最后不等式成立是因为对于充分大的 $q > 0$, $t_1(q) < 0$ 充分小.

(ii) 对于 $t > t_1$, 有

$$(g_2 * \bar{\psi})(t) \leqslant \int_0^\infty \frac{1}{\tau_2} e^{-\frac{s}{\tau_2}} \int_{-\infty}^\infty \frac{1}{\sqrt{4\pi s}} e^{-\frac{y^2}{4s}} (k_2 + k_2 e^{-\lambda(t-y-cs)}) dy ds$$

$$= k_2 + \frac{k_2 e^{-\lambda t}}{1 - \lambda c\tau_2 - \lambda^2\tau_2},$$

$$(g_1 * \underline{\phi})(t) = \int_0^\infty \frac{1}{\tau_1} e^{-\frac{s}{\tau_1}} \int_{-\infty}^{t-t_1-cs} \frac{1}{\sqrt{4\pi s}} e^{-\frac{y^2}{4s}} (k_1 - k_1(1-\varepsilon_1)e^{-\lambda(t-y-cs)}) dy ds$$

$$+ \int_0^\infty \frac{1}{\tau_1} e^{-\frac{s}{\tau_1}} \int_{t-t_1-cs}^\infty \frac{1}{\sqrt{4\pi s}} e^{-\frac{y^2}{4s}} [k_1 e^{\lambda_1(t-y-cs)}$$

$$- k_1 q e^{\eta\lambda_1(t-y-cs)}] dy ds$$

$$= k_1 - \frac{k_1(1-\varepsilon_1)e^{-\lambda t}}{1 - \lambda c\tau_1 - \lambda^2\tau_1} + P_8(t),$$

其中

$$P_8(t)$$

$$= \int_0^\infty \frac{1}{\tau_1} e^{-\frac{s}{\tau_1}} \int_{t-t_1-cs}^\infty \frac{1}{\sqrt{4\pi s}} e^{-\frac{y^2}{4s}} [k_1(e^{\lambda_1(t-y-cs)} - q e^{\eta\lambda_1(t-y-cs)})$$

$$- (k_1 - k_1(1-\varepsilon_1)e^{-\lambda(t-y-cs)})] dy ds$$

$$= \int_0^\infty \frac{1}{\tau_1} e^{-\frac{s}{\tau_1}} \int_{t-t_1-cs}^\infty \frac{1}{\sqrt{4\pi s}} e^{-\frac{y^2}{4s}} [k_1(e^{\lambda_1(t-y-cs)} - q e^{\eta\lambda_1(t-y-cs)})$$

$$- (k_1 - k_1(1-\varepsilon_1)e^{-\lambda t}) + k_1(1-\varepsilon_1)e^{-\lambda t}(e^{\lambda(y+cs)} - 1)] dy ds$$

$$\leqslant k_1(1-\varepsilon_1)e^{-\lambda t} \int_0^\infty \frac{1}{\tau_1} e^{-\frac{s}{\tau_1}} \int_{t-t_1-cs}^\infty \frac{1}{\sqrt{4\pi s}} e^{-\frac{y^2}{4s}} (e^{\lambda(y+cs)} - 1) dy ds$$

$$= k_1(1-\varepsilon_1)e^{-\lambda t} \int_0^\infty \frac{1}{\tau_1} e^{-\frac{s}{\tau_1}} \int_{t-t_1-cs}^\infty \frac{1}{\sqrt{4\pi s}} \left[e^{-\frac{(y-2\lambda s)^2}{4s}} e^{(\lambda^2+\lambda c)s} - e^{-\frac{y^2}{4s}} \right] dy ds$$

$$= k_1(1-\varepsilon_1)e^{-\lambda t} \int_0^\infty \frac{1}{\tau_1} e^{-\frac{s}{\tau_1}} \int_{t-t_1-2\lambda s-cs}^\infty \frac{1}{\sqrt{4\pi s}} e^{-\frac{y^2}{4s}} (e^{(\lambda^2+\lambda c)s} - 1) dy ds$$

$$+ k_1(1-\varepsilon_1)e^{-\lambda t} \int_0^\infty \frac{1}{\tau_1} e^{-\frac{s}{\tau_1}} \int_{t-t_1-2\lambda s-cs}^{t-t_1-cs} \frac{1}{\sqrt{4\pi s}} e^{-\frac{y^2}{4s}} dy ds$$

$$\leqslant k_1(1-\varepsilon_1)e^{-\lambda t} \left\{ \int_0^\infty \frac{1}{\tau_1} e^{-\frac{s}{\tau_1}} \int_{-\infty}^\infty \frac{1}{\sqrt{4\pi s}} e^{-\frac{y^2}{4s}} (e^{(\lambda^2+\lambda c)s} - 1) dy ds \right.$$

$$\left. + \frac{\lambda}{\sqrt{\pi}} \int_0^\infty \frac{\sqrt{s}}{\tau_1} e^{-\frac{s}{\tau_1}} ds \right\}$$

$$= k_1(1-\varepsilon_1)e^{-\lambda t} \left\{ \int_0^\infty \frac{1}{\tau_1} e^{-\frac{s}{\tau_1}} (e^{(\lambda^2+\lambda c)s} - 1) ds + \frac{\lambda\sqrt{\tau_1}}{\sqrt{\pi}} \int_0^\infty \sqrt{s} e^{-s} ds \right\}$$

$$= k_1(1 - \varepsilon_1) \left(\frac{\lambda c\tau_1 + \lambda^2\tau_1}{1 - \lambda c\tau_1 - \lambda^2\tau_1} + \frac{\lambda\sqrt{\tau_1}}{2} \right) e^{-\lambda t} := A_{15}(\lambda, \tau_1)e^{-\lambda t},$$

其中 $\int_0^\infty \sqrt{s}e^{-s}ds = \dfrac{\sqrt{\pi}}{2}$. 因此,

$$d_1\underline{\phi}''(t) - c\underline{\phi}'(t) + r_1\underline{\phi}(t)[1 - a_1(g_1 * \underline{\phi})(t) - b_1(g_2 * \overline{\psi})(t)]$$
$$\geqslant e^{-\lambda t}\{-k_1(1 - \varepsilon_1)(d_1\lambda^2 + c\lambda) + r_1[k_1 - k_1(1 - \varepsilon_1)e^{-\lambda t}]Q_{11}(\lambda)\}$$
$$\geqslant e^{-\lambda t}\{-k_1(1 - \varepsilon_1)(d_1\lambda^2 + c\lambda) + r_1\varrho_1 k_1 Q_{11}(\lambda)\} := e^{-\lambda t}I_{11}(\lambda),$$

其中 $Q_{11}(\lambda) = \dfrac{a_1 k_1(1 - \varepsilon_1)}{1 - \lambda c\tau_1 - \lambda^2\tau_1} - \dfrac{b_1 k_2}{1 - \lambda c\tau_2 - \lambda^2\tau_2} - a_1 A_{15}(\lambda, \tau_1)$. 显然, (2.62),

$\varepsilon_1 < \dfrac{a_1 k_1 - b_1 k_2}{a_1 k_1}$ 和 $A_{15}(0, \tau_1) = 0$ 蕴含着 $I_{11}(0) = r_1\varrho_1 k_1(a_1 k_1 - b_1 k_2 - a_1 k_1 \varepsilon_1) >$

0. 因此, 可选择充分小的 λ 使得 $I_{11}(\lambda) > 0$.

对于 $\underline{\psi}(t)$, 也需证两种情况.

(i) 对于 $t \leqslant t_2 < 0$, 因为 $(g_3 * \underline{\phi})(t) \geqslant 0$ 和

$$(g_4 * \underline{\psi})(t) \leqslant \int_0^\infty \frac{1}{\tau_4}e^{-\frac{s}{\tau_4}}\int_\infty^\infty \frac{1}{\sqrt{4\pi s}}e^{-\frac{y^2}{4s}}k_2 e^{\lambda_2(t - y - cs)}dyds = \frac{k_2 e^{\lambda_2 t}}{1 + \lambda_2 c\tau_4 - \lambda_2^2\tau_4},$$

所以

$$d_2\underline{\psi}''(t) - c\underline{\psi}'(t) + r_2\underline{\psi}(t)[1 + b_2(g_3 * \underline{\phi})(t) - a_2(g_4 * \underline{\psi})(t)]$$
$$\geqslant d_2\underline{\psi}''(t) - c\underline{\psi}'(t) + r_2\underline{\psi}(t)[1 - a_2(g_4 * \underline{\psi})(t)]$$
$$\geqslant -k_2 e^{\eta\lambda_2 t}\left[q\Delta_2(\eta\lambda_2, c) + \frac{r_2 a_2 k_2 e^{(2 - \eta)\lambda_2 t}}{1 + \lambda_2 c\tau_4 - \lambda_2^2\tau_4}\right] \geqslant 0.$$

最后不等式成立是因为对于充分大的 $q > 0$, $t_2(q) < 0$ 充分小.

(ii) 对于 $t > t_2$, 再将此情况分成两种情况: (1) $t_2 < t \leqslant t_4$; (2) $t > t_4$. (1) 与引理 2.2.11 的证明类似. (2) 类似于 $(g_2 * \underline{\psi})(t)$ 的估计, 有

$$(g_3 * \underline{\phi})(t) \geqslant k_1 - \frac{k_1(1 - \varepsilon_1)e^{-\lambda t}}{1 - \lambda c\tau_3 - \lambda^2\tau_3} - A_{16}(\lambda, q, \tau_3)e^{-\lambda t},$$

类似于 $(g_1 * \underline{\phi})(t)$ 的估计, 也有

$$(g_4 * \underline{\psi})(t) \leqslant k_2 - \frac{k_2(1 - \varepsilon_2)e^{-\lambda t}}{1 - \lambda c\tau_4 - \lambda^2\tau_4} + A_{17}(\lambda, \tau_1)e^{-\lambda t},$$

其中

$$A_{16}(\lambda, q, \tau_3) = 2k_1 \left(\frac{2\sqrt{\tau_3}}{\sqrt{(1-c\lambda\tau_3)^3}} e^{\eta\lambda_1(t_1-t_4)+\lambda t_1} + e^{\frac{t_1-t_4+\lambda t_4+\frac{1}{2}}{(8\eta\lambda_1+4\lambda+2c)\tau_3}} \right), \quad t_4 \gg t_1,$$

$$A_{17}(\lambda, \tau_4) = k_2(1-\varepsilon_2) \left(\frac{\lambda c\tau_4 + \lambda^2\tau_4}{1-\lambda c\tau_4 - \lambda^2\tau_4} + \frac{\lambda\sqrt{\tau_4}}{2} \right) e^{-\lambda t}.$$

因此

$$d_2\underline{\psi}''(t) - c\underline{\psi}'(t) + r_2\underline{\psi}(t)[1 + b_2(g_3 * \underline{\phi})(t) - a_2(g_4 * \underline{\psi})(t)]$$
$$\geqslant e^{-\lambda t}\{-k_2(1-\varepsilon_2)(d_2\lambda^2+c\lambda) + r_2[k_2 - k_2(1-\varepsilon_2)e^{-\lambda t}]Q_{12}(\lambda)\}$$
$$\geqslant e^{-\lambda t}\{-k_2(1-\varepsilon_2)(d_2\lambda^2+c\lambda) + r_2\varrho_2k_2Q_{12}(\lambda)\} := e^{-\lambda t}I_{12}(\lambda),$$

其中 $Q_{12}(\lambda) = \dfrac{a_2k_2(1-\varepsilon_2)}{1-\lambda c\tau_4 - \lambda^2\tau_4} - \dfrac{b_2k_1(1-\varepsilon_1)}{1-\lambda c\tau_3 - \lambda^2\tau_3} - b_2A_{16}(\lambda, q, \tau_3) - a_2A_{17}(\lambda, \tau_4)$.

显然, 由 $a_2k_2 - b_2k_1 = 1$, $A_{16}(\lambda, \infty, \tau_3) = A_{17}(0, \tau_4) = 0$ 和 $\varepsilon_2 < \dfrac{1}{a_2k_2}$, 对于充分大的 q, 有

$$I_{12}(0) = r_2\varrho_2k_2(1 - a_2k_2\varepsilon_2 + b_2k_1\varepsilon_1 - b_2A_{16}(0, q, \tau_3)) > 0.$$

因此, 可选择充分小的 λ 和充分大的 q 使得 $I_{12}(\lambda) > 0$. □

定理 2.2.5 ([128], 存在性)　假设 (2.62) 成立, τ_1 和 τ_4 充分小. 则对任意 $c > \max\{2\sqrt{d_1r_1}, 2\sqrt{d_2r_2}\}$, (2.3) 有连接 **0** 和 **K** 的以 c 为波速的行波解 $(\phi(x+ct), \psi(x+ct))$. 此外, $\lim\limits_{\xi\to-\infty} (\phi(\xi)e^{-\lambda_1\xi}, \psi(\xi)e^{-\lambda_2\xi}) = (k_1, k_2), \xi = x+ct$.

附注 2.2.5 ([128])　对于 $c = \max\{2\sqrt{d_1r_1}, 2\sqrt{d_2r_2}\}$, 很难通过构造弱上下解来证明行波解的存在性, 也不能通过极限的方法应用 Helly 定理来证明, 因为我们不能保证对于 $c > \max\{2\sqrt{d_1r_1}, 2\sqrt{d_2r_2}\}$ 得到的行波解是单调的.

附注 2.2.6 ([128])　注意到时滞 (τ_2, τ_3) 或 (ρ_2, ρ_3) 不影响行波解的存在性, 然而时滞 (τ_1, τ_4) 或 (ρ_1, ρ_4) 对行波解的存在性有影响.

附注 2.2.7 ([128])　若 $b_1 = b_2 = 0$, (2.3) 退化为非局部时间时滞 Fisher-KPP 系统

$$\frac{\partial u(x, t)}{\partial t} = d\frac{\partial^2 u(x, t)}{\partial x^2} + ru(x, t)(1 - (g * u)(x, t)), \tag{2.67}$$

很多学者研究过该系统, 可参考 [6, 75] 及其相关文献. 对于 $c > \max\{2\sqrt{d_1r_1}, 2\sqrt{d_2r_2}\}$, 我们的结果包含了他们的结果.

附注 2.2.8 ([128]) 若 $g_i(x,t) = \delta(t)\delta(x), i = 1, 4$, (2.3) 退化为

$$
\begin{cases}
\dfrac{\partial u_1(x,t)}{\partial t} = d_1 \dfrac{\partial^2 u_1(x,t)}{\partial x^2} + r_1 u_1(x,t)(1 - a_1 u_1(x,t) - b_1(g_2 * u_2)(x,t)), \\
\dfrac{\partial u_2(x,t)}{\partial t} = d_2 \dfrac{\partial^2 u_2(x,t)}{\partial x^2} + r_2 u_2(x,t)(1 + b_2(g_3 * u_1)(x,t) - a_2 u_2(x,t)),
\end{cases}
$$

$$(2.68)$$

此时 f 满足 (PQM). 定义如 (2.63) 和 (2.64) 中所定义的弱上下解, 它满足定理 2.2.2 中 (i) 的条件, 因此通过选择不同核函数得到行波解的存在性.

第 3 章 扩散的捕食-被捕食系统的行波解的存在性

本章首先讨论具有 Holling-II 型功能反应的扩散捕食-被捕食模型的行波解和小振幅行波链解的存在性

$$
\begin{cases}
u_t = d_1 u_{xx} + Au\left(1 - \dfrac{u}{K}\right) - B\dfrac{uw}{1+Eu}, \\
w_t = d_2 w_{xx} - Cw + D\dfrac{uw}{1+Eu},
\end{cases}
\tag{3.1}
$$

其中所有参数都是正的, $u(x,t)$ 和 $w(x,t)$ 分别表示被捕食者和捕食者的密度, d_1 及 d_2 是扩散系数, A 是被捕食者的增长因子, C 是捕食者的死亡率, K 是环境的最大承受能力, B 和 D 是两种群的相互作用率, E 表示环境的饱和程度: 单位数量的捕食者消耗的食饵不能随可得到的食饵而连续线性增长, 必须在 $\dfrac{1}{E}$ 值处达到饱和, 见 [64] 和 [162] 等, 其中的反应项是 Holling-II 型功能反应.

对于捕食-被捕食系统 (3.1) 的特殊情形的行波解存在性, 许多学者已经研究过. Gardner[72] 通过利用修改后的 Conley 指数方法证明了连接稳定的空间齐次解的行波解的存在性, 也可参考 [165]. Dunbar[53, 54] 研究了扩散 Lotka-Volterra 模型行波解的存在性, 作者观察到行波解不一定是单调的, 而是对某些参数值下在行波解的一端有阻尼振动. 当 $d_1 = 0$ 时, Dunbar[55] 证明了系统 (3.1) 的周期轨和行波解的存在性, 即连接点和周期轨或连接两个点的异宿轨的存在性. 更详细的结果和参考文献, 可参考 [170] 和 [224].

Owen 和 Lewis[183] 利用数值模拟显示当 $d_1 \neq 0$ 和 $d_2 \neq 0$ 时, 系统 (3.1) 有行波解存在. 他们还提到一个有趣的公开问题是初值收敛于行波解的系统解的存在性和收敛性. 本章我们考虑当 $d_1 \neq 0$ 和 $d_2 \neq 0$ 时, 系统 (3.1) 的行波解和小振幅行波链解的存在性. 证明行波解存在性的方法是 $\mathbb{R}^4$ 中的打靶法, 并结合 Liapunov 函数和 LaSalle 不变原理. 行波解的存在性由一类简单连通区域和挖孔后的圆盘的非等价性得到, 而不是由一个区间和两个不相交的区间的非等价性得到的, 可参考 [53 − 55].

需要指出的是, 尽管用于证明行波解的存在性的方法和与文 [54] 中的方法类似, 但也有较多不同之处. 首先, 文 [54] 考虑的是 Lotka-Volterra 模型, 而我们讨论的是 Holling-II 型功能反应, 这就使得在证明行波解的存在性时要困难得多; 其次, 构造的 Wazewski 集合 W 要比文 [54] 中的复杂许多; 最后, 构造了不同的

Liapunov 函数来证明结论. 此外, 用于证明小振幅行波链解的方法与文 [55] 中的方法类似. 但文 [55] 考虑的是 $d_1 = 0$ 情形, 所对应的行波方程是 $\mathbb{R}^3$ 中的系统, 而我们研究的是 $\mathbb{R}^4$ 中的系统, $\mathbb{R}^4$ 中的几何要比 $\mathbb{R}^3$ 中的复杂.

注意到从系统 (3.1) 中第二个方程可以看出捕食者 w 除了捕食 u 外没有其他的食物来源, 食物的单一性不利于种群的生存发展. 而如下反应扩散系统可以描述捕食者食物来源的多样性, 且与被捕食者既有合作关系又有竞争关系, 还考虑了种群的阶段结构

$$
\begin{cases}
\dfrac{\partial v_1(x,t)}{\partial t} = d_1 \dfrac{\partial^2 v_1(x,t)}{\partial x^2} + \alpha_1 u_1(x,t) - \gamma_1 v_1(x,t) - \alpha_1 (g_1 * u_1)(x,t), \\[2mm]
\dfrac{\partial u_1(x,t)}{\partial t} = D_1 \dfrac{\partial^2 u_1(x,t)}{\partial x^2} + \alpha_1 (g_1 * u_1)(x,t) - a_1 u_1^2(x,t) - b_1 u_1(x,t)u_2(x,t), \\[2mm]
\dfrac{\partial v_2(x,t)}{\partial t} = d_2 \dfrac{\partial^2 v_2(x,t)}{\partial x^2} + \alpha_2 u_2(x,t) - \gamma_2 v_2(x,t) - \alpha_2 (g_2 * u_2)(x,t), \\[2mm]
\dfrac{\partial u_2(x,t)}{\partial t} = D_2 \dfrac{\partial^2 u_2(x,t)}{\partial x^2} + \alpha_2 (g_2 * u_2)(x,t) + b_2 u_1(x,t)u_2(x,t) - a_2 u_2^2(x,t),
\end{cases}
\tag{3.2}
$$

$t > 0, x \in \mathbb{R}$, 其中所有参数都是正常数, $(g_i * u_i)(x,t)$ 定义为

$$
(g_i * u_i)(x,t) = \int_0^\infty \int_{-\infty}^\infty e^{-\gamma_i s} g_i(y,s) u_i(x-y, t-s) dy ds, \quad i = 1,2,
$$

核函数 $g_i(x,t)$ 是非负可积的, 且满足

$$
g_i(x,t) = g_i(-x,t), \quad \int_0^\infty \int_{-\infty}^\infty g_i(y,s) dy ds = 1, \quad i = 1,2.
$$

$v_i(x,t), u_i(x,t)$ 和 d_i, D_i 分别表示两种群的未成熟种群和成熟种群在位置 x 和时刻 t 的密度、扩散系数, α_i 表示两种群的出生率, γ_i 表示两未成熟种群的死亡率, a_i 和 b_i 分别表示两成熟种群内部竞争系数和竞争合作系数, $i = 1,2$. 非局部项表示种群在位置 y 和时刻 $t-s$ 出生且在位置 x 和时刻 t 还活着的数量. 本章考虑系统 (3.2) 的行波解的存在性. 除此之外, 我们还将给出如下一般的具有偏单调性的离散时滞反应扩散系统

$$
\begin{cases}
\dfrac{\partial u(x,t)}{\partial t} = d_1 \dfrac{\partial^2 u(x,t)}{\partial x^2} + f_1(u_t, v_t), \\[2mm]
\dfrac{\partial v(x,t)}{\partial t} = d_2 \dfrac{\partial^2 v(x,t)}{\partial x^2} + f_2(u_t, v_t)
\end{cases}
\tag{3.3}
$$

的行波解的存在性, 其中 $\tau \geqslant 0, f_i : \mathbb{R}^2 \to \mathbb{R}$ 是连续函数. 我们利用上下解方法和

Schauder 不动点定理建立系统 (3.2) 和 (3.3) 的行波解的存在性. 本章的内容取自作者与合作者的论文 [100, 107, 129].

3.1　主要结论

为了简化, 令

$$u^* = Eu, \quad w^* = \frac{Bw}{C}, \quad t' = Ct, \quad x' = \sqrt{\frac{C}{d_2}}x,$$

$$d = \frac{d_1}{d_2}, \quad \alpha = \frac{A}{ECK}, \quad b = EK, \quad \beta = \frac{d_2}{EC},$$

为方便去掉 * 和 ', 可得如下系统

$$\begin{cases} u_t = du_{xx} + u\left[\alpha(b-u) - \dfrac{w}{1+u}\right], \\ w_t = w_{xx} - w\left(1 - \dfrac{\beta u}{1+u}\right). \end{cases} \tag{3.4}$$

下面对参数加一些合理的限制: 首先, 要求 $b > 1$ 或等价于要求 $E > \dfrac{1}{K}$, 使得饱和作用足够大. 也要求 $\beta > \dfrac{1+b}{b} > 1$, 这保证 (3.4) 有一个正平衡点, 其对应于两种群的共存. 最后, 要求 $\alpha > 0$ 和 $0 < d \leqslant 1$, 后面的条件表明被捕食者种群不会比捕食者扩散得快. 系统 (3.4) 有三个平衡点: $(0,0), (b,0)$ 和 (u_0, w_0), 其中

$$u_0 = \frac{1}{\beta - 1}, \quad w_0 = \alpha\left(\frac{1}{\beta-1}+1\right)\left(b - \frac{1}{\beta-1}\right).$$

平衡点 $(0,0)$ 是一个鞍点, 对应于两种群都不存在. $(b,0)$ 是一个鞍点, 对应于在环境的承受能力下, 捕食者不存在. (u_0, w_0) 对应于两种群共存. 我们利用打靶法证明行波解是连接两平衡点 $(b,0)$ 和 (u_0, w_0) 的一条异宿轨线.

系统 (3.4) 的行波解是形如 $u(x,t) = u(x+ct), w(x,t) = w(x+ct)$ 的解, 其中 $s = x+ct$, 波速参数 c 是正的, 则系统 (3.4) 变成

$$\begin{cases} cu' = du'' + \alpha u(b-u) - \dfrac{uw}{1+u}, \\ cw' = w'' - w + \dfrac{\beta uw}{1+u}, \end{cases} \tag{3.5}$$

′ 表示关于行波变量 s 的导数, 考虑到其生物意义, 我们限制行波解 u 和 w 非负, 且满足边界条件

$$u(-\infty) = b, \quad u(+\infty) = u_0, \quad w(-\infty) = 0, \quad u(+\infty) = w_0. \tag{3.6}$$

将 (3.5) 写成 $\mathbb{R}^4$ 中的一阶方程组

$$\begin{cases} u' = v, \\ v' = \dfrac{c}{d}v + \dfrac{\alpha}{d}u(u-b) + \dfrac{uw}{d(1+u)}, \\ w' = z, \\ z' = cz + w - \dfrac{\beta uw}{1+u}. \end{cases} \tag{3.7}$$

下面的结论 (见 [55], pp.1069) 是 Wazewski 定理的一种形式, 是打靶法的形式化和拓广, 其证明见 [55].

考虑下面的微分方程

$$y' = f(y), \quad ' = \frac{d}{ds}, \quad y \in \mathbb{R}^n, \tag{$*$}$$

其中 $f : \mathbb{R}^n \to \mathbb{R}^n$ 是连续函数, 且满足 Lipschitz 条件. 设 $y(s, y_0)$ 是 $(*)$ 满足 $y(0, y_0) = y_0$ 的唯一解. 为便于讨论, 记 $y(s, y_0) = y_0 \cdot s$, 设 $Y \cdot S$ 是点 $y_0 \cdot s$ 组成的集合, 其中 $y_0 \in Y, s \in S$.

给定 $W \subseteq \mathbb{R}^n$, 定义

$$W^- = \{y_0 \in W | \forall s > 0, y_0 \cdot [0, s) \nsubseteq W\}.$$

W^- 是 W 的立即逃逸集合. 给定 $\Sigma \subseteq W$, 设

$$\Sigma^0 = \{y_0 \in \Sigma | \exists s_0 = s_0(y_0) 使得 y_0 \cdot s_0 \notin W\}.$$

对于 $y_0 \in \Sigma^0$, 定义

$$T(y_0) = \sup\{s | y_0 \cdot [0, s] \subseteq W\},$$

称 $T(y_0)$ 逃逸时间. 注意到 $y_0 \cdot T(y_0) \in W^-$, 则 $T(y_0) = 0$ 当且仅当 $y_0 \in W^-$.

引理 3.1.1([100]) 假设下面的条件成立:

(i) 如果 $y \in \Sigma, y_0 \cdot [0, s] \subseteq \mathrm{cl}(W)$, 则 $y_0 \cdot [0, s] \subseteq W$;

(ii) 如果 $y_0 \in \Sigma, y_0 \cdot s \in W, y_0 \cdot s \notin W^-$, 则存在关于 $y_0 \cdot s$ 的一个开集 V_s, 与 W^- 不交;

(iii) $\Sigma = \Sigma^0$ 是一个紧集, 且和 $y' = f(y)$ 的轨线只交一次,

那么映射 $F(y_0) = y_0 \cdot T(y_0)$ 是一个从 Σ 到它在 W^- 上的图像的同胚.

称满足条件 (i) 和 (ii) 的集合 $W \subseteq \mathbb{R}^n$ 为一个 Wazewski 集. 下面我们先叙述这一章的主要结论.

定理 3.1.1([100], 行波解的存在性)　(i) 如果 $0 < c < \sqrt{\dfrac{4(b\beta - 1 - b)}{1 + b}}$, 则系统 (3.7) 没有满足边界条件 (3.6) 的非负解;

(ii) 如果 $c > \sqrt{\dfrac{4(b\beta - 1 - b)}{1 + b}}, \dfrac{b + 1}{b} < \beta < \dfrac{b}{b - 1}, (1 - \alpha)(\beta - 1) \geqslant \dfrac{2\beta}{1 + b}$ $\sqrt{\dfrac{b\beta - 1 - b}{1 + b}}$, 则系统 (3.7) 存在满足边界条件 (3.6) 的非负解, 其对应于 (3.4) 的行波解.

(iii) $\Sigma = \Sigma^0$ 是一个紧集, 且和 $y' = f(y)$ 的轨线只交一次.

定理 3.1.2 ([100], 周期解和行波链解的存在性)　如果 $\dfrac{b + 1}{b} < \beta \leqslant$ $\dfrac{1}{1 - \sqrt{2/(1 + b)}}$, 在 (β, c)-参数平面上, 当参数 β 在 β_0 处穿过分岔曲线 $c^2 = $ $\dfrac{1}{1 + d} - \dfrac{d(1 + d)p}{r}$ 时, 其中 $r = \dfrac{\alpha(1 + b)}{\beta} - \dfrac{2\alpha}{\beta - 1} < 0, p = \dfrac{\alpha b(\beta - 1) - \alpha}{d\beta} < 0$, 则系统 (3.7) 的平衡点 $(u_0, 0, w_0, 0)$ 有一个 Hopf 分支, 并存在一个小振幅周期解, 它对应于 (3.4) 的小振幅行波链解.

3.2　行波解、周期解和行波链解的存在性证明

3.2.1　行波解的存在性证明

本节给出定理 3.1.1 的证明. 系统 (3.7) 在 $(b, 0, 0, 0)$ 处线性化方程的特征根为

$$\lambda_1 = \frac{\dfrac{c}{d} - \sqrt{\dfrac{c^2}{d^2} + \dfrac{4\alpha b}{d}}}{2}, \quad \lambda_2 = \frac{c - \sqrt{c^2 - \dfrac{4(b\beta - 1 - b)}{1 + b}}}{2},$$

$$\lambda_3 = \frac{c + \sqrt{c^2 - \dfrac{4(b\beta - 1 - b)}{1 + b}}}{2}, \quad \lambda_4 = \frac{\dfrac{c}{d} + \sqrt{\dfrac{c^2}{d^2} + \dfrac{4\alpha b}{d}}}{2}.$$

如果 $0 < c < \sqrt{\dfrac{4(b\beta - 1 - b)}{1 + b}}$, 那么 λ_2 和 λ_3 是一对具有正实部的复共轭虚根, 由 [87] 中的定理 6.1 和定理 6.2 知, 在 $(b, 0, 0, 0)$ 处存在一个二维不稳定子流形, 在这个不稳定子流形上的轨线是螺旋的, 当 $s \to -\infty$ 时, 趋近于 $(b, 0, 0, 0)$ 的轨线对于某些 s, 必定有 $w(s) < 0$, 这就和行波解必须是非负的相矛盾. 从而定理 3.1.1 的第一部分得证.

下面我们只需讨论 $c \geqslant \sqrt{\dfrac{4(b\beta - 1 - b)}{1 + b}}$ 的情形. 易知 $\lambda_1 < 0 < \lambda_2 < \lambda_3 < \lambda_4$, 分别对应于特征值 $\lambda_2, \lambda_3, \lambda_4$ 的特征向量 e_2, e_3, e_4 为

$$e_2 = (1, \lambda_2, p(\lambda_2), \lambda_2 p(\lambda_2)), \quad e_3 = (1, \lambda_3, p(\lambda_3), \lambda_3 p(\lambda_3)), \quad e_4 = (1, \lambda_4, 0, 0),$$

其中 $p(\lambda) = \dfrac{1 + b}{b}\left[(d - 1)\lambda^2 - \dfrac{\beta b - 1 - b}{1 + b} - \alpha b\right] < 0$. 由 [87] 中的定理 6.1 和定理 6.2 知, 在 $(b, 0, 0, 0)$ 的一个小邻城中存在一个极强的不稳定流形 Ω_1, 并且在 $(b, 0, 0, 0)$ 处和 e_4 相切, 这个一维极强不稳定流形 Ω_1 的参数表示为

$$f_1(m) = (b, 0, 0, 0) + m e_4 + O(|m|).$$

同理, 在 $(b, 0, 0, 0)$ 的一个小邻域中也存在一个二维强不稳定流形 Ω_2, 其在 $(b, 0, 0, 0)$ 处与由 e_4 和 e_3 张成的空间相切, 这个二维强不稳定流形 Ω_2 的参数表示为

$$f_2(m, n) = (b, 0, 0, 0) + m e_4 + n e_3 + O(|m| + |n|).$$

最后, 在 $(b, 0, 0, 0)$ 的一个小邻域中也存在一个三维的不稳定流形 Ω_3, 其在 $(b, 0, 0, 0)$ 处与由 e_4, e_3 和 e_2 张成的空间相切, 这个三维强不稳定流形 Ω_3 的参数表示为

$$f_2(m, n, l) = (b, 0, 0, 0)^{\mathrm{T}} + m e_4 + n e_3 + l e^2 + O(|m| + |n| + |l|).$$

本节构造 Wazewski 集合 W 的思路和 [54] 中的相似: 它是 $\mathbb{R}^4$ 中的四个集合的补集, 选取这四个集合中的两个集合使得 z' 和 z 同号, 且当 $s \to \infty$ 时, 进入这些集合的解不会满足 $z \to 0$. 另两个集合的选取使得 v' 和 v 同号, 且当 $s \to \infty$ 时, 进入这些集合的解不会满足 $v \to 0$.

定义 W 为

$$W = \mathbb{R}^4 \setminus (P \cup Q \cup T \cup S),$$

其中

$$P = \{(u, v, w, z) \,|\, u < u_0, w > w_0, z > 0\},$$

$$Q = \{(u, v, w, z) \,|\, u > u_0, w < w_0, z < 0\},$$

$$S = \left\{(u, v, w, z) \,\Big|\, u > u_0, \alpha(u - b) + \frac{w}{1 + u} > 0, v > 0\right\},$$

$$T = \left\{(u, v, w, z) \,\Big|\, u < u_0, \alpha(u - b) + \frac{w}{1 + u} < 0, v < 0\right\}.$$

注意到 $P \cap T \neq \varnothing, Q \cap S \neq \varnothing$, 同时所有别的交集是空集. 因此有

$$\partial W = (\partial P \setminus T) \cup (\partial Q \setminus S) \cup (\partial T \setminus P) \cup (\partial S \setminus Q),$$

$$W^- = \partial W \setminus (\{(u_0, 0, w_0, 0)\} \cup J_1 \cup J_2),$$

$$N = \{(u, v, w, z) | w = z = 0\}, \quad H = \{(u, v, w, z) | u = v = 0\},$$

$$J_1 = \{(u, v, w, z) | u > u_0, w \leqslant 0, z = 0\}$$

$$\cup \{(u, v, w, z) | u = b, w \leqslant w_0, v < 0, z = 0\}$$

$$\cup \left\{ (u, v, w, z) \,\middle|\, u > u_0, \alpha(u - b) + \frac{w}{1 + u} > 0, v \leqslant 0, z = 0 \right\}$$

$$\cup \left\{ (u, v, w, z) \,\middle|\, u > u_0, \alpha(u - b) + \frac{w}{1 + u} = 0, w \leqslant w_0, v = 0, z = 0 \right\}$$

$$\cup \left\{ (u, v, w, z) \,\middle|\, u > u_0, \alpha(u - b) + \frac{w}{1 + u} = 0, w > w_0, v < 0, z = 0 \right\}$$

$$\cup \left\{ (u, v, w, z) \,\middle|\, u > u_0, \alpha(u - b) + \frac{w}{1 + u} = 0, w > w_0, z < 0 \right\},$$

$$J_2 = \{(u, v, w, z) | u = 0, w \leqslant \alpha b, z < 0, v = 0\}$$

$$\cup \{(u, v, w, z) | u = 0, w \leqslant w_0, z \geqslant 0, v = 0\}$$

$$\cup \left\{ (u, v, w, z) \,\middle|\, u < 0, \alpha(u - b) + \frac{w}{1 + u} = 0, v = 0 \right\}$$

$$\cup \left\{ (u, v, w, z) \,\middle|\, u < 0, \alpha(u - b) + \frac{w}{1 + u} < 0, w \geqslant w_0, z < 0, v = 0 \right\}$$

$$\cup \left\{ (u, v, w, z) \,\middle|\, u < u_0, \alpha(u - b) + \frac{w}{1 + u} < 0, w < w_0, v = 0 \right\}$$

$$\cup \left\{ (u, v, w, z) \,\middle|\, u < u_0, \alpha(u - b) + \frac{w}{1 + u} = 0, z < 0, v < 0 \right\},$$

J_1 是 ∂W 上的不会从 W 离开进入 Q, T 或 S 中的点组成的集合, 它有三种方式实现. 不变流形 N 上的一些点可能不会立即进入 T 或 S, 当然它们将一直留在 N, 也不进入 Q. ∂W 的满足 $z = 0, w < 0$ 的点将从 Q 进入 W, 这些点将不会是立即逃逸点. ∂W 上满足 $\alpha(u - b) + \dfrac{w}{1 + u} = 0, u > u_0, w > w_0, z < 0$ 的点也将不是立即逃逸点.

J_2 是 W 上不会从 W 进入 P 或 T 的立即逃逸点的集合. 这也可有三种方式发生. 在不变流形 H 上的点可能不会立即进入 P, 并将一直留在 H, 同样也不

会进入 T. ∂W 上满足 $u < 0, \alpha(u - b) + \dfrac{w}{1+u} < 0, v = 0$ 的点也不会是立即逃逸点. ∂W 上满足 $\alpha(u - b) + \dfrac{w}{1+u} = 0, u < u_0, z < 0$ 的点也将不是立即逃逸点.

关于 w^- 是上面描述的集合的证明比较长, 而且类似于 [54] 中的证明, 在此省略. 我们只是给出了 ∂W 和 $\partial T \setminus P$ 的一部分证明, 其他的证明类似.

∂T 的有界性是 $u = u_0, \alpha(u - b) + \dfrac{w}{1+u} = 0$ 或 $v = 0$. 我们考虑以下情况来讨论 $\partial T \setminus P$.

(1) $u = u_0, w = w_0, v < 0$.

(i) $z < 0$, 则 $w < w_0$. $v < 0$ 蕴含着 $u < u_0$. 直接的计算可得

$$\left[\alpha(u-b) + \frac{w}{1+u}\right]' \Big|_{(u_0, v, w_0, z)} = \left[v\left(\alpha - \frac{w}{(1+u)^2}\right) + \frac{z}{1+u}\right]\Big|_{(u_0, v, w_0, z)} < 0.$$

因此, 轨线进入 T.

(ii) $z = 0$, 因为 $v < 0$, 所以 $u < u_0$, 且

$$\left[\alpha(u-b) + \frac{w}{1+u}\right]' \Big|_{(u_0, v, w_0, z)} = v\left[\alpha - \frac{w}{(1+u)^2}\right]\Big|_{(u_0, v, w_0, z)} < 0.$$

因此, 轨线也进入 T.

(iii) $z > 0$, 则 $w > w_0, z > 0, u < u_0$, 轨线进入 P.

(2) $u = u_0, w < w_0, v < 0$.

因为 $v < 0$ 蕴含着 $u < u_0$, 且在 $u = u_0$ 点处有

$$\alpha(u-b) + \frac{w}{1+u} = \alpha(u_0 - b) + \frac{w}{1+u_0} < \alpha(u_0 - b) + \frac{w_0}{1+u_0} = 0,$$

即轨线进入 T.

(3) $u = u_0, w = w_0, v = 0$.

(i) $z = 0$, 这是一个奇异点, 不在立即逃逸集合中.

(ii) $z > 0$, 则 $w > w_0$. 我们有

$$v' = \frac{1}{d}\left[cv + \alpha u(u - b) + \frac{wu}{1+u}\right]\Big|_{(u_0, w_0)} = 0,$$

$$v'' = \frac{1}{d}\left[cv' + v\left(\alpha(u - b) + \frac{wu}{1+u}\right)\right.$$

$$\left. + u\left(\alpha v + \frac{z}{1+u} - \frac{wu}{(1+u)^2}\right)\right]\Big|_{(u_0, w_0)}$$

$$= \frac{1}{d}\left(\frac{uz}{1+u}\right)\Big|_{(u_0,w_0)} > 0.$$

这蕴含着 u 是递增的, 且 v 有最小值, 因此 $v > 0$. 因为 $\left[\alpha(u-b)+\dfrac{w}{1+u}\right]' = \dfrac{w'}{1+u} > 0$ 且 $\alpha(u_0-b)+\dfrac{w_0}{1+u_0}=0$, 所以 $\alpha(u-b)+\dfrac{w}{1+u}>0$. 因此, 轨线进入 S.

(iii) $z < 0$, 则 $w < w_0$. 我们有

$$v' = \frac{1}{d}\left[cv+\alpha u(u-b)+\frac{wu}{1+u}\right]\Big|_{(u_0,w_0)}=0,$$

$$v'' = \frac{1}{d}\left[cv'+v\left(\alpha(u-b)+\frac{w}{1+u}\right)\right.$$

$$\left.+u\left(\alpha v+\frac{z}{1+u}-\frac{wv}{(1+u)^2}\right)\right]\Big|_{(u_0,w_0)}$$

$$= \frac{1}{d}\left(\frac{uz}{1+u}\right)\Big|_{(u_0,w_0)} < 0.$$

这蕴含着 $\alpha(u-b)+\dfrac{w}{1+u} < 0$. 因此 u 是递减的, 且 v 有最大值, 且 $v < 0$, 所以轨线进入 T.

(4) $u = u_0, w < w_0, v = 0$.

因为

$$v'|_{u=u_0} = \frac{1}{d}\left[cv+u\left(\alpha(u-b)+\frac{w}{1+u}\right)\right]\Big|_{u=u_0}$$

$$= \frac{u_0}{d}\left[\alpha(u_0-b)+\frac{w}{1+u_0}\right]$$

$$< \frac{u_0}{d}\left[\alpha(u_0-b)+\frac{w_0}{1+u_0}\right]=0,$$

且

$$\left[\alpha(u-b)+\frac{w}{1+u}\right]\Big|_{u=u_0} = \alpha(u_0-b)+\frac{w}{1+u_0}$$

$$< \alpha(u_0-b)+\frac{w_0}{1+u_0}=0,$$

因此, 轨线进入 T.

(5) $0 < u < u_0, \alpha(u - b) + \dfrac{w}{1+u} = 0, v < 0.$

(i) $z > 0$, 因为 $w = \alpha(b-u)(1+u), w_0 = \alpha(b-u_0)(1+u_0)$, 且 $\beta < \dfrac{b}{1+b}$, 所以 $u_0 > b - 1$, 且 $w - w_0 = \alpha(u - u_0)(u + u_0 + 1 - b) > 0$. 因此 $w > w_0$, 轨线进入 P.

(ii) $z = 0$, 因为 $\beta < \dfrac{b}{1+b}$, 所以 $1 - \beta + \dfrac{\beta}{1+u} > 1 - \beta + \dfrac{\beta}{1+u_0} > 0$, 且 $z' = cz + w - \dfrac{\beta uw}{1+u} = w\left[1 - \beta + \dfrac{\beta}{1+u}\right] > 0$, 即 $z > 0$. 类似于 (5)(i) 的证明可得 $w > w_0$, 因此 $w > w_0$, 轨线进入 P.

(iii) $z < 0$, 轨线不进入 P 或 T, 这包含在 J_2 的一部分中.

(6) $0 < u < u_0, \alpha(u - b) + \dfrac{w}{1+u} = 0, v = 0.$

(i) $z < 0$, 则 w 是递减的, 且 $\left[\alpha(u-b) + \dfrac{w}{1+u}\right]' = \dfrac{z}{1+u} < 0$, 即 $(u-b) + \dfrac{w}{1+u} < 0$. 因为 $v' = \dfrac{1}{d}\left[cv + \alpha u(u-b) + \dfrac{wu}{1+u}\right] = 0$ 且 $v'' = \dfrac{1}{d}\left[cv' + v\left(\alpha(u - b) + \dfrac{w}{1+u}\right) + u\left(\alpha v + \dfrac{z}{1+u} - \dfrac{wv}{(1+u)^2}\right)\right] = \dfrac{1}{d}\dfrac{uz}{1+u} < 0$, 那么 v 是递减的且有最大值. 因此 $v < 0$, 轨线进入 T.

(ii) $z = 0$, 则 $z' = cz + w\left(1 - \dfrac{\beta u}{1+u}\right) = w\left(1 - \beta + \dfrac{\beta}{1+u}\right) > w\left(1 - \beta + \dfrac{\beta}{1+u_0}\right) = 0$, 这蕴含着 $z > 0$. 类似于 (5)(i) 的证明可得 $w > w_0$, 因此 $w > w_0$, 轨线进入 P.

(iii) $z > 0$, 轨线进入 P.

(7) $-1 < u < 0, \alpha(u - b) + \dfrac{w}{1+u} = 0, v = 0.$

(i) $z < 0$, 则 $v' = 0, v'' = \dfrac{1}{d}\dfrac{uz}{1+u} > 0$, 所以 v 有最小值且 $v > 0$, 但是 $\left[\alpha(u-b) + \dfrac{w}{1+u}\right]' = \dfrac{w'}{1+u} < 0$, 这蕴含着 $\alpha(u-b) + \dfrac{w}{1+u} < 0$, 轨线不立即进入 T, S 或 P, Q.

(ii) $z = 0$, 则 $z' = cz + w\left(1 - \beta + \dfrac{\beta}{1+u}\right) > 0$, 这蕴含着 $z > 0, v'' =$

$0, v''' = \dfrac{uz'}{1+u} < 0$, 所以 v 是递减的且有最大值. 因此 $v < 0$. 直接计算可得

$$\left[\alpha(u-b) + \dfrac{w}{1+u}\right]' = \dfrac{z}{1+u} > 0, \text{ 即 } \alpha(u-b) + \dfrac{w}{1+u} > 0, \text{ 轨线不立即进入 } T.$$

类似可得轨线不立即进入 P, Q, S.

(iii) $z > 0$, 轨线不立即进入 T, S 或 P, Q. 因此, 不管 z 的符号是什么, 这都是 J_2 的一部分.

(8) $0 < u < u_0, \alpha(u-b) + \dfrac{w}{1+u} < 0, v = 0, w > w_0$.

(i) $z < 0$, 则 $v' = \dfrac{1}{d}\left[cv + u\left(\alpha(u-b) + \dfrac{w}{1+u}\right)\right] < 0$, 这蕴含着 v 是递减的且 $v < 0$, 因此, 轨线进入 T.

(ii) $z = 0$, 则 $z' = cz + w\left(1 - \beta + \dfrac{\beta}{1+u}\right) > w\left(1 - \beta + \dfrac{\beta}{1+u_0}\right) = 0$, 即 z 是递增的且 $z > 0$. 因此, 轨线进入 P. 直接计算可得 $\left[\alpha(u-b) + \dfrac{w}{1+u}\right]' = \dfrac{z}{1+u} > 0$, 即 $\alpha(u-b) + \dfrac{w}{1+u} > 0$, 轨线不立即进入 T. 类似可得轨线不立即进入 P, Q, S.

(iii) $z < 0$, 这些点在 P 中, 没有被考虑.

(9) $0 < u < u_0, \alpha(u-b) + \dfrac{w}{1+u} < 0, w < w_0, v = 0$.

我们有 $v' = \dfrac{1}{d}\left[cv + u\left(\alpha(u-b) + \dfrac{w}{1+u}\right)\right] < 0$, 这蕴含着 v 是递减的且 $v < 0$, 因此, 轨线进入 T.

(10) $u < 0, \alpha(u-b) + \dfrac{w}{1+u} < 0, w \geqslant w_0, v = 0$.

(i) $z > 0$, 这些点在 P 中, 不会被考虑.

(ii) $z = 0$, 则 $z' = cz + w\left(1 - \dfrac{\beta u}{1+u}\right) = w\left(1 - \beta + \dfrac{\beta}{1+u}\right) > 0$, 这蕴含着 z 是递增的, 则有 $z > 0$. 因此, 轨线进入 P.

(iii) $z < 0$, 则 $v' = \dfrac{1}{d}\left[cv + u\left(\alpha(u-b) + \dfrac{w}{1+u}\right)\right] > 0$, 即 v 是递增的且 $v > 0$, 轨线不立即进入 T, Q 或 P, S, 这包含在 J_2 中.

(11) $u < 0, \alpha(u-b) + \dfrac{w}{1+u} < 0, w < w_0, v = 0$.

我们有 $v' = \dfrac{1}{d}\left[cv + u\left(\alpha(u-b) + \dfrac{w}{1+u}\right)\right] > 0$, 且 $v > 0$, 轨线不立即进入 T, Q 或 P, S, 这包含在 J_2 中.

(12) $u = 0, v = 0, \alpha(u - b) + \dfrac{w}{1 + u} < 0$.

点在不变流形 H 上. 轨线是方程组

$$\begin{cases} w' = z, \\ z' = cz + w \end{cases}$$

的解. 则 $w < \alpha b$. 因为 $\beta < \dfrac{b}{b-1} < \dfrac{b+1}{b-1}$, 所以有 $\alpha b - w_0 = \alpha u_0 \left(\dfrac{1}{\beta - 1} + 1 - b \right)$ > 0, 从而 $\alpha b > w_0$.

(i) $z > 0$, 如果 $w > w_0$, 那么这些点在 P 中, 不会被考虑. 如果 $w \leqslant w_0$, 那么 $v' = \dfrac{1}{d} \left[cv + u \left(\alpha(u - b) + \dfrac{w}{1 + u} \right) \right] = 0, v'' = 0, \cdots, v^{(n)} = 0$. 轨线不立即进入 T, Q 或 P, S, 这包含在 J_2 中.

(ii) $z = 0$, 则 $z' = cz + w \left(1 - \dfrac{\beta u}{1 + u} \right) = w > 0$, 这蕴含着 z 是递增的且有 $z > 0$. 类似于 (12)(i), 如果 $w > w_0$, 那么这些点在 P 中, 不会被考虑. 如果 $w \leqslant w_0$, 那么轨线不立即进入 T, Q 或 P, S, 这包含在 J_2 中.

(iii) $z < 0$, 轨线不立即进入 T, Q 或 P, S, 这包含在 J_2 中.

(13) $u = 0, v = 0, \alpha(u - b) + \dfrac{w}{1 + u} = 0$, 即 $w = \alpha b > w_0$.

(i) $z > 0$, 这些点在 P 中, 不会被考虑.

(ii) $z = 0$, 则 $z' = w > 0$, 轨线进入 P.

(iii) $z < 0$, 轨线不立即进入 T, Q 或 P, S, 这包含在 J_2 中.

为了应用引理 3.1.1, 我们将用几个引理 (引理 3.2.1—引理 3.2.6) 来构造集合 Σ, 然后用引理 3.2.7 和引理 3.2.8 来证明通过 Σ 的轨线将不会离开 W. 最后选择 Liapunov 函数和应用 LaSalle 不变原理来证明轨线进入点 $(u_0, 0, w_0, 0)$.

引理 3.2.1([100]) 考虑满足 $y_0 \in \Omega_1$ 和 $u_0 < b$ 的解 $y(s, y_0)$, 存在一个有限的 s_0 使得 $u(s_0, y_0) < u_0, u(s_0, y_0) < 0$. 亦即如果 m_1, m_2 使得 $m_1 < \dfrac{c}{d} < \lambda_4 < m_2, m_2[u(0) - b] < v(0) < m_1[u(0) - b]$, 则 $m_2[u(s) - b] < v(s) < m_1[u(s) - b]$.

证明 考虑系统

$$\begin{cases} u' = v, \\ v' = \dfrac{c}{d} v + \dfrac{u}{d}[\alpha(u - b)]. \end{cases} \tag{3.8}$$

(3.7) 在 N 上的解为 $(u(s), v(s), 0, 0)$, 其中 $(u(s), v(s))$ 是 (3.8) 的解, 从而极强不稳定流形 Ω_1 包含在不变流形 N 中. 类似地, 极强不稳定流形 Ω_1 包含在

不变流形 W 中. 先考虑 (3.8) 的解, 易知 Ω_1 中的解必定进入点 $(b,0)$, 并且在区域 $u < b, v < 0$ 中和特征向量 $(-1, -\lambda_4)$ 相切. 如果初值条件 y_0 满足 $m_2[u(0) - b] < v(0) < m_1[u(0) - b]$, 取 $m_1 < c/d < \lambda_4 < m_2$, 那么在区域 $0 < u < b, v < 0$, 从 Ω_1 出发的解轨线满足

$$m_2[u(s) - b] < v(s) < m_1[u(s) - b].$$

实际上, 如果存在某个 $s > 0$ 使得 $m_2[u(s) - b] > v(s)$, 记 $s_1 = \inf\{s \mid m_2[u(s) - b] \geqslant v(s)\}$. 对于 $s \in [0, s_1), v(s) > m_2[u(s) - b], v(s_1) = m_2[u(s_1) - b]$ 和 $u(s) > 0$. 所以 $v'(s_1) < m_2 u'(s_1)$. 将 (3.8) 代入 $v'(s_1) < m_2 u'(s_1)$ 中, 有

$$\left(\frac{c}{d} - m_2\right) v(s_1) + \frac{\alpha}{d} u(s_1)[u(s_1) - b] < 0.$$

利用 $v(s_1) = m_2[u(s_1) - b]$ 可得

$$\left(\frac{c}{d} - m_2\right) m_2[u(s_1) - b] + \frac{\alpha}{d} u(s_1)[u(s_1) - b] < 0.$$

如果存在某个 s_2 使得 $u(s_2) - b = 0, u'(s_2) \geqslant 0, 0 < s_2 \leqslant s_1$, 则有 $u(s_1) < b$. 这样

$$m_2\left(m_2 - \frac{c}{d}\right) - \frac{\alpha}{d} u(s_1) < 0.$$

由于 $0 \leqslant u(s_1) \leqslant b, m_2\left(m_2 - \frac{c}{d}\right) - \frac{\alpha b}{d} < 0$, 所以有 $m_2 < \dfrac{c/d + \sqrt{(c/d)^2 + 4b\alpha/d}}{2}$ $= \lambda_4$, 这就和 $m_2 > \lambda_4$ 的选择相矛盾. 所以有 $m_2[u(s) - b] < v(s)$. 同理可得

$$v(s) < m_1[u(s) - b].$$

因为 $u' = v$, 两边积分可得

$$b - c_1 e^{m_2 s} < u(s) < b - c_2 e^{m_1 s}.$$

由于 $u(s)$ 满足 $0 < u(s) < b$, 则对于 s_0 充分大, 有 $u(s_0) < u_0, v(s_0) < 0$.

利用向量场的方法, 记直线 $m_2[u(s) - b] - v(s) = 0$ 的方向为 $n_t = \{m_2, -1\}$, 则在区域 $u(s) < b, v < 0$ 中, $n_t \cdot F' = [b - u(s)]\left(-m_2 + \dfrac{c}{d} m_2 - \dfrac{\alpha b}{d}\right) < 0$. 所以解轨线横截地进入这个区域. 同理可证解轨线与直线 $v(s) = m_1[u(s) - b]$ 横截相交.

□

引理 3.2.2([100]) (i) 在 Ω_1 上当 $s \to -\infty$ 时在区域 $u > b, v > 0$ 中进入点 $(b, 0, 0, 0)$ 的解 $y(s, y_0)$ 将一直留在该区域中；

(ii) 轨线上只要有一点使得 $w(0) > 0, z(0) > \dfrac{c}{2}w(0)$, 则对于所有的 $s > 0$, 都有 $w(s) > 0$ 和 $z(s) > \dfrac{c}{2}w(s)$ 使得 $u \leqslant b$.

证明 容易验证直线 $v = 0$ ($u > b$) 的方向是 $n_t = \{0, 1\}$, 所以 $n_t \cdot F' = \dfrac{\alpha}{d}u(u - b) > 0$. 直线 $u = b$ ($v > 0$) 的方向是 $n_t = \{1, 0\}$, 所以 $n_t \cdot F' = \dfrac{c}{d}v > 0$. 这样, 区域 $u > b, v > 0$ 是一个不变区域.

假设结论不成立, 即存在某个 s 使得 $u(s) < b$, 但 $z(s) \leqslant \dfrac{c}{2}w(s)$. 令 $s_1 = \inf\left\{ s \Big| z(s) \leqslant \dfrac{c}{2}, u(s) < b \right\}$. 由于 $w(0) > 0$, 当 $s \in [0, s_1)$ 时, 有 $w'(s) = z(s) > \dfrac{c}{2}$, 我们得到 $w(s_1) > 0, z'(s_1) - \dfrac{c}{2}w'(s) < 0$. 利用 $z(s_1) = (c/2)w(s_1)$ 可得 $\dfrac{c^2}{4} + 1 - \beta + \dfrac{\beta}{1 + u(s)} \leqslant 0$. 由 $u(s) \leqslant b$ 可得 $\dfrac{c^2}{4} + 1 - \beta + \dfrac{\beta}{1 + b} < 0$, 亦即: $c^2 \leqslant \dfrac{4(b\beta - b - 1)}{1 + b}$. 这与 $c^2 > \dfrac{4(b\beta - b - 1)}{1 + b}$ 矛盾, 从而引理 3.2.2 得证. □

引理 3.2.3([100]) 设 $y(s)$ 是在区域 $u < b$ 中当 $s \to -\infty$ 时, 与 e_3 相切且进入点 $(b, 0, 0, 0)$ 的解. 假设 $(1 - \alpha)(\beta - 1) \geqslant \dfrac{2\beta}{1 + b}\sqrt{\dfrac{b\beta - 1 - b}{1 + b}}, u(s)$ 递减直到 $y(s)$ 进入区域

$$T = \left\{ (u, v, w, z) \Big| u > u_0, w > 0, \alpha(u - b) + \dfrac{w}{1 + u} < 0 \right\}.$$

则这个解必定满足 $v(s) < -\dfrac{c}{2\alpha(1 + b)}w(s)$.

证明 由于解 $y(s)$ 进入 $(b, 0, 0, 0)$, 且和 e_3 相切. 特征向量 e_3 在 $(b, 0, 0, 0)$ 处有分量 $v = \lambda_3(u - b), w = p(\lambda_3)(u - b)$, 其中 $p(\lambda_3) < 0$, 则 $v = u' < 0$. 因此, u 在区域 $u < b$ 是递减的. 由于 $0 < d \leqslant 1$, 故有

$$\begin{aligned}
\alpha(u - b) + \dfrac{w}{1 + u} &= \alpha(u - b) + \dfrac{p(\lambda_3)(u - b)}{1 + u} \\
&= (b - u)\left[-\dfrac{p(\lambda_3)}{1 + u} - \alpha \right] \\
&\geqslant \dfrac{b - u}{b}\left[(1 - d)\lambda_3^2 + \dfrac{\beta b - 1 - b}{1 + b} \right] \\
&> 0.
\end{aligned}$$

则在区域 $u < b$ 中, 在 $(b, 0, 0, 0)$ 处的特征向量 e_3 留在区域 $\alpha(u - b) + \dfrac{w}{1+u}$ > 0 中.

所以当 $s \to -\infty$ 时, 解 $y(s)$ 满足

$$u_0 < u < b, \quad v < 0, \quad w > 0, \quad \alpha(u - b) + \frac{w}{1+u} > 0.$$

现在假设 $y(s) \in T, v(s_1) \geqslant -\dfrac{c}{2\alpha(1+b)}w(s), s_1$ 是使得当 $s < s_1$ 时, 首次满足 $u(s) \leqslant b$ 的值. 引理 3.2.2 表明 $z(s_1) > \dfrac{c}{2}w(s_1)$, 这样, $\alpha(1+b)v(s_1) + z(s_1)$ > 0. 令

$$s_2 = \sup\left\{s < s_1 \Big| \alpha(u - b) + \frac{w}{1+u} \geqslant 0\right\}.$$

由于当 $s \to -\infty, \alpha(u-b) + \dfrac{w}{1+u} > 0$ 时, s_2 是有限的. 当 $s > s_2$ 时, 有 $\alpha(u-b) + \dfrac{w}{1+u} < 0$, 并且 $\alpha(u(s_2) - b) + \dfrac{w(s_2)}{1+u(s_2)} = 0$. 因此 $\left[\alpha(u(s) - b) + \dfrac{w(s)}{1+u(s)}\right]'\Big|_{s=s_2} \leqslant 0$.

将上面的最后一个不等式写成 $v(s_2)[\alpha(1-b) + 2\alpha u(s_2)] + z(s_2) \leqslant 0$. 当 $s = s_1$ 时, 有

$$v(s_1)\left[\alpha - \frac{w(s_1)}{1+u(s_1)^2}\right] + \frac{z(s_1)}{1+u(s_1)}$$

$$= \frac{1}{1+u(s_1)}\left[v(s_1)\left(\alpha + \alpha u(s_1) - \frac{w(s_1)}{1+u(s_1)}\right) + z(s_1)\right]$$

$$\geqslant \frac{1}{1+u(s_1)}\left[v(s_1)\alpha(1+b) - \frac{v(s_1)w(s_1)}{1+u(s_1)} + z(s_1)\right]$$

$$\geqslant \frac{1}{1+u(s_1)}[\alpha(1+b)v(s_1) + z(s_1)]$$

$$> 0.$$

由连续性知, 当 $s_3 \in (s_2, s_1)$ 时, $\alpha(u-b) + \dfrac{w}{1+u}$ 有一个正的最小值, 且 $y(s_3) \in T$. 则有

$$\left[\alpha(u-b) + \frac{w}{1+u}\right]'\Big|_{s=s_2} = 0, \quad \left[\alpha(u-b) + \frac{w}{1+u}\right]''\Big|_{s=s_3} \geqslant 0,$$

上面式子可写成

$$\alpha v'(s_3) + \frac{z'(s_3)}{1+u(s_3)} + \frac{2\alpha v(s_3)^2}{1+u(s_3)} - \frac{w(s_3)v(s_3)}{(1+u(s_3))^2} \geqslant 0.$$

因为 $s_2 < s_3 < s_1, \alpha(u(s_3)-b) + \frac{w(s_3)}{1+u(s_3)} < 0$, 由 $(1-\alpha)(\beta-1) \geqslant \frac{2\beta}{1+b}\sqrt{\frac{b\beta-1-b}{1+b}}$

可得 $\frac{(1-\alpha)w(s_3)}{1+u(s_3)} + 2\alpha v(s_3) \geqslant 0$. 又由于 $y(s_3) \in T, \beta > \frac{b+1}{b}$, 故

$$\frac{w(s_3)}{1+u(s_3)}\left[1 - \frac{\alpha^2 u(s_3)^2}{1+u(s_3)} + \frac{(\alpha^2 b - \beta)u(s_3)}{1+u(s_3)} - \frac{2\alpha w(s_3)u(s_3)}{(1+u(s_3))^2}\right] < 0.$$

因此有

$$\alpha v'(s_3) + \frac{z'(s_3)}{1+u(s_3)} + \frac{2\alpha v(s_3)^2}{1+u(s_3)} - \frac{w(s_3)v(s_3)}{(1+u(s_3))^2} < 0,$$

这是一个矛盾, 这样, 不等式 $v(s_1) \geqslant -\frac{c}{2\alpha(1+b)}w(s)$ 不成立, 从而引理 3.2.3 得证. $\qquad\square$

考虑 Ω_2 上的小圆周可用参数表示为

$$g(\theta) = \begin{pmatrix} b + \varepsilon\cos(\theta+\varphi) + \varepsilon\sin(\theta+\varphi) + O(\varepsilon) \\ \lambda_4\varepsilon\cos(\theta+\varphi) + \lambda_3\varepsilon\sin(\theta+\varphi) + O(\varepsilon) \\ p(\lambda_3)\varepsilon\sin(\theta+\varphi) + O(\varepsilon) \\ \lambda_3 p(\lambda_3)\varepsilon\sin(\theta+\varphi) + O(\varepsilon) \end{pmatrix}.$$

固定平面 φ 使得在区域 $u < b$ 中, $g(0)$ 是在 Ω 上, 且参数 $\theta \in [0, 2\pi]$. 选取 g 使得当 θ 从 0 增加时, $b+\varepsilon\cos(\theta+\varphi)+\varepsilon\sin(\theta+\varphi)+O(\varepsilon)$ 减少, $p(\lambda_3)\varepsilon\sin(\theta+\varphi)+O(\varepsilon)$ 从 0 增加. 记 A 是集合 $\{\theta \in [0, 2\pi]$ 中的一个元素, 存在 s_0 使得 $u(s_0, g(\theta)) = u_0, v(s, g(\theta)) \leqslant 0, s \leqslant s_0\}$. 则由引理 3.2.1 和引理 3.2.2 知, A 包含 0. 即 A 是非空且有界的. 记 $\theta_1 = \sup A, y_1 = g(\theta_1)$.

引理 3.2.4([100]) *存在 s_0 使得*

$$u(s_0, y_1) = u_0, \quad w(s_0, y_1) > w_0, \quad v(s_0, y_1) = 0.$$

证明 分下面几步来证明这个引理:

(a) 由于 $g(0) \in \Omega_1$ 且 $u < b$, 如果 $(u(s_0), g(0)) = u_0$, 那么 $v(s_0, g(0)) = (d/ds)(u(s_0), g(0)) < 0$, 因此, 对于 $\theta = 0$ 的小邻域中的 θ, 有 $(u(s_0(0)), g(0))$

$= u_0$. 所以 $\theta_1 \neq 0$. 由引理 3.2.2 知, 如果 $g(\theta^*)$ 在 Ω_1 上且满足 $u > b$, 那么 $\theta_1 < \theta^*$.

(b) $y(s, y_1) \notin \{(u, v, w, z)|u_0 < u < b, 0 < w < w_0, \forall s > 0\}$. 否则, $w' = z > 0, \forall s > 0$. 因此 w 不可能是有界的.

(c) 不存在 s_1 使得 $v(s_1, y_1) = 0, u_0 < u(s_1, y_1) < b, w(s_1, y_1) > 0$. 否则, 如果存在这样的一个 s_1, 由引理 3.2.3 知, $\alpha(u-b) + \dfrac{w}{1+u} \geqslant 0, u_0 < u(s) < b, w(s) > 0$. 如果 $\alpha(u-b) + \dfrac{w}{1+u} = 0$, 那么由 $z(s) > 0$ 知, w 是增加的. 由于 $v(s_1, y_1) = 0$, 所以当 $s > s_1$, 有 $\left[\alpha(u-b) + \dfrac{w}{1+u}\right]' = \dfrac{z(s_1)}{1+u(s_1)} > 0, \alpha(u(s)-b) + \dfrac{w(s)}{1+u(s)} > 0, u(s) > 0$. 当 $s \in (s_1 - \delta, s_1)$, 存在 $\delta > 0$ 使得 $\alpha(u(s)-b) + \dfrac{w(s)}{1+u(s)} < 0$ 成立, 那么轨线 $y(s)$ 进入 T, 类似于 [54] 中的引理 7 的证明可得 $v(s) > -\dfrac{c}{4}w(s)$, 这和引理 3.2.3 相矛盾.

如果存在 s_1 使得 $u(s_1) > 0$, $\alpha(u-b) + \dfrac{w}{1+u} > 0$, 那么 $v'(s_1) = cv + u\left[\alpha(u-b) + \dfrac{w}{1+u}\right] > 0$, 所以 v 是增加的, 基于 $v(s_1, y_1) = 0, u(s_1, y_1) > u_0$ 的假设, 由隐函数定理和解对初值的连续依赖性知, 存在一个 $s_1 = s_1(\theta)$ 使得对于 θ_1 的小邻域中的所有 θ, 都有 $v(s_1(\theta), y_1(\theta)) = 0, u(s_1(\theta), y_1(\theta)) > u_0$, 由于这种情况不可能在 T 中发生, 即 $\alpha(u(s_1(\theta)) - b) + \dfrac{w(s_1(\theta))}{1+u(s_1(\theta))} > 0$, 那么对于 $\theta < \theta_1$, 有 $v'(s_1(\theta), g(\theta)) > 0$, 这就和 θ_1 的定义相矛盾. 情况 (c) 得证.

(d) 对于所有的 s, 不可能都有 $u(s, y_1) > u_0$ 成立. 事实上, 由于 $u(s)$ 是递减的, $w(s)$ 是增加的, $w(s)$ 不可能是有界的. 如果对所有的 s 都有 $u(s, y_1) > u_0$ 成立, 则 $\alpha(u(s) - B) + \dfrac{w}{1+u} > \alpha(u(s) - b) + \dfrac{w}{1+b}$. 这样 $\alpha(u(s) - B) + \dfrac{w}{1+u}$ 不可能有界, 类似于引理 3.2.1 的讨论, 有 $v(s) > m_1(u(s) - b)$, 其中 $m_1 > \lambda_4$. 这意味着 $v(s)$ 有下界 $m_1(u_0 - b)$, 则 $v' = \dfrac{c}{d}v + \dfrac{u}{d}\left[\alpha(u-b) + \dfrac{w}{1+u}\right]$ 是增加的, 亦即 v 不可能一直保持为负, 所以 u 不减, 这和上面的情况 (c) 相矛盾.

(e) 由情况 (c) 知, 只要 $u(s, g(\theta)) \geqslant u_0$, 则有 $v(s, g(\theta)) < 0$. 如果存在一个 s_0 使得 $u(s_0, y_1) = u_0, w(s_0, y_1) < w_0$, 则

$$\alpha(u_0 - b) + \dfrac{w}{1+u_0} < \alpha(u_0 - b) + \dfrac{w_0}{1+u_0} = 0.$$

这表明轨线将进入 T, 从而 $v(s_0, g(\theta)) < 0$. 这和 θ_1 的定义相矛盾. 因此, 不存在

s_0 使得 $u(s_0, y_1) = u_0, w(s_0, y_1) < w_0$.

(f) 不存在 s_0 使得 $u(s_0, y_1) = u_0, w(s_0, y_1) = w_0$. 否则, 由情况 (e) 知, 如果 $v(s_0, y_1) < 0$, 这就和 θ_1 的定义相矛盾. 如果 $v(s_0, y_1) < 0$, 那么轨线将进入 T, 用类似情况 (c) 的讨论, 我们得到矛盾.

综合情况 (a)—(f) 的讨论, 完成了引理 3.2.4 的证明. □

引理 3.2.5([100]) 存在 θ_2 使得 $g(\theta_2)$ 的坐标分量 v 为零, 且 $\theta_2 > \theta_1$.

证明 证明过程类似于文 [54] 中的引理 8, 在此省略. □

由引理 3.2.4 和引理 3.2.5 知, 从 Ω_2 中的弧 $g(\theta), 0 < \theta < \theta_1$ 上出发的解要么进入 T, 要么进入 P. 弧 $g(\theta)$ 给出了四边形 Σ 的一条边, 它的第二条边由两部分构成: 第一部分是一段弧 $g(\theta), \theta_1 < \theta < \theta_2$, 其中 θ_2 满足 $\lambda_4 \varepsilon \cos(\theta + \varphi) + \lambda_3 \varepsilon \sin(\theta + \varphi) + o(\varepsilon) = 0$. 记 $y_2 = g(\theta_2)$; 第二部分是 Ω 上 $(b, 0, 0, 0)$ 的小邻域和超平面 $v = 0$ 交线圆周的一段弧.

下面我们构造四边形 Σ 的另外两条边.

引理 3.2.6([100]) 球面和由 $v = 0$ 及 $z = 0$ 定义的超平面以一条光滑闭曲线相交, 并存在一个点 (不妨设为 y_3) 在球面上使得 y_3 的坐标 v 和 z 都为 0.

证明 记

$$g(\theta, \varphi) = \begin{pmatrix} b + \varepsilon \cos\theta \sin\varphi + \varepsilon \sin\theta \sin\varphi + \varepsilon \cos\varphi + O(\varepsilon) \\ \lambda_4 \varepsilon \cos\theta \sin\varphi + \lambda_3 \varepsilon \sin\theta \sin\varphi + \lambda_2 \varepsilon \cos\varphi + O(\varepsilon) \\ p(\lambda_3)\varepsilon \sin\theta \sin\varphi + p(\lambda_2)\varepsilon \cos\varphi + O(\varepsilon) \\ \lambda_3 p(\lambda_3)\varepsilon \sin\theta \sin\varphi + \lambda_2 p(\lambda_2)\varepsilon \cos\varphi + O(\varepsilon) \end{pmatrix}.$$

我们将证明, 当 $\theta \in [0, 2\pi], \varphi(\theta) \in [0, \pi]$ 时, 存在 C^1 函数 $\varphi(\theta)$ 使得 $g_1(\theta, \varphi) = 0$ 的坐标 v, w 满足

$$\lambda_4 \varepsilon \cos\theta \sin\varphi + \lambda_3 \varepsilon \sin\theta \sin\varphi + \lambda_2 \varepsilon \cos\varphi + O(\varepsilon) = 0, \tag{3.9}$$

$$\lambda_3 p(\lambda_3)\varepsilon \sin\theta \sin\varphi + \lambda_2 p(\lambda_2)\varepsilon \cos\varphi + O(\varepsilon) = 0. \tag{3.10}$$

用 ε 分别除以 (3.9) 和 (3.10) 的两边, 并记

$$G(\theta, \varphi) = \lambda_4 \cos\theta \sin\varphi + \lambda_3 \sin\theta \sin\varphi + \lambda_2 \cos\varphi + O(1), \tag{3.11}$$

$$H(\theta, \varphi) = \lambda_3 p(\lambda_3) \sin\theta \sin\varphi + \lambda_2 p(\lambda_2) \cos\varphi + O(1). \tag{3.12}$$

在 $(\theta_2, \pi/2), \partial G/\partial\varphi = -\lambda_2 \neq 0, \partial H/\partial\varphi \neq 0$. 由隐函数定理知, 当 ε 充分小时, 存在一个由下面定义的曲线

$$\cot\varphi = (\lambda_4 \cos\varphi + \lambda_3 \sin\varphi)/(-\lambda_2)$$

使得 θ 和 φ 都在这个曲线的一个小邻域内.

满足 $\partial G/\partial \varphi \neq 0$ 的点在由

$$\cot \varphi = \lambda_2/(\lambda_4 \cos \theta + \lambda_3 \sin \theta)$$

定义的曲线的小邻域中. 这样, 在球面上由 $\varphi(\theta)$ 给出的 θ 可能达到球面上的光滑闭曲线 $h(\theta, \varphi)$. 我们可以得到 (3.12) 的类似结论. 其余的证明类似于引理第一部分的证明.

现在, 选择 $(b,0,0,0)$ 的一个充分小的邻域, 使得引理 3.2.1 至引理 3.2.6 中的条件都满足, 令 ε 充分小, 保证引理 3.2.5 和引理 3.2.6 的条件成立. 由引理 3.2.1 至引理 3.2.6 知, 存在一个定义在球面上的拓扑三角形, 其三个角分别是 y_0(由引理 3.2.1 确定)、$y_2 = g(\theta_4)$ 及 y_3(由引理 3.2.6 确定). 但这个三角形不满足引理 3.1.1 的条件 (ii). 这是因为在 $\mathbb{R}^4$ 中的点 $(b,0,0,0)$ 处存在一个小邻域, 它包含 W^- 的一些点. 所以需要修改 y_0. 和 [54] 一样, 由引理 3.2.6, 设 U 是 $\mathbb{R}^4$ 中 y_0 的小邻域, 令 U 充分小使得它不包含 y_1 或 y_3. 同样令 U 充分小使得如果 $y^* \in U$, 那么存在一个 $s_0(y^*)$ 满足 $u(s_0(y^*), y^*) = u_0$. 由于 $y(s, y_0)$ 在 $s = s_0$ 处横截地穿过超平面 $u = u_0$, 记 E 是 $\mathbb{R}^4$ 中的以 y_0 为心, 包含在 U 中的小球, 考虑球面 ∂E 和由 $h(\theta, \varphi)$ 定义的球面 Ω_3 的交线. 这条交线是 Σ 的第四条边. 令 y_4 是 ∂W 和由 $h(\theta, \varphi)$ 定义的球面与超平面 $z = 0$ 交线部分弧的交点, 令 y_5 是 ∂W 和由 $g(\theta)$ 定义的球面与超平面 $z = 0$ 交线部分弧的交点, 这样就确定了四边形的第三条边. $\qquad\square$

引理 3.2.7([100])　对任意 s, 存在 $y^* \in \Sigma$ 使解 $y(s, y^*) = (u_1(s), v_1(s), w_1(s), z_1(s))$ 停留在区域 W, 且 $0 < u_1(s) < b, 0 < w_1(s) < L$, 其中 L 是一个正实数.

证明　易知集合 W 是闭的, 为了应用引理 3.1.1 来证明该引理, 需要验证定理 3.1.1 的条件 (ii) 和 (iii). 假设 $y_0 \in \Sigma, s < T(y_0), Y(s, y_0) \in W, Y(s, y_0) \notin W^-$. 由于 $W^- \subseteq \text{int}W$ 或 $W^- \subseteq \partial W \setminus W^-$, 如果 $Y(s, y_0) \in \text{int}W$, 那么存在一个开集 U 包含着 $Y(s, y_0)$, 且与 ∂w 不相交.

如果 $Y(s, y_0) \in \partial W \setminus W^-$, 因为 N 和 H 都是不变流形, $Y(s, y_0) \notin N$ 或 H. 有几种情况需要排除:

如果 $Y(s, y_0)$ 是 $\partial W \setminus W^-$ 的一部分, 且满足 $u > u_0, w < 0, z = 0$, 那么 $z' = cz + w\left(1 - \beta + \dfrac{\beta}{1+u}\right) > w\left(1 - \beta + \dfrac{\beta}{1+u_0}\right) = 0$, 并且轨线在 Q 内, 这和假设 $s < T(y_0)$ 相矛盾.

如果 $Y(s, y_0)$ 是 $\partial W \setminus W^-$ 的一部分, 且满足 $u < 0, \alpha(u - b) + \dfrac{w}{1+u} < 0, v = 0$, 那么 $v' = \dfrac{c}{d}v + \dfrac{u}{d}\left[\alpha(u - b) + \dfrac{w}{1+u}\right] > 0$, 并且轨线在 T 内, 这和假设

$s < T(y_0)$ 相矛盾.

由 Σ 的构造知, Σ 是紧的, 和每条轨线只相交一次, 且是简单连通的.

如果 $\Sigma = \Sigma^0$, 由于 W^- 不是简单连通的, 由引理 3.1.1 知, 这是不可能的. 因此, $\Sigma \neq \Sigma^0$, 即存在某个点 y^*, 使得对于每个 s, 都有 $Y(s, y^*) \in W$.

假设 s_1 是首次使得 $w(s_1) > L$ 且 $u(s_1) \leqslant u_0$, 由于 $Y(s, y^*)$ 在 W 中, $Y(s, y^*) \notin P$, 所以 $z_1(s_1) < 0$. 这表明 $w_1(s)$ 是递减的, 且在某个别的时间 $s_2 \neq s_1$ 超过 L, 这和 s_1 的首次时间矛盾. 因此, $w_1(s)$ 是有界的. 同理可证 $u_1(s)$ 也是有界的. $\qquad\square$

引理 3.2.8([100]) 对于所有的 s, 解 $y(s, y^*)$ 都停留在 Q 内, 其中

$$q > \frac{1}{2}\left[c + \sqrt{c^2 - 4\left(\beta - 1 - \frac{\beta}{1+b}\right)}\right],$$

$$\Omega = \left\{(u, v, w, z) \,\middle|\, 0 < u < b, 0 < w < L, -\frac{1}{c}w < z < qw, -\frac{L+1}{c}u < v < \frac{b\alpha}{c}u\right\}.$$

证明 假设存在一个 s_1 使得 $z_1(s_1) < -\frac{1}{c}w_1(s_1)$. 如果存在某个 s_2 使得 $z_1(s_2) = -\frac{1}{c}w_1(s_2)$, 则有 $z_1'(s_2) + \frac{1}{c}w_1'(s_2) \geqslant 0$. 将 $w' = z$ 和 $z' = cz + w - \frac{\beta uw}{1+u}$ 代入上式后得到

$$-\frac{1}{c}\left(\frac{1}{c} + c\right)w_1(s_2) + w_1(s_2)\left(1 - \beta + \frac{\beta}{1 + u_1(s_1)}\right) \geqslant 0,$$

$$-\frac{1}{c}\left(\frac{1}{c} + c\right)w_1(s_2) + w_1(s_2)\left(1 - \beta + \frac{\beta}{1 + b}\right) \geqslant 0,$$

这就和 $-\frac{1}{c^2} \geqslant 0$ 矛盾, 因此有 $z_1(s_1) < -\frac{1}{c}w_1(s_1)$. 这个不等式对于 $s > s_1$ 也成立. 所以 $z_1'(s) = cz_1(s) + w_1(s)\left(1 - \beta + \frac{\beta}{1 + U_1(s)}\right) \leqslant cz_1(s) + w_1(s) < 0$ 且当 $s > s_1$ 时, 有 $z_1(s) < z_1(s_1)$. 因此, 对于有限的 s, 由 $z_1(s_1)$ 和 $w_1(s_1) < 0$ 知, $w_1'(s)$ 是严格负的、有界的. 这和前面的假设矛盾. 类似可证定理的其余部分. $\qquad\square$

引理 3.2.9([100]) 当 $s \to +\infty$ 时, 轨线 $y(s, y^*) \to (u_0, 0, w_0, 0)$.

证明 系统 (3.7) 在 $(u_0, 0, w_0, 0)$ 处线性化方程的特征方程为

$$\lambda^4 - \left(c + \frac{1}{c}\right)\lambda^3 + \frac{c^2 - r}{d}\lambda^2 + \frac{cr}{d}\lambda + \frac{\alpha b(\beta - 1) - \alpha}{d\beta} = 0. \qquad (3.13)$$

其中 $r(\beta) = \dfrac{\alpha(1+b)}{\beta} - \dfrac{2\alpha}{\beta - 1}$. 由 $\dfrac{b+1}{b} < \beta < \dfrac{b+1}{b-1}$ 可得 $r < 0, \dfrac{\alpha b(\beta - 1) - \alpha}{d\beta} > 0$.

由 Routh-Hurwitz 准则知, 特征方程有两个正实部的特征根和两个负实部的特征根. 根据 [87] 中的定理 6.2 知, 在 $(u_0, 0, w_0, 0)$ 处存在一个二维稳定流形. 为了证明解轨线将进入 $(u_0, 0, w_0, 0)$, 构造如下的 Liapunov 函数

$$V = [c(u-u_0)-dv] + u_0\left(\frac{dv}{u} - c\log\frac{w}{w_0}\right) + u_0[c(w-w_0)-z] + u_0 w_0\left(\frac{w}{w_0} - c\log\frac{w}{w_0}\right).$$

易知 $V(u, v, w, z)$ 在 Ω 是连续有界的, 且

$$\begin{aligned}
\frac{dV}{ds} &= \frac{\partial V}{\partial u} \cdot u_t + \frac{\partial V}{\partial v} \cdot v_t + \frac{\partial V}{\partial w} \cdot w_t + \frac{\partial V}{\partial z} \cdot z_t \\
&= -\frac{u_0 v^2}{u^2} - \frac{u_0 w_0 z^2}{w^2} + \frac{u_0 w}{1+u} - \frac{wu}{1+u} - \frac{\beta u_0 w_0 u}{1+u} + \frac{\beta u_0 uw}{1+u} \\
&\quad + u_0(w_0 - w) + \alpha(b - u)(u - u_0) \\
&= -\frac{u_0 v^2}{u^2} - \frac{u_0 w_0 z^2}{w^2} + \alpha(b - u)(u - u_0) + w_0 u_0\left(1 - \frac{\beta u}{1+u}\right) \\
&= -\frac{u_0 v^2}{u^2} - \frac{u_0 w_0 z^2}{w^2} + \frac{\alpha(u - u_0)^2}{1+u}(b - 1 - u_0 - u).
\end{aligned}$$

因为 $\dfrac{b+1}{b} < \beta < \dfrac{b}{b-1}$, 所以 $\dfrac{dV}{ds}$ 在 Ω 上总是非正的. 那么 $\dfrac{dV}{ds} = 0$ 当且仅当 $u = u_0, z = 0$. 这一部分的最大不变子集是单点 $(u_0, 0, w_0, 0)$. 根据 LaSalle 不变原理知, 当 $s \to +\infty$ 时, $y(s) \to (u_0, 0, w_0, 0)$. $\square$

3.2.2　周期解和行波链解的存在性证明

本节给出定理 3.1.2 的证明. 为证明定理 3.1.2, 我们固定 α, d 及 b, 令 β 和 c 作为参数, 这种参数选择表示固定食饵的增长率和捕食能力, 允许捕食者有效地变化. 我们寻找特征方程 (3.13) 的纯虚根. 将 $\lambda = ki$ 代入 (3.13), 并化简得

$$\begin{cases} k^4 - \dfrac{c - r(\beta)}{d} k^2 + p(\beta) = 0, \\ k^2 = -\dfrac{r(\beta)}{1+d}, \end{cases}$$

其中 $r(\beta) = \dfrac{\alpha(1+b)}{\beta} - \dfrac{2\alpha}{\beta - 1}, p(\beta) = \dfrac{\alpha b(\beta - 1) - \alpha}{d\beta}$. 由于 $\beta < \dfrac{b+1}{b-1}$, 所以 $r(\beta) < 0, p(\beta) < 0$. 这样, 如果参数 0 和 c 满足条件 $c^2 = \dfrac{1}{d+1} - \dfrac{d(1+d)}{r}p$, 那

么就可得到一对纯虚根.

将 λ 为 β 的函数, 将特征方程 (3.13) 关于 β 求导数后得到

$$\frac{d\lambda(\beta)}{d\beta} = \frac{\dfrac{r'}{d}\lambda^2(\beta) - \dfrac{cr'}{d}\lambda(\beta) - p'}{4\lambda^3(\beta) - 3\lambda^2(\beta)\left(c + \dfrac{c}{d}\right) + \dfrac{2(c^2 - r)}{d}\lambda(\beta) + \dfrac{cr}{d}}. \tag{3.14}$$

将 $\lambda = ki$ 代入 (3.14) 后得到

$$\frac{d\lambda(\beta)}{d\beta} = \frac{(r'k^2 + p'd) + cr'ki}{3[k^2c(1+d) + cr] + [2k(c^2 - r) - 4dk^3]i}.$$

经计算知

$$\operatorname{Re}\left(\frac{d\lambda(\beta)}{d\beta}\right) = -cr\left[\frac{rr'(3-d)}{(1+d)^2} - 2dp' + \frac{(r-2c^2)r'}{1+d}\right]$$

$$= \frac{-2c\alpha r}{1+d}\left[\left(\frac{2}{\beta-1} - \frac{1+b}{\beta}\right)\frac{2\alpha}{1+d}\left(\frac{1+b}{\beta^2} - \frac{2}{(\beta-1)^2}\right)\right.$$

$$\left. + \frac{1+b}{\beta^2}(c^2 - 1 - d) - \frac{2c^2}{(\beta-1)^2}\right].$$

记 $k = \left(\dfrac{2}{\beta-1} - \dfrac{1+b}{\beta}\right)\dfrac{2\alpha}{1+d}$, 并将 $\operatorname{Re}\left(\dfrac{d\lambda(\beta)}{d\beta}\right)$ 写成

$$\operatorname{Re}\left(\frac{d\lambda(\beta)}{d\beta}\right) = \frac{-2\alpha cr}{1+d}\left[(m+c^2)\left(\frac{1+b}{\beta^2} - \frac{2}{(\beta-1)^2}\right) - \frac{(1+b)(1+d)}{\beta^2}\right]$$

由于 $\dfrac{b+1}{b} < \beta \leqslant \dfrac{1}{1 - \sqrt{2/(1+b)}}$, 所以有 $\operatorname{Re}\left(\dfrac{d\lambda(\beta)}{d\beta}\right) < 0$. 这表明横截条件成立, 从而定理 3.1.2 得证. □

3.2.3 讨论

自从 Fisher[63] 和 Kolmogorov 等[111] 的开创性工作以来, 许多研究人员一直关注生物系统中行波解的存在性, 见专著 [61, 170, 224] 及其相关的参考文献. 其基本思想是反应扩散系统可以产生一个从无到平衡状态的移动区域, 即波前解.

本节研究了一类基于 Holling-II 型功能反应的扩散的捕食-被捕食模型的行波解和小振幅行波链解的存在性. 通过构造 Wazewski 集合, 利用打靶法和 LaSalle 不变性原理, 证明了在 $\mathbb{R}^4$ 中存在一个连接两个平衡点的异宿轨道, 它对应于扩

散的捕食-被捕食系统的行波解. 利用 Hopf 分岔定理, 证明了 $\mathbb{R}^4$ 中存在一个小振幅周期解, 它对应于扩散的捕食-被捕食系统的小振幅行波链解. 相比之下, Dunbar[54] 研究了 Lotka-Volterra 型捕食-被捕食模型, 而我们研究了具有 Holling-II 型功能反应的捕食-被捕食模型. Dunbar[55] 研究了 $d_1 = 0$ 的系统 (3.1), 并考虑了 $\mathbb{R}^3$ 中的行波方程, 我们考虑了 $d_1 \neq 0$ 和 $d_2 \neq 0$ 的系统, 并建立了 $\mathbb{R}^4$ 中行波解的存在性.

在定理 3.1.1 中, 给出了连接两个稳态解 $(b, 0)$ 和 (u_0, w_0) 的行波解存在的充分条件. 回到系统的初始参数 (3.1), 我们知道行波解把捕食者容纳量稳定状态 $(K, 0)$ 和捕食者-被捕食者共存稳定状态 $(\bar{u}, \bar{w})$ 连接起来, 即存在一个从捕食者饱和状态和没有或很少的捕食者的状态 $(K, 0)$ 到被捕食者不饱和状态 $(\bar{u}, \bar{w})$ 的过渡区, 被捕食者水平降低, 捕食者水平增加. 在生物学上, 如果考虑一个一维的栖息地, 如海岸线或河流, 线性栖息地在其承载能力下猎物达到最初均匀饱和, 如果引入少数捕食者在栖息地的一端可能会导致捕食者的 "入侵波". 可参考 [183, 211] 及其相关参考文献来进一步研究行波解和捕食-被捕食者入侵.

Fisher 和 Kolmogorov 等基本思想的一个推广是可能存在连接平衡态和周期解的行波链解 (参见 [55, 211]). 研究系统 (3.1) 的这种行波解的存在性是很有意义的. 另外, 研究具有非局部效应的系统 (3.1) 的行波解的存在性也是非常有意义的 (见 [77]).

3.3 偏单调反应扩散系统的行波解的存在性

本节我们给出反应项满足偏单调性的反应扩散系统 (3.3) 的行波解的存在性结果. 假设 $f_i, i = 1, 2$, 满足

(P1) $f_i(\mathbf{0}) = f_i(\mathbf{K}) = 0$, 其中 $\mathbf{0} = (0, 0), \mathbf{K} = (k_1, k_2), k_i > 0, i = 1, 2$;

(P2) 对于 $\Phi = (\phi_1, \psi_1), \Psi = (\phi_2, \psi_2) \in C([-\tau, 0], \mathbb{R}^2)$ 满足 $0 \leqslant \phi_i(s) \leqslant k_1, 0 \leqslant \psi_i(s) \leqslant k_2, s \in [-\tau, 0], i = 1, 2, \| \cdot \|$ 表示 $C([-\tau, 0], \mathbb{R}^2)$ 中的上确界范数, 存在常数 $L_i > 0$ 使得

$$|f_i(\phi_1, \psi_1) - f_i(\phi_2, \psi_2)| \leqslant L_i \| \Phi - \Psi \|;$$

(P3) $f_2(\phi, \psi) = \psi(0)[h(\psi) + a\phi(0)]$, 其中泛函 $h(\phi)$ 是连续的且 $a > 0$.

假设 $f = (f_1, f_2)$ 满足偏拟单调条件:

(PQM) 对于 $\phi_i(s), \psi_i(s) \in C([-\tau, 0], \mathbb{R})$ 满足 $\mathbf{0} \leqslant (\phi_2(s), \psi_2(s)) \leqslant (\phi_1(s), \psi_1(s)) \leqslant \mathbf{M}, s \in [-\tau, 0], i = 1, 2$, 存在 $\beta_1 > 0$ 和 $\beta_2 > 0$ 使得

$$f_1(\phi_1(s), \psi_1(s)) - f_1(\phi_2(s), \psi_1(s)) + \beta_1[\phi_1(0) - \phi_2(0)] \geqslant 0,$$

$$f_1(\phi_1(s), \psi_1(s)) - f_1(\phi_1(s), \psi_2(s)) \leqslant 0,$$

$$f_2(\phi_1(s), \psi_1(s)) - f_2(\phi_2(s), \psi_2(s)) + \beta_2[\psi_1(0) - \psi_2(0)] \geqslant 0.$$

或指数偏拟单调条件:

(PQM*) 对于 $\phi_i(s), \psi_i(s) \in C([-\tau, 0], \mathbb{R})$ 满足 (i) $\mathbf{0} \leqslant (\phi_2(s), \psi_2(s)) \leqslant (\phi_1(s), \psi_1(s)) \leqslant \mathbf{M}, s \in [-\tau, 0]$; (ii) $e^{\frac{\beta_1}{c}s}[\phi_1(s) - \phi_2(s)]$ 和 $e^{\frac{\beta_2}{c}s}[\psi_1(s) - \psi_2(s)]$ 在 $s \in [-\tau, 0]$ 上是非减的, $i = 1, 2$, 存在 $\beta_1 > 0$ 和 $\beta_2 > 0$ 使得

$$f_1(\phi_1(s), \psi_1(s)) - f_1(\phi_2(s), \psi_1(s)) + \beta_1[\phi_1(0) - \phi_2(0)] \geqslant 0,$$

$$f_1(\phi_1(s), \psi_1(s)) - f_1(\phi_1(s), \psi_2(s)) \leqslant 0,$$

$$f_2(\phi_1(s), \psi_1(s)) - f_2(\phi_2(s), \psi_2(s)) + \beta_2[\psi_1(0) - \psi_2(0)] \geqslant 0.$$

系统 (3.3) 的连接 $\mathbf{0}$ 和 $\mathbf{K}$ 的行波解 $(\phi(x+ct), \psi(x+ct))$(用 t 表示 $x + ct$) 是如下方程

$$\begin{cases} c\phi'(t) = d_1\phi''(t) + f_1(\phi_t, \psi_t), \\ c\psi'(t) = d_2\psi''(t) + f_2(\phi_t, \psi_t) \end{cases} \tag{3.15}$$

满足渐近边界条件

$$\lim_{t \to -\infty} (\phi(t), \psi(t)) = \mathbf{0}, \quad \lim_{t \to +\infty} (\phi(t), \psi(t)) = \mathbf{K}$$

的解, 其中 $\phi_t(s) = \phi(t+s), \psi_t(s) = \psi(t+s), s \in [-c\tau, 0]$.

(3.15) 的上下解的定义类似于定义 2.2.1, 以下总假设 (3.15) 的上解 $(\bar{\phi}, \bar{\psi})$ 和下解 $(\underline{\phi}, \underline{\psi})$ 满足如下条件:

(A1) $(0,0) \leqslant (\underline{\phi}(t), \underline{\psi}(t)) \leqslant (\bar{\phi}(t), \bar{\psi}(t)) \leqslant (k_1, k_2), t \in \mathbb{R}$;

(A2) $\lim\limits_{t \to -\infty} (\bar{\phi}(t), \bar{\psi}(t)) = (0,0), \lim\limits_{t \to +\infty} (\bar{\phi}(t), \bar{\psi}(t)) = (k_1, k_2)$;

(A3) $\sup\limits_{s \leqslant t} \underline{\phi}(s) < \bar{\phi}(t), \sup\limits_{s \leqslant t} \underline{\psi}(s) < \bar{\psi}(t)$.

定义

$$\Gamma = \left\{ (\phi, \psi) \in C_{[\mathbf{0}, \mathbf{K}]}(\mathbb{R}, \mathbb{R}^2) : \begin{array}{ll} \text{(i)} & \psi(t) \text{ 在 } \mathbb{R} \text{ 上是非减的;} \\ \text{(ii)} & (\underline{\phi}(t), \underline{\psi}(t)) \leqslant (\phi(t), \psi(t)) \leqslant (\bar{\phi}(t), \bar{\psi}(t)). \end{array} \right\}.$$

显然, 由 (A1)—(A3) 知, $\bar{\Phi}, \underline{\Phi} \in \Gamma$, 所以 Γ 是非空的.

$$
\Gamma^* = \left\{ (\phi, \psi) \in C_{[0,\mathbf{K}]}(\mathbb{R}, \mathbb{R}^2) : \begin{array}{ll} \text{(i)} & \psi(t) \text{ 在 } \mathbb{R} \text{ 上是非减的;} \\ \text{(ii)} & (\underline{\phi}(t), \underline{\psi}(t)) \leqslant (\phi(t), \psi(t)) \leqslant (\bar{\phi}(t), \bar{\psi}(t)); \\ \text{(iii)} & e^{\beta_1 t}[\bar{\phi}(t) - \phi(t)], e^{\beta_1 t}[\phi(t) - \underline{\phi}(t)], \\ & e^{\beta_2 t}[\bar{\psi}(t) - \psi(t)], e^{\beta_2 t}[\psi(t) - \underline{\psi}(t)] \\ & \text{在 } \mathbb{R} \text{ 上是非减的;} \\ \text{(iv)} & \text{对每个 } s > 0, e^{\beta_2 t}[\psi(t + s) - \psi(t)] \\ & \text{在 } \mathbb{R} \text{ 上是非减的.} \end{array} \right\}.
$$

利用上下解方法和 Schauder 不动点定理, 可以得到下面的结论.

定理 3.3.1([107], 存在性)　假设 (P1)—(P3), (PQM) 成立, 并且 (3.15) 存在上解 $(\bar{\phi}, \bar{\psi})$ 和下解 $(\underline{\phi}, \underline{\psi})$ 满足 (A1)—(A3) 和

(A4) $\sup\limits_{t \in \mathbb{R}} \underline{\psi}(t) > 0$, $\phi(t)$ 是非减的且 $\sup\limits_{t \in \mathbb{R}} \underline{\phi}(t) > 0$, 对任意

$$
(\phi, \psi) \in (0, \inf\limits_{t \in \mathbb{R}} \bar{\phi}] \times (0, \inf\limits_{t \in \mathbb{R}} \bar{\psi}] \cup [\sup\limits_{t \in \mathbb{R}} \underline{\phi}, k_1] \times [\sup\limits_{t \in \mathbb{R}} \underline{\psi}, k_2), f = (f_1, f_2) \neq 0.
$$

那么系统 (3.3) 有连接 $(0, 0)$ 和 (k_1, k_2) 的行波解 $(\phi(x + ct), \psi(x + ct))$, 而且, 行波解的第二个部分在 $\mathbb{R}$ 上是单调非减的.

定理 3.3.2([107], 存在性)　假设 (P1)—(P4), (PQM*) 成立, 并且 (3.15) 存在上解 $(\bar{\phi}, \bar{\psi})$ 和下解 $(\underline{\phi}, \underline{\psi})$ 满足 (A1), (A2) 和 (A4) 且 Γ^* 非空, 那么系统 (3.3) 有连接 $(0, 0)$ 和 (k_1, k_2) 的行波解 $(\phi(x + ct), \psi(x + ct))$, 而且, 行波解的第二个部分在 $\mathbb{R}$ 上是单调非减的.

3.4　具有阶段结构的扩散竞争合作系统的行波解的存在性

本节考虑具有阶段结构的两个种群的扩散竞争合作系统 (3.2) 的行波解. 注意到系统 (3.2) 的第二个和第四个方程与 v_1, v_2 无关, 只要弄清楚 u_1, u_2 的性质, 根据 v_1, v_2 与 u_1, u_2 的关系, v_1, v_2 的性质也就清楚了, 所以只需考虑下列系统

$$
\begin{cases} \dfrac{\partial u_1(x, t)}{\partial t} = D_1 \dfrac{\partial^2 u_1(x, t)}{\partial x^2} \\ \qquad\qquad + \alpha_1(g_1 * u_1)(x, t) - a_1 u_1^2(x, t) - b_1 u_1(x, t) u_2(x, t), \\ \dfrac{\partial u_2(x, t)}{\partial t} = D_2 \dfrac{\partial^2 u_2(x, t)}{\partial x^2} \\ \qquad\qquad + \alpha_2(g_2 * u_2)(x, t) + b_2 u_1(x, t) u_2(x, t) - a_2 u_2^2(x, t). \end{cases} \tag{3.16}
$$

对于取不同的核函数

(i)　$g_i(x,t) = \delta(x)\delta(t - \tau_i)$;　　　　　　(ii)　$g_i(x,t) = \dfrac{1}{\tau_i}e^{-\frac{t}{\tau_i}}\delta(x)$;

(iii)　$g_i(x,t) = \delta(t - \tau_i)\dfrac{1}{\sqrt{4\pi d_i\tau_i}}e^{-\frac{x^2}{4d_i\tau_i}}$;　　(iv)　$g_i(x,t) = \dfrac{1}{\tau_i}e^{-\frac{t}{\tau_i}}\dfrac{1}{\sqrt{4\pi d_i t}}e^{-\frac{x^2}{4d_i t}}$,

$\tau_i > 0, i = 1,2$, 系统 (3.16) 的平衡点有不同的表达式.

对于情形 (i) 或 (iii), 系统 (3.16) 的平衡点是

$$\mathbf{0} = (0,0), \quad \left(\frac{\alpha_1 e^{-\gamma_1\tau_1}}{a_1}, 0\right), \quad \left(0, \frac{\alpha_2 e^{-\gamma_2\tau_2}}{a_2}\right), \quad \mathbf{K} = (k_1, k_2),$$

其中

$$k_1 = \frac{a_2\alpha_1 e^{-\gamma_1\tau_1} - b_1\alpha_2 e^{-\gamma_2\tau_2}}{a_1 a_2 + b_1 b_2}, \quad k_2 = \frac{a_1\alpha_2 e^{-\gamma_2\tau_2} + b_2\alpha_1 e^{-\gamma_1\tau_1}}{a_1 a_2 + b_1 b_2}.$$

当 $a_2\alpha_1 e^{-\gamma_1\tau_1} > b_1\alpha_2 e^{-\gamma_2\tau_2}$ 时, $k_1 > 0, k_2 > 0$.

对于情形 (ii) 或 (iv), 系统 (3.16) 的平衡点是

$$\mathbf{0} = (0,0), \quad \left(\frac{\alpha_1}{a_1(1 + \gamma_1\tau_1)}, 0\right), \quad \left(0, \frac{\alpha_2}{a_2(1 + \gamma_2\tau_2)}\right), \quad \mathbf{K} = (k_1, k_2),$$

其中

$$k_1 = \frac{\dfrac{a_2\alpha_1}{1 + \gamma_1\tau_1} - \dfrac{b_1\alpha_2}{1 + \gamma_2\tau_2}}{a_1 a_2 + b_1 b_2}, \quad k_2 = \frac{\dfrac{a_1\alpha_2}{1 + \gamma_2\tau_2} + \dfrac{b_2\alpha_1}{1 + \gamma_1\tau_1}}{a_1 a_2 + b_1 b_2}.$$

当 $\dfrac{a_2\alpha_1}{1 + \gamma_1\tau_1} > \dfrac{b_1\alpha_2}{1 + \gamma_2\tau_2}$ 时, $k_1 > 0, k_2 > 0$. 可以验证对于 $g_i(x,t)$ 取 (i)—(iv) 中的核函数, 系统 (3.16) 的非线性项均满足第二章的偏单调性条件 (PQM), 类似于构造系统 (2.60) 的弱上解和弱下解的方法构造 (3.16) 的波系统的弱上下解, 从而得到如下定理, 证明在此省略.

定理 3.4.1 ([129], 存在性)　假设 $a_1 k_1 > b_1 k_2$, 取核函数 $g_i(x,t)(i = 1,2)$ 为 (i)—(iv) 其中之一. 则对任意 $c > c^*$, (3.16) 有以 c 为波速的连接 $\mathbf{0}$ 和 $\mathbf{K}$ 的行波解 $(\phi(x + ct), \psi(x + ct))$, 并且 $\lim\limits_{\xi \to -\infty}(\phi(\xi)e^{-\lambda_1\xi}, \psi(\xi)e^{-\lambda_2\xi}) = (k_1, k_2), \xi = x + ct$. 其中 c_i^* 和 λ_i 对应系统 (3.16) 的波系统在 $(0,0)$ 点的线性化系统的两个特征方程存在实根的最小值和较小的特征根.

第 4 章 非局部时滞反应扩散传染病系统的行波解的稳定性

由感染人群引起的环境污染可导致传染病的传播, 这被认为是霍乱和疟疾等相关流行病的主要因素之一[23]. 在文 [27, 29] 中提出了如下模型来描述 1973 年发生在欧洲地中海地区的霍乱疫情的传播

$$
\begin{cases}
\dfrac{du_1(t)}{dt} = -a_{11}u_1(t) + a_{12}u_2(t), \\[2mm]
\dfrac{du_2(t)}{dt} = -a_{22}u_2(t) + g(u_1(t)),
\end{cases}
\tag{4.1}
$$

其中 a_{11}, a_{12}, a_{22} 均为正数, $u_1(t)$ 和 $u_2(t)$ 分别表示传染源和感染人群在 $t \geqslant 0$ 时刻的密度, a_{11} 表示传染源的自然死亡率, a_{22} 表示感染人群的自然减少率, a_{12} 表示感染人群对传染源的密度的贡献, $g(x)$ 表示由于传染源的密度而导致的人群的感染率.

考虑到细菌和感染人群的移动, 系统 (4.1) 可以修改为如下系统

$$
\begin{cases}
\dfrac{\partial u_1(x,t)}{\partial t} = d_1 \dfrac{\partial^2 u_1(x,t)}{\partial x^2} - a_{11}u_1(x,t) + a_{12}u_2(x,t), \\[3mm]
\dfrac{\partial u_2(x,t)}{\partial t} = d_2 \dfrac{\partial^2 u_2(x,t)}{\partial x^2} - a_{22}u_2(x,t) + g(u_1(x,t)),
\end{cases}
\tag{4.2}
$$

其中 $u_1(x,t)$ 和 $u_2(x,t)$ 分别表示病毒和被感染人群在位置 x 和时间 $t \geqslant 0$ 的密度. 基于 $d_1 > 0, d_2 \geqslant 0$ 的假设, 许多学者研究了该系统的解的正则性、平衡解的收敛性和行波解问题[24-27,30,189,223,249], 文 [5, 22, 94, 219, 241—243, 250] 还考虑了非局部性的影响以及行波解和渐近传播速度.

更一般地, 感染人群和环境中传染源的浓度相互之间有直接影响, 这不仅取决于空间和时间上某一点的人口密度, 还取决于以前所有时间和空间中所有点的值的加权平均. 一方面, 人群的变化会在一段时间后导致细菌的变化, 例如康复人群在一段时间内 (免疫期) 对细菌免疫; 另一方面, 由于人群和细菌 (通过扩散) 移动, 它们可能不会停留在相同的位置和以前的时间. 为了合理地描述该模型, 本章考虑无时滞系统 (4.2) 和以下两个非局部时滞系统

$$\begin{cases} \dfrac{\partial u_1(x,t)}{\partial t} = d_1 \dfrac{\partial^2 u_1(x,t)}{\partial x^2} - a_{11}u_1(x,t) + (g_1 * u_2)(x,t), \\ \dfrac{\partial u_2(x,t)}{\partial t} = d_2 \dfrac{\partial^2 u_2(x,t)}{\partial x^2} - a_{22}u_2(x,t) + (g_2 * g(u_1))(x,t) \end{cases} \tag{4.3}$$

和

$$\begin{cases} \dfrac{\partial u_1}{\partial t} = d_1 \dfrac{\partial^2 u_1}{\partial x^2} - \alpha u_1(x,t) + h((g_1 * u_2)(x,t)), \\ \dfrac{\partial u_2}{\partial t} = d_2 \dfrac{\partial^2 u_2}{\partial x^2} - \beta u_2(x,t) + g((g_2 * u_1)(x,t)) \end{cases} \tag{4.4}$$

的双稳波的存在性、唯一性 (不计平移的意义下) 和指数渐近稳定性, 其中

$$(g_i * u)(x,t) = \int_{-\infty}^{t} \int_{-\infty}^{\infty} G(x-y,t-s)k(t-s)u(y,s)dyds, \quad i = 1,2,$$

$G(x,t), k(t)$ 为核函数, $d_1 > 0$ 和 $d_2 > 0$ 是扩散系数, a_{11} 和 α 以及 a_{22} 和 β 表示相同的意义 (为了表示方便), $h(x)$ 表示被感染人群对病毒增长率的影响, $g(x)$ 表示在疾病演化中易感染人群保持不变的情况下人群的感染率.

关于离散和非局部时滞系统行波解的相关结论, 包括单稳情形和双稳情形, 例如利用上下解方法和 Schauder 不动点定理等方法研究行波解的存在性[8, 40, 57, 105-107, 132, 147, 164, 192, 216, 227, 247, 270], 利用上下解方法研究波速的唯一性[37, 39, 136, 149, 153, 164, 214, 228] 以及利用挤压方法[37, 214, 228]、谱分析方法[8, 136, 194, 224] 和加权能量法[256] 研究行波解的稳定性. 值得一提的是有很多数值法能保持非线性反应扩散方程的行波解的单调性[154-156].

本章利用 [79, 136] 的方法将非局部系统转化为无时滞系统, 利用挤压技术和谱分析证明双稳波的稳定性, 并利用上下解和比较原理证明波速的唯一性. 本章的内容取自作者与合作者的论文 [130, 131].

4.1 弱核情形下非局部时滞反应扩散传染病系统的行波解的稳定性

本节考虑系统 (4.2) 和 (4.3) 的双稳波的存在性、唯一性和全局渐近稳定性, 其中 $(g_1 * u_2)(x,t)$ 和 $(g_2 * g(u_1))(x,t)$ 定义为

$$\begin{cases} (g_1 * u_2)(x,t) = \int_{-\infty}^{t} \int_{-\infty}^{\infty} G_1(x-y,t-s)k_1(t-s)u_2(y,s)dyds, \\ (g_2 * g(u_1))(x,t) = \int_{-\infty}^{t} \int_{-\infty}^{\infty} G_2(x-y,t-s)k_2(t-s)g(u_1(y,s))dyds, \end{cases} \tag{4.5}$$

$$G_1(x,t) = \frac{1}{\sqrt{4\pi d_2 t}} e^{-\frac{x^2}{4d_2 t}} \quad \text{和} \quad G_2(x,t) = \frac{1}{\sqrt{4\pi d_1 t}} e^{-\frac{x^2}{4d_1 t}},$$

以及

$$k_1(s) = \frac{1}{\tau_1} e^{-\frac{1}{\tau_1} s} \quad \text{和} \quad k_2(s) = \frac{1}{\tau_2} e^{-\frac{1}{\tau_2} s},$$

τ_1 是康复人群的免疫期, τ_2 是病菌的潜伏期. 显然, G_1 和 G_2 满足

$$\frac{\partial G_1}{\partial t} = d_2 \frac{\partial^2 G_1}{\partial x^2} \quad \text{和} \quad \frac{\partial G_2}{\partial t} = d_1 \frac{\partial^2 G_2}{\partial x^2}, \quad G_i(x,0) = \delta(x), \quad i = 1,2,$$

其中 $\delta(x)$ 是一般的 Dirac 函数, $G_1(x,t)$ 和 $G_2(x,t)$ 分别表示 u_2 和 u_1 分布的加权函数, $k_1(t)$ 和 $k_2(t)$ 分别表示恢复人群的免疫周期和病毒的潜伏期的时间分布函数.

令 $\theta = t - s, z = x - y$, 则

$$\begin{cases} (g_1 * u_2)(x,t) = \displaystyle\int_0^\infty \int_{-\infty}^\infty \frac{1}{\tau_1} e^{-\frac{1}{\tau_1}\theta} \frac{1}{\sqrt{4\pi d_2\theta}} e^{-\frac{z^2}{4d_2\theta}} u_2(x-z,t-\theta) dz d\theta, \\ (g_2 * g(u_1))(x,t) = \displaystyle\int_0^\infty \int_{-\infty}^\infty \frac{1}{\tau_2} e^{-\frac{1}{\tau_2}\theta} \frac{1}{\sqrt{4\pi d_1\theta}} e^{-\frac{z^2}{4d_1\theta}} g(u_1(x-z,t-\theta)) dz d\theta. \end{cases}$$

4.1.1　ODE 系统

首先研究 ODE 系统 (4.1). 为了方便, 我们研究系统 (4.1) 的标量化系统

$$\begin{cases} \dfrac{du_1(t)}{dt} = -u_1(t) + \alpha u_2(t), \\ \dfrac{du_2(t)}{dt} = -\beta u_2(t) + g(u_1(t)), \end{cases} \tag{4.6}$$

其中 $u_1^* = u_1, u_2^* = a_{11} u_2, t^* = a_{11} t$, 去掉星号, $\alpha = \dfrac{a_{12}}{a_{11}^2}, \beta = \dfrac{a_{22}}{a_{11}}$.

对 g 作如下假设:

(A) $g \in C^2(\mathbb{R}^+, \mathbb{R}^+), g(0) = 0, g'(0) \geqslant 0, g'(x) > 0, \forall x > 0, \lim\limits_{x\to\infty} g(x) = 1$, 且存在 $x_0 > 0$ 使得 $g''(x) > 0, 0 < x < x_0$ 和 $g''(x) < 0, x > x_0$.

为了分析系统 (4.6) 的全局渐近行为, 需要如下引理.

引理 4.1.1([151], Bendixson 准则)　对于

$$\begin{cases} \dfrac{dx}{\partial t} = M(x,y), \\ \dfrac{dy}{dt} = N(x,y), \end{cases} \tag{4.7}$$

如果

$$\frac{\partial M(x,y)}{\partial x} + \frac{\partial N(x,y)}{\partial y}$$

在单连通区域 D 内不变号, 那么区域 D 内不含系统 (4.7) 的任何闭轨.

由引理 4.1.1 可得如下结果.

引理 4.1.2([130]) 系统 (4.6) 在 $\mathbb{R}^2$ 上无任何闭轨.

下面给出一些关于系统 (4.6) 平衡点的渐近行为的已知结果[23, 28, 30].

引理 4.1.3([23, 28, 30]) 令 $\gamma = \dfrac{\beta}{\alpha} = \dfrac{a_{11}a_{22}}{a_{12}}$ 和 $\gamma_{\mathrm{crit}} := \sup\limits_{z\in[0,+\infty)} \dfrac{g(z)}{z} > 0$. 则

(i) 当 $\gamma > \gamma_{\mathrm{crit}}$ 时, (4.6) 存在唯一的平衡点 $(0,0)$, 且在第一象限是全局渐近稳定性的 $\mathbb{R}^2$;

(ii) 当 $\gamma = \gamma_{\mathrm{crit}}$ 或 $0 < \gamma \leqslant g'(0)$ 时, (4.6) 除了 $(0,0)$ 外还有唯一的正平衡点;

(iii) 当

$$g'(0) < \gamma < \gamma_{\mathrm{crit}} \tag{4.8}$$

时, (4.6) 在第一象限有三个平衡点: $E^- = (0,0), E^0 = \left(a, \dfrac{a}{\alpha}\right), E^+ = \left(b, \dfrac{b}{\alpha}\right)$, 其中, $0 < a < b$ 是方程 $g(x) = \dfrac{\beta}{\alpha}x$ 的三个根, E^0 是鞍点, E^- 和 E^+ 是稳定的结点. 此外, 第一象限是 E^- 和 E^+ 的吸引域以及 E^0 的稳定流形的并集.

证明 利用简单的数学分析就能证明该引理, 为了读者的方便, 我们只给出证明概要. 系统 (4.6) 的平衡点是直线 $L: u_2 = \dfrac{1}{\alpha}u_1$ 和曲线 $\Gamma: u_2 = \dfrac{1}{\beta}g(u_1)$ 的交点. 交点的个数由曲线 Γ 的倾斜度来决定. 曲线 Γ 斜率的最大值是 $\gamma_{\mathrm{crit}} := \sup\limits_{x\in[0,+\infty)} g(x)/x > 0$.

(i) 由条件 (A) 中的 $g(0) = 0$ 知, $(0,0)$ 是系统 (4.6) 的平衡点. 如果 $\gamma > \gamma_{\mathrm{crit}}$, 那么在第一象限除了 $(0,0)$ 之外, 曲线 Γ 在直线 L 的下面. 即 $(0,0)$ 是系统 (4.6) 唯一的平衡点. 系统 (4.6) 在 $(0,0)$ 的线性化系统的特征方程是

$$\begin{vmatrix} -1-\lambda & \alpha \\ g'(0) & -\beta-\lambda \end{vmatrix} = 0. \tag{4.9}$$

因为 $\gamma > \gamma_{\mathrm{crit}}$, 所以特征值 $\lambda_{1,2} = \dfrac{-1-\beta \pm \sqrt{(1+\beta)^2 - 4(\beta - \alpha g'(0))}}{2} < 0$. 从而 $(0,0)$ 是局部渐近稳定的. 由引理 4.1.2 知, 系统 (4.6) 在 $\mathbb{R}^2$ 上无任何闭轨. 因此 $(0,0)$ 是全局渐近稳定的.

(ii) 类似于 (i) 的分析方法知, 当 $0 < \gamma \leqslant g'(0)$ 或 $\gamma = \gamma_{\mathrm{crit}}$ 时, 除了 $(0,0)$ 之外, (4.6) 有唯一的非平凡平衡点. 分别计算系统 (4.6) 在 $(0,0)$ 和非平凡平衡点处的线性化系统的特征方程的特征值知, 当 $0 < \gamma < g'(0)$ 时, $(0,0)$ 是鞍点, 当 $0 < \gamma \leqslant g'(0)$ 时, 非平凡平衡点是渐近稳定的结点. 但是当 $\gamma = g'(0)$ 或 $\gamma = \gamma_{\mathrm{crit}}$ 时, 系统 (4.6) 在 $(0,0)$ 和非平凡平衡点处的线性化系统的特征方程有零特征值. 这种情形线性分析失效, 平衡点的渐近行为的分析将变得很复杂.

(iii) 易知系统 (4.6) 在 $(0,0)$ 和 $\left(b, \dfrac{b}{\alpha}\right)$ 的线性化系统的特征方程的特征值均是负的, 因此, 它们是稳定的结点. 系统 (4.6) 在 $\left(a, \dfrac{a}{\alpha}\right)$ 的线性化系统的特征方程有一个正特征值和一个负特征值, 所以它是鞍点. 对于第一象限是 E^- 和 E^+ 的吸引域以及 E^0 的稳定流形的并集的证明, 可以参考 [23].　　　　□

4.1.2　无时滞系统的行波解和温和解

本节研究系统 (4.2) 的单调行波解和温和解的存在性. 系统 (4.2) 的行波解具有特殊形式 $(u_1(x,t), u_2(x,t)) = (\phi_1(\xi), \phi_2(\xi)), \xi = x + ct$, 其中 c 是波速, $(\phi_1(\xi), \phi_2(\xi))$ 是波相. 如果 $(\phi_1(\xi), \phi_2(\xi))$ 关于 $\xi \in \mathbb{R}$ 单调, 那么称其为波前解.

为了方便, 我们研究系统 (4.2) 的标量化系统

$$
\begin{cases}
\dfrac{\partial u_1(x,t)}{\partial t} = d_1 \dfrac{\partial^2 u_1(x,t)}{\partial x^2} - u_1(x,t) + \alpha u_2(x,t), \\[2mm]
\dfrac{\partial u_2(x,t)}{\partial t} = d_2 \dfrac{\partial^2 u_2(x,t)}{\partial x^2} - \beta u_2(x,t) + g(u_1(x,t)),
\end{cases} \tag{4.10}
$$

其中 $u_1^* = u_1, u_2^* = a_{11} u_2, t^* = a_{11} t, x^* = \sqrt{a_{11}}\, x$, 去掉星号, $\alpha = \dfrac{a_{12}}{a_{11}^2}, \beta = \dfrac{a_{22}}{a_{11}}$.

我们寻找当 (4.8) 成立时, 系统 (4.2) 连接 E^- 和 E^+ 的波前解. 用 t 表示 $x + ct$, 那么系统 (4.10) 有连接 E^- 和 E^+ 的波前解 $\Phi(t) = (\phi_1(t), \phi_2(t))$ 当且仅当系统

$$
\begin{cases}
d_1 \phi_1''(t) - c\phi_1'(t) - \phi_1(t) + \alpha \phi_2(t) = 0, \\[2mm]
d_2 \phi_2''(t) - c\phi_2'(t) - \beta \phi_2(t) + g(\phi_1(t)) = 0
\end{cases} \tag{4.11}
$$

关于渐近边界条件

$$
\lim_{t \to -\infty} (\phi_1(t), \phi_2(t)) = (0,0) := \Phi_-, \quad \lim_{t \to +\infty} (\phi_1(t), \phi_2(t)) = \left(b, \dfrac{b}{\alpha}\right) := \Phi_+ \tag{4.12}
$$

在 $\mathbb{R}$ 上有单调解.

由 [224] 的定理 3.3.2 知, 我们有如下行波解的存在性定理.

定理 4.1.1 ([130], 存在性) 假设 (4.8) 成立. 则存在一对单调函数 $(\phi_1(t),$ $\phi_2(t)) \in C^2(\mathbb{R}, \mathbb{R}^2)$ 满足 (4.11) 和 (4.12).

现在研究系统 (4.10) 的温和解. 考虑系统 (4.10) 的初值问题, 其中初值

$$u_1(x,0) = \psi_1(x), \quad u_2(x,0) = \psi_2(x), \quad x \in \mathbb{R} \tag{4.13}$$

满足

$$(0,0) \leqslant (\psi_1(x), \psi_2(x)) \leqslant \left(b, \frac{b}{\alpha}\right), \quad \psi_i(x) \in C(\mathbb{R}, \mathbb{R}), \quad i = 1,2. \tag{4.14}$$

令

$$\beta_1 = 1, \quad \beta_2 = \beta. \tag{4.15}$$

对于 $(0,0) \leqslant (u_1(x,t), u_2(x,t)) \leqslant \left(b, \frac{b}{\alpha}\right), (x,t) \in \mathbb{R} \times \mathbb{R}^+$, 定义 $F = (F_1, F_2)$ 为

$$\begin{cases} F_1(u_1, u_2)(x,t) = \beta_1 u_1(x,t) - u_1(x,t) + \alpha u_2(x,t), \\ F_2(u_1, u_2)(x,t) = \beta_2 u_2(x,t) - \beta u_2(x,t) + g(u_1(x,t)). \end{cases} \tag{4.16}$$

那么, 对于任意 $(0,0) \leqslant (v_1(x,t), v_2(x,t)) \leqslant (u_1(x,t), u_2(x,t)) \leqslant \left(b, \frac{b}{\alpha}\right), x \in \mathbb{R}$, 易知

$$(0,0) = F(0,0) \leqslant F(v_1, v_2)(x,t) \leqslant F(u_1, u_2)(x,t) \leqslant F\left(b, \frac{b}{\alpha}\right). \tag{4.17}$$

从 (4.15) 和 (4.16) 知, (4.10) 可写为

$$\begin{cases} \dfrac{\partial u_1(x,t)}{\partial t} = d_1 \dfrac{\partial^2 u_1(x,t)}{\partial x^2} - \beta_1 u_1(x,t) + F_1(u_1,u_2)(x,t), \\ \dfrac{\partial u_2(x,t)}{\partial t} = d_2 \dfrac{\partial^2 u_2(x,t)}{\partial x^2} - \beta_2 u_2(x,t) + F_2(u_1,u_2)(x,t). \end{cases} \tag{4.18}$$

令 $X = BUC(\mathbb{R}, \mathbb{R}^2)$ 是由从 $\mathbb{R}$ 到 $\mathbb{R}^2$ 的有界且一致连续的向量值函数构成的 Banach 空间, 具有上确界范数 $\|\cdot\|$,

$$X_I = \left\{ u(x) \in X : (0,0) \leqslant u(x) \leqslant \left(b, \frac{b}{\alpha}\right), x \in \mathbb{R} \right\}.$$

定义

$$\begin{cases} u_1(x,t) = \dfrac{e^{-\beta_1 t}}{\sqrt{4\pi d_1 t}} \displaystyle\int_{-\infty}^{\infty} e^{-\frac{(x-y)^2}{4d_1 t}} u_1^0(y) dy := T_1(t) u_1^0(x), \\ u_2(x,t) = \dfrac{e^{-\beta_2 t}}{\sqrt{4\pi d_2 t}} \displaystyle\int_{-\infty}^{\infty} e^{-\frac{(x-y)^2}{4d_2 t}} u_2^0(y) dy := T_2(t) u_2^0(x) \end{cases}$$

和 $T(t) = (T_1(t), T_2(t))$. 易知 $T(t) : X \to X$ 是 C_0 半群. 进一步, 由 [45, 59, 188, 215] 知, $T(t)$ 是正的解析半群. 此外, 利用上下解方法和积分方程理论可得如下结果, 证明可参考文 [160] 中的定理 1, 定理 2 和命题 1, 以及文 [193] 中的定理 4.1 和定理 5.1.

定理 4.1.2([130], 温和解) 假设 $(\psi_1(x), \psi_2(x))$ 满足 (4.14). 则积分方程

$$
\begin{cases}
u_1(x, t) = T_1(t)\psi_1(x) + \displaystyle\int_0^t T_1(t - s)F_1(u_1, u_2)(x, s)ds, \\
u_2(x, t) = T_2(t)\psi_2(x) + \displaystyle\int_0^t T_2(t - s)F_2(u_1, u_2)(x, s)ds
\end{cases}
\tag{4.19}
$$

的解 $(u_1(x, t), u_2(x, t)), x \in \mathbb{R}, t > 0$, 是 (4.18) 和 (4.13) (也是 (4.10) 和 (4.13)) 的唯一的温和解. 而且, $(u_1(\cdot, t), u_2(\cdot, t)) \in X_I, t > 0$.

易知 u_1 和 u_2 对 $x \in \mathbb{R}$ 是 C^2 的, 对 $t > 0$ 是 C^1 的. 所以 $u_1(x, t)$ 和 $u_2(x, t)$ 的光滑性蕴含着在 $(x, t) \in \mathbb{R} \times (0, +\infty)$ 上, 定理 4.1.2 中所描述的温和解 $(u_1(x, t), u_2(x, t))$ 是 (4.10) 和 (4.13) 的经典解. 系统 (4.2) 的双稳波的渐近稳定性和波速的唯一性的证明与系统 (4.3) 的结论的证明类似.

4.1.3 弱核情形下系统的行波解和温和解

如上所述, 我们研究系统 (4.3) 的标量化系统

$$
\begin{cases}
\dfrac{\partial u_1(x, t)}{\partial t} = d_1 \dfrac{\partial^2 u_1(x, t)}{\partial x^2} - u_1(x, t) + \alpha(g_1 * u_2)(x, t), \\
\dfrac{\partial u_2(x, t)}{\partial t} = d_2 \dfrac{\partial^2 u_2(x, t)}{\partial x^2} - \beta u_2(x, t) + (g_2 * g(u_1))(x, t),
\end{cases}
\tag{4.20}
$$

其中 $u_1^* = u_1, u_2^* = a_{11}u_2, t^* = a_{11}t, x^* = \sqrt{a_{11}}x, \theta^* = a_{11}\theta, z^* = \sqrt{a_{11}}z, \tau_i^* = a_{11}\tau_i, i = 1, 2$, 去掉星号, $\alpha = \dfrac{1}{a_{11}^2}, \beta = \dfrac{a_{22}}{a_{11}}$.

令 $\gamma = \dfrac{\beta}{\alpha} = a_{11}a_{22}$. 当 α, γ 被新的 α, γ 代替后引理 4.1.3 还成立. 为了研究系统 (4.3) 的连接 E^- 和 E^+ 的单调行波解的存在性, 我们假设 (4.8) 成立. 那么系统 (4.20) 有连接 E^- 和 E^+ 的行波解 $\Phi(t) = (\phi_1(t), \phi_2(t))$ 当且仅当系统

$$
\begin{cases}
d_1\phi_1''(t) - c\phi_1'(t) - \phi_1(t) + \alpha(g_1 * \phi_2)(t) = 0, \\
d_2\phi_2''(t) - c\phi_2'(t) - \beta\phi_2(t) + (g_2 * g(\phi_1))(t) = 0
\end{cases}
\tag{4.21}
$$

关于渐近边界条件

$$
\lim_{t \to -\infty} (\phi_1(t), \phi_2(t)) = (0, 0), \qquad \lim_{t \to +\infty} (\phi_1(t), \phi_2(t)) = \left(b, \dfrac{b}{\alpha}\right)
\tag{4.22}
$$

在 $\mathbb{R}$ 上有单调解, 其中 $(g_1 * \phi_2)(t)$ 和 $(g_2 * g(\phi_1))(t)$ 定义为

$$
\begin{cases}
(g_1 * \phi_2)(t) = \int_0^\infty \int_{-\infty}^\infty \frac{1}{\tau_1} e^{-\frac{1}{\tau_1}\theta} \frac{1}{\sqrt{4\pi d_2\theta}} e^{-\frac{z^2}{4d_2\theta}} \phi_2(t - c\theta - z) dz d\theta, \\
(g_2 * g(\phi_1))(t) = \int_0^\infty \int_{-\infty}^\infty \frac{1}{\tau_2} e^{-\frac{1}{\tau_2}\theta} \frac{1}{\sqrt{4\pi d_1\theta}} e^{-\frac{z^2}{4d_1\theta}} g(\phi_1(t - c\theta - z)) dz d\theta.
\end{cases}
\tag{4.23}
$$

引入两个新变量

$$ u_3(x,t) = (g_1 * u_2)(x,t), \quad u_4(x,t) = (g_2 * g(u_1))(x,t), $$

则非局部时滞系统 (4.20) 被转化为如下无时滞系统

$$
\begin{cases}
\dfrac{\partial u_1(x,t)}{\partial t} = d_1 \dfrac{\partial^2 u_1(x,t)}{\partial x^2} - u_1(x,t) + \alpha u_3(x,t), \\
\dfrac{\partial u_2(x,t)}{\partial t} = d_2 \dfrac{\partial^2 u_2(x,t)}{\partial x^2} - \beta u_2(x,t) + u_4(x,t), \\
\dfrac{\partial u_3(x,t)}{\partial t} = d_2 \dfrac{\partial^2 u_3(x,t)}{\partial x^2} - \dfrac{1}{\tau_1} u_3(x,t) + \dfrac{1}{\tau_1} u_2(x,t), \\
\dfrac{\partial u_4(x,t)}{\partial t} = d_1 \dfrac{\partial^2 u_4(x,t)}{\partial x^2} - \dfrac{1}{\tau_2} u_4(x,t) + \dfrac{1}{\tau_2} g(u_1(x,t)).
\end{cases}
\tag{4.24}
$$

这种技巧文 [79, 136] 中也用到过. (4.20) 和 (4.24) 的关系如下: 如果 $(u_1(x,t), u_2(x,t))$ 是 (4.20) 的解, 那么 $(u_1(x,t), u_2(x,t), u_3(x,t), u_4(x,t))$ 是 (4.24) 的解; 反过来, 如果 $(u_1(x,t), u_2(x,t), u_3(x,t), u_4(x,t))$ 是 (4.24) 的解, 那么 $(u_1(x,t), u_2(x,t))$ 是 (4.20) 的解. 因此, 我们只需考虑系统 (4.24).

显然, 系统 (4.24) 有连接 $\Phi_- = (0,0,0,0)$ 和 $\Phi_+ = \left(b, \frac{b}{\alpha}, \frac{b}{\alpha}, \frac{\beta b}{\alpha}\right)$ 的波前解 $\Phi(t) = (\phi_1(t), \phi_2(t), \phi_3(t), \phi_4(t))$ 当且仅当系统

$$
\begin{cases}
d_1\phi_1''(t) - c\phi_1'(t) - \phi_1(t) + \alpha\phi_3(t) = 0, \\
d_2\phi_2''(t) - c\phi_2'(t) - \beta\phi_2(t) + \phi_4(t) = 0, \\
d_2\phi_3''(t) - c\phi_3'(t) - \dfrac{1}{\tau_1}\phi_3(t) + \dfrac{1}{\tau_1}\phi_2(t) = 0, \\
d_1\phi_4''(t) - c\phi_4'(t) - \dfrac{1}{\tau_2}\phi_4(t) + \dfrac{1}{\tau_2}g(\phi_1(t)) = 0
\end{cases}
\tag{4.25}
$$

关于渐近边界条件

$$ \lim_{t\to-\infty}\Phi(t) = \Phi_-, \quad \lim_{t\to+\infty}\Phi(t) = \Phi_+ \tag{4.26} $$

在 $\mathbb{R}$ 上有单调解.

为了得到系统 (4.20) 的行波解存在性, 需要利用如下著名的 Routh-Hurwitz 判据.

引理 4.1.4([10], Routh-Hurwitz 判据)　考虑多项式方程

$$\lambda^n + a_1\lambda^{n-1} + a_2\lambda^{n-2} + \cdots + a_{n-1}\lambda + a_n = 0, \tag{4.27}$$

方程 (4.27) 的所有根具有负实部当且仅当

$$H_k = \begin{vmatrix} a_1 & a_3 & a_5 & \cdots & a_{2k-1} \\ 1 & a_2 & a_4 & \cdots & a_{2k-2} \\ 0 & a_1 & a_3 & \cdots & a_{2k-3} \\ 0 & 1 & a_2 & \cdots & a_{2k-4} \\ \vdots & \vdots & \vdots & & \vdots \\ 0 & 0 & 0 & \cdots & a_k \end{vmatrix} > 0,$$

其中 $k = 1, 2, \cdots, n$ 且 $a_j = 0, j > n$.

定理 4.1.3 ([130], 存在性)　假设 (4.8) 成立. 则存在单调函数 $(\phi_1(t), \phi_2(t),$ $\phi_3(t), \phi_4(t)) \in C^2(\mathbb{R}, \mathbb{R}^4)$ 满足 (4.25) 和 (4.26).

证明　易知

$$f'(\Lambda) = \begin{pmatrix} -1 & 0 & \alpha & 0 \\ 0 & -\beta & 0 & 1 \\ 0 & \dfrac{1}{\tau_1} & -\dfrac{1}{\tau_1} & 0 \\ \dfrac{1}{\tau_2}g'(\omega) & 0 & 0 & -\dfrac{1}{\tau_2} \end{pmatrix},$$

其中 $\Lambda = \Phi_-, \Phi^1, \Phi_+$ 分别对应于 $\omega = 0, a, b$, 且 $\Phi^1 = \left(a, \dfrac{a}{\alpha}, \dfrac{a}{\alpha}, \dfrac{\beta a}{\alpha}\right)$.

首先验证 $f'(\Phi_-)$ 和 $f'(\Phi_+)$ 的特征值均具有负实部. 直接的计算可得

$$|\lambda I - f'(\Phi_-)| = \begin{vmatrix} \lambda + 1 & 0 & -\alpha & 0 \\ 0 & \lambda + \beta & 0 & -1 \\ 0 & -\dfrac{1}{\tau_1} & \lambda + \dfrac{1}{\tau_1} & 0 \\ -\dfrac{1}{\tau_2}g'(0) & 0 & 0 & \lambda + \dfrac{1}{\tau_2} \end{vmatrix}$$

$$
= (\lambda + 1)(\lambda + \beta)\left(\lambda + \frac{1}{\tau_1}\right)\left(\lambda + \frac{1}{\tau_2}\right) - \frac{1}{\tau_1 \tau_2}\alpha g'(0)
$$

$$
= \lambda^4 + \left(1 + \beta + \frac{1}{\tau_1} + \frac{1}{\tau_2}\right)\lambda^3 + \left[\beta + \left(\frac{1}{\tau_1} + \frac{1}{\tau_2}\right)(1+\beta) + \frac{1}{\tau_1\tau_2}\right]\lambda^2
$$

$$
+ \left[\left(\frac{1}{\tau_1} + \frac{1}{\tau_2}\right)\beta + \frac{1}{\tau_1\tau_2}\beta\right]\lambda + \frac{1}{\tau_1\tau_2}(\beta - \alpha g'(0)).
$$

由引理 4.1.4 知, 只需验证 $H_k > 0, k = 1, 2, 3, 4$. 显然

$$
H_1 = 1 + \beta + \frac{1}{\tau_1} + \frac{1}{\tau_2} > 0,
$$

$$
H_2 = \begin{vmatrix} 1 + \beta + \dfrac{1}{\tau_1} + \dfrac{1}{\tau_2} & \left(\dfrac{1}{\tau_1} + \dfrac{1}{\tau_2}\right)\beta + \dfrac{1}{\tau_1\tau_2}\beta \\[3mm] 1 & \beta + \left(\dfrac{1}{\tau_1} + \dfrac{1}{\tau_2}\right)(1+\beta) + \dfrac{1}{\tau_1\tau_2} \end{vmatrix} > 0.
$$

由 (A) 知, $\beta > \alpha g'(0)$, 因此

$$
H_3 = \begin{vmatrix} 1 + \beta + \dfrac{1}{\tau_1} + \dfrac{1}{\tau_2} & \left(\dfrac{1}{\tau_1} + \dfrac{1}{\tau_2}\right)\beta + \dfrac{1}{\tau_1\tau_2}\beta & 0 \\[3mm] 1 & \beta + \left(\dfrac{1}{\tau_1} + \dfrac{1}{\tau_2}\right)(1+\beta) + \dfrac{1}{\tau_1\tau_2} & \dfrac{1}{\tau_1\tau_2}(\beta - \alpha g'(0)) \\[3mm] 0 & 1 + \beta + \dfrac{1}{\tau_1} + \dfrac{1}{\tau_2} & \left(\dfrac{1}{\tau_1} + \dfrac{1}{\tau_2}\right)\beta + \dfrac{1}{\tau_1\tau_2}\beta \end{vmatrix}
$$

$$
= \left(1 + \beta + \frac{1}{\tau_1} + \frac{1}{\tau_2}\right)\left\{\left[\beta + \left(\frac{1}{\tau_1} + \frac{1}{\tau_2}\right)(1+\beta) + \frac{1}{\tau_1\tau_2}\right]\left[\left(\frac{1}{\tau_1} + \frac{1}{\tau_2}\right)\beta + \frac{1}{\tau_1\tau_2}\beta\right]\right.
$$

$$
\left. - \frac{1}{\tau_1\tau_2}\left(1 + \beta + \frac{1}{\tau_1} + \frac{1}{\tau_2}\right)(\beta - \alpha g'(0))\right\} - \left[\left(\frac{1}{\tau_1} + \frac{1}{\tau_2}\right)\beta + \frac{1}{\tau_1\tau_2}\beta\right]^2
$$

$$
> \left(1 + \beta + \frac{1}{\tau_1} + \frac{1}{\tau_2}\right)\left\{\left[\beta + \left(\frac{1}{\tau_1} + \frac{1}{\tau_2}\right)(1+\beta) + \frac{1}{\tau_1\tau_2}\right]\left[\left(\frac{1}{\tau_1} + \frac{1}{\tau_2}\right)\beta + \frac{1}{\tau_1\tau_2}\beta\right]\right.
$$

$$
\left. - \frac{1}{\tau_1\tau_2}\left(1 + \beta + \frac{1}{\tau_1} + \frac{1}{\tau_2}\right)\beta\right\} - \left[\left(\frac{1}{\tau_1} + \frac{1}{\tau_2}\right)\beta + \frac{1}{\tau_1\tau_2}\beta\right]^2
$$

$$
> \left(1 + \beta + \frac{1}{\tau_1} + \frac{1}{\tau_2}\right)\left[\left(\frac{1}{\tau_1} + \frac{1}{\tau_2}\right)^2\beta^2 + \frac{1}{\tau_1\tau_2}\left(\frac{1}{\tau_1} + \frac{1}{\tau_2}\right)\beta(1+\beta) + \left(\frac{1}{\tau_1\tau_2}\right)^2\beta\right]
$$

$$
- \left[\left(\frac{1}{\tau_1} + \frac{1}{\tau_2}\right)\beta + \frac{1}{\tau_1\tau_2}\beta\right]^2 > 0.
$$

进一步, 有

$$H_4 = \frac{1}{\tau_1 \tau_2}(\beta - \alpha g'(0))H_3 > 0.$$

类似地, 由 $\beta > \alpha g'(b)$ 知, $f'(\Phi_+)$ 的特征值均具有负实部.

下面选择 $\nu = (\nu_1, \nu_2, \nu_3, \nu_4)(\nu_i \geqslant 0, i = 1, 2, 3, 4)$ 使得 $\nu f'(\Phi^1) > 0$. 注意到

$$\nu f'(\Phi^1) > 0 \Longleftrightarrow \frac{1}{\tau_2}g'(a)\nu_4 > \nu_1, \quad \frac{1}{\tau_1}\nu_3 > \beta\nu_2, \quad \alpha\nu_1 > \frac{1}{\tau_1}\nu_3, \quad \nu_2 > \frac{1}{\tau_2}\nu_4. \tag{4.28}$$

因为 $\beta < \alpha g'(a)$, 所以很容易找到 $\nu_i > 0, i = 1, 2, 3, 4$, 使得 (4.28) 成立.

由文 [224] 中的定理 3.3.2 知, 定理的结论成立. □

附注 4.1.1 ([130]) 因为 (4.20) 的波前解是二次连续可微的, 所以可以将 (4.20) 写为 (4.24). 由 [1, 6, 79] 知, u_3 和 u_4 的正则性是显然的.

现在考虑 (4.20) 的温和解. 受 Lin 和 Li[136] 工作的启发, 我们利用类似的方法讨论 (4.20) 的温和解.

首先, 研究系统 (4.20) 的温和解的存在性和唯一性. 考虑系统 (4.20) 的初值问题, 初值为

$$u_i(x, s) = \psi_i(x, s), \quad (x, s) \in \mathbb{R} \times (-\infty, 0], \quad i = 1, 2, \tag{4.29}$$

其中

$$(0, 0) \leqslant (\psi_1(x, s), \psi_2(x, s)) \leqslant \left(b, \frac{b}{\alpha}\right), \quad \psi_i(x, s) \in C(\mathbb{R} \times (-\infty, 0], \mathbb{R}), \quad i = 1, 2. \tag{4.30}$$

令

$$\beta_1 = 1, \quad \beta_2 = \beta. \tag{4.31}$$

对于 $(0, 0) \leqslant (u_1(x, t), u_2(x, t)) \leqslant \left(b, \frac{b}{\alpha}\right), (x, t) \in \mathbb{R} \times \mathbb{R}^+$, 定义 $F = (F_1, F_2)$ 为

$$\begin{cases} F_1(u_1, u_2)(x, t) = \beta_1 u_1(x, t) - u_1(x, t) + \alpha(g_1 * u_2)(x, t), \\ F_2(u_1, u_2)(x, t) = \beta_2 u_2(x, t) - \beta u_2(x, t) + (g_2 * g(u_1))(x, t). \end{cases} \tag{4.32}$$

那么对任意 $(0, 0) \leqslant (u_1(x, t), u_2(x, t)) \leqslant (v_1(x, t), v_2(x, t)) \leqslant \left(b, \frac{b}{\alpha}\right), x \in \mathbb{R}$, $t > 0$, 有

$$(0, 0) = F(0, 0) \leqslant F(u_1, u_2)(x, t) \leqslant F(v_1, v_2)(x, t) \leqslant F\left(b, \frac{b}{\alpha}\right). \tag{4.33}$$

结合 (4.31) 和 (4.32), (4.20) 可以写为

$$
\begin{cases}
\dfrac{\partial u_1(x,t)}{\partial t} = d_1\dfrac{\partial^2 u_1(x,t)}{\partial x^2} - \beta_1 u_1(x,t) + F_1(u_1,u_2)(x,t), \\[2mm]
\dfrac{\partial u_2(x,t)}{\partial t} = d_2\dfrac{\partial^2 u_2(x,t)}{\partial x^2} - \beta_2 u_2(x,t) + F_2(u_1,u_2)(x,t).
\end{cases}
\tag{4.34}
$$

使用与 4.1.2 节相同的符号和类似的讨论, 由 [160, 193] 可得如下定理.

定理 4.1.4([130], 温和解) 假设 $(\psi_1(\cdot,s),\psi_2(\cdot,s))$ 满足 (4.30). 则积分方程

$$
\begin{cases}
u_1(x,t) = T_1(t)\psi_1(x,0) + \displaystyle\int_0^t T_1(t-s)F_1(u_1,u_2)(x,s)ds, \\[2mm]
u_2(x,t) = T_2(t)\psi_2(x,0) + \displaystyle\int_0^t T_2(t-s)F_2(u_1,u_2)(x,s)ds
\end{cases}
\tag{4.35}
$$

的解 $(u_1(x,t),u_2(x,t)),(x,t)\in\mathbb{R}\times(0,\infty)$, 是 (4.34) 和 (4.29)(也是 (4.20) 和 (4.29)) 的唯一的温和解. 而且, $(u_1(\cdot,t),u_2(\cdot,t))\in X_I,t>0$.

其次, 研究定理 4.1.4 中的温和解的正则性. 考虑初值问题

$$
\begin{cases}
\dfrac{\partial v_1(x,t)}{\partial t} = d_1\dfrac{\partial^2 v_1(x,t)}{\partial x^2} - v_1(x,t) + \alpha v_3(x,t), \\[2mm]
\dfrac{\partial v_2(x,t)}{\partial t} = d_2\dfrac{\partial^2 v_2(x,t)}{\partial x^2} - \beta v_2(x,t) + v_4(x,t), \\[2mm]
\dfrac{\partial v_3(x,t)}{\partial t} = d_2\dfrac{\partial^2 v_3(x,t)}{\partial x^2} - \dfrac{1}{\tau_1}v_3(x,t) + \dfrac{1}{\tau_1}v_2(x,t), \\[2mm]
\dfrac{\partial v_4(x,t)}{\partial t} = d_1\dfrac{\partial^2 v_4(x,t)}{\partial x^2} - \dfrac{1}{\tau_2}v_4(x,t) + \dfrac{1}{\tau_2}g(v_1(x,t)), \\[2mm]
(v_1(x,0),v_2(x,0),v_3(x,0),v_4(x,0)) = (v_1(x),v_2(x),v_3(x),v_4(x)),
\end{cases}
\tag{4.36}
$$

其中 $(u_3,u_4)\in X$. 若定义 $(T_3(t),T_4(t)):X\to X$ 为

$$
\begin{cases}
T_3(t)u_3^0(x) := \dfrac{e^{-\frac{1}{\tau_1}t}}{\sqrt{4\pi d_2 t}}\displaystyle\int_{-\infty}^{\infty} e^{-\frac{(x-y)^2}{4d_2 t}}u_3^0(y)dy, \\[3mm]
T_4(t)u_4^0(x) := \dfrac{e^{-\frac{1}{\tau_2}t}}{\sqrt{4\pi d_1 t}}\displaystyle\int_{-\infty}^{\infty} e^{-\frac{(x-y)^2}{4d_1 t}}u_4^0(y)dy,
\end{cases}
$$

则 (4.36) 有唯一的经典解 $(v_1(x,t),v_2(x,t),v_3(x,t),v_4(x,t))$, 其定义为

$$
v_1(x,t) = T_1(t)v_1(x) + \int_0^t T_1(t-s)[\beta_1 v_1(x,s) - v_1(x,s) + \alpha v_3(x,s)]ds,
$$

$$v_2(x,t) = T_2(t)v_2(x) + \int_0^t T_2(t-s)[\beta_2 v_2(x,s) - \beta v_2(x,s) + v_4(x,s)]ds,$$

$$v_3(x,t) = T_3(t)v_3(x) + \frac{1}{\tau_1}\int_0^t T_3(t-s)v_2(x,s)ds,$$

$$v_4(x,t) = T_4(t)v_4(x) + \frac{1}{\tau_2}\int_0^t T_4(t-s)g(v_1(x,s))ds.$$

现在选择 (4.36) 中的初值为

$$v_i(x,0) = \psi_i(x,0), \quad i = 1,2,3,4, \tag{4.37}$$

其中 $\psi_1(x,0), \psi_2(x,0)$ 如 (4.29) 所述, $\psi_3(x,0), \psi_4(x,0)$ 定义为

$$\psi_3(x,0) = \frac{1}{\tau_1}\int_0^\infty T_3(\theta)\psi_2(x,-\theta)d\theta, \qquad \psi_4(x,0) = \frac{1}{\tau_2}\int_0^\infty T_4(\theta)g(\psi_1(x,-\theta))d\theta.$$

那么由 $T_3(t+s) = T_3(t)T_3(s), t,s \geqslant 0$ 知

$$\begin{aligned}
v_3(x,t) &= \frac{e^{-\frac{t}{\tau_1}}}{\sqrt{4\pi d_2 t}}\int_{-\infty}^\infty e^{-\frac{y^2}{4d_2 t}}\psi_3(x-y,0)dy \\
&\quad + \int_0^t \frac{e^{-\frac{t-s}{\tau_1}}}{\tau_1\sqrt{4\pi d_2(t-s)}}\int_{-\infty}^\infty e^{-\frac{y^2}{4d_2(t-s)}}v_2(x-y,s)dyds \\
&= \frac{1}{\tau_1}\int_0^\infty T_3(\theta)v_2(x,t-\theta)d\theta,
\end{aligned}$$

类似地,

$$v_4(x,t) = \frac{1}{\tau_2}\int_0^\infty T_4(\theta)g(v_1(x,t-\theta))d\theta.$$

由 v_3, v_4 的表达式和 (4.20) 和 (4.24) 的关系知, v_1 和 v_2 不依赖于 v_3 和 v_4.

受 Lin 和 Li[136] 工作的启发, 并结合 (4.20) 和 (4.24) 的关系可得如下结果.

引理 4.1.5([130]) 假设 (4.36) 的初值如 (4.37) 中所述, 则 $(u_1(x,t), u_2(x,t)) = (v_1(x,t), v_2(x,t)), (x,t) \in \mathbb{R} \times (0,\infty)$.

证明 一方面, 从 v_3 的表达式知, 对所有 $t > 0$,

$$v_1(x,t) = T_1(t)v_1(x,0) + \int_0^t T_1(t-s)\left[\beta_1 v_1(x,s) - v_1(x,s)\right.$$

$$+ \alpha \int_0^\infty \frac{1}{\tau_1} T_3(\theta) v_2(x, s - \theta) d\theta \Bigg] ds.$$

另一方面, 从定理 4.1.4 推出

$$u_1(x, t) = T_1(t) u_1(x, 0) + \int_0^t T_1(t - s) \Bigg[\beta_1 u_1(x, s) - u_1(x, s)$$

$$+ \alpha \int_0^\infty \frac{1}{\tau_1} T_3(\theta) u_2(x, s - \theta) d\theta \Bigg] ds.$$

令 $p(t) = p_1(t) + p_2(t)$, 其中 $p_i(t) := \sup\limits_{x \in \mathbb{R}} |v_i(x, t) - u_i(x, t)|, i = 1, 2.$ 由 $\| T(t) \| \leqslant 1, t > 0$ 知

$$p_1(t) \leqslant p_1(0) + J \int_0^t \Bigg[\sup\limits_{\theta \leqslant s} p_1(\theta) + \sup\limits_{\theta \leqslant s} p_2(\theta) \Bigg] ds,$$

其中

$$J = \beta_1 + \beta_2 + (1 + \alpha) + (\beta + \varpi), \quad \varpi = \max\{g'(x) | x \in [0, b]\} > 0 \quad (\text{由 (A)}).$$

类似于上面的讨论, 对于 $t > 0$, 有

$$p_2(t) \leqslant p_2(0) + J \int_0^t [\sup\limits_{\theta \leqslant s} p_1(\theta) + \sup\limits_{\theta \leqslant s} p_2(\theta)] ds.$$

所以从上面两个不等式可以推出

$$p(t) \leqslant p(0) + 2J \int_0^t [\sup\limits_{\theta \leqslant s} p_1(\theta) + \sup\limits_{\theta \leqslant s} p_2(\theta)] ds \leqslant p(0) + 4J \int_0^t \sup\limits_{\theta \leqslant s} p(\theta) ds.$$

易知对所有 $t > 0$,

$$p(t) + \sup\limits_{\theta \leqslant 0} p(\theta) \leqslant p(0) + \sup\limits_{\theta \leqslant 0} p(\theta) + 4J \int_0^t \sup\limits_{\theta \leqslant s} p(\theta) ds$$

$$\leqslant p(0) + \sup\limits_{\theta \leqslant 0} p(\theta) + 4J \int_0^t [\sup\limits_{0 \leqslant \theta \leqslant s} p(\theta) + \sup\limits_{\theta \leqslant 0} p(\theta)] ds.$$

定义

$$q(t) := \sup\limits_{0 \leqslant \theta \leqslant t} \{p(\theta) + \sup\limits_{r \leqslant 0} p(r)\}, \quad t > 0.$$

注意到 $\displaystyle\int_0^t \left[\sup_{0 \leqslant \theta \leqslant s} p(\theta) + \sup_{\theta \leqslant 0} p(\theta) \right] ds$ 关于 $t > 0$ 单调递增, 所以从上面的不等式可以推出

$$q(t) \leqslant q(0) + 4J \int_0^t q(s)ds.$$

因此, 利用 Gronwall 不等式可得当 $q(0) = 0$ 时, $q(t) \equiv 0, t \geqslant 0$. □

从引理 4.1.5 和 $v_i(x,t)$ 的光滑性可以推出 $(u_1(x,t), u_2(x,t))$ 是 (4.20) 的经典解. 定义

$$\begin{cases} u_3(x,t) = \dfrac{1}{\tau_1} \displaystyle\int_0^\infty T_3(\theta) u_2(x, t - \theta) d\theta, \\[3mm] u_4(x,t) = \dfrac{1}{\tau_2} \displaystyle\int_0^\infty T_4(\theta) g(u_1(x, t - \theta)) d\theta. \end{cases} \tag{4.38}$$

显然, u_3 和 u_4 关于 $x \in \mathbb{R}$ 是 C^2 的, 关于 $t > 0$ 是 C^1 的, 所以从 u_1 和 u_2 的光滑性可得如下结果.

定理 4.1.5([130], 正则性)　对于 $(x,t) \in \mathbb{R} \times (0,\infty)$, 定理 4.1.4 中所述的温和解 $(u_1(x,t), u_2(x,t))$ 是 (4.20) 和 (4.29) 的经典解. 而且, $u_i(x,t), i = 1,2,3,4$, 满足 (4.24), 其中 u_3 和 u_4 如 (4.38) 所述.

因此, 为了证明 (4.20) 和 (4.29) 的解的渐近稳定性, 只需研究无时滞系统 (4.24).

4.1.4　行波解的渐近稳定性和唯一性

在给出比较原理之前, 首先给出 (4.24) 的初值问题的上下解的定义, 其初值为 $(\psi_1(x), \psi_2(x), \psi_3(x), \psi_4(x))$.

定义 4.1.1([130])　假设 $u(x,t) = (u_1(x,t), u_2(x,t), u_3(x,t), u_4(x,t))$ 关于 $x \in \mathbb{R}$ 是 C^2 的, 关于 $t > 0$ 是 C^1 的, 且 $\Phi_- \leqslant u(x,t) \leqslant \Phi_+$. 如果 $u(x,t)$ 满足

$$\begin{cases} \dfrac{\partial u_1(x,t)}{\partial t} \geqslant (\leqslant)\, d_1 \dfrac{\partial^2 u_1(x,t)}{\partial x^2} - u_1(x,t) + \alpha u_3(x,t), \\[3mm] \dfrac{\partial u_2(x,t)}{\partial t} \geqslant (\leqslant)\, d_2 \dfrac{\partial^2 u_2(x,t)}{\partial x^2} - \beta u_2(x,t) + u_4(x,t), \\[3mm] \dfrac{\partial u_3(x,t)}{\partial t} \geqslant (\leqslant)\, d_2 \dfrac{\partial^2 u_3(x,t)}{\partial x^2} - \dfrac{1}{\tau_1} u_3(x,t) + \dfrac{1}{\tau_1} u_2(x,t), \\[3mm] \dfrac{\partial u_4(x,t)}{\partial t} \geqslant (\leqslant)\, d_1 \dfrac{\partial^2 u_4(x,t)}{\partial x^2} - \dfrac{1}{\tau_2} u_4(x,t) + \dfrac{1}{\tau_2} g(u_1(x,t)), \\[3mm] (u_1(x,0), u_2(x,0), u_3(x,0), u_4(x,0)) \geqslant (\leqslant) (\psi_1(x), \psi_2(x), \psi_3(x), \psi_4(x)), \end{cases} \tag{4.39}$$

那么称 $u(x,t)$ 为 (4.24) 的上解 (下解).

引理 4.1.6([130], 比较原理) 令

$$u(x,t) = (u_1(x,t), u_2(x,t), u_3(x,t), u_4(x,t))$$

和

$$v(x,t) = (v_1(x,t), v_2(x,t), v_3(x,t), v_4(x,t))$$

是 (4.24) 的初值分别为 $u(x,0) = \Psi_1$ 和 $v(x,0) = \Psi_2$ 的解, 其中

$$\Psi_1(x) = (\psi_1(x), \psi_2(x), \psi_3(x), \psi_4(x))$$

和

$$\Psi_2(x) = (\varphi_1(x), \varphi_2(x), \varphi_3(x), \varphi_4(x)) \in C(\mathbb{R}, \mathbb{R}^4)$$

且 $\Phi_- \leqslant \Psi_2(x) \leqslant \Psi_1(x) \leqslant \Phi_+, x \in \mathbb{R}$. 则对任意 $(x,t) \in \mathbb{R} \times (0, \infty)$, 有

$$\Phi_- \leqslant v(x,t) \leqslant u(x,t) \leqslant \Phi_+$$

以及对于 $L \geqslant 0, x, y \in \mathbb{R}$ 满足 $|x-y| \leqslant L$ 和 $t > t_0 \geqslant 0, i = 1, 2, 3, 4$,

$$u_i(x,t) - v_i(x,t) \geqslant J_i(L, t - t_0) \int_y^{y+1} (u_i(z,t_0) - v_i(z,t_0)) dz \geqslant 0, \qquad (4.40)$$

其中

$$J_1(L, t-t_0) = \frac{e^{-\beta_1(t-t_0)}}{\sqrt{4\pi d_1(t-t_0)}} e^{-\frac{(L+1)^2}{4d_1(t-t_0)}}, \quad J_2(L, t-t_0) = \frac{e^{-\beta_2(t-t_0)}}{\sqrt{4\pi d_2(t-t_0)}} e^{-\frac{(L+1)^2}{4d_2(t-t_0)}},$$

$$J_3(L, t-t_0) = \frac{e^{-\frac{1}{\tau_1}(t-t_0)}}{\sqrt{4\pi d_2(t-t_0)}} e^{-\frac{(L+1)^2}{4d_2(t-t_0)}}, \quad J_4(L, t-t_0) = \frac{e^{-\frac{1}{\tau_2}(t-t_0)}}{\sqrt{4\pi d_1(t-t_0)}} e^{-\frac{(L+1)^2}{4d_1(t-t_0)}}.$$

证明 对于 $\Phi_- \leqslant v(x,t) \leqslant u(x,t) \leqslant \Phi_+$ 的证明, 与 [215] 中的定理 14.16, [224] 中的定理 5.5.5 和 [253] 中的定理 5.2.9 的证明类似, 在此省略.

只证明 (4.40) 成立. 因为半群 $(T_1(t), T_2(t), T_3(t), T_4(t))$ 的正性, 所以 (4.24) 的任意解 $\Phi_- \leqslant (u_1(x,t), u_2(x,t), u_3(x,t), u_4(x,t)) \leqslant \Phi_+$ 对所有的 $0 \leqslant r < t < a(a > 0)$, 满足

$$\begin{cases} u_1(x,t) = T_1(t-r)u_1(x,r) + \displaystyle\int_r^t T_1(t-s)[\beta_1 u_1(x,s) - u_1(x,s) + \alpha u_3(x,s)] ds, \\[2mm] u_2(x,t) = T_2(t-r)u_2(x,r) + \displaystyle\int_r^t T_2(t-s)[\beta_2 u_2(x,s) - \beta u_2(x,s) + u_4(x,s)] ds, \\[2mm] u_3(x,t) = T_3(t-r)u_3(x,r) + \dfrac{1}{\tau_1} \displaystyle\int_r^t T_3(t-s)u_2(x,s) ds, \\[2mm] u_4(x,t) = T_4(t-r)u_4(x,r) + \dfrac{1}{\tau_2} \displaystyle\int_r^t T_4(t-s)g(u_1(x,s)) ds. \end{cases}$$

对于 (4.24) 的初值分别为 $u(x,0) = \Psi_1$ 和 $v(x,0) = \Psi_2$ 的任意解 $\Phi_- \leqslant v(x,t) \leqslant u(x,t) \leqslant \Phi_+$, 只证明 $u_1(x,t) \geqslant v_1(x,t)$, 其他的类似可证. 令 $w(x,t) = u_1(x,t) - v_1(x,t)$. 对任意给定的 $0 \leqslant t_0 < t$ 和 $x,y \in \mathbb{R}$ 满足 $|x - y| \leqslant L$, 易推出

$$w(x,t) = T_1(t - t_0)w(x,t_0) + \int_{t_0}^{t} T_1(t - t_0)[\beta_1 w(x,s) - w(x,s) + \alpha w(x,s)]ds$$

$$\geqslant T_1(t - t_0)w(x,t_0)$$

$$= \frac{e^{-\beta_1(t-t_0)}}{\sqrt{4\pi d_1(t - t_0)}} \int_{-\infty}^{\infty} e^{-\frac{(x-z)^2}{4d_1(t-t_0)}} w(z,t_0)dz$$

$$\geqslant \frac{e^{-\beta_1(t-t_0)}}{\sqrt{4\pi d_1(t - t_0)}} \int_{y}^{y+1} e^{-\frac{(x-z)^2}{4d_1(t-t_0)}} w(z,t_0)dz$$

$$\geqslant \frac{e^{-\beta_1(t-t_0)}}{\sqrt{4\pi d_1(t - t_0)}} e^{-\frac{(L+1)^2}{4d_1(t-t_0)}} \int_{y}^{y+1} w(z,t_0)dz. \qquad \square$$

附注 4.1.2([130]) 从 (4.40) 知, 如果 $u_i(x,0) \not\equiv v_i(x,0)$, 那么对任意 $t > 0$, 有

$$u_i(x,t) - v_i(x,t) \geqslant J_i(L,t) \int_{y}^{y+1} (u_i(z,0) - v_i(z,0))dz > 0, \quad i = 1,2,3,4.$$

因此, (4.24) 的任意非平凡波前解是严格单调的, 从而 (4.20) 的双稳波前解也是严格单调的.

事实上, 附注 4.1.2 是显然的. 如果严格不等式不成立, 那么由 $u_i(x,0) \geqslant v_i(x,0)$ 及 x 和 $L > 0$ 的任意性可得 $u_i(x,0) \equiv v_i(x,0), x \in \mathbb{R}$, 矛盾. 对 (4.24) 的任意非平凡波前解 $(u_1(x,t), u_2(x,t), u_3(x,t), u_4(x,t))$, 其中 $u_i(x,t) = u_i(\xi), \xi = x + ct, i = 1,2,3,4$, 因为 (4.24) 的行波解是平移不变解, 所以对任意的 $h \in \mathbb{R}, (u_1(\xi+h), u_2(\xi+h), u_3(\xi+h), u_4(\xi+h))$ 也是 (4.24) 的波前解. 注意到由波前解的定义知, $u_i(\xi)$ 关于 $\xi \in \mathbb{R}$ 是单调的, 所以对任意的 $h > 0, u_i(x+h,0) \geqslant u_i(x,0)$. 从严格不等式推出对任意的 $h > 0, u_i(\xi+h) > u_i(\xi)$, 这蕴含着 $u_i(\xi), i = 1,2,3,4$ 是严格单调的.

以下总是记 $\Phi_+ = \left(b, \dfrac{b}{\alpha'}, \dfrac{b}{\alpha}, \dfrac{\beta b}{\alpha} \right) := (k_1, k_2, k_3, k_4)$. 由 (A) 和 $g'(x) > 0$ 的连续性知, 可以找到充分小的常数 $p_i > 0, i = 1,2,3,4$, 使得

$$p_1 > \alpha p_3, \quad \beta p_2 > p_4, \quad p_3 > p_2, \quad p_4 > \varrho p_1, \qquad (4.41)$$

其中 $\varrho = \max\{g'(x) | x \in [0, p_1] \cup [k_1 - p_1, k_1]\} > 0$.

为了利用挤压方法证明行波解的渐近稳定性, 我们给出一对上下解.

引理 4.1.7([130]) 假设 (A) 成立, $\Phi(x+ct) = (\phi_1(x+ct), \phi_2(x+ct), \phi_3(x+ct), \phi_4(x+ct))$ 是 (4.24) 的波前解. 定义 $w^{\pm}(x,t) = (w_1^{\pm}(x,t), w_2^{\pm}(x,t), w_3^{\pm}(x,t), w_4^{\pm}(x,t))$ 为

$$w_i^+(x,t) = \min\{\phi_i(\eta^+(x,t)) + \delta p_i e^{-\beta_0 t}, k_i\},$$
$$w_i^-(x,t) = \max\{\phi_i(\eta^-(x,t)) - \delta p_i e^{-\beta_0 t}, 0\},$$

$i = 1, 2, 3, 4$, 其中 $\eta^{\pm}(x,t) = x + ct + \xi_0 \pm \sigma_0 \delta(1 - e^{-\beta_0 t})$. 则存在 $\sigma_0 > 0, \beta_0 > 0, \delta_0 > 0$ 使得对任意 $\delta \in (0, \delta_0]$ 和任意 ξ_0, $w^+(x,t)$ 和 $w^-(x,t)$ 分别是 (4.24) 在 $\mathbb{R}^+$ 上的上解和下解.

证明 只验证 $w^+(x,t)$ 是 (4.24) 的上解, 因为下解的验证类似. 显然, $w_i^+(x,t) = k_i$ 是 (4.24) 的上解, 只需考虑情形 $w_i^+(x,t) < k_i, i = 1, 2, 3, 4$.

为了方便, 用 η 表示 $\eta^+(x,t)$. 固定 $\beta_0 \in (0, \mu)$ 和 $\delta^* \in (0, p_1)$, 则存在充分大的 $M = M(\Phi, \beta_0, \delta^*)$ 使得

$$\phi_1(\eta) + \delta p_1 \geqslant k_1 - \delta^*, \text{对任意 } \delta \in (0, \delta^*] \text{ 和任意 } \eta \geqslant M,$$
$$\phi_1(\eta) - \delta p_1 \leqslant \delta^*, \text{对任意 } \delta \in (0, \delta^*] \text{ 和任意 } \eta \leqslant -M,$$

其中

$$\mu := \min\left\{\frac{p_1 - \alpha p_3}{p_1}, \frac{\beta p_2 - p_4}{p_2}, \frac{p_3 - p_2}{\tau_1 p_3}, \frac{p_4 - \varrho p_1}{\tau_2 p_4}\right\} > 0.$$

因为 $\phi_i'(\eta) > 0, |\eta| \leqslant M, i = 1, 2, 3, 4$, 所以可取

$$\sigma_0 := \frac{p_0(c_0 + \beta_0)}{\beta_0 m_0} > 0, \quad \delta_0 := \min\left\{\delta^*, \frac{1}{\sigma_0}\right\},$$

其中

$$m_0 := \min\{\phi_1'(\eta) | |\eta| \leqslant M\} > 0, \quad p_0 := \max\{p_1, p_4\},$$
$$c_0 := \max\left\{\frac{1}{\tau_2}|g'(\xi)| | \xi \in [0, k_1]\right\}.$$

直接的计算可得

$$\frac{\partial w_i^+(x,t)}{\partial t} = c\phi_i'(\eta) + \beta_0 \sigma_0 \delta e^{-\beta_0 t} \phi_i'(\eta) - \beta_0 \delta p_i e^{-\beta_0 t} \quad \text{和} \quad \frac{\partial^2 w_i^+(x,t)}{\partial x^2} = \phi_i''(\eta).$$

对于 $w_i^+(x,t) < k_i, i = 1, 2, 3$, 只需分别证明

$$\sigma_0 \beta_0 \phi_1'(\eta) - \beta_0 p_1 \geqslant -p_1 + \alpha p_3,$$

$$\sigma_0\beta_0\phi_2'(\eta) - \beta_0 p_2 \geqslant -\beta p_2 + p_4,$$

$$\sigma_0\beta_0\phi_3'(\eta) - \beta_0 p_3 \geqslant -\frac{1}{\tau_1}p_3 + \frac{1}{\tau_1}p_2.$$

显然, 由 $\phi_i'(\eta) \geqslant 0, i = 1, 2, 3$ 和 $\beta_0 > 0$ 的选择知, 上述三个不等式成立.

对于 $w_4^+(x,t) < k_4$, 只需证明

$$\sigma_0\beta_0\phi_4'(\eta) - \beta_0 p_4 \geqslant -\frac{1}{\tau_2}p_4 + \frac{1}{\tau_2}\delta^{-1}e^{\beta_0 t}[g(w_1^+(x,t)) - g(\phi_1(\eta))]$$

$$= -\frac{1}{\tau_2}p_4 + \frac{1}{\tau_2}g'(\theta)p_1, \tag{4.42}$$

其中 $\theta \in [\phi_1(\eta), w_1^+(x,t)]$. 对于 $|\eta| > M$, 由 M 的选择, 只需证明

$$\sigma_0\beta_0\phi_4'(\eta) - \beta_0 p_4 \geqslant -\frac{1}{\tau_2}p_4 + \frac{1}{\tau_2}\varrho p_1. \tag{4.43}$$

对于 $|\eta| \leqslant M$, 由 σ_0 的选择知

$$\sigma_0\beta_0\phi_4'(\eta) - \beta_0 p_4 + \frac{1}{\tau_2}p_4 - \frac{1}{\tau_2}\max\{|g'(\eta)||\eta \in [0, k_1]\}p_1$$

$$\geqslant m_0\sigma_0\beta_0 - p_0\left(\beta_0 + \frac{1}{\tau_2}\max\{|g'(\eta)||\eta \in [0, k_1]\}\right) \geqslant 0.$$

对于 $|\eta| > M$, 由 $\phi_4'(\eta) \geqslant 0$ 和 $\beta_0 > 0$ 的选择知, (4.43) 成立. □

现在定义另一对上下解. 固定函数 $\zeta(\cdot) \in C^\infty(\mathbb{R})$ 且具有下列性质:

$$\zeta(x) = 0, \quad x \in (-\infty, 0]; \quad \zeta(x) = 1, \ x \in [4, \infty);$$

$$\zeta'(x) \in (0, 1); \quad |\zeta''(x)| \leqslant 1, \ x \in (0, 4).$$

引理 4.1.8 ([130]) 假设 (A) 成立. 则对任意 $\delta \in \left(0, \dfrac{1}{2}\right]$, 存在 $\epsilon = \epsilon(\delta) > 0$ 和 $C = C(\delta) > 0$ 使得, 对任意 $\xi \in \mathbb{R}$, $v^+(x,t)$ 和 $v^-(x,t)$ 分别是 (4.24) 的在 $\mathbb{R}^+$ 上的上解和下解, 其中 $v^\pm(x,t) = (v_1^\pm(x,t), v_2^\pm(x,t), v_3^\pm(x,t), v_4^\pm(x,t))$ 定义为

$$v_i^+(x,t) = \min\{k_i + \delta p_i - [k_i - (1 - 2\delta)p_i e^{-\epsilon t}]\zeta(\varsigma_{\epsilon,C}^+(x,t)), k_i\},$$

$$v_i^-(x,t) = \max\{-\delta p_i + [k_i - (1 - 2\delta)p_i e^{-\epsilon t}]\zeta(\varsigma_{\epsilon,C}^-(x,t)), 0\},$$

$$\varsigma_{\epsilon,C}^\pm(x,t) = \mp\epsilon(x - \xi \pm Ct), \quad i = 1, 2, 3, 4.$$

证明 只需证明 $v^+(x,t)$ 是 (4.24) 的上解, 下解类似可证. 显然, $w_i^+(x,t) = k_i$ 是 (4.24) 的上解, 只需考虑情形 $v_i^+(x,t) < k_i, i = 1,2,3,4$.

直接的计算可得

$$\frac{\partial v_i^+(x,t)}{\partial t} = \epsilon C[k_i - (1-2\delta)p_i e^{-\epsilon t}]\zeta'(\varsigma_{\epsilon,C}^+(x,t)) - \epsilon(1-2\delta)p_i e^{-\epsilon t}\zeta(\varsigma_{\epsilon,C}^+(x,t)),$$

$$\geqslant \epsilon C(k_i - p_i)\zeta'(\varsigma_{\epsilon,C}^+(x,t)) - k_i\epsilon,$$

$$\frac{\partial^2 v_i^+(x,t)}{\partial x^2} = -\epsilon^2[k_i - (1-2\delta)p_i e^{-\epsilon t}]\zeta''(\varsigma_{\epsilon,C}^+(x,t)) \leqslant k_i\epsilon^2,$$

$i = 1,2,3,4$. 选择 $\epsilon = \epsilon(\delta)$ 充分小使得

$$-k_1\epsilon - d_1 k_1\epsilon^2 + \delta(p_1 - \alpha p_3) > 0, \quad -k_2\epsilon - d_2 k_2\epsilon^2 + \delta(\beta p_2 - p_4) > 0,$$
$$-k_3\epsilon - d_2 k_3\epsilon^2 + \frac{1}{\tau_1}\delta(p_3 - p_2) > 0, \quad -k_4\epsilon - d_1 k_4\epsilon^2 + \frac{1}{\tau_2}\delta(p_4 - \varrho p_1) > 0. \tag{4.44}$$

由于 p_1, p_4 充分小 $\left(\dfrac{\delta p_1}{2k_1} + \dfrac{\delta p_4}{2k_4} < 1\right)$ 且对于 $\zeta(s) \in (0,1)$, 有 $\zeta'(s) > 0$, 所以可以取 $C = C(\delta)$ 满足

$$\min\left\{\epsilon C(k_4 - p_4)\zeta'(s) - k_4\epsilon - d_1 k_4\epsilon^2 + \frac{1}{\tau_2}v_4^+(x,t)\right.$$
$$\left. -\frac{1}{\tau_2}g(v_1^+(x,t)) \middle| \frac{\delta p_4}{2k_4} \leqslant \zeta(s) \leqslant 1 - \frac{\delta p_1}{2k_1}, v_1^+ \in [\delta p_1, k_1], v_4^+ \in [\delta p_4, k_4]\right\} > 0. \tag{4.45}$$

对于 $v_1^+(x,t) < k_1$, 由 $k_1 = \alpha k_3$ 和 (4.44) 知

$$\frac{\partial v_1^+(x,t)}{\partial t} - d_1\frac{\partial^2 v_1^+(x,t)}{\partial x^2} + v_1^+(x,t) - \alpha v_3^+(x,t)$$

$$\geqslant \epsilon C(k_1 - p_1)\zeta'(\varsigma_{\epsilon,C}^+(x,t)) - k_1\epsilon - d_1 k_1\epsilon^2$$

$$+ \delta(p_1 - \alpha p_3) + (1-2\delta)(p_1 - \alpha p_3)e^{-\epsilon t}\zeta(\varsigma_{\epsilon,C}^+(x,t))$$

$$\geqslant -k_1\epsilon - d_1 k_1\epsilon^2 + \delta(p_1 - \alpha p_3) > 0.$$

对于 $v_2^+(x,t) < k_2$, 由 $\beta k_2 = k_4$ 和 (4.44) 知

$$\frac{\partial v_2^+(x,t)}{\partial t} - d_2\frac{\partial^2 v_2^+(x,t)}{\partial x^2} + \beta v_2^+(x,t) - v_4^+(x,t)$$

$$\geqslant \epsilon C(k_2 - p_2)\zeta'(\varsigma_{\epsilon,C}^+(x,t)) - k_2\epsilon - d_2 k_2\epsilon^2$$

$$+ \delta(\beta p_2 - p_4) + (1 - 2\delta)(\beta p_2 - p_4)e^{-\epsilon t}\zeta(\varsigma_{\epsilon,C}^+(x,t))$$

$$\geqslant -k_2\epsilon - d_2 k_2\epsilon^2 + \delta(\beta p_2 - p_4) > 0.$$

对于 $v_3^+(x,t) < k_3$, 由 $k_2 = k_3$ 和 (4.44) 知

$$\frac{\partial v_3^+(x,t)}{\partial t} - d_2 \frac{\partial^2 v_3^+(x,t)}{\partial x^2} + \frac{1}{\tau_1}v_3^+(x,t) - \frac{1}{\tau_1}v_2^+(x,t)$$

$$\geqslant \epsilon C(k_3 - p_3)\zeta'(\varsigma_{\epsilon,C}^+(x,t)) - k_3\epsilon - d_2 k_3\epsilon^2$$

$$+ \frac{1}{\tau_1}[\delta(p_3 - p_2) + (1 - 2\delta)(p_3 - p_2)e^{-\epsilon t}\zeta(\varsigma_{\epsilon,C}^+(x,t))]$$

$$\geqslant -k_3\epsilon - d_2 k_3\epsilon^2 + \frac{1}{\tau_1}\delta(p_3 - p_2) > 0.$$

对于 $v_4^+(x,t) < k_4$, 分两种情形 (因为对于 $\zeta(\varsigma_{\epsilon,C}^+(x,t)) \leqslant \dfrac{\delta p_4}{2k_4}$, 有 $v_4^+(x,t)$ $= k_4$):

情形 (i): 当 $\zeta(\varsigma_{\epsilon,C}^+(x,t)) > 1 - \dfrac{\delta p_1}{2k_1}$ 时, 有 $\delta p_1 < v_1^+(x,t) < p_1 - \dfrac{\delta p_1}{2}$. 因此, 由中值定理, $k_4 - \varrho k_1 = \dfrac{b}{\alpha}(\beta - \alpha\varrho) > 0$ 和 (4.44) 可得

$$\frac{\partial v_4^+(x,t)}{\partial t} - d_1 \frac{\partial^2 v_4^+(x,t)}{\partial x^2} + \frac{1}{\tau_2}v_4^+(x,t) - \frac{1}{\tau_2}g(v_1^+(x,t))$$

$$\geqslant \epsilon C(k_4 - p_4)\zeta'(\varsigma_{\epsilon,C}^+(x,t)) - k_4\epsilon - d_1 k_4\epsilon^2 + \frac{1}{\tau_2}v_4^+(x,t) - \frac{1}{\tau_2}g'(\theta)v_1^+(x,t)$$

$$\geqslant \epsilon C(k_4 - p_4)\zeta'(\varsigma_{\epsilon,C}^+(x,t)) - k_4\epsilon - d_1 k_4\epsilon^2 + \frac{1}{\tau_2}(k_4 - \varrho k_1)[1 - \zeta(\varsigma_{\epsilon,C}^+(x,t))]$$

$$+ \frac{1}{\tau_2}\delta(p_4 - \varrho p_1) + \frac{1}{\tau_2}(1 - 2\delta)(p_4 - \varrho p_1)e^{-\epsilon t}\zeta(\varsigma_{\epsilon,C}^+(x,t))$$

$$\geqslant -k_4\epsilon - d_1 k_4\epsilon^2 + \frac{1}{\tau_2}\delta(p_4 - \varrho p_1) > 0,$$

其中 $\theta \in [0, v_1^+(x,t)]$.

情形 (ii): 当 $\dfrac{\delta p_4}{2k_4} \leqslant \zeta(\varsigma_{\epsilon,C}^+(x,t)) \leqslant 1 - \dfrac{\delta p_1}{2k_1}$ 时, 从 (4.45) 可推出

$$\frac{\partial v_4^+(x,t)}{\partial t} - d_1 \frac{\partial^2 v_4^+(x,t)}{\partial x^2} + \frac{1}{\tau_2}v_4^+(x,t) - \frac{1}{\tau_2}g(v_1^+(x,t))$$

$$\geqslant \min\left\{\epsilon C(k_4 - p_4)\zeta'(\varsigma^+_{\epsilon,C}(x,t)) - k_4\epsilon - d_1 k_4\epsilon^2\right.$$

$$\left. + \frac{1}{\tau_2}v_4^+(x,t) - \frac{1}{\tau_2}g(v_1^+(x,t)) \mid v_1^+ \in [\delta p_1, k_1], v_4^+ \in [\delta p_4, k_4]\right\} > 0. \qquad \square$$

附注 4.1.3([130]) 显然, 引理 4.1.8 中的 $v_i^+(x,t)$ 和 $v_i^-(x,t), i = 1, 2, 3, 4$ 蕴含着:

(P1) $v_i^+(x,0) = k_i, x \in [\xi, \infty); v_i^+(x,0) \geqslant (1-\delta)p_i, x \in (-\infty, \infty); v_i^+(x,t) \leqslant \delta p_i + (1-2\delta)p_i e^{-\epsilon t}, (x,t) \in (-\infty, \xi - Ct - 4\epsilon^{-1}] \times \mathbb{R}^+.$

(P2) $v_i^-(x,0) = 0, x \in (-\infty, \xi]; v_i^-(x,0) \leqslant k_i - (1-\delta)p_i, x \in (-\infty, \infty); v_i^-(x,t) \geqslant k_i - \delta p_i - (1-2\delta)p_i e^{-\epsilon t}, (x,t) \in [\xi + Ct + 4\epsilon^{-1}, \infty) \times \mathbb{R}^+.$

下面结果的证明与文 [214] 中的引理 2.5 的证明类似, 在此省略.

引理 4.1.9([130]) 令 $\Phi(\xi) = (\phi_1(\xi), \phi_2(\xi), \phi_3(\xi), \phi_4(\xi))$ 是 (4.24) 的波前解且满足 $0 \leqslant \phi_i(\xi) \leqslant k_i, \xi = x + ct \in \mathbb{R}$, 则 $\lim\limits_{|\xi| \to \infty} \Phi'(\xi) = \mathbf{0}$.

接下来证明波前解的全局渐近稳定性和唯一性. 首先给出两个引理.

令 $\Phi(x+ct) = (\phi_1(x+ct), \phi_2(x+ct), \phi_3(x+ct), \phi_4(x+ct))$ 是 (4.24) 的波前解. 由引理 4.1.7, 定义

$$w^\pm(x,t,\xi_0,\delta) = (w_1^\pm(x,t,\xi_0,\delta), w_2^\pm(x,t,\xi_0,\delta), w_3^\pm(x,t,\xi_0,\delta), w_4^\pm(x,t,\xi_0,\delta))$$

为

$$w_i^+(x,t,\xi_0,\delta) := \min\{\phi_i(x+ct+\xi_0+\sigma_0\delta(1-e^{-\beta_0 t})) + \delta p_i e^{-\beta_0 t}, k_i\},$$

$$w_i^-(x,t,\xi_0,\delta) := \max\{\phi_i(x+ct+\xi_0-\sigma_0\delta(1-e^{-\beta_0 t})) - \delta p_i e^{-\beta_0 t}, 0\},$$

$$x \in \mathbb{R}, t \in [0,\infty), \xi_0 \in \mathbb{R}, \delta \in [0,\infty), i = 1, 2, 3, 4,$$

其中 ξ_0 和 β_0 如引理 4.1.7 中所述.

引理 4.1.10([130]) 假设 $\Phi(x+ct) = (\phi_1(x+ct), \phi_2(x+ct), \phi_3(x+ct), \phi_4(x+ct))$ 是 (4.24) 的波前解. 则存在 $\epsilon^* > 0$ 使得若 $u(x,t) = (u_1(x,t), u_2(x,t), u_3(x,t), u_4(x,t))$ 是 (4.24) 关于初值 $u(x,0), 0 \leqslant u_i(x,0) \leqslant k_i, x \in \mathbb{R}(i = 1, 2, 3, 4)$ 在 $[0,\infty)$ 上的解, 且对于某个 $\xi \in \mathbb{R}, T \geqslant 0, h > 0$ 和 $\delta \in \left(0, \min\left\{\dfrac{\delta_0}{2}, \dfrac{1}{\sigma_0}\right\}\right)$, 有

$$w^-(x,0,cT+\xi,\delta) \leqslant u(x,T) \leqslant w^+(x,0,cT+\xi+h,\delta), \quad x \in \mathbb{R},$$

那么对于任意 $t \geqslant T + 1$, 存在 $\hat{\xi}(t), \hat{\delta}(t)$ 和 $\hat{h}(t)$ 满足

$$w^-(x,0,ct+\hat{\xi}(t),\hat{\delta}(t)) \leqslant u(x,t) \leqslant w^+(x,0,ct+\hat{\xi}(t)+\hat{h}(t),\hat{\delta}(t)),$$

其中

$$\hat{\xi}(t) \in [\xi - \sigma_0\delta, \xi + h + \sigma_0\delta],$$
$$\hat{h}(t) \in [0, h - \sigma_0\epsilon^* \min\{h, 1\} + 2\sigma_0\delta],$$
$$\hat{\delta}(t) = (\delta e^{-\beta_0} + \epsilon^* \min\{h, 1\})e^{-\beta_0(t-(T+1))}.$$

证明　引理 4.1.7 的结果说明 $w^+(x, t, cT + \xi + h, \delta)$ 和 $w^-(x, t, cT + \xi, \delta)$ 分别是 (4.24) 的上解和下解. 显然, $\tilde{u}(x, t) = u(x, T + t)(t \geqslant 0)$ 是 (4.24) 关于初值 $\tilde{u}(x, 0) = u(x, T), x \in \mathbb{R}$ 的解. 由比较原理可得

$$w^-(x, t, cT + \xi, \delta) \leqslant u(x, T + t) \leqslant w^+(x, t, cT + \xi + h, \delta), \quad (x, t) \in \mathbb{R} \times \mathbb{R}^+.$$

即对于 $i = 1, 2, 3, 4$,

$$\max\{\phi_i(\eta^-(x, t, T)) - \delta p_i e^{-\beta_0 t}, 0\}$$
$$\leqslant u_i(x, T + t)$$
$$\leqslant \min\{\phi_i(\eta^+(x, t, T) + h) + \delta p_i e^{-\beta_0 t}, k_i\}, \quad (x, t) \in \mathbb{R} \times \mathbb{R}^+, \qquad (4.46)$$

其中 $\eta^\pm(x, t, T) = x + c(T + t) + \xi \pm \sigma_0\delta(1 - e^{-\beta_0 t})$. 令 $y = -cT - \xi$. 由比较原理知, 对于任意非负常数 L, 任意 $x \in \mathbb{R}$ 满足 $|x - y| \leqslant L$ 及任意 $t > 0, i = 1, 2, 3, 4$,

$$u_i(x, T + t) - w_i^-(x, t, cT + \xi, \delta)$$
$$\geqslant J_i(L, t) \int_y^{y+1} (u_i(z, T) - w_i^-(z, 0, cT + \xi, \delta))dz. \qquad (4.47)$$

由引理 4.1.9 知, $\lim\limits_{|x|\to\infty} \phi_i'(x) = 0, i = 1, 2, 3, 4$. 固定 $M > 0$ 使得 $\phi_i'(x) \leqslant \dfrac{\min\limits_{1\leqslant i\leqslant 4}\{p_i\}}{2\sigma_0}$, $|x| \geqslant M, i = 1, 2, 3, 4$. 令

$$L = M + |c| + 1, \quad \bar{h} = \min\{h, 1\} \quad \text{和} \quad \epsilon_1 = \frac{1}{2} \min_{1\leqslant i\leqslant 4}\{\phi_i'(x) : |x| \leqslant 2\} > 0.$$

因为

$$w_i^-(z, 0, -y, \delta) < \phi_i(z - y), \quad w_i^+(z, 0, -y + \bar{h}, \delta) > \phi_i(z - y + \bar{h}), \quad i = 1, 2, 3, 4,$$

所以可以推出

$$\int_y^{y+1} [w_i^+(z, 0, cT + \xi + \bar{h}, \delta) - w_i^-(z, 0, cT + \xi, \delta)]dz$$

$$> \int_y^{y+1} [\phi_i(z + cT + \xi + \bar{h}) - \phi_i(z + cT + \xi)]dz$$

$$= \int_y^{y+1} [\phi_i(z + \bar{h}) - \phi_i(z)]dz \geqslant 2\epsilon_1 \bar{h}.$$

因此至少有下列之一成立:

(i) $\int_y^{y+1} [u_i(z, T) - w_i^-(z, 0, cT + \xi, \delta)]dz \geqslant \epsilon_1 \bar{h}$;

(ii) $\int_y^{y+1} [w_i^+(z, 0, cT + \xi + \bar{h}, \delta) - u_i(z, T)]dz \geqslant \epsilon_1 \bar{h}$.

只需考虑 (i), 另一个类似可证. 对任意 $|x - y| \leqslant L$, 令 (4.47) 中的 $t = 1$, 有

$$u_i(x, T + 1) \geqslant w_i^-(x, 1, cT + \xi, \delta) + J_i(L)\epsilon_1 \bar{h}$$

$$\geqslant \phi_i(x - y + c - \sigma_0\delta(1 - e^{-\beta_0})) - \delta p_i e^{-\beta_0} + J_0(L)\epsilon_1 \bar{h}, \quad i = 1, 2, 3, 4,$$

其中 $J_0(L) = \min_{1 \leqslant i \leqslant 4}\{J_i(L, 1)\}$. 令

$$L_1 = L + |c| + 2, \quad \epsilon^* = \min_{1 \leqslant i \leqslant 4}\left\{\min_{|x| \leqslant L_1} \frac{J_0(L)\epsilon_1}{2\sigma_0\phi_i'(x)}, \frac{1}{2\sigma_0}, \frac{\delta_0}{2}\right\}.$$

应用中值定理, 对于所有的 $|x - y| \leqslant L$, 有

$$\phi_i(x - y + c + 2\sigma_0\epsilon^*\bar{h} - \sigma_0\delta(1 - e^{-\beta_0})) - \phi_i(x - y + c - \sigma_0\delta(1 - e^{-\beta_0}))$$

$$= \phi_i'(x - y + c + 2\theta_i\sigma_0\epsilon^*\bar{h} - \sigma_0\delta(1 - e^{-\beta_0}))2\sigma_0\epsilon^*\bar{h}$$

$$\leqslant J_0(L)\epsilon_1 \bar{h}, \quad \theta_i \in (0, 1), \quad i = 1, 2, 3, 4.$$

因此

$$u_i(x, T + 1) \geqslant \phi_i(\eta^-(x, 1, T) + 2\sigma_0\epsilon^*\bar{h}) - \delta p_i e^{-\beta_0}, \quad i = 1, 2, 3, 4. \quad (4.48)$$

由中值定理和 M, L 的定义知, 对任意 $|x - y| \geqslant L$, 有

$$\phi_i(\eta^-(x, 1, T)) - \phi_i(\eta^-(x, 1, T) + 2\sigma_0\epsilon^*\bar{h})$$

$$= \phi_i'(\eta^-(x, 1, T) - 2\theta_i\sigma_0\epsilon^*\bar{h})(-2\sigma_0\epsilon^*\bar{h})$$

$$\geqslant -\epsilon^*\bar{h}p_i, \quad \theta_i \in (0, 1), i = 1, 2, 3, 4. \quad (4.49)$$

即对任意 $|x - y| \geqslant L$, 有

$$\phi_i(\eta^-(x, 1, T)) \geqslant \phi_i(\eta^-(x, 1, T) + 2\sigma_0\epsilon^*\bar{h}) - \epsilon^*\bar{h}p_i, \quad i = 1, 2, 3, 4, \quad (4.50)$$

因此, 由 (4.46) 中的 $t = 1$ 知, 对所有的 $|x - y| \geqslant L, i = 1, 2, 3, 4$

$$u_i(x, T+1) \geqslant \max\{\phi_i(\eta^-(x, 1, T) + 2\sigma_0\epsilon^*\bar{h}) - \epsilon^*\bar{h}p_i - \delta p_i e^{-\beta_0}, 0\}. \quad (4.51)$$

由 (4.48) 和 (4.51) 可推出对所有的 $x \in \mathbb{R}, i = 1, 2, 3, 4$, 有

$$
\begin{aligned}
u_i(x, T+1) &\geqslant \max\{\phi_i(\eta^-(x, 1, T) + 2\sigma_0\epsilon^*\bar{h}) - (\delta e^{-\beta_0} + \epsilon^*\bar{h})p_i, 0\} \\
&= \max\{\phi_i(x + \iota) - (\delta e^{-\beta_0} + \epsilon^*\bar{h})p_i, 0\},
\end{aligned}
\quad (4.52)
$$

其中

$$\iota = c(T+1) + 2\sigma_0\epsilon^*\bar{h} + \xi + \bar{\xi}, \quad \bar{\xi} = \sigma_0\delta(e^{-\beta_0} - 1). \quad (4.53)$$

则

$$u(x, T+1) \geqslant w^-(x, 0, \iota, \bar{\mu}), \quad x \in \mathbb{R}, \quad (4.54)$$

其中 $\bar{\mu} = \delta e^{-\beta_0} + \epsilon^*\bar{h} \leqslant \delta_0$, 则由比较原理和 ϵ^* 的选择知

$$w^-(x, \tilde{t}, \iota, \bar{\mu}) \leqslant u(x, T+1+\tilde{t}), \quad \tilde{t} \geqslant 0. \quad (4.55)$$

则对任意 $t \geqslant T+1$, 令 (4.55) 中的 $\tilde{t} = t - (T+1)$, 有

$$
\begin{aligned}
u_i(x, t) &\geqslant w_i^-(x, t - (T+1), \iota, \bar{\mu}) \\
&= \phi_i(x + ct - c(T+1) + \iota - \sigma_0\bar{\mu}(1 - e^{-\beta_0(t-(T+1))})) \\
&\quad - \bar{\mu}p_i e^{-\beta_0(t-(T+1))} \\
&\geqslant \phi_i(x + ct - c(T+1) + \iota - \sigma_0\bar{\mu}) - \hat{\delta}(t)p_i, \quad i = 1, 2, 3, 4,
\end{aligned}
\quad (4.56)
$$

其中 $\hat{\delta}(t) = \bar{\mu}e^{-\beta_0(t-(T+1))}$. 因为 $\phi_i(\cdot)$ 是单调的, 结合 η 的选择和 (4.53), 有

$$u_i(x, t) \geqslant w_i^-(x, 0, ct + \hat{\xi}(t), \hat{\delta}(t)), \quad x \in \mathbb{R}, i = 1, 2, 3, 4, \quad (4.57)$$

其中

$$\hat{\xi}(t) = 2\sigma_0\epsilon^*\bar{h} + \xi - \sigma_0\delta(1 - e^{-\beta_0}) - \sigma_0\bar{\mu} = \sigma_0\epsilon^*\bar{h} + \xi - \sigma_0\delta.$$

因此

$$\hat{\xi}(t) \geqslant \xi - \sigma_0\delta, \quad (4.58)$$

且由 ϵ^* 的定义知

$$\hat{\xi}(t) \leqslant \xi + \sigma_0\epsilon^*\bar{h} \leqslant \xi + h + \sigma_0\delta. \quad (4.59)$$

对任意 $t \geqslant T$, 由 (4.46) 的第一个不等式可推出

$$u_i(x,t) \leqslant \min\{\phi_i(\eta^+(x,t-T,T)+h) + \delta p_i e^{-\beta_0(t-T)}, k_i\}$$
$$\leqslant \min\{\phi_i(x+ct+\xi+h+\sigma_0\delta) + \hat{\delta}(t)p_i, k_i\}, \quad x \in \mathbb{R}, i = 1,2,3,4.$$
$$(4.60)$$

因此, 对任意 $t \geqslant T+1$, 有

$$u_i(x,t) \leqslant w_i^+(x,0,ct+\hat{\xi}(t)+\hat{h}(t),\hat{\delta}(t)), \quad x \in \mathbb{R}, i = 1,2,3,4,$$

即对于 $x \in \mathbb{R}$,

$$u(x,t) \leqslant w^+(x,0,ct+\hat{\xi}(t)+\hat{h}(t),\hat{\delta}(t)), \tag{4.61}$$

其中

$$\hat{h}(t) = \xi + h + \sigma_0\delta - \hat{\xi}(t) = h - \sigma_0\epsilon^*\bar{h} + 2\sigma_0\delta. \tag{4.62}$$

由 ϵ^* 的定义知, $h - \sigma_0\epsilon^*\bar{h} \geqslant h - \sigma_0\epsilon^*h > 0$, 因此,

$$\hat{h}(t) \in (0, h - \sigma_0\epsilon^*\bar{h} + 2\sigma_0\delta]. \tag{4.63}$$

结合 (4.57) 和 (4.61), 引理得证 □

引理 4.1.11([130]) 令 $\Phi(x+ct) = (\phi_1(x+ct),\phi_2(x+ct),\phi_3(x+ct),\phi_4(x+ct))$ 是 (4.24) 的波前解, 且 $\Psi(x) = (\psi_1(x),\psi_2(x),\psi_3(x),\psi_4(x))$, $\psi_i \in [0,k_i]$ 满足

$$\lim_{x\to\infty}\psi_i(x) > k_i - p_i, \quad \lim_{x\to-\infty}\psi_i(x) < p_i, \quad i = 1,2,3,4.$$

则对任意 $\delta > 0$, 存在 $T = T(\Psi,\delta) > 0, \xi = \xi(\Psi,\delta) \in \mathbb{R}$ 和 $h = h(\Psi,\delta) > 0$ 使得

$$w^-(x,0,cT+\xi,\delta) \leqslant u(x,T,\Psi) \leqslant w^+(x,0,cT+\xi+h,\delta), \quad x \in \mathbb{R}.$$

证明 由比较原理知, $u(x,t,\Psi) = (u_1(x,t,\psi_1),u_2(x,t,\psi_2),u_3(x,t,\psi_3),u_4(x,t,\psi_4))$ 在 $\mathbb{R}^+$ 上存在, 且 $0 \leqslant u_i(x,t,\psi_i) \leqslant k_i, (x,t) \in \mathbb{R} \times \mathbb{R}^+, i = 1,2,3,4$. 对任意 $\delta > 0$, 可取 $\delta_1 = \delta_1(\delta,\Psi) \in (0,\min\{\delta,\delta_0\})$ 满足

$$\lim_{x\to\infty}\psi_i(x) > k_i - (1-\delta_1)p_i, \quad \lim_{x\to-\infty}\psi_i(x) < (1-\delta_1)p_i, \quad i = 1,2,3,4.$$

所以可选择 $M = M(\Psi,\delta_1) > 0$ 使得对于 $i = 1,2,3,4$,

$$\psi_i(x) \leqslant (1-\delta_1)p_i, \quad x \leqslant -M; \quad \psi_i(x) \geqslant k_i - (1-\delta_1)p_i, \quad x \geqslant M. \tag{4.64}$$

令 $\epsilon = \epsilon(\delta_1), C = C(\delta_1)$ 和 $v^{\pm}(x,t)$ 如引理 4.1.8 中所述, δ 由 δ_1 代替, $\xi = \xi^{\pm}$, 其中 $\xi^{\pm} = \mp M$. 结合 (4.64) 和注 4.1.3, 对于 $i = 1,2,3,4$, 有

$$\psi_i(x) \leqslant (1-\delta_1)p_i \leqslant v_i^+(x,0), \quad x \leqslant -M,$$
$$\psi_i(x) \leqslant k_i = v_i^+(x,0), \quad x \geqslant \xi^+ = -M$$

和

$$\psi_i(x) \geqslant k_i - (1-\delta_1)p_i \geqslant v_i^-(x,0), \ x \geqslant M, \quad \psi_i(x) \geqslant 0 = v_i^-(x,0), \ x \leqslant M.$$

则

$$v^-(x,0) \leqslant \Psi(x) \leqslant v^+(x,0), \quad x \in \mathbb{R}. \tag{4.65}$$

由引理 4.1.8 和比较原理知,

$$v^-(x,t) \leqslant u(x,t,\Psi) \leqslant v^+(x,t), \quad x \in \mathbb{R}, t \geqslant 0. \tag{4.66}$$

由于 $\delta_1 < \delta$, 所以可取 $T > 0$ 充分大使得对任意 $t \geqslant T$, 有

$$\delta_1 p_i + (1-2\delta_1)p_i e^{-\epsilon t} < \delta p_i \quad 和 \quad k_i - \delta_1 p_i + (1-2\delta_1)p_i e^{-\epsilon t} > k_i - \delta p_i, \quad i = 1,2,3,4.$$

因此, 再次由附注 4.1.3 知, 对于 $i = 1,2,3,4$,

$$u_i(x,t,\psi_i) \leqslant v_i^+(x,t) < \delta p_i, \quad x \leqslant x^-(t) \tag{4.67}$$

和

$$u_i(x,t,\psi_i) \geqslant v_i^-(x,t) > k_i - \delta p_i, \quad x \geqslant x^+(t), \tag{4.68}$$

其中 $x^{\pm}(t) = \xi^{\mp} \pm Ct \pm 4\epsilon^{-1}$. 结合 (4.67) 和 (4.68), 有

$$u_i(x,T,\psi_i) < \delta p_i, \ x \leqslant x^-(T), \quad u_i(x,T,\psi_i) > k_i - \delta p_i, \ x \geqslant x^+(T), \tag{4.69}$$

$i = 1,2,3,4$. 由于 $\lim_{x \to -\infty} \phi_i(x) = 0$ 和 $\lim_{x \to \infty} \phi_i(x) = k_i, i = 1,2,3,4$, 所以可选择 $H > 0$ 充分大使得 $\frac{H}{2} > x^+(T), -\frac{H}{2} < x^-(T)$, 且

$$\phi_i(x) + \delta p_i > k_i, \quad x \geqslant \frac{H}{2} \quad 和 \quad \phi_i(x) - \delta p_i < 0, \quad x \leqslant -\frac{H}{2}. \tag{4.70}$$

因为 $0 \leqslant \phi_i(x) \leqslant k_i$ 和 $0 \leqslant u_i(x,t,\psi_i) \leqslant k_i, x \in \mathbb{R}, t \in [0,\infty)$, 所以结合 (4.69) 和 (4.70), 对 $i = 1,2,3,4$, 有

$$\max\{\phi_i(-H+x) - \delta p_i, 0\}$$

$$\leqslant u_i(x, T, \psi_i)$$

$$\leqslant \min\{\phi_i(H+x)+\delta p_i, k_i\}, \quad x \in \mathbb{R}. \tag{4.71}$$

令 $\xi_0 = -H - cT, h_0 = 2H > 0$. 易知 (4.71) 蕴含着对于 $i = 1, 2, 3, 4$,

$$\max\{\phi_i(x+cT+\xi_0)-\delta p_i, 0\}$$

$$\leqslant u_i(x, T, \psi_i)$$

$$\leqslant \min\{\phi_i(x+cT+\xi_0+h_0)+\delta p_i, k_i\}, \quad x \in \mathbb{R}. \tag{4.72}$$

令 $\xi = \xi_0$ 和 $h = h_0 > 0$. 则由 (4.72) 推出对任意 $x \in \mathbb{R}$, 有

$$w_i^-(x, 0, cT+\xi, \delta) = w_i^-(x, 0, cT+\xi_0, \delta) \leqslant u_i(x, T, \psi_i),$$

$$w_i^+(x, 0, cT+\xi+h, \delta) = w_i^+(x, 0, cT+\xi_0+h_0, \delta) \geqslant u_i(x, T, \psi_i), \quad i = 1, 2, 3, 4.$$

因此可证得引理的结论.　　　　　　　　　　　　　　　　　　　□

定理 4.1.6 ([130], 全局渐近稳定性) 假设 (A) 成立且 $\Phi(x+ct) = (\phi_1(x+ct), \phi_2(x+ct), \phi_3(x+ct), \phi_4(x+ct))$ 是 (4.24) 的波前解. 则 $\Phi(x+ct)$ 在不计平移的意义下是全局渐近稳定的, 即存在正常数 k 使得对任意 $\psi_i \in [0, k_i]$ 满足

$$\lim_{x\to\infty}\psi_i(x) > k_i - p_i, \quad \lim_{x\to-\infty}\psi_i(x) < p_i, \quad i = 1, 2, 3, 4,$$

对于某个 $K = K(\Psi) > 0$ 和 $\xi = \xi(\Psi) \in \mathbb{R}, \Psi(x) = (\psi_1(x), \psi_2(x), \psi_3(x), \psi_4(x))$, (4.24) 的解 $u(x, t, \Psi) = (u_1(x, t, \psi_1), u_2(x, t, \psi_2), u_3(x, t, \psi_3), u_4(x, t, \psi_4))$ 满足

$$\| u(\cdot, t, \Psi) - \Phi(\cdot+ct+\xi) \| \leqslant Ke^{-kt}, \quad t \geqslant 0,$$

其中 $\| \cdot \|$ 是 $\mathbb{R}^4$ 中的上确界范数.

证明　令 $\beta_0, \sigma_0, \delta_0$ 如引理 4.1.7 中所述, 令 ϵ^* 如引理 4.1.10 中所述且满足 $\sigma_0\epsilon^* < 1$. 取 $0 < \delta^* < \min\left\{\dfrac{\delta_0}{2}, \dfrac{1}{2\sigma_0}\right\}$ 使得

$$1 > k^* := \sigma_0\epsilon^* - 2\sigma_0\delta^* > 0,$$

且固定 $t^* \geqslant 1$ 满足

$$e^{-\beta_0(t^*-1)}\left(1+\frac{\epsilon^*}{\delta^*}\right) < 1 - k^*.$$

需证明以下两个结论.

结论 1. 存在两个常数 $T^* = T^*(\Psi) > 0, \xi^* = \xi^*(\Psi) \in \mathbb{R}$ 满足

$$w^-(x, 0, cT^* + \xi^*, \delta^*) \leqslant u(x, T^*, \Psi) \leqslant w^+(x, 0, cT^* + \xi^* + 1, \delta^*), \quad x \in \mathbb{R}. \quad (4.73)$$

事实上, 由引理 4.1.11 知, 存在三个常数 $T = T(\Psi) > 0, \xi = \xi(\Psi) \in \mathbb{R}$ 和 $h = h(\Psi) > 0$ 满足

$$w^-(x, 0, cT + \xi, \delta^*) \leqslant u(x, T, \Psi) \leqslant w^+(x, 0, cT + \xi + h, \delta^*), \quad x \in \mathbb{R}. \quad (4.74)$$

当 $h \leqslant 1$ 时, 因为 $\phi_i(\cdot)$ 是单调的, $i = 1, 2, 3, 4$, 所以 (4.73) 成立. 则当 $h > 1$ 时, 记

$$N = \max\{m \mid m \in \mathbb{Z}^+ \text{且} mk^* < h\}.$$

由于 $k^* \in (0, 1)$ 和 $h > 1$, 所以 $N \geqslant 1, h \in (Nk^*, (N+1)k^*]$, 而且, $h - Nk^* \in (0, 1)$. 注意到 $\bar{h} := \min\{1, h\} = 1$. 结合 (4.74), 引理 4.1.10 及 t^* 和 k^* 的定义知

$$w^-(x, 0, c(T + t^*) + \hat{\xi}(T + t^*), \hat{\delta}(T + t^*))$$

$$\leqslant u(x, T + t^*, \Psi)$$

$$\leqslant w^+(x, 0, c(T + t^*) + \hat{\xi}(T + t^*) + \hat{h}(T + t^*), \hat{\delta}(T + t^*)), \quad x \in \mathbb{R}, \quad (4.75)$$

其中

$$\hat{\xi}(T + t^*) \in [\xi - \sigma_0\delta^*, \xi + h + \sigma_0\delta^*],$$
$$0 \leqslant \hat{h}(T + t^*) \leqslant h - \sigma_0\epsilon^* + 2\sigma_0\delta^*,$$
$$\hat{\delta}(T + t^*) = (\delta^* e^{-\beta_0} + \epsilon^*)e^{-\beta_0(t^*-1)} \leqslant (1 - k^*)\delta^* < \delta^*.$$

应用 N 次类似的讨论, 那么对于某个 $\xi^* = \hat{\xi} \in \mathbb{R}, \hat{\delta} \in (0, \delta^*], 0 \leqslant \hat{h} \leqslant h - Nk^* < 1$, 当 $T + t^*$ 由 $T^* = T + Nt^*$ 代替时, (4.75) 还成立. 因为 $\Phi(\cdot)$ 是单调的, 所以可推出 (4.73) 成立.

结论 2. 令 $p = 2\sigma_0\delta^* + 1, T_n = T^* + nt^*, \delta_n^* = (1 - k^*)^n\delta^*$ 和 $h_n = (1 - k^*)^n, n \geqslant 0$. 所以可以选择数列 $\{\xi_n\}_{n=0}^{\infty} \subset \mathbb{R}, \xi_0 = \xi^*$ 满足

$$|\xi_{n+1} - \xi_n| \leqslant ph_n, \quad n \geqslant 0 \quad (4.76)$$

和

$$w^-(x, 0, cT_n + \xi_n, \delta_n^*)$$

$$\leqslant u(x, T_n, \Psi)$$

$$\leqslant w^+(x, 0, cT_n + \xi_n + h_n, \delta_n^*), \quad x \in \mathbb{R}, n \geqslant 0. \tag{4.77}$$

确实, 结论 1 蕴含着当 $n = 0$ 时, (4.77) 成立. 现在假设对于某个 $n = m \geqslant 0$, (4.77) 成立. 由引理 4.1.10, 其中, $T = T_m, \xi = \xi_m, h = h_m, \delta = \delta_m^*$ 和 $t = T_m + t^* = T_{m+1}$ (因为 $t \geqslant 1$), 可以推出

$$w^-(x, 0, cT_{m+1} + \hat{\xi}, \hat{\delta}) \leqslant u(x, T_{m+1}, \Psi) \leqslant w^+(x, 0, cT_{m+1} + \hat{\xi} + \hat{h}, \hat{\delta}), \quad x \in \mathbb{R}, \tag{4.78}$$

其中

$$\hat{\xi} \in [\xi_m - \sigma_0 \delta_m^*, \xi_m + h_m + \sigma_0 \delta_m^*],$$

$$\hat{\delta} = (\delta_m e^{-\beta_0} + \epsilon^* h_m) e^{-\beta_0(T_{m+1} - T_m - 1)}$$

$$\leqslant (1 - k^*)^m \delta^* \left[\left(1 + \frac{\epsilon^*}{\delta^*} \right) e^{-\beta_0(t^* - 1)} \right] \leqslant (1 - k^*)^m \delta^* (1 - k^*) = \delta_{m+1}^*,$$

$$\hat{h} \leqslant h_m - \sigma_0 \epsilon^* h_m + 2\sigma_0 \delta_m = (1 - k^*)^m [1 - \sigma_0 \epsilon^* + 2\sigma_0 \delta^*] = h_{m+1}.$$

取 $\xi_{m+1} = \hat{\xi}$. 则有

$$|\xi_{m+1} - \xi_m| \leqslant |\xi_m + h_m + \sigma_0 \delta_m^* - (\xi_m - \sigma_0 \delta_m^*)| = ph_m.$$

所以当 $n = m$ 时, (4.76) 成立, 当 $n = m + 1$ 时, (4.77) 成立. 由数学归纳法知, 对所有 $n \geqslant 0$, (4.76) 和 (4.77) 成立.

对任意 $n \geqslant 0$, 由 (4.77) 和比较原理知, 对任意 $t \geqslant T_n$ 和 $x \in \mathbb{R}$,

$$\max\{\phi_1(\eta_n^-(x, t)) - \delta_n^* p_i e^{-\beta_0(t - T_n)}, 0\}$$

$$\leqslant u(x, t, \psi_i)$$

$$\leqslant \min\{\phi_i(\eta_n^+(x, t) + h_n) + \delta_n^* p_i e^{-\beta_0(t - T_n)}, k_i\}, \tag{4.79}$$

$i = 1, 2, 3, 4$, 其中 $\eta_n^{\pm}(x, t) = x + ct + \xi_n \pm \sigma_0 \delta_n^*(1 - e^{-\beta_0(t - T_n)})$. 对任意 $t \geqslant T^*$, 令 $n = \left[\dfrac{t - T^*}{t^*}\right] \geqslant 0$, 并表示 $\delta(t) = \delta_n^*, \xi(t) = \xi_n - \sigma_0 \delta_n^*$ 和 $h(t) = h_n + 2\sigma_0 \delta_n^*$, 有 $t \in [T_n, T_{n+1}), T_n = T + nt^*$. 结合 (4.79) 可得对任意 $t \geqslant T^*, x \in \mathbb{R}, i = 1, 2, 3, 4$,

$$\phi_i(x + ct + \xi(t)) - p_i \delta(t) \leqslant u_i(x, t, \psi_i) \leqslant \phi_i(x + ct + \xi(t) + h(t)) + p_i \delta(t). \tag{4.80}$$

而且, 对于 $t \geqslant T^*$,

$$\delta(t) = \delta_n^* \leqslant \delta^* q(t), \tag{4.81}$$

$$h(t) = (2\sigma_0\delta^* + 1)(1 - k^*)^n \leqslant (2\sigma_0\delta^* + 1)q(t), \tag{4.82}$$

其中 $q(t) := e^{(\frac{t-T^*}{t^*}-1)\ln(1-k^*)}$, 且由 (4.76) 知, 对任意 $s \geqslant t \geqslant T^*$, 有

$$\begin{aligned}
|\xi(s) - \xi(t)| &= |\xi_m - \sigma_0\delta_m^* - (\xi_n - \sigma_0\delta_n^*)| \\
&\leqslant \sum_{l=n}^{m-1} |\xi_{l+1} - \xi_l| + 2\sigma_0\delta_n^* \leqslant \sum_{l=n}^{m-1} ph_l + 2\sigma_0\delta_n^* \\
&\leqslant \frac{ph_n}{1-(1-k^*)} + 2\sigma_0\delta_n^* = \nu\delta(t),
\end{aligned} \tag{4.83}$$

其中 $m = \left[\dfrac{r - T^*}{t^*}\right] \geqslant n$ 和 $\nu = \dfrac{p}{k^*\delta^*} + 2\sigma_0$. 易知 (4.83) 蕴含着 $\xi(t)$ 在正无穷远处是有限的且

$$|\xi(\infty) - \xi(t)| \leqslant \nu\delta(t), \quad t \geqslant T^*.$$

则

$$|\xi(\infty) - \xi(t)| \leqslant \nu\delta^* q(t), \quad t \geqslant T^*. \tag{4.84}$$

因此, 通过令 $k = -\dfrac{1}{t^*}\ln(1 - k^*) > 0$, 并结合 (4.80), (4.81), (4.82) 和 (4.84), 可以证明该定理的结论. □

结合引理 4.1.7 并利用比较原理, 可得 (4.24) 的波前解的 Liapunov 稳定性.

定理 4.1.7 ([130], Liapunov 稳定性) (4.24) 的任意波前解是 Liapunov 稳定的.

证明 因为 $\phi_i(\cdot)$ 在 $\mathbb{R}$ 上是一致连续的, $i = 1, 2, 3, 4$, 所以对任意正常数 ϵ, 存在正常数 $\delta_1 = \delta_1(\epsilon)$ 满足

$$|\phi_i(\cdot + y) - \phi_i(\cdot)| < \frac{\epsilon}{8}, \quad |y| \leqslant \delta_1. \tag{4.85}$$

可进一步取 $\delta = \delta(\epsilon) \in \left(0, \min\left\{\dfrac{\epsilon}{8(1 + \max_{1\leqslant i\leqslant 4}\{p_i\})}, \dfrac{\delta_1}{\sigma_0}, \delta_0\right\}\right)$, β_0, σ_0 和 δ_0 如引理 4.1.7 中所述. 则对任意 Ψ 满足 $\|\Psi - \Phi\| < \delta$, 有

$$\max\{\phi_i(x) - \delta p_i, 0\} \leqslant \psi_i(x) \leqslant \min\{\phi_i(x) + \delta p_i, k_i\}, \quad x \in \mathbb{R}, i = 1, 2, 3, 4. \tag{4.86}$$

结合引理 4.1.7, 并利用比较原理可得

$$\max\{\phi_i(\eta^-(x,t)) - \delta p_i e^{-\beta_0 t}, 0\}$$
$$\leqslant u_i(x, t, \psi_i)$$

$$\leqslant \min\{\phi_i(\eta^+(x,t)) + \delta p_i e^{-\beta_0 t}, k_i\}, \quad x \in \mathbb{R}, \tag{4.87}$$

$i = 1, 2, 3, 4$, 其中 $\eta^\pm(x,t) := x + ct \pm \sigma_0\delta(1 - e^{-\beta_0 t})$. 因此, 对任意 $t \geqslant 0$, 有

$$|\pm \sigma_0\delta(1 - e^{-\beta_0 t})| \leqslant \sigma_0\delta < \delta_1(\epsilon).$$

结合 (4.85) 和 (4.87), 有

$$\phi_i(x+ct) - \frac{\epsilon}{4} \leqslant u_i(x,t,\psi_i) \leqslant \phi_i(x+ct) + \frac{\epsilon}{4}, \quad (x,t) \in \mathbb{R} \times \mathbb{R}^+, i = 1, 2, 3, 4,$$

即 $\| u(\cdot,t,\Psi) - \Phi(\cdot + ct) \| < \epsilon, t \in \mathbb{R}^+.$ □

由定理 4.1.6 可得系统 (4.24) 的波前解的唯一性结论.

定理 4.1.8 ([130], 唯一性) 令 $\Phi(x + ct) = (\phi_1(x+ct), \phi_2(x+ct), \phi_3(x+ct), \phi_4(x+ct))$ 是 (4.24) 的波前解. 则对任意波前解 $\bar\Phi(x+\bar ct) = (\bar\phi_1(x+\bar ct), \bar\phi_2(x+\bar ct), \bar\phi_3(x+\bar ct), \bar\phi_4(x+\bar ct))$ 满足 $0 \leqslant \bar\phi_i(x+\bar ct) \leqslant k_i$, 有 $\bar c = c$ 且存在 $\xi_0 = \xi_0(\bar\Phi) \in \mathbb{R}$ 使得 $\bar\Phi(\cdot) = \Phi(\cdot + \xi_0)$.

证明   注意到

$$\lim_{x\to\infty} \bar\phi_i(x) > k_i - p_i \quad \text{和} \quad \lim_{x\to-\infty} \bar\phi_i(x) < p_i, \quad i = 1, 2, 3, 4. \tag{4.88}$$

应用定理 4.1.6 的结果知, 存在 $K_0 = K_0(\bar\Phi) > 0$ 和 $\xi_0 = \xi_0(\bar\Phi) \in \mathbb{R}$ 满足

$$\| \Phi(\cdot + ct + \xi_0) - \bar\Phi(\cdot + \bar ct) \| \leqslant K_0 e^{-kt}, \quad t \geqslant 0. \tag{4.89}$$

令 $\bar\xi \in \mathbb{R}$ 满足 $0 < \bar\phi_i(\bar\xi) < k_i, i = 1, 2, 3, 4$, 并记 $I(\bar\xi) := \{(x,t) \in \mathbb{R} \times \mathbb{R}^+; x + ct = \bar\xi\}$. 由 (4.89) 知, 对任意 $(x,t) \in I(\bar\xi)$, 有

$$\phi_i(\bar\eta) - K_0 e^{-kt} \leqslant \bar\phi_i(\bar\xi) \leqslant \phi_i(\bar\eta) + K_0 e^{-kt}, \quad i = 1, 2, 3, 4. \tag{4.90}$$

其中 $\bar\eta := \bar\xi + \xi_0 + (c - \bar c)t$. 由于 $\lim_{x\to\infty}\phi_i(x) = k_i$ 和 $\lim_{x\to-\infty}\phi_i(x) = 0, i = 1, 2, 3, 4$, 令 (4.90) 中的 $t \to \infty$, 从不等式左边和右边分别推出 $\bar c \geqslant c$ 和 $\bar c \leqslant c$. 所以 $\bar c = c$. 由 (4.89) 可推出对任意 $(x,t) \in I(\xi)$, 有

$$\| \Phi(\cdot + \xi_0) - \bar\Phi(\cdot) \| \leqslant K_0 e^{-kt}. \tag{4.91}$$

因此, 从 (4.91) 可以推出当 $t \to \infty$ 时, $\bar\Phi(\cdot) = \Phi(\cdot + \xi_0)$. □

附注 4.1.4 ([130]) 通过利用类似的方法, 相应地稍作修改, 也可以得到 (4.2) 的双稳波前解的稳定性结果.

附注 4.1.5 ([130]) 受 [136, 194, 224] 工作的启发, 也可以利用谱分析的方法得到 (4.2) 和 (4.3) 的双稳行波解的指数稳定性, 更多的细节可参考 [136].

4.2　强核情形下非局部时滞反应扩散传染病系统的行波解的稳定性

本节研究带扩散的传染病模型 (4.4) 的双稳波的存在性、稳定性和波速的唯一性, 其中卷积定义为

$$
\begin{cases}
(g_1 * u_2)(x,t) = \displaystyle\int_{-\infty}^{t}\int_{-\infty}^{\infty} G_1(x-y,t-s)k_1(t-s)u_2(y,s)\,dy\,ds, \\[4mm]
(g_2 * u_1)(x,t) = \displaystyle\int_{-\infty}^{t}\int_{-\infty}^{\infty} G_2(x-y,t-s)k_2(t-s)u_1(y,s)\,dy\,ds,
\end{cases}
\tag{4.92}
$$

选择的加权函数 $G_i(x,t)$ 是描述待在不同位置 x 和不同时间 t 的 u_{3-i} 在以前时间的分布, 它是如下方程

$$
\frac{\partial G_i}{\partial t} = d_{3-i}\frac{\partial^2 G_i}{\partial x^2}, \quad G_i(x,0)=\delta(x)
\tag{4.93}
$$

在齐次 Neumann 边值条件下, 即

$$
G_i(x,t) = \frac{1}{\sqrt{4d_{3-i}\pi t}}\, e^{-\frac{x^2}{4d_{3-i}t}}, \quad i=1,2,
\tag{4.94}
$$

的解, 选择核函数 $k_i(s)$ 为

$$
k_i(s) = \frac{s}{\tau_i^2}\, e^{-\frac{1}{\tau_i}s}, \quad i=1,2.
\tag{4.95}
$$

记 $\theta = t-s$ 和 $z = x-y$, 则卷积可写为

$$
\begin{cases}
(g_1 * u_2)(x,t) = \displaystyle\int_{0}^{\infty}\int_{-\infty}^{\infty} \frac{\theta}{\tau_1^2}e^{-\frac{1}{\tau_1}\theta}\frac{1}{\sqrt{4d_2\pi\theta}}\,e^{-\frac{z^2}{4d_2\theta}}\,u_2(x-z,t-\theta)\,dz\,d\theta, \\[4mm]
(g_2 * u_1)(x,t) = \displaystyle\int_{0}^{\infty}\int_{-\infty}^{\infty} \frac{\theta}{\tau_2^2}e^{-\frac{1}{\tau_2}\theta}\frac{1}{\sqrt{4d_1\pi\theta}}\,e^{-\frac{z^2}{4d_1\theta}}\,u_1(x-z,t-\theta)\,dz\,d\theta.
\end{cases}
\tag{4.96}
$$

通过利用变量变换考虑六维无时滞系统, 利用 [224] 中的抽象理论得到了 (4.4) 的行波解的存在性. 受文 [136] 的启发, 确立了初值问题的温和解的性质以及比较原理, 并利用谱分析的方法证明了行波解是指数渐近稳定的. 通过选择合适的参数构造了新的上下解, 得到了波速的唯一性.

4.2.1 行波解的存在性

对 h 和 g 作如下假设:

(A) $h, g \in C^1(\mathbb{R}^+, \mathbb{R}^+), h(0) = g(0) = 0, h'(x) \geqslant 0, g'(x) \geqslant 0$, 对于 $x \geqslant 0$, $h\left(\dfrac{g(a)}{\beta}\right) = a\alpha, h\left(\dfrac{g(b)}{\beta}\right) = b\alpha, h'(0)\dfrac{g'(0)}{\beta} < \alpha, h'\left(\dfrac{g(a)}{\beta}\right)\dfrac{g'(a)}{\beta} > \alpha, h'\left(\dfrac{g(b)}{\beta}\right) \cdot \dfrac{g'(b)}{\beta} < \alpha$, 且对于 $u \in (0, a), h\left(\dfrac{g(u)}{\beta}\right) < \alpha u$, 对于 $u \in (a, b), h\left(\dfrac{g(u)}{\beta}\right) > \alpha u$, 其中 $0 < a < b, \mathbb{R}^+ = \{x \in \mathbb{R} : x \geqslant 0\}$.

由 (A) 知, 系统 (4.4) 有三个平衡点 $E_1 = (0, 0), E_2 = \left(a, \dfrac{g(a)}{\beta}\right), E_3 = \left(b, \dfrac{g(b)}{\beta}\right)$.

我们考虑系统 (4.4) 连接 E_1 和 E_3 的行波解. 显然, 若由 t 表示 $x + ct$, 系统 (4.4) 的连接 E_1 和 E_3 的行波解 $(\phi_1(t), \phi_2(t))$ 的存在性等价于如下系统

$$\begin{cases} d_1\phi_1''(t) - c\phi_1'(t) - \alpha\phi_1(t) + h((g_1 * \phi_2)(t)) = 0, \\ d_2\phi_2''(t) - c\phi_2'(t) - \beta\phi_2(t) + g((g_2 * \phi_1)(t)) = 0 \end{cases} \tag{4.97}$$

关于渐近边界条件

$$\lim_{t \to -\infty} (\phi_1(t), \phi_2(t)) = (0, 0), \qquad \lim_{t \to +\infty} (\phi_1(t), \phi_2(t)) = \left(b, \dfrac{g(b)}{\beta}\right) \tag{4.98}$$

的单调解的存在性, 其中

$$\begin{cases} (g_1 * \phi_2)(t) = \displaystyle\int_0^\infty \int_{-\infty}^\infty \frac{\theta}{\tau_1^2} e^{-\frac{1}{\tau_1}\theta} \frac{1}{\sqrt{4d_2\pi\theta}} e^{-\frac{z^2}{4d_2\theta}} \phi_2(t - c\theta - z) \, dz d\theta, \\ (g_2 * \phi_1)(t) = \displaystyle\int_0^\infty \int_{-\infty}^\infty \frac{\theta}{\tau_2^2} e^{-\frac{1}{\tau_2}\theta} \frac{1}{\sqrt{4d_1\pi\theta}} e^{-\frac{z^2}{4d_1\theta}} \phi_1(t - c\theta - z) \, dz d\theta. \end{cases} \tag{4.99}$$

令

$$u_i(x, t) = (g_{i-2} * u_2)(x, t), \ i = 3, 5, \qquad u_i(x, t) = (g_{i-2} * u_1)(x, t), \ i = 4, 6,$$

其中 $(g_3 * u_2)(x, t)$ 和 $(g_4 * u_1)(x, t)$ 定义为

$$\begin{cases} (g_3 * u_2)(x, t) = \displaystyle\int_0^\infty \int_{-\infty}^\infty \frac{1}{\tau_1} e^{-\frac{1}{\tau_1}\theta} \frac{1}{\sqrt{4d_2\pi\theta}} e^{-\frac{z^2}{4d_2\theta}} u_2(x - z, t - \theta) \, dz d\theta, \\ (g_4 * u_1)(x, t) = \displaystyle\int_0^\infty \int_{-\infty}^\infty \frac{1}{\tau_2} e^{-\frac{1}{\tau_2}\theta} \frac{1}{\sqrt{4d_1\pi\theta}} e^{-\frac{z^2}{4d_1\theta}} u_1(x - z, t - \theta) \, dz d\theta. \end{cases} \tag{4.100}$$

那么系统 (4.4) 被转化为六维无时滞系统

$$\begin{cases} \dfrac{\partial u_1(x,t)}{\partial t} = d_1 \dfrac{\partial^2 u_1(x,t)}{\partial x^2} - \alpha u_1(x,t) + h(u_3(x,t)), \\[2mm] \dfrac{\partial u_2(x,t)}{\partial t} = d_2 \dfrac{\partial^2 u_2(x,t)}{\partial x^2} - \beta u_2(x,t) + g(u_4(x,t)), \\[2mm] \dfrac{\partial u_3(x,t)}{\partial t} = d_2 \dfrac{\partial^2 u_3(x,t)}{\partial x^2} + \dfrac{1}{\tau_1} u_5(x,t) - \dfrac{1}{\tau_1} u_3(x,t), \\[2mm] \dfrac{\partial u_4(x,t)}{\partial t} = d_1 \dfrac{\partial^2 u_4(x,t)}{\partial x^2} + \dfrac{1}{\tau_2} u_6(x,t) - \dfrac{1}{\tau_2} u_4(x,t), \\[2mm] \dfrac{\partial u_5(x,t)}{\partial t} = d_2 \dfrac{\partial^2 u_5(x,t)}{\partial x^2} + \dfrac{1}{\tau_1} u_2(x,t) - \dfrac{1}{\tau_1} u_5(x,t), \\[2mm] \dfrac{\partial u_6(x,t)}{\partial t} = d_1 \dfrac{\partial^2 u_6(x,t)}{\partial x^2} + \dfrac{1}{\tau_2} u_1(x,t) - \dfrac{1}{\tau_2} u_6(x,t). \end{cases} \tag{4.101}$$

显然, (4.4) 的解 (u_1, u_2) 等价于 (4.101) 的解 $(u_1, u_2, u_3, u_4, u_5, u_6)$. 系统 (4.101) 有连接平衡点 $\Phi_- = (0,0,0,0,0,0)$ 和 $\Phi_+ = \left(b, \dfrac{g(b)}{\beta}, \dfrac{g(b)}{\beta}, b, \dfrac{g(b)}{\beta}, b \right)$ 的 行波解 $\Phi(t) = (\phi_1(t), \phi_2(t), \phi_3(t), \phi_4(t), \phi_5(t), \phi_6(t))$ 等价于系统

$$\begin{cases} d_1 \phi_1''(t) - c\phi_1'(t) - \alpha \phi_1(t) + h(\phi_3(t)) = 0, \\[2mm] d_2 \phi_2''(t) - c\phi_2'(t) - \beta \phi_2(t) + g(\phi_4(t)) = 0, \\[2mm] d_2 \phi_3''(t) - c\phi_3'(t) + \dfrac{1}{\tau_1} \phi_5(t) - \dfrac{1}{\tau_1} \phi_3(t) = 0, \\[2mm] d_1 \phi_4''(t) - c\phi_4'(t) + \dfrac{1}{\tau_2} \phi_6(t) - \dfrac{1}{\tau_2} \phi_4(t) = 0, \\[2mm] d_2 \phi_5''(t) - c\phi_5'(t) + \dfrac{1}{\tau_1} \phi_2(t) - \dfrac{1}{\tau_1} \phi_5(t) = 0, \\[2mm] d_1 \phi_6''(t) - c\phi_6'(t) + \dfrac{1}{\tau_2} \phi_1(t) - \dfrac{1}{\tau_2} \phi_6(t) = 0 \end{cases} \tag{4.102}$$

关于渐近边界条件

$$\lim_{t \to \pm\infty} \Phi(t) = \Phi_{\pm} \tag{4.103}$$

在 $\mathbb{R}$ 上有解.

定理 4.2.1 ([131], 存在性) 假设 (A) 成立. 则 (4.102) 和 (4.103) 有单调解 $\Phi(t) = (\phi_1(t), \phi_2(t), \phi_3(t), \phi_4(t), \phi_5(t), \phi_6(t)) \in C^2(\mathbb{R}, \mathbb{R}^6)$, 即 (4.4) 有连接 E_1 和 E_3 的单调行波解.

证明 直接的计算可知

$$
f'(\Lambda) = \begin{pmatrix}
-\alpha & 0 & h'(\phi_3) & 0 & 0 & 0 \\
0 & -\beta & 0 & g'(\phi_4) & 0 & 0 \\
0 & 0 & -\dfrac{1}{\tau_1} & 0 & \dfrac{1}{\tau_1} & 0 \\
0 & 0 & 0 & -\dfrac{1}{\tau_2} & 0 & \dfrac{1}{\tau_2} \\
0 & \dfrac{1}{\tau_1} & 0 & 0 & -\dfrac{1}{\tau_1} & 0 \\
\dfrac{1}{\tau_2} & 0 & 0 & 0 & 0 & -\dfrac{1}{\tau_2}
\end{pmatrix},
$$

其中 $\Lambda = \Phi_-, \Phi^1, \Phi_+, \Phi^1 = \left(a, \dfrac{g(a)}{\beta}, \dfrac{g(a)}{\beta}, a, \dfrac{g(a)}{\beta}, a \right)$.

通过利用 Routh-Hurwitz 准则[10](见引理 4.1.4), 并由已知条件 $h'(0)\dfrac{g'(0)}{\beta} < \alpha$ 和 $h'\left(\dfrac{g(b)}{\beta}\right)\dfrac{g'(b)}{\beta} < \alpha$, 很容易验证 $f'(\Phi_-)$ 和 $f'(\Phi_+)$ 的所有特征值的实部是负的. 接下来, 寻找 $p := (p_1, p_2, p_3, p_4, p_5, p_6), p_i \geqslant 0, i = 1, 2, 3, 4, 5, 6$, 使得 $pf'(\Phi^1) > 0$. 那么

$$
pf'(\Phi^1) > 0 \Leftrightarrow \begin{cases}
\dfrac{1}{\tau_2}p_6 > \alpha p_1, \quad \dfrac{1}{\tau_1}p_5 > \beta p_2, \quad h'\left(\dfrac{g(a)}{\beta}\right)p_1 > \dfrac{1}{\tau_1}p_3, \\[3mm]
g'(a)p_2 > \dfrac{1}{\tau_2}p_4, \quad p_3 > p_5, \quad p_4 > p_6.
\end{cases} \tag{4.104}
$$

因为 $h'\left(\dfrac{g(a)}{\beta}\right)\dfrac{g'(a)}{\beta} > \alpha$, 所以可以找到 $p_i \geqslant 0$ 满足 (4.104).

由 [224] 的定理 3.3.2 可推出 (4.101) 有满足 (4.102) 和 (4.103) 的解. □

附注 4.2.1([131]) 因为 (4.4) 的行波解是 C^2 的, 所以可将 (4.4) 写为 (4.101). 因此, $u_i, i = 3, 4, 5, 6$ 的正则性是显然的[1, 6, 79].

4.2.2 强核情形下系统的温和解

首先证明 (4.4) 的温和解的性质. 考虑 (4.4) 的初值问题

$$
u_i(x, s) = \psi_i(x, s), \quad (x, s) \in \mathbb{R} \times (-\infty, 0], \quad i = 1, 2, \tag{4.105}
$$

其中

$$(0,0) \leqslant (\psi_1, \psi_2) \leqslant \left(b, \frac{g(b)}{\beta} \right), \quad \text{其中} \quad \psi_i \in C(\mathbb{R} \times (-\infty, 0], \mathbb{R}), i = 1, 2. \quad (4.106)$$

记

$$\beta_1 = \alpha, \quad \beta_2 = \beta. \quad (4.107)$$

对于 $(x,t) \in \mathbb{R} \times \mathbb{R}^+$, 给定 $(0,0) \leqslant (u_1(x,t), u_2(x,t)) \leqslant \left(b, \frac{g(b)}{\beta} \right)$, 记 $F = (F_1, F_2)$ 为

$$\begin{cases} F_1(u_1, u_2)(x,t) = \beta_1 u_1(x,t) - \alpha u_1(x,t) + h((g_1 * u_2)(x,t)), \\ F_2(u_1, u_2)(x,t) = \beta_2 u_2(x,t) - \beta u_2(x,t) + g((g_2 * u_1)(x,t)). \end{cases} \quad (4.108)$$

那么对于 $(0,0) \leqslant (u_1(x,s), u_2(x,s)) \leqslant (v_1(x,s), v_2(x,s)) \leqslant \left(b, \frac{g(b)}{\beta} \right), x, s \in \mathbb{R}, t > 0$, 有

$$(0,0) = F(0,0) \leqslant F(u_1, u_2)(x,t) \leqslant F(v_1, v_2)(x,t) \leqslant F\left(b, \frac{g(b)}{\beta} \right). \quad (4.109)$$

结合 (4.107) 和 (4.108), (4.4) 变为

$$\begin{cases} \dfrac{\partial u_1(x,t)}{\partial t} = d_1 \dfrac{\partial^2 u_1(x,t)}{\partial x^2} - \beta_1 u_1(x,t) + F_1(u_1, u_2)(x,t), \\ \dfrac{\partial u_2(x,t)}{\partial t} = d_2 \dfrac{\partial^2 u_2(x,t)}{\partial x^2} - \beta_2 u_2(x,t) + F_2(u_1, u_2)(x,t). \end{cases} \quad (4.110)$$

令 $\Gamma = BUC(\mathbb{R}, \mathbb{R}^2) = \{w : w$ 是从 $\mathbb{R}$ 到 $\mathbb{R}^2$ 的一致有界连续的函数$\}$ 且具有上确界范数 $\| \cdot \|$, 并且

$$\Gamma_1 = \left\{ w \in \Gamma \, \middle| \, (0,0) \leqslant w(x) \leqslant \left(b, \frac{g(b)}{\beta} \right), \ x \in \mathbb{R} \right\}.$$

易知 Γ 是 Banach 空间. 对于 $u_i^0 \in \Gamma, i = 1, 2$, 定义

$$\begin{cases} u_1(x,t) = \dfrac{e^{-\beta_1 t}}{\sqrt{4\pi d_1 t}} \displaystyle\int_{-\infty}^{\infty} e^{-\frac{(x-y)^2}{4d_1 t}} u_1^0(y) dy := T_1(t) u_1^0(x), \\ u_2(x,t) = \dfrac{e^{-\beta_2 t}}{\sqrt{4\pi d_2 t}} \displaystyle\int_{-\infty}^{\infty} e^{-\frac{(x-y)^2}{4d_2 t}} u_2^0(y) dy := T_2(t) u_2^0(x) \end{cases}$$

和 $T = (T_1, T_2)$. 显然, $T : \Gamma \to \Gamma$ 是 C_0 半群, 其中 C_0 是一类强连续算子半群. 由 [45, 59, 188, 215] 知, $T(t)$ 是解析的且是正半群. 通过利用 [160, 161] 的结论知, 有如下温和解的唯一性.

定理 4.2.2 ([131], 温和解)　对于 (4.106) 中的 $(\psi_1(\cdot, s), \psi_2(\cdot, s))$, $(u_1(x, t), u_2(x, t))$ 是 (4.110) (或 (4.4)) 和 (4.105) 的唯一的温和解, 并且对任意 $t > 0$, $(u_1(\cdot, t), u_2(\cdot, t)) \in \Gamma_1$, 其中

$$u_i(x, t) = T_i(t)\psi_i(x, 0) + \int_0^t T_i(t-s)F_i(u_1, u_2)(x, s)ds, \quad x \in \mathbb{R}, t > 0, i = 1, 2. \tag{4.111}$$

接下来考虑定理 4.2.2 中 $(u_1(x, t), u_2(x, t))$ 的正则性. 考虑

$$\begin{cases} \dfrac{\partial v_1(x, t)}{\partial t} = d_1 \dfrac{\partial^2 v_1(x, t)}{\partial x^2} - \alpha v_1(x, t) + h(v_3(x, t)), \\[2mm] \dfrac{\partial v_2(x, t)}{\partial t} = d_2 \dfrac{\partial^2 v_2(x, t)}{\partial x^2} - \beta v_2(x, t) + g(v_4(x, t)), \\[2mm] \dfrac{\partial v_3(x, t)}{\partial t} = d_2 \dfrac{\partial^2 v_3(x, t)}{\partial x^2} + \dfrac{1}{\tau_1} v_5(x, t) - \dfrac{1}{\tau_1} v_3(x, t), \\[2mm] \dfrac{\partial v_4(x, t)}{\partial t} = d_1 \dfrac{\partial^2 v_4(x, t)}{\partial x^2} + \dfrac{1}{\tau_2} v_6(x, t) - \dfrac{1}{\tau_2} v_4(x, t), \\[2mm] \dfrac{\partial v_5(x, t)}{\partial t} = d_2 \dfrac{\partial^2 v_5(x, t)}{\partial x^2} + \dfrac{1}{\tau_1} v_2(x, t) - \dfrac{1}{\tau_1} v_5(x, t), \\[2mm] \dfrac{\partial v_6(x, t)}{\partial t} = d_1 \dfrac{\partial^2 v_6(x, t)}{\partial x^2} + \dfrac{1}{\tau_2} v_1(x, t) - \dfrac{1}{\tau_2} v_6(x, t), \\[2mm] v_i(x, 0) = v_i(x), \quad i = 1, 2, 3, 4, 5, 6. \end{cases} \tag{4.112}$$

对于 $(u_1, u_2) \in \Gamma$, 定义 $(T_3(t), T_4(t), T_5(t), T_6(t)) : \Gamma \to \Gamma$ 为

$$\begin{cases} T_i(t)u_1(x) := \dfrac{e^{-\frac{1}{\tau_1}t}}{\sqrt{4\pi d_2 t}} \displaystyle\int_{-\infty}^{\infty} e^{-\frac{(x-y)^2}{4d_2 t}} u_1(y)dy, \quad i = 3, 5, \\[4mm] T_i(t)u_2(x) := \dfrac{e^{-\frac{1}{\tau_2}t}}{\sqrt{4\pi d_1 t}} \displaystyle\int_{-\infty}^{\infty} e^{-\frac{(x-y)^2}{4d_1 t}} u_2(y)dy, \quad i = 4, 6. \end{cases}$$

那么

$$v_1(x, t) = T_1(t)v_1(x) + \int_0^t T_1(t-s)[\beta_1 v_1(x, s) - \alpha v_1(x, s) + h(v_3(x, s))]ds,$$

$$v_2(x, t) = T_2(t)v_2(x) + \int_0^t T_2(t-s)[\beta_2 v_2(x, s) - \beta v_2(x, s) + g(v_4(x, s))]ds,$$

$$v_3(x,t) = T_3(t)v_3(x) + \frac{1}{\tau_1}\int_0^t T_3(t-s)v_5(x,s)ds,$$

$$v_4(x,t) = T_4(t)v_4(x) + \frac{1}{\tau_2}\int_0^t T_4(t-s)v_6(x,s)ds,$$

$$v_5(x,t) = T_5(t)v_5(x) + \frac{1}{\tau_1}\int_0^t T_5(t-s)v_2(x,s)ds,$$

$$v_6(x,t) = T_6(t)v_6(x) + \frac{1}{\tau_2}\int_0^t T_6(t-s)v_1(x,s)ds$$

是 (4.112) 的唯一的经典解. 对于 (4.112) 具有初值

$$v_i(x,0) = \psi_i(x,0), \quad i = 1,2,3,4,5,6, \tag{4.113}$$

其中 $\psi_1(x,0),\psi_2(x,0)$ 如 (4.105) 中所述, 且 $\psi_3(x,0),\psi_4(x,0),\psi_5(x,0),\psi_6(x,0)$ 定义为

$$\psi_3(x,0) = \frac{1}{\tau_1^2}\int_0^\infty \theta T_3(\theta)\psi_2(x,-\theta)d\theta, \qquad \psi_4(x,0) = \frac{1}{\tau_2^2}\int_0^\infty \theta T_4(\theta)\psi_1(x,-\theta)d\theta,$$

$$\psi_5(x,0) = \frac{1}{\tau_1}\int_0^\infty T_5(\theta)\psi_2(x,-\theta)d\theta, \qquad \psi_6(x,0) = \frac{1}{\tau_2}\int_0^\infty T_6(\theta)\psi_1(x,-\theta)d\theta.$$

那么由 $T_3(t+s) = T_3(t)T_3(s)$, 对于 $t,s \geqslant 0$ 及 $T_3(t) = T_5(t)$, 有

$$\begin{aligned}
v_3(x,t) &= \frac{e^{-\frac{t}{\tau_1}}}{\sqrt{4\pi d_2 t}}\int_{-\infty}^\infty e^{-\frac{y^2}{4d_2 t}}\psi_3(x-y,0)dy \\
&\quad + \int_0^t \frac{e^{-\frac{t-s}{\tau_1}}}{\tau_1\sqrt{4\pi d_2(t-s)}}\int_{-\infty}^\infty e^{-\frac{y^2}{4d_2(t-s)}}v_5(x-y,s)dyds \\
&= \frac{1}{\tau_1^2}\int_0^\infty \theta T_3(\theta)v_2(x,t-\theta)d\theta.
\end{aligned}$$

类似地,

$$v_4(x,t) = \frac{1}{\tau_2^2}\int_0^\infty \theta T_4(\theta)v_1(x,t-\theta)d\theta,$$

$$v_5(x,t) = \frac{1}{\tau_1}\int_0^\infty T_5(\theta)v_2(x,t-\theta)d\theta,$$

$$v_6(x,t) = \frac{1}{\tau_2}\int_0^\infty T_6(\theta)v_1(x,t-\theta)d\theta.$$

将 $v_i, i = 3, 4, 5, 6$, 代入 v_1, v_2, 显然, 由 (4.4) 和 (4.101) 知, v_1 和 v_2 不依赖于 v_i. 因此下面的结论是显然的.

引理 4.2.1 ([131]) 若 $(v_1(x,t), v_2(x,t), v_3(x,t), v_4(x,t), v_5(x,t), v_6(x,t))$ 是 (4.112) 和 (4.113) 的解, 则 $u_i(x,t) = v_i(x,t), x \in \mathbb{R}, t > 0, i = 1, 2, 3, 4, 5, 6$.

由引理 4.2.1 及 $v_i(x, t)$ 的光滑性知, $(u_1(x, t), u_2(x, t))$ 是 (4.4) 的经典解. 定义

$$
\begin{cases}
u_3(x,t) = \dfrac{1}{\tau_1^2} \displaystyle\int_0^\infty \theta T_3(\theta) u_2(x, t - \theta) d\theta, \\[2mm]
u_4(x,t) = \dfrac{1}{\tau_2^2} \displaystyle\int_0^\infty \theta T_4(\theta) u_1(x, t - \theta) d\theta, \\[2mm]
u_5(x,t) = \dfrac{1}{\tau_1} \displaystyle\int_0^\infty T_5(\theta) u_2(x, t - \theta) d\theta, \\[2mm]
u_6(x,t) = \dfrac{1}{\tau_2} \displaystyle\int_0^\infty T_6(\theta) u_1(x, t - \theta) d\theta.
\end{cases}
\tag{4.114}
$$

显然, $\dfrac{\partial u_i}{\partial x^2}$ 和 $\dfrac{\partial u_i}{\partial t}$ 是连续的, $i = 3, 4, 5, 6$. 因此, 由 u_1, u_2 的光滑性知, 我们有下面的引理.

定理 4.2.3 ([131], 正则性) 对任意的 $x \in \mathbb{R}, t > 0$, 定理 4.2.2 中所述的温和解 $(u_1(x,t), u_2(x,t))$ 是 (4.4) 和 (4.105) 的经典解. 此外, 如果 $u_i(x,t), i = 3, 4, 5, 6$, 由 (4.114) 所定义, 那么 $(u_1(x,t), u_2(x,t), u_3(x,t), u_4(x,t), u_5(x,t), u_6(x,t))$ 也是 (4.101) 的经典解.

附注 4.2.2 ([131]) 令 $\psi_i(x, 0)$ 如上所述, 表示 $\psi_i(x, 0) = \psi_i(x), i = 1, 2, 3, 4, 5, 6$. 由于定理 4.2.3, 只需考虑下面的初值问题:

$$
\begin{cases}
\dfrac{\partial u_1(x,t)}{\partial t} = d_1 \dfrac{\partial^2 u_1(x,t)}{\partial x^2} - \alpha u_1(x,t) + h(u_3(x,t)), \\[2mm]
\dfrac{\partial u_2(x,t)}{\partial t} = d_2 \dfrac{\partial^2 u_2(x,t)}{\partial x^2} - \beta u_2(x,t) + g(u_4(x,t)), \\[2mm]
\dfrac{\partial u_3(x,t)}{\partial t} = d_2 \dfrac{\partial^2 u_3(x,t)}{\partial x^2} + \dfrac{1}{\tau_1} u_5(x,t) - \dfrac{1}{\tau_1} u_3(x,t), \\[2mm]
\dfrac{\partial u_4(x,t)}{\partial t} = d_1 \dfrac{\partial^2 u_4(x,t)}{\partial x^2} + \dfrac{1}{\tau_2} u_6(x,t) - \dfrac{1}{\tau_2} u_4(x,t), \\[2mm]
\dfrac{\partial u_5(x,t)}{\partial t} = d_2 \dfrac{\partial^2 u_5(x,t)}{\partial x^2} + \dfrac{1}{\tau_1} u_2(x,t) - \dfrac{1}{\tau_1} u_5(x,t), \\[2mm]
\dfrac{\partial u_6(x,t)}{\partial t} = d_1 \dfrac{\partial^2 u_6(x,t)}{\partial x^2} + \dfrac{1}{\tau_2} u_1(x,t) - \dfrac{1}{\tau_2} u_6(x,t), \\[2mm]
u_i(x,0) = \psi_i(x), \quad i = 1, 2, 3, 4, 5, 6.
\end{cases}
\tag{4.115}
$$

4.2.3　行波解的渐近稳定性

受 [136, 194, 224] 方法的启发, 我们利用谱方法将证明双稳波的渐近稳定性. 令 $|\cdot|$ 是 $\mathbb{R}^6$ 中的上确界范数. 记

$$\hat{C}_0 = \{\phi | \phi \in C(\mathbb{R}, \mathbb{R}^6), \lim_{x \to \pm\infty} |\phi(x)| = 0\},$$

$$\hat{C}_0^2 = \{\phi | \phi, \phi', \phi'' \in \hat{C}_0\},$$

其范数为

$$\| \phi \|_{\hat{C}_0} = \sup_{x \in \mathbb{R}} |\phi(x)|, \quad \phi \in \hat{C}_0,$$

$$\| \phi \|_{\hat{C}_0^2} = \max\{\| \phi \|_{\hat{C}_0}, \| \phi' \|_{\hat{C}_0}, \| \phi'' \|_{\hat{C}_0}\}, \quad \phi \in \hat{C}_0^2.$$

可以验证它们是 Banach 空间. 此外, 还需要如下假设.

$$h'(x) > 0, x \in \left[0, \frac{g(b)}{\beta}\right] \quad \text{且} \quad g'(x) > 0, x \in [0, b]. \tag{4.116}$$

定义 4.2.1([131]) (4.101) 的行波解 $\Phi(x + ct)$ 称为关于 $\| \cdot \|_{\hat{C}_0}$ 是渐近稳定的, 如果存在 $\varepsilon > 0$ 使得 (4.115) 的初值 $\Psi = (\psi_1, \psi_2, \psi_3, \psi_4, \psi_5, \psi_6)$ 满足

$$\Phi_- \leqslant \Psi \leqslant \Phi_+, \quad \Phi - \Psi \in \hat{C}_0$$

和对于某个 $\varsigma \in \mathbb{R}$, 有

$$\| \Phi(x + \varsigma) - \Psi(x) \|_{\hat{C}_0} < \varepsilon,$$

那么对于 (4.115) 关于初值 Ψ 的解 $u(x,t)$, 存在常数 $B > 0, \mu > 0, \xi = \xi(\Psi) \in \mathbb{R}$ 满足

$$\| u(x,t) - \Phi(x + ct + \xi) \| \leqslant Be^{-\mu t}, \quad t > 0,$$

其中 B, μ 不依赖于 Ψ 和 t.

定义 $L = (L_1, L_2, L_3, L_4, L_5, L_6) : \hat{C}_0^2 \to \hat{C}_0$ 为

$$L_1: \quad d_1\psi_1''(t) - c\psi_1'(t) - \alpha\psi_1(t) + h'(\phi_3(t))\psi_3(t),$$

$$L_2: \quad d_2\psi_2''(t) - c\psi_2'(t) - \beta\psi_2(t) + g'(\phi_4(t))\psi_4(t),$$

$$L_3: \quad d_2\psi_3''(t) - c\psi_3'(t) + \frac{1}{\tau_1}\psi_5(t) - \frac{1}{\tau_1}\psi_3(t),$$

$$L_4: \quad d_1\psi_4''(t) - c\psi_4'(t) + \frac{1}{\tau_2}\beta\psi_6(t) - \frac{1}{\tau_2}\psi_4(t),$$

$$L_5: \quad d_2\psi_5''(t) - c\psi_5'(t) + \frac{1}{\tau_1}\psi_2(t) - \frac{1}{\tau_1}\psi_5(t),$$

$$L_6: \quad d_1\psi_6''(t) - c\psi_6'(t) + \frac{1}{\tau_2}\beta\psi_1(t) - \frac{1}{\tau_2}\psi_6(t),$$

其中 $\Psi = (\psi_1, \psi_2, \psi_3, \psi_4, \psi_5, \psi_6) \in \hat{C}_0^2$ 且 $\Phi = (\phi_1, \phi_2, \phi_3, \phi_4, \phi_5, \phi_6)$ 是 (4.101) 的波前解.

由行波解的定义知, 下面的结果是显然的.

引理 4.2.2 ([131]) 如果 $\Phi(t) = (\phi_1(t), \phi_2(t), \phi_3(t), \phi_4(t), \phi_5(t), \phi_6(t))$ 是 (4.101) 的行波解, 那么 $\Phi' \in \hat{C}_0^2$ 且 $L\Phi' = \mathbf{0}$.

通过利用 [224] (p.227) 中定理 2.1 的结论可得如下引理.

引理 4.2.3([131]) (4.101) 的单调行波解 $\Phi(t)$ 关于 $\|\cdot\|_{\hat{C}_0}$ 是渐近稳定的, 如果

(i) $\Phi'(t) \in \hat{C}_0$ 且 0 是 L 的单重特征根, 所有其他特征值的实部是负的.

(ii) 对任意 $r \in \mathbb{R}$, $-r^2 D + f'(\Phi_-)$ 和 $-r^2 D + f'(\Phi_+)$ 的所有特征值的实部是负的, 其中 $D = \mathrm{diag}\,(d_1, d_2, d_2, d_1, d_2, d_1)$.

令

$$W = \begin{pmatrix} -\alpha & 0 & h'(\phi_3) & 0 & 0 & 0 \\ 0 & -\beta & 0 & g'(\phi_4) & 0 & 0 \\ 0 & 0 & -\dfrac{1}{\tau_1} & 0 & \dfrac{1}{\tau_1} & 0 \\ 0 & 0 & 0 & -\dfrac{1}{\tau_2} & 0 & \dfrac{1}{\tau_2} \\ 0 & \dfrac{1}{\tau_1} & 0 & 0 & -\dfrac{1}{\tau_1} & 0 \\ \dfrac{1}{\tau_2} & 0 & 0 & 0 & 0 & -\dfrac{1}{\tau_2} \end{pmatrix}.$$

从 (4.116) 和注 4.2.3 知, W 是不可约的.

由 [224] (p.212) 中的定理 5.1 可得如下结论.

引理 4.2.4([131]) 如果 (4.116) 成立, 对于 $\lambda \in \mathbb{C}$, 方程

$$Lu = \lambda u, \quad u \in \hat{C}_0 \tag{4.117}$$

有如下结果:

(i) 对于除了 0 外的具有非负实部的 λ, (4.117) 没有解 $u \neq 0$;

(ii) 如果 $\lambda = 0$, 那么 (4.117) 的解 $\Psi(x)$ 可表示为 $\Psi(x) = k\Phi'(x)$, 对于某常数 k.

引理 4.2.5 ([131]) 假设 (4.116) 成立. 则 (4.101) 的双稳波 $\Phi(x + ct)$ 关于 $\|\cdot\|_{\hat{C}_0}$ 是渐近稳定的.

证明 定理 4.2.1 的结果蕴含着对任意 $r \in \mathbb{R}$, $-r^2 D + f'(\Phi_\pm)$ 和 $-r^2 D + f'(\Phi_+)$ 没有特征值有正实部或 0 实部. 该引理的结论可由引理 4.2.2—引理 4.2.4 得出. □

下面的结论是引理 4.2.5 的直接结果.

定理 4.2.4([131], 渐近稳定性)　对于系统 (4.4) 和初值 (4.105), 如果 (4.116) 成立且

(i) $(0,0) \leqslant (\psi_1(x,s), \psi_2(x,s)) \leqslant \left(b, \dfrac{g(b)}{\beta} \right), x \in \mathbb{R}, s \leqslant 0;$

(ii) $\lim\limits_{x\to\pm\infty} \Psi(x,0) = \Phi_\pm$, 其中 $\Psi(x,0) = (\psi_1(x,0), \psi_2(x,0), (g_1 * \psi_2)(x,0), (g_2 * \psi_1)(x,0), (g_3 * \psi_2)(x,0), (g_4 * \psi_1)(x,0));$

(iii) 对于 (4.4) 的波前解 $(\phi_1(t), \phi_2(t))$, 存在 $\varsigma \in \mathbb{R}$ 使得

$$
\begin{aligned}
\sup_{x\in\mathbb{R}} \Big\{ & |\phi_1(x+\varsigma) - \psi_1(x,0)| + |\phi_2(x+\varsigma) - \psi_2(x,0)| \\
& + \int_0^\infty \int_{-\infty}^\infty \frac{1}{\tau_1} e^{-\frac{1}{\tau_1}\theta} \frac{1}{\sqrt{4d_2\pi\theta}} e^{-\frac{y^2}{4d_2\theta}} |\psi_2(x-y,-\theta) - \phi_2(x-c\theta+\varsigma)| dy d\theta \\
& + \int_0^\infty \int_{-\infty}^\infty \frac{1}{\tau_2} e^{-\frac{1}{\tau_2}\theta} \frac{1}{\sqrt{4d_1\pi\theta}} e^{-\frac{y^2}{4d_1\theta}} |\psi_1(x-y,-\theta) - \phi_1(x-c\theta+\varsigma)| dy d\theta \\
& + \int_0^\infty \int_{-\infty}^\infty \frac{\theta}{\tau_1} e^{-\frac{1}{\tau_1}\theta} \frac{1}{\sqrt{4d_2\pi\theta}} e^{-\frac{y^2}{4d_2\theta}} |\psi_2(x-y,-\theta) - \phi_2(x-c\theta+\varsigma)| dy d\theta \\
& + \int_0^\infty \int_{-\infty}^\infty \frac{\theta}{\tau_2} e^{-\frac{1}{\tau_2}\theta} \frac{1}{\sqrt{4d_1\pi\theta}} e^{-\frac{y^2}{4d_1\theta}} |\psi_1(x-y,-\theta) - \phi_1(x-c\theta+\varsigma)| dy d\theta \Big\}
\end{aligned}
$$

充分小,

那么对于 (4.4) 和 (4.105) 的解 $(u_1(x,t), u_2(x,t))$, 存在 $B > 0, \mu > 0$ 和 $\xi = \xi(\psi_1, \psi_2) \in \mathbb{R}$ 使得

$$
\sup_{x\in\mathbb{R}} \{ |\phi_1(x+ct+\xi) - u_1(x,t)| + |\phi_2(x+ct+\xi) - u_2(x,t)| \} \leqslant B e^{-\mu t},
$$

其中 B, μ 不依赖于 ψ_1, ψ_2 和 t.

4.2.4　波速的唯一性

受文 [136] 的启发, 我们利用相同的方法证明波速的唯一性. 这种方法的优点是通过利用波相和具有慢增长系数的函数的和与差来构造上下解, 且具有慢增长系数的函数是指数衰减的. 因此, 利用比较原理, 上下解能逼近任意行波解以得到波速的唯一性. 对于更多有关波速的唯一性的相关结果, 可参考 [37, 89, 136, 164, 214].

定义 4.2.2 ([131])　设 $u(x,t) = (u_1(x,t), u_2(x,t), u_3(x,t), u_4(x,t), u_5(x,t), u_6(x,t))$ 关于 $x \in \mathbb{R}$ 是二次连续可微的, 关于 $t > 0$ 是连续可微的, 且 $\Phi_- \leqslant$

$u(x,t) \leqslant \Phi_+$. 称 $u(x,t)$ 是 (4.115) 的上 (下) 解, 如果

$$
\begin{cases}
\dfrac{\partial u_1(x,t)}{\partial t} \geqslant (\leqslant) \, d_1 \dfrac{\partial^2 u_1(x,t)}{\partial x^2} - \alpha u_1(x,t) + h(u_3(x,t)), \\[2mm]
\dfrac{\partial u_2(x,t)}{\partial t} \geqslant (\leqslant) \, d_2 \dfrac{\partial^2 u_2(x,t)}{\partial x^2} - \beta u_2(x,t) + g(u_4(x,t)), \\[2mm]
\dfrac{\partial u_3(x,t)}{\partial t} \geqslant (\leqslant) \, d_2 \dfrac{\partial^2 u_3(x,t)}{\partial x^2} + \dfrac{1}{\tau_1} u_5(x,t) - \dfrac{1}{\tau_1} u_3(x,t), \\[2mm]
\dfrac{\partial u_4(x,t)}{\partial t} \geqslant (\leqslant) \, d_1 \dfrac{\partial^2 u_4(x,t)}{\partial x^2} + \dfrac{1}{\tau_2} u_6(x,t) - \dfrac{1}{\tau_2} u_4(x,t), \\[2mm]
\dfrac{\partial u_5(x,t)}{\partial t} \geqslant (\leqslant) \, d_2 \dfrac{\partial^2 u_5(x,t)}{\partial x^2} + \dfrac{1}{\tau_1} u_2(x,t) - \dfrac{1}{\tau_1} u_5(x,t), \\[2mm]
\dfrac{\partial u_6(x,t)}{\partial t} \geqslant (\leqslant) \, d_1 \dfrac{\partial^2 u_6(x,t)}{\partial x^2} + \dfrac{1}{\tau_2} u_1(x,t) - \dfrac{1}{\tau_2} u_6(x,t), \\[2mm]
u_i(x,0) \geqslant (\leqslant) \, \psi_i(x), \quad i = 1,2,3,4,5,6.
\end{cases} \tag{4.118}
$$

令

$$
\Psi_i = (\varphi_1^i, \varphi_2^i, \varphi_3^i, \varphi_4^i, \varphi_5^i, \varphi_6^i) \in C(\mathbb{R}, \mathbb{R}^6), \quad i = 1,2
$$

且 $\Phi_- \leqslant \Psi_2 \leqslant \Psi_1 \leqslant \Phi_+$.

类似于 [215] 中的定理 14.16, [224] 中的定理 5.5.5, [253] 中的定理 5.2.9 和 [214] 中定理 2.2, 以及引理 4.1.6 的证明可以建立 (4.115) 的比较结果.

引理 4.2.6([131], 比较原理) 对于 (4.115) 分别对应于初值 Ψ_1 和 Ψ_2 的解 $u = (u_1, u_2, u_3, u_4, u_5, u_6)$ 和 $v = (v_1, v_2, v_3, v_4, v_5, v_6)$, 则在 $\mathbb{R} \times (0, +\infty)$ 上有

$$
\Phi_- \leqslant v \leqslant u \leqslant \Phi_+
$$

且

$$
u_i(x,t) - v_i(x,t) \geqslant \Theta_i(\varpi, t - t_0) \int_z^{z+1} (u_i(y,t_0) - v_i(y,t_0)) dy \geqslant 0, \tag{4.119}
$$

其中 $i = 1,2,3,4,5,6, \varpi \geqslant 0$ 和 $x, z \in \mathbb{R}$ 满足 $|x - z| \leqslant \varpi, t > t_0 \geqslant 0,$

$$
\Theta_1(\varpi, t - t_0) = \frac{e^{-\beta_1 t}}{\sqrt{4\pi d_1 (t - t_0)}} e^{-\frac{(\varpi + 1)^2}{4 d_1 (t - t_0)}},
$$

$$
\Theta_2(\varpi, t - t_0) = \frac{e^{-\beta_2 t}}{\sqrt{4\pi d_2 (t - t_0)}} e^{-\frac{(\varpi + 1)^2}{4 d_2 (t - t_0)}},
$$

$$\Theta_i(\varpi, t - t_0) = \frac{e^{-\frac{1}{\tau_1}t}}{\sqrt{4\pi d_2(t - t_0)}}\, e^{-\frac{(\varpi+1)^2}{4d_2(t-t_0)}}, \quad i = 3, 5,$$

$$\Theta_i(\varpi, t - t_0) = \frac{e^{-\frac{1}{\tau_2}t}}{\sqrt{4\pi d_1(t - t_0)}}\, e^{-\frac{(\varpi+1)^2}{4d_1(t-t_0)}}, \quad i = 4, 6.$$

附注 4.2.3([131])　(4.119) 蕴含着如果 $u_i(x,0) \not\equiv v_i(x,0)$, 那么由 (4.101) 的 (4.4) 关系知, (4.4) 连接 E_1 和 E_3 的行波解是严格单调的.

现在对 (4.115) 的初值作如下假设.

(H1) $\Phi_- \leqslant (\psi_1, \psi_2, \psi_3, \psi_4, \psi_5, \psi_6) \leqslant \Phi_+$;

(H2) $\limsup\limits_{x \to -\infty} \psi_i(x)$ 充分小, $i = 1, 2, 3, 4, 5, 6$;

(H3) $\limsup\limits_{x \to \infty}(b - \psi_i(x)), i = 1, 4, 6$, 以及 $\limsup\limits_{x \to \infty}\left(\dfrac{g(b)}{\beta} - \psi_i(x)\right), i = 2, 3, 5$ 充分小.

令 $\nu_i(x) \in C^2(\mathbb{R}, \mathbb{R}), i = 1, 2, 3, 4, 5, 6$. 假设 ν_i' 和 ν_i'' 充分小和当 $|x|$ 充分大时, $\nu_i(x) = \nu_i^\pm$, 并且 $\nu_i^\pm > 0$ 满足

$$\beta\nu_2^\pm > g'(b)\nu_4^\pm, \quad \alpha\nu_1^\pm > h'\left(\frac{g(b)}{\beta}\right)\nu_3^\pm, \quad \nu_3^\pm > \nu_5^\pm > \nu_2^\pm, \quad \nu_4^\pm > \nu_6^\pm > \nu_1^\pm.$$

确实, 由 $h'\left(\dfrac{g(b)}{\beta}\right)\dfrac{g'(b)}{\beta} < \alpha$ 知, 可以选择 $\nu_i^\pm$ 满足上面的不等式.

引理 4.2.7([131])　如果 $\Phi(x+ct) = (\phi_1(x+ct), \phi_2(x+ct), \phi_3(x+ct), \phi_4(x+ct), \phi_5(x+ct), \phi_6(x+ct))$ 是 (4.101) 的波前解, 那么对于 $x \in \mathbb{R}, t > 0, \bar{u}(x,t)$ 和 $\underline{u}(x,t)$ 分别是 (4.115) 的上解和下解, 且对于某 $\sigma > 0, \rho > 0, X^+ \geqslant 0$ 和 $X^- \leqslant 0$, 初值满足 (H1)—(H3), 其中

$$\bar{u} = (\bar{u}_1, \bar{u}_2, \bar{u}_3, \bar{u}_4, \bar{u}_5, \bar{u}_6), \quad \underline{u} = (\underline{u}_1, \underline{u}_2, \underline{u}_3, \underline{u}_4, \underline{u}_5, \underline{u}_6),$$

$$\bar{u}_i(x,t) = \min\{\phi_i(x + ct + X^+ - \sigma e^{-\rho t}) + \nu_i(x + ct)e^{-\rho t}, b\}, \quad i = 1, 4, 6,$$

$$\bar{u}_i(x,t) = \min\left\{\phi_i(x + ct + X^+ - \sigma e^{-\rho t}) + \nu_i(x + ct)e^{-\rho t}, \frac{g(b)}{\beta}\right\}, \quad i = 2, 3, 5$$

和

$$\underline{u}_i(x,t) = \max\{\phi_i(x + ct + X^- + \sigma e^{-\rho t}) - \nu_i(x + ct)e^{-\rho t}, 0\}, \quad i = 1, 2, 3, 4, 5, 6.$$

证明 对于充分大的 $X^+ > 0$, 显然满足初值不等式, 对于 $\bar{u}(x,t)$, 令 $\eta = x + ct + \xi^+ - \sigma e^{-\rho t}$, 那么

$$\frac{\partial \bar{u}_i(x,t)}{\partial t} = c\phi_i'(\eta) + \sigma\rho e^{-\rho t}\phi_i'(\eta) + c\nu_i'(x+ct)e^{-\rho t} - \rho\nu_i(x+ct)e^{-\rho t},$$

$$\frac{\partial^2 \bar{u}_i(x,t)}{\partial x^2} = \phi_i''(\eta) + \nu_i''(x+ct)e^{-\rho t}.$$

如果 $\bar{u}_1(x,t) = b$, 那么结论是显然的. 如果 $\bar{u}_1(x,t) < b$, 只需证明

$$\sigma\rho\phi_1'(\eta) + c\nu_1'(x+ct) - \rho\nu_1(x+ct)$$

$$\geqslant d_1\nu_1''(x+ct) - \alpha\nu_1(x+ct) + e^{\rho t}[h(\bar{u}_3(x,t)) - h(\phi_3(\eta))]$$

$$\geqslant d_1\nu_1''(x+ct) - \alpha\nu_1(x+ct) + h'(\tilde{u}(x,t))\nu_3(x+ct), \tag{4.120}$$

其中 $\tilde{u}(x,t) \in [\phi_3(\eta), \bar{u}_3(x,t)]$. 取充分大的 $M > 0$ 使得 $\phi_1(-M), \phi_3(-M), b - \phi_1(M)$ 和 $g(b)/\beta - \phi_3(M)$ 充分小, 且对于 $|x+ct| > M, \nu_i = \nu_i^\pm, i = 1,2,3,4,5,6$. 如果 $|\eta| \leqslant M$, 结合附注 4.2.3, 对于充分大的 $\sigma > 0$, (4.120) 成立是显然的. 如果 $|\eta| \geqslant M$, 只需证明

$$-\rho\nu_1(x+ct) \geqslant -\alpha\nu_1(x+ct) + h'(\tilde{u}(x,t))\nu_3(x+ct). \tag{4.121}$$

因为 $\alpha\nu_1^\pm > h'\left(\dfrac{g(b)}{\beta}\right)\nu_3^\pm$, 所以如果 $\rho > 0$ 充分小, 那么 (4.121) 成立. 因此, $\bar{u}_1(x,t)$ 满足 (4.118) 的第一个不等式. 类似地, 如果 $\beta\nu_2^\pm > g'(b)\nu_4^\pm$, 由 $x \geqslant 0, g'(x) \geqslant 0$ 知, 所以对于充分大的 $\sigma > 0$ 和充分小的 $\rho > 0, \bar{u}_2(x,t)$ 满足 (4.118) 的第二个不等式.

对于 $\bar{u}_3(x,t), \bar{u}_3(x,t) = \dfrac{g(b)}{\beta}$ 的证明是平凡的. 当 $\bar{u}_3(x,t) < \dfrac{g(b)}{\beta}$, 只需证明

$$\sigma\rho\phi_3'(\eta) + c\nu_3'(x+ct) - \rho\nu_3(x+ct) \geqslant d_2\nu_3''(x+ct) - \frac{1}{\tau_1}\nu_3(x+ct) + \frac{1}{\tau_1}\nu_5(x+ct),$$

对于充分大的 $\sigma > 0$, 充分小的 $\rho > 0$, 由 $\nu_3^\pm > \nu_5^\pm$ 知, 上述不等式是成立的. 类似地, 由于 $\nu_4^\pm > \nu_6^\pm > \nu_1^\pm$ 和 $\nu_5^\pm > \nu_2^\pm, \bar{u}_4, \bar{u}_5$ 和 $\bar{u}_6$ 满足 (4.118) 的后面三个不等式. 引理得证 $\qquad\square$

定理 4.2.5 ([131], 波速的唯一性) 对于 (4.101) 的任意双稳波 $\bar{\Phi}(x + \bar{c}t) = (\bar{\phi}_1(x+\bar{c}t), \bar{\phi}_2(x+\bar{c}t), \bar{\phi}_3(x+\bar{c}t), \bar{\phi}_4(x+\bar{c}t), \bar{\phi}_5(x+\bar{c}t), \bar{\phi}_6(x+\bar{c}t))$ 满足 (4.103), 则 $\bar{c} = c$.

证明　显然 $\bar{\Phi}$ 满足 (H1)—(H3). 令 $t = 0$. 对于引理 4.2.7 中的 X^+, X^- 和 σ 满足

$$\phi_i(x + X^- + \sigma) - \nu_i(x)$$

$$\leqslant \bar{\phi}_i(x)$$

$$\leqslant \phi_i(x + X^+ - \sigma) + \nu_i(x), x \in \mathbb{R}, \quad i = 1, 2, 3, 4, 5, 6,$$

利用比较原理可得

$$\phi_i(x + ct + X^- + \sigma e^{-\rho t}) - \nu_i(x + \bar{c}t)e^{-\rho t}$$

$$\leqslant \bar{\phi}_i(x + \bar{c}t)$$

$$\leqslant \phi_i(x + ct + X^+ - \sigma e^{-\rho t}) + \nu_i(x + \bar{c}t)e^{-\rho t}.$$

令 $X = x + \bar{c}t$. 那么

$$\phi_i(X + X^- + (c - \bar{c})t + \sigma e^{-\rho t}) - \nu_i(X + (c - \bar{c})t)e^{-\rho t}$$

$$\leqslant \bar{\phi}_i(X) \tag{4.122}$$

$$\leqslant \phi_i(X + X^+ + (c - \bar{c})t - \sigma e^{-\rho t}) + \nu_i(X + (c - \bar{c})t)e^{-\rho t}.$$

由于 $\lim\limits_{x \to \pm\infty} \Phi(x) = \lim\limits_{x \to \pm\infty} \bar{\Phi}(x) = \Phi_{\pm}$, 当 $t \to \infty$ 时, 从 (4.122) 的第一个和第二个不等式分别可得 $c \leqslant \bar{c}$ 和 $c \geqslant \bar{c}$, 从而 $\bar{c} = c$. 　　□

4.2.5　讨论

　　本节考虑了一类具有时空时滞的反应扩散传染病模型的单调行波解的存在性和稳定性. 基于环境中流行病学的影响, 我们不仅考虑了不同位置和不同时间被感染人群对病毒传播的影响, 而且也考虑了易感染人群的免疫期和潜伏期对疾病传播的影响. 通过将时滞系统转换为六维无时滞系统, 以及讨论温和解的正则性, 利用谱分析方法得到了双稳波的渐近性质. 通过构造具有指数衰减性质的上下解并利用比较原理, 证明了波速的唯一性. 该结果揭示了分布时滞对波的传播是不敏感的. 这些理论结果有助于对疾病的预防和控制. 从证明可以看出, 主要结果依赖于特定的非局部时滞, 所以研究不同形式的非局部时滞系统双稳波的存在性和稳定性是非常有趣的.

　　作为结果的应用, 我们给出了一个特例. 为了简化条件 (A) 和 (4.116), 研究特殊情形: $h(u) = \gamma u, \gamma > 0, g(u) = \dfrac{\dfrac{\alpha\beta}{2\gamma}u + u^2}{1 + u^2}$. 那么当 $\gamma > \sqrt{2}\alpha\beta$, (4.4) 有三个

平衡点 $E_1 = (0,0), E_2 = \left(\lambda_1, \dfrac{g(\lambda_1)}{\beta}\right), E_3 = \left(\lambda_2, \dfrac{g(\lambda_2)}{\beta}\right)$, 其中 E_1 和 E_3 是稳定的,

$$\lambda_1 = \frac{1}{2}\left(\frac{\gamma}{\alpha\beta} - \sqrt{\left(\frac{\gamma}{\alpha\beta}\right)^2 - 2}\right), \quad \lambda_2 = \frac{1}{2}\left(\frac{\gamma}{\alpha\beta} + \sqrt{\left(\frac{\gamma}{\alpha\beta}\right)^2 - 2}\right).$$

利用上述结果可以得到对于 $\gamma > \sqrt{2}\alpha\beta$, (4.4) 连接 E_1 和 E_3 的双稳波的存在性和渐近稳定性以及波速的唯一性.

第 5 章 时滞格微分系统的行波解及其渐近行为

格动力系统是带有空间离散结构的无穷维系统, 它在生物学、化学动力学、图像处理、材料科学和神经学等领域都有广泛的应用. 与反应扩散系统相比, 格微分系统更适合描群聚集分布的现象, 当空间网格大小趋于零时, 格微分系统趋于反应扩散系统. 对于时滞格微分系统的行波解的存在性, 已经有很多重要的结果, 方法主要是迭代、上下解方法和 Schauder 不动点定理, 可参考 [101, 246]. 对于连续反应扩散系统的行波解的存在性的结论, 可以参考 [42, 71, 108, 109, 115, 132, 218, 222]. 基于 Ikehara 定理、强比较原理和滑行方法, 文 [31, 38, 40, 81, 153, 255, 254] 研究了时滞格微分方程的行波解的渐近行为和唯一性. 更多关于行波解的渐近行为和唯一性的结果, 可参考 [92, 115, 109] 对反应扩散系统的研究和 [142, 184, 248, 258, 263] 对微分-积分系统的研究.

Lotka-Volterra 型时滞格竞争系统是描述两种群在带有离散结构的空间上扩散发展的经典模型

$$
\begin{cases}
\dfrac{du_n}{dt} = d_1[u_{n+1} - 2u_n + u_{n-1}] + r_1 u_n[1 - a_1 u_n(t-\tau_1) - b_1 v_n(t-\tau_2)], \\[3mm]
\dfrac{dv_n}{dt} = d_2[v_{n+1} - 2v_n + v_{n-1}] + r_2 v_n[1 - b_2 u_n(t-\tau_3) - a_2 v_n(t-\tau_4)],
\end{cases}
\tag{5.1}
$$

其中 d_i, r_i, a_i 和 $b_i(i=1,2)$ 是给定的正常数, 系数的生物意义可参考系统 (1.1) 和 (1.2) 中的描述, $\tau_i \geqslant 0(i=1,4), \tau_i > 0(i=2,3)$. 系统 (5.1) 有四个平衡点 $(0,0), \left(\dfrac{1}{a_1}, 0\right), \left(0, \dfrac{1}{a_2}\right), \left(\dfrac{a_2-b_1}{a_1 a_2 - b_1 b_2}, \dfrac{a_1-b_2}{a_1 a_2 - b_1 b_2}\right)$.

一般的格微分系统为

$$
\begin{cases}
\dfrac{du_n}{dt} = \displaystyle\sum_{j=1}^{m} a_j[g(u_{n+j}(t)) - 2g(u_n(t)) + g(u_{n-1}(t))] \\[3mm]
\qquad\quad + f_1(u_n(t-\tau), v_n(t-\tau)), \\[3mm]
\dfrac{dv_n}{dt} = \displaystyle\sum_{j=1}^{m} b_j[g(v_{n+j}(t)) - 2g(v_n(t)) + g(v_{n-1}(t))] \\[3mm]
\qquad\quad + f_2(u_n(t-\tau), v_n(t-\tau)),
\end{cases}
\tag{5.2}
$$

其中 $n \in \mathbb{Z}, m \geqslant 1$ 为整数, $a_j > 0, b_j > 0, 1 \leqslant j \leqslant m, \tau \geqslant 0, f_i : \mathbb{R}^2 \to \mathbb{R}$ 和 $g : \mathbb{R} \to \mathbb{R}$ 是连续函数. 系统 (5.2) 的经典例子是两种群的时滞格捕食-被捕食模型

$$
\begin{cases}
\dfrac{du_n}{dt} = d_1[u_{n+1} - 2u_n + u_{n-1}] + r_1 u_n[1 - a_1 u_n(t - \tau_1) - b_1 v_n(t - \tau_2)], \\
\dfrac{dv_n}{dt} = d_2[v_{n+1} - 2v_n + v_{n-1}] + r_2 v_n[1 + b_2 u_n(t - \tau_3) - a_2 v_n(t - \tau_4)],
\end{cases}
$$
(5.3)

其中所有参数都是正常数, $u_1(x,t)$ 和 $u_2(x,t)$, r_1 和 r_2, $r_1 a_1$ 和 $r_2 a_2$ 分别表示两种群的密度, 增长率, 环境承载量, $r_1 b_1$ 和 $r_2 b_2$ 表示两种群的相互作用因素, d_1 和 d_2 表示扩散系数, $r_2 > 0$ 表示捕食者 u_2 除了捕食 u_1 外还有其他食物来源.

本章考虑系统 (5.1) 的行波解的存在性、渐近行为、严格单调性和唯一性, 并利用上下解方法、交叉迭代和 Schauder 不动点定理讨论偏单调系统 (5.2) 和 (5.3) 的行波解的存在性. 本章的内容取自作者与合作者的论文 [101, 122, 127].

5.1 时滞格竞争系统的行波解及其渐近行为

本节讨论当

$$
a_2 < b_1 \quad \text{和} \quad a_1 > b_2
$$
(5.4)

时, 系统 (5.1) 连接平衡点 $\left(\dfrac{1}{a_1}, 0\right)$ 和 $\left(0, \dfrac{1}{a_2}\right)$ 的单调行波解及其渐近行为. 类似地, 如果 (5.4) 的不等号反向, 那么可以得到连接平衡点 $\left(0, \dfrac{1}{a_2}\right)$ 和 $\left(\dfrac{1}{a_1}, 0\right)$ 的行波解的相同性质. 为简便起见, 只考虑 (5.4) 成立的情形. 令 $u_n^* = \dfrac{1}{a_1} - u_n$, 去掉星号, 那么系统 (5.1) 连接平衡点 $\left(\dfrac{1}{a_1}, 0\right)$ 和 $\left(0, \dfrac{1}{a_2}\right)$ 的行波解的性质等价于系统

$$
\begin{cases}
\dfrac{du_n}{dt} = d_1[u_{n+1} - 2u_n + u_{n-1}] \\
\qquad + r_1\left(\dfrac{1}{a_1} - u_n\right)[-a_1 u_n(t - \tau_1) + b_1 v_n(t - \tau_2)], \\
\dfrac{dv_n}{dt} = d_2[v_{n+1} - 2v_n + v_{n-1}] \\
\qquad + r_2 v_n\left[1 - \dfrac{b_2}{a_1} + b_2 u_n(t - \tau_3) - a_2 v_n(t - \tau_4)\right]
\end{cases}
$$
(5.5)

连接平衡点 $(0,0)$ 和 $\left(\dfrac{1}{a_1}, \dfrac{1}{a_2}\right)$ 的行波解的性质.

受文 [101, 106, 132, 137, 147, 184, 246, 247] 中方法的启发, 基于单调迭代、上下解方法和 Schauder 不动点定理, 建立了系统 (5.5) 的连接平衡点 $\mathbf{0}$ 和 $\mathbf{K}$ 的行波解的存在的抽象定理, 把行波解的存在性归结为行波系统的一对上下解的存在性, 并构造和验证了系统 (5.6) 的一对上下解. 在考虑行波解的渐近性时, 注意到系统 (5.5) 的两个方程是不对称的, 这使得对波相第一个部分的渐近行为的研究变得很复杂. 为了克服困难, 利用行波解的第二个部分的波相的奇异性, 首先, 估计第一个部分的波相具有小指数衰减率, 然后, 逼近精确的衰减率. 当种内竞争时滞 τ_1, τ_4 充分小时, 通过利用 Ikehara 定理, 证明了波相在无穷远处具有指数衰减率. 但是波相的第二部分有两种可能的衰减率. 通过利用行波解存在性定理, 在某些技术假设下, 我们进一步给出了波相的第二部分精确的衰减率, 此衰减率就是系统 (5.5) 的第二个方程在入侵平衡点的线性化系统的特征方程的较小正根.

需要特别指出的是, 虽然已经证明了所有非减行波解在无穷远处具有指数渐近行为, 并且当 τ_1, τ_4 充分小时, 也可以建立非拟单调系统的强比较原理, 但是不能直接利用滑行方法来证明当 τ_1, τ_4 充分小时行波解的严格单调性和唯一性, 因为在利用强比较原理时, 行波解不满足非标准的序关系.

5.1.1　行波解的存在性

系统 (5.5) 的行波解是一对平移不变解, 具有形式 $(u_n(t), v_n(t)) = (\phi(n + ct), \psi(n + ct)) := (\phi(s), \psi(s)), s = n + ct, s \in \mathbb{R}$, 波速 $c \in \mathbb{R}$. 如果 $(\phi(s), \psi(s))$ 在 $\mathbb{R}$ 上是单调的, 那么它被称为波前解. 将 $\phi(s), \psi(s)$ 代入 (5.5), 用 t 表示 s, 那么系统 (5.5) 有连接平衡点 $(0,0)$ 和 $\left(\dfrac{1}{a_1}, \dfrac{1}{a_2}\right)$ 的波前解当且仅当系统

$$\begin{cases} d_1[\phi(t+1) - 2\phi(t) + \phi(t-1)] - c\phi'(t) + f_{c1}(\phi_t, \psi_t) = 0, \\ d_2[\psi(t+1) - 2\psi(t) + \psi(t-1)] - c\psi'(t) + f_{c2}(\phi_t, \psi_t) = 0 \end{cases} \tag{5.6}$$

关于渐近边界条件

$$\lim_{t \to -\infty} (\phi(t), \psi(t)) = \mathbf{0} := (0,0), \quad \lim_{t \to \infty} (\phi(t), \psi(t)) = \mathbf{K} = (k_1, k_2) := \left(\frac{1}{a_1}, \frac{1}{a_2}\right) \tag{5.7}$$

在 $\mathbb{R}$ 上有单调解, 其中 $\phi_t(s) = \phi(t + s), \psi_t(s) = \psi(t + s), s \in [-c\tau, 0], \tau = \max\{\tau_1, \tau_2, \tau_3, \tau_4\}, f_c(\phi_t, \psi_t) = (f_{c1}(\phi_t, \psi_t), f_{c2}(\phi_t, \psi_t))$ 定义为

$$
\begin{cases}
f_{c1}(\phi_t, \psi_t) = r_1 \left(\dfrac{1}{a_1} - \phi(t) \right) \left[-a_1\phi(t - c\tau_1) + b_1\psi(t - c\tau_2) \right], \\
f_{c2}(\phi_t, \psi_t) = r_2\psi(t) \left[1 - \dfrac{b_2}{a_1} + b_2\phi(t - c\tau_3) - a_2\psi(t - c\tau_4) \right].
\end{cases}
$$

令

$$
C_{[\mathbf{0},\mathbf{K}]}(\mathbb{R}, \mathbb{R}^2) = \{ (\phi, \psi) \in C(\mathbb{R}, \mathbb{R}^2) : 0 \leqslant \phi(s) \leqslant k_1, 0 \leqslant \psi(s) \leqslant k_2, s \in \mathbb{R} \}.
$$

对于 $\phi, \psi \in C([-c\tau, 0], \mathbb{R})$, 那么 $f_c(\phi, \psi) = (f_{c1}(\phi, \psi), f_{c2}(\phi, \psi))$ 变为

$$
\begin{cases}
f_{c1}(\phi, \psi) = r_1 \left(\dfrac{1}{a_1} - \phi(0) \right) \left[-a_1\phi(-c\tau_1) + b_1\psi(-c\tau_2) \right], \\
f_{c2}(\phi, \psi) = r_2\psi(0) \left[1 - \dfrac{b_2}{a_1} + b_2\phi(-c\tau_3) - a_2\psi(-c\tau_4) \right].
\end{cases}
$$

引理 5.1.1([122])　对于泛函 $f_c(\phi, \psi) = (f_{c1}(\phi, \psi), f_{c2}(\phi, \psi))$,

(A) 对于 $\Phi = (\phi_1, \phi_2), \Psi = (\psi_1, \psi_2) \in C([-c\tau, 0], \mathbb{R}^2)$ 满足 $0 \leqslant \phi_i(s), \psi_i(s) \leqslant k_i, s \in [-c\tau, 0]$, 存在 $L_i > 0$ 使得

$$
|f_{ci}(\phi_1, \psi_1) - f_{ci}(\phi_2, \psi_2)| \leqslant L_i \| \Phi - \Psi \|, \quad i = 1, 2,
$$

其中 $|\cdot|$ 表示 $\mathbb{R}^2$ 上的欧几里得范数, $\|\cdot\|$ 表示 $C([-c\tau, 0], \mathbb{R}^2)$ 上的上确界范数.

且对于充分小的 τ_1, τ_4, 弱拟单调条件成立

(QM*) 对于 $(\phi_i, \psi_i) \in C([-c\tau, 0], \mathbb{R}^2)$ 满足 (i) $\mathbf{0} \leqslant (\phi_2(s), \psi_2(s)) \leqslant (\phi_1(s), \psi_1(s)) \leqslant \mathbf{K}$; (ii) $e^{\frac{\beta_1}{c}s}[\phi_1(s) - \phi_2(s)]$ 和 $e^{\frac{\beta_2}{c}s}[\psi_1(s) - \psi_2(s)]$ 在 $[-c\tau, 0]$ 上非减, $i = 1, 2$, 存在 $\beta_1 > 0, \beta_2 > 0$ 使得

$$
f_{c1}(\phi_1(s), \psi_1(s)) - f_{c1}(\phi_2(s), \psi_2(s)) + \beta_1[\phi_1(0) - \phi_2(0)] \geqslant 2d_1[\phi_1(0) - \phi_2(0)],
$$

$$
f_{c2}(\phi_1(s), \psi_1(s)) - f_{c2}(\phi_2(s), \psi_2(s)) + \beta_2[\psi_1(0) - \psi_2(0)] \geqslant 2d_2[\psi_1(0) - \psi_2(0)].
$$

证明　易证 (A) 成立, 在此省略. 只验证 (QM*) 成立. 对充分小的 τ_1, τ_4, 选择 $\beta_1 > 0, \beta_2 > 0$ 满足 $\beta_1 > r_1 e^{\beta_1\tau_1} + \dfrac{r_1 b_1}{a_2} + 2d_1$ 和 $\beta_2 > r_2 + r_2 e^{\beta_2\tau_4} + 2d_2$, 那么

$$
f_{c1}(\phi_1, \psi_1) - f_{c1}(\phi_2, \psi_2) - 2d_1[\phi_1(0) - \phi_2(0)]
$$

$$
\geqslant r_1 \bigg\{ -[\phi_1(-c\tau_1) - \phi_2(-c\tau_1)] - b_1\psi_1(-c\tau_2)[\phi_1(0) - \phi_2(0)]
$$

$$+ b_1 \left(\frac{1}{a_1} - \phi_2(0) \right) [\psi_1(-c\tau_2) - \psi_2(-c\tau_2)] \Bigg\} - 2d_1[\phi_1(0) - \phi_2(0)]$$

$$\geqslant - \left(r_1 e^{\beta_1 \tau_1} + \frac{r_1 b_1}{a_2} + 2d_1 \right) [\phi_1(0) - \phi_2(0)] \geqslant -\beta_1[\phi_1(0) - \phi_2(0)]$$

和

$$f_{c2}(\phi_1, \psi_1) - f_{c2}(\phi_2, \psi_2) - 2d_2[\psi_1(0) - \psi_2(0)]$$

$$\geqslant [-r_2 a_2 \psi_1(-c\tau_4) - 2d_2][\psi_1(0) - \psi_2(0)] - r_2 a_2 \psi_2(0)[\psi_1(-c\tau_4) - \psi_2(-c\tau_4)]$$

$$\geqslant [-r_2 a_2 \psi_1(-c\tau_4) - 2d_2][\psi_1(0) - \psi_2(0)] - r_2 a_2 \psi_2(0)e^{\beta_2 \tau_4}[\psi_1(0) - \psi_2(0)]$$

$$\geqslant - (r_2 + r_2 e^{\beta_2 \tau_4} + 2d_2)[\psi_1(0) - \psi_2(0)] \geqslant -\beta_2[\psi_1(0) - \psi_2(0)]. \qquad \square$$

算子 $H = (H_1, H_2) : C_{[\mathbf{0},\mathbf{K}]}(\mathbb{R}, \mathbb{R}^2) \to C(\mathbb{R}, \mathbb{R}^2)$ 定义如下

$$H_1(\phi, \psi)(t) = f_{c1}(\phi_t, \psi_t) + \beta_1 \phi(t) + d_1[\phi(t+1) - 2\phi(t) + \phi(t-1)],$$

$$H_2(\phi, \psi)(t) = f_{c2}(\phi_t, \psi_t) + \beta_2 \psi(t) + d_2[\psi(t+1) - 2\psi(t) + \psi(t-1)].$$

那么 (5.6) 可写为

$$\begin{cases} c\phi'(t) = -\beta_1 \phi(t) + H_1(\phi, \psi)(t), \\ c\psi'(t) = -\beta_2 \psi(t) + H_2(\phi, \psi)(t). \end{cases} \tag{5.8}$$

算子 $F = (F_1, F_2) : C_{[\mathbf{0},\mathbf{K}]}(\mathbb{R}, \mathbb{R}^2) \to C(\mathbb{R}, \mathbb{R}^2)$ 定义如下

$$F_i(\phi, \psi)(t) = \frac{1}{c} e^{-\frac{\beta_i t}{c}} \int_{-\infty}^{t} e^{\frac{\beta_i}{c} s} H_i(\phi, \psi)(s) \mathrm{d}s, \quad i = 1, 2. \tag{5.9}$$

那么算子 F 在 $C_{[\mathbf{0},\mathbf{K}]}(\mathbb{R}, \mathbb{R}^2)$ 有定义, 则有

$$cF_i'(\phi, \psi)(t) = -\beta_i F_i(\phi, \psi)(t) + H_i(\phi, \psi)(t), \quad i = 1, 2. \tag{5.10}$$

因此, F 的不动点是 (5.8) 的解, 即当其满足 (5.7) 时, 它是 (5.5) 的连接平衡点 $\mathbf{0}$ 和 $\mathbf{K}$ 的行波解.

定义 5.1.1 ([122]) 称连续函数 $(\phi, \psi) \in C(\mathbb{R}, \mathbb{R}^2)$ 为 (5.6) 的上解, 如果存在有限个点 $T_i, i = 1, \cdots, p$, 使得 $\bar{\Phi}$ 在 $\mathbb{R} \setminus S, S = \{T_i : i = 1, \cdots, p\}$ 是连续可微的, 且满足

$$\begin{cases} d_1[\bar{\phi}(t+1) - 2\bar{\phi}(t) + \bar{\phi}(t-1)] - c\bar{\phi}'(t) + f_{c1}(\bar{\phi}_t, \bar{\psi}_t) \leqslant 0, \quad t \in \mathbb{R} \setminus S, \\ d_2[\bar{\psi}(t+1) - 2\bar{\psi}(t) + \bar{\psi}(t-1)] - c\bar{\psi}'(t) + f_{c2}(\bar{\phi}_t, \bar{\psi}_t) \leqslant 0, \quad t \in \mathbb{R} \setminus S. \end{cases}$$

$$\tag{5.11}$$

(5.6) 的下解 $(\underline{\phi},\underline{\psi})$ 的定义只需将 (5.11) 中的不等式反向即可.

以下假设 (5.6) 的上解 $\bar{\Phi}=(\bar{\phi},\bar{\psi})$ 和下解 $\underline{\Phi}=(\underline{\phi},\underline{\psi})$ 满足

(P1) $\mathbf{0}\leqslant(\underline{\phi}(t),\underline{\psi}(t))\leqslant(\bar{\phi}(t),\bar{\psi}(t))\leqslant\mathbf{K},\underline{\psi}(t)\not\equiv 0,t\in\mathbb{R}$;

(P2) $\lim\limits_{t\to-\infty}(\underline{\phi}(t),\underline{\psi}(t))=\mathbf{0},\quad\lim\limits_{t\to-\infty}\bar{\phi}(t)=0,\quad\lim\limits_{t\to+\infty}(\bar{\phi}(t),\bar{\psi}(t))=\mathbf{K}$;

(P3) 集合 Γ^* 非空, 其中 $\Gamma^*=\Gamma^*([\underline{\phi},\underline{\psi}],[\bar{\phi},\bar{\psi}])$ 定义为

$$
\Gamma^*=\left\{(\phi,\psi)\in C_{[\mathbf{0},\mathbf{K}]}(\mathbb{R},\mathbb{R}^2):
\begin{array}{ll}
\text{(i)} & (\underline{\phi}(t),\underline{\psi}(t))\leqslant(\phi(t),\psi(t))\\
& \leqslant(\bar{\phi}(t),\bar{\phi}(t)),t\in\mathbb{R};\\
\text{(ii)} & (\phi(t),\psi(t))\text{ 在 }\mathbb{R}\text{ 上非减};\\
\text{(iii)} & e^{\frac{\beta_1}{c}t}[\bar{\phi}(t)-\phi(t)],e^{\frac{\beta_1}{c}t}[\phi(t)-\underline{\phi}(t)],\\
& e^{\frac{\beta_2}{c}t}[\bar{\psi}(t)-\psi(t)],e^{\frac{\beta_2}{c}t}[\psi(t)-\underline{\psi}(t)]\\
& \text{在 }\mathbb{R}\text{ 上非减};\\
\text{(iv)} & \text{对每个 }s>0,e^{\frac{\beta_1}{c}t}[\phi(t+s)-\phi(t)],\\
& e^{\frac{\beta_2}{c}t}[\psi(t+s)-\psi(t)]\text{ 在 }\mathbb{R}\text{ 上非减}.
\end{array}
\right\}.
$$

令 $\mu\in\left(0,\min\left\{\dfrac{\beta_1}{c},\dfrac{\beta_2}{c}\right\}\right),C(\mathbb{R},\mathbb{R}^2)$ 中元素 $|\Phi|$ 的范数 $|\cdot|_\mu$ 定义为

$$|\Phi|_\mu=\sup_{t\in\mathbb{R}}|\Phi(t)|e^{-\mu|t|},\quad\text{记 }B_\mu(\mathbb{R},\mathbb{R}^2)=\{\Phi\in C(\mathbb{R},\mathbb{R}^2):\sup_{t\in\mathbb{R}}|\Phi(t)|e^{-\mu|t|}<\infty\}.$$

则 $(B_\mu(\mathbb{R},\mathbb{R}^2),|\cdot|_\mu)$ 是 Banach 空间.

引理 5.1.2([122]) H 和 F 有下面的性质:

(i) 对于 $(\phi,\psi)\in\Gamma^*,H_i(\phi,\psi)(t)$ 和 $F_i(\phi,\psi)(t)$ 在 $\mathbb{R}$ 上非减, $i=1,2$.

(ii) 对于 $(\phi_i,\psi_i)\in C_{[\mathbf{0},\mathbf{K}]}(\mathbb{R},\mathbb{R}^2)$ 满足 (a) $\mathbf{0}\leqslant(\phi_2(s),\psi_2(s))\leqslant(\phi_1(s),\psi_1(s))\leqslant\mathbf{K},s\in\mathbb{R}$; (b)$e^{\frac{\beta_1}{c}s}[\phi_1(s)-\phi_2(s)]e^{\frac{\beta_2}{c}s}[\psi_1(s)-\psi_2(s)]$ 在 $\mathbb{R}$ 上非减, 则 $H_i(\phi_2,\psi_2)(t)\leqslant H_i(\phi_1,\psi_1)(t),F_i(\phi_2,\psi_2)(t)\leqslant F_i(\phi_1,\psi_1)(t),i=1,2$.

引理 5.1.3([122]) $F:C_{[\mathbf{0},\mathbf{K}]}(\mathbb{R},\mathbb{R}^2)\to C(\mathbb{R},\mathbb{R}^2)$ 在 $B_\mu(\mathbb{R},\mathbb{R}^2)$ 中关于范数 $|\cdot|_\mu$ 连续.

证明 只证 $F_1:C_{[\mathbf{0},\mathbf{K}]}(\mathbb{R},\mathbb{R}^2)\to C(\mathbb{R},\mathbb{R}^2)$ 关于范数 $|\cdot|_\mu$ 连续, F_2 可类似证明. 如果 $\Phi=(\phi_1,\psi_1),\Psi=(\phi_2,\psi_2)\in C_{[\mathbf{0},\mathbf{K}]}(\mathbb{R},\mathbb{R}^2)$, 那么

$$F_1(\phi_1,\psi_1)(t)-F_1(\phi_2,\psi_2)(t)|e^{-\mu|t|}$$

$$\leqslant\frac{1}{c}e^{-\frac{\beta_1}{c}t}e^{-\mu|t|}\int_{-\infty}^t e^{\frac{\beta_1}{c}s}|H_1(\phi_1,\psi_1)(s)-H_1(\phi_2,\psi_2)(s)|ds$$

$$\leqslant |H_1(\phi_1,\psi_1) - H_1(\phi_2,\psi_2)|_\mu \frac{1}{c} e^{-\frac{\beta_1}{c}t} e^{-\mu|t|} \int_{-\infty}^{t} e^{\frac{\beta_1}{c}s + \mu|s|} ds.$$

(a) 当 $t \leqslant 0$ 时,

$$|F_1(\phi_1,\psi_1)(t) - F_1(\phi_2,\psi_2)(t)|e^{-\mu|t|}$$

$$\leqslant \frac{1}{\beta_1 - c\mu} |H_1(\phi_1,\psi_1) - H_1(\phi_2,\psi_2)|_\mu.$$

(b) 当 $t > 0$ 时,

$$F_1(\phi_1,\psi_1)(t) - F_1(\phi_2,\psi_2)(t)|e^{-\mu|t|}$$

$$\leqslant \left[\left(\frac{1}{\beta_1 - c\mu} - \frac{1}{\beta_1 + c\mu}\right) e^{-(\frac{\beta_1}{c} + \mu)t} + \frac{1}{\beta_1 + c\mu}\right] |H_1(\phi_1,\psi_1) - H_1(\phi_2,\psi_2)|_\mu$$

$$\leqslant \frac{1}{\beta_1 - c\mu} |H_1(\phi_1,\psi_1) - H_1(\phi_2,\psi_2)|_\mu.$$

因为

$$|H_1(\phi_1,\psi_1)(t) - H_1(\phi_2,\psi_2)(t)|e^{-\mu|t|}$$

$$\leqslant |f_{c1}(\phi_{1t},\psi_{1t}) - f_{c1}(\phi_{2t},\psi_{2t})|e^{-\mu|t|} + (\beta_1 + 2d_1)|\phi_1(t) - \phi_2(t)|e^{-\mu|t|}$$

$$+ d_1|\phi_1(t+1) - \phi_2(t+1)| + d_1|\phi_1(t-1) - \phi_2(t-1)|e^{-\mu|t|}$$

$$\leqslant L_1 \parallel \Phi_t - \Psi_t \parallel_{C([-c\tau,0],\mathbb{R}^2)} e^{-\mu|t|} + (\beta_1 + 2d_1 + 2d_1 e^\mu)|\phi_1 - \phi_2|_\mu$$

$$= L_1 \sup_{s \in [-c\tau,0]} |\Phi(t+s) - \Psi(t+s)|e^{-\mu|t|} + (\beta_1 + 2d_1 + 2d_1 e^\mu)|\phi_1 - \phi_2|_\mu$$

$$\leqslant L_1 \sup_{\theta \in \mathbb{R}} |\Phi(\theta) - \Psi(\theta)|e^{-\mu|\theta|} e^{\mu|s|} + (\beta_1 + 2d_1 + 2d_1 e^\mu)|\phi_1 - \phi_2|_\mu$$

$$\leqslant (L_1 e^{\mu c\tau} + \beta_1 + 2d_1 + 2d_1 e^\mu)|\Phi - \Psi|_\mu,$$

所以有

$$|F_1(\phi_1,\psi_1) - F_1(\phi_2,\psi_2)|_\mu \leqslant \frac{L_1 e^{\mu c\tau} + \beta_1 + 2d_1 + 2d_1 e^\mu}{\beta_1 - c\mu}|\Phi - \Psi|_\mu.$$

这蕴含着 $F_1 : C_{[\mathbf{0},\mathbf{K}]}(\mathbb{R},\mathbb{R}^2) \to C(\mathbb{R},\mathbb{R}^2)$ 在 $B_\mu(\mathbb{R},\mathbb{R}^2)$ 中关于范数 $|\cdot|_\mu$ 连续. □

由 (P1)—(P3) 知, 下面的引理是显然的.

引理 5.1.4([122]) $\Gamma^*([\underline{\phi},\underline{\psi}],[\bar{\phi},\bar{\psi}])B_\mu(\mathbb{R},\mathbb{R}^2)$ 的有界闭凸子集.

结合引理 5.1.2, 类似于文 [246] 中命题 4.1, 文 [101] 中引理 4.6, 文 [184] 中引理 3.5 和文 [102] 中引理 3.5 的证明可得如下引理, 证明在此省略.

引理 5.1.5([122]) $F(\Gamma^*) \subset \Gamma^*$ 且 $F : \Gamma^* \to \Gamma^*$ 是紧的.

定理 5.1.1 ([122]) 如果系统 (5.6) 的上解 $(\bar{\phi}, \bar{\psi}) \in C_{[0,\mathbf{K}]}(\mathbb{R}, \mathbb{R}^2)$ 和下解 $(\underline{\phi}, \underline{\psi}) \in C_{[0,\mathbf{K}]}(\mathbb{R}, \mathbb{R}^2)$ 满足 (P1)—(P3), 那么系统 (5.5) 有波前解满足 (5.7).

证明 由引理 5.1.3, 引理 5.1.4 和引理 5.1.5 以及 Schauder 不动点定理知, 存在一个不动点 $(\phi^*, \psi^*) \in \Gamma^*$, 它是 (5.6) 的非减解.

下面证明 (ϕ^*, ψ^*) 满足渐近边界条件 (5.7). 因为 (ϕ^*, ψ^*) 是单调有界的, 所以 $\lim\limits_{t \to \pm\infty} (\phi^*(t), \psi^*(t))$ 存在, 记为 $(\phi_\pm^*, \psi_\pm^*)$. 在 (5.6) 中令 $t \to \pm\infty$, 有 $f(\phi_\pm^*, \psi_\pm^*) = \mathbf{0}$. 即 $(\phi_\pm^*, \psi_\pm^*)$ 是 (5.6) 的两个平衡点. 此外, $(\phi_\pm^*, \psi_\pm^*) \in [\mathbf{0}, \mathbf{K}]$ 满足 $(\phi_-^*, \psi_-^*) \leqslant (\phi_+^*, \psi_+^*)$. 所以由 (5.4) 知, $(\phi_\pm^*, \psi_\pm^*)$ 可能是 $\mathbf{0} = (0,0), \left(\dfrac{1}{a_1}, 0\right), \mathbf{K} = \left(\dfrac{1}{a_1}, \dfrac{1}{a_2}\right)$. 由 (P1) 知, $0 < \sup\limits_{t \in \mathbb{R}} \underline{\psi}(t) \leqslant \psi_+^*$, 所以一定有 $(\phi_+^*, \psi_+^*) = \mathbf{K}$. 又由 (P2) 知, $\lim\limits_{t \to -\infty} \bar{\phi}(t) = 0$, 所以 $(\phi_-^*, \psi_-^*) = \mathbf{0}$. $\qquad\square$

附注 5.1.1 如果 $\tau_1 = \tau_4 = 0$, 那么泛函 $f_c(\phi, \psi) = (f_{c1}(\phi, \psi), f_{c2}(\phi, \psi))$ 满足拟单调条件 (QM):

(QM) 当 $(\phi_1, \phi_2), (\psi_1, \psi_2) \in C([-c\tau, 0], \mathbb{R}^2)$ 满足 $\mathbf{0} \leqslant (\phi_2(s), \psi_2(s)) \leqslant (\phi_1(s), \psi_1(s)) \leqslant \mathbf{K}$ 时, 存在 $\beta_1 > 0, \beta_2 > 0$ 使得

$$f_{c1}(\phi_1(s), \psi_1(s)) - f_{c1}(\phi_2(s), \psi_2(s)) + \beta_1[\phi_1(0) - \phi_2(0)] \geqslant 2d_1[\phi_1(0) - \phi_2(0)],$$

$$f_{c2}(\phi_1(s), \psi_1(s)) - f_{c2}(\phi_2(s), \psi_2(s)) + \beta_2[\psi_1(0) - \psi_2(0)] \geqslant 2d_2[\psi_1(0) - \psi_2(0)].$$

定义集合 $\Gamma = \Gamma([\underline{\phi}, \underline{\psi}], [\bar{\phi}, \bar{\psi}])$ 为

$$\Gamma = \left\{ (\phi, \psi) \in C_{[\mathbf{0},\mathbf{K}]}(\mathbb{R}, \mathbb{R}^2) : \begin{array}{l} \text{(i) } (\underline{\phi}(t), \underline{\psi}(t)) \leqslant (\phi(t), \psi(t)) \leqslant (\bar{\phi}(t), \bar{\psi}(t)), \\ \qquad t \in \mathbb{R}; \\ \text{(ii) } (\phi(t), \psi(t)) \text{ 在 } \mathbb{R} \text{ 上非减}. \end{array} \right\}.$$

假设 (P1) 和 (P2) 成立, 且 $(\underline{\phi}, \underline{\psi}), (\bar{\phi}, \bar{\psi}) \in \Gamma$, 类似于上面的讨论, 可得系统 (5.5) 的波前解的存在性.

系统 (5.6) 的第二个方程在 $(0,0)$ 点线性化方程的特征方程是 $\Delta_1(\lambda, c) = 0$, 其中

$$\Delta_1(\lambda, c) = d_2(e^\lambda + e^{-\lambda} - 2) - c\lambda + r_2\left(1 - \frac{b_2}{a_1}\right). \tag{5.12}$$

下面引理的证明比较容易, 在此省略.

引理 5.1.6 ([122]) 假设 (5.4) 成立. 令 $\Delta_1(\lambda, c)$ 如 (5.12) 中所定义. 那么存在 $c^* > 0$ 和 $\lambda^* > 0$ 使得 $\Delta_1(\lambda^*, c^*) = 0$ 和 $\dfrac{\partial \Delta_1(\lambda, c^*)}{\partial \lambda}\Big|_{\lambda = \lambda^*} = 0$. 此外, 对于 $c > c^*$, 方程 $\Delta_1(\lambda, c) = 0$ 有两个正根 λ_1, λ_2, 并且 $0 < \lambda_1 < \lambda_1^* < \lambda_2$ 和

$$\Delta_1(\lambda, c) \begin{cases} > 0, & \lambda < \lambda_1, \\ < 0, & \lambda_1 < \lambda < \lambda_2, \\ > 0, & \lambda > \lambda_2, \end{cases}$$

对于 $0 < c < c^*$, $\Delta_1(\lambda, c) > 0, \lambda \in \mathbb{R}$.

通过构造与引理 1.1.3 类似的上下解, 可验证其满足如下两个引理, 证明在此省略.

引理 5.1.7 ([122]) 对于充分大的 q, $\left(\dfrac{k_1 e^{\lambda_1 t}}{1 + e^{\lambda_1 t}}, \dfrac{k_2 e^{\lambda_1 t}}{1 + e^{\lambda_1 t}}\right) \in \Gamma^*$.

引理 5.1.8 ([122]) 假设 $d_1 \leqslant d_2$ 和 (5.4) 成立且

$$r_1 \left(\frac{b_1}{a_2} - 1\right) \leqslant r_2 \left(1 - \frac{b_2}{a_1}\right). \tag{5.13}$$

如果 τ_1, τ_4 充分小, 那么 $\bar{\Phi}(t) = (\bar{\phi}(t), \bar{\psi}(t))$ 和 $\underline{\Phi}(t) = (\underline{\phi}(t), \underline{\psi}(t))$ 分别是 (5.6) 的上解和下解.

定理 5.1.2 ([122], 存在性) 假设 $d_1 \leqslant d_2$, (5.4) 和 (5.13) 成立. 如果 τ_1, τ_4 充分小或者 $\tau_1 = \tau_4 = 0$, 那么对于任意 $c \geqslant c^*$, 系统 (5.5) 有连接平衡点 $\mathbf{0}$ 和 $\mathbf{K}$ 的波前解 $(\phi(n + ct), \psi(n + ct))$. 此外,

$$\lim_{\xi \to -\infty} \psi(\xi) e^{-\lambda \xi} = k_2, \quad \lim_{\xi \to -\infty} \psi'(\xi) e^{-\lambda \xi} = k_2 \lambda, \tag{5.14}$$

其中 $\lambda = \lambda_1, \xi = n + ct$. 对于 $c < c^*$, 系统 (5.5) 没有连接平衡点 $\mathbf{0}$ 和 $\mathbf{K}$ 的以波速为 c 的波前解 $(\phi(x + ct), \psi(x + ct))$ 满足 (5.14).

附注 5.1.2 ([122]) 从文 [122] 中引理 5.1.8 和定理 5.1.2 的证明过程知, 当 $\tau_1 = \tau_4 = 0$ 时, 引理 5.1.8 和定理 5.1.2 的结论还是成立的.

5.1.2 渐近行为

本节我们讨论当 $\tau_1 = \tau_4 = 0$ 时或者 τ_1, τ_4 充分小时, 系统 (5.5) 的波前解的渐近行为. 从定理 5.1.2 中 (5.14) 可推出 $\lim\limits_{t \to -\infty} \dfrac{\psi'(t)}{\psi(t)} = \lambda_1$. 下面将证明对于 (5.6)

和 (5.7) 的一般的非减解 $(\phi(t), \psi(t))$ 在无穷远处也具有类似的渐近行为. 为此, 需要如下结论.

引理 5.1.9([38, 40]) 令 $\rho > 0$ 为常数, $f(t)$ 是连续函数且在无穷远处的极限存在, 记 $f(\pm\infty) := \lim\limits_{t\to\pm\infty} f(t)$. 令 $u(t)$ 是可测函数且满足

$$e^{\int_t^{t+1} u(s)ds} + e^{\int_t^{t-1} u(s)ds} - \rho u(t) + f(t) = 0, \quad t \in \mathbb{R}.$$

那么 $u(t)$ 是一致连续和有界的. 此外, $u_\pm := \lim\limits_{t\to\pm\infty} u(t)$ 存在且是特征方程

$$e^{u_\pm} + e^{-u_\pm} - \rho u_\pm + f(\pm\infty) = 0$$

的实根.

现在给出 (5.6) 和 (5.7) 的解的性质.

引理 5.1.10([122]) 假设 (5.4) 成立且 $(\phi(t), \psi(t)) \in C_{[\mathbf{0}, \mathbf{K}]}(\mathbb{R}, \mathbb{R}^2)$ 是 (5.6) 和 (5.7) 的任意解. 则 $\phi(t) < k_1, \psi(t) > 0, t \in \mathbb{R}$.

证明 如果存在 t_0 使得 $\psi(t_0) = 0$, 不失一般性, 可以假设 $t = t_0$ 是使得 $\psi(t_0) = 0$ 的最左端的点, 那么 $\phi(t)$ 在 $t = t_0$ 点取得最小值 (因为 $\psi(t) \geqslant 0$), 所以 $\psi'(t_0) = 0$. 从 (5.6) 的第二个方程可以推出

$$d_2[\psi(t_0 + 1) + \psi(t_0 - 1)] = 0,$$

因此 $\psi(t_0 + 1) = \psi(t_0 - 1) = 0$, 这与 t_0 点的选取矛盾. 令 $\tilde{\phi} = k_1 - \phi, \tilde{\psi} = k_2 - \psi$, 将 $\tilde{\phi}, \tilde{\psi}$ 代入 (5.6), 利用类似的方法可得 $\phi(t) < k_1, t \in \mathbb{R}$. □

定理 5.1.3([122], 在 $-\infty$ 处渐近行为) 假设 (5.4) 成立, $(\phi(t), \psi(t)) \in C_{[\mathbf{0}, \mathbf{K}]}(\mathbb{R}, \mathbb{R}^2)$ 是 (5.6) 和 (5.7) 的以波速为 $c \in \mathbb{R}$ 的任意解. 则 $c \geqslant c^*$ 且

$$\lim_{t\to-\infty} \frac{\psi'(t)}{\psi(t)} = \Lambda \in \{\lambda_1, \lambda_2\},$$

其中 $\lambda_i, i = 1, 2$, 如引理 5.1.6 中所述.

证明 类似文 [81] 中引理 2.1 的讨论, 易知 $c > 0$. 令 $u(t) = \dfrac{\psi'(t)}{\psi(t)}$(由引理 5.1.10 知, $\psi(t) > 0$). 将 $u(t)$ 代入 (5.6) 的第二个方程, 有

$$d_2\left(e^{\int_t^{t+1} u(s)ds} + e^{\int_t^{t-1} u(s)ds} - 2\right) - cu(t) + r_2\left[1 - \frac{b_2}{a_1} + b_2\phi(t - c\tau_3) - a_2\psi(t - c\tau_4)\right] = 0.$$

因此, 由 $\lim\limits_{t\to-\infty}(\phi(t), \psi(t)) = (0, 0)$ 及引理 5.1.6 和引理 5.1.9 知, 该引理的结论成立. □

给定连续函数 $\varphi : \mathbb{R} \to \mathbb{R}$, 定义双边拉普拉斯变换

$$L(\lambda, \varphi) = \int_{-\infty}^{\infty} \varphi(t) e^{-\lambda t} dt.$$

由定理 5.1.3 和渐近边界条件 (5.7) 知, 下面的引理是显然的.

引理 5.1.11 ([122]) 假设 (5.4) 成立且 $(\phi(t), \psi(t)) \in C_{[\mathbf{0}, \mathbf{K}]}(\mathbb{R}, \mathbb{R}^2)$ 是 (5.6) 和 (5.7) 的以波速为 $c \geqslant c^*$ 的任意解. 那么 $L(\lambda, \psi) < \infty, \lambda \in (0, \Lambda), L(\lambda, \psi) = \infty, \lambda \in \mathbb{R} \setminus (0, \Lambda)$.

令

$$\Delta_2(\lambda, c, \tau_1) := d_1(e^{\lambda} - 2 + e^{-\lambda}) - c\lambda - r_1 e^{-\lambda c \tau_1}. \tag{5.15}$$

引理 5.1.12 ([122]) 对于 $c > 0, \Delta_2(\lambda, c, \tau_1) = 0$ 有唯一的正根 $\lambda_3(\tau_1) > 0$, 并且 $\Delta_2(\lambda, c, \tau_1) < 0, \lambda \in (0, \lambda_3(\tau_1))$.

证明 令

$$f(\lambda) = d_1(e^{\lambda} - 2 + e^{-\lambda}) - c\lambda, \quad g(\lambda) = r_1 e^{-\lambda c \tau_1}.$$

注意到

$$f(0) = 0, \quad f'(\lambda) = d_1(e^{\lambda} - e^{-\lambda}) - c, \quad f'(0) = -c < 0, \quad f''(\lambda) = d_1(e^{\lambda} + e^{-\lambda}) > 0.$$

那么 $f(\lambda)$ 在点 $\lambda_0 > 0$ 取得唯一的全局最小值 $f(\lambda_0) < 0$, 并且 $f'(\lambda) > 0, \lambda > \lambda_0$, 其中 $\lambda_0 > 0$ 是 $f'(\lambda) = d_1(e^{\lambda} - e^{-\lambda}) - c = 0$ 的唯一的实根. 因为 $g'(\lambda) = -c\tau_1 r_1 e^{-\lambda c \tau_1} < 0, f(\infty) = \infty$ 和 $g(\infty) = 0$, 所以 $f(\lambda) = g(\lambda)$ 有唯一的正根 $\lambda_3(\tau_1) > \lambda_0 > 0$. □

引理 5.1.13 ([122]) 当 $\tau_1 = 0$ 或者 $\tau_1 > 0$ 充分小时, $\lambda = \lambda_3(\tau_1)$ 是 $\Delta_2(\lambda, c, \tau_1) = 0$ 的满足 $\mathrm{Re}\lambda = \lambda_3(\tau_1)$ 的唯一根, 其中 $\Delta_2(\lambda, c, \tau_1)$ 如 (5.15) 中所述.

证明 假设 $\lambda_3(\tau_1) + \beta i$ 是 $\Delta_2(\lambda, c, \tau_1) = 0$ 的根, 其中 $\beta = \beta(\tau_1) \in \mathbb{R}$. 由 $\Delta_2(\lambda_3(\tau_1), c, \tau_1) = 0$ 知,

$$d_1(e^{\lambda_3(\tau_1)} + e^{-\lambda_3(\tau_1)})(\cos\beta - 1) = r_1 e^{-\lambda_3(\tau_1)c\tau_1}(\cos(c\tau_1\beta) - 1) \tag{5.16}$$

和

$$d_1(e^{\lambda_3(\tau_1)} - e^{-\lambda_3(\tau_1)})\sin\beta = c\beta - r_1 e^{-\lambda_3(\tau_1)c\tau_1}\sin(c\tau_1\beta). \tag{5.17}$$

如果 $\tau_1 = 0$, 那么由 (5.16) 知,

$$d_1(e^{\lambda_3(\tau_1)} + e^{-\lambda_3(\tau_1)})(\cos\beta - 1) = 0,$$

因此 $\beta = 0$.

下面证明 $\tau_1 > 0$ 的情形. 从引理 5.1.12 的证明易推出对于 $\tau_1 > 0$,

$$\lambda_3(\tau_1) \leqslant \lambda_3(0). \tag{5.18}$$

因为 τ_1 充分小, 所以可以假设

$$\tau_1 < \frac{1}{2e^{\lambda_3(0)}\sqrt{d_1 r_1} + r_1}. \tag{5.19}$$

由 (5.16) 知,

$$\sin^2\frac{\beta}{2} = \frac{r_1 e^{-\lambda_3(\tau_1)c\tau_1}}{d_1(e^{\lambda_3(\tau_1)} + e^{-\lambda_3(\tau_1)})}\sin^2\frac{c\tau_1\beta}{2} \leqslant \frac{r_1}{d_1}\sin^2\frac{c\tau_1\beta}{2}. \tag{5.20}$$

那么结合 (5.17), (5.18) 和 (5.20) 可得

$$|c\beta| \leqslant d_1(e^{\lambda_3(\tau_1)} + e^{-\lambda_3(\tau_1)})|\sin\beta| + r_1 e^{-\lambda_3(\tau_1)c\tau_1}|\sin(c\tau_1\beta)|$$

$$\leqslant 2d_1 e^{\lambda_3(0)} \cdot 2\left|\sin\frac{\beta}{2}\cos\frac{\beta}{2}\right| + r_1 \cdot 2\left|\sin\frac{c\tau_1\beta}{2}\cos\frac{c\tau_1\beta}{2}\right|$$

$$\leqslant 4d_1 e^{\lambda_3(0)}\left|\sin\frac{\beta}{2}\right| + 2r_1\left|\sin\frac{c\tau_1\beta}{2}\right|$$

$$\leqslant (4e^{\lambda_3(0)}\sqrt{d_1 r_1} + 2r_1)\left|\sin\frac{c\tau_1\beta}{2}\right|$$

$$\leqslant (2e^{\lambda_3(0)}\sqrt{d_1 r_1} + r_1)|c\beta|\tau_1.$$

因此, 由 (5.19) 知, $\beta = 0$. $\qquad\square$

下面的引理说明 $\phi(t)$ 有与引理 5.1.11 中的 $\psi(t)$ 类似的性质.

引理 5.1.14([122]) 假设 (5.4) 成立且 $(\phi(t), \psi(t))$ 是 (5.6) 和 (5.7) 的以波速为 $c \geqslant c^*$ 的任意非减解. 则 $L(\lambda, \phi) < \infty, \lambda \in (0, \gamma(\tau_1)), L(\lambda, \phi) = \infty, \lambda \in \mathbb{R} \setminus (0, \gamma(\tau_1))$, 其中 $\gamma(\tau_1) = \min\{\Lambda, \lambda_3(\tau_1)\}$.

证明 首先, 证明存在 $\sigma > 0$ 使得 $L(\lambda, \phi) < \infty, \lambda \in (0, \sigma)$. 因为当 $c > 0$ 时,

$$d_1(e^\lambda - 2 + e^{-\lambda}) - c\lambda = 0$$

有两个实根 0 和 $\Lambda^*(0 < \Lambda^*)$, 并且

$$d_1(e^\lambda - 2 + e^{-\lambda}) - c\lambda < 0, \quad \lambda \in (0, \Lambda^*).$$

对于 $\lambda \in \left(0, \min\left\{\Lambda^*, \dfrac{1}{c\tau_1}, \dfrac{r_1}{2e^2(d_1+c)}\right\}\right)$, 取 $z_0 < 0$ 使得 $\phi(t) \leqslant \dfrac{1}{2a_1}, t \leqslant$ $z_0 + c\tau_1 + \dfrac{1}{\lambda}$. 系统 (5.6) 的第一个方程的两边同乘以 $e^{-\lambda t}$, 并从 $z \leqslant z_0$ 到 ∞ 积分, 有

$$r_1 b_1 \int_z^{\infty} \left(\frac{1}{a_1} - \phi(t)\right) \psi(t - c\tau_2)e^{-\lambda t}dt$$

$$= -d_1 \int_z^{\infty} [\phi(t+1) - 2\phi(t) + \phi(t-1)]e^{-\lambda t}dt + c\int_z^{\infty} \phi'(t)e^{-\lambda t}dt$$

$$+ r_1 a_1 \int_z^{\infty} \left(\frac{1}{a_1} - \phi(t)\right) \phi(t - c\tau_1)e^{-\lambda t}dt. \tag{5.21}$$

一方面,

$$r_1 b_1 \int_z^{\infty} \left(\frac{1}{a_1} - \phi(t)\right) \psi(t - c\tau_2)e^{-\lambda t}dt$$

$$\leqslant r_1 b_1 \int_{-\infty}^{\infty} \left(\frac{1}{a_1} - \phi(t)\right) \psi(t - c\tau_2)e^{-\lambda t}dt$$

$$\leqslant \frac{r_1 b_1}{a_1} \int_{-\infty}^{\infty} \psi(t - c\tau_2)e^{-\lambda t}dt$$

$$\leqslant \frac{r_1 b_1}{a_1} \int_{-\infty}^{\infty} \psi(t)e^{-\lambda t}dt = \frac{r_1 b_1}{a_1} L(\lambda, \psi),$$

另一方面,

$$-d_1 \int_z^{\infty} [\phi(t+1) - 2\phi(t) + \phi(t-1)]e^{-\lambda t}dt + c\int_z^{\infty} \phi'(t)e^{-\lambda t}dt$$

$$+ r_1 a_1 \int_z^{\infty} \left(\frac{1}{a_1} - \phi(t)\right) \phi(t - c\tau_1)e^{-\lambda t}dt$$

$$= -d_1 \left(e^{\lambda} \int_{z+1}^{\infty} -2\int_z^{\infty} +e^{-\lambda} \int_{z-1}^{\infty}\right) \phi(t)e^{-\lambda t}dt - c\phi(z)e^{-\lambda z}$$

$$+ c\lambda \int_z^{\infty} \phi(t)e^{-\lambda t}dt + r_1 a_1 \int_z^{\infty} \left(\frac{1}{a_1} - \phi(t)\right) \phi(t - c\tau_1)e^{-\lambda t}dt$$

$$= -d_1 \left(e^{\lambda} \int_{z+1}^{z} +e^{-\lambda} \int_{z-1}^{z}\right) \phi(t)e^{-\lambda t}dt - c\phi(z)e^{-\lambda z}$$

$$+ [c\lambda - d_1(e^{\lambda} - 2 + e^{-\lambda})] \int_z^{\infty} \phi(t)e^{-\lambda t}dt$$

$$+ r_1 a_1 \int_z^\infty \left(\frac{1}{a_1} - \phi(t) \right) \phi(t - c\tau_1) e^{-\lambda t} dt$$

$$\geqslant - d_1 e^{-\lambda} \int_{z-1}^z \phi(t) e^{-\lambda t} dt$$

$$- c\phi(z) e^{-\lambda z} + r_1 a_1 \int_z^\infty \left(\frac{1}{a_1} - \phi(t) \right) \phi(t - c\tau_1) e^{-\lambda t} dt$$

$$\geqslant - d_1 e^{-\lambda} \int_{z-1}^z \phi(z) e^{-\lambda(z-1)} dt - c\phi(z) e^{-\lambda z}$$

$$+ r_1 a_1 \int_z^\infty \left(\frac{1}{a_1} - \phi(t) \right) \phi(t - c\tau_1) e^{-\lambda t} dt$$

$$\geqslant - d_1 \phi(z) e^{-\lambda z} - c\phi(z) e^{-\lambda z} + r_1 a_1 \int_{z+c\tau_1}^{z+c\tau_1 + \frac{1}{\lambda}} \left(\frac{1}{a_1} - \phi(t) \right) \phi(t - c\tau_1) e^{-\lambda t} dt$$

$$\geqslant - d_1 \phi(z) e^{-\lambda z} - c\phi(z) e^{-\lambda z} + \frac{r_1}{2} \int_{z+c\tau_1}^{z+c\tau_1 + \frac{1}{\lambda}} \phi(t - c\tau_1) e^{-\lambda t} dt$$

$$\geqslant - d_1 \phi(z) e^{-\lambda z} - c\phi(z) e^{-\lambda z} + \frac{r_1}{2} \int_{z+c\tau_1}^{z+c\tau_1 + \frac{1}{\lambda}} \phi(z + c\tau_1 - c\tau_1) e^{-\lambda(z+c\tau_1 + \frac{1}{\lambda})} dt$$

$$= \left(-d_1 - c + \frac{r_1}{2\lambda} e^{-(\lambda c\tau_1 + 1)} \right) \phi(z) e^{-\lambda z}$$

$$\geqslant \left(-d_1 - c + \frac{r_1}{2\lambda} e^{-2} \right) \phi(z) e^{-\lambda z},$$

上述不等式并结合引理 5.1.11 蕴含着对任意 $\lambda \in \left(0, \min\left\{ \Lambda, \Lambda^*, \frac{1}{c\tau_1}, \frac{r_1}{2e^2(d_1+c)} \right\} \right)$ 使得 $0 < \sup_{z \in \mathbb{R}} \phi(z) e^{-\lambda z} < \infty$. 取 $\sigma \in \left(0, \min\left\{ \Lambda, \Lambda^*, \frac{1}{c\tau_1}, \frac{r_1}{2e^2(d_1+c)} \right\} \right)$. 那么 $L(\lambda, \phi)$ 在 $(0, \sigma)$ 上有定义. $\max \sigma = \gamma(\tau_1)$ 的证明与引理 1.1.9 的证明类似. $\qquad \square$

令

$$Q_1(\lambda) =: \int_{-\infty}^\infty \phi(t)[-a_1 \phi(t - c\tau_1) + b_1 \psi(t - c\tau_2)] e^{-\lambda t} dt,$$

$$Q_2(\lambda) =: \int_{-\infty}^\infty \psi(t)[-b_2 \phi(t - c\tau_3) + a_2 \psi(t - c\tau_4)] e^{-\lambda t} dt.$$

利用 Ikehara 定理[31] (见引理 1.1.10), 类似于定理 1.1.3 的证明可得 $(\phi(t), \psi(t))$ 在负无穷远处有如下指数渐近行为, 证明在此省略.

定理 5.1.4 ([122], 在 $-\infty$ 处渐近行为) 假设 (5.4) 成立. 当 $\tau_1 = \tau_4 = 0$ 时

或者当 τ_1, τ_4 充分小时, $(\phi(t), \psi(t))$ 是 (5.6) 和 (5.7) 的以波速为 $c \geqslant c^*$ 的任意非减解. 则

(i) 存在 $\theta_i = \theta_i(\phi, \psi)(i = 1, 2)$ 使得

$$\text{当 } c > c^* \text{时,} \quad \lim_{t \to -\infty} \frac{\psi(t + \theta_1)}{e^{\Lambda t}} = 1,$$

$$\text{当 } c = c^* \text{时,} \quad \lim_{t \to -\infty} \frac{\psi(t + \theta_2)}{|t|^\mu e^{\Lambda t}} = 1;$$

(ii) 对于 $c > c^*$, 存在 $\theta_i = \theta_i(\phi, \psi)(i = 3, 4, 5)$ 使得

$$\text{当 } \lambda_3(\tau_1) > \Lambda \text{时,} \quad \lim_{t \to -\infty} \frac{\phi(t + \theta_3)}{e^{\Lambda t}} = 1,$$

$$\text{当 } \lambda_3(\tau_1) = \Lambda \text{时,} \quad \lim_{t \to -\infty} \frac{\phi(t + \theta_4)}{|t| e^{\Lambda t}} = 1,$$

$$\text{当 } \lambda_3(\tau_1) < \Lambda \text{时,} \quad \lim_{t \to -\infty} \frac{\phi(t + \theta_5)}{e^{\lambda_3(\tau_1)t}} = 1;$$

(iii) 对于 $c = c^*$, 存在 $\theta_i = \theta_i(\phi, \psi), i = (6, 7, 8)$ 使得

$$\text{当 } \lambda_3(\tau_1) > \Lambda \text{时,} \quad \lim_{t \to -\infty} \frac{\phi(t + \theta_6)}{|t|^\mu e^{\Lambda t}} = 1,$$

$$\text{当 } \lambda_3(\tau_1) = \Lambda \text{时,} \quad \lim_{t \to -\infty} \frac{\phi(t + \theta_7)}{|t|^{\mu+1} e^{\Lambda t}} = 1,$$

$$\text{当 } \lambda_3(\tau_1) < \Lambda \text{时,} \quad \lim_{t \to -\infty} \frac{\phi(t + \theta_8)}{e^{\lambda_3(\tau_1)t}} = 1,$$

其中当 $Q_2(\Lambda) \neq 0$ 时, $\mu = 1$; 当 $Q_2(\Lambda) = 0$ 时, $\mu = 0$.

由定理 5.1.4 知, 下面的推论是显然的.

推论 5.1.1([122])　若 $(\phi(t), \psi(t))$ 如定理 5.1.4 中所述, 则 $\displaystyle\lim_{t \to -\infty} \frac{\phi'(t)}{\phi(t)} = \gamma(\tau_1)$.

下面考虑 $(\phi(t), \psi(t))$ 在正无穷远处的指数衰减率. 为此, 令 $\tilde{\phi} = \dfrac{1}{a_1} - \phi, \tilde{\psi} = \dfrac{1}{a_2} - \psi$, 将 $\tilde{\phi}, \tilde{\psi}$ 代入 (5.6), 有

$$\begin{cases} d_1[\tilde{\phi}(t+1) - 2\tilde{\phi}(t) + \tilde{\phi}(t-1)] - c\tilde{\phi}'(t) + \tilde{f}_{c1}(\tilde{\phi}_t, \tilde{\psi}_t) = 0, \\ d_2[\tilde{\psi}(t+1) - 2\tilde{\psi}(t) + \tilde{\psi}(t-1)] - c\tilde{\psi}'(t) + \tilde{f}_{c2}(\tilde{\phi}_t, \tilde{\psi}_t) = 0 \end{cases} \tag{5.22}$$

满足

$$\lim_{t \to \infty} (\tilde{\phi}(t), \tilde{\psi}(t)) = \mathbf{K}, \quad \lim_{t \to \infty} (\tilde{\phi}(t), \tilde{\psi}(t)) = \mathbf{0}, \tag{5.23}$$

其中 $\tilde{\phi}_t(s) = \tilde{\phi}(t+s), \tilde{\psi}_t(s) = \tilde{\psi}(t+s), s \in [-c\tau, 0]$,

$$\begin{cases} \tilde{f}_{c1}(\tilde{\phi}_t, \tilde{\psi}_t) = r_1 \tilde{\phi}(t) \left[1 - \dfrac{b_1}{a_2} - a_1 \tilde{\phi}(t - c\tau_1) + b_1 \tilde{\psi}(t - c\tau_2) \right], \\ \tilde{f}_{c2}(\tilde{\phi}_t, \tilde{\psi}_t) = r_2 \left(\dfrac{1}{a_2} - \tilde{\psi}(t) \right) [b_2 \tilde{\phi}(t - c\tau_3) - a_2 \tilde{\psi}(t - c\tau_4)]. \end{cases}$$

令

$$\begin{aligned} \Delta_3(\lambda, c) &:= d_1(e^\lambda - 2 + e^{-\lambda}) - c\lambda + r_1 \left(1 - \frac{b_1}{a_2} \right), \\ \Delta_4(\lambda, c, \tau_4) &:= d_2(e^\lambda - 2 + e^{-\lambda}) - c\lambda - r_2 e^{-\lambda c\tau_4}. \end{aligned} \tag{5.24}$$

引理 5.1.15([122]) 令 (5.4) 成立, 且 $\Delta_3(\lambda, c)$ 和 $\Delta_4(\lambda, c, \tau_4)$ 如 (5.24) 中所述. 那么

(i) 对于 $c > 0, \Delta_3(\lambda, c) = 0$ 有唯一的负根 $\lambda_4 < 0$;

(ii) 当 $\tau_4 = 0$ 或者充分小的 τ_4 时, 对于 $c > 0, \Delta_4(\lambda, c, \tau_4) = 0$ 有唯一的负根 $\lambda_5(\tau_4) < 0$, 并且 $\Delta_4(\lambda, c, \tau_4) < 0, \lambda \in (\lambda_5(\tau_4), 0)$.

证明 (i) 因为对于 $\lambda \in (-\infty, 0], \dfrac{\partial \Delta_3(\lambda, c)}{\partial \lambda} = d_1(e^\lambda - e^{-\lambda}) - c < 0, \dfrac{\partial^2 \Delta_3(\lambda, c)}{\partial \lambda^2}$
$= d_1(e^\lambda + e^{-\lambda}) > 0, \Delta_3(-\infty, c) = \infty$ 以及由 (5.4) 知, $\Delta_3(0, c) = r_1 \left(1 - \dfrac{b_1}{a_2} \right) < 0$,
所以可推出 $\Delta_3(\lambda, c) = 0$ 有唯一的负根 $\lambda_4 < 0$.

(ii) 对于 $\tau_4 = 0$, 结论是显然的, 其证明与 (i) 类似. 对于充分小的 $\tau_4 > 0$, 可以假设 $0 < c\tau_4 \ll 1$. 因为 $\Delta_4(0, c, \tau_4) = -r_2 < 0$ 和 $\Delta_4(-\infty, c, \tau_4) = \infty$, 所以易知 $\Delta_4(\lambda, c, \tau_4) = 0$ 有一个负根 $\lambda_5(\tau_4) < 0$. 注意到总可以取 τ_4 充分小使得

$$\frac{\partial \Delta_4(\lambda, c, \tau_4)}{\partial \lambda} = d_2(e^\lambda - e^{-\lambda}) - c + c\tau_4 r_2 e^{-\lambda c\tau_4} < 0, \quad \lambda \in (-\infty, 0]. \tag{5.25}$$

因此 $\lambda_5(\tau_4)$ 是唯一的. □

类似于引理 5.1.13 的证明可得如下引理.

引理 5.1.16 ([122]) 当 $\tau_4 = 0$ 时或者当 τ_4 充分小时, $\lambda = \lambda_5(\tau_4)$ 是 $\Delta_4(\lambda, c, \tau_4) = 0$ 的满足 $\mathrm{Re}\lambda = \lambda_5(\tau_4)$ 的唯一的根.

现在给出 $(\tilde{\phi}(t), \tilde{\psi}(t))$ 的性质. 令 $u(t) = \dfrac{\tilde{\phi}'(t)}{\tilde{\phi}(t)}$(由引理 5.1.10 知, $\phi(t) < k_1$).
由 $\lim_{t \to \infty} (\tilde{\phi}(t), \tilde{\psi}(t)) = (0, 0)$ 和引理 5.1.9 可得如下结果.

定理 5.1.5([122], 在 $+\infty$ 处渐近行为) 假设 (5.4) 成立, $(\phi(t), \psi(t)) \in C_{[0,K]}(\mathbb{R}, \mathbb{R}^2)$ 是 (5.6) 和 (5.7) 的以波速为 $c \geqslant c^*$ 的任意解. 则

$$\lim_{\xi \to \infty} \frac{\phi'(t)}{k_1 - \phi(t)} = -\lambda_4 > 0.$$

由定理 5.1.5 和 (5.23) 知, 下面的引理是显然的.

引理 5.1.17([122]) 假设 (5.4) 成立, $(\phi(t), \psi(t)) \in C_{[0,K]}(\mathbb{R}, \mathbb{R}^2)$ 是 (5.6) 和 (5.7) 的以波速为 $c \geqslant c^*$ 的任意解. 则 $L(\lambda, \tilde{\phi}) < \infty, \lambda \in (\lambda_4, 0)$ 和 $L(\lambda, \tilde{\phi}) = \infty, \lambda \in \mathbb{R} \setminus (\lambda_4, 0)$.

下面的引理说明 $\tilde{\psi}(t)$ 有与引理 5.1.17 中的 $\tilde{\phi}(t)$ 类似的性质, 其证明类似于引理 5.1.14 的证明, 在此省略.

引理 5.1.18([122]) 假设 (5.4) 成立且 $(\phi(t), \psi(t))$ 是 (5.6) 和 (5.7) 的以波速为 $c \geqslant c^*$ 的任意非减解. 则 $L(\lambda, \tilde{\psi}) < \infty, \lambda \in (\gamma_1(\tau_4), 0)$ 和 $L(\lambda, \tilde{\psi}) = \infty, \lambda \in \mathbb{R} \setminus (\gamma_1(\tau_4), 0)$, 其中 $\gamma_1(\tau_4) = \max\{\lambda_4, \lambda_5(\tau_4)\} < 0$.

类似于定理 5.1.4 的讨论可得 $(\phi(t), \psi(t))$ 在正无穷远处的指数衰减率, 证明在此省略.

定理 5.1.6([122], 在 $+\infty$ 处渐近行为) 假设 (5.4) 成立. 当 $\tau_1 = \tau_4 = 0$ 时或者当 τ_1, τ_4 充分小时, $(\phi(t), \psi(t)) \in C_{[0,K]}(\mathbb{R}, \mathbb{R}^2)$ 是 (5.6) 和 (5.7) 的以波速为 $c \geqslant c^*$ 的任意非减解. 那么

(i) 存在 $\theta_9 = \theta_9(\phi, \psi)$ 使得 $\displaystyle\lim_{t \to \infty} \frac{k_1 - \phi(t + \theta_9)}{e^{\lambda_4 t}} = 1$;

(ii) 存在 $\theta_i = \theta_i(\phi, \psi)(i = 10, 11, 12)$ 使得

$$\text{当} \lambda_5(\tau_4) > \lambda_4 \text{时}, \quad \lim_{t \to \infty} \frac{k_2 - \psi(t + \theta_{10})}{e^{\lambda_5(\tau_4)t}} = 1,$$

$$\text{当} \lambda_5(\tau_4) = \lambda_4 \text{时}, \quad \lim_{t \to \infty} \frac{k_2 - \psi(t + \theta_{11})}{t e^{\lambda_5(\tau_4)t}} = 1,$$

$$\text{当} \lambda_5(\tau_4) < \lambda_4 \text{时}, \quad \lim_{t \to \infty} \frac{k_2 - \psi(t + \theta_{12})}{e^{\lambda_4 t}} = 1.$$

由定理 5.1.6 知, 下面的推论是显然的.

推论 5.1.2([122]) 若 $(\phi(t), \psi(t))$ 如定理 5.1.6 中所述, 则 $\displaystyle\lim_{t \to \infty} \frac{\psi'(t)}{k_2 - \psi(t)} = -\gamma_1(\tau_4)$.

5.1.3 严格单调性和唯一性

本节利用滑行方法证明当 $\tau_1 = \tau_4 = 0$ 时, 系统 (5.5) 的行波解的严格单调性和唯一性. 首先给出强比较原理.

引理 5.1.19([122], 强比较原理) 令 (ϕ_1, ψ_1) 和 $(\phi_2, \psi_2) \in C_{[0,\mathbf{K}]}(\mathbb{R}, \mathbb{R}^2)$ 均是 (5.6) 和 (5.7) 的以波速为 $c \geqslant c^*$ 的解, 并且在 $\mathbb{R}$ 上满足 $\phi_1 \leqslant \phi_2, \psi_1 \leqslant \psi_2$. 那么在 $\mathbb{R}$ 上要么 $\phi_1 < \phi_2, \psi_1 < \psi_2$, 要么 $\phi_1 \equiv \phi_2, \psi_1 \equiv \psi_2$.

由 (5.10) 知, (ϕ_i, ψ_i) 是 F 的不动点, $i = 1, 2$, 该定理可由 (5.9), 引理 5.1.1 和引理 5.1.2 中 H 的单调性以及归纳法推出.

定理 5.1.7([122], 严格单调性) 假设 (5.4) 成立, 且 $\tau_1 = \tau_4 = 0$. 那么对于 (5.5) 的以波速为 $c \geqslant c^*$ 且连接平衡点 $\mathbf{0}$ 和 $\mathbf{K}$ 的任意波前解 $(\phi(t), \psi(t))$ 是严格单调的.

证明 因为 $(\phi(t), \psi(t))$ 是 (5.5) 的波前解 (单调行波解), 所以 $\phi'(t) \geqslant 0, \psi'(t) \geqslant 0$. 由定理 5.1.3, 引理 5.1.5 和推论 5.1.1, 推论 5.1.2 可推出对于充分大的 $N > 0$, 有 $\phi'(t) > 0, \psi'(t) > 0, t \in \mathbb{R} \setminus [-N, N]$. 只需证明当 $t \in [-N, N]$ 时, $\phi'(t) > 0, \psi'(t) > 0$ 即可. 事实上, 如果存在 $t_0 \in [-N, N]$ 使得 $\phi'(t_0) = 0$, 不失一般性, 可以假设 t_0 是使得 $\phi'(t_0) = 0$ 的最左端的点, 那么 $\phi'(t_0)$ 是 $\phi'(t)$ 的最小值, 因此 $\phi''(t_0) = 0$. 当 $\tau_1 = 0$ 时, 微分 (5.6) 的第一个方程可得

$$0 = d_1[\phi'(t_0 + 1) + \phi'(t_0 - 1)] + r_1 b_1 \left(\frac{1}{a_1} - \phi(t_0) \right) \psi'(t_0 - c\tau_2) \geqslant 0. \quad (5.26)$$

那么 $\phi'(t_0 + 1) = \phi'(t_0 - 1) = 0$, 这与 t_0 的选取矛盾. 类似可证 $\psi'(t) > 0, t \in \mathbb{R}$. $\square$

现在给出 (5.5) 的波前解的唯一性定理, 其证明与定理 1.1.7 的证明类似, 在此省略.

定理 5.1.8([122], 唯一性) 假设 (5.4) 和 $d_1 \leqslant d_2$ 成立, 且 $\tau_1 = \tau_4 = 0$. 则对于 (5.5) 的以波速为 $c \geqslant c^*$ 且连接平衡点 $\mathbf{0}$ 和 $\mathbf{K}$ 的任意两个波前解 $(\phi_1(t), \psi_1(t))$ 和 $(\phi_2(t), \psi_2(t))$, 存在 $\theta_0 \in \mathbb{R}$ 使得 $(\phi_1(t + \theta_0), \psi_1(t + \theta_0)) = (\phi_2(t), \psi_2(t))$, $t \in \mathbb{R}$.

结合定理 5.1.2, 类似于定理 1.1.8 的证明可得定理 5.1.4 中行波解的精确衰减率.

定理 5.1.9 ([122], 精确衰减率) 假设 $d_1 \leqslant d_2$, (5.4) 和 (5.13) 成立, 且 $\tau_1 = \tau_4 = 0$. 则对于 $c \geqslant c^*$, $\Lambda = \lambda_1$.

附注 5.1.3([122]) 因为当 $d_1 \leqslant d_2$ 时, 有 $\lambda_3(\tau_1) > \Lambda, \lambda_4 > \lambda_5(\tau_4)$, 所以当 $d_1 \leqslant d_2$ 和 (5.4) 成立时, 由定理 5.1.4, 定理 5.1.6 和定理 5.1.8 知, 对于 (5.5) 的任意两个以波速为 $c \geqslant c^*$ 且连接平衡点 $\mathbf{0}$ 和 $\mathbf{K}$ 的波前解 $(\phi_1(t), \psi_1(t))$ 和 $(\phi_2(t), \psi_2(t))$, 四个波相 $\phi_1(t), \phi_2(t), \psi_1(t)$ 和 $\psi_2(t)$ 有相同的指数衰减率.

5.2　偏单调时滞格微分系统的行波解的存在性

5.2.1　行波解的存在性

本节讨论系统 (5.2) 的反应项满足偏单调条件下的行波解的存在性结果. 假设 f 和 g 满足

(P1) $f_i(\mathbf{0}) = f_i(\mathbf{K}) = 0$, 其中 $\mathbf{0} = (0,0), \mathbf{K} = (k_1, k_2), k_i > 0, i = 1,2$;

(P2) 对于 $\Phi = (\phi_1, \psi_1), \Psi = (\phi_2, \psi_2) \in C([-\tau, 0], \mathbb{R}^2)$ 满足 $0 \leqslant \phi_i(s) \leqslant k_1, 0 \leqslant \psi_i(s) \leqslant k_2, s \in [-\tau, 0], \| \cdot \|$ 表示 $C([-\tau, 0], \mathbb{R}^2)$ 中的上确界范数, 存在常数 $L_i > 0$ 使得

$$|f_i(\phi_1, \psi_1) - f_i(\phi_2, \psi_2)| \leqslant L_i \| \Phi - \Psi \|, \quad i = 1, 2;$$

(P3) $g : [0, k_0] \to \mathbb{R}$ 是连续可微、单调递增的, 且 $0 \leqslant g'(x) \leqslant g'(0), g(0) = 0$, 其中 $k_0 = \max\{k_1, k_2\}$;

(P4) $f_2(\phi, \psi) = \psi(0)[h(\psi) + a\phi(0)]$, 其中泛函 $h(\phi)$ 是连续的且 $a > 0$.

假设 $f = (f_1, f_2)$ 满足偏拟单调条件:

(PQM) 对于 $\phi_i(s), \psi_i(s) \in C([-\tau, 0], \mathbb{R})$ 满足 $\mathbf{0} \leqslant (\phi_2(s), \psi_2(s)) \leqslant (\phi_1(s), \psi_1(s)) \leqslant \mathbf{K}, s \in [-\tau, 0], i = 1, 2$, 存在 $\beta_1 > 0$ 和 $\beta_2 > 0$ 使得

$$f_1(\phi_1(s), \psi_1(s)) - f_1(\phi_2(s), \psi_1(s)) + \beta_1[\phi_1(0) - \phi_2(0)]$$

$$\geqslant 2nd_1[g_1(\phi_1(0)) - g_1(\phi_2(0))],$$

$$f_1(\phi_1(s), \psi_1(s)) - f_1(\phi_1(s), \psi_2(s)) \leqslant 0,$$

$$f_2(\phi_1(s), \psi_1(s)) - f_2(\phi_2(s), \psi_2(s)) + \beta_2[\psi_1(0) - \psi_2(0)]$$

$$\geqslant 2nd_2[g_2(\psi_1(0)) - g_2(\psi_2(0))],$$

或非偏拟单调条件:

(PQM*) 对于 $\phi_i(s), \psi_i(s) \in C([-\tau, 0], \mathbb{R})$ 满足 (i) $\mathbf{0} \leqslant (\phi_2(s), \psi_2(s)) \leqslant (\phi_1(s), \psi_1(s)) \leqslant \mathbf{K}, s \in [-\tau, 0]$; (ii) $e^{\beta_1 s}[\phi_1(s) - \phi_2(s)]$ 和 $e^{\beta_2 s}[\psi_1(s) - \psi_2(s)]$ 在 $s \in [-\tau, 0]$ 上是非减的, $i = 1, 2$, 存在 $\beta_1 > 0$ 和 $\beta_2 > 0$ 使得

$$f_1(\phi_1(s), \psi_1(s)) - f_1(\phi_2(s), \psi_1(s)) + \beta_1[\phi_1(0) - \phi_2(0)]$$

$$\geqslant 2nd_1[g_1(\phi_1(0)) - g_1(\phi_2(0))],$$

$$f_1(\phi_1(s), \psi_1(s)) - f_1(\phi_1(s), \psi_2(s)) \leqslant 0,$$

$$f_2(\phi_1(s), \psi_1(s)) - f_2(\phi_2(s), \psi_2(s)) + \beta_2[\psi_1(0) - \psi_2(0)]$$

$$\geqslant 2nd_2[g_2(\psi_1(0)) - g_2(\psi_2(0))].$$

系统 (5.2) 的连接 $\mathbf{0}$ 和 $\mathbf{K}$ 的行波解 $(\phi(n+ct), \psi(n+ct))$(用 t 表示 $n+ct$) 是如下方程满足渐近边界条件 $\lim\limits_{t \to -\infty}(\phi(t), \psi(t)) = \mathbf{0}$ 和 $\lim\limits_{t \to \infty}(\phi(t), \psi(t)) = \mathbf{K}$ 的解

$$\begin{cases} c\phi'(t) = \sum\limits_{j=1}^{m} a_j[g(\phi(t+j)) - 2g(\phi(t)) + g(\phi(t-j))] \\ \qquad\qquad + f_1(\phi(t-c\tau), \psi(t-c\tau)), \\ c\psi'(t) = \sum\limits_{j=1}^{m} b_j[g(\psi(t+j)) - 2g(\psi(t)) + g(\psi(t-j))] \\ \qquad\qquad + f_2(\phi(t-c\tau), \psi(t-c\tau)). \end{cases} \tag{5.27}$$

(5.27) 的上下解的定义类似于定义 2.2.1, 以下总假设 (5.27) 的上解 $(\bar{\phi}, \bar{\psi})$ 和下解 $(\underline{\phi}, \underline{\psi})$ 满足如下条件:

(A1) $(0,0) \leqslant (\underline{\phi}(t), \underline{\psi}(t)) \leqslant (\bar{\phi}(t), \bar{\psi}(t)) \leqslant (k_1, k_2), t \in \mathbb{R}$;

(A2) $\lim\limits_{t \to -\infty}(\bar{\phi}(t), \bar{\psi}(t)) = (0,0), \lim\limits_{t \to +\infty}(\bar{\phi}(t), \bar{\psi}(t)) = (k_1, k_2)$;

(A3) $\sup\limits_{s \leqslant t} \underline{\phi}(s) < \bar{\phi}(t), \sup\limits_{s \leqslant t} \underline{\psi}(s) < \bar{\psi}(t)$.

定义

$$\Gamma = \left\{ (\phi, \psi) \in C_{[\mathbf{0}, \mathbf{K}]}(\mathbb{R}, \mathbb{R}^2): \begin{array}{ll} \text{(i)} & \psi(t) \text{ 在 } \mathbb{R} \text{ 上是非减的;} \\ \text{(ii)} & (\underline{\phi}(t), \underline{\psi}(t)) \leqslant (\phi(t), \psi(t)) \leqslant (\bar{\phi}(t), \bar{\psi}(t)), \\ & t \in \mathbb{R}. \end{array} \right\}.$$

显然, 由 (A1)—(A3) 知, $\bar{\Phi}, \underline{\Phi} \in \Gamma$, 所以 Γ 是非空的.

$$\Gamma^* = \left\{ (\phi, \psi) \in C_{[0,\mathbf{K}]}(\mathbb{R}, \mathbb{R}^2) : \begin{array}{ll} \text{(i)} & \psi(t) \text{ 在 } \mathbb{R} \text{ 上是非减的;} \\[6pt] \text{(ii)} & (\underline{\phi}(t), \underline{\psi}(t)) \leqslant (\phi(t), \psi(t)) \leqslant (\bar{\phi}(t), \bar{\psi}(t)), \\[4pt] & t \in \mathbb{R}; \\[6pt] \text{(iii)} & e^{\beta_1 t}[\bar{\phi}(t) - \phi(t)], e^{\beta_1 t}[\phi(t) - \underline{\phi}(t)], \\[4pt] & e^{\beta_2 t}[\bar{\psi}(t) - \psi(t)], e^{\beta_2 t}[\psi(t) - \underline{\psi}(t)] \\[4pt] & \text{在 } \mathbb{R} \text{ 上是非减的;} \\[6pt] \text{(iv)} & \text{对每个 } s > 0, e^{\beta_2 t}[\psi(t+s) - \psi(t)] \\[4pt] & \text{在 } \mathbb{R} \text{ 上是非减的.} \end{array} \right\}.$$

利用上下解方法和 Schauder 不动点定理可以得到如下结论.

定理 5.2.1([101], 存在性) *假设 (P1)—(P3), (PQM) 成立, 并且 (5.27) 存在上解 $(\bar{\phi}, \bar{\psi})$ 和下解 $(\underline{\phi}, \underline{\psi})$ 满足 (A1)—(A3) 和*

(A4) 对任意 $(\phi, \psi) \in (0, \inf_{t\in\mathbb{R}} \bar{\phi}] \times (0, \inf_{t\in\mathbb{R}} \bar{\psi}] \cup [\sup_{t\in\mathbb{R}} \underline{\phi}, k_1) \times [\sup_{t\in\mathbb{R}} \underline{\psi}, k_2), f = (f_1, f_2) \neq 0,$

那么系统 (5.2) 有连接 $(0,0)$ 和 (k_1, k_2) 的行波解 $(\phi(n+ct), \psi(n+ct))$, 而且, 行波解的第二个部分在 $\mathbb{R}$ 上是单调非减的.

定理 5.2.2([101], 存在性) *假设 (P1)—(P4), (PQM*) 成立, 并且 (5.27) 存在上解 $(\bar{\phi}, \bar{\psi})$ 和下解 $(\underline{\phi}, \underline{\psi})$ 满足 (A1), (A2) 和 (A4) 且 Γ^* 非空, 那么系统 (5.2) 有连接 $(0,0)$ 和 (k_1, k_2) 的行波解 $(\phi(n+ct), \psi(n+ct))$, 而且, 行波解的第二个部分在 $\mathbb{R}$ 上是单调非减的.*

5.2.2 时滞格扩散竞争合作系统的行波解的存在性

本节给出系统 (5.2) 的经典例子 (5.3) 的行波解的存在性结果, 为此假设

$$a_2 > b_1. \tag{5.28}$$

系统 (5.3) 有四个平衡点 $\mathbf{0} = (0,0), \left(\dfrac{1}{a_1}, 0\right), \left(0, \dfrac{1}{a_2}\right), \mathbf{K} = (k_1, k_2)$, 其中

$$k_1 = \frac{a_2 - b_1}{a_1 a_2 + b_1 b_2} > 0, \quad k_2 = \frac{a_1 + b_2}{a_1 a_2 + b_1 b_2} > 0.$$

令 $\mathbf{M} = (M_1, M_2), M_i > k_i, i = 1, 2.$ 定义

$$\Gamma^* = \left\{ (\phi,\psi) \in C_{[\mathbf{0},\mathbf{M}]}(\mathbb{R},\mathbb{R}^2) : \begin{array}{ll} \text{(i)} & (\underline{\phi}(t),\underline{\psi}(t)) \leqslant (\phi(t),\psi(t)) \leqslant (\bar{\phi}(t),\bar{\phi}(t)), \\ & t \in \mathbb{R}; \\ \text{(ii)} & e^{\beta_1 t}[\bar{\phi}(t) - \phi(t)], e^{\beta_1 t}[\phi(t) - \underline{\phi}(t)], \\ & e^{\beta_2 t}[\bar{\psi}(t) - \psi(t)], e^{\beta_2 t}[\psi(t) - \underline{\psi}(t)] \\ & \text{在 } \mathbb{R} \text{ 上是非减的.} \end{array} \right\}.$$

文 [101] 的结论要求上解小于或等于正平衡点, 由于反应项不对称的单调性, 很难构造这样的上下解. 为此, 为了得到系统 (5.3) 的连接 $(0,0)$ 和 (k_1,k_2) 的行波解的存在性, 通过允许上解的上界大于正平衡点且下解也趋于正平衡点, 即要求 (5.3) 的行波方程的上解 $(\bar{\phi},\bar{\psi})$ 和下解 $(\underline{\phi},\underline{\psi})$ 满足如下条件:

(P1′) $\mathbf{0} \leqslant (\underline{\phi}(t),\underline{\psi}(t)) \leqslant (\bar{\phi}(t),\bar{\psi}(t)) \leqslant \mathbf{M}, t \in \mathbb{R}$;

(P2′) $\lim\limits_{t\to-\infty} (\bar{\phi}(t),\bar{\psi}(t)) = \mathbf{0}$, $\lim\limits_{t\to+\infty} (\underline{\phi}(t),\underline{\psi}(t)) = \lim\limits_{t\to+\infty} (\bar{\phi}(t),\bar{\psi}(t)) = \mathbf{K}$;

(P3′) $e^{\beta_1 t}[\bar{\phi}(t) - \underline{\phi}(t)]$ 和 $e^{\beta_2 t}[\bar{\psi}(t) - \underline{\psi}(t)]$ 在 $\mathbb{R}$ 上是非减的.

(P1′)—(P3′) 蕴含着 $\bar{\Phi}, \underline{\Phi} \in \Gamma^*$, 所以 Γ^* 是非空的.

对于充分小的 τ_1,τ_4, (f_1,f_2) 满足 (PQM*), 可构造类似于 (2.63) 和 (2.64) 的上下解, 我们有如下存在性结论, 具体证明过程见 [127].

定理 5.2.3([127], 存在性) 假设 $a_1 k_1 > b_1 k_2$ 且 τ_1,τ_4 充分小, 则对于任意 $c^* := \max\{c_1^*, c_2^*\}$, 系统 (5.3) 有连接 $(0,0)$ 和 (k_1,k_2) 的 $(\phi(n+ct),\psi(n+ct))$. 而且

$$\begin{cases} \lim\limits_{\xi\to-\infty} (\phi(\xi)e^{-\mu_1\xi}, \quad \psi(\xi)e^{-\mu_2\xi}) = (1,1), \\ \lim\limits_{\xi\to-\infty} (\phi'(\xi)e^{-\mu_1\xi}, \quad \psi'(\xi)e^{-\mu_2\xi}) = (\mu_1,\mu_2), \end{cases} \tag{5.29}$$

$\mu_i = \lambda_i, i = 1,2, \xi = n + ct$. 对于 $0 < c < c^*$, 系统 (5.3) 没有连接 $(0,0)$ 和 (k_1,k_2) 的且满足 (5.29) 的 $(\phi(n+ct),\psi(n+ct))$ 的行波解, 其中, c_i^* 和 λ_i 对应系统在 $(0,0)$ 点的两个特征方程存在实根的最小值和较小特征根.

第 6 章　积分-差分系统的行波解及其渐近行为

扩散被认为是生物群落形成的主要因素, 包括植物群落、海洋生物和潮间带系统、生物入侵和流行病. 积分-差分方程可以用来描述生态种群的扩散, 这些扩散来自于生物的空间动力学研究, 主要是离散的、不重叠的局部动力学和通过再分配核模拟扩散发展的过程. 以下两个积分-差分竞争系统是经典的描述两种生态种群通过再分配核模拟扩散竞争发展的过程

$$
\begin{cases}
u_{n+1}(x) = \displaystyle\int_{\mathbb{R}} g_1(x-y)\frac{(1+\rho_1)u_n(y)}{1+\rho_1[u_n(y)+\alpha_1 v_n(y)]}dy, \\[4mm]
v_{n+1}(x) = \displaystyle\int_{\mathbb{R}} g_2(x-y)\frac{(1+\rho_2)v_n(y)}{1+\rho_2[v_n(y)+\alpha_2 u_n(y)]}dy
\end{cases}
\tag{6.1}
$$

和

$$
\begin{cases}
u_{n+1}(x) = \displaystyle\int_{\mathbb{R}} g_1(x-y)u_n(y)e^{r_1-u_n(y)-\sigma_1 v_n(y)}dy, \\[4mm]
v_{n+1}(x) = \displaystyle\int_{\mathbb{R}} g_2(x-y)v_n(y)e^{r_2-v_n(y)-\sigma_2 u_n(y)}dy,
\end{cases}
\tag{6.2}
$$

其中所有参数都是正的, $u_n(x)$ 和 $v_n(x)$ 表示两竞争者在时间 n 和位置 x 的人口密度, 分布核函数 $k_i(x)$ 描述 u,v 的扩散, 这依赖于有符号的距离 $x-y$, 该距离指的是出生地 y 和居住地 x 的距离, $g_i(x)$ 是齐次概率核函数且满足 $\displaystyle\int_{\mathbb{R}} g_i(x)dx = 1 (i=1,2)$. 更多有关模型的描述, 可以参考 [88, 114, 140, 225] 及其相关文献.

系统 (6.1) 连接不同平衡点的行波解的存在性、稳定性和渐近传播速度已经有很多结果, 可参考 [117, 133, 139, 237, 265]. 更多有关积分-差分方程的渐近波速的结果, 可参考 [48, 116—118, 133, 145, 146, 225, 234, 235, 237] 及其相关文献. 注意到利用 Ikehara 定理、强比较原理和滑行方法研究不同形式的扩散方程的行波解的渐近行为和唯一性的结果非常丰富, 可以参考 [31, 38, 40, 48, 81, 115, 142, 248, 254, 255, 258, 263]. 通过构造单调系统, 文 [95, 123, 225] 还考虑了非单调系统的渐近传播速度.

本章讨论系统 (6.1) 和 (6.2) 的行波解的存在性、渐近行为和唯一性. 本章的内容取自作者与合作者的论文 [121, 125, 126].

6.1 积分-差分竞争系统的行波解及其渐近行为

本节讨论系统 (6.1) 的行波解的存在性、渐近性和唯一性. 系统 (6.1) 有四个平衡点 $(0,0),(1,0),(0,1),\left(\dfrac{1-\alpha_1}{1-\alpha_1\alpha_2},\dfrac{1-\alpha_2}{1-\alpha_1\alpha_2}\right)$. 我们考虑当

$$\alpha_1 < 1 < \alpha_2 \tag{6.3}$$

时, 系统 (6.1) 连接两个半正平衡点的行波解. 为简单起见, 考虑系统 (6.1) 的核函数为 $g_i(x) = \dfrac{1}{\sqrt{4\pi d_i}}e^{-\frac{x^2}{4d_i}}, i=1,2$ 的情形,

$$\begin{cases} u_{n+1}(x) = \displaystyle\int_{\mathbb{R}} \frac{1}{\sqrt{4\pi d_1}}e^{-\frac{(x-y)^2}{4d_1}} \frac{(1+\rho_1)u_n(y)}{1+\rho_1[u_n(y)+\alpha_1 v_n(y)]}dy, \\ v_{n+1}(x) = \displaystyle\int_{\mathbb{R}} \frac{1}{\sqrt{4\pi d_2}}e^{-\frac{(x-y)^2}{4d_2}} \frac{(1+\rho_2)v_n(y)}{1+\rho_2[v_n(y)+\alpha_2 u_n(y)]}dy. \end{cases} \tag{6.4}$$

令 $u_n^* = u_n, v_n^* = 1 - v_n$, 去掉星号, 那么系统 (6.4) 连接 $(0,1)$ 和 $(1,0)$ 的行波解的存在性等价于系统

$$\begin{cases} u_{n+1}(x) = \displaystyle\int_{\mathbb{R}} \frac{1}{\sqrt{4\pi d_1}}e^{-\frac{(x-y)^2}{4d_1}} \frac{(1+\rho_1)u_n(y)}{1+\rho_1[\alpha_1+u_n(y)-\alpha_1 v_n(y)]}dy, \\ v_{n+1}(x) = \displaystyle\int_{\mathbb{R}} \frac{1}{\sqrt{4\pi d_2}}e^{-\frac{(x-y)^2}{4d_2}} \frac{\alpha_2\rho_2 u_n(y)+v_n(y)}{1+\rho_2[1-v_n(y)+\alpha_2 u_n(y)]}dy \end{cases} \tag{6.5}$$

连接 $(0,0)$ 和 $(1,1)$ 的行波解的存在性.

我们利用上下解方法和 Schauder 不动点定理建立了行波解的存在性定理, 该定理说明系统 (6.5) 行波解的第一部分在负无穷远处有精确的衰减率. 受文 [31, 38, 40, 81, 124, 125, 142, 263] 的启发, 利用 Ikehara 定理[31] 和滑行方法证明系统 (6.1) 的行波解的渐近行为和唯一性. 首先, 粗略估计行波解在负无穷远处小指数衰减率, 然后, 利用逼近思想得到衰减率, 并证明了行波解的第二部分在负无穷远处的渐近行为, 而行波解的第一部分在负无穷远处有两种可能的渐近行为. 为了得到精确的衰减率, 在某些条件下, 进一步利用唯一性得到了系统 (6.5) 的任意非减行波解的第一部分在负无穷远处的精确指数衰减率, 该衰减率为行波系统的第一个方程在 $(0,0)$ 点的线性化系统的特征方程的最小特征值.

6.1.1 行波解的存在性

本节采用 $\mathbb{R}^2$ 中标准的序关系. 系统 (6.5) 的行波解具有形式 $(u_n(x), v_n(x))$: $=(\phi(\xi), \psi(\xi)), \xi = x + cn, \xi \in \mathbb{R}$, 波速 $c > 0$. 如果 $(\phi(\xi), \psi(\xi))$ 对 $\xi \in \mathbb{R}$ 单调递

增, 则称其为波前解. 将 $(\phi(\xi),\psi(\xi))$ 代入 (6.5), 令 $\tilde{\xi}=\xi+c, \tilde{y}=x-y+c$, 并去掉波浪线, 那么系统 (6.5) 有连接 $(0,0)$ 和 $(1,1)$ 的波前解当且仅当系统

$$
\begin{cases}
\phi(\xi) = \displaystyle\int_{\mathbb{R}} \frac{1}{\sqrt{4\pi d_1}} e^{-\frac{(y-c)^2}{4d_1}} \frac{(1+\rho_1)\phi(\xi-y)}{1+\rho_1[\alpha_1+\phi(\xi-y)-\alpha_1\psi(\xi-y)]} dy, \\[3mm]
\psi(\xi) = \displaystyle\int_{\mathbb{R}} \frac{1}{\sqrt{4\pi d_2}} e^{-\frac{(y-c)^2}{4d_2}} \frac{\alpha_2\rho_2\phi(\xi-y)+\psi(\xi-y)}{1+\rho_2[1-\psi(\xi-y)+\alpha_2\phi(\xi-y)]} dy
\end{cases}
\tag{6.6}
$$

关于渐近边界条件

$$
\lim_{\xi\to-\infty}(\phi(\xi),\psi(\xi)) = \mathbf{0} := (0,0), \quad \lim_{\xi\to\infty}(\phi(\xi),\psi(\xi)) = \mathbf{1} := (1,1)
\tag{6.7}
$$

在 $\mathbb{R}$ 上有单调解.

系统 (6.6) 的第一个方程在 $\mathbf{0}$ 点的线性化方程的特征方程是 $\Delta_1(\lambda,c)=0$, 其中

$$
\Delta_1(\lambda,c) := 1 - \int_{\mathbb{R}} \frac{1}{\sqrt{4\pi d_1}} e^{-\frac{(y-c)^2}{4d_1}-\lambda y+\ln\frac{1+\rho_1}{1+\rho_1\alpha_1}} dy = 1 - e^{d_1\lambda^2-c\lambda+\ln\frac{1+\rho_1}{1+\rho_1\alpha_1}}.
\tag{6.8}
$$

当 $c > c_0 := 2\sqrt{d_1\ln\dfrac{1+\rho_1}{1+\rho_1\alpha_1}}$ 时, $\Delta_1(\lambda,c)=0$ 有两个实根

$$
\lambda_1 = \frac{c-\sqrt{c^2-4d_1\ln\dfrac{1+\rho_1}{1+\rho_1\alpha_1}}}{2d_1} > 0, \quad \lambda_2 = \frac{c+\sqrt{c^2-4d_1\ln\dfrac{1+\rho_1}{1+\rho_1\alpha_1}}}{2d_1} > 0.
$$

令

$$
\Delta_2(\lambda,c) := 1 - \int_{\mathbb{R}} \frac{1}{\sqrt{4\pi d_2}} e^{-\frac{(y-c)^2}{4d_2}-\lambda y-\ln(1+\rho_2)} dy = 1 - e^{d_2\lambda^2-c\lambda-\ln(1+\rho_2)}.
\tag{6.9}
$$

那么对于所有 $c > 0$, $\Delta_2(\lambda,c)=0$ 有唯一的正根

$$
\lambda_3 = \frac{c+\sqrt{c^2+4d_2\ln(1+\rho_2)}}{2d_2} > 0 \quad 且 \quad \Delta_2(\lambda,c) < 0, \lambda \in (0,\lambda_3).
$$

定义 6.1.1 ([121]) 称连续向量函数 $(\phi(\xi),\psi(\xi)) \in C(\mathbb{R},\mathbb{R}^2)$ 为 (6.6) 的上 (下) 解, 如果

$$
\begin{cases}
\phi(\xi) \geqslant (\leqslant) \displaystyle\int_{\mathbb{R}} \frac{1}{\sqrt{4\pi d_1}} e^{-\frac{(y-c)^2}{4d_1}} \frac{(1+\rho_1)\phi(\xi-y)}{1+\rho_1[\alpha_1+\phi(\xi-y)-\alpha_1\psi(\xi-y)]} dy, \\[3mm]
\psi(\xi) \geqslant (\leqslant) \displaystyle\int_{\mathbb{R}} \frac{1}{\sqrt{4\pi d_2}} e^{-\frac{(y-c)^2}{4d_2}} \frac{\alpha_2\rho_2\phi(\xi-y)+\psi(\xi-y)}{1+\rho_2[1-\psi(\xi-y)+\alpha_2\phi(\xi-y)]} dy.
\end{cases}
$$

下面构造 (6.6) 的上下解. 对于 $c > c_0$, 取 $\eta \in \left(1, \min\left\{2, \dfrac{\lambda_2}{\lambda_1}\right\}\right)$. 定义如下连续函数

$$\bar{\phi}(\xi) = \bar{\psi}(\xi) = \begin{cases} e^{\lambda_1 \xi}, & \xi \leqslant 0, \\[2mm] 1, & \xi > 0, \end{cases}$$

$$\underline{\phi}(\xi) = \begin{cases} e^{\lambda_1 t} - q e^{\eta\lambda_1 \xi}, & \xi \leqslant \xi_0, \\[2mm] 0, & \xi > \xi_0, \end{cases} \qquad \underline{\psi}(\xi) \equiv 0, \xi \in \mathbb{R},$$

其中 $q > 0$ 充分大, 将在后面确定. 由参数 η 的选择知, $\Delta_1(\eta\lambda_1, c) > 0$.

引理 6.1.1([121]) 假设 $d_1 \geqslant d_2$, (6.3) 和

$$\frac{1 + \rho_1}{1 + \rho_1 \alpha_1} \geqslant \frac{1 + \rho_2 \alpha_2}{1 + \rho_2} \tag{6.10}$$

成立, 则 $(\bar{\phi}(\xi), \bar{\psi}(\xi))$ 和 $(\underline{\phi}(\xi), \underline{\psi}(\xi))$ 分别是 (6.6) 的上解和下解.

证明 对于 $\bar{\phi}(\xi)$, 当 $\xi \leqslant 0$ 时, 因为对于 y 和 $\alpha_1 < 1$, $\bar{\psi}(\xi - y) = \bar{\phi}(\xi - y) \leqslant e^{\lambda_1(\xi - y)}$, 所以

$$\bar{\phi}(\xi) - \int_{\mathbb{R}} \frac{1}{\sqrt{4\pi d_1}} e^{-\frac{(y-c)^2}{4d_1}} \frac{(1 + \rho_1)\bar{\phi}(\xi - y)}{1 + \rho_1[\alpha_1 + \bar{\phi}(\xi - y) - \alpha_1 \bar{\psi}(\xi - y)]} dy,$$

$$\geqslant \bar{\phi}(\xi) - \int_{\mathbb{R}} \frac{1}{\sqrt{4\pi d_1}} e^{-\frac{(y-c)^2}{4d_1}} \frac{(1 + \rho_1)}{1 + \rho_1 \alpha_1} \bar{\phi}(\xi - y) dy$$

$$\geqslant e^{\lambda_1 \xi} \left(1 - \int_{\mathbb{R}} \frac{1}{\sqrt{4\pi d_1}} e^{-\frac{(y-c)^2}{4d_1} - \lambda_1 y + \ln\frac{1+\rho_1}{1+\rho_1\alpha_1}} dy\right) = \Delta_1(\lambda_1, c) = 0.$$

当 $\xi \geqslant 0$ 时, 因为对于任意 $y, \bar{\phi}(\xi - y) = \bar{\psi}(\xi - y) \leqslant 1$ 和 $\dfrac{(1 + \rho_1)t}{1 + \rho_1(\alpha_1 + t - \alpha_1 s)}$ 关于 t 和 s 单调非减, 所以结论是显然的.

对于 $\bar{\psi}(\xi)$, 当 $\xi \leqslant 0$ 时, 因为对任意 y 和 $\alpha_2 > 1$, $\bar{\psi}(\xi - y) = \bar{\phi}(\xi - y) \leqslant e^{\lambda_1(\xi - y)}$, 所以

$$\bar{\psi}(\xi) - \int_{\mathbb{R}} \frac{1}{\sqrt{4\pi d_2}} e^{-\frac{(y-c)^2}{4d_2}} \frac{\alpha_2 \rho_2 \bar{\phi}(\xi - y) + \bar{\psi}(\xi - y)}{1 + \rho_2[1 - \bar{\psi}(\xi - y) + \alpha_2 \bar{\phi}(\xi - y)]} dy$$

$$\geqslant \bar{\psi}(\xi) - \int_{\mathbb{R}} \frac{1}{\sqrt{4\pi d_2}} e^{-\frac{(y-c)^2}{4d_2}} \frac{1 + \alpha_2 \rho_2}{1 + \rho_2} \bar{\phi}(\xi - y) dy$$

$$\geqslant e^{\lambda_1\xi}\left(1 - \int_{\mathbb{R}} \frac{1}{\sqrt{4\pi d_2}} e^{-\frac{(y-c)^2}{4d_2} - \lambda_1 y + \ln\frac{1+\rho_2\alpha_2}{1+\rho_2}} dy\right)$$

$$\geqslant e^{\lambda_1\xi}\left(1 - \int_{\mathbb{R}} \frac{1}{\sqrt{4\pi d_1}} e^{-\frac{(y-c)^2}{4d_1} - \lambda_1 y + \ln\frac{1+\rho_1}{1+\rho_1\alpha_1}} dy\right) \quad (\text{由} d_1 \geqslant d_2 \text{ 和 } (6.10))$$

$$= \Delta_1(\lambda_1, c) = 0.$$

当 $\xi > 0$ 时, 因为对于任意 $y, \bar{\phi}(\xi - y) = \bar{\psi}(\xi - y) \leqslant 1$ 和 $\dfrac{\alpha_2\rho_2 t + s}{1 + \rho_2(1 - s + \alpha_2 t)}$ 关于 t 和 s 是非减的, 所以结论是显然的.

对于 $\underline{\phi}(\xi)$, 当 $\xi > \xi_0$ 时, 结论是显然的. 当 $\xi \leqslant \xi_0$ 时, 对任意 $y, \underline{\phi}(\xi - y) = \max\{0, e^{\lambda_1(\xi-y)} - qe^{\eta\lambda_1(\xi-y)}\}$. 若 $e^{\lambda_1(\xi-y)} - qe^{\eta\lambda_1(\xi-y)} > 0, \underline{\phi}^2(\xi - y) = (e^{\lambda_1(\xi-y)} - qe^{\eta\lambda_1(\xi-y)})(e^{\lambda_1(\xi-y)} - qe^{\eta\lambda_1(\xi-y)}) \leqslant e^{\lambda_1(\xi-y)}(e^{\lambda_1(\xi-y)} - qe^{\eta\lambda_1(\xi-y)}) \leqslant e^{2\lambda_1(\xi-y)}$. 若 $e^{\lambda_1(\xi-y)} - qe^{\eta\lambda_1(\xi-y)} \leqslant 0, \underline{\phi}^2(\xi - y) = 0 \leqslant e^{2\lambda_1(\xi-y)}$. 因此, 由 $\underline{\psi}(\xi - y) = 0$ 可推出

$$\underline{\phi}(\xi) - \int_{\mathbb{R}} \frac{1}{\sqrt{4\pi d_1}} e^{-\frac{(y-c)^2}{4d_1}} \frac{(1+\rho_1)\underline{\phi}(\xi - y)}{1 + \rho_1[\alpha_1 + \underline{\phi}(\xi - y) - \alpha_1\underline{\psi}(\xi - y)]} dy$$

$$= \underline{\phi}(\xi) - \int_{\mathbb{R}} \frac{1}{\sqrt{4\pi d_1}} e^{-\frac{(y-c)^2}{4d_1}} \left\{ \frac{(1+\rho_1)}{1 + \rho_1\alpha_1} \underline{\phi}(\xi - y) \right.$$

$$\left. - \frac{\rho_1(1+\rho_1)\underline{\phi}^2(\xi - y)}{(1 + \rho_1\alpha_1)[1 + \rho_1(\alpha_1 + \underline{\phi}(\xi - y))]} \right\} dy$$

$$\leqslant -qe^{\eta\lambda_1\xi}\Delta_1(\eta\lambda, c) + \int_{\mathbb{R}} \frac{1}{\sqrt{4\pi d_1}} e^{-\frac{(y-c)^2}{4d_1}} \frac{\rho_1(1+\rho_1)}{(1+\rho_1\alpha_1)^2} \underline{\phi}^2(\xi - y) dy$$

$$\leqslant -qe^{\eta\lambda_1\xi}\Delta_1(\eta\lambda, c) + \frac{\rho_1(1+\rho_1)e^{2\lambda_1\xi}}{(1+\rho_1\alpha_1)^2} \int_{\mathbb{R}} \frac{1}{\sqrt{4\pi d_1}} e^{-\frac{(y-c)^2}{4d_1} - 2\lambda_1 y} dy$$

$$= e^{\eta\lambda_1\xi}\left[-q\Delta_1(\eta\lambda, c) + \frac{\rho_1(1+\rho_1)}{(1+\rho_1\alpha_1)^2} e^{4d\lambda_1^2 - 2c\lambda_1} e^{(2-\eta)\lambda_1\xi}\right]$$

$$\leqslant 0.$$

最后一个不等式成立是因为对于充分大的 $q > 0, \xi_0(q) \ll 0$ 足够小.

对于 $\underline{\psi}(\xi) \equiv 0$, 结论是显然的.   □

类似文 [139] 中定理 2.6 的证明过程, 利用上下解方法和 Schauder 不动点定理可以证明如下行波解的存在性结果.

定理 6.1.1([121], 存在性) 假设 $d_1 \geqslant d_2$, (6.3) 和 (6.10) 成立. 则对于 $c > c_0$, 系统 (6.5) 有连接 **0** 和 **1** 的波前解 $(\phi(\xi), \psi(\xi))$, 且 $\lim\limits_{\xi \to -\infty} \phi(\xi)e^{-\lambda_1\xi} = 1$.

附注 6.1.1 ([121]) 定理 6.1.1 的证明与文 [139] 中的证明类似. 然而, [139] 的结果不能直接应用到系统 (6.5). 注意到 [139] 中 $Q_i(i = 1, 2)$ 是交错保序的, 而 (6.5) 中 $Q_i(i = 1, 2)$ 是保序的. 因此, 只需要求上下解满足

$$\lim_{\xi \to -\infty} (\underline{\phi}(\xi), \underline{\psi}(\xi)) = \lim_{\xi \to -\infty} (\bar{\phi}(\xi), \bar{\psi}(\xi)) = \mathbf{0},$$

$$\lim_{\xi \to \infty} (\bar{\phi}(\xi), \bar{\psi}(\xi)) = \mathbf{1}, \quad (\underline{\phi}(\xi), \underline{\psi}(\xi)) \neq \mathbf{0},$$

定义 Γ 为

$$\Gamma = \left\{ (\phi, \psi) \in C_{[\mathbf{0},\mathbf{1}]}(\mathbb{R}, \mathbb{R}^2) : \begin{array}{ll} \text{(i)} & (\underline{\phi}(\xi), \underline{\psi}(\xi)) \leqslant (\phi(\xi), \psi(\xi)) \\ & \leqslant (\bar{\phi}(\xi), \bar{\psi}(\xi)), \xi \in \mathbb{R}; \\ \text{(ii)} & (\phi(\xi), \psi(\xi)) \text{ 在 } \xi \in \mathbb{R} \text{ 上非减.} \end{array} \right\}.$$

则 $(\bar{\phi}(\xi), \bar{\psi}(\xi)) \in \Gamma$ 是非空的如果 $(\bar{\phi}(\xi), \bar{\psi}(\xi))$ 关于 $\xi \in \mathbb{R}$ 非减.

6.1.2 渐近行为

基于文 [117] 中定理 3.1 和文 [133] 中定理 3.1, 我们首先建立系统 (6.5) 行波解的另一个存在性结果. 注意到下面行波解的存在性结果也可以利用 Wang 等[225] 的结果得到, 尽管他们的结果主要是针对非单调系统的, 但是这些结果也可以应用到单调系统.

引理 6.1.2([121], 存在性) 假设

$$\left(\frac{1 + \rho_1}{1 + \rho_1 \alpha_1} \right)^{2 - \frac{d_2}{d_1}} \geqslant \frac{1 + \rho_2 \max\{\alpha_1 \alpha_2, 1\}}{1 + \rho_2}. \tag{6.11}$$

则对于 $c \geqslant c_0$, 系统 (6.5) 有连接 $\mathbf{0}$ 和 $\mathbf{1}$ 的行波解.

证明 由文 [117] 中定理 3.1 和文 [133] 中定理 3.1 知, 只需验证文 [117] 中线性决定条件 (3.10). 因为

$$k_i(y, dy) = \frac{1}{\sqrt{4\pi d_i}} e^{-\frac{(y-c)^2}{4d_i}} \, dy, \quad i = 1, 2,$$

所以

$$\bar{k}_i(\mu) = \int_{\mathbb{R}} e^{\mu y} k_i(y, dy) = \int_{\mathbb{R}} e^{\mu y} \frac{1}{\sqrt{4\pi d_i}} e^{-\frac{(y-c)^2}{4d_i}} \, dy = e^{d_i \mu^2}, \quad i = 1, 2.$$

从文 [117] 中 (3.9) 易知

$$\bar{c} = \inf_{\mu>0}\left\{\mu^{-1}\ln\left[\bar{k}_1(\mu)\frac{1+\rho_1}{1+\rho_1\alpha_1}\right]\right\} = \inf_{\mu>0}\left\{d_1\mu + \frac{\ln\dfrac{1+\rho_1}{1+\rho_1\alpha_1}}{\mu}\right\}$$

在 $\bar{\mu} = \sqrt{\dfrac{1}{d_1}\ln\dfrac{1+\rho_1}{1+\rho_1\alpha_1}}$ 处达到最小值 $\bar{c}_{\min} = 2\sqrt{d_1\ln\dfrac{1+\rho_1}{1+\rho_1\alpha_1}} = c_0$. 文 [117] 中的条件 (3.10) 变为 (6.11). $\square$

现在给出 (6.6) 和 (6.7) 的非负解的性质.

引理 6.1.3 ([121])　令 $0 \leqslant (\phi, \psi) \leqslant 1$ 是 (6.6) 和 (6.7) 的任意非负解, 则 $0 < \phi, \psi < 1$.

证明　首先证明 $\phi, \psi > 0$. 若存在 ξ_0 使得 $\phi(\xi_0) = 0$, 那么

$$\begin{aligned}
0 = \phi(\xi_0) &= \int_{\mathbb{R}}\frac{1}{\sqrt{4\pi d_1}}e^{-\frac{(y-c)^2}{4d_1}}\frac{(1+\rho_1)\phi(\xi_0-y)}{1+\rho_1[\alpha_1+\phi(\xi_0-y)-\alpha_1\psi(\xi_0-y)]}dy\\
&\geqslant \frac{(1+\rho_1)}{1+\rho_1(1+\alpha_1)}\int_{\mathbb{R}}\frac{1}{\sqrt{4\pi d_1}}e^{-\frac{(y-c)^2}{4d_1}}\phi(\xi_0-y)dy\\
&> 0,
\end{aligned}$$

这蕴含着 $\phi(\xi) \equiv 0$, 矛盾. 类似地, $\psi > 0$. 令 $\phi^* = 1-\phi, \psi^* = 1-\psi$, 代入 (6.6), 类似可证 $\phi, \psi < 1$. $\square$

定义

$$L(\lambda, \varphi) = \int_{-\infty}^{\infty}\varphi(\xi)e^{-\lambda\xi}d\xi,$$

其中 $\varphi : \mathbb{R} \to \mathbb{R}$ 是连续函数, 那么对于 (6.6) 和 (6.7) 的任意非减解 $(\phi(\xi), \psi(\xi))$ 有如下奇异性.

引理 6.1.4 ([121])　假设 (6.3) 且 $(\phi(\xi), \psi(\xi))$ 是当 $c \geqslant c_0$ 时, (6.6) 和 (6.7) 的任意非减解, 那么 (i) $L(\lambda, \phi) < \infty, \lambda \in (0, \Lambda)$ 和 $L(\lambda, \phi) = \infty, \lambda \in \mathbb{R} \setminus (0, \Lambda)$, 其中 $\Lambda \in \{\lambda_1, \lambda_2\}$; (ii) $L(\lambda, \psi) < \infty, \lambda \in (0, \gamma)$ 和 $L(\lambda, \psi) = \infty, \lambda \in \mathbb{R} \setminus (0, \gamma)$, 其中 $\gamma = \min\{\Lambda, \lambda_3\}$.

证明　首先证明存在 $\lambda' > 0$ 和 $\sigma > 0$ 使得 $L(\lambda, \phi) < \infty, \lambda \in (0, \lambda')$ 和 $L(\lambda, \psi) < \infty, \lambda \in (0, \sigma)$. 只需寻找 $\lambda' > 0$ 和 $\sigma > 0$ 满足 $\sup_{\xi \in \mathbb{R}}\phi(\xi)e^{-\lambda'\xi} < \infty$ 和

$$\sup_{\xi \in \mathbb{R}} \psi(\xi)e^{-\sigma\xi} < \infty. \quad \diamondsuit \quad 0 < \nu < \frac{\rho_1(1-\alpha_1)}{1+2\rho_1} < 1. \text{ 那么}$$

$$\frac{(1+\rho_1)(1-\nu)}{1+\rho_1(\alpha_1+\nu)} > 1. \tag{6.12}$$

由于

$$\int_{\mathbb{R}} \frac{1}{\sqrt{4\pi d_1}} e^{-\frac{(y-c)^2}{4d_1}} dy = 1 \quad \text{和} \quad \lim_{\xi \to -\infty} (\phi(\xi), \psi(\xi)) = \mathbf{0},$$

所以可取充分大的 $y_0 = y_0(\nu)$ 使得

$$\int_{-\infty}^{y_0} \frac{1}{\sqrt{4\pi d_1}} e^{-\frac{(y-c)^2}{4d_1}} dy \geqslant 1 - \nu \quad \text{和} \quad \phi(\xi - y_0) - \alpha_1 \psi(\xi - y_0) \leqslant \nu, \quad \forall \xi < 0.$$

从 (6.6) 的第一个方程, 并结合 $(\phi(\xi), \psi(\xi))$ 的单调性可推出对任意的 $\xi < 0$, 有

$$
\begin{aligned}
\phi(\xi) &= \int_{\mathbb{R}} \frac{1}{\sqrt{4\pi d_1}} e^{-\frac{(y-c)^2}{4d_1}} \frac{(1+\rho_1)\phi(\xi-y)}{1+\rho_1[\alpha_1+\phi(\xi-y)-\alpha_1\psi(\xi-y)]} dy \\
&\geqslant \int_{-\infty}^{y_0} \frac{1}{\sqrt{4\pi d_1}} e^{-\frac{(y-c)^2}{4d_1}} \frac{(1+\rho_1)\phi(\xi-y)}{1+\rho_1[\alpha_1+\phi(\xi-y)-\alpha_1\psi(\xi-y)]} dy \\
&\geqslant \int_{-\infty}^{y_0} \frac{1}{\sqrt{4\pi d_1}} e^{-\frac{(y-c)^2}{4d_1}} \frac{(1+\rho_1)\phi(\xi-y_0)}{1+\rho_1[\alpha_1+\phi(\xi-y_0)-\alpha_1\psi(\xi-y_0)]} dy \\
&\geqslant \frac{(1+\rho_1)(1-\nu)}{1+\rho_1(\alpha_1+\nu)} \phi(\xi-y_0).
\end{aligned}
$$

令 $h(\xi) = \phi(\xi)e^{-\lambda'\xi}, \lambda' = \dfrac{1}{y_0} \ln \dfrac{(1+\rho_1)(1-\nu)}{1+\rho_1(\alpha_1+\nu)} > 0$, 由 (6.12) 知

$$h(\xi - y_0) \leqslant h(\xi), \quad \forall \xi < 0, \tag{6.13}$$

这蕴含着 $h(\xi)$ 在 $(-\infty, 0]$ 上是有界的, 这是因为 $h(\xi)$ 在 $[-y_0, 0]$ 上是有界的, 进一步, 因为 $\lim\limits_{\xi \to \infty} \phi(\xi) = 1$, 所以 $0 < \sup\limits_{\xi \in \mathbb{R}} \phi(\xi)e^{-\lambda'\xi} < \infty$, 从而有 $L(\lambda, \phi) < \infty, \lambda \in (0, \lambda')$.

为了寻找 σ, (6.6) 的第二个方程两边乘以 $e^{-\lambda\xi}, 0 < \lambda < \lambda'$, 并从 z 到 ∞ 积分可得

$$
\begin{aligned}
&\int_z^\infty \psi(\xi)e^{-\lambda\xi} d\xi \\
&= \int_z^\infty \int_{-\infty}^\infty \frac{1}{\sqrt{4\pi d_2}} e^{-\frac{(y-c)^2}{4d_2}} \frac{[\alpha_2\rho_2\phi(\xi-y)+\psi(\xi-y)]e^{-\lambda\xi}}{1+\rho_2[1-\psi(\xi-y)+\alpha_2\phi(\xi-y)]} dy d\xi
\end{aligned}
$$

$$= \int_z^\infty \int_{-\infty}^\infty \frac{1}{\sqrt{4\pi d_2}} e^{-\frac{(y-c)^2}{4d_2}} \frac{\alpha_2 \rho_2 \phi(\xi-y) e^{-\lambda\xi}}{1+\rho_2[1-\psi(\xi-y)+\alpha_2\phi(\xi-y)]} dy d\xi$$

$$+ \int_z^\infty \int_{-\infty}^\infty \frac{1}{\sqrt{4\pi d_2}} e^{-\frac{(y-c)^2}{4d_2}} \frac{\psi(\xi-y) e^{-\lambda\xi}}{1+\rho_2[1-\psi(\xi-y)+\alpha_2\phi(\xi-y)]} dy d\xi$$

$$:= I_1 + I_2, \tag{6.14}$$

其中

$$I_1 \leqslant \int_{-\infty}^\infty \int_{-\infty}^\infty \frac{1}{\sqrt{4\pi d_2}} e^{-\frac{(y-c)^2}{4d_2}} \alpha_2 \rho_2 \phi(\xi-y) e^{-\lambda\xi} dy d\xi$$

$$= \int_{-\infty}^\infty \int_{-\infty}^\infty \frac{1}{\sqrt{4\pi d_2}} e^{-\frac{(y-c)^2}{4d_2}} \alpha_2 \rho_2 \phi(\xi-y) e^{-\lambda\xi} d\xi dy$$

$$= \int_{-\infty}^\infty \int_{-\infty}^\infty \frac{1}{\sqrt{4\pi d_2}} e^{-\frac{(y-c)^2}{4d_2}} \alpha_2 \rho_2 \phi(\tilde\xi) e^{-\lambda\tilde\xi} e^{-\lambda y} d\tilde\xi dy$$

$$= \alpha_2 \rho_2 e^{d_2\lambda^2 - c\lambda} L(\lambda, \phi),$$

$$I_2 = \int_z^\infty \int_{-\infty}^\infty \frac{1}{\sqrt{4\pi d_2}} e^{-\frac{(y-c)^2}{4d_2}} \frac{\psi(\xi-y) e^{-\lambda\xi}}{1+\rho_2[1-\psi(\xi-y)+\alpha_2\phi(\xi-y)]} dy d\xi$$

$$= \int_{-\infty}^\infty \int_{z-y}^\infty \frac{1}{\sqrt{4\pi d_2}} e^{-\frac{(y-c)^2}{4d_2}} \frac{\psi(\tilde\xi) e^{-\lambda\tilde\xi} e^{-\lambda y}}{1+\rho_2[1-\psi(\tilde\xi)+\alpha_2\phi(\tilde\xi)]} d\tilde\xi dy$$

$$= \int_{-\infty}^\infty \left(\int_z^\infty + \int_{z-y}^z \right) \frac{1}{\sqrt{4\pi d_2}} e^{-\frac{(y-c)^2}{4d_2}} \frac{\psi(\tilde\xi) e^{-\lambda\tilde\xi} e^{-\lambda y}}{1+\rho_2[1-\psi(\tilde\xi)+\alpha_2\phi(\tilde\xi)]} d\tilde\xi dy$$

$$\leqslant e^{d_2\lambda^2 - c\lambda} \int_z^\infty \frac{\psi(\tilde\xi) e^{-\lambda\tilde\xi}}{1+\rho_2[1-\psi(\tilde\xi)+\alpha_2\phi(\tilde\xi)]} d\tilde\xi$$

$$+ \int_{-\infty}^\infty \int_{z-|y|}^z \frac{1}{\sqrt{4\pi d_2}} e^{-\frac{(y-c)^2}{4d_2}} \psi(\tilde\xi) e^{-\lambda\tilde\xi} e^{-\lambda y} d\tilde\xi dy$$

$$\leqslant e^{d_2\lambda^2 - c\lambda} \int_z^\infty \frac{\psi(\tilde\xi) e^{-\lambda\tilde\xi}}{1+\rho_2[1-\psi(\tilde\xi)+\alpha_2\phi(\tilde\xi)]} d\tilde\xi$$

$$+ \int_{-\infty}^\infty \frac{1}{\sqrt{4\pi d_2}} e^{-\frac{(y-c)^2}{4d_2}} |y| \psi(z) e^{-\lambda(z-|y|)} e^{-\lambda y} dy$$

$$= e^{d_2\lambda^2 - c\lambda} \int_z^\infty \frac{\psi(\tilde\xi) e^{-\lambda\tilde\xi}}{1+\rho_2[1-\psi(\tilde\xi)+\alpha_2\phi(\tilde\xi)]} d\tilde\xi + P(\lambda)\psi(z) e^{-\lambda z},$$

其中 $\tilde\xi = \xi - y$, $P(\lambda) := \int_{-\infty}^\infty \frac{1}{\sqrt{4\pi d_2}} e^{-\frac{(y-c)^2}{4d_2}} |y| e^{\lambda|y|} e^{-\lambda y} dy$. 注意到 $0 < P(\lambda) < \infty$.

因为

$$\text{当 } \lambda \to 0 \text{ 时,} \quad \frac{1}{e\lambda}\left(1 - \frac{1}{1 + \frac{1}{2}\rho_2}e^{d_2\lambda^2 - c\lambda}\right) - P(\lambda) \to \infty,$$

所以, 存在 $\lambda_0 > 0$ 使得对于 $\lambda \leqslant \lambda_0$,

$$\frac{1}{e\lambda}\left(1 - \frac{1}{1 + \frac{1}{2}\rho_2}e^{d_2\lambda^2 - c\lambda}\right) - P(\lambda) > 0.$$

固定 $\lambda \in (0, \min\{\lambda', \lambda_0\})$, 可取 $z_0 < 0$ 足够小使得对于 $\xi \leqslant z_0 + \frac{1}{\lambda}$, $1 - \psi(\xi) + \alpha_2\phi(\xi) \geqslant \frac{1}{2}$. 从 (6.14) 可推出, 对任意 $z \leqslant z_0$, $\lambda \leqslant \frac{c}{d_2}$,

$$\alpha_2\rho_2 e^{d_2\lambda^2 - c\lambda}L(\lambda, \phi)$$

$$\geqslant \int_z^\infty \left\{\psi(\xi)e^{-\lambda\xi}d\xi - e^{d_2\lambda^2 - c\lambda}\frac{\psi(\xi)e^{-\lambda\xi}}{1 + \rho_2[1 - \psi(\xi) + \alpha_2\phi(\xi)]}\right\}d\xi - P(\lambda)\psi(z)e^{-\lambda z}$$

$$\geqslant \int_z^{z+\frac{1}{\lambda}} \left\{\psi(\xi)e^{-\lambda\xi}d\xi - e^{d_2\lambda^2 - c\lambda}\frac{\psi(\xi)e^{-\lambda\xi}}{1 + \rho_2[1 - \psi(\xi) + \alpha_2\phi(\xi)]}\right\}d\xi - P(\lambda)\psi(z)e^{-\lambda z}$$

$$\geqslant \left(1 - \frac{1}{1 + \frac{1}{2}\rho_2}e^{d_2\lambda^2 - c\lambda}\right)\int_z^{z+\frac{1}{\lambda}}\psi(\xi)e^{-\lambda\xi}d\xi - P(\lambda)\psi(z)e^{-\lambda z}$$

$$\geqslant \left(1 - \frac{1}{1 + \frac{1}{2}\rho_2}e^{d_2\lambda^2 - c\lambda}\right)\psi(z)\frac{1}{\lambda}e^{-\lambda(z+\frac{1}{\lambda})} - P(\lambda)\psi(z)e^{-\lambda z}$$

$$= \left[\frac{1}{e\lambda}\left(1 - \frac{1}{1 + \frac{1}{2}\rho_2}e^{d_2\lambda^2 - c\lambda}\right) - P(\lambda)\right]\psi(z)e^{-\lambda z},$$

这蕴含着存在 $\sigma \in \left(0, \min\left\{\frac{c}{d_2}, \lambda', \lambda_0\right\}\right)$ 使得 $0 < \sup\limits_{z \leqslant z_0}\phi(z)e^{-\sigma z} < \infty$. 又由于 $\lim\limits_{z \to \infty}\psi(z) = 1$, 所以 $0 < \sup\limits_{z \in \mathbb{R}}\psi(z)e^{-\sigma z} < \infty$.

现在证明 $\max\lambda' = \Lambda, \max\sigma = \gamma$. (6.6) 的第一个方程两边乘以 $e^{-\lambda\xi}$, $\lambda > 0$,

并从 $-\infty$ 到 ∞ 积分可得

$$
\begin{aligned}
\Delta_1(\lambda,c)L(\lambda,\phi) &= \frac{\rho_1(1+\rho_1)}{1+\rho_1\alpha_1}\int_{-\infty}^{\infty}\int_{-\infty}^{\infty}\frac{1}{\sqrt{4\pi d_1}}e^{-\frac{(y-c)^2}{4d_1}}W(\xi-y)e^{-\lambda\xi}dyd\xi\\
&= \frac{\rho_1(1+\rho_1)}{1+\rho_1\alpha_1}\int_{-\infty}^{\infty}\int_{-\infty}^{\infty}\frac{1}{\sqrt{4\pi d_1}}e^{-\frac{(y-c)^2}{4d_1}}W(\xi-y)e^{-\lambda\xi}d\xi dy\\
&= \frac{\rho_1(1+\rho_1)}{1+\rho_1\alpha_1}\int_{-\infty}^{\infty}\int_{-\infty}^{\infty}\frac{1}{\sqrt{4\pi d_1}}e^{-\frac{(y-c)^2}{4d_1}-\lambda y}W(\tilde\xi)e^{-\lambda\tilde\xi}d\tilde\xi dy\\
&= \frac{\rho_1(1+\rho_1)}{1+\rho_1\alpha_1}e^{d_1\lambda^2-c\lambda}\int_{-\infty}^{\infty}W(\tilde\xi)e^{-\lambda\tilde\xi}d\tilde\xi,
\end{aligned}\tag{6.15}
$$

其中 $W(\xi):=\dfrac{\phi(\xi)[\alpha_1\psi(\xi)-\phi(\xi)]}{1+\rho_1[\alpha_1+\phi(\xi)-\alpha_1\psi(\xi)]}$, $\tilde\xi=\xi-y$. 那么 $\max\lambda'$ 一定是有限的, 否则, 可取 $\lambda>\lambda_2$ 足够大满足 $e^{d_1\lambda^2-c\lambda}>1+\rho_1\alpha_1$, 这等价于 $\Delta_1(\lambda,c)<-\dfrac{\rho_1}{1+\rho_1\alpha_1}e^{d_1\lambda^2-c\lambda}$. 结合 $\psi(\xi)\leqslant1$ 可得

$$
\begin{aligned}
\int_{-\infty}^{\infty}\frac{\phi(\tilde\xi)[\alpha_1\psi(\tilde\xi)-\phi(\tilde\xi)]e^{-\lambda\tilde\xi}}{1+\rho_1[\alpha_1+\phi(\tilde\xi)-\alpha_1\psi(\tilde\xi)]}d\tilde\xi &\geqslant -\int_{-\infty}^{\infty}\frac{\phi^2(\tilde\xi)e^{-\lambda\tilde\xi}}{1+\rho_1[\alpha_1+\phi(\tilde\xi)-\alpha_1\psi(\tilde\xi)]}d\tilde\xi\\
&\geqslant -\frac{1}{1+\rho_1}\int_{-\infty}^{\infty}\phi(\tilde\xi)e^{-\lambda\tilde\xi}d\tilde\xi\\
&= -\frac{1}{1+\rho_1}L(\lambda,\phi).
\end{aligned}
$$

由 $0<L(\lambda,\phi)<\infty$ 和 (6.15) 可得到矛盾. 因为 (6.15) 的左边和右边分别在 $\lambda\in(0,\lambda')$ 和 $\lambda\in(0,\min\{2\lambda',\lambda'+\sigma\})$ 上有定义, 断定 $L(\lambda,\phi)$ 的奇异点一定是 $\Delta_1(\lambda,c)=0$ 的根. 否则, $\max\lambda'$ 是无限的, 矛盾.

类似地, (6.6) 的第二个方程两边乘以 $e^{-\lambda\xi},\lambda>0$, 从 $-\infty$ 到 ∞ 积分可得

$$
\begin{aligned}
\Delta_2(\lambda,c)L(\lambda,\psi) &= \frac{1}{1+\rho_2}\int_{-\infty}^{\infty}\int_{-\infty}^{\infty}\frac{1}{\sqrt{4\pi d_2}}e^{-\frac{(y-c)^2}{4d_2}}V(\xi-y)e^{-\lambda\xi}dyd\xi\\
&= \frac{1}{1+\rho_2}\int_{-\infty}^{\infty}\int_{-\infty}^{\infty}\frac{1}{\sqrt{4\pi d_2}}e^{-\frac{(y-c)^2}{4d_2}}V(\xi-y)e^{-\lambda\xi}d\xi dy\\
&= \frac{1}{1+\rho_2}\int_{-\infty}^{\infty}\int_{-\infty}^{\infty}\frac{1}{\sqrt{4\pi d_2}}e^{-\frac{(y-c)^2}{4d_2}-\lambda y}V(\tilde\xi)e^{-\lambda\tilde\xi}d\tilde\xi dy\\
&= \frac{1}{1+\rho_2}e^{d_2\lambda^2-c\lambda}\int_{-\infty}^{\infty}V(\tilde\xi)e^{-\lambda\tilde\xi}d\tilde\xi,
\end{aligned}\tag{6.16}
$$

其中 $V(\xi) := \dfrac{\alpha_2\rho_2[1 + \rho_2 - \psi(\xi)]\phi(\xi) + \rho_2\psi^2(\xi)}{1 + \rho_2[1 - \psi(\xi) + \alpha_2\phi(\xi)]}$, $\tilde{\xi} = \xi - y$. 易知 (6.16) 的右边

和 $\displaystyle\int_{-\infty}^{\infty}\{\alpha_2\rho_2[1 + \rho_2 - \psi(\tilde{\xi})]\phi(\tilde{\xi}) + \rho_2\psi^2(\tilde{\xi})\}e^{-\lambda\tilde{\xi}}d\tilde{\xi}$ 均是正的, 且具有相同的奇异

性. 其余的证明与引理 1.1.9 的证明类似. □

利用 Ikehara 定理[31](见引理 1.1.10), 我们有 $(\phi(\xi), \psi(\xi))$ 在负无穷远处有指数衰减率.

定理 6.1.2 ([121], 在 $-\infty$ 处的渐近行为) 假设 (6.3) 成立且 $(\phi(\xi), \psi(\xi))$ 是当 $c \geqslant c_0$ 时, (6.6) 和 (6.7) 的任意非减解, 则

(i) 存在 $\theta_i = \theta_i(\phi, \psi)(i = 1, 2)$ 使得

$$\text{当 } c > c_0 \text{ 时,} \quad \lim_{\xi\to-\infty}\frac{\phi(\xi + \theta_1)}{e^{\Lambda\xi}} = 1,$$

$$\text{当 } c = c_0 \text{ 时,} \quad \lim_{\xi\to-\infty}\frac{\phi(\xi + \theta_2)}{|\xi|^\mu e^{\Lambda\xi}} = 1;$$

(ii) 对于 $c > c_0$, 存在 $\theta_i = \theta_i(\phi, \psi)(i = 3, 4, 5)$ 使得

$$\text{当 } \lambda_3 > \Lambda \text{ 时,} \quad \lim_{\xi\to-\infty}\frac{\psi(\xi + \theta_3)}{e^{\Lambda\xi}} = 1,$$

$$\text{当 } \lambda_3 = \Lambda \text{ 时,} \quad \lim_{\xi\to-\infty}\frac{\psi(\xi + \theta_4)}{|\xi|e^{\Lambda\xi}} = 1,$$

$$\text{当 } \lambda_3 < \Lambda \text{ 时,} \quad \lim_{\xi\to-\infty}\frac{\psi(\xi + \theta_5)}{e^{\lambda_3\xi}} = 1;$$

(iii) 对于 $c = c_0$, 存在 $\theta_i = \theta_i(\phi, \psi)(i = 6, 7, 8)$ 使得

$$\text{当 } \lambda_3 > \Lambda \text{ 时,} \quad \lim_{\xi\to-\infty}\frac{\psi(\xi + \theta_6)}{|\xi|^\mu e^{\Lambda\xi}} = 1,$$

$$\text{当 } \lambda_3 = \Lambda \text{ 时,} \quad \lim_{\xi\to-\infty}\frac{\psi(\xi + \theta_7)}{|\xi|^{\mu+1} e^{\Lambda\xi}} = 1,$$

$$\text{当 } \lambda_3 < \Lambda \text{ 时,} \quad \lim_{\xi\to-\infty}\frac{\psi(\xi + \theta_8)}{e^{\lambda_3\xi}} = 1,$$

其中当 $G_1(\Lambda) \neq 0$ 时, $\mu = 1$; 当 $G_1(\Lambda) = 0$ 时, $\mu = 0$,

$$G_1(\lambda) = \int_{-\infty}^{\infty}\frac{\phi(\xi)[\alpha_1\psi(\xi) - \phi(\xi)]e^{-\lambda\xi}}{1 + \rho_1[\alpha_1 + \phi(\xi) - \alpha_1\psi(\xi)]}d\xi.$$

证明　该证明受 [81, 124, 125] 的启发. 引理 6.1.4 蕴含着 $L(\lambda, \phi)$ 和 $L(\lambda, \psi)$ 分别在 $\mathrm{Re}\lambda \in (0, \Lambda)$ 和 $\mathrm{Re}\lambda \in (0, \gamma)(\lambda \in \mathbb{C})$ 上有定义. 将 (6.6) 从 $-\infty$ 到 ∞ 积分可得对于 $\lambda \in \mathbb{C}$, $0 < \mathrm{Re}\lambda < \Lambda$,

$$\Delta_1(\lambda, c) \int_{-\infty}^{\infty} \phi(\xi) e^{-\lambda\xi} d\xi = \frac{\rho_1(1 + \rho_1)}{1 + \rho_1\alpha_1} e^{d_1\lambda^2 - c\lambda} G_1(\lambda) \tag{6.17}$$

和对于 $\lambda \in \mathbb{C}$, $0 < \mathrm{Re}\lambda < \gamma$,

$$\begin{aligned} \Delta_2(\lambda, c) \int_{-\infty}^{\infty} \psi(\xi) e^{-\lambda\xi} d\xi &= \frac{\alpha_2\rho_1\rho_2(1 + \rho_1)e^{2d_1\lambda^2 - 2c\lambda}}{(1 + \rho_1\alpha_1)(1 + \rho_2)} \frac{G_1(\lambda)}{\Delta_1(\lambda, c)} \\ &\quad + \frac{\rho_2 e^{d_2\lambda^2 - c\lambda}}{1 + \rho_2} G_2(\lambda), \end{aligned} \tag{6.18}$$

其中 $G_2(\lambda) := \displaystyle\int_{-\infty}^{\infty} \frac{[\psi(\xi) + \alpha_2\rho_2\phi(\xi)][\psi(\xi) - \alpha_2\phi(\xi)]e^{-\lambda\xi}}{1 + \rho_2[1 - \psi(\xi) + \alpha_2\phi(\xi)]} d\xi$. 下面的结论显然成立:

(1) $\Delta_1(\lambda, c) = 0$ 和 $\Delta_2(\lambda, c) = 0$ 的所有根都是实的;

(2) 由引理 6.1.4 知, 函数 $G_1(\lambda)$ 和 $G_2(\lambda)$ 分别在 $0 < \mathrm{Re}\lambda < \Lambda + \gamma$ 和 $0 < \mathrm{Re}\lambda < 2\gamma$ 解析.

令

$$\begin{aligned} F(\lambda) :&= \int_{-\infty}^{0} \phi(\xi) e^{-\lambda\xi} d\xi \\ &= \frac{\rho_1(1 + \rho_1)e^{d_1\lambda^2 - c\lambda}}{1 + \rho_1\alpha_1} \frac{G_1(\lambda)}{\Delta_1(\lambda, c)} - \int_{0}^{\infty} \phi(\xi) e^{-\lambda\xi} d\xi \quad (\text{由}(6.17)) \end{aligned} \tag{6.19}$$

和

$$\begin{aligned} H(\lambda) :&= (\Lambda - \lambda)^{\nu+1} F(\lambda) \\ &= \frac{\rho_1(1 + \rho_1)}{1 + \rho_1\alpha_1} e^{d_1\lambda^2 - c\lambda} \frac{G_1(\lambda)}{\Delta_1(\lambda, c)/(\Lambda - \lambda)^{\nu+1}} - (\Lambda - \lambda)^{\nu+1} \int_{0}^{\infty} \phi(\xi) e^{-\lambda\xi} d\xi, \end{aligned} \tag{6.20}$$

其中当 $c > c_0$ 时, $\nu = 0$; 当 $c = c_0$ 时, $\nu = \mu$. 由 $F(\lambda)$ 和 $H(\lambda)$ 的关系可推出 $H(\lambda)$ 在 $0 < \mathrm{Re}\lambda < \Lambda$ 上解析. 结合 (1), (2) 以及 $H(\lambda)$ 的表达式推出 $H(\lambda)$ 在 $\{\lambda | \mathrm{Re}\lambda = \Lambda\}$ 上也是解析的. 因此 $H(\lambda)$ 在 $0 < \mathrm{Re}\lambda \leqslant \Lambda$ 上解析. 由引理 6.1.3 和引理 1.1.10, 有

$$\lim_{\xi \to -\infty} \frac{\phi(\xi)}{|\xi|^{\nu} e^{\Lambda\xi}} = \frac{H(\Lambda)}{\Gamma(\Lambda + 1)},$$

其中当 $c > c_0$ 时, $\nu = 0$; 当 $c = c_0$ 时, $\nu = \mu$. 因为 $H(\Lambda) \neq 0$ 时, (i) 成立, 所以只需证明 $H(\Lambda) \neq 0$.

当 $c > c_0$ 时, 因为 Λ 是 $\Delta_1(\lambda, c)$ 的单重根且 $\nu = 0$, 所以对于 $0 < \text{Re}\lambda < \gamma + \Lambda, \Delta_1(\lambda, c)/(\Lambda - \lambda) \neq 0$. 因此由 (6.20) 知, 证明 $G_1(\Lambda) \neq 0$ 即可. 若 $G_1(\Lambda) = 0$, 由 (6.19) 可推出 $L(\Lambda, \phi)$ 存在, 这与引理 6.1.4 矛盾. 因此 $G_1(\Lambda) \neq 0$.

当 $c = c_0$ 时, Λ 是 $\Delta_1(\lambda, c)$ 的二重根. 当 $G_1(\Lambda) \neq 0$ 时, 可选择 $\mu = 1$ 使得 $H(\Lambda) \neq 0$. 当 $G_1(\Lambda) = 0$, Λ 一定是 $G_1(\lambda) = 0$ 的单重根. 否则, 由 (6.19) 知, $L(\Lambda, \psi)$ 存在, 这与引理 6.1.4 矛盾. 因此可选择 $\mu = 0$ 使得 $H(\Lambda) \neq 0$.

接下来只需证明 (ii), 类似的方法可证明 (iii). 令

$$F(\lambda) := \int_{-\infty}^{0} \psi(\xi)e^{-\lambda\xi}d\xi$$

$$= -\int_0^\infty \psi(\xi)e^{-\lambda\xi}d\xi + \frac{\dfrac{\alpha_2\rho_1\rho_2(1+\rho_1)}{(1+\rho_1\alpha_1)(1+\rho_2)}e^{2d_1\lambda^2-2c\lambda}G_1(\lambda)}{\Delta_1(\lambda,c)\Delta_2(\lambda,c)}$$

$$+ \frac{\dfrac{\rho_2}{1+\rho_2}e^{d_2\lambda^2-c\lambda}}{\Delta_2(\lambda,c)}G_2(\lambda) \tag{6.21}$$

和

$$H(\lambda) := (\gamma - \lambda)^{\nu+1}F(\lambda), \tag{6.22}$$

其中 $0 < \text{Re}\lambda \leqslant \gamma$, 当 $\lambda_3 \neq \Lambda$ 时, $\nu = 0$; 当 $\lambda_3 = \Lambda$ 时, $\nu = 1$. 类似于 (i) 的讨论, $H(\lambda)$ 在 $0 < \text{Re}\lambda \leqslant \gamma$ 解析. 由引理 6.1.3 和引理 1.1.10 可推出

$$\lim_{\xi\to-\infty}\frac{\psi(\xi)}{|\xi|^\nu e^{\gamma\xi}} = \frac{H(\gamma)}{\Gamma(\gamma+1)},$$

其中当 $\lambda_3 \neq \Lambda$ 时, $\nu = 0$; 当 $\lambda_3 = \Lambda$ 时, $\nu = 1$. 只需证明 $H(\gamma) \neq 0$.

当 $\lambda_3 \geqslant \Lambda$ 时, $\gamma = \Lambda$. 结合 (6.21) 和 (6.22), 由于 $G_1(\Lambda) \neq 0$ 可得 $H(\gamma) \neq 0$. 当 $\lambda_3 < \Lambda, \gamma = \lambda_3$. 因为

$$H(\lambda) = \frac{\dfrac{1}{1+\rho_2}e^{d_2\lambda^2-c\lambda}\displaystyle\int_{-\infty}^{\infty}\dfrac{\{\alpha_2\rho_2[1+\rho_2-\psi(\xi)]\phi(\xi)+\rho_2\psi^2(\xi)\}e^{-\lambda\xi}}{1+\rho_2[1-\psi(\xi)+\alpha_2\phi(\xi)]}d\xi}{\Delta_2(\lambda,c)/(\lambda_3-\lambda)}$$

$$- (\lambda_3-\lambda)\int_0^\infty \psi(\xi)e^{-\lambda\xi}d\xi,$$

则 $H(\lambda_3) \neq 0$. 否则, 当 $H(\lambda_3) = 0$ 时,

$$\int_{-\infty}^{\infty} \frac{\{\alpha_2\rho_2[1+\rho_2-\psi(\xi)]\phi(\xi) + \rho_2\psi^2(\xi)\}e^{-\lambda\xi}}{1+\rho_2[1-\psi(\xi)+\alpha_2\phi(\xi)]}d\xi = 0.$$

由 $0 \leqslant (\phi, \psi) \leqslant 1$ 知, 这蕴含着 $\phi \equiv \psi \equiv 0$, 矛盾.   □

下面考虑 $(\phi(\xi), \psi(\xi))$ 在正无穷远处的渐近性. 令 $\tilde{\phi} = 1 - \phi, \tilde{\psi} = 1 - \psi$, 则 (6.6) 变成

$$\begin{cases} \tilde{\phi}(\xi) = \int_{\mathbb{R}} \frac{1}{\sqrt{4\pi d_1}} e^{-\frac{(y-c)^2}{4d_1}} \frac{\alpha_1\rho_1\tilde{\psi}(\xi-y) + \tilde{\phi}(\xi-y)}{1+\rho_1[1-\tilde{\phi}(\xi-y)+\alpha_1\tilde{\psi}(\xi-y)]} dy, \\ \tilde{\psi}(\xi) = \int_{\mathbb{R}} \frac{1}{\sqrt{4\pi d_2}} e^{-\frac{(y-c)^2}{4d_2}} \frac{(1+\rho_2)\tilde{\psi}(\xi-y)}{1+\rho_2[\alpha_2+\tilde{\psi}(\xi-y)-\alpha_2\tilde{\phi}(\xi-y)]} dy \end{cases} \tag{6.23}$$

且满足

$$\lim_{\xi\to\infty}(\tilde{\phi}(\xi), \tilde{\psi}(\xi)) = \mathbf{1}, \quad \lim_{\xi\to\infty}(\tilde{\phi}(\xi), \tilde{\psi}(\xi)) = \mathbf{0}. \tag{6.24}$$

令

$$\Delta_3(\lambda, c) := 1 - \int_{\mathbb{R}} \frac{1}{\sqrt{4\pi d_1}} e^{-\frac{(y-c)^2}{4d_1} - \lambda y - \ln(1+\rho_1)} dy = 1 - e^{d_1\lambda^2 - c\lambda - \ln(1+\rho_1)}.$$

那么 $\Delta_3(\lambda, c) = 0$ 有唯一的负根 $\lambda_4 = \dfrac{c - \sqrt{c^2 + 4d_1\ln(1+\rho_1)}}{2d_1} < 0$. 系统 (6.23) 的第二个方程在 $\mathbf{0}$ 点的线性化方程的特征方程为 $\Delta_4(\lambda, c) = 0$, 其中

$$\Delta_4(\lambda, c) := 1 - \int_{\mathbb{R}} \frac{1}{\sqrt{4\pi d_2}} e^{-\frac{(y-c)^2}{4d_2} - \lambda y + \ln\frac{1+\rho_2}{1+\rho_2\alpha_2}} dy = 1 - e^{d_2\lambda^2 - c\lambda + \ln\frac{1+\rho_2}{1+\rho_2\alpha_2}}.$$

那么由 (6.3) 和 $\Delta_4(\lambda, c) < 0, \lambda \in (\lambda_5, 0)$ 知, $\Delta_4(\lambda, c) = 0$ 有唯一的负根 $\lambda_5 = \dfrac{c - \sqrt{c^2 - 4d_2\ln\dfrac{1+\rho_2}{1+\rho_2\alpha_2}}}{2d_2} < 0$.

类似于引理 6.1.4 的证明, (6.23) 和 (6.24) 的任意非减解 $(\phi(\xi), \psi(\xi))$ 有如下奇异性.

引理 6.1.5 ([121]) 假设 (6.3) 成立且 $(\phi(\xi), \psi(\xi))$ 是 (6.6) 和 (6.7) 的当 $c \geqslant c_0$ 时的任意非减解, 则 (i) $L(\lambda, \tilde{\psi}) < \infty, \lambda \in (\lambda_5, 0), L(\lambda, \tilde{\psi}) = \infty, \lambda \in \mathbb{R} \setminus (\lambda_5, 0)$; (ii) $L(\lambda, \tilde{\phi}) < \infty, \lambda \in (\gamma_1, 0), L(\lambda, \tilde{\phi}) = \infty, \lambda \in \mathbb{R} \setminus (\gamma_1, 0)$, 其中 $\gamma_1 = \max\{\lambda_4, \lambda_5\} < 0$.

类似定理 6.1.2 的讨论, 行波解在正无穷远处有如下渐近行为.

定理 6.1.3 ([121], 在 $+\infty$ 处渐近行为) 假设 (6.3) 成立且 $(\phi(\xi), \psi(\xi))$ 是 (6.6) 和 (6.7) 的当 $c \geqslant c_0$ 时的任意非减解, 则

(i) 存在 $\theta_9 = \theta_9(\phi, \psi)$ 使得 $\displaystyle\lim_{\xi \to \infty} \frac{1 - \psi(\xi + \theta_9)}{e^{\lambda_5 \xi}} = 1$;

(ii) 存在 $\theta_i = \theta_i(\phi, \psi)(i = 10, 11, 12)$ 使得

$$\text{当 } \lambda_5 > \lambda_4 \text{ 时,} \quad \lim_{\xi \to \infty} \frac{1 - \phi(\xi + \theta_{10})}{e^{\lambda_5 \xi}} = 1,$$

$$\text{当 } \lambda_5 = \lambda_4 \text{ 时,} \quad \lim_{\xi \to \infty} \frac{1 - \phi(\xi + \theta_{11})}{\xi e^{\lambda_5 \xi}} = 1,$$

$$\text{当 } \lambda_5 < \lambda_4 \text{ 时,} \quad \lim_{\xi \to \infty} \frac{1 - \phi(\xi + \theta_{12})}{e^{\lambda_4 \xi}} = 1.$$

6.1.3 唯一性

本节我们利用强比较原理和滑行方法证明 (6.5) 的波前解的唯一性. 首先建立比较原理.

引理 6.1.6 ([121], 强比较原理) 令 (ϕ_1, ψ_1) 和 (ϕ_2, ψ_2) 是 (6.6) 和 (6.7) 的当 $c \geqslant c_0$ 时的任意两个非负解, 且在 $\mathbb{R}$ 上满足 $\phi_1 \geqslant \phi_2, \psi_1 \geqslant \psi_2$. 则在 $\mathbb{R}$ 上要么 $\phi_1 > \phi_2$ 和 $\psi_1 > \psi_2$, 要么 $\phi_1 \equiv \phi_2$ 和 $\psi_1 \equiv \psi_2$.

证明 令

$$f(t, s) = \frac{(1 + \rho_1)t}{1 + \rho_1(\alpha_1 + t - \alpha_1 s)}.$$

则

$$f(\phi_1, \psi_1) - f(\phi_2, \psi_2)$$

$$= \frac{(1 + \rho_1)\phi_1}{1 + \rho_1(\alpha_1 + \phi_1 - \alpha_1 \psi_1)} - \frac{(1 + \rho_1)\phi_2}{1 + \rho_1(\alpha_1 + \phi_2 - \alpha_1 \psi_2)}$$

$$= \frac{(1 + \rho_1)[(1 + \rho_1 \alpha_1 - \rho_1 \alpha_1 \psi_1)(\phi_1 - \phi_2) + \rho_1 \alpha_1 \phi_1(\psi_1 - \psi_2)]}{[1 + \rho_1(\alpha_1 + \phi_1 - \alpha_1 \psi_1)][1 + \rho_1(\alpha_1 + \phi_2 - \alpha_1 \psi_2)]}$$

$$\geqslant \frac{(1 + \rho_1)[(\phi_1 - \phi_2) + \rho_1 \alpha_1 \phi_1(\psi_1 - \psi_2)]}{[1 + \rho_1(\alpha_1 + \phi_1 - \alpha_1 \psi_1)][1 + \rho_1(\alpha_1 + \phi_2 - \alpha_1 \psi_2)]}$$

$$\geqslant \frac{1 + \rho_1}{[1 + \rho_1(1 + \alpha_1)]^2}[(\phi_1 - \phi_2) + \rho_1 \alpha_1 \phi_1(\psi_1 - \psi_2)] \geqslant 0.$$

假设存在 $\xi_0 \in \mathbb{R}$ 使得 $\phi_1(\xi_0) = \phi_2(\xi_0)$, 则

$$0 = \phi_1(\xi_0) - \phi_2(\xi_0)$$

$$= \int_{\mathbb{R}} \frac{1}{\sqrt{4\pi d_1}} e^{-\frac{(y-c)^2}{4d_1}} [f(\phi_1(\xi_0 - y), \psi_1(\xi_0 - y)) - f(\phi_2(\xi_0 - y), \psi_2(\xi_0 - y))] dy$$

$$\geqslant \frac{1 + \rho_1}{[1 + \rho_1(1 + \alpha_1)]^2} \int_{\mathbb{R}} \frac{1}{\sqrt{4\pi d_1}} e^{-\frac{(y-c)^2}{4d_1}}$$

$$\times \{[\phi_1(\xi_0 - y) - \phi_2(\xi_0 - y)] + \rho_1\alpha_1\phi_1(\xi_0 - y)[\psi_1(\xi_0 - y) - \psi_2(\xi_0 - y)]\} dy$$

$$\geqslant 0,$$

由 $\phi_1 \geqslant \phi_2, \psi_1 \geqslant \psi_2$ 知, 这导致 $\phi_1(y) \equiv \phi_2(y), \psi_1(y) \equiv \psi_2(y)$. 类似地, 若存在 $\xi_0 \in \mathbb{R}$ 使得 $\psi_1(\xi_0) = \psi_2(\xi_0)$, 则有 $\phi_1(\xi) \equiv \phi_2(\xi), \psi_1(\xi) \equiv \psi_2(\xi)$. □

现在给出 (6.5) 的波前解的唯一性, 其证明与定理 1.1.7 的证明类似, 在此省略.

定理 6.1.4([121], 唯一性)　假设 (6.3) 成立且 $d_1 \geqslant d_2$. 则当 $c \geqslant c_0$ 时, 对于系统 (6.5) 的任意两个连接 **0** 和 **1** 的行波解 $(\phi_1(\xi), \psi_1(\xi))$ 和 $(\phi_2(\xi), \psi_2(\xi))$, 存在 $\xi_0 \in \mathbb{R}$ 使得 $(\phi_1(\xi + \xi_0), \psi_1(\xi + \xi_0)) \equiv (\phi_2(\xi), \psi_2(\xi))$.

附注 6.1.2([121])　因为当 $d_1 \geqslant d_2$ 时, $\lambda_3 > \Lambda$ 且 $\lambda_5 > \lambda_4$, 所以当 $d_1 \geqslant d_2$ 且 (6.3) 成立时, 定理 6.1.2, 定理 6.1.3 和定理 6.1.4 说明 (6.5) 的任意两个具有相同波速 $c \geqslant c_0$ 且连接 **0** 和 **1** 的波前解 $(\phi_1(\xi), \psi_1(\xi))$ 和 $(\phi_2(\xi), \psi_2(\xi))$, 四个波相 $\phi_1(\xi), \phi_2(\xi), \psi_1(\xi)$ 和 $\psi_2(\xi)$ 有相同的指数衰减率.

利用定理 6.1.1 的存在性结果, 类似于定理 1.1.8 的证明, 我们给出定理 6.1.2 中 $\phi(\xi)$ 的精确衰减率.

定理 6.1.5([121], 精确渐近行为)　假设 $d_1 \geqslant d_2$, (6.3) 和 (6.10) 成立. 则对于 $c > c_0, \Lambda = \lambda_1$.

附注 6.1.3([121])　注意到当 $d_1 \geqslant d_2$ 时, (6.10) 蕴含着 (6.11), 所以 (6.10) 只是一个技术条件.

6.2　Ricker 型积分-差分竞争系统的行波解的渐近行为和唯一性

本节考虑系统 (6.2) 的行波解的渐近行为和唯一性, 为了简单, 我们考虑系统 (6.2) 中 $g_i(x) = \frac{1}{\sqrt{4\pi d_i}} e^{-\frac{x^2}{4d_i}}$ $(i = 1, 2)$, 即如下系统

$$\begin{cases} u_{n+1}(x) = \int_{\mathbb{R}} \frac{1}{\sqrt{4\pi d_1}} e^{-\frac{(x-y)^2}{4d_1}} u_n(y) e^{r_1 - u_n(y) - \sigma_1 v_n(y)} dy, \\ \\ v_{n+1}(x) = \int_{\mathbb{R}} \frac{1}{\sqrt{4\pi d_2}} e^{-\frac{(x-y)^2}{4d_2}} v_n(y) e^{r_2 - v_n(y) - \sigma_2 u_n(y)} dy. \end{cases} \tag{6.25}$$

系统 (6.25) 有四个平衡点

$$(0,0), \quad (r_1,0), \quad (0,r_2), \quad \left(\frac{r_1-\sigma_1 r_2}{1-\sigma_1\sigma_2}, \frac{r_2-\sigma_2 r_1}{1-\sigma_1\sigma_2}\right).$$

我们研究当

$$\sigma_1 r_2 < r_1 < 1, \quad r_2 < \sigma_2 r_1, \quad r_2 < 1 \tag{6.26}$$

时, 系统 (6.25) 连接 $(0, r_2)$ 和 $(r_1, 0)$ 的行波解的渐近性和唯一性, 行波解的存在性可以利用 [133] 中的结果得到.

6.2.1 渐近行为

本节采用 $\mathbb{R}^2$ 中标准的序关系. 令 $u_n^* = u_n, v_n^* = r_2 - v_n$, 并去掉星号, 则系统 (6.25) 连接 $(0, r_2)$ 和 $(r_1, 0)$ 的行波解的存在性等价于如下系统

$$\begin{cases} u_{n+1}(x) = \int_{\mathbb{R}} \frac{1}{\sqrt{4\pi d_1}} e^{-\frac{(x-y)^2}{4d_1}} u_n(y) e^{r_1-\sigma_1 r_2-u_n(y)+\sigma_1 v_n(y)} dy, \\ v_{n+1}(x) = \int_{\mathbb{R}} \frac{1}{\sqrt{4\pi d_2}} e^{-\frac{(x-y)^2}{4d_2}} [r_2 - (r_2 - v_n(y))e^{v_n(y)-\sigma_2 u_n(y)}] dy \end{cases} \tag{6.27}$$

连接 $(0,0)$ 和 (r_1, r_2) 的行波解的存在性. (6.27) 的行波解具有形式 $(u_n(x), v_n(x)) := (\phi(\xi), \psi(\xi)), \xi = x + cn, \xi \in \mathbb{R}$, 波速 $c > 0$. 如果 $(\phi(\xi), \psi(\xi))$ 关于 $\xi \in \mathbb{R}$ 是单调的, 那么称其为波前解. 将 $(\phi(\xi), \psi(\xi))$ 代入 (6.27), 令 $\tilde{\xi} = \xi + c, \tilde{y} = x - y + c$, 并去掉波浪线, 则系统 (6.27) 有连接和 $(0,0)$ 和 (r_1, r_2) 的行波解的充要条件是系统

$$\begin{cases} \phi(\xi) = \int_{\mathbb{R}} \frac{1}{\sqrt{4\pi d_1}} e^{-\frac{(y-c)^2}{4d_1}} \phi(\xi - y) e^{r_1-\sigma_1 r_2-\phi(\xi-y)+\sigma_1\psi(\xi-y)} dy, \\ \psi(\xi) = \int_{\mathbb{R}} \frac{1}{\sqrt{4\pi d_2}} e^{-\frac{(y-c)^2}{4d_2}} [r_2 - (r_2 - \psi(\xi - y))e^{\psi(\xi-y)-\sigma_2\phi(\xi-y)}] dy \end{cases} \tag{6.28}$$

关于渐近边界条件

$$\lim_{\xi \to -\infty} (\phi(\xi), \psi(\xi)) = \mathbf{0} := (0,0), \quad \lim_{\xi \to \infty} (\phi(\xi), \psi(\xi)) = \mathbf{r} := (r_1, r_2) \tag{6.29}$$

在 $\mathbb{R}$ 上有解.

(6.28) 的第一个方程在 $\mathbf{0}$ 点的线性化方程的特征方程是 $\Delta_1(\lambda, c) = 0$, 其中

$$\Delta_1(\lambda, c) := 1 - \int_{\mathbb{R}} \frac{1}{\sqrt{4\pi d_1}} e^{-\frac{(y-c)^2}{4d_1}-\lambda y+r_1-\sigma_1 r_2} dy = 1 - e^{d_1\lambda^2-c\lambda+r_1-\sigma_1 r_2}. \tag{6.30}$$

当 $c > c_0 := 2\sqrt{d_1(r_1 - \sigma_1 r_2)}$ 时, $\Delta_1(\lambda, c) = 0$ 有两个实根

$$\lambda_1 = \frac{c - \sqrt{c^2 - 4d_1(r_1 - \sigma_1 r_2)}}{2d_1} > 0, \quad \lambda_2 = \frac{c + \sqrt{c^2 - 4d_1(r_1 - \sigma_1 r_2)}}{2d_1} > 0.$$

令

$$\Delta_2(\lambda, c) := 1 - \int_{\mathbb{R}} \frac{1}{\sqrt{4\pi d_2}} e^{-\frac{(y-c)^2}{4d_2} - \lambda y + \ln(1-r_2)} dy = 1 - e^{d_2\lambda^2 - c\lambda + \ln(1-r_2)}. \quad (6.31)$$

则对任意 $c > 0$, $\Delta_2(\lambda, c) = 0$ 有唯一的正根

$$\lambda_3 = \frac{c + \sqrt{c^2 - 4d_2\ln(1-r_2)}}{2d_2} > 0 \quad （因为 r_2 < 1）$$

且

$$\Delta_2(\lambda, c) < 0, \lambda \in (0, \lambda_3).$$

由文 [133] 中的定理 3.1, 易得系统 (6.27) 的行波解的存在性结果. 我们将其列为引理.

引理 6.2.1([125], 存在性)　当 $c \geqslant c_0$ 时, 系统 (6.27) 有连接 **0** 和 **r** 的波前解.
首先证明 (6.28) 和 (6.29) 的任意非负解的严格正性.

引理 6.2.2([125])　假设 $(\phi(\xi), \psi(\xi))$ 是 (6.28) 和 (6.29) 的任意非负解. 如果 $\mathbf{0} \leqslant (\phi(\xi), \psi(\xi)) \leqslant \mathbf{r}, \forall \xi \in \mathbb{R}$, 那么 $0 < \phi < r_1$, $0 < \psi < r_2$.

证明　首先证明 $\phi, \psi > 0$. 对于 ϕ, 若存在 ξ_0 使得 $\phi(\xi_0) = 0$, 显然 $\phi(\xi) \equiv 0$. 对于 ψ, 假设存在 ξ_0 使得 $\psi(\xi_0) = 0$, 因为

$$-\sigma_2 r_1 \leqslant \psi - \sigma_2\phi \leqslant r_2 \quad 和 \quad e^x \leqslant \frac{1}{1-x}, \quad x \in (-\infty, 1) \supset [-\sigma_2 r_1, r_2], \quad (6.32)$$

所以

$$r_2 - (r_2 - \psi)e^{\psi - \sigma_2\phi} \geqslant r_2 - \frac{r_2 - \psi}{1 - \psi + \sigma_2\phi} \geqslant \frac{(1-r_2)\psi + \sigma_2 r_2\phi}{1 + \sigma_2 r_1} \geqslant 0,$$

这蕴含着 $\psi(\xi) \equiv 0$, 矛盾. 类似可证 $\psi > 0$. 令 $\phi^* = r_1 - \phi, \psi^* = r_2 - \psi$, 并去掉星号, 将其代入 (6.28), 可证 $\phi < r_1, \psi < r_2$. □

现在考虑 (6.28) 和 (6.29) 的任意非减行波解 $(\phi(\xi), \psi(\xi))$ 在负无穷远处的渐近行为. 给定连续函数 $\varphi : \mathbb{R} \to \mathbb{R}$, 定义双边拉普拉斯变换

$$L(\lambda, \varphi) = \int_{-\infty}^{\infty} \varphi(\xi)e^{-\lambda\xi}d\xi.$$

我们有如下引理.

引理 6.2.3([125]) 假设 (6.26) 成立且 $(\phi(\xi), \psi(\xi))$ 是 (6.28) 和 (6.29) 的波速为 $c \geqslant c_0$ 的任意非减解. 则下面的结论成立:

(i) $L(\lambda, \phi) < \infty, \lambda \in (0, \Lambda)$ 和 $L(\lambda, \phi) = \infty, \lambda \in \mathbb{R} \setminus (0, \Lambda)$, 其中 $\Lambda \in \{\lambda_1, \lambda_2\}$;

(ii) $L(\lambda, \psi) < \infty, \lambda \in (0, \gamma)$ 和 $L(\lambda, \psi) = \infty, \lambda \in \mathbb{R} \setminus (0, \gamma)$, 其中 $\gamma = \min\{\Lambda, \lambda_3\}$.

证明 我们分两步证明.

第 1 步 首先证明如下事实:

(1) 存在 $\lambda' > 0$ 使得 $L(\lambda, \phi) < \infty, \lambda \in (0, \lambda')$;

(2) 存在 $\sigma > 0$ 使得 $L(\lambda, \psi) < \infty, \lambda \in (0, \sigma)$.

先证 (1). 为此, 我们将证明存在 $\lambda' > 0$ 使得 $\sup\limits_{\xi \in \mathbb{R}} \phi(\xi) e^{-\lambda' \xi} < \infty$. 取 ν 满足 $0 < \nu < r_1 - \sigma_1 r_2 < 1$ 和 $(1-\nu)e^{r_1 - \sigma_1 r_2 - \nu} > 1$. 因为

$$\int_{\mathbb{R}} \frac{1}{\sqrt{4\pi d_1}} e^{-\frac{(y-c)^2}{4d_1}} dy = 1 \quad \text{和} \quad \lim_{\xi \to -\infty} (\phi(\xi), \psi(\xi)) = \mathbf{0},$$

所以存在 $y_0 = y_0(\nu) > 0$ 充分大使得

$$\int_{-\infty}^{y_0} \frac{1}{\sqrt{4\pi d_1}} e^{-\frac{(y-c)^2}{4d_1}} dy \geqslant 1 - \nu \quad \text{和} \quad \phi(\xi - y_0) \leqslant \nu, \quad \forall \xi < 0.$$

由 (6.28) 的第一个方程, $(\phi(\xi), \psi(\xi))$ 的单调性以及

$$xe^{-x} \text{在 } [0,1] \text{ 上非减} \tag{6.33}$$

可得对于任意 $\xi < 0$, 有

$$\begin{aligned}
\phi(\xi) &= \int_{\mathbb{R}} \frac{1}{\sqrt{4\pi d_1}} e^{-\frac{(y-c)^2}{4d_1}} \phi(\xi - y) e^{r_1 - \sigma_1 r_2 - \phi(\xi-y) + \sigma_1 \psi(\xi-y)} dy \\
&\geqslant \int_{\mathbb{R}} \frac{1}{\sqrt{4\pi d_1}} e^{-\frac{(y-c)^2}{4d_1}} \phi(\xi - y) e^{r_1 - \sigma_1 r_2 - \phi(\xi-y)} dy \\
&\geqslant \int_{-\infty}^{y_0} \frac{1}{\sqrt{4\pi d_1}} e^{-\frac{(y-c)^2}{4d_1}} \phi(\xi - y) e^{r_1 - \sigma_1 r_2 - \phi(\xi-y)} dy \\
&\geqslant \int_{-\infty}^{y_0} \frac{1}{\sqrt{4\pi d_1}} e^{-\frac{(y-c)^2}{4d_1}} \phi(\xi - y_0) e^{r_1 - \sigma_1 r_2 - \phi(\xi-y_0)} dy \\
&\geqslant (1-\nu) e^{r_1 - \sigma_1 r_2 - \nu} \phi(\xi - y_0).
\end{aligned}$$

令 $h(\xi) = \phi(\xi) e^{-\lambda' \xi}, \lambda' = \dfrac{1}{y_0} \ln[(1-\nu)e^{r_1 - \sigma_1 r_2 - \nu}] > 0$ (由 $(1-\nu)e^{r_1 - \sigma_1 r_2 - \nu} > 1$), 则

$$h(\xi - y_0) \leqslant h(\xi), \quad \forall \xi < 0. \tag{6.34}$$

因为 $h(\xi)$ 在 $[-y_0, 0]$ 上有界, 所以 (6.34) 蕴含着 $h(\xi)$ 在 $(-\infty, 0]$ 上有界. 因此, 由 $\lim\limits_{\xi \to \infty} \phi(\xi) = r_1$ 知,

$$0 < \sup_{\xi \in \mathbb{R}} \phi(\xi) e^{-\lambda' \xi} < \infty,$$

这蕴含着 $L(\lambda, \phi) < \infty, \lambda \in (0, \lambda')$.

(2) 的证明与引理 6.1.4 的 ψ 的证明类似.

第 2 步 证明: (1) $\max \lambda' = \Lambda$; (2) $\max \sigma = \gamma$.

对于 (1), (6.28) 的第一个方程两边乘以 $e^{-\lambda \xi}, \lambda > 0$, 并从 $-\infty$ 到 ∞ 积分可得

$$\Delta_1(\lambda, c) L(\lambda, \phi)$$

$$= e^{r_1 - \sigma_1 r_2} \int_{-\infty}^{\infty} \int_{-\infty}^{\infty} \frac{1}{\sqrt{4\pi d_1}} e^{-\frac{(y-c)^2}{4d_1}} \phi(\xi - y)(e^{-\phi(\xi-y) + \sigma_1 \psi(\xi-y)} - 1) e^{-\lambda \xi} dy d\xi$$

$$= e^{r_1 - \sigma_1 r_2} \int_{-\infty}^{\infty} \int_{-\infty}^{\infty} \frac{1}{\sqrt{4\pi d_1}} e^{-\frac{(y-c)^2}{4d_1} - \lambda y} \phi(\tilde{\xi})(e^{-\phi(\tilde{\xi}) + \sigma_1 \psi(\tilde{\xi})} - 1) e^{-\lambda \tilde{\xi}} d\tilde{\xi} dy$$

$$= e^{r_1 - \sigma_1 r_2} e^{d_1 \lambda^2 - c\lambda} \int_{-\infty}^{\infty} \phi(\tilde{\xi})(e^{-\phi(\tilde{\xi}) + \sigma_1 \psi(\tilde{\xi})} - 1) e^{-\lambda \tilde{\xi}} d\tilde{\xi}, \tag{6.35}$$

其中 $\tilde{\xi} = \xi - y$. 首先断定 $\max \lambda' < \infty$. 否则, 如果 $\max \lambda' = \infty$, 那么可以选择充分大的 $\lambda > \lambda_2$ 使得 $(1 - r_1)e^{d_1 \lambda^2 - c\lambda + r_1 - \sigma_1 r_2} > 1$, 即 $\Delta_1(\lambda, c) < -r_1 e^{d_1 \lambda^2 - c\lambda + r_1 - \sigma_1 r_2}$. 由 $\phi(\xi) \leqslant r_1$ 和 $e^x \geqslant 1 + x, \forall x \in \mathbb{R}$ 可得

$$\int_{-\infty}^{\infty} \phi(\tilde{\xi})(e^{-\phi(\tilde{\xi}) + \sigma_1 \psi(\tilde{\xi})} - 1) e^{-\lambda \tilde{\xi}} d\tilde{\xi}$$

$$\geqslant \int_{-\infty}^{\infty} \phi(\tilde{\xi})[-\phi(\tilde{\xi}) + \sigma_1 \psi(\tilde{\xi})] e^{-\lambda \tilde{\xi}} d\tilde{\xi}$$

$$\geqslant - \int_{-\infty}^{\infty} \phi^2(\tilde{\xi}) e^{-\lambda \tilde{\xi}} d\tilde{\xi}$$

$$\geqslant - r_1 \int_{-\infty}^{\infty} \phi(\tilde{\xi}) e^{-\lambda \tilde{\xi}} d\tilde{\xi}$$

$$= - r_1 L(\lambda, \phi).$$

由 $0 < L(\lambda, \phi) < \infty$ 和 (6.35) 知, 这是矛盾的. 因此, (6.35) 的左边在 $\lambda \in (0, \lambda')$ 上有定义, (6.35) 的右边在 $\lambda \in (0, \min\{2\lambda', \lambda' + \sigma\})$ 上有定义. 所以 $L(\lambda, \phi)$ 的奇异性只可能发生在 $\Delta_1(\lambda, c)$ 的零点. 否则, $\max \lambda' = \infty$, 矛盾.

对于 (2), (6.28) 的第二个方程两边乘以 $e^{-\lambda\xi}, \lambda > 0$, 并从 $-\infty$ 到 ∞ 积分可得

$$\Delta_2(\lambda, c)L(\lambda, \psi)$$
$$= \int_{-\infty}^{\infty} \int_{-\infty}^{\infty} \frac{1}{\sqrt{4\pi d_2}} e^{-\frac{(y-c)^2}{4d_2}} [r_2 - (1-r_2)\psi(\xi-y)$$
$$- (r_2 - \psi(\xi-y))e^{\psi(\xi-y)-\sigma_2\phi(\xi-y)}]e^{-\lambda\xi}dyd\xi$$
$$= \int_{-\infty}^{\infty} \int_{-\infty}^{\infty} \frac{1}{\sqrt{4\pi d_2}} e^{-\frac{(y-c)^2}{4d_2}-\lambda y} [r_2 - (1-r_2)\psi(\tilde{\xi})$$
$$- (r_2 - \psi(\tilde{\xi}))e^{\psi(\tilde{\xi})-\sigma_2\phi(\tilde{\xi})}]e^{-\lambda\tilde{\xi}}d\tilde{\xi}dy$$
$$= e^{d_2\lambda^2-c\lambda} \int_{-\infty}^{\infty} [r_2 - (1-r_2)\psi(\tilde{\xi}) - (r_2 - \psi(\tilde{\xi}))e^{\psi(\tilde{\xi})-\sigma_2\phi(\tilde{\xi})}]e^{-\lambda\tilde{\xi}}d\tilde{\xi}, \quad (6.36)$$

其中 $\tilde{\xi} = \xi - y$.

一方面, 由 $e^x \geqslant 1 + x, \forall x \in \mathbb{R}$ 知,

$$r_2 - (1-r_2)\psi - (r_2-\psi)e^{\psi-\sigma_2\phi} \leqslant r_2 - (1-r_2)\psi - (r_2-\psi)(1+\psi-\sigma_2\phi)$$
$$= \psi^2 + \sigma_2\phi(r_2-\psi), \quad (6.37)$$

另一方面, 由 (6.32) 知,

$$r_2 - (1-r_2)\psi - (r_2-\psi)e^{\psi-\sigma_2\phi} \geqslant r_2 - (1-r_2)\psi - \frac{r_2-\psi}{1-\psi+\sigma_2\phi}$$
$$= \frac{(1-r_2)\psi^2 + \sigma_2\phi(r_2-\psi) + \sigma_2 r_2\phi\psi}{1-\psi+\sigma_2\phi}$$
$$= \frac{1}{1+\sigma_2 r_1}[(1-r_2)\psi^2 + \sigma_2\phi(r_2-\psi)]. \quad (6.38)$$

则 (6.36) 的右边, $\int_{-\infty}^{\infty} [\psi^2(\tilde{\xi}) + \sigma_2\phi(\tilde{\xi})(r_2 - \psi(\tilde{\xi}))]d\tilde{\xi}$ 和 $\int_{-\infty}^{\infty} [(1-r_2)\psi^2(\tilde{\xi}) + \sigma_2\phi(\tilde{\xi})(r_2 - \psi(\tilde{\xi}))]d\tilde{\xi}$ 均是正的且具有相同的奇异性. 其余的证明与引理 1.1.9 的证明类似. $\qquad\square$

由 $e^x \leqslant \frac{1}{1-x}, x \in (-\infty, 1) \supset [-r_1, \sigma_1 r_2]$ 知, 函数

$$\int_{-\infty}^{\infty} \phi(\xi)(e^{-\phi(\xi)+\sigma_1\psi(\xi)} - 1)e^{-\lambda\xi}d\xi$$

在区域 $0 < \mathrm{Re}\lambda < \Lambda + \gamma$ 解析, 以及由引理 6.2.3, (6.37) 和 (6.38) 知,

$$\int_{-\infty}^{\infty} [r_2 - (1 - r_2)\psi(\xi) - (r_2 - \psi(\xi))e^{\psi(\xi) - \sigma_2\phi(\xi)} - \sigma_2 r_2\phi(\xi)]e^{-\lambda\xi}d\xi$$

在 $0 < \mathrm{Re}\lambda < 2\gamma$ 解析. 利用 Ikehara 定理[31](见引理 1.1.10), 类似于定理 6.1.2 的证明, 我们有如下 $(\phi(\xi), \psi(\xi))$ 的渐近行为.

定理 6.2.1 ([125], 在 $-\infty$ 处渐近行为) 假设 (6.26) 成立且 $(\phi(\xi), \psi(\xi))$ 是 (6.28) 和 (6.29) 的波速为 $c \geqslant c_0$ 任意非减解. 则

(i) 存在 $\theta_i = \theta_i(\phi, \psi)(i = 1, 2)$ 使得

$$当 c > c_0 \text{ 时}, \quad \lim_{\xi \to -\infty} \frac{\phi(\xi + \theta_1)}{e^{\Lambda\xi}} = 1,$$

$$当 c = c_0 \text{ 时}, \quad \lim_{\xi \to -\infty} \frac{\phi(\xi + \theta_2)}{|\xi|^\mu e^{\Lambda\xi}} = 1;$$

(ii) 对于 $c > c_0$, 存在 $\theta_i = \theta_i(\phi, \psi)(i = 3, 4, 5)$ 使得

$$当 \lambda_3 > \Lambda \text{ 时}, \quad \lim_{\xi \to -\infty} \frac{\psi(\xi + \theta_3)}{e^{\Lambda\xi}} = 1,$$

$$当 \lambda_3 = \Lambda \text{ 时}, \quad \lim_{\xi \to -\infty} \frac{\psi(\xi + \theta_4)}{|\xi|e^{\Lambda\xi}} = 1,$$

$$当 \lambda_3 < \Lambda \text{ 时}, \quad \lim_{\xi \to -\infty} \frac{\psi(\xi + \theta_5)}{e^{\lambda_3\xi}} = 1;$$

(iii) 对于 $c = c_0$, 存在 $\theta_i = \theta_i(\phi, \psi)(i = 6, 7, 8)$ 使得

$$当 \lambda_3 > \Lambda \text{ 时}, \quad \lim_{\xi \to -\infty} \frac{\psi(\xi + \theta_6)}{|\xi|^\mu e^{\Lambda\xi}} = 1,$$

$$当 \lambda_3 = \Lambda \text{ 时}, \quad \lim_{\xi \to -\infty} \frac{\psi(\xi + \theta_7)}{|\xi|^{\mu+1} e^{\Lambda\xi}} = 1,$$

$$当 \lambda_3 < \Lambda \text{ 时}, \quad \lim_{\xi \to -\infty} \frac{\psi(\xi + \theta_8)}{e^{\lambda_3\xi}} = 1,$$

其中

$$当 \int_{-\infty}^{\infty} \phi(\xi)(e^{-\phi(\xi) + \sigma_1\psi(\xi)} - 1)e^{-\Lambda\xi}d\xi \neq 0时, \quad \mu = 1;$$

$$当 \int_{-\infty}^{\infty} \phi(\xi)(e^{-\phi(\xi) + \sigma_1\psi(\xi)} - 1)e^{-\Lambda\xi}d\xi = 0时, \quad \mu = 0.$$

下面研究 $(\phi(\xi), \psi(\xi))$ 在正无穷远处的渐近行为. 为了方便, 令 $\tilde{\phi} = r_1 - \phi, \tilde{\psi} = r_2 - \psi$, 将 $\tilde{\phi}, \tilde{\psi}$ 代入 (6.28), 有

$$
\begin{cases}
\tilde{\phi}(\xi) = \displaystyle\int_{\mathbb{R}} \frac{1}{\sqrt{4\pi d_1}} e^{-\frac{(y-c)^2}{4d_1}} [r_1 - (r_1 - \tilde{\phi}(\xi-y)) e^{\tilde{\phi}(\xi-y) - \sigma_1 \tilde{\psi}(\xi-y)}] dy, \\
\tilde{\psi}(\xi) = \displaystyle\int_{\mathbb{R}} \frac{1}{\sqrt{4\pi d_2}} e^{-\frac{(y-c)^2}{4d_2}} \tilde{\psi}(\xi-y) e^{r_2 - \sigma_2 r_1 - \tilde{\psi}(\xi-y) + \sigma_2 \tilde{\phi}(\xi-y)} dy
\end{cases}
\tag{6.39}
$$

且满足

$$
\lim_{\xi \to -\infty} (\tilde{\phi}(\xi), \tilde{\psi}(\xi)) = \mathbf{r}, \quad \lim_{\xi \to \infty} (\tilde{\phi}(\xi), \tilde{\psi}(\xi)) = \mathbf{0}.
\tag{6.40}
$$

令

$$
\Delta_3(\lambda, c) := 1 - \int_{\mathbb{R}} \frac{1}{\sqrt{4\pi d_1}} e^{-\frac{(y-c)^2}{4d_1} - \lambda y + \ln(1-r_1)} dy = 1 - e^{d_1 \lambda^2 - c\lambda + \ln(1-r_1)}.
$$

则 $\Delta_3(\lambda, c) = 0$ 有唯一的负根 $\lambda_4 = \dfrac{c - \sqrt{c^2 - 4d_1 \ln(1-r_1)}}{2d_1} < 0$ (因为 $r_1 < 1$).
(6.39) 的第二个方程在 $\mathbf{0}$ 点的特征方程是 $\Delta_4(\lambda, c) = 0$, 其中

$$
\Delta_4(\lambda, c) := 1 - \int_{\mathbb{R}} \frac{1}{\sqrt{4\pi d_2}} e^{-\frac{(y-c)^2}{4d_2} - \lambda y + r_2 - \sigma_2 r_1} dy = 1 - e^{d_2 \lambda^2 - c\lambda + r_2 - \sigma_2 r_1}.
$$

则由 (6.26) 知, $\Delta_4(\lambda, c) = 0$ 有唯一的负根 $\lambda_5 = \dfrac{c - \sqrt{c^2 - 4d_2(r_2 - \sigma_2 r_1)}}{2d_2} < 0$
且 $\Delta_4(\lambda, c) < 0, \lambda \in (\lambda_5, 0)$.

类似于引理 6.2.3 的证明, 可得如下引理, 在此省略证明.

引理 6.2.4 ([125]) 假设 (6.26) 成立且 $(\phi(\xi), \psi(\xi))$ 是 (6.28) 和 (6.29) 的波速为 $c \geqslant c_0$ 的任意非减解. 则下面的结论成立:

(i) $L(\lambda, \tilde{\psi}) < \infty, \lambda \in (\lambda_5, 0)$ 和 $L(\lambda, \tilde{\psi}) = \infty, \lambda \in \mathbb{R} \setminus (\lambda_5, 0)$;

(ii) $L(\lambda, \tilde{\phi}) < \infty, \lambda \in (\gamma_1, 0)$ 和 $L(\lambda, \tilde{\phi}) = \infty, \lambda \in \mathbb{R} \setminus (\gamma_1, 0)$, 其中 $\gamma_1 = \max\{\lambda_4, \lambda_5\}$.

利用定理 6.2.1 类似的讨论可得 $(\tilde{\phi}(\xi), \tilde{\psi}(\xi)) = (r_1 - \phi(\xi), r_2 - \psi(\xi))$ 在正无穷远处的指数渐近行为, 在此省略证明.

定理 6.2.2 ([125], 在 $+\infty$ 处渐近行为) 假设 (6.26) 成立且 $(\phi(\xi), \psi(\xi))$ 是 (6.28) 和 (6.29) 的以波速为 $c \geqslant c_0$ 的任意非减解. 则

(i) 存在 $\theta_9 = \theta_9(\phi, \psi)$ 使得 $\displaystyle\lim_{\xi \to \infty} \frac{r_2 - \psi(\xi + \theta_9)}{e^{\lambda_5 \xi}} = 1$;

(ii) 存在 $\theta_i = \theta_i(\phi, \psi)(i = 10, 11, 12)$ 使得

$$当 \lambda_5 > \lambda_4 时,\quad \lim_{\xi \to \infty} \frac{r_1 - \phi(\xi + \theta_{10})}{e^{\lambda_5 \xi}} = 1,$$

$$当 \lambda_5 = \lambda_4 时,\quad \lim_{\xi \to \infty} \frac{r_1 - \phi(\xi + \theta_{11})}{\xi e^{\lambda_5 \xi}} = 1,$$

$$当 \lambda_5 < \lambda_4 时,\quad \lim_{\xi \to \infty} \frac{r_1 - \phi(\xi + \theta_{12})}{e^{\lambda_4 \xi}} = 1.$$

6.2.2　唯一性

本节我们利用强比较原理和滑行方法证明 (6.27) 的行波解的唯一性. 首先给出比较原理.

引理 6.2.5([125], 强比较原理)　令 (ϕ_1, ψ_1) 和 (ϕ_2, ψ_2) 是 (6.28) 和 (6.29) 的以波速为 $c \geqslant c_0$ 的任意两个非减解, 且满足 $\phi_1 \geqslant \phi_2$ 和 $\psi_1 \geqslant \psi_2$. 则在 $\mathbb{R}$ 上要么 $\phi_1 > \phi_2$ 和 $\psi_1 > \psi_2$, 要么 $\phi_1 \equiv \phi_2$ 和 $\psi_1 \equiv \psi_2$.

证明　令

$$f_1(t, s) = te^{r_1 - \sigma_1 r_2 - t + \sigma_1 s} \quad 和 \quad f_2(t, s) = r_2 - (r_2 - s)e^{s - \sigma_2 t}.$$

由 (6.33) 知,

$$f_1(\phi_1, \psi_1) - f_1(\phi_2, \psi_2)$$
$$= \phi_1 e^{r_1 - \sigma_1 r_2 - \phi_1 + \sigma_1 \psi_1} - \phi_2 e^{r_1 - \sigma_1 r_2 - \phi_2 + \sigma_1 \psi_2}$$
$$= (\phi_1 e^{-\phi_1} - \phi_2 e^{-\phi_2})e^{r_1 - \sigma_1 r_2 + \sigma_1 \psi_1} + (e^{\sigma_1 \psi_1} - e^{\sigma_1 \psi_2})\phi_2 e^{r_1 - \sigma_1 r_2 - \phi_2} \geqslant 0,$$

由 $(x - r_2)e^x$ 在 $[r_2 - 1, \infty) \supset [0, \infty)$ 上非减知,

$$f_2(\phi_1, \psi_1) - f_2(\phi_2, \psi_2)$$
$$= (r_2 - \psi_2)e^{\psi_2 - \sigma_2 \phi_2} - (r_2 - \psi_1)e^{\psi_1 - \sigma_2 \phi_1}$$
$$= [(\psi_1 - r_2)e^{\psi_1} - (\psi_2 - r_2)e^{\psi_2}]e^{-\sigma_2 \phi_1} + (r_2 - \psi_2)(e^{-\sigma_2 \phi_2} - e^{-\sigma_2 \phi_1})e^{\psi_2} \geqslant 0.$$

如果存在 $\xi_0 \in \mathbb{R}$ 使得 $\phi_1(\xi_0) = \phi_2(\xi_0)$, 那么

$$0 = \phi_1(\xi_0) - \phi_2(\xi_0)$$
$$= \int_{\mathbb{R}} \frac{1}{\sqrt{4\pi d_1}} e^{-\frac{(y-c)^2}{4d_1}} [f_1(\phi_1(\xi_0 - y), \psi_1(\xi_0 - y))$$

$$- f_1(\phi_2(\xi_0 - y), \psi_2(\xi_0 - y))] dy$$

$$\geqslant \int_{\mathbb{R}} \frac{1}{\sqrt{4\pi d_1}} e^{-\frac{(y-c)^2}{4d_1}} \{[\phi_1(\xi_0 - y) e^{-\phi_1(\xi_0 - y)}$$

$$- \phi_2(\xi_0 - y) e^{-\phi_2(\xi_0 - y)}] e^{r_1 - \sigma_1 r_2 + \sigma_1 \psi_1(\xi_0 - y)}$$

$$+ (e^{\sigma_1 \psi_1(\xi_0 - y)} - e^{\sigma_1 \psi_2(\xi_0 - y)}) \phi_2(\xi_0 - y) e^{r_1 - \sigma_1 r_2 - \phi_2(\xi_0 - y)}\} dy$$

$$\geqslant 0.$$

由于 $\phi_1 \geqslant \phi_2, \psi_1 \geqslant \psi_2$, 所以这蕴含着 $\phi_1(\xi) \equiv \phi_2(\xi), \psi_1(\xi) \equiv \psi_2(\xi)$. 类似地, 如果存在 $\xi_0 \in \mathbb{R}$ 使得 $\psi_1(\xi_0) = \psi_2(\xi_0)$, 也有 $\phi_1(\xi) \equiv \phi_2(\xi), \psi_1(\xi) \equiv \psi_2(\xi)$. $\qquad\square$

现在证明 (6.27) 的波前解的唯一性, 其证明与定理 1.1.7 的证明类似, 在此省略.

定理 6.2.3([125], 唯一性) 假设 (6.26) 成立且 $d_1 \geqslant d_2$. 则对于 (6.27) 的任意两个以波速为 $c \geqslant c_0$ 的连接 $\mathbf{0}$ 和 $\mathbf{r}$ 的波前解 $(\phi_1(\xi), \psi_1(\xi))$ 和 $(\phi_2(\xi), \psi_2(\xi))$, 存在 $\xi_0 \in \mathbb{R}$ 使得 $(\phi_1(\xi + \xi_0), \psi_1(\xi + \xi_0)) \equiv (\phi_2(\xi), \psi_2(\xi))$.

6.3 Ricker 型积分-差分竞争系统的共存波的存在性

本节考虑系统 (6.2) 的行波解的存在性. 系统 (6.2) 有四个平衡点 $\mathbf{0} = (0, 0)$, $(r_1, 0), (0, r_2), \mathbf{K} = (k_1, k_2)$, 其中当

$$r_1 > \sigma_1 r_2 \quad \text{和} \quad r_2 > \sigma_2 r_1 \tag{6.41}$$

时,

$$k_1 = \frac{r_1 - \sigma_1 r_2}{1 - \sigma_1 \sigma_2} > 0 \quad \text{和} \quad k_2 = \frac{r_2 - \sigma_2 r_1}{1 - \sigma_1 \sigma_2} > 0.$$

(6.41) 蕴含着

$$\sigma_1 \sigma_2 < 1.$$

本节考虑当 (6.41) 成立和

$$r_1 \leqslant 1 \quad \text{和} \quad r_2 \leqslant 1 \tag{6.42}$$

时, 系统 (6.2) 连接 $\mathbf{0}$ 和 $\mathbf{K}$ 的行波解. 受 [132, 139] 中方法的启发, 我们利用 Schauder 不动点定理、交叉迭代和上下解方法处理系统 (6.2), 并考虑系统 (6.2) 的特例, 即如下系统

$$\begin{cases} u_{n+1}(x) = \displaystyle\int_{\mathbb{R}} \frac{1}{\sqrt{4\pi d_1}} e^{-\frac{(x-y)^2}{4d_1}} u_n(y) e^{r_1 - u_n(y) - \sigma_1 v_n(y)} dy, \\[4mm] v_{n+1}(x) = \displaystyle\int_{\mathbb{R}} \frac{1}{\sqrt{4\pi d_2}} e^{-\frac{(x-y)^2}{4d_2}} v_n(y) e^{r_2 - v_n(y) - \sigma_2 u_n(y)} dy \end{cases} \tag{6.43}$$

的行波解的存在性.

6.3.1　共存波的存在性

本节采用 $\mathbb{R}^2$ 和 $\mathbb{R}$ 中的标准序关系的一般符号. 系统 (6.2) 的行波解形如 $(u_n(x), v_n(x)) := (\phi(\xi), \psi(\xi))$, $\xi = x + cn$, $\xi \in \mathbb{R}$, $c > 0$ 是波速, $(\phi, \psi) \in C(\mathbb{R}, \mathbb{R}^2)$ 是波相. 将 $\phi(\xi), \psi(\xi)$ 代入 (6.2), 令 $\tilde{\xi} = \xi + c, \tilde{y} = x - y + c$, 并且去掉 $\tilde{\ }$, 那么系统 (6.2) 有一个连接 $\mathbf{0}$ 和 $\mathbf{K}$ 的行波解当且仅当系统

$$\begin{cases} \phi(\xi) = Q_1[\phi, \psi](\xi) := \displaystyle\int_{\mathbb{R}} g_1(y-c) \phi(\xi - y) e^{r_1 - \phi(\xi-y) - \sigma_1 \psi(\xi-y)} dy, \\[4mm] \psi(\xi) = Q_2[\phi, \psi](\xi) := \displaystyle\int_{\mathbb{R}} g_2(y-c) \psi(\xi - y) e^{r_2 - \psi(\xi-y) - \sigma_2 \phi(\xi-y)} dy \end{cases} \tag{6.44}$$

关于渐近边界条件

$$\lim_{\xi \to -\infty} (\phi(\xi), \psi(\xi)) = \mathbf{0}, \quad \lim_{\xi \to \infty} (\phi(\xi), \psi(\xi)) = \mathbf{K} \tag{6.45}$$

在 $\mathbb{R}$ 上有解.

令

$$C(\mathbb{R}, \mathbb{R}^2) = \{u(x) | u(x) : \mathbb{R} \to \mathbb{R}^2 \text{ 是一致连续和一致有界函数}\},$$

那么它是 Banach 空间, 并且具有上确界范数 $|\cdot|$.

注意到 (6.41) 和 (6.42) 蕴含着 $\mathbf{K} \leqslant \mathbf{1} = (1, 1)$. 定义

$$C_{[\mathbf{0}, \mathbf{1}]}(\mathbb{R}, \mathbb{R}^2) = \{u(x) | u(x) \in C(\mathbb{R}, \mathbb{R}^2) \text{ 且 } \mathbf{0} \leqslant u(x) \leqslant \mathbf{1}, x \in \mathbb{R}\}.$$

依据事实: 对于 $x, y \geqslant 0$, 有 $|e^{-x} - e^{-y}| \leqslant |x - y|$, 下面的引理是显然的.

引理 6.3.1([126])　假设 $(\phi_i, \psi_i) \in [\mathbf{0}, \mathbf{1}]$, $i = 1, 2$. 则存在 $L > 0$ 使得

$$\| (f_1(\phi_1, \psi_1), f_2(\phi_1, \psi_1)) - (f_1(\phi_2, \psi_2), f_2(\phi_2, \psi_2)) \| \leqslant L \| (\phi_1, \psi_1) - (\phi_2, \psi_2) \|,$$

其中 $\| \cdot \|$ 表示 $\mathbb{R}^2$ 中的上确界范数,

$$f_1(\phi, \psi) = \phi e^{r_1 - \phi - \sigma_1 \psi}, \quad f_2(\phi, \psi) = \psi e^{r_2 - \psi - \sigma_2 \phi}. \tag{6.46}$$

我们有如下比较原理.

引理 6.3.2 ([126], 比较原理) 假设 $(\phi_1, \psi_1), (\phi_2, \psi_2) \in C_{[0,1]}(\mathbb{R}, \mathbb{R}^2)$ 且 $(\phi_2, \psi_2) \leqslant (\phi_1, \psi_1)$. 则

$$Q_1[\phi_2, \psi_1] \leqslant Q_1[\phi_1, \psi_2], Q_2[\phi_1, \psi_2] \leqslant Q_2[\phi_2, \psi_1].$$

证明 对于 $(\phi_1, \psi_1), (\phi_2, \psi_2) \in C_{[0,1]}(\mathbb{R}, \mathbb{R}^2)$ 且 $(\phi_2, \psi_2) \leqslant (\phi_1, \psi_1)$, 只需证明

$$f_1(\phi_2, \psi_1) \leqslant f_1(\phi_1, \psi_2), \quad f_2(\phi_1, \psi_2) \leqslant f_2(\phi_2, \psi_1),$$

其中 f_1 和 f_2 如 (6.46) 中定义. 由于 xe^{-x} 在 $[0,1]$ 上是非减的, 所以有

$$f_1(\phi_2, \psi_1) - f_1(\phi_1, \psi_2) = \phi_2 e^{r_1 - \phi_2 - \sigma_1 \psi_1} - \phi_1 e^{r_1 - \phi_1 - \sigma_1 \psi_2}$$

$$\leqslant e^{r_1 - \sigma_1 \psi_2}(\phi_2 e^{-\phi_2} - \phi_1 e^{-\phi_1}) \leqslant 0.$$

类似可证明 f_2. □

定义 6.3.1 ([126]) 连续函数 $(\bar{\phi}(\xi), \bar{\psi}(\xi)) \in C(\mathbb{R}, \mathbb{R}^2)$ 和 $(\underline{\phi}(\xi), \underline{\psi}(\xi)) \in C(\mathbb{R}, \mathbb{R}^2)$ 分别称为系统 (6.44) 的上解和下解, 如果

$$
\begin{cases}
\bar{\phi}(\xi) \geqslant Q_1[\bar{\phi}, \underline{\psi}](\xi), & \bar{\psi}(\xi) \geqslant Q_2[\underline{\phi}, \bar{\psi}](\xi), & \forall \xi \in \mathbb{R}, \\
\underline{\phi}(\xi) \leqslant Q_1[\underline{\phi}, \bar{\psi}](\xi), & \underline{\psi}(\xi) \leqslant Q_2[\bar{\phi}, \underline{\psi}](\xi), & \forall \xi \in \mathbb{R}, \\
(\bar{\phi}(\xi), \bar{\psi}(\xi)) \geqslant (\underline{\phi}(\xi), \underline{\psi}(\xi)), & \forall \xi \in \mathbb{R}.
\end{cases}
\tag{6.47}
$$

接下来总是假设系统 (6.44) 有一对上解 $(\bar{\phi}(\xi), \bar{\psi}(\xi)) \in C_{[0,1]}(\mathbb{R}, \mathbb{R}^2)$ 和下解 $(\underline{\phi}(\xi), \underline{\psi}(\xi)) \in C_{[0,1]}(\mathbb{R}, \mathbb{R}^2)$, 并且满足

$$\lim_{\xi \to -\infty} (\bar{\phi}(\xi), \bar{\psi}(\xi)) = \mathbf{0}, \quad \lim_{\xi \to \infty} (\underline{\phi}(\xi), \underline{\psi}(\xi)) = \lim_{\xi \to \infty} (\bar{\phi}(\xi), \bar{\psi}(\xi)) = \mathbf{K}. \tag{6.48}$$

定义集合

$$\Gamma = \{(\phi, \psi) \in C_{[0,1]}(\mathbb{R}, \mathbb{R}^2) | (\underline{\phi}(\xi), \underline{\psi}(\xi)) \leqslant (\phi(\xi), \psi(\xi)) \leqslant (\bar{\phi}(\xi), \bar{\psi}(\xi)), \xi \in \mathbb{R}\}.$$

由于 $(\bar{\phi}(\xi), \bar{\psi}(\xi)), (\underline{\phi}(\xi), \underline{\psi}(\xi)) \in \Gamma$, 所以 Γ 非空, 并且 Γ 具有如下性质.

引理 6.3.3([126]) Γ 关于范数 $|\cdot|$ 是有界闭凸集.

结合引理 6.3.1, 引理 6.3.2 和上下解的定义, 下面的两个引理是显然的.

引理 6.3.4([126]) $Q(\Gamma) \subset \Gamma$, 其中 $Q := (Q_1, Q_2)$.

引理 6.3.5([126]) $Q : \Gamma \to \Gamma$ 关于范数 $|\cdot|$ 是连续的.

引理 6.3.6([126])　假设

$$\lim_{s \to 0} \int_{\mathbb{R}} |g_i(x+s) - g_i(x)| dx = 0, \quad i = 1, 2. \tag{6.49}$$

那么 $Q : \Gamma \to \Gamma$ 是紧的.

证明　对于 $(\phi, \psi) \in \Gamma$, (6.49) 蕴含着函数族 $Q[\phi, \psi]$ 是等度连续的. 由 Ascoli-Arzela 引理, 存在序列 $\{\phi_n(\xi), \psi_n(\xi)\}_{n=1}^N \subset \Gamma(N = N(\varepsilon)$ 是有限的) 使得对于 $|\xi| \leqslant \xi_0$, $\{\phi_n(\xi), \psi_n(\xi)\}_{n=1}^N$ 是集合

$$\{(Q_1(\phi, \psi)(\xi), Q_2(\phi, \psi)(\xi)) | |\xi| \leqslant \xi_0 \text{ 且 } (\phi, \psi) \in \Gamma\}$$

的一个有限 ε-网. 从 (6.48) 可推出对于任何给定的 $\varepsilon > 0$, 存在 $\xi_0 > 0$ 使得

$$\sup_{\xi < -\xi_0} \{\bar{\phi}(\xi) + \bar{\psi}(\xi)\} + \sup_{\xi > \xi_0} \{\bar{\phi}(\xi) - \underline{\phi}(\xi), \bar{\psi}(\xi) - \underline{\psi}(\xi)\} < \varepsilon. \tag{6.50}$$

进一步, (6.50) 意味着 $\{\phi_n(\xi), \psi_n(\xi)\}_{n=1}^N$ 也是下面集合

$$\{(Q_1(\phi, \psi)(\xi), Q_2(\phi, \psi)(\xi)) | (\phi, \psi) \in \Gamma\}$$

的一个有限 ε-网, 这蕴含着上面的集合是列紧的和 Q 是紧的.　　　□

从上面的结果可以得到如下行波解的存在性定理.

定理 6.3.1([126], 存在性)　假设 $(\bar{\phi}(\xi), \bar{\psi}(\xi))$ 和 $(\underline{\phi}(\xi), \underline{\psi}(\xi))$ 满足 (6.48). 则存在 $(\phi(\xi), \psi(\xi)) \in \Gamma$ 满足 (6.44) 和 (6.45), 它就是 (6.2) 连接 **0** 和 **K** 的行波解.

证明　利用 Schauder 不动点定理, 从引理 6.3.3—引理 6.3.6 可推出存在 $(\phi(\xi), \psi(\xi)) \in \Gamma$ 满足 (6.44), 由 (6.48) 知, 它满足 (6.45).　　　□

6.3.2　构造上下解

在 (6.41) 和 (6.42) 的假设下, 本节我们研究系统 (6.43) 行波解的存在性. 为了方便, 将假设 (6.42) 分为四种情形:

$$(A1) \quad r_1 < 1 \text{ 且 } r_2 < 1; \quad (A2) \quad r_1 = 1 \text{ 且 } r_2 = 1;$$

$$(A3) \quad r_1 < 1 \text{ 且 } r_2 = 1; \quad (A4) \quad r_1 = 1 \text{ 且 } r_2 < 1.$$

为了简单, 只考虑情形 (A1) 和 (A2), 情形 (A3) 和 (A4) 完全类似.

情形 (A1)

(6.43) 的行波系统为

$$\begin{cases} \phi(\xi) = \int_{\mathbb{R}} \dfrac{1}{\sqrt{4\pi d_1}} e^{-\frac{(y-c)^2}{4d_1}} \phi(\xi - y) e^{r_1 - \phi(\xi-y) - \sigma_1 \psi(\xi-y)} dy, \\[4mm] \psi(\xi) = \int_{\mathbb{R}} \dfrac{1}{\sqrt{4\pi d_2}} e^{-\frac{(y-c)^2}{4d_2}} \psi(\xi - y) e^{r_2 - \psi(\xi-y) - \sigma_2 \phi(\xi-y)} dy. \end{cases} \tag{6.51}$$

显然 $g_i(x) = \dfrac{1}{\sqrt{4\pi d_i}} e^{-\frac{x^2}{4d_i}} (i = 1, 2)$ 满足 (6.49). 由定理 6.3.1 知, 只需构造 (6.51) 的一对上下解. (6.51) 在 **0** 点的线性化系统的特征方程为

$$\Delta_1(\lambda, c) = 0 \quad 和 \quad \Delta_2(\lambda, c) = 0,$$

其中

$$\Delta_i(\lambda, c) := 1 - \int_{\mathbb{R}} \frac{1}{\sqrt{4\pi d_i}} e^{-\frac{(y-c)^2}{4d_i} - \lambda y + r_i} dy = 1 - e^{d_i \lambda^2 - c\lambda + r_i}, \quad i = 1, 2. \quad (6.52)$$

对于 $c > c^* := \max\{2\sqrt{d_1 r_1}, 2\sqrt{d_2 r_2}\}$, $\Delta_1(\lambda, c) = 0$ 有两个正根

$$\lambda_1 = \frac{c - \sqrt{c^2 - 4d_1 r_1}}{2d_1} > 0, \quad \lambda_2 = \frac{c + \sqrt{c^2 - 4d_1 r_1}}{2d_1} > 0,$$

$\Delta_2(\lambda, c) = 0$ 也有两个正根

$$\lambda_3 = \frac{c - \sqrt{c^2 - 4d_2 r_2}}{2d_2} > 0, \quad \lambda_4 = \frac{c + \sqrt{c^2 - 4d_2 r_2}}{2d_2} > 0.$$

取 $c > c^*$. 对于任意固定的

$$\eta \in \left(1, \min\left\{2, \frac{\lambda_2}{\lambda_1}, \frac{\lambda_4}{\lambda_3}, \frac{\lambda_1 + \lambda_3}{\lambda_1}, \frac{\lambda_1 + \lambda_3}{\lambda_3}\right\}\right)$$

和充分大的 $q > 0$, 考虑函数 $h_1(\xi) = e^{\lambda_1 \xi} - q e^{\eta \lambda_1 \xi}$ 和 $h_2(\xi) = e^{\lambda_3 \xi} - q e^{\eta \lambda_3 \xi}$. 那么 $h_1(\xi)$ 和 $h_2(\xi)$ 分别在 $\xi_1^* = \xi_1^*(q) = -\dfrac{1}{(\eta-1)\lambda_1} \ln q\eta < 0$ 和 $\xi_2^* = \xi_2^*(q) = -\dfrac{1}{(\eta-1)\lambda_3} \ln q\eta < 0$ 取得全局最大值 $\varrho_1 > 0$ 和 $\varrho_2 > 0$, 且 $h_1(\xi_1^0) = h_2(\xi_2^0) = 0$, 其中 $\xi_1^0 = \xi_1^0(q) = -\dfrac{1}{(\eta-1)\lambda_1} \ln q < 0$ 和 $\xi_2^0 = \xi_2^0(q) = -\dfrac{1}{(\eta-1)\lambda_3} \ln q < 0$. 进一步, 有 $\xi_i^* < \xi_i^0, i = 1, 2$,

$$当 \ q \to \infty \ 时, \quad \varrho_i \to 0, \quad i = 1, 2. \quad (6.53)$$

因此, 对于充分大的 $q > 0$,

$$r_i + 2\varrho_i < 1, \quad i = 1, 2. \quad (6.54)$$

选择充分大的 $N = N(q) > 0$ 满足

$$\varrho_1 > \frac{\sigma_1 \varrho_2}{N} \quad 和 \quad \varrho_2 > \frac{\sigma_2 \varrho_1}{N}.$$

那么 $h_1(\xi) = \dfrac{\varrho_1}{N}$ 只有两个实根 $\xi_7, \xi_1 (\xi_7 < \xi_1^* < \xi_1 < \xi_1^0)$, $h_2(\xi) = \dfrac{\varrho_2}{N}$ 也只有两个实根 $\xi_8, \xi_2 (\xi_8 < \xi_2^* < \xi_2 < \xi_2^0)$, 而且,

$$\text{当 } N \to \infty \text{ 时}, \quad \xi_7 - \xi_1 \to -\infty \quad \text{和} \quad \xi_8 - \xi_2 \to -\infty. \tag{6.55}$$

由 (6.53) 知, 可取充分大的 q 和 $N = N(q)$ 使得

$$\varrho_1 < \frac{1}{4}, \quad \varrho_2 < \frac{1}{4}, \quad \frac{\varrho_1}{N} + 2\sigma_1\varrho_2 < r_1 - \sigma_1 r_2, \quad \frac{\varrho_2}{N} + 2\sigma_2\varrho_1 < r_2 - \sigma_2 r_1. \tag{6.56}$$

令

$$\begin{cases} 0 < \varepsilon_0 < \min\left\{\sigma_2\varrho_1, \sigma_1\varrho_2, \varrho_1 - \dfrac{\sigma_1\varrho_2}{N}, \varrho_2 - \dfrac{\sigma_2\varrho_1}{N}\right\}, \\ \varepsilon_1 = r_1 - k_1 + \rho_1, \quad \varepsilon_2 = k_1 + \dfrac{\varrho_1}{N}, \quad \varepsilon_3 = r_2 - k_2 + \rho_2, \quad \varepsilon_4 = k_2 + \dfrac{\varrho_2}{N}. \end{cases}$$

那么

$$\varepsilon_1 - \sigma_1\varepsilon_4 > \varepsilon_0, \quad \varepsilon_3 - \sigma_2\varepsilon_2 > \varepsilon_0, \quad \varepsilon_2 - \sigma_1\varepsilon_3 > \varepsilon_0, \quad \varepsilon_4 - \sigma_2\varepsilon_1 > \varepsilon_0. \tag{6.57}$$

对于充分小的 $\lambda = \lambda(q, N) > 0$, 存在 $\xi_3 < 0$ 和 $\xi_4 < 0$ 使得

$$e^{\lambda_1\xi_3} = k_1 + \varepsilon_1 e^{-\lambda\xi_3} \leqslant r_1 + 2\rho_1 \quad \text{和} \quad e^{\lambda_3\xi_4} = k_2 + \varepsilon_3 e^{-\lambda\xi_4} \leqslant r_2 + 2\rho_2. \tag{6.58}$$

对于上述常数和合适的常数 $\xi_5 > 0, \xi_6 > 0$, 定义如下连续函数

$$\bar{\phi}(\xi) = \begin{cases} e^{\lambda_1\xi}, & \xi \leqslant \xi_3, \\ k_1 + \varepsilon_1 e^{-\lambda\xi}, & \xi > \xi_3, \end{cases} \qquad \bar{\psi}(\xi) = \begin{cases} e^{\lambda_3\xi}, & \xi \leqslant \xi_4, \\ k_2 + \varepsilon_3 e^{-\lambda\xi}, & \xi > \xi_4 \end{cases} \tag{6.59}$$

和

$$\begin{cases} \underline{\phi}(\xi) = \begin{cases} e^{\lambda_1\xi} - q e^{\eta\lambda_1\xi}, & \xi \leqslant \xi_1, \\ \dfrac{\varrho_1}{N}, & \xi_1 < \xi \leqslant \xi_5, \\ k_1 - \varepsilon_2 e^{-\lambda\xi}, & \xi > \xi_5, \end{cases} \\[4mm] \underline{\psi}(\xi) = \begin{cases} e^{\lambda_3\xi} - q e^{\eta\lambda_3\xi}, & \xi \leqslant \xi_2, \\ \dfrac{\varrho_2}{N}, & \xi_2 < \xi \leqslant \xi_6, \\ k_2 - \varepsilon_4 e^{-\lambda\xi}, & \xi > \xi_6, \end{cases} \end{cases} \tag{6.60}$$

其中 $q > 0$ 和 $N = N(q) > 0$ 充分大, $\lambda = \lambda(q, N) > 0$ 充分小. 由 (6.54) 和 (6.58) 知, $\mathbf{0} \leqslant (\underline{\phi}(\xi), \underline{\psi}(\xi)) \leqslant (\bar{\phi}(\xi), \bar{\psi}(\xi)) \leqslant \mathbf{1}$, 且对于充分大的 q, N 和充分小的 λ (事实上, $\left(\dfrac{\ln k_1}{\lambda_1}, \dfrac{\ln k_2}{\lambda_3} \right) \leqslant (\xi_3, \xi_4)$), 有

$$\min\{-\xi_5, -\xi_6\} \leqslant \max\{-\xi_5, -\xi_6\} \ll \min\{\xi_7, \xi_8\} \leqslant \max\{\xi_7, \xi_8\}$$

$$\ll \min\{\xi_1, \xi_2\} \leqslant \max\{\xi_1, \xi_2\} \ll \min\{\xi_3, \xi_4\} \leqslant \max\{\xi_3, \xi_4\} < 0 \ll \min\{\xi_5, \xi_6\}. \tag{6.61}$$

再次由 (6.58) 知

$$(\bar{\phi}(\xi), \bar{\psi}(\xi)) \leqslant (r_1 + 2\rho_1, r_2 + 2\rho_2). \tag{6.62}$$

由 η 的定义知

$$\Delta_1(\eta\lambda_1, c) > 0 \quad 和 \quad \Delta_2(\eta\lambda_3, c) > 0. \tag{6.63}$$

引理 6.3.7([126]) 假设 (6.41) 和 (A1) 成立. 则 $(\bar{\phi}(\xi), \bar{\psi}(\xi))$ 和 $(\underline{\phi}(\xi), \underline{\psi}(\xi))$ 分别是 (6.51) 的上解和下解.

证明 只证 $\bar{\phi}(\xi)$ 和 $\underline{\phi}(\xi)$ 满足 (6.47), 因为 $\bar{\psi}(\xi)$ 和 $\underline{\psi}(\xi)$ 的证明完全类似. 对于 $\bar{\phi}(\xi)$, 需证两种情形.

(i) 对于 $\xi \leqslant \xi_3$, 由于 $0 \leqslant \bar{\phi}(\xi - y) \leqslant e^{\lambda_1(\xi-y)}$ 和 $\underline{\psi}(\xi - y) \geqslant 0$, 所以有

$$\bar{\phi}(\xi) - \int_{\mathbb{R}} \frac{1}{\sqrt{4\pi d_1}} e^{-\frac{(y-c)^2}{4d_1}} \bar{\phi}(\xi - y) e^{r_1 - \bar{\phi}(\xi-y) - \sigma_1 \underline{\psi}(\xi-y)} dy$$

$$\geqslant \bar{\phi}(\xi) - \int_{\mathbb{R}} \frac{1}{\sqrt{4\pi d_1}} e^{-\frac{(y-c)^2}{4d_1}} \bar{\phi}(\xi - y) e^{r_1} dy$$

$$\geqslant e^{\lambda_1 \xi} \left(1 - \int_{\mathbb{R}} \frac{1}{\sqrt{4\pi d_1}} e^{-\frac{(y-c)^2}{4d_1} - \lambda_1 y + r_1} dy \right)$$

$$= \Delta_1(\lambda_1, c) = 0.$$

(ii) 对于 $\xi > \xi_3$, 因为 $\bar{\phi}(\xi) = k_1 + \varepsilon_1 e^{-\lambda\xi}$, 所以

$$\bar{\phi}(\xi) - \int_{\mathbb{R}} \frac{1}{\sqrt{4\pi d_1}} e^{-\frac{(y-c)^2}{4d_1}} U_1(\xi - y) dy$$

$$= k_1 + \varepsilon_1 e^{-\lambda\xi} - \int_{\mathbb{R}} \frac{1}{\sqrt{4\pi d_1}} e^{-\frac{(y-c)^2}{4d_1}} U_1(\xi - y) dy$$

$$= \int_{-\infty}^{\infty} \frac{1}{\sqrt{4\pi d_1}} e^{-\frac{(y-c)^2}{4d_1}} \left[k_1 + \frac{\varepsilon_1}{e^{d_1\lambda^2 + c\lambda}} e^{-\lambda(\xi-y)} - U_1(\xi - y) \right] dy$$

$$= \int_{-\infty}^{\xi-\xi_3} \frac{1}{\sqrt{4\pi d_1}} e^{-\frac{(y-c)^2}{4d_1}} \left[k_1 + \frac{\varepsilon_1}{e^{d_1\lambda^2+c\lambda}} e^{-\lambda(\xi-y)} - U_1(\xi-y) \right] dy$$

$$+ \int_{\xi-\xi_3}^{\xi-\max\{\xi_1,\xi_2\}} \frac{1}{\sqrt{4\pi d_1}} e^{-\frac{(y-c)^2}{4d_1}} \left[k_1 + \frac{\varepsilon_1}{e^{d_1\lambda^2+c\lambda}} e^{-\lambda(\xi-y)} - U_1(\xi-y) \right] dy$$

$$+ \int_{\xi-\max\{\xi_1,\xi_2\}}^{\infty} \frac{1}{\sqrt{4\pi d_1}} e^{-\frac{(y-c)^2}{4d_1}} \left[k_1 + \frac{\varepsilon_1}{e^{d_1\lambda^2+c\lambda}} e^{-\lambda(\xi-y)} - U_1(\xi-y) \right] dy$$

$$:= \int_{-\infty}^{\xi-\xi_3} \frac{1}{\sqrt{4\pi d_1}} e^{-\frac{(y-c)^2}{4d_1}} \Lambda_1(\xi-y) dy$$

$$+ \int_{\xi-\xi_3}^{\xi-\max\{\xi_1,\xi_2\}} \frac{1}{\sqrt{4\pi d_1}} e^{-\frac{(y-c)^2}{4d_1}} \Lambda_2(\xi-y) dy$$

$$+ \int_{\xi-\max\{\xi_1,\xi_2\}}^{\infty} \frac{1}{\sqrt{4\pi d_1}} e^{-\frac{(y-c)^2}{4d_1}} \Lambda_3(\xi-y) dy,$$

其中 $U_1(\xi-y) := \bar{\phi}(\xi-y) e^{r_1 - \bar{\phi}(\xi-y) - \sigma_1 \underline{\psi}(\xi-y)}$. 下证对充分小的 λ, $\Lambda_i(\xi-y) \geqslant 0 (i=1,2,3)$.

对于 $\Lambda_1(\xi-y)$, 因为 $\varepsilon_1 - \sigma_1\varepsilon_4 = \varrho_1 - \dfrac{\sigma_1\varrho_2}{N} < \dfrac{1}{4}$, 所以从 $k_1 + \varepsilon_1 e^{-\lambda(\xi-y)} \leqslant r_1 + 2\varrho_1$ 可推出 $(\varepsilon_1 - \sigma_1\varepsilon_4) e^{-\lambda(\xi-y)} \leqslant (\varepsilon_1 - \sigma_1\varepsilon_4) \dfrac{r_1 - k_1 + 2\varrho_1}{\varepsilon_1} < \dfrac{1}{2}$. 因为 $\bar{\phi}(\xi-y) = k_1 + \varepsilon_1 e^{-\lambda(\xi-y)}$ 和 $\underline{\psi}(\xi-y) \geqslant k_2 - \varepsilon_4 e^{-\lambda(\xi-y)}$, 所以

$$\Lambda_1(\xi-y)$$

$$= k_1 + \frac{\varepsilon_1}{e^{d_1\lambda^2+c\lambda}} e^{-\lambda(\xi-y)} - \bar{\phi}(\xi-y) e^{r_1 - \bar{\phi}(\xi-y) - \sigma_1 \underline{\psi}(\xi-y)}$$

$$\geqslant k_1 + \frac{\varepsilon_1}{e^{d_1\lambda^2+c\lambda}} e^{-\lambda(\xi-y)} - (k_1 + \varepsilon_1 e^{-\lambda(\xi-y)}) e^{-(\varepsilon_1 - \sigma_1\varepsilon_4) e^{-\lambda(\xi-y)}}$$

$$\geqslant k_1 + \frac{\varepsilon_1}{e^{d_1\lambda^2+c\lambda}} e^{-\lambda(\xi-y)} - (k_1 + \varepsilon_1 e^{-\lambda(\xi-y)}) \left[1 - \frac{1}{2}(\varepsilon_1 - \sigma_1\varepsilon_4) e^{-\lambda(\xi-y)} \right]$$

$$\geqslant \left[\varepsilon_1 \left(\frac{1}{e^{d_1\lambda^2+c\lambda}} - 1 \right) + \frac{1}{2} k_1 (\varepsilon_1 - \sigma_1\varepsilon_4) \right] e^{-\lambda(\xi-y)}$$

$$\geqslant 0 \ (对充分小的\lambda).$$

第二个不等式成立是因为对于 $0 < x < 1$, 有 $e^{-x} < 1 - \dfrac{1}{2}x$.

对于 $\Lambda_2(\xi-y)$, $\bar{\phi}(\xi-y) = e^{\lambda_1(\xi-y)} \leqslant 1$, 因为 $\max\{\xi_1,\xi_2\} \ll \xi_3 \ll \xi_5$, 所以

$\underline{\psi}(\xi - y) = \dfrac{\rho_2}{N} \geqslant k_2 - \varepsilon_4 e^{-\lambda(\xi-y)}$, 则

$$\Lambda_2(\xi - y)$$

$$= k_1 + \frac{\varepsilon_1}{e^{d_1\lambda^2+c\lambda}}e^{-\lambda(\xi-y)} - \bar{\phi}(\xi-y)e^{r_1-\bar{\phi}(\xi-y)-\sigma_1\underline{\psi}(\xi-y)}$$

$$= k_1 + \frac{\varepsilon_1}{e^{d_1\lambda^2+c\lambda}}e^{-\lambda(\xi-y)} - \bar{\phi}(\xi-y)e^{r_1-\bar{\phi}(\xi-y)-\frac{\sigma_1\rho_2}{N}}$$

$$\geqslant k_1 + \frac{\varepsilon_1}{e^{d_1\lambda^2+c\lambda}}e^{-\lambda(\xi-y)} - \bar{\phi}(\xi-y)e^{r_1-\bar{\phi}(\xi-y)-\sigma_1(k_2-\varepsilon_4 e^{-\lambda(\xi-y)})}$$

$$:= Q_1(\xi - y).$$

由于 xe^{-x} 在 $[0,1]$ 上是非减的, 所以 $\Lambda_2(x)$ 在 $[\max\{\xi_1,\xi_2\},\xi_3]$ 上是非减的. 因此由 $\Lambda_2(\xi_3) \geqslant Q_1(\xi_3) = \Lambda_1(\xi_3) \geqslant 0$ 知, $\Lambda_2(x) \geqslant 0, x \in [\max\{\xi_1,\xi_2\},\xi_3]$.

对于 $\Lambda_3(\xi - y)$, 因为 $\max\{\xi_1,\xi_2\} \ll 0$, 所以 $\bar{\phi}(\xi-y) \leqslant k_1 e^{-r_1}$, 则

$$\Lambda_3(\xi - y) = k_1 + \frac{\varepsilon_1}{e^{d_1\lambda^2+c\lambda}}e^{-\lambda(\xi-y)} - \bar{\phi}(\xi-y)e^{r_1-\bar{\phi}(\xi-y)-\sigma_1\underline{\psi}(\xi-y)}$$

$$\geqslant k_1 - \bar{\phi}(\xi-y)e^{r_1} \geqslant 0.$$

对于 $\underline{\phi}(\xi)$, 需证三种情形.

(i) 对于 $\xi \leqslant \xi_1, \max\{0, e^{\lambda_1(\xi-y)} - qe^{\eta\lambda_1(\xi-y)}\} \leqslant \underline{\phi}(\xi-y) \leqslant \min\{k_1, e^{\lambda_1(\xi-y)}\} < r_1, 0 \leqslant \bar{\psi}(\xi-y) \leqslant e^{\lambda_3(\xi-y)}, \forall \xi - y \in \mathbb{R}$. 如果 $e^{\lambda_1(\xi-y)} - qe^{\eta\lambda_1(\xi-y)} \geqslant 0$, 由于 xe^{-x} 在 $[0,1]$ 上是非减的, 那么

$$\underline{\phi}(\xi-y)e^{-\underline{\phi}(\xi-y)} \geqslant \left(e^{\lambda_1(\xi-y)} - qe^{\eta\lambda_1(\xi-y)}\right)e^{-e^{\lambda_1(\xi-y)}+qe^{\eta\lambda_1(\xi-y)}}$$

$$\geqslant \left(e^{\lambda_1(\xi-y)} - qe^{\eta\lambda_1(\xi-y)}\right)e^{-e^{\lambda_1(\xi-y)}}.$$

如果 $e^{\lambda_1(\xi-y)} - qe^{\eta\lambda_1(\xi-y)} \leqslant 0$, 那么由 $\underline{\phi}(\xi-y) \geqslant 0$ 知,

$$\underline{\phi}(\xi-y)e^{-\underline{\phi}(\xi-y)} \geqslant \left(e^{\lambda_1(\xi-y)} - qe^{\eta\lambda_1(\xi-y)}\right)e^{-e^{\lambda_1(\xi-y)}}.$$

因此, 由 $\underline{\phi}(\xi) = e^{\lambda_1\xi} - qe^{\eta\lambda_1\xi}$ 知,

$$\underline{\phi}(\xi) - \int_{\mathbb{R}} \frac{1}{\sqrt{4\pi d_1}}e^{-\frac{(y-c)^2}{4d_1}}\underline{\phi}(\xi-y)e^{r_1-\underline{\phi}(\xi-y)-\sigma_1\bar{\psi}(\xi-y)}dy$$

$$\leqslant e^{\lambda_1\xi} - qe^{\eta\lambda_1\xi} - \int_{\mathbb{R}} \frac{1}{\sqrt{4\pi d_1}}e^{-\frac{(y-c)^2}{4d_1}}\underline{\phi}(\xi-y)e^{r_1-\underline{\phi}(\xi-y)-\sigma_1\lambda_3(\xi-y)}dy$$

$$\leqslant e^{\lambda_1\xi} - qe^{\eta\lambda_1\xi}$$

$$- \int_{\mathbb{R}} \frac{1}{\sqrt{4\pi d_1}} e^{-\frac{(y-c)^2}{4d_1}} \left(e^{\lambda_1(\xi-y)} - qe^{\eta\lambda_1(\xi-y)} \right) e^{r_1 - e^{\lambda_1(\xi-y)} - \sigma_1 e^{\lambda_3(\xi-y)}} dy$$

$$= e^{\lambda_1 \xi} \left(1 - \int_{\mathbb{R}} \frac{1}{\sqrt{4\pi d_1}} e^{-\frac{(y-c)^2}{4d_1} - \lambda_1 y + r_1} dy \right)$$

$$- qe^{\eta\lambda_1 \xi} \left(1 - \int_{\mathbb{R}} \frac{1}{\sqrt{4\pi d_1}} e^{-\frac{(y-c)^2}{4d_1} - \eta\lambda_1 y + r_1} dy \right)$$

$$+ e^{\lambda_1 \xi} \int_{\mathbb{R}} \frac{1}{\sqrt{4\pi d_1}} e^{-\frac{(y-c)^2}{4d_1} - \lambda_1 y + r_1} \left(1 - e^{-e^{\lambda_1(\xi-y)} - \sigma_1 e^{\lambda_3(\xi-y)}} \right) dy$$

$$- qe^{\eta\lambda_1 \xi} \int_{\mathbb{R}} \frac{1}{\sqrt{4\pi d_1}} e^{-\frac{(y-c)^2}{4d_1} - \eta\lambda_1 y + r_1} \left(1 - e^{-e^{\lambda_1(\xi-y)} - \sigma_1 e^{\lambda_3(\xi-y)}} \right) dy$$

$$= - qe^{\eta\lambda_1 \xi} \Delta_1(\eta\lambda_1, c)$$

$$+ e^{\lambda_1 \xi} \int_{\mathbb{R}} \frac{1}{\sqrt{4\pi d_1}} e^{-\frac{(y-c)^2}{4d_1} - \lambda_1 y + r_1} \left(1 - e^{-e^{\lambda_1(\xi-y)} - \sigma_1 e^{\lambda_3(\xi-y)}} \right) dy$$

$$- qe^{\eta\lambda_1 \xi} \int_{\mathbb{R}} \frac{1}{\sqrt{4\pi d_1}} e^{-\frac{(y-c)^2}{4d_1} - \eta\lambda_1 y + r_1} \left(1 - e^{-e^{\lambda_1(\xi-y)} - \sigma_1 e^{\lambda_3(\xi-y)}} \right) dy$$

$$\leqslant - qe^{\eta\lambda_1 \xi} \Delta_1(\eta\lambda_1, c)$$

$$+ e^{\lambda_1 \xi} \int_{\mathbb{R}} \frac{1}{\sqrt{4\pi d_1}} e^{-\frac{(y-c)^2}{4d_1} - \lambda_1 y + r_1} \left(1 - e^{-e^{\lambda_1(\xi-y)} - \sigma_1 e^{\lambda_3(\xi-y)}} \right) dy$$

$$\leqslant - qe^{\eta\lambda_1 \xi} \Delta_1(\eta\lambda_1, c) + e^{\lambda_1 \xi} \int_{\mathbb{R}} \frac{1}{\sqrt{4\pi d_1}} e^{-\frac{(y-c)^2}{4d_1} - \lambda_1 y + r_1} (e^{\lambda_1(\xi-y)} + \sigma_1 e^{\lambda_3(\xi-y)}) dy$$

$$= e^{\eta\lambda_1 \xi} \left[-q\Delta_1(\eta\lambda_1, c) + \Delta_1(2\lambda_1, c) e^{(2-\eta)\lambda_1 \xi} + \sigma_1 \Delta_1(\lambda_1 + \lambda_3, c) e^{(\frac{\lambda_1 + \lambda_3}{\lambda_1} - \eta)\lambda_1 \xi} \right]$$

$$\leqslant e^{\eta\lambda_1 \xi} [-q\Delta_1(\eta\lambda_1, c) + \Delta_1(2\lambda_1, c) + \sigma_1 \Delta_1(\lambda_1 + \lambda_3, c)] (因为 \xi_1 < 0)$$

$$\leqslant 0 \ (对充分大的 q).$$

第三个不等式成立是因为 $e^x \geqslant 1 + x, \forall x \in \mathbb{R}$.

(ii) 对于 $\xi > \xi_5$, 有

$$\underline{\phi}(\xi) - \int_{\mathbb{R}} \frac{1}{\sqrt{4\pi d_1}} e^{-\frac{(y-c)^2}{4d_1}} U_2(\xi - y) dy$$

$$= k_1 - k_1 e^{-\lambda \xi} - \int_{\mathbb{R}} \frac{1}{\sqrt{4\pi d_1}} e^{-\frac{(y-c)^2}{4d_1}} U_2(\xi - y) dy$$

$$= \int_{-\infty}^{\infty} \frac{1}{\sqrt{4\pi d_1}} e^{-\frac{(y-c)^2}{4d_1}} \left[k_1 - \frac{k_1}{e^{d_1 \lambda^2 + c\lambda}} e^{-\lambda(\xi-y)} - U_2(\xi - y) \right] dy$$

$$= \int_{-\infty}^{\xi-\xi_5} \frac{1}{\sqrt{4\pi d_1}} e^{-\frac{(y-c)^2}{4d_1}} \left[k_1 - \frac{k_1}{e^{d_1\lambda^2+c\lambda}} e^{-\lambda(\xi-y)} - U_2(\xi-y) \right] dy$$

$$+ \int_{\xi-\xi_5}^{\xi-\xi_1} \frac{1}{\sqrt{4\pi d_1}} e^{-\frac{(y-c)^2}{4d_1}} \left[k_1 - \frac{k_1}{e^{d_1\lambda^2+c\lambda}} e^{-\lambda(\xi-y)} - U_2(\xi-y) \right] dy$$

$$+ \int_{\xi-\xi_1}^{\infty} \frac{1}{\sqrt{4\pi d_1}} e^{-\frac{(y-c)^2}{4d_1}} \left[k_1 - \frac{k_1}{e^{d_1\lambda^2+c\lambda}} e^{-\lambda(\xi-y)} - U_2(\xi-y) \right] dy$$

$$:= \int_{-\infty}^{\xi-\xi_5} \frac{1}{\sqrt{4\pi d_1}} e^{-\frac{(y-c)^2}{4d_1}} \Lambda_4(\xi-y) dy$$

$$+ \int_{\xi-\xi_5}^{\xi-\xi_1} \frac{1}{\sqrt{4\pi d_1}} e^{-\frac{(y-c)^2}{4d_1}} \Lambda_5(\xi-y) dy$$

$$+ \int_{\xi-\xi_1}^{\infty} \frac{1}{\sqrt{4\pi d_1}} e^{-\frac{(y-c)^2}{4d_1}} \Lambda_6(\xi-y) dy,$$

其中 $U_2(\xi-y) := \underline{\phi}(\xi-y)e^{r_1-\underline{\phi}(\xi-y)-\sigma_1\bar{\psi}(\xi-y)}$. 下证对于充分小的 λ, $\Lambda_i(\xi-y) \leqslant 0(i=4,5,6)$.

对于 $\Lambda_4(\xi-y)$, 因为 $\underline{\phi}(\xi-y) = k_1 - \varepsilon_2 e^{-\lambda(\xi-y)} \geqslant \frac{\varrho_1}{N}$ 和 $\bar{\psi}(\xi-y) \leqslant k_2 + \varepsilon_3 e^{-\lambda(\xi-y)}$, 所以

$$\Lambda_4(\xi-y) = k_1 - \frac{\varepsilon_2}{e^{d_1\lambda^2+c\lambda}} e^{-\lambda(\xi-y)} - \underline{\phi}(\xi-y)e^{r_1-\underline{\phi}(\xi-y)-\sigma_1\bar{\psi}(\xi-y)}$$

$$\leqslant k_1 - \frac{\varepsilon_2}{e^{d_1\lambda^2+c\lambda}} e^{-\lambda(\xi-y)} - (k_1 - \varepsilon_2 e^{-\lambda(\xi-y)})e^{(\varepsilon_2-\sigma_1\varepsilon_3)e^{-\lambda(\xi-y)}}$$

$$\leqslant k_1 - \frac{\varepsilon_2}{e^{d_1\lambda^2+c\lambda}} e^{-\lambda(\xi-y)} - (k_1 - \varepsilon_2 e^{-\lambda(\xi-y)})e^{\varepsilon_0 e^{-\lambda(\xi-y)}}$$

$$\leqslant k_1 - \frac{\varepsilon_2}{e^{d_1\lambda^2+c\lambda}} e^{-\lambda(\xi-y)} - (k_1 - \varepsilon_2 e^{-\lambda(\xi-y)})(1 + \varepsilon_0 e^{-\lambda(\xi-y)})$$

$$= \left[\varepsilon_2 \left(1 - \frac{1}{e^{d_1\lambda^2+c\lambda}} \right) - \varepsilon_0(k_1 - \varepsilon_2 e^{-\lambda(\xi-y)}) \right] e^{-\lambda(\xi-y)}$$

$$\leqslant \left[\varepsilon_2 \left(1 - \frac{1}{e^{d_1\lambda^2+c\lambda}} \right) - \frac{\varepsilon_0\varrho_1}{N} \right] e^{-\lambda(\xi-y)}$$

$$\leqslant 0 \text{ (对充分小的 } \lambda).$$

第二个不等式成立是因为 xe^{-x} 在 $[0,1]$ 上是非减的, 第三个不等式成立是因为 $e^x \geqslant 1+x, \forall x \in \mathbb{R}$.

对于 $\Lambda_5(\xi-y)$, 因为 $\underline{\phi}(\xi-y) = \frac{\varrho_1}{N}$ 和 $\bar{\psi}(\xi-y) \leqslant r_2 + 2\varrho_2$, 所以

$$\Lambda_5(\xi-y) = k_1 - \frac{\varepsilon_2}{e^{d_1\lambda^2+c\lambda}} e^{-\lambda(\xi-y)} - \underline{\phi}(\xi-y)e^{r_1-\underline{\phi}(\xi-y)-\sigma_1\bar{\psi}(\xi-y)}$$

$$\leqslant k_1 - \frac{\varepsilon_2}{e^{d_1\lambda^2 + c\lambda}}e^{-\lambda(\xi - y)} - \frac{\varrho_1}{N}e^{r_1 - \frac{\varrho_1}{N} - \sigma_1(r_2 + 2\varrho_2)}$$

$$= \varepsilon_2\left(1 - \frac{1}{e^{d_1\lambda^2 + c\lambda}}\right)e^{-\lambda(\xi - y)} + k_1 - \varepsilon_2 e^{-\lambda(\xi - y)}$$

$$- \frac{\varrho_1}{N}e^{r_1 - \frac{\varrho_1}{N} - \sigma_1(r_2 + 2\varrho_2)}$$

$$:= Q_2(\xi - y).$$

因为 $k_1 - \varepsilon_2 e^{-\lambda\xi_5} = \dfrac{\varrho_1}{N}$, 从 (6.56) 可推出对充分小的 λ,

$$Q_2(\xi_5) = \left(k_1 - \frac{\varrho_1}{N}\right)\left(1 - \frac{1}{e^{d_1\lambda^2 + c\lambda}}\right) + \frac{\varrho_1}{N}(1 - e^{r_1 - \frac{\varrho_1}{N} - \sigma_1(r_2 + 2\varrho_2)}) \leqslant 0.$$

由于 $Q_2(x)$ 在 $\mathbb{R}$ 上是非减的, 因此对任意 $\xi - y \in [\xi_1, \xi_5]$, 有 $\Lambda_5(\xi - y) \leqslant Q_2(\xi - y) \leqslant Q_2(\xi_5) \leqslant 0$.

对于 $\Lambda_6(\xi - y)$, 因为 $\underline{\phi}(\xi - y) \geqslant 0$, 所以

$$\Lambda_6(\xi - y) = k_1 - \frac{\varepsilon_2}{e^{d_1\lambda^2 + c\lambda}}e^{-\lambda(\xi - y)} - \underline{\phi}(\xi - y)e^{r_1 - \underline{\phi}(\xi - y) - \sigma_1\bar{\psi}(\xi - y)}$$

$$\leqslant k_1 - \frac{\varepsilon_2}{e^{d_1\lambda^2 + c\lambda}}e^{-\lambda(\xi - y)}$$

$$\leqslant k_1 - \frac{\varepsilon_2}{e^{d_1\lambda^2 + c\lambda}}$$

$$\leqslant 0 \ (\text{对充分小的 } \lambda).$$

(iii) 对于 $\xi_1 < \xi \leqslant \xi_5$, 有

$$\underline{\phi}(\xi) - \int_{\mathbb{R}}\frac{1}{\sqrt{4\pi d_1}}e^{-\frac{(y-c)^2}{4d_1}}\underline{\phi}(\xi - y)e^{r_1 - \underline{\phi}(\xi - y) - \sigma_1\bar{\psi}(\xi - y)}dy$$

$$= \frac{\varrho_1}{N} - \int_{\mathbb{R}}\frac{1}{\sqrt{4\pi d_1}}e^{-\frac{(y-c)^2}{4d_1}}\underline{\phi}(\xi - y)e^{r_1 - \underline{\phi}(\xi - y) - \sigma_1\bar{\psi}(\xi - y)}dy$$

$$= \int_{-\infty}^{\infty}\frac{1}{\sqrt{4\pi d_1}}e^{-\frac{(y-c)^2}{4d_1}}\left[\frac{\varrho_1}{N} - \underline{\phi}(\xi - y)e^{r_1 - \underline{\phi}(\xi - y) - \sigma_1\bar{\psi}(\xi - y)}\right]dy$$

$$= \int_{-\infty}^{\xi - \xi_5}\frac{1}{\sqrt{4\pi d_1}}e^{-\frac{(y-c)^2}{4d_1}}\left[\frac{\varrho_1}{N} - \underline{\phi}(\xi - y)e^{r_1 - \underline{\phi}(\xi - y) - \sigma_1\bar{\psi}(\xi - y)}\right]dy$$

$$+ \int_{\xi - \xi_5}^{\xi - \xi_1}\frac{1}{\sqrt{4\pi d_1}}e^{-\frac{(y-c)^2}{4d_1}}\left[\frac{\varrho_1}{N} - \underline{\phi}(\xi - y)e^{r_1 - \underline{\phi}(\xi - y) - \sigma_1\bar{\psi}(\xi - y)}\right]dy$$

$$+ \int_{\xi - \xi_1}^{\infty}\frac{1}{\sqrt{4\pi d_1}}e^{-\frac{(y-c)^2}{4d_1}}\left[\frac{\varrho_1}{N} - \underline{\phi}(\xi - y)e^{r_1 - \underline{\phi}(\xi - y) - \sigma_1\bar{\psi}(\xi - y)}\right]dy$$

$$:= \int_{-\infty}^{\xi-\xi_5} \frac{1}{\sqrt{4\pi d_1}} e^{-\frac{(y-c)^2}{4d_1}} \Lambda_7(\xi-y) dy$$

$$+ \int_{\xi-\xi_5}^{\xi-\xi_1} \frac{1}{\sqrt{4\pi d_1}} e^{-\frac{(y-c)^2}{4d_1}} \Lambda_8(\xi-y) dy$$

$$+ \int_{\xi-\xi_1}^{\infty} \frac{1}{\sqrt{4\pi d_1}} e^{-\frac{(y-c)^2}{4d_1}} \Lambda_9(\xi-y) dy.$$

首先证明 $\Lambda_7(\xi-y) \leqslant 0$. 对于 $\Lambda_7(\xi-y)$, 因为 $r_1 > k_1 \geqslant \underline{\phi}(\xi-y) = k_1 - \varepsilon_2 e^{-\lambda(\xi-y)} \geqslant \dfrac{\varrho_1}{N}$ 和 $\bar{\psi}(\xi-y) \leqslant k_2 + \varepsilon_3 e^{-\lambda(\xi-y)}$, 所以

$$\begin{aligned}
\Lambda_7(\xi-y) &= \frac{\varrho_1}{N} - \underline{\phi}(\xi-y) e^{r_1 - \underline{\phi}(\xi-y) - \sigma_1 \bar{\psi}(\xi-y)} \\
&\leqslant \frac{\varrho_1}{N} - (k_1 - \varepsilon_2 e^{-\lambda(\xi-y)}) e^{(\varepsilon_2 - \sigma_1 \varepsilon_3) e^{-\lambda(\xi-y)}} \\
&\leqslant \frac{\varrho_1}{N} - (k_1 - \varepsilon_2 e^{-\lambda(\xi-y)}) e^{\varepsilon_0 e^{-\lambda(\xi-y)}} \\
&\leqslant \frac{\varrho_1}{N} - \frac{\varrho_1}{N} e^{\varepsilon_0 e^{-\lambda(\xi-y)}} \\
&\leqslant \frac{\varrho_1}{N} - \frac{\varrho_1}{N} (1 + \varepsilon_0 e^{-\lambda(\xi-y)}) \leqslant 0.
\end{aligned}$$

第四个不等式成立是因为 $e^x \geqslant 1 + x, \forall x \in \mathbb{R}$.

为了完成证明, 只需证对充分大的 N,

$$\int_{\xi-\xi_5}^{\xi-\xi_1} \frac{1}{\sqrt{4\pi d_1}} e^{-\frac{(y-c)^2}{4d_1}} \Lambda_8(\xi-y) dy + \int_{\xi-\xi_1}^{\infty} \frac{1}{\sqrt{4\pi d_1}} e^{-\frac{(y-c)^2}{4d_1}} \Lambda_9(\xi-y) dy \leqslant 0.$$

为此, 首先分别估计 $\Lambda_8(\xi-y)$ 和 $\Lambda_9(\xi-y)$. 对于 $\Lambda_8(\xi-y)$, $\underline{\phi}(\xi-y) = \dfrac{\varrho_1}{N} < 1, \bar{\psi}(\xi-y) \leqslant r_2 + 2\varrho_2$ 可推出

$$\begin{aligned}
\Lambda_8(\xi-y) &= \frac{\varrho_1}{N} - \underline{\phi}(\xi-y) e^{r_1 - \underline{\phi}(\xi-y) - \sigma_1 \bar{\psi}(\xi-y)} \\
&\leqslant \frac{\varrho_1}{N} - \frac{\varrho_1}{N} e^{r_1 - \frac{\varrho_1}{N} - \sigma_1(r_2 + 2\varrho_2)} < 0.
\end{aligned}$$

对于 $\Lambda_9(\xi-y)$, 因为对于 $\xi_7 \leqslant \xi-y \leqslant \xi_1$, $\dfrac{\varrho_1}{N} \leqslant \underline{\phi}(\xi-y) \leqslant k_1 \leqslant r_1 < 1, \bar{\psi}(\xi-y) \leqslant r_2 + 2\varrho_2$ 并且 xe^{-x} 在 $[0,1]$ 上是非减的, 所以

$$\Lambda_9(\xi-y) = \frac{\varrho_1}{N} - \underline{\phi}(\xi-y) e^{r_1 - \underline{\phi}(\xi-y) - \sigma_1 \bar{\psi}(\xi-y)}$$

$$\leqslant \frac{\varrho_1}{N} - \frac{\varrho_1}{N} e^{r_1 - \frac{\varrho_1}{N} - \sigma_1(r_2 + 2\varrho_2)} < 0, \quad \text{对于} \quad \xi_7 \leqslant \xi - y \leqslant \xi_1$$

和

$$\Lambda_9(\xi - y) \leqslant \frac{\varrho_1}{N}, \quad \text{对于} \quad \xi - y \leqslant \xi_7.$$

令 $m = \varrho_1 - \varrho_1 e^{r_1 - \frac{\varrho_1}{N} - \sigma_1(r_2 + 2\varrho_2)} < 0$, 则

$$\int_{\xi-\xi_5}^{\xi-\xi_1} \frac{1}{\sqrt{4\pi d_1}} e^{-\frac{(y-c)^2}{4d_1}} \Lambda_8(\xi - y) dy + \int_{\xi-\xi_1}^{\infty} \frac{1}{\sqrt{4\pi d_1}} e^{-\frac{(y-c)^2}{4d_1}} \Lambda_9(\xi - y) dy$$

$$= \int_{\xi-\xi_5}^{\xi-\xi_1} \frac{1}{\sqrt{4\pi d_1}} e^{-\frac{(y-c)^2}{4d_1}} \Lambda_8(\xi - y) dy$$

$$+ \int_{\xi-\xi_1}^{\xi-\xi_7} \frac{1}{\sqrt{4\pi d_1}} e^{-\frac{(y-c)^2}{4d_1}} \Lambda_9(\xi - y) dy + \int_{\xi-\xi_7}^{\infty} \frac{1}{\sqrt{4\pi d_1}} e^{-\frac{(y-c)^2}{4d_1}} \Lambda_9(\xi - y) dy$$

$$\leqslant \int_{\xi-\xi_5}^{\xi-\xi_1} \frac{1}{\sqrt{4\pi d_1}} e^{-\frac{(y-c)^2}{4d_1}} \Lambda_8(\xi - y) dy + \int_{\xi-\xi_7}^{\infty} \frac{1}{\sqrt{4\pi d_1}} e^{-\frac{(y-c)^2}{4d_1}} \Lambda_9(\xi - y) dy$$

$$\leqslant \frac{m}{N} \int_{\xi-\xi_5}^{\xi-\xi_1} \frac{1}{\sqrt{4\pi d_1}} e^{-\frac{(y-c)^2}{4d_1}} dy + \frac{\varrho_1}{N} \int_{\xi-\xi_7}^{\infty} \frac{1}{\sqrt{4\pi d_1}} e^{-\frac{(y-c)^2}{4d_1}} dy$$

$$:= I.$$

把这种情形再分为两种情形: (1) $\xi_1 \leqslant \xi < 0$; (2) $0 \leqslant \xi \leqslant \xi_5$.

(1) 因为对于充分大的 N, $\xi - \xi_5 < -\xi_5 < \xi_1 < \xi_1^0 < 0 \leqslant \xi - \xi_1$ 和 $\xi - \xi_7 > \xi_1 - \xi_7 \gg 0$, 所以可取充分大的 N 使得对于 $y \geqslant \xi_1 - \xi_7$, 有 $(y - c)^2 \geqslant 4d_1 y$, 因此

$$I \leqslant \frac{m}{N} \int_{\xi_1^0}^{0} \frac{1}{\sqrt{4\pi d_1}} e^{-\frac{(y-c)^2}{4d_1}} dy + \frac{\varrho_1}{N} \int_{\xi_1-\xi_7}^{\infty} \frac{1}{\sqrt{4\pi d_1}} e^{-\frac{(y-c)^2}{4d_1}} dy$$

$$\leqslant \frac{-m\xi_1^0}{N\sqrt{4\pi d_1}} + \frac{\varrho_1}{N} \int_{\xi_1-\xi_7}^{\infty} \frac{1}{\sqrt{4\pi d_1}} e^{-y} dy$$

$$= \frac{1}{N\sqrt{4\pi d_1}} (-m\xi_1^0 + \varrho_1 e^{\xi_7-\xi_1})$$

$$\leqslant 0.$$

对充分大的 N, 最后一个不等式成立是因为 ξ_1^0 不依赖于 N, 并且由 (6.55) 知, 对充分大的 N, 有 $\xi_7 - \xi_1 \ll 0$.

(2) 因为对充分大的 N, $\xi - \xi_5 \leqslant 0 < -\xi_1^0 < -\xi_1 \leqslant \xi - \xi_1$ 和 $\xi - \xi_1 \geqslant -\xi_7$,

所以可取对充分大的 N 使得对于 $y \geqslant -\xi_7, (y-c)^2 \geqslant 4d_1y$, 因此

$$
\begin{aligned}
I &\leqslant \frac{m}{N} \int_0^{-\xi_1^0} \frac{1}{\sqrt{4\pi d_1}} e^{-\frac{(y-c)^2}{4d_1}} dy + \frac{\varrho_1}{N} \int_{-\xi_7}^{\infty} \frac{1}{\sqrt{4\pi d_1}} e^{-\frac{(y-c)^2}{4d_1}} dy \\
&\leqslant \frac{-m\xi_1^0}{N\sqrt{4\pi d_1}} + \frac{\varrho_1}{N} \int_{-\xi_7}^{\infty} \frac{1}{\sqrt{4\pi d_1}} e^{-y} dy \\
&= \frac{1}{N\sqrt{4\pi d_1}} (-m\xi_1^0 + \varrho_1 e^{\xi_7}) \\
&\leqslant 0.
\end{aligned}
$$

对充分大的 N, 最后一个不等式成立是因为 ξ_1^0 不依赖于 N, 并且由 (6.55) 知, 对充分大的 N, 有 $\xi_7 \ll 0$. $\qquad\square$

由定理 6.3.1 知, 我们有如下结果.

定理 6.3.2([126], 存在性) 假设 (6.41) 和 (A1) 成立. 则对于 $c > c^*$, (6.43) 有连接 **0** 和 **K** 的以 c 为波速的行波解 $(\phi(\xi), \psi(\xi))$, 并且 $\lim\limits_{\xi \to -\infty} (\phi(\xi)e^{-\lambda_1\xi}, \psi(\xi) e^{-\lambda_3\xi}) = (1,1)$.

情形 (A2)

除了 (6.54) 和 (6.58) 以外, 所有参数都与情形 (A1) 的所定义的参数相同. 需要特别指出的是 (6.62) 还成立, 因为要定义的上解 $(\bar{\phi}(\xi), \bar{\psi}(\xi))$ 满足 $(\bar{\phi}(\xi), \bar{\psi}(\xi)) \leqslant$ **1**. 对于上面的常数和合适的常数 $\xi_i > 0 (i = 3, 4)$, 定义如下连续函数

$$
\bar{\phi}(\xi) = \begin{cases} e^{\lambda_1\xi}, & \xi \leqslant 0, \\ 1, & 0 < \xi \leqslant \xi_3, \\ k_1 + \varepsilon_1 e^{-\lambda\xi}, & \xi > \xi_3, \end{cases} \qquad \bar{\psi}(\xi) = \begin{cases} e^{\lambda_3\xi}, & \xi \leqslant 0, \\ 1, & 0 < \xi \leqslant \xi_4, \\ k_2 + \varepsilon_3 e^{-\lambda\xi}, & \xi > \xi_4, \end{cases}
$$
$$(6.64)$$

并且 $\underline{\phi}(\xi)$ 和 $\underline{\psi}(\xi)$ 还是如 (6.60) 中所定义. 那么 (6.61) 变为

$$
\min\{-\xi_5, -\xi_6\} \leqslant \max\{-\xi_5, -\xi_6\} \ll \min\{\xi_7, \xi_8\} \leqslant \max\{\xi_7, \xi_8\}
$$
$$
\ll \min\{\xi_1, \xi_2\} \leqslant \max\{\xi_1, \xi_2\} \ll 0 \ll \min\{\xi_3, \xi_4, \xi_5, \xi_6\}. \qquad (6.65)
$$

引理 6.3.8([126]) 假设 (6.41) 和 (A2) 成立. 则 $(\bar{\phi}(\xi), \bar{\psi}(\xi))$ 和 $(\underline{\phi}(\xi), \underline{\psi}(\xi))$ 分别为 (6.51) 的上解和下解.

证明 下解 $(\underline{\phi}(\xi), \underline{\psi}(\xi))$ 的证明与引理 6.3.7 类似. 只需证明 $\bar{\phi}(\xi)$ 是上解, $\bar{\psi}(\xi)$ 类似可证. 对于 $\bar{\phi}(\xi)$, 需证三种情形. (i) 对于 $\xi \leqslant 0$, 与引理 6.3.7 中的情形 $\xi \leqslant \xi_3$ 类似. (ii) 对于 $0 < \xi \leqslant \xi_3$, 因为 $\bar{\phi}(\xi) = 1, r_1 = 1$ 且 xe^{-x} 在 $[0,1]$ 上是非

减的, 所以

$$\bar{\phi}(\xi) - \int_{\mathbb{R}} \frac{1}{\sqrt{4\pi d_1}} e^{-\frac{(y-c)^2}{4d_1}} \bar{\phi}(\xi-y) e^{r_1 - \bar{\phi}(\xi-y) - \sigma_1 \underline{\psi}(\xi-y)} dy$$

$$\geqslant \bar{\phi}(\xi) - \int_{\mathbb{R}} \frac{1}{\sqrt{4\pi d_1}} e^{-\frac{(y-c)^2}{4d_1}} \bar{\phi}(\xi-y) e^{r_1 - \bar{\phi}(\xi-y)} dy$$

$$\geqslant 1 - \int_{\mathbb{R}} \frac{1}{\sqrt{4\pi d_1}} e^{-\frac{(y-c)^2}{4d_1}} e^{r_1 - 1} dy = 0.$$

(iii) 对于 $\xi > \xi_3$, 因为 $\bar{\phi}(\xi) = k_1 + \varepsilon_1 e^{-\lambda\xi}$, 所以

$$\bar{\phi}(\xi) - \int_{\mathbb{R}} \frac{1}{\sqrt{4\pi d_1}} e^{-\frac{(y-c)^2}{4d_1}} U_3(\xi-y) dy$$

$$= k_1 + \varepsilon_1 e^{-\lambda\xi} - \int_{\mathbb{R}} \frac{1}{\sqrt{4\pi d_1}} e^{-\frac{(y-c)^2}{4d_1}} U_3(\xi-y) dy$$

$$= \int_{-\infty}^{\infty} \frac{1}{\sqrt{4\pi d_1}} e^{-\frac{(y-c)^2}{4d_1}} \left[k_1 + \frac{\varepsilon_1}{e^{d_1\lambda^2 + c\lambda}} e^{-\lambda(\xi-y)} - U_3(\xi-y) \right] dy$$

$$= \int_{-\infty}^{\xi-\xi_3} \frac{1}{\sqrt{4\pi d_1}} e^{-\frac{(y-c)^2}{4d_1}} \left[k_1 + \frac{\varepsilon_1}{e^{d_1\lambda^2 + c\lambda}} e^{-\lambda(\xi-y)} - U_3(\xi-y) \right] dy$$

$$+ \int_{\xi-\xi_3}^{\xi-\max\{\xi_1,\xi_2\}} \frac{1}{\sqrt{4\pi d_1}} e^{-\frac{(y-c)^2}{4d_1}} \left[k_1 + \frac{\varepsilon_1}{e^{d_1\lambda^2 + c\lambda}} e^{-\lambda(\xi-y)} - U_3(\xi-y) \right] dy$$

$$+ \int_{\xi-\max\{\xi_1,\xi_2\}}^{\infty} \frac{1}{\sqrt{4\pi d_1}} e^{-\frac{(y-c)^2}{4d_1}} \left[k_1 + \frac{\varepsilon_1}{e^{d_1\lambda^2 + c\lambda}} e^{-\lambda(\xi-y)} - U_3(\xi-y) \right] dy$$

$$:= \int_{-\infty}^{\xi-\xi_3} \frac{1}{\sqrt{4\pi d_1}} e^{-\frac{(y-c)^2}{4d_1}} \Lambda_{10}(\xi-y) dy$$

$$+ \int_{\xi-\xi_3}^{\xi-\max\{\xi_1,\xi_2\}} \frac{1}{\sqrt{4\pi d_1}} e^{-\frac{(y-c)^2}{4d_1}} \Lambda_{11}(\xi-y) dy$$

$$+ \int_{\xi-\max\{\xi_1,\xi_2\}}^{\infty} \frac{1}{\sqrt{4\pi d_1}} e^{-\frac{(y-c)^2}{4d_1}} \Lambda_{12}(\xi-y) dy,$$

其中 $U_3(\xi-y) := \bar{\phi}(\xi-y) e^{r_1 - \bar{\phi}(\xi-y) - \sigma_1 \underline{\psi}(\xi-y)}$. 下面需证对充分小的 λ, $\Lambda_i(\xi-y) \geqslant 0$ $(i = 10, 11, 12)$.

对于 $\Lambda_{10}(\xi-y)$, 有 $\xi-y \geqslant \xi_3 > 0$, 因此 $(\varepsilon_1 - \sigma_1\varepsilon_4) e^{-\lambda(\xi-y)} \leqslant (\varepsilon_1 - \sigma_1\varepsilon_4) < \frac{1}{4} < \frac{1}{2}$. 其余的证明与引理 6.3.7 中 Λ_1 的证明类似.

对于 $\Lambda_{11}(\xi-y)$, 因为 $\bar{\phi}(\xi-y) \leqslant 1$, $k_1 + \varepsilon_1 e^{-\lambda\xi_3} = 1$, $\underline{\psi}(\xi-y) \geqslant \frac{\varrho_2}{N}$, $r_1 = 1$

并且 xe^{-x} 在 $[0,1]$ 上是非减的, 所以

$$
\begin{aligned}
\Lambda_{11}(\xi - y) &= k_1 + \frac{\varepsilon_1}{e^{d_1\lambda^2 + c\lambda}}e^{-\lambda(\xi-y)} - \bar{\phi}(\xi-y)e^{r_1 - \bar{\phi}(\xi-y) - \sigma_1\underline{\psi}(\xi-y)} \\
&\geqslant k_1 + \frac{\varepsilon_1}{e^{d_1\lambda^2 + c\lambda}}e^{-\lambda\xi_3} - e^{-\frac{\sigma_1\varrho_2}{N}} \\
&= k_1 + \frac{1-k_1}{e^{d_1\lambda^2 + c\lambda}} - e^{-\frac{\sigma_1\varrho_2}{N}} \\
&\geqslant 0 \ (\text{对充分小的 } \lambda).
\end{aligned}
$$

对于 $\Lambda_{12}(\xi - y)$, 证明与引理 6.3.7 中 Λ_3 的证明类似. $\qquad\square$

由定理 6.3.1 知, 我们有如下结果.

定理 6.3.3 ([126], 存在性) 将定理 6.3.2 的假设 (A1) 替换为 (A2), 其他的不变, 定理 6.3.2 还成立.

第 7 章 时间概周期与空间周期 KPP 模型的传播速度

由于生物模型所在环境的非均匀性, 研究经典 KPP (Kolmogorov, Petrovskii and Piskunov) 方程在时间周期或时间概周期环境中的行波解及其传播速度就变得很重要. 许多学者研究了空间/时间周期, 概周期 KPP 方程的行波解等性质, 可参考 [13, 91 135, 145, 146, 198—200, 205, 209, 210, 235, 236]

本章讨论如下非自治反应扩散方程

$$\frac{\partial u}{\partial t} = \Delta u + \sum_{i=1} N a_i(t,x) \frac{\partial u}{\partial x_i} + f(t,x,u), \quad x \in \mathbb{R}^N \tag{7.1}$$

及周期边界条件

$$\begin{cases} u(t, x_1, \cdots, x_{j-1}, x_j + p_j, x_{j+1}, \cdots, x_N) \\ \quad = u(t, x_1, \cdots, x_{j-1}, x_j, x_{j+1}, \cdots, x_N), \quad j = 1, 2, \cdots, N, \end{cases} \tag{7.2}$$

其中 $u(t, \cdot) \in X_L, a_0(t,x) = f_u(t,x,0) = \frac{\partial f}{\partial u}(t,x,0)$, 非自治函数 $a_i(t,x)$ 及非线性项 f 满足下面的假设条件:

(H1) f 关于 u 是 C^2 的, $a_i(t,x)$ $(i = 1, 2, \cdots, N)$, f, $\frac{\partial f}{\partial u}$ 及 $\frac{\partial^2 f}{\partial u^2}$ 关于 t 是一致概周期的, 关于 x_j 是 $p_j > 0 (j = 1, 2, \cdots, N)$ 周期的, 且关于 (t, x) 是整体 Hölder 连续的;

(H2) 存在 $u^+(t,x) > 0$, 其关于 x_j 是周期为 p_j $(j = 1, 2, \cdots, N)$ 的周期函数, 关于 t 是一致概周期的, 且 $\mathcal{M}(u^+) \subset \mathcal{M}(F)$, 使得 $u = u^+(t,x)$ 是方程边值问题 (7.1)-(7.2) 的解, 其中 $F = (\{a_i\}_{i=1}^N, f)$. 而且 $u = 0$ 是不稳定的 $(\lambda(a) > 0)$, $u = u^+(t,x)$ 是全局稳定的, 即对任意的 $u_0 \in X_L$, $u_0(x) \geqslant 0$, $u_0(x) \not\equiv 0$, 当 $t \geqslant 0$ 时, $u(t+s, \cdot; s, y, u_0)$ 存在, 且当 $t \to \infty$ 时, 极限 $\|u(t+s, \cdot; s, y, u_0) - u^+(t+s, \cdot + y)\|_{X_L} \to 0$ 关于 $s \in \mathbb{R}$ 和 $y \in \mathbb{R}^N$ 一致成立.

本章给出传播速度和广义传播速度区间的概念及其性质, 为研究时间概周期 KPP 方程的空间传播和波前传播动力学提供理论框架. 文献 [205] 进一步给出了传播速度和广义传播速度区间的精细上下界估计, 建立传播速度的变分原理, 以及时间和空间变分对传播速度的影响. 详细的结论可参考 [205]. 本章的内容取自作者与合作者的论文 [103].

7.1 传播速度区间的概念

时间概周期 KPP 方程的传播速度区间是不依赖时间或者时间周期 KPP 的传播速度的自然推广.

定义 7.1.1(传播速度区间) 给定向量 $\xi \in S^{N-1}$, 令

$$C_{\inf}^*(\xi) = \left\{ c: \ \forall u_0 \in X_1^+(\xi), \ \liminf_{x\cdot\xi\leqslant ct, t\to\infty} (u(t+s,x;s,x_0) \right.$$
$$\left. - u^+(t+s,x)) = 0 \ \text{关于} \ s \in \mathbb{R} \ \text{是一致的} \right\}.$$

$$C_{\sup}^*(\xi) = \left\{ c: \ \forall u_0 \in X_1^+(\xi), \ \limsup_{x\cdot\xi\geqslant ct, t\to\infty} u(t+s,x;s,x_0) = 0 \ \text{关于} \ s \in \mathbb{R} \ \text{是一致的} \right\}.$$

定义

$$c_{\inf}^*(\xi) = \sup\{c: \ c \in C_{\inf}^*(\xi)\}, \quad c_{\sup}^*(\xi) = \inf\{c: \ c \in C_{\sup}^*(\xi)\}.$$

则称 $[c_{\inf}^*(\xi), c_{\sup}^*(\xi)]$ 是方程 (7.1) 在 ξ 方向上的传播速度区间.

定义 7.1.2(广义传播速度区间) 给定向量 $\xi \in S^{N-1}$ 和初值 $u_0 \in X_2^+(\xi)$, 令

$$C_{\inf}^*(u_0,\xi) = \left\{ c: \ \liminf_{x\cdot\xi\leqslant ct, t\to\infty} (u(t+s,x;s,y,u_0) \right.$$
$$\left. - u^+(t+s,x+y)) = 0 \ \text{关于} \ s \in \mathbb{R}, y \in \mathbb{R}^N \ \text{是一致的} \right\}.$$

$$C_{\sup}^*(u_0,\xi) = \left\{ c: \ \limsup_{x\cdot\xi\geqslant ct, t\to\infty} u(t+s,x;s,y,u_0) = 0 \ \text{关于} \ s \in \mathbb{R}, y \in \mathbb{R}^N \ \text{是一致的} \right\}.$$

定义

$$c_{\inf}^*(u_0,\xi) = \sup\{c: \ c \in C_{\inf}^*(u_0,\xi)\}, \quad c_{\sup}^*(u_0,\xi) = \inf\{c: \ c \in C_{\sup}^*(u_0,\xi)\}.$$

则称 $[c_{\inf}^*(u_0,\xi), c_{\sup}^*(u_0,\xi)]$ 是方程 (7.1) 波前 u_0 在 ξ 方向上的广义传播速度区间. 如果 $c_{\inf}^*(u_0,\xi) = c_{\sup}^*(u_0,\xi)$, 则称 $u(t,\cdot;s,y,u_0)$ 为 ξ 方向上具有常值传播速度 $c(u_0,\xi) = c_{\inf}(u_0,\xi)$ 的波前解.

如果存在 $c(t; s, y, \xi)$ 使得 $U(x; s, y)$ 和 $c(t; s, y, \xi)$ 满足上面性质, 则称 $\{U(\cdot, s, y)\}_{s\in\mathbb{R}, y\in\mathbb{R}^N}$ 生成了 $\xi \in S^{N-1}$ 方向上的行波解. 此时, 定义

$$c_{\inf}(U, \xi) = \liminf_{t\in\infty} \inf_{s\in\mathbb{R}, y\in\mathbb{R}^N} \frac{c(t; s, y, \xi)}{t}, \quad c_{\sup}(U, \xi) = \limsup_{t\in\infty} \sup_{s\in\mathbb{R}, y\in\mathbb{R}^N} \frac{c(t; s, y, \xi)}{t}.$$

并称 $[c_{\inf}(U, \xi), c_{\sup}(U, \xi)]$ 为由 $\{U(\cdot, s, y)\}_{s\in\mathbb{R}, y\in\mathbb{R}^N}$ 生成的行波解的平均速度区间.

定义 7.1.3(行波解 [202]) 如果存在 $U(x; s, y)$ 和 $c(t; s, y, \xi)$ 满足下列性质:

(1) $U(\cdot; s, y) \in X$ 关于 $s \in \mathbb{R}$ 和 $y \in \mathbb{R}^N$ 连续. 而且 $U(\cdot; s, y)$ 关于 $s \in \mathbb{R}$ 是回复的, 关于 y_i 是周期的, 且周期为 $p_j(j = 1, 2, \cdots, N)$;

(2) $\lim_{\xi\cdot x\to-\infty} \left(U(x; s, y) - u^+(s, x+y) \right) = 0$ 和 $\lim_{\xi\cdot x\to\infty} U(x; s, y) = 0$ 关于 $s \in \mathbb{R}$ 和 $y \in \mathbb{R}^N$ 是一致的;

(3) 对任意的 $s \in \mathbb{R}, y \in \mathbb{R}^N$, 都有 $u(0, x) = U(x; 0, 0), u(t+s, x; y, U(\cdot; s, y)) = U(s - c(t; s, y, \xi)\xi; t + s, y + c(t; s, y, \xi))$,

则称 $u(t, x)$ 是方程 (7.1) 在 $\xi \in S^{N-1}$ 方向上连接 u^+ 和 0 的行波解.

如果存在 $c(t; s, y, \xi)$ 使得 $U(x; s, y)$ 和 $c(t; s, y, \xi)$ 满足上面性质, 则称 $\{U(\cdot, s, y)\}_{s\in\mathbb{R}, y\in\mathbb{R}^N}$ 生成了 $\xi \in S^{N-1}$ 方向上的行波解. 此时, 定义

$$c_{\inf}(U, \xi) = \liminf_{t\in\infty} \inf_{s\in\mathbb{R}, y\in\mathbb{R}^N} \frac{c(t; s, y, \xi)}{t}, \quad c_{\sup}(U, \xi) = \limsup_{t\in\infty} \sup_{s\in\mathbb{R}, y\in\mathbb{R}^N} \frac{c(t; s, y, \xi)}{t}.$$

并称 $[c_{\inf}(U, \xi), c_{\sup}(U, \xi)]$ 为由 $\{U(\cdot, s, y)\}_{s\in\mathbb{R}, y\in\mathbb{R}^N}$ 生成的行波解的平均速度区间.

为便于讨论传播速度和广义传播速度的上界和下界估计, 需要引入特征值与特征函数的概念. 设 $a_0(x)$ 关于 $x \in \mathbb{R}^N$ 连续, 关于 x_j 是周期的, 且周期分别为 $p_j(j = 1, 2, \cdots, N)$. 当 $a_i(t, x) \equiv a_i(x)$ (i.e. $a_i(t, x)$ 不依赖于 t)($i = 1, 2, \cdots, N$), 记 $\lambda(\mu, \xi; a_0)$ 为下面椭圆方程特征值问题

$$\begin{cases} \Delta u + \sum_{i=1}^{N} a_i^{\mu,\xi}(x) \dfrac{\partial u}{\partial x_i} + a_0^{\mu,\xi}(x)u = \lambda u, \quad x \in \mathbb{R}^N, \\ u(x_1, \cdots, x_{j-1}, x_j + p_j, x_{j+1}, \cdots, x_N) = u(x_1, \cdots, x_{j-1}, x_j, x_{j+1}, \cdots, x_N), \\ j = 1, 2, \cdots, N \end{cases}$$

$$(7.3)$$

的主特征值 (即具有最大实部的特征值), 其中 $\mu \geqslant 0, \xi \in S^{N-1}, a_i^{\mu,\xi}(x) = a_i(x) - 2\mu\xi_i(i = 1, 2, \cdots, N), a_0^{\mu,\xi}(x) = a_0(x) - \mu \sum_{i=1}^{N} a_i(x)\xi_i + \mu^2$. 注意到 $\lambda(0, \xi; a_0)$ 不依赖于 $\xi \in S^{N-1}$, 简记为 $\lambda(a_0)$.

7.2 传播速度区间的性质

为便于讨论传播速度区间的性质, 引入函数 $\eta(s) = \dfrac{1}{2}\left(1 + \tanh\dfrac{s}{2}\right)$, 则对于任意的 $s \in \mathbb{R}, \eta'(s) = \eta(s)(1 - \eta(s))$, 且 $\eta''(s) = \eta(s)(1 - \eta(s))(1 - 2(\eta(s)))$.

不失一般性, 假设当 $u \ll 0$ 时, $f(t, x, u) = 0$, 否则, 令 $\zeta(\cdot) \in C^\infty(\mathbb{R})$, 使得当 $u \geqslant 0$ 时, $\zeta(u) = 1$; 当 $u \ll 0$ 时, $\zeta(u) = 0$, 再用 $f(t, x, u)\zeta(u)$ 取代 $f(t, x, u)$. 进一步假设存在 $u^- < 0$ 使得对任意的 $s \in \mathbb{R}$ 及 $y \in \mathbb{R}^N$, 以及任意满足 $u^- \leqslant u_0 \leqslant 0$ 的 u_0, 不等式成立

$$u^- \leqslant u(t, \cdot; s, y, u_0) \leqslant 0, \quad t \geqslant s. \tag{7.4}$$

引理 7.2.1([103]) 对于任意给定的 $\alpha^+ > 0$, 极限 $\displaystyle\lim_{t \to \infty}(u(t + s, x; s, y, \alpha^+)) - u^+(t + s, x + y)) = 0$ 关于 $s \in \mathbb{R}$ 和 $x, y \in \mathbb{R}^N$ 是一致成立的.

证明 由假设 (H2) 即可得证, 在此省略证明. □

引理 7.2.2([103]) 下列结论成立:

(1) 给定 $\xi \in S^{N-1}, u_0 \in X_2^+$ 和 c, 如果存在 δ_0 和 $T_0 > 0$ 使得

$$\liminf_{x \cdot \xi \leqslant cnT_0, n \to \infty} u(nT_0 + s, x; s, y, u_0) \geqslant \delta_0$$

关于 $s \in \mathbb{R}$ 和 $y \in \mathbb{R}^N$ 是一致的, 则对任意的 $c' < c$, 都有

$$\liminf_{x \cdot \xi \leqslant c't, t \to \infty}(u(t + s, x; s, y, u_0) - u^+(t + s, x + y)) = 0$$

关于 $s \in \mathbb{R}$ 和 $y \in \mathbb{R}^N$ 是一致成立;

(2) 给定 $c \in \mathbb{R}, u_0 \in X$ 且 $u_0 \geqslant 0$, 如果存在 δ_0 和 $T_0 > 0$ 使得

$$\liminf_{|x \cdot \xi| \leqslant cnT_0, n \to \infty} u(nT + s, x; s, y, u_0) \geqslant \delta_0$$

关于 $s \in \mathbb{R}$ 和 $y \in \mathbb{R}^N$ 是一致的, 则对任意的 $c' < c$, 都有

$$\liminf_{|x \cdot \xi| \leqslant c't, t \to \infty}(u(t + s, x; s, y, u_0) - u^+(t + s, x + y)) = 0$$

关于 $s \in \mathbb{R}$ 和 $y \in \mathbb{R}^N$ 是一致成立.

证明 (1) 对于给定的 $c' < c$, 令 $v(t + s, x; s, y, u_0) = u(t + s, x + c't\xi; s, y, u_0)$. 则有

$$v(nT_0 + s, x; s, y, u_0) \geqslant \frac{\delta_0}{2}, \quad \text{对于 } s \in \mathbb{R}, y \in \mathbb{R}^N, x \cdot \xi \leqslant (c - c')nT_0, n \gg 1.$$

由引理 7.2.1 知, 对任意的 $\epsilon > 0$, 存在 $T > 0$ 使得

$$u(t+s,x;s,y,\tilde{u}_0) \geqslant u^+(t+s,x+y) - \epsilon, \quad \text{对于 } t \geqslant T,\ s \in \mathbb{R},\ x,y \in \mathbb{R}^N,$$

其中 $\tilde{u}_0(x) \equiv \dfrac{\delta_0}{2}$. 注意到当 $n \to \infty$ 时, $(c-c')nT_0 \to \infty$. 则由抛物方程的经典理论, 关于时间 t 概周期性质和关于空间的周期 $x_j(j=1,2,\cdots,N)$ 的性质可得

$$v(t+s,x;s,y,u_0) \geqslant u^+(t+s,x+y+c't\xi) - 2\epsilon, \quad s \in \mathbb{R},\ y \in \mathbb{R}^N,\ x\cdot\xi \leqslant 0,\ t \gg 1.$$

这表明

$$u(t+s,x;s,y,u_0) \geqslant u^+(t+s,x+y) - 2\epsilon, \quad \text{对于 } s \in \mathbb{R},\ y \in \mathbb{R}^N,\ x\cdot\xi \leqslant c't,\ t \gg 1.$$

从而结论 (1) 成立. 类似地可证明结论 (2) 也成立. □

考虑方程 (7.1) 的平移方程

$$\frac{\partial u}{\partial t} = \Delta u + \sum_{i=1}^{N} Na_i(t,x+y)\frac{\partial u}{\partial x_i} + f(t,x+y,u), \quad x \in \mathbb{R}^N, \qquad (7.5)$$

引理 7.2.3([103])　给定常数 $\alpha_\pm(u^- \leqslant \alpha_- \leqslant 0 < \alpha_+ \leqslant 2u^+_{\inf})$, 则存在 $C_0 > 0$ 使得对任意的 $C \geqslant C_0, s \in \mathbb{R}, y \in \mathbb{R}^N, \xi \in S^{N-1}$, 下面结论成立:

(1) 令 $v^\pm(t,x;s,y) = u(t,x;s,y.\alpha_\pm)\eta(x\cdot\xi + C(t-s)) + u(t,x;s,y.\alpha_\mp)(1 - \eta(x\cdot\xi + C(t-s)))$. 则 v^+ 和 v^- 分别是方程 (7.5) 的上解和下解;

(2) 令 $w^\pm(t,x;s,y) = u(t,x;s,y.\alpha_\mp)\eta(x\cdot\xi - C(t-s)) + u(t,x;s,y.\alpha_\pm)(1 - \eta(x\cdot\xi - C(t-s)))$. 则 w^+ 和 w^- 分别是方程 (7.5) 的上解和下解.

证明　只证明当 $y = 0$ 时, $v^+(t,x;s,y)$ 是方程 (7.5) 的一个上解, 其他情形类似可证. 由泰勒公式可得

$$f(t,x,u(t,x;s,\alpha_+))\eta(x\cdot\xi + C(t-s)) + f(t,x,u(t,x;s,\alpha_-))$$
$$\times (1 - \eta(x\cdot\xi + C(t-s))) - f\big(t,x,u(t,x;s,\alpha_+)\eta(x\cdot\xi + C(t-s))$$
$$+ u(t,x;s,\alpha_-)(1 - \eta(x\cdot\xi + C(t-s))))$$
$$= f(t,x,u(t,x;s,\alpha^+) - u(t,x;s,\alpha^-) + u(t,x;s,\alpha^-))\eta(x\cdot\xi + C(t-s))$$
$$+ f(t,x,u(t,x;s,\alpha_-))(1 - \eta(x\cdot\xi + C(t-s)))$$
$$- f(t,x,(u(t,x;s,\alpha^+) - u(t,x;s,\alpha^-))\eta(x\cdot\xi + C(t-s)) + u(t,x;s,\alpha^-))$$
$$= \Big(f_u(t,x,\tilde{u}^*(t,x) + u(t,x;s,\alpha^-)) - f_u(t,x,\tilde{u}^*(t,x)\eta(x\cdot\xi + C(t-s))$$

$$+ u(t, x; a, \alpha^-)) \Big) \cdot (u(t, x; s, \alpha^+) - u(t, x; s, \alpha^-)) \eta(x \cdot \xi + C(t - s))$$

$$= f_{uu}(t, x, u^{**}(t, x)) \big(u^*(t, x) - u(t, x; s, \alpha_-)\big) \big(u(t, x; s, \alpha_+) - u(t, x; s, \alpha_-)\big)$$

$$\times \eta'(x \cdot \xi + C(t - s)),$$

其中 $u^*(t, x) = \tilde{u}^*(t, x) + u(t, x; s, \alpha^-), u^{**}(t, x), u^*(t, x)$ 介于 $u(t, x; s, \alpha_-)$ 与 $u(t, x; s, \alpha_+)$ 之间. 定义 $v^+(t, x; s, 0)$ 为 $v^+(t, x; s)$. 则直接计算可得

$$v_t^+(t, x; s) - \Delta v^+(t, x; s) - \sum_{i=1}^{N} a_i(t, x) \frac{\partial v^+}{\partial x_i}(t, x; s) - f(t, x, v^+(t, x; s))$$

$$= \eta'(x \cdot \xi + C(t - s)) \Bigg\{ C\big(u(t, x; s, \alpha_+) - u(t, x; s, \alpha_-)\big)$$

$$- 2 \sum_{i=1}^{N} \xi_i \big(u_{x_i}(t, x; s, \alpha_+) - u_{x_i}(t, x; s, \alpha_-)\big)$$

$$- \big(u(t, x; s, \alpha_+) - u(t, x; s, \alpha_-)\big)(1 - 2\eta(x \cdot \xi + C(t - s)))$$

$$- \sum_{i=1}^{N} a_i \xi_i (u(t, x; s, \alpha_+) - u(t, x; s, \alpha_-))$$

$$- f_{uu}(t, x, u^{**}(t, x)) \big(u^*(t, x) - u(t, x; s, \alpha_-)\big)(u(t, x; s, \alpha_+) - u(t, x; s, \alpha_-)) \Bigg\}.$$

由引理 7.2.1 及抛物方程的先验估计知, 存在 δ_0 及 $M_0 > 0$ 使得

$$u(t, x; s, \alpha_+) - u(t, x; s, \alpha_-) \geqslant \delta_0 \quad \forall t \geqslant s, \quad x \in \mathbb{R}^N$$

及

$$|u_{x_i}(t, x; s, \alpha_+) - u_{x_i}(t, x; s, \alpha_-)| \leqslant M_0, \quad t \geqslant s, x \in \mathbb{R}^N.$$

成立. 因此存在 $C_0 > 0$ 使得对任意的 $s \in \mathbb{R}$ 和 $C \geqslant C_0, v^+(t, x; s)$ 是方程 (7.5) 的一个上解. $\qquad\square$

引理 7.2.4([103]) 下列结论成立:

(1) 如果存在 $u_0^* \in X_1^+(\xi)$ 使得 $\displaystyle\liminf_{x \cdot \xi \leqslant ct, t \to \infty} (u(t + s, x; s, y, u_0^*) - u^+(t + s, x + y)) = 0$ 关于 $s \in \mathbb{R}$ 和 $y \in \mathbb{R}^N$ 是一致成立;

(2) 如果 $c < c_{\inf}^*(\xi)$, 则对任意的 $u_0 \in X_1^+(\xi)$, $\displaystyle\liminf_{x \cdot \xi \leqslant ct, t \to \infty} (u(t + s, x; s, y, u_0) - u^+(t + s, x + y)) = 0$ 关于 $s \in \mathbb{R}$ 和 $y \in \mathbb{R}^N$ 是一致成立.

证明 (1) 假设 $u_0^* \in X_1^+(\xi)$ 满足 (1) 的条件. 对任意的 $u_0 \in X_1^+(\xi)$, 由引理 7.2.1 和引理 7.2.2 知, 存在 $T > 0$ 和 $M > 0$ 使得对任意的 $s \in \mathbb{R}$, 都有

$$u^+(T+s, \cdot - M\xi) \geqslant u(T+s, \cdot - M\xi; s, u_0) \geqslant u_0^*(\cdot).$$

这表明

$$u^+(t, \cdot - M\xi) \geqslant u(t, \cdot; T+s, -M\xi, u(T, \cdot - M\xi; s, u_0)) \geqslant u(t, \cdot; T+s, -M\xi, u_0^*).$$

因此, 当 $t \geqslant T+s$,

$$u^+(t, \cdot) \geqslant u(t, \cdot; T+s, u(T, \cdot; s, u_0)) \geqslant u(t, \cdot + M\xi; T+s, -M\xi, u_0^*).$$

综上所述, 对任意 $c' < c$, 极限

$$0 \geqslant \liminf_{x \cdot \xi \leqslant c't, t \to \infty} (u(t+T+s, x+M\xi; T+s, -M\xi, u_0^*) - u^+(t+T+s, x))$$

$$\geqslant \liminf_{(x+M\xi) \cdot \xi \leqslant ct, t \to \infty} (u(t+T+s, x+M\xi; T+s, -M\xi, u_0^*) - u^+(t+T+s, x))$$

$$= 0$$

关于 $s \in \mathbb{R}$ 是一致的, 且极限 $\liminf\limits_{x \cdot \xi \leqslant c't, t \to \infty} \big(u(t+s, x; s, u_0) - u^+(t+s, x)\big) = 0$ 关于 $s \in \mathbb{R}$ 是一致的. 故有 $c' \in C_{\inf}^*(\xi)$ 且 $c \leqslant c_{\inf}^*(\xi)$ 成立.

(2) 注意到只需证明 (2) 中的极限关于 $s \in \mathbb{R}$ 和 $y \in D$ 是一致成立的即可. 假设 $c < c_{\inf}^*(\xi)$. 令 $c < c_1 < c_{\inf}^*(\xi)$. 对任意的 $u_0 \in X_1^+(\xi)$, 注意到对任意的 $y \in D$,

$$u(t, \cdot; s, y, u_0(\cdot)) = u(t, \cdot + y; s, u_0(\cdot - y)),$$

容易证明存在 $u_0^* \in X_1^+(\xi)$ 使得对任意的 $y \in D$, 都有 $u_0(\cdot - y) \geqslant u_0^*(\cdot)$. 因此, 对所有的 $s \in \mathbb{R}$ 及 $y \in D$. 估计式 $u^+(t, \cdot + y) \geqslant u(t, \cdot + y; s, u_0(\cdot - y)) \geqslant u(t, \cdot + y; s, u_0^*)$ 成立. 再利用假设条件可知, 极限 $\liminf\limits_{x \cdot \xi \leqslant c_1 t, t \to \infty} (u(t+s, x; s, u_0^*) - u^+(t+s, x)) = 0$ 关于 $s \in \mathbb{R}$ 是一致的, 这表明下面极限

$$\liminf_{(x+y) \cdot \xi \leqslant c_1 t, t \to \infty} \big(u(t+s, x+y; s, u_0^*) - u^+(t+s, x+y)\big) = 0$$

及

$$\liminf_{(x+y) \cdot \xi \leqslant c_1 t, t \to \infty} \big(u(t+s, x; s, y, u_0) - u^+(t+s, x+y)\big) = 0$$

关于 $s \in \mathbb{R}$ 和 $y \in D$ 是一致的. 因此, 极限 $\liminf\limits_{x \cdot \xi \leqslant ct, t \to \infty} (u(t+s, x; s, y, u_0) - u^+(t+s, x+y)) = 0$ 关于 $s \in \mathbb{R}$ 和 $y \in D$ 是一致的. $\square$

引理 7.2.5([103]) 下列结论成立:

(1) 如果存在 $u_0^* \in X_1^+(\xi)$ 使得 $\limsup\limits_{x\cdot\xi\geqslant ct,t\to\infty} u(t+s,x;s,y,u_0^*)=0$ 关于 $s\in\mathbb{R}$ 和 $y\in\mathbb{R}^N$ 是一致成立, 则 $c\geqslant c_{\mathrm{sup}}^*(\xi)$.

(2) 如果 $c>c_{\mathrm{sup}}^*(\xi)$, 则对任意的 $u_0\in X_1^+(\xi)$, $\limsup\limits_{x\cdot\xi\geqslant ct,t\to\infty} u(t+s,x;s,y,u_0)=0$ 关于 $s\in\mathbb{R}$ 和 $y\in\mathbb{R}^N$ 是一致成立.

证明 (1) 假设 u_0^* 满足 (1) 中的条件. 对任意的 $u_0\in X_1^+(\xi)$, 由引理 7.2.1 和引理 7.2.3 知, 存在 $T>0$ 和 $M>0$ 使得对任意的 $s\in\mathbb{R}$, 都有 $u(s,\cdot-M\xi;s-T,u_0^*)\geqslant u_0(\cdot)$. 因此, 对任意的 $s\in\mathbb{R}$, 都有 $u(t+s,\cdot;s-T,M\xi,u_0^*)\geqslant u(t+s,\cdot+M\xi;s,u_0)$ 成立. 这表明对任意的 $c'>c$, 极限 $\limsup\limits_{x\cdot\xi\geqslant c't,t\to\infty} u(t+s,x;s,u_0)=0$ 关于 $s\in\mathbb{R}$ 是一致成立的. 因此, $c'\geqslant c_{\mathrm{sup}}^*(\xi)$ 且 $c\geqslant c_{\mathrm{sup}}^*(\xi)$.

(2) 注意到只需证明 (2) 中的极限关于 $s\in\mathbb{R}$ 和 $y\in D$ 一致成立即可. 对任意的 $u_0\in X_1^+(\xi)$, 等式

$$u(t+s,\cdot;s,y,u_0)=u(t+s,\cdot+y;s,u_0(\cdot-y))$$

对任意的 $y\in D$ 都成立. 易知存在 $u_0^*\in X_1^+(\xi)$, 使得对所有的 $y\in D$, 都有 $u_0^*\geqslant u_0(\cdot-y)$ 成立, 这表明对所有的 $t\geqslant s,s\in\mathbb{R}$ 及 $y\in\mathbb{R}^N$,

$$u(t+s,\cdot;s,y,u_0)=u(t+s,\cdot+y;s,u_0(\cdot-y))\leqslant u(t+s,\cdot+y;s,u_0^*).$$

这表明对任意的 $c>c_{\mathrm{sup}}^*(\xi)$, 极限 $\limsup\limits_{x\cdot\xi\geqslant ct,t\to\infty} u(t+s,x;s,y,u_0)=0$ 关于 $s\in\mathbb{R}$ 和 $y\in D$ 一致成立. $\qquad\square$

7.3 行波解的传播速度和广义传播速度

下面先给出经典传播速度的回复性和有界性以及传播速度区间的极小性.

定理 7.3.1([103]) 下面结论成立:

(1) (有界性) 对任意的 $\xi\in S^{N-1}$, $[c_{\mathrm{inf}}^*,c_{\mathrm{sup}}^*]$ 是有限区间;

(2) (经典传播速度的回复性) 如果方程 (7.1) 关于 t 是周期的, 则对任意的 $\xi\in S^{N-1}, c_{\mathrm{inf}}^*=c_{\mathrm{sup}}^*=c^*(\xi)$;

(3) (极小性)

(i) 对任意的 $\xi\in S^{N-1}$ 和 $u_0\in X_2^+(\xi)$, 都有 $c_{\mathrm{inf}}^*(\xi)\leqslant c_{\mathrm{inf}}(u_0,\xi)$ 且 $c_{\mathrm{sup}}^*(\xi)\leqslant c_{\mathrm{sup}}(u_0,\xi)$;

(ii) 对任意的 $\xi\in S^{N-1}$ 和 $u_0\in X_1^+(\xi)$, 都有 $c_{\mathrm{inf}}(\xi)=c_{\mathrm{inf}}^*(u_0,\xi)$ 且 $c_{\mathrm{sup}}^*(\xi)=c_{\mathrm{sup}}(u_0,\xi)$;

(4) (极小性) 如果 $\{U(\cdot; s, y)\}_{s\in\mathbb{R}, y\in\mathbb{R}^N}$ 可以生成方程 (7.1) 在 $\xi \in S^{N-1}$ 方向上连接 u^+ 和 $u^- \equiv 0$ 的行波解, 则 $c^*_{\inf}(\xi) \leqslant c_{\inf}(U, \xi)$ 且 $c^*_{\sup}(\xi) \leqslant c_{\sup}(U, \xi)$.

证明　任取 $\xi \in S^{N-1}$, 固定后, 分下面几种情形讨论:

(1) 给定常数 $\alpha_- = 0 < \alpha_+ \leqslant u^+_{\inf}$, 则存在 $u^*_0 \in X^+_1(\xi)$ 使得对任意的 $s \in \mathbb{R}$ 及 $y \in \mathbb{R}^N$, 都有

$$w^+(s, x; s, y) = \alpha_-\eta(x\cdot\xi) + \alpha_+(1-\eta(x\cdot\xi)) \geqslant u^*_0(x), \quad x \in \mathbb{R}^N$$

成立, 则由引理 7.2.3 和抛物方程的比较原理知,

$$w^+(t+s, x; s, y) = u(t+s, x; s, y, \alpha_-)\eta(x\cdot\xi - C_0 t)$$
$$+ u(t+s, x; s, y, \alpha_+)(1-\eta(x\cdot\xi - C_0 t))$$
$$\geqslant u(t+s, x; s, y, u^*_0),$$

对任意的 $t \geqslant 0$, $s \in \mathbb{R}$ 及 $x, y \in \mathbb{R}^N$ 都成立. 这表明对任意的 $C > C_0$, 极限

$$\limsup_{x\cdot\xi \geqslant Ct, t\to\infty} u(t+s, x; s, y, u^*_0) = 0$$

关于 $s \in \mathbb{R}$ 及 $y \in \mathbb{R}^N$ 一致成立. 因此, 由引理 7.2.5 知, $c^*_{\sup}(\xi) \leqslant C_0$.

令 $u^+_{\inf} > \alpha_+ > 0 > \alpha_- \geqslant u^-$ 为给定的常数, 其中 u^- 满足 (7.4). 因此, 存在 $u^{**}_0 \in X^+_1(\xi)$ 使得对 $s \in \mathbb{R}$ 及 $x, y \in \mathbb{R}^N$. 不等式

$$v^-(s, x; s, y) = \alpha_-\eta(x\cdot\xi) + \alpha_+(1-\eta(x\cdot\xi)) \leqslant u^{**}_0(x)$$

成立, 因此, 由引理 7.2.3 及抛物方程的比较原理知, 对 $t \geqslant 0$, $s \in \mathbb{R}$ 及 $x, y \in \mathbb{R}^N$, 不等式

$$v^-(t+s, x; s, y)$$
$$= u(t+s, x; s, y, \alpha_-)\eta(x\cdot\xi + C_0 t) + u(t+s, x; s, y, \alpha_+)(1-\eta(x\cdot\xi + C_0 t))$$
$$\leqslant u(t+s, x; s, y, u^{**}_0)$$

成立, 这表明当 $C < -C_0$ 时, $\liminf_{x\cdot\xi \leqslant Ct, t\to\infty} (u(t+s, x; s, y, u_0) - u^+(t+s, x+y)) = 0$ 关于 $s \in \mathbb{R}$ 及 $y \in \mathbb{R}^N$ 一致成立. 因此, 由引理 7.2.4 知, $c^*_{\inf}(\xi) \geqslant -C_0$. 因此, $[c^*_{\inf}(\xi), c^*_{\sup}(\xi)]$ 是一个有限区间.

(2) 假设 (7.1) 关于 t 是周期的. 由 [236] 知, 对任意的 $\xi \in S^{N-1}$, 存在 $c^*(\xi)$, 使得对任意的 $c' < c^*(\xi)$, 都有 $c'' > c^*(\xi)$, $u_0 \in X^+_1(\xi)$, $\liminf_{x\cdot\xi \leqslant c't, t\to\infty} (u(t, x; 0, u_0) - u^+(t, x)) = 0$ 及 $\limsup_{x\cdot\xi \geqslant c''t, t\to\infty} u(t, x; 0, u_0) = 0$ 成立.

接下来, 对任意给定的 $u_0 \in X_1^+(\xi)$, 存在 $u_0^* \in X_1^+(\xi)$, 对所有的 $s \in [0, T]$, 都满足 $u(T, x; s, u_0) \geqslant u_0^*(x)$. 这表明对任意的 $s \in [0, T]$ 及 $t \geqslant 0$, 不等式 $u(t + T, x; T, u(T, \cdot; s, u_0)) = u(t, x; 0, u(T, \cdot; s, u_0)) \geqslant u(t, x; 0, u_0^*)$ 成立. 对任意的 $c' < c^*(\xi)$, 令 $\tilde{c}'$ 满足 $c' < \tilde{c}' < c^*(\xi)$, 则极限 $\liminf\limits_{x \cdot \xi \leqslant \tilde{c}'t, t \to \infty} (u(t + T, x; s, u_0) - u^+(t, x)) = 0$ 关于 $s \in [0, T]$ 是一致的. 结合 $u^+(t + T, x) = u^+(t, x)$ 可得

$$\liminf_{x \cdot \xi \leqslant c't, t \to \infty} (u(t + s, x; s, u_0) - u^+(t + s, x)) = 0$$

关于 $s \in [0, T]$ 是一致的. 因此, $c' \in C_{\inf}^*(\xi)$, $c^*(\xi) \leqslant c_{\inf}^*(\xi)$.

同理可证 $c^*(\xi) \geqslant c_{\sup}^*(\xi)$, 因此 $c_{\inf}^*(\xi) = c_{\sup}^*(\xi) = c^*(\xi)$.

(3)-i 给定 $u_0 \in X_2^+(\xi)$, 则存在 $u_0^* \in X_1^+(\xi)$ 使得 $u_0^* \leqslant u_0$. 则对于任意的 $c > c_{\sup}(u_0, \xi)$, 下面不等式

$$\limsup_{x \cdot \xi \geqslant ct, t \to \infty} u(t + s, x; s, y, u_0^*) \leqslant \limsup_{x \cdot \xi \geqslant ct, t \to \infty} u(t + s, x; s, y, u_0) = 0$$

关于 $s \in \mathbb{R}$ 及 $y \in \mathbb{R}^N$ 一致成立. 因此, 由引理 7.2.5 知, $c \geqslant c_{\sup}^*(\xi)$ 且 $c_{\sup}^*(\xi) \leqslant c_{\sup}(u_0, \xi)$.

另一方面, 易知对任意的 $c < c_{\inf}^*(\xi)$, 估计式 $\liminf\limits_{x \cdot \xi \leqslant ct, t \to \infty} (u(t + s, x; s, y, u_0) - u^+(t + s, x + y)) \geqslant 0$ 关于 $s \in \mathbb{R}$ 和 $y \in \mathbb{R}^N$ 一致成立. 这表明 $c_{\inf}(u_0, \xi) \geqslant c_{\inf}^*(\xi)$.

(3)-ii 给定 $u_0 \in X_1^+(\xi)$, 由 (3)-i 知, $c_{\sup}(u_0, \xi) \geqslant c_{\sup}^*(\xi)$, 且 $c_{\inf}(u_0, \xi) \geqslant c_{\inf}^*(\xi)$. 再由引理 7.2.4 和引理 7.2.5 可得 $c_{\inf}(u_0, \xi) \leqslant c_{\inf}^*(\xi)$, 且 $c_{\sup}(u_0, \xi) \leqslant c_{\sup}^*(\xi)$. 因此, $c_{\inf}(u_0, \xi) = c_{\inf}^*(\xi)$ 和 $c_{\sup}(u_0, \xi) = c_{\sup}^*(\xi)$.

(4) 假设 $\{U(\cdot; s, y)\}_{s \in \mathbb{R}, y \in \mathbb{R}^N}$ 生成方程 (7.1) 在 $\xi \in S^{N-1}$ 方向上的行波解. 令 $c(t; s, y, \xi)$ 使得 $u(t + s, x; s, y, U(\cdot; s, y)) = U(x - c(t; s, y, \xi)\xi; t + s, y + c(t; s, y, \xi))$. 则对任意的 $s \in \mathbb{R}$ 和 $y \in \mathbb{R}^N$, 存在 $u_0^- \in X_1^+(\xi)$ 使得 $U(x; s, y) \geqslant u_0^-(x)$. 由此可得当 $t \geqslant 0$ 时, $u(t + s, x; s, y, U(\cdot; s, y)) = U(x - c(t; s, y, \xi)\xi; t + s, y + c(t; s, y, \xi)) \geqslant u(t + s, x; s, y, u_0^-)$. 注意到当 $c < c_{\inf}^*(\xi)$ 时, 估计式 $\liminf\limits_{x \cdot \xi \leqslant ct, t \to \infty} (u(t + s, x; s, y, u_0^-) - u^+(t + s, x + y)) = 0$ 关于 $s \in \mathbb{R}$ 和 $y \in \mathbb{R}^N$ 一致成立, 这表明 $c_{\inf}(U, \xi) \geqslant c$, $c_{\inf}(U, \xi) \geqslant c_{\inf}^*(\xi)$.

另一方面, 对任意满足 $c_{\sup}(U, \xi) < c_0$ 的 c_0, 等式

$$\limsup_{x \cdot t \geqslant c_0 t, t \to \infty} u(t + s, x; s, y, U(\cdot; s, y)) = 0$$

关于 $s \in \mathbb{R}$ 和 $y \in \mathbb{R}^N$ 都一致成立. 因此, 等式 $\limsup\limits_{x \cdot \xi \geqslant c_0 t, t \to \infty} u(t + s, x; s, y, u_0^-) = 0$

关于 $s \in \mathbb{R}$ 和 $y \in \mathbb{R}^N$ 一致成立. 再结合引理 7.2.5 知, $c_{\sup}^*(\xi) \leqslant c_0$. 因此 $c_{\sup}(U, \xi) \geqslant c_{\sup}^*(\xi)$. $\hfill\square$

定理 7.3.2([103])　下述关于空间传播性质成立:

(1) 对任意的 $\xi \in S^{N-1}, u_0 \in X_1^+(\xi), c' < c_{\inf}^*(\xi)$ 和 $c'' > c_{\sup}^*(\xi)$, 极限

$$\liminf_{x \cdot \xi \leqslant c't, t \to \infty} (u(t+s, x; s, y, u_0) - u^+(t+s, x+y)) = 0,$$

$$\limsup_{x \cdot \xi \geqslant c''t, t \to \infty} u(t+s, x; s, y, u_0) = 0$$

关于 $s \in \mathbb{R}$ 及 $y \in \mathbb{R}^N$ 是一致的.

(2) 如果 $0 \leqslant u_0 < u_{\inf}^+(u_0 \in X)$ 且当 $\|x\| \gg 1$ 时, $u_0(x) = 0$. 则对任意的 $c > \sup\limits_{x \in S^{N-1}} c_{\sup}^*(\xi)$, 极限 $\limsup\limits_{\|x\| \geqslant ct, t \to \infty} u(t+s, x; s, y, u_0) = 0$ 关于 $s \in \mathbb{R}$ 和 $y \in \mathbb{R}^N$ 是一致的.

(3) 如果 $\xi \in S^{N-1}$ 且 $0 < c < \min\{c_{\inf}^*(\xi), c_{\inf}^*(-\xi)\}$. 则对于任意的 $\sigma > 0$, 存在 $r_\sigma > 0$ 使得对任意的 $u_0 \geqslant 0(u_0 \in X)$, 当 $|x \cdot \xi| \leqslant r_\sigma$ 时 $u_0(x) \geqslant \sigma$. 极限 $\liminf\limits_{\|x\| \leqslant ct, t \to \infty} (u(t+s, x; s, y, u_0) - u^+(t+s, x+y)) = 0$ 关于 $s \in \mathbb{R}$ 和 $y \in \mathbb{R}^N$ 是一致的.

证明　(1) 的结论可由引理 7.2.4 和引理 7.2.5 直接得证.

(2) 任取 $c > \sup\limits_{\xi \in S^{N-1}} c_{\sup}^*(\xi)$ 并固定后, 对于给定的 $0 \leqslant u_0 < u_{\inf}^+$, 当 $\|x\| \gg 1$ 且给定 $\xi \in S^{N-1}$, $(u_0 \in X)$ 满足 $u_0(x) = 0$, 且存在 $\tilde{u}_0(\cdot; \xi) \in X_1^+(\xi)$ 使得 $u_0(\cdot) \leqslant \tilde{u}_0(\cdot; \xi)$. 由抛物方程的比较原理可得当 $t > 0$, $x \in \mathbb{R}^N$, $s \in \mathbb{R}$ 及 $y \in \mathbb{R}^N$ 时, 不等式 $0 \leqslant u(t+s, x; s, y, u_0) \leqslant u(t+s, x; s, y, \tilde{u}_0(\cdot; \xi))$ 成立. 再由引理 7.2.5 可得

$$0 \leqslant \limsup_{x \cdot \xi \geqslant ct, t \to \infty} u(t+s, x; s, y, u_0) \leqslant \limsup_{x \cdot \xi \geqslant ct, t \to \infty} u(t+s, x; s, y, \tilde{u}_0(\cdot; \xi)) = 0$$

关于 $s \in \mathbb{R}$ 和 $y \in \mathbb{R}^N$ 一致成立.

任取 $c' > c$. 对所有的 $x \in \mathbb{R}^N$ 且 $\|x\| = c'$. 由 $B(0, c') = \{x \in \mathbb{R}^N \mid \|x\| = c'\}$ 的紧性知, 存在 $\xi_1, \xi_2, \cdots, \xi_K \in S^{N-1}$, 使得对任意的 $x \in B(0, c')$ 都存在 $k(1 \leqslant k \leqslant K)$ 使得 $x \cdot \xi_k \geqslant c$. 因此, 对任意的 $x \in \mathbb{R}^N$ 且 $\|x\| \geqslant c't$, 存在 $1 \leqslant k \leqslant K$, 使得 $x \cdot \xi_k = \dfrac{\|x\|}{c'} \left(\dfrac{c'}{\|x\|} x \right) \cdot \xi_k \geqslant \dfrac{\|x\|}{c'} c \geqslant ct$. 由上述讨论知,

$$0 \leqslant \limsup_{x \cdot \xi_k \geqslant ct, t \to \infty} u(t+s, x; s, y, u_0) \leqslant \limsup_{x \cdot \xi_k \geqslant ct, t \to \infty} u(t+s, x; s, y, \tilde{u}_0(\cdot; \xi_k)) = 0$$

关于 $s \in \mathbb{R}$ 和 $y \in \mathbb{R}^N$ 一致成立, $k = 1, 2, \cdots, K$. 这表明 $\limsup\limits_{\|x\| \geqslant c't, t \to \infty} u(t + s, x; s, y, u_0) = 0$ 关于 $s \in \mathbb{R}$ 和 $y \in \mathbb{R}^N$ 一致成立. 由于 $c' > c, c > \sup\limits_{\xi \in S^{N-1}} c^*_{\sup}(\xi)$ 的任意性知, 对任意的 $c > \sup\limits_{\xi \in S^{N-1}} c^*_{\sup}(\xi)$, 等式 $\limsup\limits_{\|x\| \geqslant ct, t \to \infty} u(t + s, x; s, y, u_0) = 0$ 关于 $s \in \mathbb{R}$ 和 $y \in \mathbb{R}^N$ 一致成立.

(3) 由抛物方程的比较原理知, 只需要讨论 σ 满足 $< \sigma < u^+_{\inf}$ 即可. 给定 $\xi \in S^{N-1}$, 假设 $0 < c < \min\{c^*_{\inf}(\xi), c^*_{\inf}(-\xi)\}$. 当 $0 < \sigma < u^+_{\inf}$ 时, 令 $\tilde{u}^\sigma(\cdot) \in C(\mathbb{R}, \mathbb{R})$ 使得对任意的 $r \in \mathbb{R}, \tilde{u}^\sigma(r) \geqslant 0$ 成立, 且

$$\tilde{u}^\sigma(r) = \begin{cases} \sigma, & r \leqslant 0, \\ 0, & r \geqslant 1. \end{cases}$$

令 $u^{\sigma, \pm\xi}(x) = \tilde{u}^\sigma(x \cdot (\pm\xi))$. 由 $c^*_{\inf}(\pm\xi)$ 的定义知,

$$\liminf\limits_{x \cdot (\pm\xi) \leqslant ct, t \to \infty} (u(t + s, x; s, y, u^{\sigma, \pm\xi}) - u^+(t + s, x + y)) = 0$$

关于 $s \in \mathbb{R}$ 及 $y \in \mathbb{R}^N$ 一致成立.

任取 $0 < \tilde{c} < c$ 给定 $B > 0$, 令 $\tilde{u}^\sigma_B \in C(\mathbb{R}, \mathbb{R})$ 使得 $\tilde{u}^\sigma_B(r) \geqslant 0$ 且

$$\tilde{u}^\sigma_B(r) = \begin{cases} \tilde{u}^\sigma(r), & -B \leqslant r, \\ 0, & r \leqslant -B - 1. \end{cases}$$

令

$$u^{\sigma, \pm\xi}_B(x) = \tilde{u}^\sigma_B(x \cdot (\pm\xi)).$$

则当 $B \to \infty$ 时, 在紧开拓扑下 $u(t + s, x; s, y, u^{\sigma, \pm\xi}_B) \to u(t + s, x; s, y, u^{\sigma, \pm\xi})$. 结合 (7.1) 关于 t 的概周期性和 (7.1) 关于 $x_j(j = 1, 2, \cdots, N)$ 的周期性知, 存在 $T > \dfrac{1}{c - \tilde{c}}$ 和 $B_0 > 0$, 使得当 $B \geqslant B_0$ 时, 对于任意的 $0 \leqslant x \cdot (\pm\xi) \leqslant cT, \|x\| \leqslant 2cT, s \in \mathbb{R}, y \in \mathbb{R}^N$, 都有 $u(T + s, x; s, y, u^{\sigma, \pm\xi}_B) \geqslant \sigma$ 成立. 注意到对任意的 $x \in \mathbb{R}^N$ 且 $0 \leqslant x \cdot (\pm\xi) \leqslant cT$, 存在向量 p 使得 $p \cdot \xi = 0$ 且 $\|(x - p)\| \leqslant 2cT$ 成立. 因此, 当 $0 \leqslant x \cdot (\pm\xi) \leqslant cT, s \in \mathbb{R}$ 及 $y \in \mathbb{R}^N$ 时, $u(T + s, x; s, y, u^{\sigma, \pm\xi}_B) = u(T + s, x - p; s, y + p, u^{\sigma, \pm\xi}_B) \geqslant \sigma$.

令 $r_\sigma > 0$ 满足 $r_\sigma > B_0 + 1$. 假设当 $|x \cdot \xi| \leqslant r_\sigma$ 时, $u_0 \geqslant 0$ 满足 $u_0(x) \geqslant \sigma$, 则对任意的 $0 \leqslant \pm r \leqslant r_\sigma - 1$, 都有 $u_0(\cdot \pm r\xi) \geqslant u^{\sigma, \pm\xi}_B(\cdot)$. 由上面的讨论知, 对

任意的 $s \in \mathbb{R}$ 及 $y \in \mathbb{R}^N$, 当 $-r_\sigma - cT + 1 \leqslant x \cdot \xi \leqslant r_\sigma + cT - 1$ 时, 估计式 $u(T + s, x; s, y, u_0) \geqslant \sigma$ 成立. 注意到 $T > \dfrac{1}{c - \tilde{c}}$, 由此可得

$$u(T + s, x; s, y, u_0) \geqslant \sigma, \quad |x \cdot \xi| \leqslant r_\sigma + \tilde{c}T.$$

由数学归纳法可得

$$u(nT + s, x; s, y, u_0) \geqslant \sigma, \quad |x \cdot \xi| \leqslant r_\sigma + \tilde{c}nT, \ n = 1, 2, \cdots.$$

再由引理 7.2.2 知, 对任意的 $0 < c' < \tilde{c}$, 估计式 $\liminf\limits_{|x \cdot \xi| \leqslant c't, t \to \infty} |u(t + s, x; s, y, u_0) - u^+(t + s, x + y)| = 0$ 关于 $s \in \mathbb{R}$ 和 $y \in \mathbb{R}^N$ 一致成立. 再由 $c', \tilde{c}, c (0 < c' < \tilde{c} < c < \min\{c_{\inf}^*(\xi), c_{\inf}^*(-\xi)\})$ 的任意性知, 对任意的 $0 < c < \min\{c_{\inf}^*(\xi), c_{\inf}^*(-\xi)\}$, 等式 $\liminf\limits_{|x \cdot \xi| \leqslant ct, t \to \infty} |u(t + s, x; s, y, u_0) - u^+(t + s, x + y)| = 0$ 关于 $s \in \mathbb{R}$ 和 $y \in \mathbb{R}^N$ 一致成立. □

定理 7.3.3 ([103]) (1) (传播速度的上界) 假设 $a_i(x, t) \equiv a_i(x)(i = 1, 2, \cdots, N)$, 且存在 $a_0(x)$ 使得对任意的 $t \in \mathbb{R}, x \in \mathbb{R}^N$ 及 $u > 0, f(t, x, u) \leqslant a_0(x)u$. 则对任意 $\xi \in S^{N-1}, c_{\sup}^*(\xi) \leqslant c_l(\xi, a_0)$.

(2) (传播速度的下界) 假设 $a_i(x, t) \equiv a_i(x)(i = 1, 2, \cdots, N)$, 且存在 $a_0(x)$ 使得 $\lambda(a_0) > 0$ 且对任意的 $t \in \mathbb{R}, x \in \mathbb{R}^N$ 及 $u > 0, f(t, x, u) \leqslant a_0(x)u$. 则对任意 $\xi \in S^{N-1}, c_{\sup}^*(\xi) \leqslant c_l(\xi, a_0)$.

证明 先证结论 (1) 成立.

(1) 对任意的 $\mu > 0$ 及 $\xi \in S^{N-1}$, 令 $\phi(x; \mu, \xi, a_0)$ 是 (7.3) 正的主特征函数. 令 $u(t + s, x; s, y) = e^{-\mu(x \cdot \xi - \frac{\lambda(\mu, \xi; a_0)}{\mu}t)}\phi(x + y; \mu, \xi, a_0)$. 则 $u(t + s, x; s, y)$ 是下面方程

$$\frac{\partial u}{\partial t} = \Delta u + \sum_{i=1}^N a_i(x + y)\frac{\partial u}{\partial x_i} + a_0(x + y)u \tag{7.6}$$

的解, 且满足 $u(s, x; s, y) = e^{-\mu x \cdot \xi}\phi(x + y; \mu, \xi, a_0)$.

固定 $\xi \in S^{N-1}$. 注意到存在 $u_0^* \in X_1^+(\xi)$ 使得对任意的 $s \in \mathbb{R}$ 及 $y \in \mathbb{R}^N$, 都有 $u_0^*(\cdot) \leqslant u(s, \cdot; s, y)$ 成立. 由抛物方程的比较原理知, 对任意的 $t \geqslant 0, s \in \mathbb{R}$ 及 $y \in \mathbb{R}^N$, 都有 $u(t + s, \cdot; s, y, u_0^*) \leqslant u(t + s, \cdot; s, y)$ 成立. 这表明对任意的 $c > \dfrac{\lambda(\mu, \xi; a_0)}{\mu}$, 等式 $\limsup\limits_{x \cdot \xi \geqslant ct, t \to \infty} u(t + s, x; s, y, u_0^*) = 0$ 关于 $s \in \mathbb{R}$ 和 $y \in \mathbb{R}^N$ 一致成立. 因此, $c \geqslant c_{\sup}^*(\xi)$, 且对任意的 $\mu > 0$, 不等式 $\dfrac{\lambda(\mu, \xi; a_0)}{\mu} \geqslant c_{\sup}^*(\xi)$ 成立.

因此, 对任意的 $\xi \in S^{N-1}$, 不等式 $c_{\sup}^*(\xi) \leqslant \inf\limits_{\mu>0} \dfrac{\lambda(\mu,\xi;a_0)}{\mu} = c_l(\xi;a_0)$ 成立.

(2) 设 $\beta > 0$ 使得当 $t \in \mathbb{R}, x \in \mathbb{R}^N, 0 \leqslant u \leqslant \beta$ 时, $f(t,x,u) \geqslant a_0(x)u$. 设 $M_0 > 0, f_0(x,u) = u(a_0(x) - M_0 u)$. 讨论

$$\frac{\partial u}{\partial t} = \Delta u + \sum_{i=1}^{N} a_i(x)\frac{\partial u}{\partial x_i} + f_0(x,u). \tag{7.7}$$

由于 $\lambda(a_0) > 0$, 则 (7.7) 存在唯一的正平衡态 $u_0^+(x) \in X_L$. 选取充分大的 M_0 使得 (7.7) 的唯一正平衡态解 $u_0^+(x)$ 满足 $0 < u_0^+(x) < \beta, x \in \mathbb{R}^N$. 设 $\tilde{u}(t + s, x; s, u_0)$ 是方程 (7.7) 满足 $\tilde{u}(s, x; s, u_0) = u_0(x)$ 的解, 则当 $u_0 \in X_1^+(\xi)$ 且 $u_0 < \inf\limits_{x\in\mathbb{R}^N} u_0^+(x)$ 时, $\tilde{u}(t, x; s, u_0)$ 是方程 (7.1) 的一个下解. 因此

$$\tilde{u}(t, \cdot; s, u_0) \leqslant u(t, \cdot; s, u_0). \tag{7.8}$$

由 [235] 和 [236] 中的理论知 (也可参考 [13]), $c_l(\xi;a_0)$ 是 (7.7) 的传播速度. 因此, 对任意的 $u_0^* \in X_1^+(\xi), u_0^* < \inf\limits_{x\in\mathbb{R}^N} u_0^+(x)$ 及 $c < c_l(\xi;a_0)$, 等式

$$\liminf_{x\cdot\xi\leqslant ct,t\to\infty} (\tilde{u}(t + s, x; s, u_0^*) - u_0^+(x)) = 0 \tag{7.9}$$

关于 $s \in \mathbb{R}$ 一致成立. 结合 (7.8), (7.9) 和引理 7.2.2 的讨论知, 对任意的 $c' < c$, 等式 $\liminf\limits_{x\cdot\xi\leqslant c't,t\to\infty} (u(t + s, x; s, u_0^*) - u^+(t + s, x)) = 0$ 关于 $s \in \mathbb{R}$ 一致成立. 注意 到对任意的 $u_0 \in X_1^+(\xi)$, 存在 $u_0^* \in X_1^+(\xi)$ 使得 $u_0^* < \inf\limits_{x\in\mathbb{R}^N} u_0^+(x)$ 且 $u_0 \geqslant u_0^*$. 因 此, 等式 $\liminf\limits_{x\cdot\xi\leqslant c't,t\to\infty} (u(t + s, x; s, u_0) - u^+(t + s, x)) = 0$ 关于 $s \in \mathbb{R}$ 一致成立. 这表明 $c_{\inf}^*(\xi) \geqslant c'$, 且对任意的 $\xi \in S^{N-1}$, 总有 $c_{\inf}^*(\xi) \geqslant c$ 及 $c_{\inf}^*(\xi) \geqslant c_l(\xi;a_0)$ 成立. □

定理 7.3.4 ([103]) (1) (广义传播速度的上界) 假设 $a_i(t,x) \equiv a_i(x)$ $(i = 1, 2, \cdots, N)$, 存在 $a_0(x)$ 使得 $f(t,x,u) \leqslant a_0(x)u, t \in \mathbb{R}, x \in \mathbb{R}^N, u \geqslant 0$. 如果 $u_0 \in X_2^+(\xi)$ 使得当 $x \cdot \xi \gg 1, C > 0, \mu > 0$ 时, $u_0(x) \leqslant Ce^{-\mu x\cdot\xi}$. 则有

$$c_{\sup}(u_0,\xi) \leqslant \frac{\lambda(\mu,\xi;a_0)}{\mu}.$$

(2) (广义传播速度的下界) 假设 $a_i(t,x) \equiv a_i(x)$ $(i = 1, 2, \cdots, N)$, 存在 $a_0(x)$ 使得 $\lambda(a_0) > 0, f(t,x,u) \geqslant a_0(x)u, t \in \mathbb{R}, x \in \mathbb{R}^N, 0 \leqslant u \ll 1$. 如果 $u_0 \in X_2^+(\xi)$

使得当 $x \cdot \xi \gg 1, C > 0, 0 < \mu < \mu^*$ 时, $\lim\inf\limits_{x \cdot \xi \to -\infty} u_0(x) > 0$, 且 $u_0(x) \geqslant Ce^{-\mu x \cdot \xi}$,

其中 μ^* 使得 $\dfrac{\lambda(\mu^*, \xi; a_0)}{\mu^*} = \inf\limits_{\mu > 0} \dfrac{\lambda(\mu, \xi; a_0)}{\mu}$ 成立, 则有

$$c_{\inf}(u_0, \xi) \geqslant \frac{\lambda(\mu, \xi; a_0)}{\mu}.$$

证明 (1) 类似于定理 7.3.3(1) 的证明, 对于给定的 $\mu > 0$ 及 $\xi \in S^{N-1}$, 设 $\phi(x; \mu, \xi; a_0)$ 是方程 (7.3) 的正的主特征函数. 记 $u(t+s, x; s, y) = e^{-\mu\left(x \cdot \xi - \frac{\lambda(\mu, \xi; a_0)}{\mu} t\right)} \phi(x + y; \mu, \xi, a_0)$. 则 $u(t+s, x; s, y)$ 是方程 (7.6) 满足 $u(s, x; s, y) = e^{-\mu x \cdot \xi} \phi(x + y; \mu, \xi, a_0)$ 的解.

注意到对给定的 u_0, 存在 $\alpha > 0$, 使得对任意的 $s \in \mathbb{R}$ 及 $y \in \mathbb{R}^N$, 不等式 $u_0(x) \leqslant \alpha u(s, x; s, y)$ 成立. 由抛物方程的比较原理知, 当 $t > 0$, $s \in \mathbb{R}$ 及 $y \in \mathbb{R}^N$ 时, 不等式 $u(t+s, \cdot; s, y, u_0) \leqslant \alpha u(t+s, \cdot; s, y)$ 成立. 因此, 对任意的 $c > \dfrac{\lambda(\mu, \xi; a_0)}{\mu}$, 等式 $\lim\sup\limits_{x \cdot \xi \geqslant ct, t \to \infty} u(t+s, x; s, y, u_0) = 0$ 关于 $s \in \mathbb{R}$ 及 $y \in \mathbb{R}^N$ 一致成立. 于是, $c_{\sup}(u_0, \xi) \leqslant c$, 并且 $c_{\sup}(u_0, \xi) \leqslant \dfrac{\lambda(\mu, \xi; a_0)}{\mu}$.

(2) 注意到存在唯一的 $\mu^* > 0$ 使得 $\dfrac{\lambda(\mu^*, \xi; a_0)}{\mu^*} = \inf\limits_{\mu > 0} \dfrac{\lambda(\mu, \xi; a_0)}{\mu}$ 成立 (参考 [135, 145, 146, 236] 的讨论). 则存在 $\mu < \mu_1 < \mu_2 < \mu^*$ 使得不等式 $\dfrac{\lambda(\mu, \xi; a_0)}{\mu} >$ $c_1 := \dfrac{\lambda(\mu_1, \xi; a_0)}{\mu_1} > c_2 := \dfrac{\lambda(\mu_2, \xi; a_0)}{\mu_2}$ 成立. 注意到可选取适当的 μ_1 和 μ_2 使得 c_1 和 c_2 可以很靠近 $\dfrac{\lambda(\mu, \xi; a_0)}{\mu}$.

假设 $p \in \mathbb{R}^N$ 使得 $a_i(x+p) \equiv a_i(x)(i = 1, 2, \cdots, N), a_0(x+p) \equiv a_0(x), f(t, x+p, u) \equiv f(t, x, u)$, 且 $p \cdot \xi > 0$. 令 $\psi(t+s, x) = d_1 e^{-\mu_1(x \cdot \xi - c_2 t)} \phi(x; \mu_1, \xi, a_0) - d_2 e^{-\mu_2(x \cdot \xi - c_2 t)} \phi(x; \mu_2, \xi, a_0)$, 其中 d_1, d_2 是正常数 (稍后确定), $\phi(x; \mu_i, \xi, a_0)$ 是方程 (7.3) 的正的主特征函数, $\mu = \mu_i(i = 1, 2)$. 则有 $\psi(t+s, x)$ 是方程 (7.6) 满足 $y = 0$ 的一个下解. 注意到当 $x \cdot \xi - c_2 t \ll 0$ 时, $\psi(t+s, x) < 0$, 当 $x \cdot \xi - c_2 t \gg 1$ 时, $\psi(t+s, x) \sim d_1 e^{-\mu_1(x \cdot \xi - c_2 t)} \phi(x; \mu_1, \xi, a_0)$. 因此, 存在 $d_1 > d_2 > 0$ 使得当 $s \in \mathbb{R}, y \in D, k \in \mathbb{Z}^+$ 时, $u_0(\cdot - y - kp) \geqslant \psi(s, \cdot)$; 当 $c_2 t - p \cdot \xi \leqslant x \cdot \xi \leqslant c_2 t$ 且 $\delta \ll 1$ 时, $\psi(t+s, x) > \delta > 0$; 且对于所有的 $t \geqslant 0$ 及 $s \in \mathbb{R}$, 都有 $\psi(t+s, \cdot) \leqslant \beta$ 成立, 其中 $\beta > 0$ 使得当 $t \in \mathbb{R}, x \in \mathbb{R}^N$ 及 $0 \leqslant u \leqslant \beta$ 时, $f(t, x, u) \geqslant a_0(x)u$. 因此, 当 $t > 0, s \in \mathbb{R}, y \in D, k \in \mathbb{Z}^+$ 时, 下面不等式成立

$$u(t+s, \cdot - kp; s, y, u_0) = u(t+s, \cdot; s, u_0(\cdot - y - kp)) \geqslant \psi(t+s, \cdot),$$

这表明当 $s \in \mathbb{R}, t > 0, y \in D, x \cdot \xi \leqslant c_2 t$ 时, 总有下面不等式成立

$$u(t + s, x; s, y, u_0) \geqslant \delta. \tag{7.10}$$

由 (7.10) 及引理 7.2.2 知, 当 $c < c_2$ 时, 等式 $\lim\limits_{x \cdot \xi \leqslant ct, t \to \infty} (u(t + s, x; s, y, u_0) - u^+(t + s, x + y)) = 0$ 关于 $s \in \mathbb{R}$ 及 $y \in D$ 一致成立, 因此由 (7.1) 的周期性知, 对 $y \in \mathbb{R}^N$ 也是一致成立的. 因此 $c_{\mathrm{inf}}(u_0, \xi) \geqslant \dfrac{\lambda(\mu, \xi; a_0)}{\mu}$. $\qquad\square$

7.4 进一步讨论

7.4.1 时空周期行波解部分进展

近些年关于时间周期、空间周期反应扩散方程的周期行波解, 以及时间周期、空间概周期反应扩散方程的概周期行波解研究取得了很大的进展.

Nadin 在 [171] 中研究了如下方程

$$\partial_t u - \nabla \cdot (A(t, x)\nabla u) + q(t, x) \cdot \nabla u = f(t, x, u), \tag{7.11}$$

其中扩散矩阵 A, 对流项 q 和反应项 f 关于时间变量 t 和空间变量 x 均为周期的. 作者证明了存在波速 c^* 和 c^{**}, 当 $c \geqslant c^{**}$ 时, 该方程存在波速为 c 的平面波; 当 $c < c^*$ 时, 无平面波, 并研究了初值如波前的时空周期 KPP 方程传播性质. Nadin 在 [172] 中研究了时空周期 KPP 方程 (7.11) 的线性化周期特征值问题, 证明了周期特征值的符号决定了周期解的存在性和唯一性. Nadin 和 Rossi 在 [174] 中研究了如下方程

$$u_t - \Delta u = \mu(t)u(1 - u),$$

其中 $\mu(t) \in L^\infty$ 且 $\mathrm{essinf}_{\mathbb{R}}\mu(t) > 0$. 作者证明了广义过渡波的存在性. Berestycki 和 Hamel 在 [12] 中引入空间过渡波的概念, 该空间过渡波对一维点火型方程总是存在的, 但对单稳形非线性不再存在. Nadin 在 [173] 中研究了如下方程

$$u_t - a(x)u_{xx} - b(x)u_x = f(x, u),$$

引入了类波解的新概念, 即临界行波解, 其依赖于介于 0 和 1 的时间整体解的几何比较. 临界波总是存在性的, 只要非线性项关于时间单调, 且关于正则化是唯一的. 作者证明了当 $f(x, u) = c(x)u(1 - u), b = 0$ 且 $\inf\limits_{\mathbb{R}} c(x) > 0$, 该方程的临界行波解有最小平均速度. 更一般的非均匀介质中反应扩散方程渐近传播速度的研究, 参考 [14].

Ding 和 Matano 在 [49] 中研究了具有紧支撑的初值时间周期反应扩散方程, 证明了任何 ω 极限解要么是空间常数, 要么是对称减小的, ω 极限解集要么包含单个时间周期解, 要么包含多个时间周期解和连接这些时间周期解的异宿轨线, 在一定条件下, ω 极限解集是单点集, 其他解都收敛到时间周期解. Ding 和 Matano 在 [50] 中用 Ducrot, Giletti 和 Matano 提出的传播台阶波的概念, 进一步对一大类非线性反应扩散方程证明了传播台阶的存在性和唯一性, 以及当 $t \to \infty$ 时方程的解到传播台阶的收敛性, 详细内容参考 [50].

Fang, Yu 和 Zhao 在 [60] 中给出了时空周期单调系统传播速度的方法, Pan 在 [185] 中研究了时空周期性栖息地具有年龄结构的种群模型, 利用 [60] 的方法证明了时空周期环境下行波解的传播速度和时空周期行波解的最小波速是一致的. Wu 和 Zhang 在 [244] 中研究了没有单调性的周期时滞格点系统的周期行波解, 建立了传播速度 c^* 的存在性及波速 $c \in (0, c^*)$ 的周期行波解的不存在性, 作者运用渐近不动点定理证明了周期行波解的存在性, 首次给出了无拟单调性的时间周期时滞格点系统的传播速度仍等于最小波速的结论. Hamel 和 Rossi 在 [84] 中推导出过渡波前的允许渐近过去和渐近未来速度的集合, 证明了当 $t \to -\infty$ 时任何过渡波前是非临界的, 总存在两个渐近过去和渐近未来速度, 详细讨论参考 [84].

Zhao 和 Yuan 在 [269] 中研究了时空周期环境下时滞 Lotka-Volterra 型竞争模型

$$
\begin{cases}
\dfrac{\partial u(t,x)}{\partial t} = d_1(t,x)\dfrac{\partial^2 u(t,x)}{\partial t^2} + \eta_1(t,x)u(t-\tau_1,x) - \beta_1(t,x)u^2(t,x) \\
\qquad - c_1(t,x)u(t,x)v(t,x), \\
\dfrac{\partial v(t,x)}{\partial t} = d_2(t,x)\dfrac{\partial^2 v(t,x)}{\partial t^2} + \eta_2(t,x)u(t-\tau_2,x) - \beta_2(t,x)v^2(t,x) \\
\qquad - c_2(t,x)u(t,x)v(t,x),
\end{cases}
$$

其中 $d_i(t,x), \eta_i(t,x), \beta_i(t,x)$ 和 $c_i(t,x), i = 1, 2$ 都是关于时间变量 t 是 T 周期, 关于空间变量 x 都是 $L > 0$ 周期的, 作者证明了具有时滞的线性时空周期反应扩散方程的特征值问题的主特征值的存在性, 利用特征函数和半平凡解构造上下解, 结合 Schauder 不动点定理证明了连接 $(0, v^*(t,x))$ 和 $(u^*(t,x), 0)$ 的脉动行波解 $(U(t,x,x+ct), V(t,x,x+ct))$ 的存在性.

Zhao 和 Gu 在 [266] 中研究了具有时间周期和非局部的多型 SIS 传染病模型,

$$
\frac{\partial u_i(t,x)}{\partial t} = [\sigma_i - u_i(t,x)] \sum_{k=1}^{m} \mu_{i,k}(t) \int_R u_k(t, x-y) p_{i,k}(y)\,dy
$$

$$
- \nu_i(t)u_i(t,x), \quad i = 1, \cdots, m, \ x \in \mathbb{R},
$$

其中 $\sigma_i > 0, \mu_{i,k}(t)$ 和 $\nu_i(t)$ 关于 t 是周期为 T 的周期函数, 矩阵 $\wedge = (\min\limits_{t>0} \mu_{i,k}(t))_{m\times m}$ 是不可约的. 作者证明了非临界周期行波解的唯一性和稳定性, 在一维情形下, 证明了感染速率的时间周期性加快了传播速度, 同时感染者的死亡率/移民率/恢复率的时间周期减缓了传播速度, 接触分布加快了传播速度.

Ma, Yue, Huang 和 Ou 等在 [150] 中研究了时间周期 Lotka-Volterra 型竞争模型

$$\begin{cases} u_t = d_1(t)u_{xx} + u(r_1(t) - a_1(t)u - b_1(t)v), \\ v_t = d_2(t)v_{xx} + v(r_2(t) - a_2(t)u - b_2(t)v), \end{cases}$$

其中 $d_i(t), r_i(t), a_i(t), b_i(t), i = 1, 2$ 都是 T 周期的周期函数, 作者通过构造合适的上下解, 建立了确定波速符合正负号的显示公式, 该正负号表明双稳行波解是向左或右传播. 作者通过建立波廓方程的上下解, 利用波速的比较原理得到双稳周期行波解的传播方向.

7.4.2 概周期行波解部分进展

Shen 在 [198, 199] 中研究了具有时间概周期结构的 KPP 方程

$$u_t(x, t) = Du_{xx}(x, t) = f(u(x, t), t), \quad x \in \mathbb{R}, t \in \mathbb{R},$$

其中 $f(u, t)$ 在有界集上关于时间 t 是一致的概周期函数, $f(u, t)$ 是双稳型. 作者先引入了时间概周期行波解 $u(x, t) = U(x + c(t), t)$ 的概念; 然后建立了时间概周期行波解的稳定性和唯一性; 最后建立了双稳型概周期 KPP 方程概周期行波解的存在性, 类似结果也推广到离散空间变量情形.

Shen 在 [200] 中给出了概自守行波解的概念, 并在一般在自守结构框架下建立了概自守行波解的存在性, 即称一个解是概自守 (概周期) 行波解, 如果其传播的波廓函数和波速均为概自守 (概周期) 函数. 证明概自守行波解的存在性转化为波形解的极限. 作者利用动力系统理论证明了波形解收敛到概自守 (概周期) 行波解. 详细的讨论参考 [200]. Shen 在 [201] 中利用黏性消失法证明了时间周期格点系统的连接两个时间周期界的单调行波解的存在性. Shen 在 [204] 中研究了时间回复环境中离散 KPP 方程传播速度区间和广义传播速度区间, 并给出了传播速度区间和广义传播速度区间的上下界估计. 后来 Shen 等在 [207] 中研究了点火型时间非匀质中反应扩散方程的广义行波解的唯一性、稳定性和回复性, 进而证明了广义行波解指数吸引波形初值函数, 建立了创新行波解的空间单调性和指数衰减性, 以及空间平移意义下的唯一性等性质.

Nadin 和 Rossi 在 [175] 研究了一维概周期媒介中 Fisher-KPP 方程的广义过渡波前的存在性:

$$u_t - (a(x)u_x)x = c(x)u(1-u), \quad t \in \mathbb{R}, \ x \in \mathbb{R},$$

其中 $a \in C^1(R), c \in C(R)$ 满足 $\inf_{\mathbb{R}} a > 0, \inf_{\mathbb{R}} c > 0$ 且 a, a', c 均为概周期函数. 作者假设在非稳定稳态解附近的线性化椭圆算子有一个概周期特征函数, 通过对广义主特征值性质的细致分析, 以及构造上下解方法, 证明了广义过渡波前存在当且仅当其平均速度在显示阈值之上, 其构造的波前及其波速都是概周期函数. 当上述假设不再成立时, 广义过渡波前仍存在, 其平均波速具有显示上下界的一个区间.

Shen 等在 [208] 中研究了时间非匀质环境下非局部双稳型方程过渡波的存在性、唯一性和稳定性, 证明了该方程的任意过渡波在某空间平移后, 与某个空间不增过渡波是相同的 (如果这样的过渡波存在) 进一步证明了在周期媒介中的过渡波一定是周期行波解, 过渡波的渐近波速在唯一遍历的媒介中是存在的. 详细证明参考 [208].

第 8 章 随机种群系统的随机行波解及波速估计

这一章主要讨论在分布意义下随机种群系统的行波解及其渐近传播波速的上界和下界估计, 本章的内容取自作者与合作者的论文 [230—233].

8.1 引　　言

关于随机模型的行波解及其传播动力学问题, 吸引了许多数学工作者研究. 主要讨论三类随机模型的行波解: ① 单稳态型 (如 KPP 类型); ② 双稳态类型; ③ 点火型. 下面将分三种情况讨论.

8.1.1 随机 KPP 方程的行波解

Shiga 在 [212] 中提出了 "紧支传播特性" 的概念, 简称 SCP, 该特性很好地刻画了随机行波解波前标记的相关性质. 从而对随机系统随机行波解存在性的证明转化为对其波前标记 (连接两个平衡态的轨道) 的紧支传播特性的证明. Tribe 在 [221] 中研究了由布朗运动驱动的如下随机 Fisher-KPP 方程

$$u_t = u_{xx} + \theta u - u^2 + |u|^{1/2}\dot{W}. \tag{8.1}$$

记 $R_0(t) = \sup\{x \in \mathbb{R} : u(t,x) > 0\}$ 是行波解的波前标记, Tribe 在 [221] 中提出了证明随机行波解存在性的一个充分条件: (i) 波前标记 $R_0(t)$ 对所有 $t > 0$ 有界; (ii) 随机 KPP 方程的解关于波前标记的平移 $u(t, \cdot + R_0(t))$ 是平稳过程. 作者进一步利用随机行波解的平稳性及随机 KPP 方程的遍历性得到了如下随机行波的渐近波速性质:

$$\lim_{t\to\infty} \frac{R_0(t)}{t} = A \in [-\infty, 2\sqrt{\theta}] \quad \text{a.s..} \tag{8.2}$$

Müeller 和 Sowers 在 [168] 中利用 Shiga 所提的方法, 证明波前标记的紧支传播特性得到了随机 Fisher-KPP 方程行波解的存在性. 需要指出的是, [168] 中讨论的噪声与 [221] 不同, 噪声强度为 $\sqrt{u(1-u)}$, 即

$$\begin{cases} u_t = u_{xx} + u(1-u) + \epsilon\sqrt{u(1-u)}\dot{W}, \\ u(0,x) = u_0(x) = \chi_{(-\infty,0]}. \end{cases} \tag{8.3}$$

作者利用大偏差原理和超过程方法证明了连接两个平衡态之间的轨道有界且解是平稳的, 得到了随机行波解的存在性. 关于随机 KPP 方程的渐近波速的估计问题, Müeller, Mytnik 和 Ryzhik 在 [166] 中利用大偏差原理与单调方法给出了渐近波速上下界的精细估计, 解决了著名的 Brunet-Derrida 猜想, 即当 ϵ 充分小时, 得到了确定性方程最小波速的上、下界分别为

$$2 - \frac{\pi^2}{(|\log \epsilon|^2 - \log \alpha(|\log \epsilon^2|^{-3}) - 4)^2} \leqslant v_{\mathrm{com}} \leqslant 2 - \frac{\pi^2}{(|\log \epsilon^2| + 2)^2},$$

其中 $\alpha = \alpha(|\log \epsilon^2|^{-3})$, 当 ϵ 充分小时, 概率分布项对最小波速的影响趋于 0. 作者还引入停时及初值的迭代等方法, 得到了方程 (8.3) 的最小波速估计为

$$\underline{v}_\epsilon \geqslant v_0 - \frac{\pi^2}{|\log \epsilon^2|^2} - \frac{2\pi^2[9 \log |\log \epsilon| - \log \alpha(|\log \epsilon|^{-3})]}{|\log \epsilon^2|^3},$$

$$\bar{v}_\epsilon \leqslant v_0 - \frac{\pi^2}{|\log \epsilon^2|^2} + \frac{8\pi^2 \log |\log \epsilon|}{|\log \epsilon^2|^3},$$

其中 v_0 是相应确定方程的最小波速. Kliem[110] 研究了随机 KPP 方程, 但其初值变成具有紧支撑的非负函数 $u_0 \in C_c^+$, 即

$$\begin{cases} u_t = u_{xx} + \theta u - u^2 + u^{1/2} dW_t, \\ u(0, x) = u_0(x) \in C_c^+. \end{cases} \tag{8.4}$$

但 Sandra 并没构造辅助波前标记, 而采用直接研究波前标记 $R_0(t)$ 的性质来验证 Tribe 提出的充分条件得到随机行波解的存在性, 并且还证明了随机行波解支撑集的常返性.

Elworthy 和 Zhao[56], Øksendal, Våge 和 Zhao[180, 181] 研究了广义随机 KPP 方程

$$\begin{cases} du(t, x) = \left[\dfrac{D}{2} u_{xx}(t, x) + u(t, x) c(u(t, x)) \right] dt + k(t) u(t, x) dW_t, \\ u(0, x) = \chi_{(-\infty, l]}(x), \end{cases} \tag{8.5}$$

其中 $c : \mathbb{R}^+ \to \mathbb{R}$ 严格单调递减. Elworthy 和 Zhao 在[56] 中运用 Hamilton-Jacobi 理论证明了当 l, k 均为确定函数时, 随机广义 KPP 方程随机行波解的存在性, 揭示了广义随机 KPP 方程解的渐近行为与噪声强度之间的关系. 当 $\liminf\limits_{t \to \infty} \dfrac{1}{2t} \int_0^t k^2(s) ds > c_0 = c(0)$ 时 (该噪声称为强噪声), 广义随机 KPP 方程

解几乎必然趋向于 0. 当 $\int_0^t k^2(s)ds < \infty$ 时 (此种噪声称为弱噪声), 此时随机
KPP 方程 (8.5) 的随机行波解与确定性方程的行波解相同. 当噪声强度介于弱
噪声和强噪声之间 (即为适度噪声), 其解可能存在, 也可能不存在, 并且当极限
$k_\infty = \lim_{t\to\infty} \frac{1}{2t} \int_0^t k^2(s)ds$ 存在时, 波前标记的位置为 $x = \sqrt{D(2c_0 - 2k_\infty)}$. 对任
意 $h > 0$, 当 t 充分大时, 存在正常数 c_1, c_2, c_3, 若 $x > (\sqrt{D(2c_0 - 2k_\infty)}+h)t$, 则有
$u(t,x) < \exp(-c_1 t)$ a.s.; 若 $x < (\sqrt{D(2c_0 - 2k_\infty)}+h)t$, 则有 $\exp(-c_3\sqrt{2t\ln\ln t}) <$
$u(t,x) < \exp(c_2\sqrt{2t\ln\ln t})$ a.s., Huang, Wang 和 Liu 在 [97—99] 中运用随机序
方法进一步研究了更广义的随机 KPP 方程

$$\begin{cases} du = [u_{xx} + uc(u)]dt + k(t)udW(t), \\ u(0,x) = u_0(x), \end{cases} \tag{8.6}$$

随机行波解的存在性, 其中 $c(u)$ 是单调递减的函数, 且 $c_0 = c(0) > 0$. 作者利用
Feynman-Kac 公式及 [181] 中的遍历性结论证明了最小波速为 $c = \sqrt{4c_0 - 4k_\infty}$,
其中 $k_\infty = \lim_{t\to\infty} \frac{1}{2t} \int_0^t k^2(s)ds$.

8.1.2 随机 Nagomo 方程的行波解

Hamster 和 Hupkes 在 [85] 中对时间白噪声扰动的随机 Nagumo 反应扩
散方程

$$du = [u_{xx} + u(1-u)(u-a)]dt + \sigma(u)(1-u)dW_t \tag{8.7}$$

和随机 FitzHugh-Nagumo 方程

$$\begin{cases} du = [u_{xx} + u(1-u)(u-a) - v]dt + \sigma u(1-u)dW_t, \\ dv = [v_{xx} + \rho(u - \gamma v)]dt + \sigma(u - \gamma v)dW_t. \end{cases} \tag{8.8}$$

运用相位追踪法 (即 $\theta(u) = \underset{\theta\in\mathbb{R}}{\operatorname{argmin}} \|u-\Phi(\cdot+\theta)\|$) 得到了随机 Nagumo 方程 (8.7)
和随机 FitzHugh-Nagumo 方程 (8.8) 的解与相应确定性方程行波解的相位平移
$\Phi(\cdot + \theta)$ 的差满足随机偏微分方程, 从而得到相应的确定型方程行波解在小的随
机扰动下保持轨道稳定性, 得到在小噪声扰动下行波解的持续性, 但没有给出随
机行波解的存在性.

Hamster 和 Hupkes 在 [86] 中进一步研究了时空噪声扰动的随机 Nagumo 方程

$$du = [u_{xx} + u(1-u)(u-a)]dt + \sigma(u)(1-u)\xi_{t,x} \tag{8.9}$$

和时空噪声扰动的随机 FitzHugh-Nagumo 方程

$$\begin{cases} du = [u_{xx} + u(1-u)(u-a) - v]dt + \sigma u(1-u)\xi_{t,x}, \\ dv = [v_{xx} + \rho(u - \gamma v)]dt + \sigma(u - \gamma v). \end{cases} \tag{8.10}$$

证明了方程 (8.9) 和 (8.10) 相应的确定型方程行波解在噪声充分小时的稳定性.

8.1.3　随机点火型方程的行波解

Shen 在 [202] 建立了随机介质上随机行波解的存在性框架, 给出来空间遍历、时间变化介质中行波解的存在性的一般性判据. 下面的随机行波解的定义推广了周期介质中平面行波解的定义. Nolen 和 Ryzhik 在 [177] 中研究了具有空间非均匀介质的随机点火型反应扩散方程

$$u_t = u_{xx} + g(\theta_t\omega)f(u), \quad g(x+h,\omega) = g(x,\pi_h\omega), \tag{8.11}$$

其中 $f(u)$ 满足假设: 当 $u \in [0,\theta] \cup \{1\}$ 时, $f(u) = 0$; 当 $u \in (\theta,1)$ 时, $f(u) > 0$; θ 为点火温度, g 为反应速率. 下面先给出点火型随机方程 (8.11) 的几乎轨道意义下随机行波解的定义.

定义 8.1.1([202])　称函数 $\tilde{w}(t,x,\omega) : \mathbb{R} \times \mathbb{R} \times \Omega \to \mathbb{R}$ 是点火型随机方程的随机行波解, 如果下面条件成立:

(1) 对几乎每个 $\omega \in \Omega, \tilde{w}(t,x,\omega), t \geqslant 0$ 是方程 (8.11) 的经典解;

(2) 初值 $\tilde{w}(0,x,\omega)$ 关于 ω 是可测的;

(3) 对每个 $x \in \mathbb{R}$, $0 < \tilde{w}(0,x,\omega) < 1$;

(4) $\lim\limits_{x \to +\infty} \tilde{w}(0,x,\omega) = 0, \lim\limits_{x \to -\infty} \tilde{w}(0,x,\omega) = 1$;

(5) 存在可测函数 $\tilde{X}(t,\omega) : R \times \Omega \to R$, 使得 $\tilde{w}(t,x,\omega) = \tilde{w}(0, x - \tilde{X}(t,\omega), \pi_{\tilde{X}(t,\omega)}\omega)$.

波廓函数 $W(x,\omega) = \tilde{w}(0,x,\omega) : R \times \Omega \to R$ 生成随机行波解.

定义 8.1.2([177])　称点火型随机方程 (8.11) 的时间整体解 $\tilde{v}(t,x), t \in \mathbb{R}, x \in \mathbb{R}$ 为过渡波, 如果对任意的 $h, k \in (0,1), h > k$, 对任意的 $t \in \mathbb{R}$ 都满足

$$0 < \theta_k^+(t,\omega) - \theta^-(t,\omega) \leqslant C,$$

其中 $\theta_h^-(t,\omega) = \sup\{x \in \mathbb{R} : \tilde{v}(t,x',\omega) > h, \forall x' < x\}, \theta_k^+(t,\omega) = \inf\{x \in \mathbb{R} : \tilde{v}(t,x',\omega) < k, \forall x' > x\}, C = C(h,k)$ 是不依赖于 t, ω 的常数.

Nolen 和 Ryzhik 在 [177] 中利用 [202] 的理论得到了依轨道意义下随机行波解的存在性, 后来 Nolen 在 [176] 中进一步证明了波前标记 $\gamma(t)$ 满足不变原理. Shen 和 Shen 在 [207] 研究了时间非均质性的随机点火型反应扩散方程

$$u_t = u_{xx} + f(t,\omega,u), \quad f(t+s,\omega,u) = f(t,\pi_s\omega,u),$$

得到了随机行波解的存在性. Shen 和 Shen 在 [206] 中进一步得到了轨道意义下随机行波解的稳定性. Nolen 和 Xin 在 [178] 中运用变分原理研究随机介质中 KPP 方程的最小波速.

本章主要讨论随机合作、竞争, 以及既有合作又有竞争的种群系统随机行波解的存在性及其波速估计.

8.2 函数空间及重要引理

为便于讨论, 记 $\phi_\lambda(x) = \exp(-\lambda|x|)$. 定义下面的函数集合

(1) $C^+ = \{f \mid f : \mathbb{R} \to [0, \infty),\ f$ 是连续的$\}$;

(2) $\|f\|_\lambda = \sup\limits_{x \in \mathbb{R}}(|f(x)\phi_\lambda(x)|)$;

(3) $C_\lambda^+ = \{f \in C^+ \mid f$ 连续, 且 $|f(x)\phi_\lambda(x)|_\lambda \to \infty (x \to \pm\infty)\}$;

(4) $C_{\text{tem}}^+ \triangleq \bigcup\limits_{\lambda > 0} C_\lambda^+$;

(5) $C_{C[0,1]}^+ = \{f \mid f : \mathbb{R} \to [0,1]\}$ 是具有紧支撑的非负函数空间;

(6) $\Phi = \{f : \|f\|_\lambda < \infty$ 对于某个 $\lambda < 0\}$ 是指数速度衰减函数构成的空间.

引理 8.2.1(Ascoli-Arzela 定理) 一个集合 $K \subset C_\lambda^+$ 是相对紧的当且仅当

(1) $\{f : f \in K\}$ 在紧集上等度连续;

(2) $\lim\limits_{R \to \infty} \sup\limits_{f \in K} \sup\limits_{|x| \geqslant R} |f(x)e^{-\lambda|x|}| = 0$.

当 $\lambda > 0$ 时, 一个集合 $K \subset C_{\text{tem}}^+$ 是 (相对) 紧的当且仅当它在任一 C_λ^+ 中是 (相对) 紧.

引理 8.2.2(Kolmogorov 胎紧判据) 对于 $C < \infty, \delta > 0, \mu < \lambda, \gamma > 0$, 定义

$$K(C, \delta, \gamma, \mu) = \{f : |f(x) - f(x')| \leqslant C|x - x'|^\gamma e^{\mu|x|} \text{ 对于任意 } |x - x'| \leqslant \delta\},$$

且 $K(C, \delta, \gamma, \mu) \cap \left\{ f : \int_{\mathbb{R}} f(x)\phi_1 dx \leqslant a \right\}$ 在 C_λ^+ 中紧, a 是一个常数. 若 $\{X_n(\cdot)\}$ 是 C_λ^+ 过程, $\left\{ \int_{\mathbb{R}} X_n \phi_1 dx \right\}$ 是胎紧的, 且存在常数 $C_0 < \infty, p > 0, \gamma > 1, \mu < \lambda$ 使得对所有 $n \geqslant 1, |x - y| \leqslant 1$, 都有

$$\mathbb{E}(|X_n(x) - X_n(y)|^p) \leqslant C_0|x - y|^\gamma e^{\mu p|x|},$$

则 $\{X_n\}$ 胎紧. 类似地, 若 $\{X_n\}$ 是 $C([0, T], C_\lambda^+)$-值过程, $\left\{ \int_{\mathbb{R}} X_n(0)\phi_1 dx \right\}$ 是胎紧的, 且存在常数 $C_0 < \infty, p > 0, \gamma > 2, \mu < \lambda$, 使得对于所有 $n \geqslant 1, |x - y| \leqslant$

$1, |t - t'| \leqslant 1, t, t' \in [0, T]$, 都有

$$\mathbb{E}(|X_n(x,t) - X_n(y,t')|^p) \leqslant C_0(|x-y|^\gamma + |t-t'|^\gamma)e^{\mu p|x|}$$

成立, 则 $\{X_n\}$ 是胎紧的.

8.3　随机合作系统的行波解及其波速估计

8.3.1　随机两种群合作系统的行波解

考虑两种群随机模型

$$\begin{cases} u_t = u_{xx} + u(1 - a_1u + b_1v) + \epsilon u dW_t, \\ v_t = v_{xx} + v(1 - a_2v + b_2u) + \epsilon v dW_t, \\ u(0) = u_0, \quad v(0) = v_0, \end{cases} \tag{8.12}$$

其中 $W(t)$ 是白噪声, u_0, v_0 均为 Heaviside 函数, $a_i, b_i, i = 1, 2$ 都是正常数且满足 $\min\{a_i\} > \max\{b_i\}$. 方程 (8.12) 中 $1 - a_1u + b_1v, 1 - a_2v + b_2u$ 的数字 1 代表环境承载能力. 由于环境常受到噪声的影响, 用 $1 + \epsilon W(t)$ 替代 1 代入经典的种群合作模型中即可得到上述随机合作模型 (8.12). 这一章总假设 $\epsilon^2 < 2$. 易知模型 (8.47) 具有四个常数平衡点: $(0,0)$ 是不稳定的, $\left(\dfrac{1}{a_1}, 0\right)$ 及 $\left(0, \dfrac{1}{a_2}\right)$ 是鞍点, $(p_1, p_2) := \left(\dfrac{a_2 + b_1}{a_1a_2 - b_1b_2}, \dfrac{a_1 + b_2}{a_1a_2 - b_1b_2}\right)$ 是唯一的稳定点, 代表种群共存. 这节研究连接 $(0,0)$ 和 (p_1, p_2) 的随机行波解.

为便于讨论, 令 $Y = (u, v)^{\mathrm{T}}, F(Y) = (u(1 - a_1u + b_1v), v(1 - a_2v + b_2u))^{\mathrm{T}}$, $H(Y) = (u, v)^{\mathrm{T}}, F_1(Y) = u(1 - a_1u + b_1v), F_2(Y) = v(1 - a_2v + b_2u), H_1(Y) = u, H_2(Y) = v$, 则随机合作系统 (8.12) 可写成

$$\begin{cases} Y_t = Y_{xx} + F(Y) + \epsilon H(Y)dW_t, \\ Y(0, x) = Y_0 = (u_0, v_0)^{\mathrm{T}}, \end{cases} \tag{8.13}$$

其中 $u_0 = p_1\chi_{(-\infty, 0]}, v_0 = p_2\chi_{(-\infty, 0]}$.

任给矩阵 $M = (m_{ij})_{n \times m}$, 定义其范数为 $|M| = \displaystyle\sum_{i,j=1} |m_{ij}|$, 向量范数为 $\|A\|_\infty = \max\limits_i (A_i)$.

引理 8.3.1 给定 $u_0, v_0 \in C_{\text{tem}}^+$, 及几乎所有的 $\omega \in \Omega$, 随机系统 (8.13) 存在唯一温和解

$$Y(t,x) = \int_{\mathbb{R}} G(t,x,y)Y_0 dy + \int_0^t \int_{\mathbb{R}} G(t-s,x,y)F(Y)dsdy$$

$$+ \epsilon \int_0^t \int_{\mathbb{R}} G(t-s,x,y)H(Y)dW_s dy, \tag{8.14}$$

其中 $G(t,x,y)$ 是格林函数.

证明 定义截断函数

$$F_n(Y^n) = Y^n - (a_1((u^n)^2 \wedge n), a_2((v^n)^2 \wedge n))^{\mathrm{T}}$$

$$+ (b_1(u^n \wedge \sqrt{n})(v^n \wedge \sqrt{n}), b_2(u^n \wedge \sqrt{n})(v^n \wedge \sqrt{n}))^{\mathrm{T}},$$

易证 F_n 是 Lipschitz 连续也满足线性增长条件, 且截断方程

$$\begin{cases} Y_t^n = Y_{xx}^n + F_n(Y^n) + \epsilon H(Y^n)dW_t, \\ Y^n(0) = Y_0 \end{cases} \tag{8.15}$$

存在分布意义下的唯一解 $\{Y^n(t)\}_{n \in \mathbb{N}}$. 由文 [212] 中的定理 2.6 知, 对任意的 $n \in \mathbb{N}, Y^n(t) \in C_{\text{tem}}^+$. 由 [221] 的定理 2.2 知, 对几乎所有的 $\omega \in \Omega$, 系统 (8.12) 随机唯一的解 $Y(t)$, 使得当 $n \to \infty$ 时, $Y^n(t)$ 收敛到 $Y(t)$. 其中 $Y(t) \in C_{\text{tem}}^+$ 且满足等式 (8.14). □

由 [221] 可得下面结论.

引理 8.3.2 随机系统 (8.47) 从 Y_0 出发的所有解均具有相同的分布, 记为 $Q^{Y_0, a_1, a_2, b_1, b_2}$, 且映射 $(Y_0, a_1, a_2, b_1, b_2) \to Q^{Y_0, a_1, a_2, b_1, b_2}$ 是连续的. 当 $Y_0 \in C_{\text{tem}}^+$ 时, 分布 $Q^{Y_0, a_1, a_2, b_1, b_2}$ 构成一个马氏半群.

由 [112, 169, 221] 知, 随机反应扩散方程具有下面的比较定理.

引理 8.3.3 随机 (8.13) 存在从 $Y_0 \in C_{\text{tem}}^+$ 出发的解 $Y(t,x)$, 使得 $\Theta(t,x)$ 是下面方程的解

$$\begin{cases} \Theta_t = \Theta_{xx} + P(\Theta) + \epsilon H(\Theta)dW_t, \\ \Theta_0 = Y_0, \end{cases} \tag{8.16}$$

如果 $P(Y) \geqslant F(Y)$ 且 $P(Y)$ 是 Lipschitz 连续的, 则对任意的 $Y_0, \Theta_0 \in C_{\text{tem}}^+$.

(1) 固定 $\Theta_0^{(1)}, \Theta_0^{(2)} \in C_{\text{tem}}^+$, 且 $\Theta_0^{(1)} \leqslant \Theta_0^{(2)}$, 则对每个 $t > 0, x \in \mathbb{R}$ 和对几乎所有的 $\omega \in \Omega$, 都有 $\Theta^{(1)}(t,x) \leqslant \Theta^{(2)}(t,x)$;

(2) 对每个 $t > 0, x \in \mathbb{R}$ 及几乎所有的 $\omega \in \Omega$, 都有 $Y(t,x) \leqslant \Theta(t,x)$.

定理 8.3.1　对任意的 $u_0, v_0 \in C_{\text{tem}}^+ \setminus \{0\}$, 给定 $t > 0$ 及几乎所有的 $\omega \in \Omega$, 都有

$$\mathbb{E}[u(t,x) + v(t,x)] \leqslant C(\epsilon, t)\left(u_0 + v_0 + \frac{2}{c} - \frac{\epsilon^2}{c}\right), \quad x \in \mathbb{R} \tag{8.17}$$

成立, 其中 $C(\epsilon, t)$ 是常数, $c = \min\{a_i\} - \max\{b_i\}$.

证明　记 $\phi(t,x) = u(t,x) + v(t,x)$, 则 $\phi(t,x)$ 满足方程

$$\begin{cases} \phi_t = \phi_{xx} + u(1 - a_1 u + b_1 v) + v(1 - a_2 v + b_2 u) + \epsilon\phi dW_t, \\ \phi(0,x) = \phi_0 = u_0 + v_0. \end{cases} \tag{8.18}$$

由假设 $\min\{a_i\} > \max\{b_i\}$ 知, $u(1 - a_1 u + b_1 v) + v(1 - a_2 v + b_2 u) \leqslant u + v - \min\{a_i\}(u^2 + v^2) + 2\max\{b_i\}uv \leqslant u + v - \frac{c}{2}(u+v)^2 = (u+v)\left(1 - \frac{c}{2}(u+v)\right)$.
设 ψ 是下面方程的解

$$\psi_t = \psi_{xx} + \psi\left(1 - \frac{c}{2}\psi\right) + \epsilon\psi dW_t, \quad \psi_0 = u_0 + v_0,$$

则 $u(t,x) \leqslant \psi(t,x), v(t,x) \leqslant \psi(t,x)$ a.s..
　　令 ζ 是下面方程的解

$$\begin{cases} \zeta_t = \zeta_{xx} + \zeta\left(1 - \frac{c}{2}\zeta\right) - \frac{\epsilon^2}{2}\zeta, \\ \zeta_0 = \psi_0, \end{cases} \tag{8.19}$$

我们断言, 对每个 $(t,x) \in [0,\infty) \times \mathbb{R}$, 下面结论成立:

$$\exp\left(\inf_{0 \leqslant r \leqslant t}\int_r^t \epsilon dW_s\right)\zeta(t,x) \leqslant \psi(t,x) \leqslant \exp\left(\sup_{0 \leqslant r \leqslant t}\int_r^t \epsilon dW_s\right)\zeta(t,x) \quad \text{a.s..} \tag{8.20}$$

事实上, 假设上面估计式 (8.20) 不成立, 则存在一点 $(t_0, x_0) \in [0,\infty) \times \mathbb{R}$ 使得

$$\psi(t_0, x_0) > \exp\left(\sup_{0 \leqslant r \leqslant t_0}\int_r^{t_0} \epsilon dW_s\right)\zeta(t_0, x_0), \tag{8.21}$$

因此 $\psi(t_0, x_0) > \zeta(t_0, x_0)$. 构造一个新的概率空间 $(\hat{\Omega}, \hat{\mathcal{F}}, \hat{\mathbb{P}})$, 记 $\hat{W} = (\hat{W}(t) : t \geqslant 0)$ 是新概率空间上的布朗运动, 令 $X_s^{t_0, x_0} = (t_0 - s, x_0 + \sqrt{2}\hat{W}(s)), s > 0$, 对每个

$\omega \in \hat{\Omega}$, 定义停时 $\tau = \inf\{s > 0 : \zeta(X_s^{t_0,x_0}) = \psi(X_s^{t_0,x_0})\}$. 由 Feynman-Kac 公式和强 Markov 性质可得

$$\psi(t_0, x_0) = \hat{\mathbb{E}}\left[\psi(X_\tau^{t_0,x_0}) \exp\left(\int_0^\tau (1 - \psi(X_\tau^{t_0,x_0}))ds\right)\right]$$

$$\times \exp\left(\int_{t_0-\tau}^{t_0} \epsilon dW_s - \frac{1}{2}\int_{t_0-\tau}^{t_0} \epsilon^2 ds\right)$$

$$\leqslant \hat{\mathbb{E}}\left[\zeta(X_\tau^{t_0,x_0}) \exp\left(\int_0^\tau (1 - \zeta(X_\tau^{t_0,x_0}))ds\right)\right]$$

$$\times \exp\left(\int_{t_0-\tau}^{t_0} \epsilon dW_s - \frac{1}{2}\int_{t_0-\tau}^{t_0} \epsilon^2 ds\right)$$

$$= \exp\left(\sup_{0 \leqslant r \leqslant t_0} \int_{t_0-r}^{t_0} \epsilon dW_s\right) \zeta(t_0, x_0) \quad \text{a.s.,}$$

这与 (8.21) 矛盾, 因此, 断言成立.

类似可证

$$\psi(t_0, x_0) \geqslant \exp\left(\inf_{0 \leqslant r \leqslant t_0} \int_r^{t_0} \epsilon dW_s\right) \zeta(t_0, x_0) \quad \text{a.s.,}$$

因此, 对固定的 $t > 0$ 及任意的 $\sigma > 0$, 用 $G(t - s + \sigma, x - y)$ 乘以方程 (8.19) 两边并在 $\mathbb{R}$ 上积分可得

$$\frac{\partial}{\partial s}\int_{\mathbb{R}} \zeta(s, y)G(t - s + \sigma, x - y)dy$$

$$= \left(1 - \frac{\epsilon^2}{2}\right)\int_{\mathbb{R}} \zeta(s, y)G(t - s + \sigma, x - y)dy$$

$$- \frac{c}{2}\int_{\mathbb{R}} \zeta^2(s, y)G(t - s + \sigma, x - y)dy$$

$$\leqslant \left(1 - \frac{\epsilon^2}{2}\right)\int_{\mathbb{R}} \zeta(s, y)G(t - s + \sigma, x - y)dy$$

$$- \frac{c}{2}\left(\int_{\mathbb{R}} \zeta(s, y)G(t - s + \sigma, x - y)dy\right)^2.$$

令 $\varphi(s) = \int_{\mathbb{R}} \zeta(s, y)G(t - s + \sigma, x - y)dy$, 则有

$$\begin{cases} \dfrac{d\varphi(s)}{ds} \leqslant \left(1 - \dfrac{\epsilon^2}{2}\right)\varphi(s) - \dfrac{c}{2}\varphi^2(s), \\[3mm] \varphi_0 = \displaystyle\int_{\mathbb{R}} \zeta_0 G(t+\sigma, x-y)dy \end{cases} \tag{8.22}$$

及 $\varphi(s) \leqslant \varphi_0 + \dfrac{2}{c} - \dfrac{\epsilon^2}{c}$, 这表明 $\displaystyle\int_{\mathbb{R}} \zeta(t,y)G(\sigma,x-y)dy \leqslant \int_{\mathbb{R}} \zeta_0 G(t+\sigma, x-y)dy + \dfrac{2}{c} - \dfrac{\epsilon^2}{c}$.

令 $\sigma \to 0$, 则有 $\zeta(t,x) \leqslant \displaystyle\int_{\mathbb{R}} \zeta_0 G(t, x-y)dy + \dfrac{2}{c} - \dfrac{\epsilon^2}{c}$ a.s., 因此

$$u(t,x) + v(t,x) \leqslant \psi(t,x) \leqslant \exp\left(\sup_{0\leqslant r\leqslant t} \int_r^t \epsilon dW_s\right)$$
$$\times \left(\int_{\mathbb{R}} \psi_0 G(t, x-y)dy + \frac{2}{c} - \frac{\epsilon^2}{c}\right) \quad \text{a.s.}.$$

取初值 $u_0 = p_1 \chi_{(-\infty,0]}, v_0 = p_2 \chi_{(-\infty,0]}$, 并对上面的方程两边取期望后得到

$$\mathbb{E}[u(t,x) + v(t,x)] \leqslant C(\epsilon,t)\left(u_0 + v_0 + \frac{2}{c} - \frac{\epsilon^2}{c}\right), \tag{8.23}$$

其中 $C(\epsilon,t) = \mathbb{E}\left[\exp\left(\sup_{0\leqslant r\leqslant t} \int_r^t \epsilon dW_s\right)\right]$.　　　　　　　　　　　□

定理 8.3.2　任给 $u_0, v_0 \in C^+_{\text{tem}} \setminus \{0\}$, a.e. $\omega \in \Omega$ 及对任意的 $t > 0, Y(t)$ 满足下面的估计:

$$\mathbb{E}[|u(t)|^2 + |v(t)|^2] \leqslant \mathbb{E}[|u_0|^2 + |v_0|^2]e^{-t} + K(1 - e^{-t}), \tag{8.24}$$

其中 $K > 0$ 是常数.

证明　令 $V(t) := |u(t)|^2 + |v(t)|^2$. 由 Itô 公式可得

$$dV(t) = 2\langle u, u_{xx}\rangle dt + 2\langle v, v_{xx}\rangle dt + 2\langle u, u - a_1 u^2 + b_1 uv\rangle dt$$
$$+ 2\langle v, v - a_2 v^2 + b_2 uv\rangle dt + \epsilon^2[u^2 + v^2]dt + 2\epsilon[u^2 + v^2]dW_t.$$

将上式在 $[0,t]$ 上积分, 并取期望后得到

$$\mathbb{E}[V(t)] = \mathbb{E}[|u_0|^2 + |v_0|^2] + 2\mathbb{E}\int_0^t \langle u, u_{xx}\rangle ds + 2\mathbb{E}\int_0^t \langle v, v_{xx}\rangle ds$$

$$+ \epsilon^2 \mathbb{E}\int_0^t (u^2 + v^2)ds + 2\mathbb{E}\int_0^t \langle u, u - a_1 u^2 + b_1 uv\rangle ds$$

$$+ 2\mathbb{E}\int_0^t \langle v, v - a_2 v^2 + b_2 uv\rangle ds$$

$$\leqslant \mathbb{E}[|u_0|^2 + |v_0|^2] - 2\mathbb{E}\int_0^t |\nabla u|^2 ds - 2\mathbb{E}\int_0^t |\nabla v|^2 ds + \epsilon^2 \mathbb{E}\int_0^t (u^2 + v^2)ds$$

$$+ 2\mathbb{E}\int_0^t (u^2 + v^2)ds - 2c\mathbb{E}\int_0^t (u^3 + v^3)ds$$

$$\leqslant \mathbb{E}[|u_0|^2 + |v_0|^2] - 2c\mathbb{E}\int_0^t (u^3 + v^3)ds + 2\mathbb{E}\int_0^t (u^2 + v^2)ds$$

$$+ \epsilon^2 \mathbb{E}\int_0^t (u^2 + v^2)ds + \mathbb{E}\int_0^t (u^2 + v^2)ds - \mathbb{E}\int_0^t (u^2 + v^2)ds.$$

由 Young 不等式知,

$$3\mathbb{E}\int_0^t (u^2 + v^2)ds \leqslant \mathbb{E}\int_0^t \left(\frac{3}{2} \times \frac{2c}{3}u^3 + \frac{3}{2} \times \frac{2c}{3}v^3\right)ds + 9t$$

$$= c\mathbb{E}\int_0^t (u^3 + v^3)ds + 9t,$$

$$\epsilon^2 \mathbb{E}\int_0^t (u + v)ds \leqslant \mathbb{E}\int_0^t \left(\frac{\epsilon^2}{2}\frac{2c}{\epsilon^2}u^3 + \frac{\epsilon^2}{2}\frac{2c}{\epsilon^2}v^3\right)ds + \frac{\epsilon^6}{12c^2}t$$

$$= c\mathbb{E}\int_0^t (u^3 + v^3)ds + \frac{\epsilon^6}{12c^2}t.$$

将上面两个不等式相加可得

$$\mathbb{E}[|u(t)|^2 + |v(t)|^2] \leqslant \mathbb{E}[|u_0|^2 + |v_0|^2] + \left(\frac{\epsilon^6}{12c^2} + 9\right)t - \mathbb{E}\int_0^t (u^2 + v^2)ds.$$

进一步可以证明

$$\mathbb{E}[|u(t)|^2 + |v(t)|^2] \leqslant \mathbb{E}[|u_0|^2 + |v_0|^2]e^{-t} + \left(\frac{\epsilon^6}{12c^2} + 9\right)(1 - e^{-t}). \qquad (8.25)$$

$\square$

引理 8.3.4　设 $Y(t,x)$ 是方程 (8.50) 从 Y_0 出发的解, 如果对某个 $R > 0$ 使得 Y_0 是支撑在 $(-R-2, R+2)$ 之外, 则对任意的 $t \geqslant 0$,

$$\mathbb{P}\left(\int_0^t \int_{-R}^R ||Y(s,x)||_\infty dsdx > 0\right) \leqslant Ce^t \int \frac{\sqrt{t}}{|x| - (R+1)}$$
$$\times \exp\left(-\frac{(|x|-(R+1))^2}{2t}\right) ||Y_0||_\infty dx. \tag{8.26}$$

证明　由定理 8.4.1 及定理 8.3.2 知, $Y(t,x)$ 是一致有界的. 因此上解满足下面的方程

$$\begin{cases} u_t^\star = u_{xx}^\star + u^\star(k - a_1 u^\star) + \epsilon u^\star dW_t, \\ v_t^\star = v_{xx}^\star + v^\star(k - a_2 v^\star) + \epsilon v^\star dW_t, \\ u(0) = u_0, v(0) = v_0, \end{cases} \tag{8.27}$$

其中 $k > 0$ 是常数, 且满足 $F_1(Y) \leqslant u(k - a_1 u)$ 及 $F_2(Y) \leqslant v(k - a_2 v)$. 类似于 [46, 221] 的讨论即可完成引理 (8.3.4) 的证明.　　　　　　　　　　　　　　□

附注 8.3.1　如果定义 $R_0(t)$ 为波前标记, 则 $Y(t,x)$ 的紧支传播特性 (SCP) 不成立, 得不到解 $Y(t,x)$ 关于 $R_0(t)$ 的平移不变性. 但是, 由引理 8.3.4 知, 可选取适当的波前标记使得 $Y(t)$ 的紧支传播特性 (SCP) 成立.

接下来验证 $Y(t,x)$ 满足 Kolmogorov 胎紧判据, 且 $Y(t,x) \in K(C, \delta, \mu, \gamma)$, 这有助于构造收敛的概率测度序列.

引理 8.3.5　对任意的 $u_0, v_0 \in C_{\text{tem}}^+ \setminus \{0\}, t > 0$, 固定 $p \geqslant 2$ 及对几乎所有的 $\omega \in \Omega$, 如果 $|x - x'| \leqslant 1$, 则存在正常数 $C(t)$ 使得 $Q^{Y_0}(|Y(t,x) - Y(t,x')|^p) \leqslant C(t)|x - x'|^{p/2-1}$ 成立.

证明　由于 $Y(t)$ 满足等式 (8.14), 直接计算可得

$$|Y(t,x) - Y(t,x')|^p$$

$$\leqslant 3^{p-1} \left|\int_{\mathbb{R}} (G(t, x-y) - G(t, x'-y))u_0 dy\right|^p$$

$$+ 3^{p-1} \left|\int_{\mathbb{R}} (G(t, x-y) - G(t, x'-y))v_0 dy\right|^p$$

$$+ \underbrace{3^{p-1} \left|\int_{\mathbb{R}} \int_0^t (G(t-s, x-y) - G(t-s, x'-y))F_1(Y)dsdy\right|^p}_{\text{I}}$$

$$+ 3^{p-1} \underbrace{\left| \int_{\mathbb{R}} \int_0^t (G(t-s, x-y) - G(t-s, x'-y)) F_2(Y) ds dy \right|^p}_{\text{II}}$$

$$+ 3^{p-1} \epsilon^p \underbrace{\left| \int_{\mathbb{R}} \int_0^t (G(t-s, x-y) - G(t-s, x'-y)) H_1(Y) dW_s dy \right|^p}_{\text{III}}$$

$$+ 3^{p-1} \epsilon^p \underbrace{\left| \int_{\mathbb{R}} \int_0^t (G(t-s, x-y) - G(t-s, x'-y)) H_2(Y) dW_s dy \right|^p}_{\text{IV}}.$$

类似于 [212] 中引理 6.2 的证明, 对 III, 可以证明

$$\int_0^t \int_{\mathbb{R}} (G(t-s, x-y) - G(t-s, x'-y))^2 ds dy \leqslant C(t)|x-x'|.$$

由定理 8.3.2 可得

$$\mathbb{E}[\text{III}] \leqslant C(p) \epsilon^p \mathbb{E} \left(\int_0^t \int_{\mathbb{R}} (G(t-s, x-y) - G(t-s, x'-y))^2 ds dy \right)^{p/2-1}$$

$$\times \left(\int_0^t \int_{\mathbb{R}} (G(t-s, x-y) - G(t-s, x'-y))^2 u^p ds dy \right)$$

$$\leqslant C_1(p, t)|x-x'|^{p/2-1}.$$

类似地, 对 IV, 可证明

$$\mathbb{E}[\text{IV}] \leqslant C_2(p, t)|x-x'|^{p/2-1}.$$

对 I, 由 Hölder 不等式知,

$$\mathbb{E}[\text{I}] = 3^{p-1} \mathbb{E} \left| \int_0^t \int_{\mathbb{R}} (G(t-s, x-y) - G(t-s, x'-y))(u - a_1 u^2 + b_1 uv) ds dy \right|^p$$

$$\leqslant 3^{p-1} \left(\int_0^t \int_{\mathbb{R}} (G(t-s, x-y) - G(t-s, x'-y))^2 ds dy \right)^{p/2-1}$$

$$\times \left(\int_0^t \int_{\mathbb{R}} |G(t-s, x-y) - G(t-s, x'-y)|^2 \mathbb{E}[(u - a_1 u^2 + b_1 uv)^p] ds dy \right)$$

$$\leqslant C_3(p, t)|x-x'|^{p/2-1}.$$

同理可证 $\mathbb{E}[\text{II}] \leqslant C_4(p, t)|x-x'|^{p/2-1}.$

对于剩余的几项, 可以证明

$$\mathbb{E}\left|\int_{\mathbb{R}}(G(t,x-y)-G(t,x'-y))u_0 dy\right|^p$$

$$=\mathbb{E}\left|\int_{\mathbb{R}}\int_{x'}^x \frac{(y-r)}{2t\sqrt{4\pi y}}\exp\left(-\frac{(y-r)^2}{4t}\right)u_0 drdy\right|^p$$

$$\leqslant K(t)\left(\int_{\mathbb{R}}\int_{x'}^x \frac{1}{\sqrt{t}}\exp\left(-\frac{(y-r)^2}{5t}\right)u_0 drdy\right)^p$$

$$\leqslant K(t)|x-x'|^p\int_{\mathbb{R}}\frac{1}{\sqrt{t}}\exp\left(-\frac{(y-x)^2}{5t}\right)|u_0|^p dy$$

$$\leqslant C_5(p,t)|x-x'|^{p/2-1} \ (\text{因为}\ |x-x'|\leqslant 1)$$

及

$$\mathbb{E}\left|\int_{\mathbb{R}}(G(t,x-y)-G(t,x'-y))v_0 dy\right|^2\leqslant C_6(p,t)|x-x'|^{p/2-1}$$

成立. 因此可得到 $\mathbb{E}[|Y(t,x)-Y(t,x')|^p]\leqslant C(p,t)|x-x'|^{p/2-1}$. 　　□

附注 8.3.2　引理 8.3.5 表明 $Y(t,x)\in K(C,\delta,\mu,\gamma)$, 并且 $Y(t,x)$ 满足 Kolmogrov 胎紧性判据. 因此, 可以构造随机行波解.

定义方程 (8.50) 满足初值条件 $Y(0)=Y_0$ 唯一解的分布为 Q^{Y_0}. 对于 C_{tem}^+ 中的概率测度 ν, 定义 $Q^\nu(A)=\displaystyle\int_{C_{\text{tem}}^+}Q^{Y_0}(A)\nu(dY_0)$. 为构造方程 (8.47) 的随机行波解, 需要验证解具有紧支传播特性, 并且解的转移半群关于波前标记是平稳的. 但是, $R_0(Y(t))$ 达不到这些要求, 为此, 我们需要选择一个新的合适的波前标记. 注意到方程 (8.50) 具有 Heaviside 初值条件的解当 $x\to\infty$ 时, 几乎必然指数速度收敛到 0, 利用 Feynmac-Kac 公式知, 转而考虑 $R_1(t):C_{\text{tem}}^+\to[-\infty,\infty]$, 定义为 $R_1(f)=\ln\displaystyle\int_{\mathbb{R}}e^x f dx$ 及 $R_1(u(t))=\ln\displaystyle\int_{\mathbb{R}}e^x u(t)dx$. 再定义 $R_1(t):=R_1(Y(t))=\max\{R_1(u(t)),R_1(v(t))\}$. 波前标记 $R_1(t)$ 是 $R_0(Y(t))=\max\{R_0(u(t)),R_0(v(t))\}$ 的一种近似. 令 $Z(t)=Y(t,\cdot+R_1(t))=(Z_1(t),Z_2(t))^{\text{T}}$, $Z_0(t)=Y(t,\cdot+R_0(Y(t)))$, 并定义

$$Z(t)=\begin{cases}(0,0)^{\text{T}}, & R_1(t)=-\infty,\\ (u(t,\cdot+R_1(t)),v(t,\cdot+R_1(t)))^{\text{T}}, & -\infty<R_1(t)<\infty,\\ \left(\dfrac{a_2+b_1}{a_1a_2-b_1b_2},\dfrac{a_1+b_2}{a_1a_2-b_1b_2}\right)^{\text{T}}, & R_1(t)=\infty.\end{cases}$$

因此, $Z(t)$ 是行波的提升使得波前标记 $R_1(t)$ 在原点. 注意到只要 $R_0(Y_0) < \infty$, 引理 8.3.4 中的紧支特性都表明对任意 $t > 0$ 和几乎处处的 Q^{Y_0}, 都有 $R_0(t) < \infty$.

再定义 ν_T 为 $\dfrac{1}{T} \displaystyle\int_0^T Z(s)ds$ 在 Q^{Y_0} 下的分布. 下面给出构造随机行波解的方法: 选取 Heaviside 初值函数 $(u_0 = p_1 \chi_{(-\infty,0]}, v_0 = p_2 \chi_{(-\infty,0]}) \in C_{\text{tem}}^+$, 证明序列 $\{\nu_T\}_{T \in \mathbb{N}}$ 是胎紧的 (见引理 8.3.7), 其极限点是非平凡的 (见定理 8.4.2). 因此, 对任意的极限点 ν (极限点不唯一), Q^ν 是行波解的分布. 其关键是两部分, 一是未平移波证明其胎紧性是用 Kolmogorov 胎紧判据 (见引理 8.3.5), 二是波前标记 $R_1(t)$ 的移动的控制确保提升不破坏胎紧性 (见引理 8.3.6).

引理 8.3.6 对任意的 $u_0, v_0 \in C_{\text{tem}}^+ \setminus \{0\}, t \geqslant 0, d > 0, T \geqslant 1$ 及几乎必然的 $\omega \in \Omega$, 存在一个正常数 $C(t) < \infty$, 使得

$$\mathbb{P}(|R_1(t)| > d) \leqslant \frac{C(t)}{d}. \tag{8.28}$$

证明 由随机抛物方程的比较原理, 构造一个上解:

$$\tilde{u}_t = \tilde{u}_{xx} + k_0 \tilde{u} + \epsilon \tilde{u}dW_t, \quad \tilde{v}_t = \tilde{v}_{xx} + k_0 \tilde{v} + \epsilon \tilde{v}dW_t, \quad \tilde{u}_0 = u_0, \tilde{v}_0 = v_0, \tag{8.29}$$

其中 $k_0 > 0$ 是常数, 其可由定理 8.4.1 和定理 8.3.2, 使得 $F_1(Y) < k_0 u, F_2(Y) < k_0 v$. 因此, $u(t) \leqslant \tilde{u}(t)$ 且 $v(t) \leqslant \tilde{v}(t)$ 在 $[0,T]$ 一致成立, 并且对几乎所有的 $\omega \in \Omega$, 方程 (8.29) 的解 $\tilde{Y}(t,x)$ 可表示为

$$\tilde{Y}(t,x) = \int_{\mathbb{R}} e^{k_0 t} G(t, x - y) Y_0(y)dy + \epsilon \int_{\mathbb{R}} \int_0^t G(t-s, x-y) H(\tilde{Y})dW_s dy. \tag{8.30}$$

由比较定理知,

$$Q^{u_0}\left(\int_{\mathbb{R}} u(t,x)e^x dx\right) \leqslant \mathbb{E}\left[\int_{\mathbb{R}} \tilde{u}(t,x)e^x dx\right]$$

$$= \mathbb{E}\left[\int_{\mathbb{R}} \int_{\mathbb{R}} e^{k_0 t} G(t, x-y) u_0(y)dy e^x dx\right]$$

$$= e^{k_0 t + t} \int_{\mathbb{R}} u_0(x)e^x dx.$$

类似可证

$$Q^{v_0}\left(\int_{\mathbb{R}} v(t,x)e^x dx\right) \leqslant e^{k_0 t + t} \int_{\mathbb{R}} v_0(x)e^x dx.$$

不失一般性, 假设 $R_1(t) = R_1(u(t))$, 则有

$$\int_{\mathbb{R}} u(t, x + R_1(t))e^x dx = e^{-R_1(t)} \int_{\mathbb{R}} u(t, x)e^x dx = 1.$$

另一方面, $\int_{\mathbb{R}} v(t, x + R_1(t))e^x dx \leqslant 1.$ 因此,

$$Q^{\nu_T}(R_1(t) \geqslant d)$$

$$= \frac{1}{T} \int_0^T Q^{u_0}(Q^{u(s)}(R_1(t) \geqslant d))ds$$

$$= \frac{1}{T} \int_0^T Q^{u_0}\left(Q^{u(s)}\left(e^{-d} \int_{\mathbb{R}} u(t, x)e^x dx \geqslant 1\right)\right) ds$$

$$\leqslant e^{-d} \frac{1}{T} \int_0^T Q^{u_0}\left(Q^{u(s)}\left(\int_{\mathbb{R}} u(t, x)e^x dx\right)\right) ds$$

$$\leqslant e^{-d} e^{k_0 t + t} \frac{1}{T} \int_0^T \int_{\mathbb{R}} u(s, x + R_1(s))e^x dx ds$$

$$= e^{-d} e^{k_0 t + t}.$$

由 Jensen 不等式可得

$$Q^{u_0}(R_1(t)) \leqslant \ln\left(e^{k_0 t + t} \int_{\mathbb{R}} u_0(x)e^x dx\right) \leqslant k_0 t + t + R_1(u_0)$$

及

$$\frac{1}{T}Q^{u_0}\left(\int_t^{T+t} R_1(s)ds - \int_0^T R_1(s)ds\right)$$

$$= \frac{1}{T}Q^{u_0}\left(\int_0^T (R_1(t+s) - R_1(s))ds\right)$$

$$= \frac{1}{T}\int_0^T \int_{\{R_1(t+s)-R_1(s)>-d\}} (R_1(t+s) - R_1(s))Q^{u_0}(du)ds$$

$$+ \frac{1}{T}\int_0^T \int_{\{R_1(t+s)-R_1(s)\leqslant -d\}} (R_1(t+s) - R_1(s))Q^{u_0}(du)ds$$

$$\leqslant \frac{1}{T}\int_0^T \int_{\{R_1(t+s)-R_1(s)>0\}} (R_1(t+s) - R_1(s))Q^{u_0}(du)ds$$

$$- \frac{d}{T}\int_0^T Q^{u_0}(R_1(t+s) - R_1(s) \leqslant -d)ds$$

$$\leqslant \frac{1}{T} \int_0^T Q^{u_0}(R_1(t+s) - R_1(s) \geqslant y) dy ds$$

$$- \frac{d}{T} \int_0^T Q^{u_0}(R_1(t+s) - R_1(s) \leqslant -d) ds$$

$$= \int_0^\infty Q^{\nu_T}(R_1(t) \geqslant y) dy - d Q^{\nu_T}(R_1(t) \leqslant -d).$$

综合上面的估计式可得

$$Q^{\nu_T}(R_1(t) \leqslant -d)$$

$$\leqslant \frac{1}{d} \int_0^\infty Q^{\nu_T}(R_1(t) \geqslant y) dy$$

$$+ \frac{1}{dT} \int_0^T Q^{\nu_T}(R_1(s)) ds - \frac{1}{dT} \int_y^{T+t} Q^{u_0}(R_1(s)) ds$$

$$\leqslant \frac{1}{d} \int_0^\infty e^{-y+k_0 t + t} dy + \frac{1}{dT} \int_0^T k_0 s + s + R_1(u_0) ds$$

$$\leqslant \frac{C(t)}{d}. \qquad \qquad \qquad \square$$

由引理 (8.3.6) 知, 波前标记 $R_1(t)$ 是有界的, 这有助于证明序列 $\{\nu_T : T \in \mathbb{N}\}$ 是胎紧的, 波前标记 $R_0(t)$ 是有界的.

引理 8.3.7 对任给的 $u_0, v_0 \in C_{\text{tem}}^+ \setminus \{0\}$ 及几乎必然的 $\omega \in \Omega$, 序列 $\{\nu_T : T \in \mathbb{N}\}$ 是胎紧的.

证明 由引理 8.3.5 知, $Y(t, x) \in K(C, \delta, \mu, \gamma)$, 这表明 $u(t, x) \in K(C, \delta, \mu, \gamma)$, 可得

$$\nu_T(K(C, \delta, \gamma, \mu)) = \frac{1}{T} \int_0^T Q^{u_0}(u(t, \cdot + R_1(t)) \in K(C, \delta, \gamma, \mu)) ds$$

$$\geqslant \frac{1}{T} \int_0^T Q^{u_0}((u(t, \cdot + R_1(t-1)) \in K(Ce^{-\mu d}, \delta, \gamma, \mu))$$

$$\times |R_1(t) - R_1(t-1)| \leqslant d) ds$$

$$\geqslant \frac{1}{T} Q^{u_0}(Q^{Z_1(t-1)}(u(1) \in K(Ce^{-\mu d}, \delta, \gamma, \mu))) dt$$

$$- \frac{1}{T} \int_1^T Q^{u_0}(|R_1(t) - R_1(t-1)| \geqslant d) dt$$

$$:= \mathrm{I} - \mathrm{II}.$$

由引理 8.3.6 知, 当 $d \to \infty$ 时, $\mathrm{II} \to 0$. 由 Kolmogorov 胎紧性判据和引理 8.3.5 可知, 对任给的 $d, \mu > 0$, 可选择 C, δ, γ 使得 I 靠近 $\dfrac{T-1}{T}$. 另外,

$$\nu_T \left\{ u_0 : \int_{\mathbb{R}} u_0(x) e^{-|x|} dx \leqslant \int_{\mathbb{R}} u_0(x) e^x dx = 1 \right\} = 1.$$

由胎紧的定义知, 对任给的 $\mu > 0$, 可选择 C, δ, γ 使得当 T 和 d 充分大时, $\nu_T \left(K(C, \delta, \mu, \gamma) \cap \left\{ u_0 : \int_{\mathbb{R}} u_0(x) e^{-|x|} dx \right\} \right)$ 靠近 1, 这表明序列 $\{ \nu_T : T \in \mathbb{N} \}$ 是胎紧的. □

附注 8.3.3　胎紧序列 $\{ \nu_T : T \in \mathbb{N} \}$ 的每个子序列极限 ν 是行波解的分布 $\mathbb{P}_\nu$, 由于 ν 缺乏唯一性, 导致行波解的唯一性缺失.

定理 8.3.3　对任意的 $u_0, v_0 \in C_{\mathrm{tem}}^+ \setminus \{0\}$ 及几乎所有的 $\omega \in \Omega$, 方程 (8.47) 存在行波解, 且 Q^ν 是其分布.

证明　记 $(f, g) = \int_{\mathbb{R}} fg dx$. 取 $\{ \nu_{T_n} \}$ 的子序列收敛到 ν, 因此, 可选择 $g(x) \in C_{\mathrm{tem}}^+$ 满足 $\int_{\mathbb{R}} g(x) e^x dx = p_1$. 选择 $g_1(x), g_2(x) \in C_{\mathrm{tem}}^+$ 且 $g = g_1 + g_2, (g_1, I_{(d/3, \infty)}) = 0, (g_2, I_{(-\infty, 2d/3)}) = 0$. 取 ϱ_1, ϱ_2 关于方程 (8.29) 从 g_1, g_2 出发的的解是独立的, 则由比较原理知, $\varrho \leqslant \varrho_1 + \varrho_2$ 是方程 (8.29) 从 g 出发的解. 运用引理 8.3.4 并令 d 足够大后可得

$$Q^g((u(t, x), I_{(d, \infty)}) > 0) \leqslant \mathbb{P}((\varrho_1(t, x), I_{(d, \infty)}) > 0) + \mathbb{P}((\varrho_2(t, x), 1) > 0)$$

$$\leqslant C(k_0, t) e^{-d/3}.$$

取 $h(x)$ 使得 $\int_{\mathbb{R}} h(x) e^x dx = p_2$, 则有

$$Q^h((v(t, x), I_{(d, \infty)}) > 0) \leqslant C(k_0, t) e^{-d/3}.$$

因此

$$\nu_T(u_0 : (u_0, I_{(2d, \infty)}) = 0)$$

$$= \frac{1}{T} \int_0^T Q^{u_0}((Z_1(t), I_{(2d, \infty)}) = 0) dt$$

$$\geqslant \frac{1}{T} \int_0^T Q^{u_0}((u(t), I_{(d + R_1(t-1), \infty)}) = 0, -|R_1(t) - R_1(t-1)| \leqslant d) dt$$

$$\geqslant \frac{1}{T}\int_1^T Q^{u_0}(Q^{Z_1(t-1)}((u(1), I_{(d,\infty)}) = 0))dt - Q^{\nu_T}(|R_1(1)| \geqslant d)$$

$$\geqslant \frac{T-1}{T} - \frac{C(1)}{d}.$$

由引理 8.3.6 可得 $\lim\limits_{T\to\infty}\lim\limits_{d\to\infty}\nu_T(u_0 : (u_0, I_{(2d,\infty)}) = 0) = 1.$ 类似可证 $\lim\limits_{T\to\infty}\lim\limits_{d\to\infty}\nu_T$ $(v_0 : (v_0, I_{(2d,\infty)}) = 0) = 1.$ 为证 $R_0(t)$ 的有界性, 由 $\nu_{T_n}(u_0 : (u_0, e^x) = p_1) = 1$ 可得 $\nu(u_0 : (u_0, e^x) \leqslant p_1) = 1.$ 令 $e_1^d(x) = \exp(d - |x - d|)$, 则有

$$\nu(u_0 : (u_0, e^x) \geqslant p_1)$$

$$\geqslant \nu(u_0 : (u_0, e_1^d) \geqslant p_1)$$

$$\geqslant \limsup_{n\to\infty}\nu_{T_n}(u_0 : (u_0, e_1^d) = p_1)$$

$$= \limsup_{n\to\infty}\nu_{T_n}(u_0 : (u_0, I_{(d,\infty)}) = 0) \to 1, \quad d \to \infty.$$

由于 $\nu(u_0 : (u_0, e^x) = p_1) = 1$, 故有 $\nu(u_0 : R_0(u_0) > -\infty) = 1.$ 类似可得 $\nu(v_0 : R_0(v_0) > -\infty) = 1.$

现在证明波前标记 $R_0(t)$ 的有界性. 令 $\psi_d \in \Phi, (\psi_d > 0) = (d, \infty)$, 则有

$$\nu(u_0 : R_0(u_0) \leqslant d) = \nu(u_0 : (u_0, \psi_d) = 0)$$

$$\geqslant \limsup_{n\to\infty}\nu_{T_n}(u_0 : (u_0, \psi_d) = 0)$$

$$= \limsup_{n\to\infty}\nu_{T_n}(u_0 : (u_0, I_{(d,\infty)}) = 0) \to 1, \quad d \to \infty.$$

因此 $\nu(Y_0 : -\infty < R_0(Y_0) < \infty) = 1.$

为验证解 $Y(t)$ 是非平凡的, 令 $R_1^d(t) = \ln\int ||Y(t)||_\infty e_1^d dx$, 则有

$$Q^\nu(\exists s \leqslant t, |Y(s)| = 0)$$

$$\leqslant Q^\nu(R_1^d(t) < -d)$$

$$\leqslant \limsup_{n\to\infty}Q^{\nu_{T_n}}(R_1^d(t) < -d)$$

$$\leqslant \limsup_{n\to\infty}(Q^{\nu_{T_n}}(R_1(t) < -d) + Q^{\nu_{T_n}}((u(t), I_{(d,\infty)}) > 0))$$

$$\leqslant \frac{C(T)}{d} \to 0, \quad d \to \infty.$$

接下来证明 $Z(t)$ 是平稳过程, 且 Q^ν 其行波解的分布. 取 $F : C_{\text{tem}}^+ \to \mathbb{R}$ 为有界且连续的, 对任意给定的 $t > 0$, 例如取 $u(t, x)$ 为

$$|Q^{\nu_{T_n}}(F(Z_1(t))) - Q^\nu(F(Z_1(t)))|$$

$$\leqslant |Q^{\nu_{T_n}}(F(u(t, \cdot + R_1^d(t)))) - Q^\nu(F(u(t, \cdot + R_1^d(t))))|$$

$$+ \|F(u_0)\|_\infty (Q^{\nu_{T_n}}(R_1(t) \neq R_1^d(t)) + Q^\nu(R_1(t) \neq R_1^d(t))).$$

由于 $\nu_{T_n}(u_0 : (u_0, e^x) = p_1) = 1$, 则有 $Q^{\nu_{T_n}}(R_1(t) \neq R_1^d(t)) \leqslant Q^{\nu_{T_n}}((u(t), I_{(d,\infty)}) > 0) \leqslant C(k_0, t)/d$. 注意到 $\nu(u_0 : (u_0, e^x) = p_1) = 1$, 于是 $Q^\nu(R_1(t) \neq R_1^d(t)) \leqslant Q^\nu((u(t), I_{(d,\infty)}) > 0) \leqslant C(k_0, t)/d$. 由 $u_0 \to Q^{u_0}$ 的连续性知, $Q^{\nu_{T_n}} \to Q^\nu$. 由于 F 是有界和连续的, 则有 $|Q^{\nu_{T_n}}(F(u(t, \cdot + R_1^d(t)))) - Q^\nu(F(u(t, \cdot + R_1^d(t))))| \to 0$, 当 $n \to \infty$. 因此

$$Q^\nu(F(Z_1(t))) = \lim_{n \to \infty} Q^{\nu_{T_n}}(F(Z_1(t)))$$

$$= \lim_{n \to \infty} \frac{1}{T_n} \int_0^{T_n} Q^{u_0}(F(Z_1(s + t))) ds$$

$$= \lim_{n \to \infty} \frac{1}{T_n} \int_0^{T_n} Q^{u_0}(F(Z_1(s))) ds = \nu(F).$$

类似可证, $Q^\nu(F(Z_2(t))) = \nu(F)$. 直接验证可知 $\{Z(t) : t \geqslant 0\}$ 是 Markov 的. 因此 $\{Z(t) : t \geqslant 0\}$ 是平稳的. 由于映射 $Y_0 \to Y_0(\cdot - R_0(Y_0))$ 在 C_{tem}^+ 中是可测的, 则过程 $\{Z_0(t) : t \geqslant 0\}$ 也是平稳的, 这表明 Q^ν 是方程 (8.47) 的行波解的分布. □

下面讨论行波解的渐近性质. 分别构造上下解可以得到渐近传播速度的上下界. 由于渐近波速 c 可定义为 $c = \lim\limits_{t \to \infty} \dfrac{R_0(t)}{t}$ a.s., 定义合作系统的下系统为 $R_0(u(t)) = \sup\{x \in \mathbb{R} : u(t, x) > 0\}$ 及 $R_0(v(t)) = \sup\{x \in \mathbb{R} : v(t, x) > 0\}$. 由于合作系统的波前标记 $R_0(t)$ 为 $R_0(t) = \max\{R_0(u(t)), R_0(v(t))\}$, 渐近波速是 $\lim\limits_{t \to \infty} \dfrac{R_0(u(t))}{t}$ 与 $\lim\limits_{t \to \infty} \dfrac{R_0(v(t))}{t}$ 中的最大值, 因此, 可定义波速 $c^\star$ 为 $c^\star = \lim\limits_{t \to \infty} \dfrac{R_0(Y(t))}{t}$ a.s..

先构造上解. 令 $\bar{Y}(t, x) = (\bar{u}(t, x), \bar{v}(t, x))^{\mathrm{T}}$ 满足

$$\begin{cases} \bar{u}_t = \bar{u}_{xx} + \bar{u}(p - a_1\bar{u}) + \epsilon\bar{u}dW_t, \\ \bar{v}_t = \bar{v}_{xx} + \bar{v}(p - a_2\bar{v}) + \epsilon\bar{v}dW_t, \\ \bar{u}_0 = u_0, \quad \bar{v}_0 = v_0, \end{cases} \tag{8.31}$$

其中 $F_1(Y) \leqslant u(p - a_1 u), F_2(Y) \leqslant v(p - a_2 v)$ 且

$$p = \max\{b_i\} \times \max\left\{\sqrt{|u_0|^2 + |v_0|^2 + \frac{\epsilon^6}{12c^2} + 9} + 1,\right.$$

$$\left. C(\epsilon, t)\left(u_0 + v_0 + \frac{2}{c} - \frac{\epsilon^2}{c}\right), p_1, p_2\right\} + 1.$$

再构造下解, 令 $\underline{Y}(t, x) = (\underline{u}(t, x), \underline{v}(t, x))^{\mathrm{T}}$ 满足

$$\begin{cases} \underline{u}_t = \underline{u}_{xx} + \underline{u}(1 - a_1\underline{u}) + \epsilon\underline{u}dW_t, \\ \underline{v}_t = \underline{v}_{xx} + \underline{v}(1 - a_2\underline{v}) + \epsilon\underline{v}dW_t, \\ \underline{u}_0 = u_0, \quad \underline{v}_0 = v_0. \end{cases} \tag{8.32}$$

易知 $F_1(Y) \geqslant u(1 - a_1 u)$ 且 $F_2(Y) \geqslant v(1 - a_2 v)$. 可以验证上解和下解满足下面的性质.

定理 8.3.4 对任意的 $u_0, v_0 \in C_{\mathrm{tem}}^+ \setminus \{0\}$, 令 $c^\star$ 为方程 (8.47) 的渐近传播速度, 则有

$$\sqrt{4 - 2\epsilon^2} \leqslant c^\star \leqslant \sqrt{4p - 2\epsilon^2} \quad \text{a.s..} \tag{8.33}$$

为证明定理 8.3.4, 需要下面的引理. 先给出渐近波速的比较方法.

引理 8.3.8 设 $\underline{Y}(t, x)$ 和 $\bar{Y}(t, x)$ 分别是 (8.32) 和 (8.31) 的解. 如果 $\underline{c}$ 是 $\underline{Y}(t, \cdot + R_0(\underline{Y}(t)))$ 的渐近传播速度, $\bar{c}$ 是 $\bar{Y}(t, \cdot + R_0(\bar{Y}(t)))$ 的渐近传播速度, 则有 $\underline{c} \leqslant c^\star \leqslant \bar{c}$ a.s..

证明 由随机微分方程的比较定理 (参考引理 8.4.1) 知, $\underline{Y}(t, x) \leqslant Y(t, x) \leqslant \bar{Y}(t, x)$, 这表明 $\underline{u}(t, x) \leqslant u(t, x) \leqslant \bar{u}(t, x)$ a.s. 并且 $\underline{v}(t, x) \leqslant v(t, x) \leqslant \bar{v}(t, x)$ a.s.. 记波前标记分别为 $R_1(\underline{Y}(t)), R_1(Y(t))$ 及 $R_1(\bar{Y}(t))$, 由渐近传播速度的定义知,

$$c = \lim_{t \to \infty} \frac{R_1(t)}{t} \quad \text{a.s.,}$$

再利用波前标记的定义可得

$$R_1(Y(t)) = \max\left\{\ln \int_{\mathbb{R}} u(t, x)e^x dx, \ln \int_{\mathbb{R}} v(t, x)e^x dx\right\},$$

这表明

$$\lim_{t \to \infty} \frac{R_1(\underline{Y}(t))}{t} \leqslant \lim_{t \to \infty} \frac{R_1(Y(t))}{t} \leqslant \lim_{t \to \infty} \frac{R_1(\bar{Y}(t))}{t} \quad \text{a.s.,} \tag{8.34}$$

因此

$$\underline{c} \leqslant c^{\star} \leqslant \bar{c} \quad \text{a.s..} \tag{8.35}$$

□

接下来证明下解的波前标记的渐近性质. 考虑下解方程 (8.32)

$$\begin{cases} \underline{u}_t = \underline{u}_{xx} + \underline{u}(1 - a_1\underline{u}) + \epsilon\underline{u}dW_t, \\ \underline{v}_t = \underline{v}_{xx} + \underline{v}(1 - a_2\underline{v}) + \epsilon\underline{v}dW_t, \\ \underline{u}_0 = u_0, \quad \underline{v}_0 = v_0, \end{cases} \tag{8.36}$$

显然 $\underline{u}$ 与 $\underline{v}$ 相互独立, 可将方程 (8.32) 分成两个方程来研究. 对每个方程分别可以得到渐近传播速度 $c(\underline{u})$ 及 $c(\underline{v})$. 因此, 方程 (8.32) 的渐近传播速度为 $c(\underline{Y}) = \max\{c(\underline{u}), c(\underline{v})\}$.

引理 8.3.9　对任意的 $u_0, v_0 \in C_{\text{tem}}^+ \setminus \{0\}$, 如果 $\underline{Y}(t, x)$ 是方程 (8.32) 的一个解, 则渐近波速 $c(\underline{Y})$ 满足

$$c(\underline{Y}) = \sqrt{4 - 2\epsilon^2} \quad \text{a.s..} \tag{8.37}$$

证明　对任意的 $h > 0$, 令 $\kappa \in \left(0, \dfrac{h^2}{4} + \sqrt{1 - \dfrac{\epsilon^2}{2}}h\right)$. 定义

$$\eta_t(\omega) = \exp\left(\int_0^t \epsilon dW_s - \frac{1}{2}\int_0^t \epsilon^2 ds\right), \quad 0 \leqslant t \leqslant \infty.$$

构造新的概率空间 $(\tilde{\Omega}, \tilde{\mathcal{F}}, \tilde{\mathbb{P}}), \tilde{W} = (\tilde{W}(t) : t \geqslant 0)$ 是布朗运动. 则存在 $T_1 > 0$, 使得当 $t \geqslant T_1$ 及几乎所有的 $\omega \in \Omega$, 不等式 $\exp\left(-\dfrac{\epsilon^2}{2}t - \kappa t\right) \leqslant \eta_t(\omega) \leqslant \exp\left(-\dfrac{\epsilon^2}{2}t + \kappa t\right)$ 成立.

当 $t \geqslant T_1$ 时, 由 Feynman-Kac 公式可得

$$\underline{u}(t, x) \leqslant \exp\left(t - \frac{1}{2}\epsilon^2 t + \kappa t\right) \tilde{\mathbb{P}}\left(\tilde{W}(t) \leqslant -\frac{x}{\sqrt{2}}\right)$$

$$\leqslant \exp\left(t - \frac{1}{2}\epsilon^2 t + \kappa t - \frac{x^2}{4t}\right) \quad \text{a.s..}$$

令 $x \geqslant (k + h)t$, 其中 k 是常数. 用 e^x 乘方程两边, 并在 $[(k + h)t, \infty)$ 上积分后, 当 $t \geqslant T_1$ 可得

$$\int_{(k+h)t}^{\infty} \underline{u}(t,x)e^x dx \leqslant \int_{(k+h)t}^{\infty} \exp\left(t - \frac{1}{2}\epsilon^2 t + \kappa t - \frac{x^2}{4t} + x\right) dx$$

$$= 2\sqrt{t}\exp\left(t - \frac{1}{2}\epsilon^2 t + \kappa t + t\right)\int_{\frac{(k+h)t-2t}{\sqrt{4t}}}^{\infty} e^{-x^2} dx$$

$$\leqslant \sqrt{t}\exp\left(\left(1 + \kappa - \frac{k^2}{4} - \frac{kh}{2} - \frac{h^2}{4} - k - h - \frac{\epsilon^2}{2}\right)t\right) \quad \text{a.s..}$$

令 $k = \sqrt{4 - 2\epsilon^2 + 4} - 2$, 可以证明下面结论成立:

$$\lim_{t\to\infty}\int_{(k+h)t}^{\infty}\underline{u}(t,x)e^x dx = 0 \quad \text{a.s..} \tag{8.38}$$

类似地, 在 $[(\sqrt{4-2\epsilon^2}+h)t, (k-h)t)$ 上积分 $\underline{u}(t,x)e^x$ 后, 当 $t \geqslant T_1$ 时可得到

$$\int_{(\sqrt{4-2\epsilon^2}+h)t}^{(k-h)t}\underline{u}(t,x)e^x dx$$

$$\leqslant \int_{(\sqrt{4-2\epsilon^2}+h)t}^{(k-h)t}\exp\left(t - \frac{1}{2}\epsilon^2 t + \kappa t - \frac{x^2}{4t} + x\right) dx$$

$$= 2\sqrt{t}\exp\left(t - \frac{1}{2}\epsilon^2 t + \kappa t + t\right)\int_{\frac{(\sqrt{4-2\epsilon^2}+h)t-2t}{2\sqrt{t}}}^{\frac{(k-h)t-2t}{2\sqrt{2}}} e^{-x^2} dx$$

$$\leqslant \sqrt{t}\exp\left(t - \frac{\epsilon^2}{2}t + \kappa t - \frac{4-2\epsilon^2}{4}t - \frac{(\sqrt{4-2\epsilon^2})h}{2}t - \frac{h^2}{4}t + \sqrt{4-2\epsilon^2}t + ht\right)$$

$$- \sqrt{t}\exp\left(t - \frac{\epsilon^2}{2}t + \kappa t - \frac{k^2}{4}t + \frac{kh}{2}t - \frac{h^2}{4}t + kt - ht\right)$$

$$\leqslant \sqrt{t}\exp\left(\kappa t + \sqrt{4-2\epsilon^2}t - \frac{(\sqrt{4-2\epsilon^2})h}{2}t - \frac{h^2}{4}t + ht\right)$$

$$- \sqrt{t}\exp\left(\kappa t + \frac{kh}{2}t - \frac{h^2}{4}t - ht\right) \quad \text{a.s.,}$$

当 $t \geqslant T_1$ 时, 同理可证

$$\int_{(\sqrt{4-2\epsilon^2}-h)t}^{(\sqrt{4-2\epsilon^2}+h)t}\underline{u}(t,x)e^x dx$$

$$\leqslant \sqrt{t}\exp\left(\kappa t + \sqrt{4-2\epsilon^2}t + \frac{\sqrt{4-2\epsilon^2}h}{2}t - \frac{h^2}{4}t - ht\right)$$

$$- \sqrt{t}\exp\left(\kappa t + \sqrt{4-2\epsilon^2}t - \frac{\sqrt{4-2\epsilon^2}h}{2}t - \frac{h^2}{4}t + ht\right) \quad \text{a.s.}$$

及

$$\int_{(k-h)t}^{(k+h)t} \underline{u}(t,x)e^x dx \leqslant \sqrt{t}\exp\left(\kappa t + \frac{kh}{2}t - \frac{h^2}{4}t - ht\right)$$

$$- \sqrt{t}\exp\left(\kappa t - \frac{kh}{2}t - \frac{h^2}{4}t + ht\right) \quad \text{a.s.}$$

成立. 类似于 [181] 的讨论知, 存在 $T_2 > 0$ 使得对所有的 $t \geqslant T_2$ 及 $x < (\sqrt{4-2\epsilon^2} - h)t$, 都存在 $\rho_1, \rho_2 > 0$ 满足

$$\exp(-\rho_1\sqrt{2t\ln\ln t}) \leqslant \underline{u}(t,x) \leqslant \exp(\rho_2\sqrt{2t\ln\ln t}) \quad \text{a.s.}, \quad (8.39)$$

这表明

$$\int_{-\infty}^{(\sqrt{4-2\epsilon^2}-h)t} \underline{u}(t,x)e^x dx \leqslant \exp(\rho_2\sqrt{2t\ln\ln t} + (\sqrt{4-2\epsilon^2} - h)t) \quad \text{a.s.}. \quad (8.40)$$

由于 $\int_{(k+h)t}^{\infty} \underline{u}(t,x)e^x dx \leqslant 1$, 因此

$$\int_{\mathbb{R}} \underline{u}(t,x)e^x dx \leqslant \exp(\rho_2\sqrt{2t\ln\ln t} + (\sqrt{4-2\epsilon^2} - h)t)(2 + H(t) + G(t)) \quad \text{a.s.}, \quad (8.41)$$

其中 $H(t) = \sqrt{t}\exp\left(\frac{1}{2}\epsilon^2 - \frac{\epsilon^2}{2}t + \kappa t + \frac{kh}{2}t - \frac{h^2}{4}t - \rho_2\sqrt{2t\ln\ln t} - \sqrt{4-2\epsilon^2}t\right)$, $G(t) = \sqrt{t}\exp\left(\frac{1}{2}\epsilon^2 - \frac{\epsilon^2}{2}t + \kappa t - \frac{\sqrt{4-2\epsilon^2}h}{2}t - \rho_2\sqrt{2t\ln\ln t} - \frac{h^2}{4}t + 2ht\right)$. 由 h 和 κ 的任意性知, 当 t 足够大时, 几乎必然有 $H(t) \leqslant 1$. 直接计算可得

$$\frac{1}{t}\ln G(t) = \frac{1}{2t}\ln 4t - \frac{1}{t}\left(\ln 2 - \frac{\epsilon^2}{2} + \frac{\epsilon^2}{2}t\right) + \kappa - \frac{4-2\epsilon^2}{4}h$$

$$- \frac{h^2}{4} + 2h - \frac{1}{t}\rho_2\sqrt{2t\ln\ln t}.$$

再由 h 和 κ 的任意性知, $\lim_{t\to\infty}\frac{1}{t}\ln G(t) = 0$ a.s.. 由此得到方程 (8.32) 行波解的渐近传播速度的上界为 $\frac{R_1(t)}{t} \leqslant \frac{1}{t}\rho_2\sqrt{2t\ln\ln t} + \sqrt{4-2\epsilon^2} - h + \frac{1}{t}\ln 2 + \frac{1}{t}\ln G(t)$ a.s.,

而且, $\limsup\limits_{t\to\infty}\dfrac{R_1(t)}{t}\leqslant\sqrt{4-2\epsilon^2}$ a.s.. 进一步, $\dfrac{R_1(t)}{t}\geqslant-\dfrac{1}{t}\rho_1\sqrt{2\ln\ln t}+\sqrt{4-2\epsilon^2}-$

h a.s.. 于是, 渐近波速的下界为 $\liminf\limits_{t\to\infty}\dfrac{R_1(t)}{t}\geqslant\sqrt{4-2\epsilon^2}$ a.s.. 由此可得到渐近波速的为

$$\lim_{t\to\infty}\frac{R_1(t)}{t}=\sqrt{4-2\epsilon^2}\quad\text{a.s..}\tag{8.42}$$

$\square$

附注 8.3.4 在分析 $\underline{u}(t)$ 时, 得到渐近波速为 $c(\underline{u})=\sqrt{4-2\epsilon^2}$. 同时对 $\underline{v}(t)$, 也可得到 $c(\underline{v})=\sqrt{4-2\epsilon^2}$, 于是 $c^\star\geqslant\sqrt{4-2\epsilon^2}$ a.s..

类似于定理 8.3.9 的讨论, 可以证明上解 $\bar{Y}(t,x)$ 满足下面的方程

$$\begin{cases}\bar{u}_t=\bar{u}_{xx}+\bar{u}(p-a_1\bar{u})+\epsilon\bar{u}dW_t,\\ \bar{v}_t=\bar{v}_{xx}+\bar{v}(p-a_2\bar{v})+\epsilon\bar{v}dW_t,\\ \bar{u}_0=u_0,\quad\bar{v}_0=v_0.\end{cases}\tag{8.43}$$

构造一个新的概率空间 $(\bar{\Omega},\bar{\mathcal{F}},\bar{\mathbb{P}}),\bar{W}=(\bar{W}(t):t\geqslant0)$ 是定义在 $(\bar{\Omega},\bar{\mathcal{F}},\bar{\mathbb{P}})$ 上的布朗运动. 对任意的 $h>0$, 选择 $0<\tau<\dfrac{h^2}{4}+\sqrt{1-\dfrac{\epsilon^2}{2}}h$, 定义

$$\eta_t(\omega)=\exp\left(\int_0^t\epsilon dW_s-\frac{1}{2}\int_0^t\epsilon^2 ds\right),\quad0\leqslant t\leqslant\infty,$$

则存在 $T_1>0$, 当 $t\geqslant T_1$ 时,

$$\bar{u}(t,x)\leqslant\exp\left(pt-\frac{1}{2}\epsilon^2 t+\tau t-\frac{x^2}{4t}\right)\quad\text{a.s..}$$

可以证明下面的结论成立.

引理 8.3.10 对任意的 $u_0,v_0\in C_{\text{tem}}^+\setminus\{0\}$, $\bar{Y}(t,x)$ 是方程 (8.31) 的一个解, 则渐近波速 $c(\bar{Y})$ 满足 $c(\bar{Y})=\sqrt{4p-2\epsilon^2}$ a.s..

结合定理 8.3.9, 定理 8.3.10 和引理 8.3.8, 可得到下面结论.

$$\sqrt{4-2\epsilon^2}\leqslant c^\star\leqslant\sqrt{4p-2\epsilon^2}\quad\text{a.s..}\tag{8.44}$$

从而完成了定理 8.3.4 的证明.

通过上下解波速的估计和随机合作系统的单调性可得到下面随机合作系统行波解的渐近波速估计.

定理 8.3.5([231]) 如果 $u_0, v_0 \in C_{\text{tem}}^+ \setminus \{0\}$, $c^\star$ 表示随机两种群合作系统 (8.12) 的渐近波速, 则有

$$\sqrt{4 - 2\epsilon^2} \leqslant c^\star \leqslant \sqrt{4p - 2\epsilon^2} \quad \text{a.s.},$$

其中 $p = \max\{b_i\} \times \max\left\{\sqrt{|u_0|^2 + |v_0|^2 + \dfrac{\epsilon^6}{12c^2} + 9} + 1, C(\epsilon, t)\left(u_0 + v_0 + \dfrac{2}{c} - \dfrac{\epsilon^2}{c}\right), p_1, p_2\right\} + 1$, $c = \min\{a_i\} - \max\{b_i\}$, $C(\epsilon, t) = \mathbb{E}\left[\exp\left(\sup_{0 \leqslant r \leqslant t} \int_r^t \epsilon dW_s\right)\right]$.

8.3.2 随机三种群合作系统的行波解

对于随机三种群合作系统

$$\begin{cases} u_t = u_{xx} + u(a_1 - b_1 u + c_1 v) + \epsilon u dW_t, \\ v_t = v_{xx} + v(a_2 - b_2 v + c_2 u + d_1 w) + \epsilon v dW_t, \\ w_t = w_{xx} + w(a_3 - b_3 w + c_3 v) + \epsilon w dW_t, \\ u(0, x) = u_0, v(0, x) = v_0, w(0, x) = w_0. \end{cases} \tag{8.45}$$

$(0,0,0)$ 是不稳定平衡点, 代表灭绝, $\left(\dfrac{a_1}{b_1} + \dfrac{c_1}{b_1} \times \dfrac{a_2 b_1 b_3 + a_1 b_3 c_2 + a_3 b_1 d_1}{b_1 b_2 b_3 - b_1 c_3 d_1 - b_3 c_1 c_2},\right.$ $\dfrac{a_2 b_1 b_3 + a_1 b_3 c_2 + a_3 b_1 d_1}{b_1 b_2 b_3 - b_1 c_3 d_1 - b_3 c_1 c_2}, \dfrac{a_3}{b_3} + \dfrac{c_3}{b_3} \times \left. \dfrac{a_2 b_1 b_3 + a_1 b_3 c_2 + a_3 b_1 d_1}{b_1 b_2 b_3 - b_1 c_3 d_1 - b_3 c_1 c_2}\right) = (p_1, p_2, p_3)$ 是稳定平衡点, 象征着共存. 因此, 我们要研究方程 (8.47) 的行波解, 实质上是研究连接 $(0,0,0)$ 与 (p_1, p_2, p_3) 两个点的轨道.

类似于随机两种群系统的行波解的讨论, 可以得到下面的结论.

定理 8.3.6 若 $u_0, v_0, w_0 \in C_{\text{tem}}^+ \setminus \{0\}$, 那么对几乎所有 $\omega \in \Omega$, 方程 (8.47) 都存在行波解.

由于合作系统的噪声是适度噪声, 因此我们利用上下解的方法, 将上解方程和下解方程都表示为与方程 (8.5) 相似的形式, 再通过最小波速的定义及比较原理, 通过分别估计上下解方程的最小波速来得到方程 (8.47) 行波解最小波速的估计, 得到如下结论.

定理 8.3.7 对任意 $u_0, v_0, w_0 \in C_{\text{tem}}^+ \setminus \{0\}$, $c^\star$ 是方程 (8.47) 行波解的最小波速, 则有

$$\sqrt{4q - 2\epsilon^2} \leqslant c^\star \leqslant \sqrt{4p - 2\epsilon^2} \quad \text{a.s.}, \tag{8.46}$$

其中 $q = \min\{a_i\}, a = \max\{a_i\}, k = \dfrac{\min\{b_i\} - \max\{c_i, d_1\}}{3},$

$$p = 2 \max\{c_i, d_1\} \times \max \left\{ \sqrt{|u_0|^2 + |v_0|^2 + |w_0|^2 + \frac{\epsilon^6 + (2a+1)^3}{18k^2}} + 1, \right.$$

$$\left. \mathbb{E}\left[\exp\left(\sup_{0 \leqslant r \leqslant t} \int_r^t \epsilon dW_s \right) \right] \left(u_0 + v_0 + w_0 + \frac{a}{k} - \frac{\epsilon^2}{2k} \right), p_1, p_2, p_3 \right\} + a.$$

8.4 随机竞争系统的行波解及波速估计

这一节研究随机种群竞争系统的行波解, 将随机竞争系统转化为随机合作系统加以研究, 利用 8.3 节的思想建立随机竞争系统的行波解存在性和波速估计.

8.4.1 随机两种群竞争系统的行波解

考虑如下两种群竞争系统

$$\begin{cases} u_t = u_{xx} + u(1 - u - a_1 v) + \epsilon u dW_t, \\ v_t = v_{xx} + v(1 - v - a_2 u) + \epsilon(v-1)dW_t, \\ u(0) = \chi_{(-\infty, 0]}, \quad v(0) = v_0 = 1 - \chi_{(-\infty, 0]}, \end{cases} \tag{8.47}$$

其中 $W(t)$ 是白噪声, 初值 u_0, v_0 均为 Heaviside 函数, a_1 及 a_2 分别刻画了种群 v 对种群 u, u 对 v 的竞争效应, 且满足如下假设条件:

(H21) $0 < a_1 < 1 < a_2$;

(H22) $2 \leqslant a_1 + a_2 \leqslant 2 + a_1 a_2$;

(H23) $a_1 + a_1 a_2 < 2$.

随机竞争系统相关联的确定性运动方程为

$$\begin{cases} u_t = u(1 - u - a_1 v), \\ v_t = v(1 - v - a_2 u), \\ u(0) = u_0, \quad v(0) = v_0. \end{cases} \tag{8.48}$$

由条件 (H21), (H22) 和 (H23) 知, $P_1 = (0,0), P_2 = (0,1), P_3 = (1,0)$, 其中 P_1 是平凡的, P_2 是不稳定的, P_3 是稳定的. 做变换 $\tilde{u} = u, \tilde{v} = 1 - v$, 并忽略上标记号, 则竞争系统 (8.47) 转化为下面的随机合作系统

$$\begin{cases} u_t = u_{xx} + u(1 - a_1 - u + a_1 v) + \epsilon u dW_t, \\ v_t = v_{xx} + (1-v)(a_2 u - v) + \epsilon v dW_t, \\ u(0) = \chi_{(-\infty, 0]}, \quad v(0) = \chi_{(-\infty, 0]}. \end{cases} \tag{8.49}$$

则平衡点变为 $\tilde{P}_1 = (0,1), \tilde{P}_2 = (0,0), \tilde{P}_3 = (1,1)$. 当 $a_1 < a_2$ 时, $\tilde{P}_3$ 是全局吸引的. 这里讨论连接 $\tilde{P}_2$ 和 $\tilde{P}_3$ 的轨线. 记 $Y = (u,v)^{\mathrm{T}}, F(Y) = (u(1 - a_1 - u + a_1 v), (1-v)(a_2 u - v))^{\mathrm{T}}, H(Y) = (u,v)^{\mathrm{T}}, F_1(Y) = u(1 - a_1 - u + a_1 v), F_2(Y) = (1-v)(a_2 u - v), H_1(Y) = u, H_2(Y) = v$, 则随机系统 (8.47) 可写成

$$\begin{cases} Y_t = Y_{xx} + F(Y) + \epsilon H(Y)dW_t, \\ Y(0,x) = Y_0 = (u_0, v_0)^{\mathrm{T}}, \end{cases} \tag{8.50}$$

其中 $u_0 = \chi_{(-\infty,0]}, v_0 = \chi_{(-\infty,0]}$.

类似于引理 8.3.3 的证明过程可以得到下面的引理.

引理 8.4.1　随机系统 (8.50) 存在从 $Y_0 \in C_{\mathrm{tem}}^+$ 出发的解 $Y(t,x)$ 使得 $\Theta(t,x)$ 是下面方程的解

$$\begin{cases} \Theta_t = \Theta_{xx} + P(\Theta) + \epsilon H(\Theta)dW_t, \\ \Theta_0 = Y_0. \end{cases}$$

如果 $P(Y) \geqslant F(Y)$ 且 $P(Y)$ 是 Lipschitz 连续的, 则对任意的 $Y_0, \Theta_0 \in C_{\mathrm{tem}}^+$,

(1) 固定 $\Theta_0^{(1)}, \Theta_0^{(2)} \in C_{\mathrm{tem}}^+$, 且 $\Theta_0^{(1)} \leqslant \Theta_0^{(2)}$, 则对任意的 $t > 0, x \in \mathbb{R}$ 及几乎所有的 $\omega \in \Omega$, 都有 $\Theta^{(1)}(t,x) \leqslant \Theta^{(2)}(t,x)$ 成立;

(2) 对每个 $t > 0, x \in \mathbb{R}$ 及几乎所有的 $\omega \in \Omega$, 都有 $Y(t,x) \leqslant \Theta(t,x)$ 成立.

引理 8.4.2　设 $\hat{u}(t,x)$ 是随机方程

$$\begin{cases} \hat{u}_t = \hat{u}_{xx} + (1 - a_1)\hat{u}\left(1 - \dfrac{k}{1 - a_1}\hat{u}\right) + \epsilon \hat{u}dW_t, \\ \hat{u}(0,x) = \dfrac{1 - a_1}{k}\chi_{(-\infty,0]} \end{cases} \tag{8.51}$$

的解, 其中 $\dfrac{1 - a_1 a_2}{1 - a_1} < k \leqslant \dfrac{2 - a_1 - a_1 a_2}{2 - a_1}$, 则有 $\hat{u}(t,x) \in C_{\mathrm{tem}}^+$. 令 $(u,v) = \left(\hat{u}, \dfrac{1-k}{a_1}\hat{u}\right)$, 则 (u,v) 是随机方程 (8.50) 的一个上解.

定理 8.4.1　对任意的 $u_0, v_0 \in C_{\mathrm{tem}}^+ \setminus \{0\}$ 及 $t > 0$ 和几乎所有的 $\omega \in \Omega$, 估计式 $\mathbb{E}[u(t,x) + v(t,x)] \leqslant C(\epsilon), \forall x \in \mathbb{R}$ 成立, 其中 $C(\epsilon)$ 是常数.

定理 8.4.2　如果条件 (H21)—(H23) 成立, 对任意的 $u_0, v_0 \in C_{\mathrm{tem}}^+ \setminus \{0\}$ 及几乎所有的 $\omega \in \Omega$, 则随机竞争系统 (8.47) 存在行波解, 且 Q^ν 是该行波解的分布. 设 $c^\star$ 随机竞争系统 (8.47) 的渐近波速, 则有

$$\sqrt{4(1 - a_1) - 2\epsilon^2} \leqslant c^\star \leqslant \sqrt{4k_m - 2\epsilon^2} \quad \text{a.s.}.$$

证明 证明过程与定理 8.3.4 类似, 主要证明过程如下:

(1) 设 $\bar{Y}(t,x)$ 是竞争系统 (8.47) 的一个上解, 则渐近波速 $c(\bar{Y})$ 满足估计式 $c(\bar{Y}) = \sqrt{4k_m - 2\epsilon^2}$ a.s.;

(2) 设 $\underline{Y}(t,x)$ 是竞争系统 (8.47) 的一个下解, 则渐近波速 $c(\underline{Y})$ 满足估计式 $c(\underline{Y}) \geqslant \sqrt{4(1-a_1) - 2\epsilon^2}$ a.s..

详细证明过程参考 [233]. □

8.4.2 随机三种群竞争系统的随机行波解

下面讨论随机三种群竞争系统

$$\begin{cases} u_t = u_{xx} + u(1 - u - a_1 v - b_1 w) + \epsilon u dW_t, \\ v_t = v_{xx} + v(1 - v - a_2 u) + \epsilon(v-1)dW_t, \\ w_t = w_{xx} + w(1 - w - b_2 u) + \epsilon(w-1)dW_t, \\ u(0) = u_0, \quad v(0) = 1 - \chi_{(-\infty,0]}, \quad w(0) = 1 - \chi_{(-\infty,0]}, \end{cases} \tag{8.52}$$

其中 $u = u(t,x), v = v(t,x)$ 及 $w = w(t,x)$ 分别表示在位置 $x \in \mathbb{R}$ 和时刻 $t > 0$ 是三竞争种群的种群密度, $W(t)$ 是白噪声, $a_i > 0$ 及 $b_i > 0$ 表示相互间的竞争系数. 模型 (8.52) 表示在带有随机因素的环境中三种群竞争食物资源的情况. 当 $\epsilon = 0$, 模型 (8.52) 退化成下面经典的三种群竞争模型:

$$\begin{cases} u_t = u_{xx} + u(1 - u - a_1 v - b_1 w), & t, x \in \mathbb{R}, \\ v_t = v_{xx} + v(1 - v - a_2 u), & t, x \in \mathbb{R}, \\ w_t = w_{xx} + w(1 - w - b_2 u), & t, x \in \mathbb{R}. \end{cases} \tag{8.53}$$

Guo 等在 [80] 中研究了模型 (8.53) 行波解的最小波速的线性确定性. 当物种栖息地是一维的, 且可分成可数个生态位时, Guo 和 Wu 在 [82] 中研究了三种群格点系统的双稳行波解的存在性. 如果模型 (8.53) 中扩散项分别用非局部扩散函数 $J_i, i = 1, 2, 3$ 取代, 其 $J_i \in C^1(\mathbb{R})$ 是具有紧支撑且 $J_i(-x) = J_i(x) \geqslant 0, \displaystyle\int_{\mathbb{R}} J_i(x)dx = 1, i = 1, 2, 3$, 则模型 (8.53) 退化成下面竞争模型

$$\begin{cases} u_t = J_1 * u - u + r_1 u(1 - u - b_{12}v - b_{12}w), & t, x \in \mathbb{R}, \\ v_t = J_2 * v - v + r_2 v(1 - v - b_{21}u), & t, x \in \mathbb{R}, \\ w_t = J_3 * w - w + r_3 w(1 - w - b_{31}u), & t, x \in \mathbb{R}. \end{cases} \tag{8.54}$$

Dong, Li 及 Wang 在 [51, 52] 中证明了行波解的存在性、单调性及行波解的渐近行为. He 和 Zhang 在 [90] 中研究了三种群竞争系统 (8.54) 的临界波速的线性确

定性. 最近, Wang 等在 [229] 中研究了三种群 Lotka-Volterra 竞争模型, 揭示了合作效应比竞争策略好. Liu 等在 [141] 中研究了一般情况下每个物种相互竞争的三物种竞争扩散模型, 指出最慢物种的波速依赖于其他两个更快物种.

这一节, 总假设三种群竞争系统 (8.52) 的系数满足下面的假设条件:

(H31) $a_1 < \dfrac{1}{2}$, $b_1 < \dfrac{1}{2}$, $a_2 \geqslant 2$, $b_2 \geqslant 2$;

(H32) $2 \max\{a_1 a_2, b_1 b_2\} < 2 - a_1 - b_1$;

(H33) $2 \min\{a_1 a_2 + b_1 b_2\} + (a_1 + b_1 - 1)^2 \geqslant 1$;

(H34) $\max\{a_2 - 1, b_2 - 1\} \leqslant \dfrac{1}{1 - a_1 - b_1}$.

显然, (H31), (H32), (H33) 及 (H34) 非空. 假设 (H31) 表明系统存在五个非负平衡点 $P_1 = (0, 1, 1), P_2 = (1, 0, 0), P_3 = (0, 1, 0), P_4 = (0, 0, 1)$ 和 $P_5 = (0, 0, 0)$, 其中 P_2 是唯一稳定的平衡点. 这节只考虑连接 P_1 及 P_2 的行波解. 令 $v = 1 - \tilde{v}, w = 1 - \tilde{w}$, 并忽略记号 $\sim$, 则有

$$\begin{cases} u_t = u_{xx} + u(1 - a_1 - b_1 - u + a_1 v + b_1 w) + \epsilon u dW_t, \\ v_t = v_{xx} + (1 - v)(a_2 u - v) + \epsilon v dW_t, \\ w_t = w_{xx} + (1 - w)(b_2 u - w) + \epsilon w dW_t, \\ u(0) = \chi_{(-\infty, 0]}, \quad v(0) = \chi_{(-\infty, 0]}, \quad w(0) = \chi_{(-\infty, 0]}. \end{cases} \tag{8.55}$$

定理 8.4.3 如果假设 (H31)—(H34) 成立, 对任给的初值 $u_0, v_0, w_0 \in C_{\text{tem}}^+ \setminus \{0\}$, 及几乎所有的 $\omega \in \Omega$, 随机系统 (8.55) 存在行波解, 且 Q^ν 是该行波解的分布. 设 $c^\star$ 是随机系统 (8.55) 的渐近传播速度, 则有

$$\sqrt{4(1 - a_1 - b_1) - 2\epsilon^2} \leqslant c^\star \leqslant \sqrt{4k_m - 2\epsilon^2} \quad \text{a.s.}.$$

证明　证明方法类似于 [232], 在此省略, 详细讨论参考 [232]. □

8.5　随机三种群竞争合作系统的行波解及波速估计

不少学者研究了三种群竞争合作系统行波解, 例如 Hou 和 Li 在 [93] 中提出了新的单调迭代方法证明一类三种群竞争合作系统行波解的存在性、渐近性和唯一性; Tian 和 Zhao 在 [220] 中运用单调半流理论和有限时滞近似方法研究了具有非局部时滞的三种群竞争合作反应扩散系统双稳态行波解; Zhang 和 Bao 在 [261] 中研究了非局部扩散的三种群竞争合作系统行波解的存在性、单调性、唯一性及渐近行为; Dong, Li 和 Wang 在 [51, 52] 证明了具有非局部扩散的三种群行波解的存在性、单调性和渐近行波, 详细讨论参考 [93, 220, 261] 等.

这一节研究如下乘性噪声驱动的随机三种群竞争合作系统

$$
\begin{cases}
u_t = u_{xx} + u(1 - r_1 u - a_1 v + b_1 w) + \epsilon u dW_t, \\
v_t = v_{xx} + v(1 - v - a_2 u) + \epsilon(v - 1)dW_t, \\
w_t = w_{xx} + w(1 - r_2 w + b_2 u) + \epsilon w dW_t, \\
u(0) = \dfrac{r_2 + b_1}{r_1 r_2 - b_1 b_2}\chi_{(-\infty,0]}, \quad v(0) = 1 - \chi_{(-\infty,0]}, \quad w(0) = \dfrac{r_1 + b_2}{r_1 r_2 - b_1 b_2}\chi_{(-\infty,0]},
\end{cases}
\tag{8.56}
$$

其中 $u(t,x)$ 表示为 t 时刻, 空间 x 位置的一个种群密度, 其与另一个密度为 $v(t,x)$ 的种群是竞争的, 其也与种群密度为 $w(t,x)$ 的种群是合作的, $W(t)$ 是白噪声 u_0, v_0, w_0 均为 Heaviside 型的初值函数, b_1 和 b_2 分别刻画了种群 u 和 w 的之间的合作效果, a_1 与 a_2 分别刻画了种群 v 对 u, 以及 u 对 v 的竞争强度.

为研究随机竞争合作系统 (8.56) 的随机行波解, 做变换 $\tilde{u} = u, \tilde{v} = 1 - v, \tilde{w} = w$, 并忽略记号 $\sim$, 则随机竞争合作系统 (8.56) 转化为如下的随机合作系统:

$$
\begin{cases}
u_t = u_{xx} + u(1 - a_1 - r_1 u + a_1 v + b_1 w) + \epsilon u dW_t, \\
v_t = v_{xx} + (1 - v)(a_2 u - v) + \epsilon v dW_t, \\
w_t = w_{xx} + w(1 - r_2 w + b_2 u) + \epsilon w dW_t, \\
u(0) = \dfrac{r_2 + b_1}{r_1 r_2 - b_1 b_2}\chi_{(-\infty,0]}, \quad v(0) = \chi_{(-\infty,0]}, \quad w(0) = \dfrac{r_1 + b_2}{r_1 r_2 - b_1 b_2}\chi_{(-\infty,0]}.
\end{cases}
\tag{8.57}
$$

记 $\alpha = \dfrac{r_1 b_1 + r_1 r_2}{r_1 r_2 - b_1 b_2}$, $\beta = \dfrac{a_2 r_2 + a_2 b_1 + b_1 b_2 - r_1 r_2}{r_1 r_2 - b_1 b_2}$, $\gamma = \dfrac{r_2 b_2 + r_1 r_2}{r_1 r_2 - b_1 b_2}$, $\sigma = \dfrac{(r_2 + b_1)(r_1 + b_2)b_1 b_2}{(r_1 r_2 - b_1 b_2)^2}$, 并假设随机三种群竞争合作系统 (8.56) 的系数满足如下假设:

(H41) $0 < a_1 < 1 < a_2, \max\{b_i\} < \min\{r_i\}, \max\{r_i\} < a_2$;

(H42) $\max\{a_1 a_2, a_2 - a_1 a_2\} \leqslant (2 - a_1)r_1 \leqslant a_2$;

(H43) $\dfrac{r_1 - a_1 a_2}{1 - a_1} < \max\{b_i\} < r_1 - \dfrac{a_1 a_2}{2 - a_1}$;

(H44) $\dfrac{r_1 r_2 - b_1 b_2}{r_2 + b_1} < \dfrac{a_2}{2 - a_1}$;

(H45) $\beta^2 - (\alpha + \gamma)\beta + \alpha\gamma - \sigma \neq 0$.

为证明随机竞争合作系统 (8.57) 存在行波解, 需要先构造如下的上下解.

引理 8.5.1 设 $(\hat{u}(t,x),\hat{w}(t,x))$ 是如下随机方程的解

$$\begin{cases} \hat{u}_t = \hat{u}_{xx} + (1-a_1)\hat{u}\left(1 - \dfrac{k}{1-a_1}\hat{u} + \dfrac{b_1}{1-a_1}\hat{w}\right) + \epsilon\hat{u}dW_t, \\ \hat{w}_t = \hat{w}_{xx} + \hat{w}(1 - r_2\hat{w} + b_2\hat{u}) + \epsilon\hat{w}dW_t, \\ \hat{u}(0,x) = \dfrac{r_2 - r_2 a_1 + b_1}{kr_2 - b_1 b_2}\chi_{(-\infty,0]}, \hat{w}(0,x) = \dfrac{k - a_1 b_2 + b_2}{kr_2 - b_1 b_2}\chi_{(-\infty,0]}, \end{cases} \tag{8.58}$$

其中 $\max\{b_i\} \leqslant k \leqslant r_1 - \dfrac{a_1 a_2}{2-a_1}$, 则有 $(\hat{u}(t,x),\hat{w}(t,x)) \in C_{\text{tem}}^+$. 令 $(u,v,w) = \left(\hat{u}, \dfrac{r_1-k}{a_1}\hat{u}, \hat{w}\right)$, 则 (u,v,w) 是随机方程 (8.57) 的一个上解.

证明 证明过程略, 可参考 [230] 引理 3.4 的证明. □

引理 8.5.2 设 $(\tilde{u}(t,x),\tilde{w}(t,x))$ 是如下随机方程的解

$$\begin{cases} \tilde{u}_t = \tilde{u}_{xx} + \tilde{u}(1 - a_1 - r_1\tilde{u}) + \epsilon\hat{u}dW_t, \\ \tilde{w}_t = \tilde{w}_{xx} + \hat{w}(1 - r_2\tilde{w}) + \epsilon\tilde{w}dW_t, \\ \tilde{u}(0,x) = \dfrac{1-a_1}{r_1}\chi_{(-\infty,0]}, \quad \tilde{w}(0,x) = \dfrac{1}{r_2}\chi_{(-\infty,0]}, \end{cases} \tag{8.59}$$

则有 $(\tilde{u}(t,x),\tilde{w}(t,x)) \in C_{\text{tem}}^+$. 如果 $a_2 - r_1 \leqslant \gamma \leqslant \dfrac{a_2}{2-a_1}$, 记 $(u,v,w) = (\tilde{u}, \gamma\tilde{u}, \tilde{w})$, 则有 (u,v,w) 是随机方程 (8.57) 的一个下解.

证明 证明过程略, 可参考 [230] 引理 3.5 的证明. □

定理 8.5.1 如果 (H41)—(H45) 都成立, 对任意的 $u_0,v_0,w_0 \in C_{\text{tem}}^+ \setminus \{0\}$, 则随机竞争合作系统 (8.57) 存在行波解, 且 Q^ν 是该行波解的分布.

证明 定理 8.5.1 的证明分如下四步进行, 详细证明过程参考 [230].

第 1 步 证明对任意的 $u_0,v_0,w_0 \in C_{\text{tem}}^+ \setminus \{0\}$, 对任意 $t > 0$ 和几乎所有的 $\omega \in \Omega$, 总有估计式 $\mathbb{E}[u(t,x) + v(t,x) + w(t,x)] \leqslant C(\epsilon,t)$, $\forall x \in \mathbb{R}$ 成立, 其中 $C(\epsilon,t)$ 是常数;

第 2 步 证明对任意的 $u_0,v_0,w_0 \in C_{\text{tem}}^+ \setminus \{0\}$, $t > 0$, 固定 $p \geqslant 2$ 及几乎所有的 $\omega \in \Omega$, 如果 $|x - x'| \leqslant 1$, 则存在正常数 $C(t)$ 使得 $Q^{Y_0}(|Y(t,x) - Y(t,x')|^p) \leqslant C(t)|x-x'|^{p/2-1}$;

第 3 步 定义 ν_T 为 $\dfrac{1}{T}\displaystyle\int_0^T Z(s)ds$ 在 Q^{Y_0} 下的分布, 证明 $\{\nu_T : T \in \mathbb{N}\}$ 是胎紧的;

第 4 步 证明

$$Q^\nu(F(Z_1(t))) = \lim_{n\to\infty} Q^{\nu_{T_n}}(F(Z_1(t))) = \lim_{n\to\infty} \frac{1}{T_n}\int_0^{T_n} Q^{u_0}(F(Z_1(s+t)))ds$$

$$= \lim_{n\to\infty} \frac{1}{T_n}\int_0^{T_n} Q^{u_0}(F(Z_1(s)))ds = \nu(F).$$

类似可证 $Q^\nu(F(Z_2(t))) = \nu(F)$, $Q^\nu(F(Z_3(t))) = \nu(F)$, 再验证 $\{Z(t) : t \geqslant 0\}$ 是马氏过程, 从而得到 $\{Z(t) : t \geqslant 0\}$ 是平稳的. 由于 $Y_0 \to Y_0(\cdot - R_0(Y_0))$ 在 C_{tem}^+ 上是可测的, 则有 $\{Z_0(t) : t \geqslant 0\}$ 也是平稳的, 即 Q^ν 是随机行波解的分布. $\square$

令 $\bar{Y}(t,x) = (\bar{u}(t,x), \bar{v}(t,x), \bar{w}(t,x))^{\text{T}}$ 是随机竞争合作系统 (8.57) 的一个上解, 即满足

$$\begin{cases} \bar{u}_t = \bar{u}_{xx} + \bar{u}(k_m - \bar{u}) + \epsilon\bar{u}dW_t, \\ \bar{v}_t = \bar{v}_{xx} + (1 - \bar{v})(a_2\bar{u} - \bar{v}) + \epsilon\bar{v}dW_t, \\ \bar{w}_t = \bar{w}_{xx} + \bar{w}(k_m - \bar{w}) + \epsilon\bar{w}dW_t, \\ \bar{u}_0 = k_m\chi_{(-\infty,0]}, \quad \bar{v}_0 = \chi_{(-\infty,0]}, \quad \bar{w}_0 = k_m\chi_{(-\infty,0]}, \end{cases} \tag{8.60}$$

其中 $k_m > \max\left\{\dfrac{1}{a_2 - 1}, \dfrac{r_2 + b_1}{r_1r_2 - b_1b_2}, \dfrac{r_1 + b_2}{r_1r_2 - b_1b_2}\right\}$ 为常数, $F_1(Y) \leqslant u(k_m - u)$ 和 $F_3(Y) \leqslant w(k_m - w)$. 令 $\underline{Y}(t,x) = (\underline{u}(t,x), \underline{v}(t,x), \underline{w}(t,x))^{\text{T}}$ 是随机竞争合作系统 (8.57) 的一个下解, 即满足

$$\begin{cases} \underline{u}_t = \underline{u}_{xx} + \underline{u}(1 - a_1 - r_1\underline{u}) + \epsilon\underline{u}dW_t, \\ \underline{v}_t = \underline{v}_{xx} + (1 - \underline{v})(a_2\underline{u} - \underline{v}) + \epsilon\underline{v}dW_t, \\ \underline{w}_t = \underline{w}_{xx} + \underline{w}(1 - r_2\underline{w}) + \epsilon\underline{w}dW_t, \\ \underline{u}_0 = \dfrac{1 - a_1}{r_1}\chi_{(-\infty,0]}, \quad \underline{v}_0 = \chi_{(-\infty,0]}, \quad \underline{w}_0 = \dfrac{1}{r_2}\chi_{(-\infty,0]}. \end{cases} \tag{8.61}$$

定理 8.5.2 如果 (H41)—(H45) 都成立, 对任意的 $u_0, v_0, w_0 \in C_{\text{tem}}^+ \setminus \{0\}$, 令 $c^\star$ 是随机竞争合作系统 (8.57) 的渐近传播速度, 则有

$$\sqrt{4 - 2\epsilon^2} \leqslant c^\star \leqslant \sqrt{4k_m - 2\epsilon^2} \quad \text{a.s.},$$

其中 $k_m > \max\left\{\dfrac{1}{a_2 - 1}, \dfrac{r_2 + b_1}{r_1r_2 - b_1b_2}, \dfrac{r_1 + b_2}{r_1r_2 - b_1b_2}\right\}$ 是正常数, 其依赖于 $a_1, a_2, r_1, r_2, b_1, b_2$.

证明 证明过程类似于引理 8.3.5, 引理 8.3.6 和定理 8.3.7 的证明, 在此省略, 参考 [230]. $\square$

参 考 文 献

[1] Ai S. Traveling wave fronts for generalized Fisher equations with spatio-temporal delays [J]. J. Differential Equations, 2007, 232(1): 104-133.

[2] Alikakos N D, Bates P W, Chen X. Periodic traveling waves and locating oscillating patterns in multidimensional domains [J]. Trans. Amer. Math. Soc., 1999, 351(7): 2777-2805.

[3] Al-Omari J F M, Gourly S A. Monotone travelling fronts in age-structured reaction-diffusion model of a single species [J]. J. Math. Biol., 2002, 45(4): 294-312.

[4] Al-Omari J F M, Gourley S A. Monotone wave-fronts in a structured population model with distributed maturation delay [J]. IMA J. Appl. Math., 2005, 70(6): 858-869.

[5] Anita S, Capasso V. A stabilizability problem for a reaction-diffusion system modelling a class of spatially structured epidemic systems [J]. Nonlinear Anal. RWA, 2002, 3(4): 453-464.

[6] Ashwin P, Bartuccelli M V, Bridges T J, Gourley S A. Travelling fronts for the KPP equation with spatio-temporal delay [J]. Z. Angew. Math. Phys., 2002, 53(1): 103-122.

[7] Atkinson C, Reuter G E H. Deterministic epidemic waves [J]. Math. Proc. Cambridge Philos. Soc., 1976, 80(2): 315-330.

[8] Bates P W, Chen F. Spectral analysis of traveling waves for nonlocal evolution equations [J]. SIAM J. Math. Anal., 2006, 38(1): 116-126.

[9] Bates P W, Fife P C. Ren X, Wang X. Traveling waves in a convolution model for phase transitions [J]. Arch. Ration. Mech. Anal., 1997, 138(2): 105-136.

[10] Beaudoin Y, Nerenberg M A H. Computer codes for computational assistance in the study of asymptotic stability [J]. Comput. Math. Appl., 1981, 7(1): 7-16.

[11] Berestycki H. The influence of advection on the propagation of fronts in reaction-diffusion equations [M]. Berestycki H, Pomeau Y, eds. Nonlinear PDEs in Condensed Matter and Reactive Flows. NATO Sci. Ser. C. vol. 569. Dordrecht: Kluwer, 2003.

[12] Berestycki H, Hamel F. Generalized traveling waves for reaction-diffusion equations [J]. Perspectives in Nonlinear Partial Differential Equations: In Honor of Ham Brezis, Contemp. Math., 2007, 446: 101-123.

[13] Berestycki H, Hamel F, Roques L. Analysis of periodically fragmented environment model II: Biological invasions and pulsating traveling fronts [J]. J. Math. Pures Appl., 2005, 84(8): 1101-1146.

[14] Berestycki H, Nadin G. Asymptotic spreading for general heterogeneous Fisher-KPP type equations [J]. Mem. Amer. Math. Soc., 2022, 280(1381): 1-112.

[15] Berestycki H, Nicolaenko B, Scheurer B. Traveling wave solutions to combustion models and their singular limits [J]. SIAM J. Math. Anal., 1985, 16(6): 1207-1242.

[16] Berestycki H, Nirenberg L. Travelling fronts in cylinders [J]. Ann. Inst. H. Poincaré Anal. Non Linéaire, 1992, 9(5): 497-572.

[17] Billingham J. Dynamics of a strongly nonlocal reaction-diffusion population model [J]. Nonlinearity, 2004, 17(1): 313-346.

[18] Boumenir A, Nguyen V M. Perron Theorem in the monotone iteration method for traveling waves in delayed reaction-diffusion equations [J]. J. Differential Equations, 2008, 244(7): 1551-1570.

[19] Britton N F. Reaction-diffusion Equations and Their Applications to Biology [M]. London: Academic Press, 1986.

[20] Britton N F. Spatial structures and periodic travelling waves in an integro-differential reaction-diffusion population model [J]. SIAM J. Appl. Math., 1990, 50(6): 1663-1688.

[21] Brown K J, Carr J. Deterministic epidemic waves of critical velocity [J]. Math. Proc. Camb. Philos. Soc., 1977, 81(3): 431-433.

[22] Capasso V. Asymptotic stability for an integro-differential reaction-diffusion system [J]. J. Math. Anal. Appl., 1984, 103(2): 575-588.

[23] Capasso V. Mathematical Structures of Epidemic Systems, Lecture Notes in Biomathematics [M]. Vol. 97. Heidelberg: Springer-Verlag, 1993. Second corrected printing, 2008.

[24] Capasso V, Kunisch K. A reaction-diffusion system arising in modelling man-environment diseases [J]. Quart. Appl. Math., 1988, 46(3): 431-450.

[25] Capasso V. Maddalena L. A nonlinear diffusion system modelling the spread of oro-faecal diseases [M]//Lakshmikantham V, ed. Nonlinear Phenomena in Mathematical Sciences. New York: Academic Press, 1981.

[26] Capasso V, Maddalena L. Asymptotic behaviour for a system of nonlinear diffusion equations modelling the spread of oro-faecal diseases [J]. Rend. Accad. Sci. Fis. Mat. Napoli, 1980, 48(4): 475-495.

[27] Capasso V, Maddalena L. Convergence to equilibrium states for a reaction-diffusion system modelling the spatial spread of a class of bacterial and viral diseases [J]. J. Math. Bio., 1981, 13(2): 173-184.

[28] Capasso V, Maddalena L. Saddle point behavior for a reaction-diffusion system: Application to a class of epidemic models [J]. Math. Comput. Simul., 1982, 24(6): 540-547.

[29] Capasso V, Paveri-Fontana S L. A mathematical model for the 1973 cholera epidemic in the European Mediterranean region [J]. Revue d'Epidemiol. et de Santé Publique, 1979, 27(2): 121-132.

[30] Capasso V, Wilson R E. Analysis of reaction-diffusion system modeling man-environment-man epidemics [J]. SIAM J. Appl. Math., 1997, 57(2): 327-346.

[31] Carr J, Chmaj A. Uniqueness of travelling waves for nonlocal monostable equations [J]. Proc. Amer. Math. Soc., 2004, 132(8): 2433-2439.

[32] Cencini M, Lopez C, Vergni D. Reaction-Diffusion Systems: Front propagation and Spatial Structures [M]. Lecture Notes in Phys. vol. 636. Berlin: Springer, 2003.

[33] Chao F, Gao L. Transition fronts of KPP-type Lattice random equations [J]. Electron. J. Differential Equations, 2019, 129: 1-20.

[34] Chao F, Gao L. Transition fronts of two species competition Lattice systems in random media [J]. Electron. J. Differential Equations, 2020, 38: 1-24.

[35] Chen F. Travelling waves for a neural network [J]. Electron. J. Differential Equations, 2003, (13): 1-4.

[36] Chen X. Generation and propagation of interfaces for reaction-diffusion equations [J]. J. Differential Equations, 1992, 96(1): 116-141.

[37] Chen X. Existence, uniqueness and asymptotic stability of traveling waves in non-local evolution equations [J]. Adv. Differential Equations, 1997, 2(1): 125-160.

[38] Chen X, Fu S, Guo J. Uniqueness and asymptotics of traveling waves of monostable dynamics on lattices [J]. SIAM J. Math. Anal., 2006, 38(1): 233-258.

[39] Chen X, Guo J. Existence and asymptotic stability of traveling waves of discrete quasilinear monostable equations [J]. J. Differential Equations, 2002, 184(2): 549-569.

[40] Chen X, Guo J. Uniqueness and existence of traveling waves for discrete quasilinear monostable dynamics [J]. Math. Ann., 2003, 326(1): 123-146.

[41] Chueshov I. Monotone Random Systems Theory and Applications [M]. Lecture Notes in Mathematics. Berlin: Springer, 2002.

[42] Conley C, Gardner R. An application of the generalized Morse index to traveling wave solutions of a competitive reaction diffusion model [J]. Indiana Univ. Math. J., 1984, 33(3): 319-345.

[43] Coville J, Dávila J, Martínez S. Nonlocal anisotropic dispersal with monostable non-linearity [J]. J. Differential Equations, 2008, 244(12): 3080-3118.

[44] Coville J. Dupaigne L. On a non-local equation arising in population dynamics [J]. Proc. Roy. Soc. Edinburgh Sect. A, 2007, 137(4): 727-755.

[45] Daners I D, Medina P K. Abstract Evolution Equation: Periodic Problems and Application [M]. Pitman Res. Notes Math. vol. 279, Harlow: Longman Sci. & Tech., 1992.

[46] Dawson D A, Iscoe I, Perkins E A. Super-Brownian motion: Path properties and hitting probabilities [J]. Probab. Theory Related Fields, 1989, 83(1/2): 135-205.

[47] Diekmann O. Thresholds and travelling waves for the geographical spread of infection [J]. J. Math. Biol., 1978, 6(2): 109-130.

[48] Diekmann O, Kaper H G. On the bounded solutions of a nonlinear convolution equation [J]. Nonlinear Anal. TMA, 1978, 2(6): 721-737.

[49] Ding W, Matano H. Dynamics of time-periodic reaction-diffusion equations with compact initial support on R [J]. J. Math. Pures Appl. 2019, 131: 326-371.

[50] Ding W, Matano H. Dynamics of time-periodic reaction-diffusion equations with Front-like initial data on R [J]. SIAM J. Math. Anal., 2020, 52(3): 2411-2462.

[51] Dong F, Li W, Wang J. Asymptotic behavior of traveling waves for a three-component system with nonlocal dispersal and its application [J]. Discrete Contin. Dyn. Syst., 2017, 37(12): 6291-6318.

[52] Dong F, Li W, Wang J. Propagation dynamics in a three-species competition model with nonlocal anisotropic dispersal [J]. Nonlinear Anal. RWA, 2019, 48: 232-266.

[53] Dunbar S R. Travelling wave solutions of diffusive Lotka-Volterra equations [J]. J. Math. Biol., 1983, 17(1): 11-32.

[54] Dunbar S R. Traveling wave solutions of diffusive Lotka-Volterra equations: A heteroclinic connection in $\mathbb{R}^4$ [J]. Trans. Amer. Math. Soc., 1984, 286(2): 557-594.

[55] Dunbar S R. Traveling waves in diffusive predator-prey equations: periodic orbits and point-to periodic heteroclinic orbits [J]. SIAM J. Appl. Math., 1986, 46(6): 1057-1078.

[56] Elworthy K, Zhao H. The propagation of traveling waves for stochastic generalized KPP equations [J]. Math. Comput. Modelling, 1994, 20(4/5): 131-166.

[57] Ermentrout B, McLeod J B. Existence and uniqueness of travelling waves for a neural network [J]. Proc. Roy. Soc. Edinburgh Ser. A, 1993, 123(3): 461-478.

[58] Evans L C, Soner H M, Souganidis P E. Phase transitions and generalized motion by mean curvature [J]. Comm. Pure. Appl. Math., 1992, 45(9): 1097-1123.

[59] Evans L C. Partial Differential Equations [M]. Providence, RI: Amer. Math. Soc., 1998.

[60] Fang J, Yu X, Zhao X. Traveling waves and spreading speeds for time-space periodic monotone systems [J]. J. Funct. Anal., 2017, 272(10): 4222-4262.

[61] Fife P C. Mathematical Aspects of Reacting and Diffusing Systems [M]. Berlin: Springer, 1977.

[62] Fife P C, McLeod J B. The approach of solutions of nonlinear diffusion equations to travelling wave solutions [J]. Bull. Amer. Math. Soc., 1975, 81(6): 1076-1078.

[63] Fisher R A. The wave of advance of advantageous genes [J]. Ann. Eugen., 1937, 7(4): 355-369.

[64] Freedman H I. Deterministic Mathematical Models in Population Ecology [M]. New York: Dekker, 1980.

[65] Freidlin M. On wave fronts propagation in multicomponent media [J]. Trans. Amer. Math.Soc., 1983, 276(1): 181-191.

[66] Freidlin M. Wave front propagation in semi-linear differential equations and systems of KPP-type [J]. J. Anal. Math., 1992, 58: 249-261.

[67] Freidlin M, Hu W. Wave front propagation for a reaction diffusion equation in narrow random channcls [J]. Nonlinearity, 2013, 26(8), 2333-2356.

[68] Freidlin M, Koralov L. Front propagation for reaction diffusion equations in composite structures [J]. J. Stat. Phys., 2018, 172(6): 663-1681.

[69] Freidlin M, Lee T. Wave front propagation and large deviations for diffusion-transmutation process [J]. Probab. Theory Relat. Fields, 1996, 106(1): 39-70.

[70] Freidlin M, Sowersb R. A comparison of homogenization and large deviations, with applications to wavefront propagation [J]. Stoch. Proc. Appl., 1999, 82(1): 23-52.

[71] Gardner R. Existence and stability of travelling wave solutions of competition models: A degree theoretic approach [J]. J. Differential Equations, 1982, 44(3): 343-364.

[72] Gardner R. Existence of traveling wave solutions of predator-prey systems via the connection index [J]. SIAM J. Appl. Math., 1984, 44(1): 56-79.

[73] Gilding B H, Kersner R. Travelling Waves in Nonlinear Diffusion-Convection-Reaction [M]. Basel: Birkhäuser Verlag, 2004.

[74] Gourley S A. Travelling fronts in the diffusive Nicholson's blowflies equation with distributed delays [J]. Math. Comput. Model., 2000, 32(7/8): 843-853.

[75] Gourley S A. Travelling front solutions of a nonlocal Fisher equation [J]. J. Math. Biol., 2000, 41(3): 272-284.

[76] Gourley S A. Wave front solutions of a diffusive delay model for populations of Daphnia magna [J]. Comput. Math. Appl., 2001, 42(10/11): 1421-1430.

[77] Gourley S A, Britton N F. A predator-prey reaction-diffusion system with nonlocal effects [J]. J. Math. Biol., 1996, 34(3): 297-333.

[78] Gourley S A, Kuang Y. Wavefronts and global stability in a time-delayed population model with stage structure [J]. Proc. R. Soc. Lond. Ser. A, 2003, 459(2034): 1563-1579.

[79] Gourley S A, Ruan S. Convergence and travelling fronts in functional differential equations with nonlocal terms: A competition model [J]. SIAM J. Math. Anal., 2003, 35(3): 806-822.

[80] Guo J, Wang Y, Wu C, Wu C. The minimal speed of traveling wave solutions for a diffusive three species competition system [J]. Taiwanese J. Math., 2015, 19(6): 1805-1829.

[81] Guo J, Wu C. Traveling wave front for a two-component lattice dynamical system arising in competition models [J]. J. Differential Equations, 2012, 252(8): 4357-4391.

[82] Guo J, Wu C. The existence of traveling wave solutions for a bistable three-component lattice dynamical system [J]. J. Differential Equattions, 2016, 260(2): 1445-1455.

[83] Hale J K. Theory of Functional Differential Equations [M]. New York: Springer-Verlag, 1982.

[84] Hamel F, Rossi L. Admissible speeds of transition fronts for nonautonomous monostable equations [J]. SIAM J. Math. Anal., 2015, 47(5): 3342-3392.

[85] Hamster C, Hupkes H. Stability of traveling waves for reaction-diffusion equations with multiplicative noise [J]. SIAM J. Appl. Dyn. Syst., 2019, 18(1): 205-278.

[86] Hamster C, Hupkes H. Travelling waves for reaction-diffusion equations forced by translation invariant noise [J]. Physica D: Nonlinear Phenomena, 2020, 401: 132233.

[87] Hartman P. Ordinary Differential Equations [M]. New York: Wiley, 1973.

[88] Hassell M, Comins H. Discrete time models for two-species competition [J]. Theoret. Population Biol., 1976, 9(2): 202-221.

[89] He Y, Qu S, Li K. Bistable wave fronts in a stage-structured reaction-diffusion model for a single species with distributed maturation delay [J]. Bull. Iranian Math. Soc., 2020, 46(3): 831-850.

[90] He J, Zhang G. The minimal speed of traveling wavefronts for a three-component competition system with nonlocal dispersal [J]. Int. J. Biomath., 2021, 14(7): 2150058.

[91] Heinze S, Papanicolaou G, Stevens A. Variational principles for propagation speeds in inhomogeneous media [J]. SIAM J. Appl. Math., 2001, 62(1): 129-148.

[92] Hou X, Leung A W. Traveling wave solutions for a competitive reaction-diffusion system and their asymptotics [J]. Nonlinear Anal. RWA, 2008, 9(5): 2196-2213.

[93] Hou X, Li Y. Traveling waves in a three species competition system [J]. Commun. Pure Appl. Anal., 2017, 16(4): 1103-1109.

[94] Hsu C, Yang T. Existence, uniqueness, monotonicity and asymptotic behaviour of travelling waves for epidemic models [J]. Nonlinearity, 2013, 26(1): 121-139.

[95] Hsu S, Zhao X. Spreading speeds and traveling waves for nonmonotone integrodifference equations [J]. SIAM J. Math. Anal., 2008, 40(2): 776-789.

[96] Huang W, Han M. Non-linear determinacy of minimum wave speed for a Lotka-Volterra competition model [J]. J. Differential Equations, 2011, 251(6): 1549-1561.

[97] Huang Z, Liu Z. Stochastic traveling wave solution to stochastic generalized KPP equation [J]. Nonlin. Diff. Eqns. Appl., 2015, 22(1): 143-173.

[98] Huang Z, Liu Z. Random traveling wave and bifurcations of asymptotic behaviors in the stochastic KPP equation driven by dual noises [J]. J. Differential Equations, 2016, 261(2): 1317-1356.

[99] Huang Z, Liu Z, Wang Z. Stochastic traveling wave solution to a stochastic KPP equation [J]. J. Dynam. Differential Equations, 2016, 28(2): 389-417.

[100] Huang J, Lu G, Ruan S. Existence of traveling wave solutions in a diffusive predator-prey model [J]. J. Math. Biol., 2003, 46(2): 132-152.

[101] Huang J, Lu G, Ruan S. Traveling wave solutions in delayed lattice differential equations with partial monotonicity [J]. Nonlinear Anal., 2005, 60(7): 1331-1350.

[102] Huang J, Lu G, Zou X. Existence of traveling wave fronts of delayed lattice differential equations [J]. J. Math. Anal. Appl., 2004, 298(2): 538-558.

[103] Huang J, Shen W. Speeds of spread and propagation for KPP models in time almost and space periodic media [J]. SIAM J. Appl. Dyn. Syst., 2009, 8(3): 790-821.

[104] Huang W, Wu Y. Minimum wave speed for a diffusive competition model with time delay [J]. J. Appl. Anal. Computation, 2011, 1(2): 205-218.

[105] Huang J, Zou X. Traveling wavefronts in diffusive and cooperative Lotka-Volterra system with delays [J]. J. Math. Anal. Appl., 2002, 271(2): 455-466.

[106] Huang J, Zou X. Existence of traveling wavefronts of delayed reaction diffusion systems without monotonicity [J]. Discrete Cont. Dyn. Syst., 2003, 9(4): 925-936.

[107] Huang J, Zou X. Travelling wave solutions in delayed reaction diffusion systems with partial monotonicity [J]. Acta Math. Appl. Sin. Engl. Ser., 2006, 22(2): 243-256.

[108] Kanel J I, Zhou L. Existence of wave front solutions and estimates of wave speed for a competition-diffusion system [J]. Nonlinear Anal. TMA, 1996, 27(5): 579-587.

[109] Kan-on Y. Parameter dependence of propagation speed of travelling waves for competition-diffusion equations [J]. SIAM J. Math. Anal., 1995, 26(2): 340-363.

[110] Kliem S. Travelling wave solutions to the KPP equation with branching noise arising from initial conditions with compact support [J]. Stoch. Process. Their Appl., 2017, 127(2): 385-418.

[111] Kolmogorov A, Petrovskii I, Piskunov N S. Étude de l'équation de le diffusion avec croissance de la quantié de mateère et son application à un problème biologique [J]. Moscow Univ. Bull., 1937, 1: 1-25.

[112] Kotelenez P. Comparison methods for a class of function valued stochastic partial differential equations [J]. Probab. Theor. Relat. Fields, 1992, 93(1): 1-19.

[113] Kuang Y. Delay Differential Equations with Application in Population Dynamics [M]. New York: Academic Press, 1993.

[114] Leslie P H. A stochastic model for studying the properties of certain biological systems by numerical methods [J]. Biometrika, 1958, 45: 16-31.

[115] Leung A W, Hou X, Li Y. Exclusive traveling waves for competitive reaction-diffusion systems and their stabilities [J]. J. Math. Anal. Appl., 2008, 338(2): 902-924.

[116] Lewis M. Spread rate for a nonlinear stochastic invasion [J]. J. Math. Biol., 2000, 41(5): 430-454.

[117] Lewis M, Li B, Weinberger H. Spreading speed and linear determinacy for two-species competition models [J]. J. Math. Biol., 2002, 45(3): 219-233.

[118] Li B. Some remarks on traveling wave solutions in competition models [J]. Discrete. Cont. Dyn. syst. Ser B, 2009, 12(2): 389-399.

[119] Li K, Huang J, Li X. Asymptotic behavior and uniqueness of traveling wave fronts in a delayed nonlocal dispersal competitive system [J]. Commun. Pure Appl. Anal., 2017, 16(1): 131-150.

[120] Li K, Huang J, Li X. Traveling wave solutions in advection hyperbolic-parabolic system with nonlocal delay [J]. Discrete Contin. Dyn. Syst. Ser. B, 2018, 23(6): 2091-2119.

[121] Li K, Huang J, Li X, He Y. Asymptotic behavior and uniqueness of traveling wave fronts in a competitive recursion system [J]. Z. Angew. Math. Phys., 2016, 67(6): 144.

[122] Li K, Huang J, Li X, He Y. Traveling wave fronts in a delayed lattice competitive system [J]. Appl. Anal., 2018, 97(6): 982-999.

[123] Li B, Lewis M, Weinberger H. Existence of traveling waves for integral recursions with nonmonotone growth functions [J]. J. Math. Biol., 2009, 58(3): 323-338.

[124] Li K, Li X. Traveling wave solutions in a delayed diffusive competition system [J]. Nonlinear Anal. TMA, 2012, 75(9): 3705-3722.

[125] Li K, Li X. Asymptotic behavior and uniqueness of traveling wave solutions in Ricker competition system [J]. J. Math. Anal. Appl., 2012, 389(1): 486-497.

[126] Li K, Li X. Travelling wave solutions in integro-difference competition system [J]. IMA J. Appl. Math., 2013, 78(3): 633-650.

[127] Li K, Li X. Traveling wave solutions in a delayed lattice competition-cooperation system [J]. J. Difference Equ. Appl., 2018, 24(3): 391-408.

[128] Li K, Li X. Traveling wave solutions in nonlocal delayed reaction-diffusion systems with partial quasimonotonicity [J]. Math. Methods Appl. Sci., 2018, 41(15): 5989-6016.

[129] Li K, Li X. Traveling wave solutions in a reaction-diffusion competition-cooperation system with stage structure [J]. Jpn. J. Ind. Appl. Math., 2018, 35(1): 157-193.

[130] Li K, Li X. Existence and stability of bistable wavefronts in a nonlocal delayed reaction-diffusion epidemic system [J]. European J. Appl. Math., 2021, 32(1): 146-176.

[131] Li K, Li X. Traveling waves in a nonlocal delayed epidemic model with diffusion [J]. Math. Methods Appl. Sci., 2021, 44(13): 10823-10836.

[132] Li W, Lin G, Ruan S. Existence of travelling wave solutions in delayed reaction-diffusion systems with applications to diffusion-competition systems [J]. Nonlinearity, 2006, 19(6): 1253-1273.

[133] Li B, Weinberger H, Lewis M. Spreading speeds as slowest wave speeds for cooperative systems [J]. Math. Biosciences, 2005, 196(1): 82-98.

[134] Liang X. Wu J. Travelling waves and numerical approximations in a reaction advection diffusion equation with nonlocal delayed effects [J]. J. Nonlinear Sci., 2003, 13(3): 289-310.

[135] Liang X, Yi Y, Zhao X. Spreading speeds and traveling waves for periodic evolution systems [J]. J. Differential Equations, 2006, 231(1): 57-77.

[136] Lin G, Li W. Bistable wavefronts in a diffusive and competitive Lotka-Volterra type system with nonlocal delays [J]. J. Differential Equations, 2008, 244(3): 487-513.

[137] Lin G, Li W. Traveling waves in delayed lattice dynamical systems with competition interactions [J]. Nonlinear Anal. RWA, 2010, 11(5): 3666-3679.

[138] Lin G, Li W, Ma M. Traveling wave solutions in delayed reaction diffusion systems with applications to multi-species models [J]. Discrete Contin. Dyn. Syst. Ser. B, 2010, 13(2): 393-414.

[139] Lin G, Li W, Ruan S. Spreading speeds and traveling waves in competitive recursion systems [J]. J. Math. Biol., 2011, 62(2): 165-201.

[140] Liu P, Elaydi S N. Discrete competitive and cooperative models of Lotka-Volterra type [J]. J. Comput. Anal. Appl., 2001, 3(1): 53-73.

[141] Liu Q, Liu S, Lam K. Stacked invasion waves in a competition-diffusion model with three species [J]. J. Differential Equations, 2021, 271: 665-718.

[142] Lv G. Asymptotic behavior of traveling fronts and entire solutions for a nonlocal monostable equation [J]. Nonlinear Anal. TMA, 2010, 72(9/10): 3659-3668.

[143] Lv G, Wang M. Traveling wave front in diffusive and competitive Lotka-Volterra system with delays [J]. Nonlinear Anal. RWA, 2010, 11(3): 1323-1329.

[144] Lv G, Wang M. Nonlinear stability of traveling wave fronts for nonlocal delayed reaction-diffusion equations [J]. J. Math. Anal. Appl., 2012, 385(2): 1094-1106.

[145] Lui R. Biological growth and spread modeled by systems of recursions. I. Mathematical theory [J]. Math. Biosci., 1989, 93(2): 269-295.

[146] Lui R. Biological growth and spread modeled by systems of recursions. II. Biological theory [J]. Math. Biosci., 1989, 93(2): 297-312.

[147] Ma S. Traveling wavefronts for delayed reaction-diffusion systems via a fixed point theorem [J]. J. Differential Equations, 2001, 171(2): 294-314.

[148] Ma S, Weng P, Zou X. Asymptotic speed of propagation and traveling wavefronts in a non-local delayed lattice differential equation [J]. Nonlinear Anal. RWA, 2006, 65(10): 1858-1890.

[149] Ma S, Wu J. Existence, uniqueness and asymptotic stability of traveling wavefronts in non-local delayed diffusion equation [J]. J. Dynam. Differential Equations, 2007, 19(2): 391-436.

[150] Ma M, Yue J, Huang Z, Ou C. Propagation dynamics of bistable traveling wave to a time-periodic Lotka-Volterra competition model: Effect of seasonality [J]. J. Dynam. Differential Equations, https://doi.org/10.1007/s10884-022-10129-2.

[151] Ma Z, Zou Y. Qualitative and stability methods for ordinary differential equations [M]. Beijing: Science Press, 2001.

[152] Ma S, Zou X. Propagation and its failure in a lattice delayed differential equation with global interaction [J]. J. Differential Equations, 2005, 212(1): 129-190.

[153] Ma S, Zou X. Existence, uniqueness and stability of travelling waves in a discrete reaction-diffusion monostable equation with delay [J]. J. Differential Equations, 2005, 217(1): 54-87.

[154] Macias-Diaz J E. A Mickens-type monotone discretization for bounded travelling-wave solutions of a Burgers-Fisher partial differential equation [J]. J Difference Equ Appl., 2013, 19(11): 1907-1920.

[155] Macias-Diaz J E, Rejniak K A. On a conditionally stable nonlinear method to approximate some monotone and bounded solutions of a generalized population model [J]. Appl Math Comput., 2014, 229: 273-282.

[156] Macias-Diaz J E, Szafranska A. Existence and uniqueness of monotone and bounded solutions for a finite-difference discretization a la Mickens of the generalized Burgers-Huxley equation [J]. J. Difference Equ. Appl., 2014, 20(7): 989-1004.

[157] Malaguti L, Marcelli C. Travelling wavefronts in reaction-diffusion equations with convection effects and non-regular terms [J]. Math. Nachr., 2002, 242: 148-164.

[158] Malaguti L, Marcelli C. The influence of convective effects on front propagation in certain diffusive models//[M] Capasso V, ed. Mathematical Modelling and Computing in Biology and Medicine. 5th ESMTB Conference, 2002; Bologna: Esculapio, 2003.

[159] Malaguti L, Marcelli C. Matucci S. Front propagation in bistable reaction-diffusion-advection equations [J]. Adv. Differential Equations, 2004, 9(9/10): 1143-1166.

[160] Martin R H, Smith H L. Abstract functional differential equations and reaction-diffusion systems [J]. Trans. Amer. Math. Soc., 1990, 321(1): 1-44.

[161] Martin R H, Smith H L. Reaction-diffusion systems with time delays: Monotonicity, invariance, comparison and convergence [J]. J Reine Angew Math., 1991, 413: 1-35.

[162] May R. Stability and Complexity in Model Ecosystems [M]. Princeton: Princeton University Press, 1974.

[163] Medlock J, Kot M. Spreading disease: Integro-differential equations old and new [J]. Math. Biosci., 2003, 184(2): 201-222.

[164] Mischaikow K, Hutson V. Travelling waves for mutualist species [J]. SIAM J. Math. Anal., 1993, 24(4): 987-1008.

[165] Mischaikow K, Reineck J F. Travelling waves in predator-prey systems [J]. SIAMJ. Math. Anal., 1993, 24(5): 1179-1214.

[166] Müeller C, Mytnik L, Quastel J. Effect of noise on front propagation in reaction-diffusion equations of KPP type [J]. Invent. Math., 2011, 184(2): 405-453.

[167] Müeller C, Mytnik L, Ryzhik L. The speed of a random front for stochastic reaction-diffusion equations with strong noise [J]. Commun. Math. Phys., 2021, 384(2): 699-732.

[168] Müeller C, Sowers R B. Random traveling waves for the KPP equation with noise [J]. J. Funct. Anal., 1995, 128(2): 439-498.

[169] Müeller C, Tribe R. A phase transition for a stochastic PDE related to the contact process [J]. Probab. Theory Related Fields, 1994, 100(2): 131-156.

[170] Murray J D. Mathematical Biology [M]. Berlin: Springer-Verlag, 1993.

[171] Nadin G. Traveling fronts in space-time periodic media [J]. J. Math. Pures Appl., 2009, 92(3): 232-262.

[172] Nadin G. Existence and uniqueness of the solution of a space-time periodic reaction-diffusion equation [J]. J. Differential Equations, 2010, 249(6): 1288-1304.

[173] Nadin G. Critical travelling waves for general heterogeneous one-dimensional reaction-diffusion equations [J]. Ann. I. H. Poincare-AN, 2015, 32(4): 841-873.

[174] Nadin G, Rossi L. Propagation phenomena for time heterogeneous KPP reaction-diffusion equations [J]. J. Math. Pures Appl., 2012, 98(6): 633-653.

[175] Nadin G, Rossi L. Generalized transition fronts for one-dimensional almost periodic Fisher-KPP equation [J]. Arch. Ration. Mech. Anal., 2017, 223(3): 1239-1267.

[176] Nolen J. An invariance principle for random traveling waves in one dimension [J]. SIAM J. Math. Anal., 2011, 43(1): 153-188.

[177] Nolen J, Ryzhik L. Traveling waves in a one-dimensional heterogeneous medium [J]. Ann. Inst. H. Poincaré C Anal. Non Linéaire, 2009, 26(3): 1021-1047.

[178] Nolen J, Xin J. A variational principle based study of KPP minimal front speeds in random shears [J]. Nonlinearity, 2005, 18(4): 1655-1675.

[179] Nolen J, Xin J. A variational principle for KPP front speeds in temporally random shear flows [J]. Comm. Math. Phys., 2007, 269(2): 493-532.

[180] Øksendal B, Våge G, Zhao H. Asymptotic properties of the solutions to stochastic KPP equations [J]. Proc. Roy. Soc. Edinburgh Sect. A, 2000, 130(6): 1363-1381.

[181] Øksendal B, Våge G, Zhao H. Two properties of stochastic KPP equations: Ergodicity and pathwise property [J]. Nonlinearity, 2001, 14(3): 639-662.

[182] Ou C, Wu J. Existence and uniqueness of a wavefront in a delayed hyperbolic-parabolic model [J]. Nonlinear Anal., 2005, 63(3): 364-387.

[183] Owen M R, Lewis M A. How predation can slow, stop or reverse a prey invasion [J]. Bull. Math. Biol., 2001, 63(4): 655-684.

[184] Pan S. Traveling wave fronts of delayed non-local diffusion systems without quasi-monotonicity [J]. J. Math. Anal. Appl., 2008, 346(2): 415-424.

[185] Pan Y. Propagation dynamics for an age-structured population model in time-space periodic habitat [J]. J. Math. Biol., 2022, 84(3): 19.

[186] Pan S, Li W, Lin G. Travelling wave fronts in nonlocal delayed reaction-diffusion systems and applications [J]. Z. angew. Math. Phys., 2009, 60(3): 377-392.

[187] Pan S, Li W, Lin G. Existence and stability of traveling wavefronts in a nonlocal diffusion equation with delay [J]. Nonlinear Anal. TMA, 2010, 72(6): 3150-3158.

[188] Pazy A. Semigroups of Linear Operators and Applications to Partial Differential Equations [M]. New York: Springer-Verlag, 1983.

[189] Rauch J, Smoller J A. Qualitative theory of the Fitzhugh-Nagumo equations [J]. Adv. Math., 1978, 27(1): 12-44.

[190] Raugel G, Kirchgässner K. Stability of fronts for a KPP-system. II. The critical case [J]. J. Differential Equations, 1998, 146(2): 399-456.

[191] Ruan S, Wu J. Reaction-diffusion equations with infinite delay [J]. Canad. Appl. Math. Quart., 1994, 2(4): 485-550.

[192] Ruan S, Xiao D. Stability of steady states and existence of travelling waves in a vector disease model [J]. Proc. Roy. Soc. Edinburgh Ser. A, 2004, 134(5): 991-1011.

[193] Ruan S, Zhao X. Persistence and extinction in two species reaction-diffusion systems with delays [J]. J. Differential Equations, 1999, 156(1): 71-92.

[194] Sattinger D H. On the stability of waves of nonlinear parabolic systems [J]. Adv. Math., 1976, 22(3): 312-355.

[195] Schaaf K W. Asymptotic bahavior and traveling wave solutions for parabolic functional differential eqations [J]. Trans. Amer. Math. Soc., 1987, 302(2): 587-615.

[196] Schumacher K. Travelling-front solutions for integro-differential equations. I [J]. J. Reine Angew. Math., 1980, 316: 54-70.

[197] Shair A, Lazer A C. An elementary approach to traveling front solutions to a system of N competition-diffusion equations [J]. Nonlinear Anal., 1991, 16(10): 893-901.

[198] Shen W. Travelling waves in time almost periodic structures governed by bistable nonlinearities. I. Stability and uniqueness [J]. J. Differential Equations, 1999, 159(1): 1-54.

[199] Shen W. Travelling waves in time almost periodic structures governed by bistable nonlinearities. II. Existence [J]. J. Differential Equations, 1999, 159(1): 55-101.

[200] Shen W. Dynamical systems and traveling waves in almost periodic structures [J]. J. Differential Equations, 2001, 169(2): 493-548.

[201] Shen W. Traveling waves in time periodic lattice di!erential equations [J]. Nonlinear Anal., 2003, 54(2): 319-339.

[202] Shen W. Traveling waves in diffusive random media [J]. J. Dynam. Differential Equations, 2004, 16(4): 1011-1060.

[203] Shen W. Traveling waves in time dependent bistable equations [J]. Differential Integral Equations, 2006, 19(3): 241-278.

[204] Shen W. Spreading and generalized propagating speeds of discrete KPP models in time varying environments [J]. Front. Math. China, 2009, 4(3): 523-562.

[205] Shen W. Variational principle for spatial spreading speeds and generalized wave solutions in time almost and space periodic KPP models [J]. Trans. Amer. Math. Soc., 2010, 362(1): 5125-5168.

[206] Shen W, Shen Z. Transition fronts in time heterogeneous and random media of ignition type [J]. J. Differential Equations, 2017, 262(1): 454-485.

[207] Shen W, Shen Z. Stability, uniqueness and recurrence of generalized traveling waves in time heterogeneous media of ignition type [J]. Trans. Amer. Math. Soc., 2017, 369(4): 2573-2613.

[208] Shen W, Shen Z. Existence, uniqueness and stability of transition fronts of non-local equations in time heterogeneous bistable media [J]. European J. Appl. Math., 2020, 31(4): 601-645.

[209] Shen W, Yi Y. Almost automorphic and almost periodic dynamics in skew-product semiflows, Part II. Skew-product semiflows [J]. Mem. Amer. Math. Soc., 1998, 136(647): x+93pp.

[210] Shen W, Yi Y. Convergence in almost periodic Fisher and Kolmogorov models [J]. J. Math. Biol., 1998, 37(1): 84-102.

[211] Sherratt J A, Eagan B T, Lewis M A. Oscillations and chaos behind predator-prey invasion: Mathematical artifact or ecological reality? [J]. Phil. Trans. R. Soc. Lond. B., 1997, 352(1349): 21-38.

[212] Shiga T. Two contrasting properties of solutions for one-dimensional stochastic partial differential equations [J]. Canad. J. Math., 1994, 46(2): 415-437.

[213] Smith H L, Thieme H R. Strongly order preserving semiflows generated by functional differential equations [J]. J. Differential Equations, 1991, 93(2): 332-363.

[214] Smith H L, Zhao X. Global asymptotic stability of traveling waves in delayed reaction-diffusion equations [J]. SIAM J. Math. Anal., 2000, 31(3): 514-534.

[215] Smoller J. Shock Waves and Reaction-Diffusion Equations [M]. New York: Springer-Verlag, 1994.

[216] So J W H, Wu J, Zou X. A reaction-diffusion model for a single species with age structure. I. Travelling wavefronts on unbounded domains [J]. Proc. R. Soc. Lond. Ser. A, 2001, 457(2012): 1841-1853.

[217] Sun Y, Li W, Wang Z. Traveling waves for a nonlocal anisotropic dispersal equation with monostable nonlinearity [J]. Nonlinear Anal. TMA, 2011, 74(3): 814-826.

[218] Tang M M, Fife P C. Propagating fronts in competing species equations with diffusion [J]. Arch. Rational Mech. Anal., 1978, 73(1): 69-77.

[219] Thieme H R, Zhao X. Asymptotic speeds of spread and traveling waves for integral equations and delayed reaction-diffusion models [J]. J. Differential Equations, 2003, 195(2): 430-470.

[220] Tian Y, Zhao X. Bistable traveling waves for a competitive-cooperative system with nonlocal delays [J]. J. Differential Equations, 2018, 264(8): 5263-5299.

[221] Tribe R. A traveling wave solution to the Kolmogorov equation with noise [J]. Stochastics Stochastics Rep., 1996, 56(3/4): 317-340.

[222] Van Vuuren J H. The existence of travelling plane waves in a general class of competition-diffusion systems [J]. IMA J. Appl. Math., 1995, 55(2): 135-148.

[223] Volpert V A, Volpert A I. Location of spectrum and stability of solutions for monotone parabolic systems [J]. Adv. Differential Equations, 1997, 2(5): 811-830.

[224] Volpert A I, Volpert V A. Traveling Wave Solutions of Parabolic Systems [M]. Transl. Math. Monogr., Vol. 140. Providence, RI: Amer. Math. Soc., 1994.

[225] Wang H. Castillo-Chavez C. Spreading speeds and traveling waves for non-cooperative integro-difference systems [J]. Discrete Cont. Dyn. Syst. Ser B, 2012, 17(6): 2243-2266.

[226] Wang Z, Huang Z, Liu Z. Stochastic traveling waves of a stochastic Fisher-KPP equation and bifurcations for asymptotic behaviors [J]. Stoch. Dyn., 2019, 19(4): 1950028.

[227] Wang Z, Li W, Ruan S. Travelling wave fronts in reaction-diffusion systems with spatio-temporal delays [J]. J. Differential Equations, 2006, 222(1): 185-232.

[228] Wang Z, Li W, Ruan S. Existence and stability of traveling wave fronts in reaction advection diffusion equations with nonlocal delay [J]. J. Differential Equations, 2007, 238(1): 153-200.

[229] Wang Z, Zhou T. Asymptotic behaviors and stochastic traveling waves in stochastic Fisher-KPP equations [J]. Discrete Contin. Dyn. Syst. Ser. B, 2021, 26(9): 5023-5045.

[230] Wen H, Huang J. Propagation dynamics of three-species stochastic competitive system [J]. J. Nonlinear Model Anal., 2023, 5(3): 1-24.

[231] Wen H, Huang J, Li Y. Propagation of stochastic traveling waves of cooperative systems with noise [J]. Discrete Contin Dyn. Syst. Ser. B, 2022, 27(10): 5779-5803.

[232] Wen H, Huang J, Zhang L. Traveling wave of three-species stochastic competitive-cooperative system [J]. Physica A, (under review), 2022.

[233] Wen H, Huang J, Zhang L. Travelling wave of stochastic Lotka-Volterra competitive system [J]. Discrete Contin. Dyn. Syst.B, 2022. DOI: 10.3934/dcdsb.2022145.

[234] Weinberger H F. Asymptotic behavior of a model in population genetics, [M]//Nonlinear Partial Differential Equations and Applications Chadam J M, ed. Lecture Notes in Mathematics. Berlin: Springer-Verlag, 1978.

[235] Weinberger H F. Long-time behavior of a class of biological models [J]. SIAM J. Math. Anal., 1982, 13(3): 353-396.

[236] Weinberger H F. On spreading speeds and traveling waves for growth and migration models in a periodic habitat [J]. J. Math. Biol., 2002, 45(6): 511-548.

[237] Weinberger H F, Lewis M, Li B. Analysis of linear determinacy for spread in cooperative models [J]. J. Math. Biol., 2002, 45(3): 183-218.

[238] Weng P, Wu J. Wavefronts for a non-local reaction-diffusion population model with general ditributive maturity [J]. IMA J. Appl. Math., 2008, 73(3): 477-495.

[239] Weng P, Xu Z. Wavefronts for a global reaction-diffusion population model with infinite distributed delay [J]. J. Math. Anal. Appl., 2008, 345(1): 522-534.

[240] Wu J. Theory and Applications of Partial Functional Differential Equations [M]. New York: Springer-Verlag, 1996.

[241] Wu S, Hsu C. Existence of entire solutions for delayed monostable epidemic models [J]. Trans Amer Math Soc., 2016, 368(9): 6033-6062.

[242] Wu S, Hsu C, Xiao Y. Global attractivity, spreading speeds and traveling waves of delayed nonlocal reaction-diffusion systems [J]. J. Differential Equations, 2015, 258(4): 1058-1105.

[243] Wu S, Liu S. Asymptotic speed of spread and traveling fronts for a nonlocal reaction-diffusion model with distributed delay [J]. Appl. Math. Model., 2009, 33(6): 2757-2765.

[244] Wu S, Zhang X. Propagation dynamics for a periodic delayed lattice differential equation without quasi-monotonicity [J]. Commun. Nonlinear Sci. Numer. Simul., 2022, 111: 106414.

[245] Wu S. Zhao H, Liu S. Asymptotic stability of traveling waves for delayed reaction-diffusion equations with crossing-monostability [J]. Z. angew. Math. Phys., 2011, 62(3): 377-397.

[246] Wu J, Zou X. Asymptotic and periodic boundary value problems of mixed FDEs and wave solutions of lattice differential equations [J]. J. Differential Equations, 1997, 135(2): 315-357.

[247] Wu J, Zou, X. Erratum to "Traveling Wave Fronts of Reaction-Diffusion Systems with Delays" [J. Dynam. Diff. Eq. 13, 651, 687 (2001)] [J]. J. Dynam. Differential Equations, 2008, 20(2): 531-533.

[248] Xu Z, Weng P. Traveling waves in a convolution model with infinite distributed delay and non-monotonicity [J]. Nonlinear Anal. RWA, 2011, 12(1): 633-647.

[249] Xu D, Zhao X. Bistable waves in an epidemic model [J]. J. Dynam. Differential Equations, 2004, 16(3): 679-707.

[250] Xu D, Zhao X. Asymptotic speed of spread and traveling waves for a nonlocal epidemic model [J]. Discrete Contin. Dyn. Sys. Ser. B, 2005, 5(4): 1043-1056.

[251] Yagisita H. Existence of traveling waves for a nonlocal monostable equation: An abstract approach [J]. arXiv:0807.3612v1, 2016.

[252] Yagisita H. Existence and nonexistence of traveling waves for a nonlocal monostable equation [J]. Publ. Res. Inst. Math. Sci., 2009, 45(4): 925-953.

[253] Ye Q, Li Z. Introduction to reaction-diffusion equations [M]. Beijing: Science Press, 1990.

[254] Yu Z. Uniqueness of critical traveling waves for nonlocal lattice equations with delays [J]. Proc. Amer. Math. Soc., 2012, 140(11): 3853-3859.

[255] Yu Z, Mei M. Asymptotics and uniqueness of travelling waves for non-monotone delayed systems on 2D lattices [J]. Canad. Math. Bull., 2013, 56(3): 659-672.

[256] Yu Z, Mei M. Uniqueness and stability of traveling waves for cellular neural networks with multiple delays [J]. J. Differential Equations, 2016, 260(1): 241-267.

[257] Yu Z, Yuan R. Travelling wave solutions in non-local convolution diffusive competitive-cooperative systems [J]. IMA J. Appl. Math., 2011, 76(4): 493-513.

[258] Yu Z, Yuan R. Existence and asymptotics of traveling waves for nonlocal diffusion systems [J]. Chaos, Solitons & Fractals, 2012, 45(11): 1361-1367.

[259] Zhang G. Global stability of wavefronts with minimal speeds for nonlocal dispersal equations with degenerate nonlinearity [J]. Nonlinear Anal. TMA, 2011, 74(17): 6518-6529.

[260] Zhang G. Traveling waves in a nonlocal dispersal population model with age-structure [J]. Nonlinear Anal. TMA, 2011, 74(15): 5030-5047.

[261] Zhang L, Bao X. Propagation dynamics of a three-species nonlocal competitive-cooperative system [J]. Nonlinear Anal. RWA, 2021, 58: 103230.

[262] Zhang G, Li W, Lin G. Traveling waves in delayed predator-prey systems with nonlocal diffusion and stage structure [J]. Math. Comput. Modelling, 2009, 49(5/6): 1021-1029.

[263] Zhang G, Li W, Wang Z. Spreading speeds and traveling waves for nonlocal dispersal equations with degenerate monostable nonlinearity [J]. J. Differential Equations, 2012, 252(9): 5096-5124.

[264] Zhang G, Ma R. Spreading speeds and traveling waves for a nonlocal dispersal equation with convolution-type crossing-monostable nonlinearity [J]. Z. angew. Math. Phys., 2014, 65(5): 819-844.

[265] Zhang Y, Zhao X. Bistable travelling waves in competitive recursion systems [J]. J. Differential Equations, 2012, 252(3): 2630-2647.

[266] Zhao H, Gu Y. Periodic traveling wavefronts of a multi-type SIS epidemic model with seasonality [J]. Z. Angew. Math. Phys., 2020, 71(2): 63.

[267] Zhao X, Wang W. Fisher waves in an epidemic model [J]. Discrete Contin. Dyn. Syst. Ser. B, 2004, 4(4): 1117-1128.

[268] Zhao X, Xiao D. The asymptotic speed of spread and traveling waves for a vector disease model [J]. J. Dynam. Differential Equations, 2006, 18(4): 1001-1019.

[269] Zhao X, Yuan R. Propagation dynamics of a Lotka-Volterra competition model with stage structure in time-space periodic environment [J]. Nonlinear Anal. RWA, 2022, 67: 103575.

[270] Zou X. Delay induced traveling wave fronts in reaction diffusion equations of KPP-Fisher type [J]. J. Comput. Appl. Math., 2002, 146(2): 309-321.

[271] Zou X, Wu J. Existence of traveling wave fronts in delayed reaction-diffusion systems via the monotone iteration method [J]. Proc. Amer. Math. Soc., 1997, 125(9): 2589-2598.